U0667720

电工10　　　　　系列书

电工操作

1000个怎么办

吴文琳　编著

第二版

中国电力出版社

CHINA ELECTRIC POWER PRESS

内 容 提 要

本书以问答的形式介绍了电工应掌握的基本知识和操作技能。重点讲述了电气设备和电气线路的维护保养、故障的检修技巧，以及一些电工实践小经验。本书涉及面广，基本涵盖了电工的各个方面。

全书分成电工基础，电气照明，电动机，机床电气设备，电力变压器，互感器，消弧线圈，电抗器与电容器，高压配电设备，低压配电设备，电力线路，电工仪表与测量，变频器与软启动器，电工实践小经验，安全用电与防火防雷等几大部分，包括1000个独立的小问题。这些问题既相对独立，又相互关联，读者既可结合实际选读和查阅，即学即用，得到解决问题的方法和技巧，也可系统地学习以提高维修技能。

本书内容新颖、图文并茂、通俗易懂、实用性强，可供广大城乡企事业单位的电工、社会维修电工和电工技术人员学习使用，也可作为大中专院校相关专业师生的参考书，还可供电工电子爱好者阅读参考，是一本电工必备的维修工具书。

图书在版编目（CIP）数据

电工操作1000个怎么办 / 吴文琳编著. —2版. —北京：中国电力出版社，2013.5（2019.9重印）

（电工1000个怎么办系列书）

ISBN 978 - 7 - 5123 - 4087 - 9

Ⅰ. ①电… Ⅱ. ①吴… Ⅲ. ①电工技术-问题解答 Ⅳ. ①TM- 44

中国版本图书馆 CIP 数据核字（2013）第 031890 号

中国电力出版社出版、发行

（北京市东城区北京站西街 19 号　100005　http://www.cepp.sgcc.com.cn）

三河市航远印刷有限公司印刷

各地新华书店经售

*

2012 年 9 月第一版

2013 年 5 月第二版　2019 年 9 月北京第四次印刷

850 毫米×1168 毫米　32 开本　19 印张　622 千字

印数 9001—10000 册　　定价 **45.00 元**

版权专有　侵权必究

本书如有印装质量问题，我社营销中心负责退换

电工1000个怎么办系列书

电工操作1000个怎么办？（第二版）

前言 Preface

随着国家经济的蓬勃发展，全国各地的工业区建设、社区建设、新农村建设突飞猛进，我国的电气化程度正在日益提高，各行各业、各部门从事电气工作的人员数量也在迅速增加。为了满足广大电工的工作需要，能较快地掌握电气设备和电力线路的维护与检修操作技能，特编写本书。

本书从广大电工工作的实际需要出发，在内容上力求简明实用、通俗易懂，以问答的形式介绍了电工应掌握的基本知识和操作技能，重点介绍了电气设备和电气线路的维护，故障检修的技巧，也介绍了电工实践的小经验。

全书分为电工基础，电气照明，电动机，机床电气设备，电力变压器，互感器、消弧线圈、电抗器与电容器，高压配电设备，低压配电设备，电力线路，电工仪表与测量，变频器与软启动器，电工实践小经验和安全用电与防火防雷等几大部分，包括1000个独立的小问题。这些问题既相对独立，又相互关联，读者既可结合实际选读和查阅，即学即用，得到解决问题的方法和技巧，也可系统地学习以提高维修技能。

本书可供广大城乡企事业单位的电工、社会维修电工和电工技术人员学习使用，也可作为大中专院校相关专业师生的参考书。本书既是广大电工的良师益友，也是一本电工必备的维修工具书。

本书由吴文琳编著，林瑞玉、林国洪、林清国、陈玉山、许宜静、刘燕青、吴荔城、邱宗许、傅瑞聪、陈瑞青、黄国良、施先柏、杨向阳、林莆杨等人为本书的编写提供了帮助。本书在编写过程中参阅了大量的文献资料，借本书出版之际，谨向有关文献资料的作者表示衷心的感谢。

由于涉及面广，加上编写水平有限，书中难免有错误和不足之处，恳请广大读者批评指正。

编　者

电工1000个怎么办系列书

电工操作1000个**怎么办**？（第二版）

目 录 Contents

前言

第一章 电 工 基 础

第二章 电 气 照 明

第三章 电 动 机

第四章 机床电气设备

第五章　电力变压器

第六章 互 感 器

第七章 消弧线圈、电抗器与电容器

第八章 高压配电设备

👆 第九章 低压配电设备

第十章　电　力　线　路

👆 第十一章　电工仪表与测量

第十二章 变频器与软启动器

🖱 第十三章　电工实践小经验

🖰 第十四章 安全用电与防火防雷

第一章 Chapter1

电 工 基 础

第一节 常用电工维修工具与仪器仪表

📌 1. 电工技能包括哪些方面？

通常所讲的电工，即指从事电气设备、电气元件及电气线路的安装、调试、运行、维护、检修、试验、保养、修理等工作的技术工人。

电工技能是指操作、安装、维修的实际能力的一种表述，它不包括理论方法的说明。技能是一个人解决问题能力的体现。用人单位往往要求两年以上工作经验，可见技能在求职中是非常重要的。电工技能通常分为：安装技能、调试技能、试验技能、运行、维护技能、检修技能、保养技能和修理技能。

（1）安装技能是指按照规程、规范、标准和设计要求将电气设备、元件及线路固定在设定的位置或装置上并能使其正常运行。

（2）调试技能是指按照规程、规范和标准用试验仪器对安装的电气设备、元件、线路进行调整和试验，并对其可靠性、灵敏性、准确性和抗衰老性作出判断，保证其正常运行并能在非正常条件下作出响应而进行的一系列工作。

（3）试验技能有两个方面：① 检修过程中，对设备及线路进行的预防性试验，进而发现问题和缺陷，及时更换或修复；② 安装前对设备、元件、导线、母线、电缆的试验，目的是判断产品的优劣并作出能否安装的决定。

（4）运行是指按照规定的要求和运行规程监视、调整、控制、记录经安装调试投入使用的电气设备、元件及线路运行状态而进行的工作。

（5）维护技能是指按照规定的要求和运行规程对运行的电气设备、元件及线路进行清扫、检查、巡视、发现缺陷、更换小型元件、紧固螺栓、消除隐患而进行的工作。

（6）检修技能是指按照规定的周期及停电机会对运行中的电气设备、元件及线路按照运行规程的要求项目和运行中发现而不能修复的缺陷而进行的中型修理工作。

（7）保养技能是指对从运行中的设备及线路替代下来的部件进行小型修理及检修时对一些部件的保养性修理，如加油、研磨触头、更换端子、更换设备中小型部件及弹簧等。

（8）修理技能是指对运行中的设备及线路替代下来的或损坏的设备元件进行的恢复性修理和大型修理，如更换线圈、主机大修等。

⚠ 小提示

（1）电气设备是指变压器、电机及具有开关、控制、保护、显示、报警、操作、整流、逆变、变频、计量等功能的柜、屏、箱、器。电气元件是指设备上及现场安装的单体器件，如开关、按钮、插座、表计、继电器、传感器、变送器、互感器、探测器、电路板及插件、电子元件、熔断器、小型用电器（如灯具、电铃）等。

（2）电气线路是指架空导线、明设穿管及不穿管导线、暗设穿管导线、线槽、桥架、母线，以及各类电缆（如控制、音频、射频、图像）等。

2. 电工是怎样分类的？

通常电工分为：外线电工、内线电工、安装电工、维修电工、运行值班电工、仪表电工等多种，它们之间各自独立又互相联系。

（1）外线电工。外线电工是指从事架空线路、室外变配电装置、电缆线路安装的电工。

（2）内线电工。内线电工是指从事室内变配电装置、室内照明及动力电气线路、室内电气设备及元件安装的电工。

（3）调整试验电工。调整试验电工是指从事对电气设备元件及线路进行调整试验并进行送电试车、试运行的电工。

（4）维修电工。维修电工是指从事对电气设备、元件及线路进行维护、保养、检修、修理，以及一般故障判断处理，更换设备、元件及线路的电工。

（5）运行值班电工。运行值班电工是指对变配电装置及线路进行监视、控制、调整、记录其运行状态及技术参数的电工。

（6）电机修理电工。电机修理工或钳工是指对损坏的电气设备及元件进行修理，使之恢复原来的良好状态性能、保持原来技术参数并能安全使用及运行的电工。

（7）电工仪表工。电工仪表工是指从事各类电工仪表校验、检定、修理及安装接线的电工。

（8）无线电工。无线电工是指从事无线发射和接收系统安装、调试、维护、修理工作的电工。

（9）仪表电工。仪表电工或仪表工是指从事温度、压力、流量、物位、机械量等非电量的测量、调节、控制设备及线路安装、调试、运行、维护、修理、校验工作的电工。

⊕ 小提示

通常将从事对以毫安级电流为单位的模拟信号、数字信号，以及音频信号、视频信号、射频信号为传输主导电流的电气/电子设备及线路进行安装、调试、维护、修理的电工叫做弱电电工或有线电工。

⫸ 3. 常用的电工工具及电工仪器仪表有哪些？

（1）常用的电工工具有：活络扳手、钢丝钳、剪线钳、剥线钳、尖嘴钳、旋具电工刀、绕线机、电钻、电烙铁、验电器和喷灯等。

（2）常用的电工仪器仪表。

1）种类。电工仪表是用来测量电流、电压、电阻、电能、功率、相位角、频率等电气参数的仪表。常用的电工仪表有电流表、电压表、电能表、钳形表、绝缘电阻表、万用表、数字万用表和示波器等。

⊕ 小提示

电工仪表的分类。

（1）指示仪表。在电工测量领域中，指示仪表品种最多，应用最为广泛，其分类方法如下。

① 按工作原理分类。有磁电系、电磁系、电动系、铁磁电动系、感应系、静电系仪表等类型。

② 按被测量分类。有电流表、电压表、电能表、功率表、绝缘电阻表等类型。

③ 按使用方法分类。有便携式和安装式仪表。

④ 按准确度等级分类。有 0.1、0.2、0.5、1.0、1.5、2.5、5.0 共 7 个准确度等级类型的仪表。

(2) 比较仪表。比较仪表用于比较测量中，它包括各类交、直流电桥及直流电位差计等。比较法测量准确度高，但操作比较复杂。

(3) 图示仪表。图示仪表主要用来显示两个相关量的变化关系，这类仪表直观效果好，常用的有示波器。

(4) 数字仪表。数字仪表是采用数字测量技术将被测的模拟量转换成数字量，以直接读出，常用的有数字电压表、数字万用表等。

2）电工仪表的面板符号。电工仪表的面板上标有各种符号，表明仪表的基本特性。常用电工仪表的面板符号见表1-1。

表1-1 **常用电工仪表的面板符号**

1. 仪表工作原理的图形符号

名称	符号	名称	符号	名称	符号
磁电系仪表		感应系仪表		电动系比率表	
电动系仪表		磁电系比率表		整流系仪表	
电磁系仪表		铁磁电动系仪表		热电系仪表	
静电系仪表		动磁系仪表		电磁系比率表	

2. 工作位置的符号

名称	符号	名称	符号	名称	符号
标尺位置为垂直		标尺位置为水平		标尺位置与水平面倾斜成一个角度，例如：60°	

续表

3. 绝缘强度的符号

名称	符号	名称	符号	名称	符号
不进行绝缘强度试验	☆(0)	绝缘强度试验电压为500V	☆	绝缘强度试验电压为2kV	☆(2)

4. 按外界条件分组符号

名称	符号	名称	符号	名称	符号
Ⅰ级防外磁场及电场	⌐Ⅰ⌐	Ⅲ级防外磁场及电场	Ⅲ Ⅲ	A组仪表工作环境温度0～40℃	Ⓐ
				B组仪表工作环境温度−20～50℃	Ⓑ
Ⅱ级防外磁场及电场	Ⅱ Ⅱ	Ⅳ级防外磁场及电场	Ⅳ Ⅳ	C组仪表工作环境温度−40～60℃	Ⓒ

5. 准确度等级符号

名称	符号	名称	符号	名称	符号
以标尺量限百分数表示的准确度等级，例如1.5级	1.5	以标尺长度百分数表示的准确度等级，例如1.5级	⌄1.5	以指示值百分数表示的准确度等级，例如1.5级	①1.5

6. 电流种类符号

名称	符号	名称	符号
直流	—	三相交流	3～

续表

名称	符号	名称	符号
交流	~	三相电表	③~
直流和交流	≈	50Hz	~50

4. 怎样使用高、低压验电器？

验电器是用来测量电源是否有电，电气线路和电气设备的金属外壳是否带电的一种常用工具。验电器有高压验电器和低压验电器两种。

（1）高压验电器。高压验电器又称高压测电器、高压测电棒，是用来检查高压电气设备、架空线路和电力电缆等是否带电的工具。10kV 高压验电器由金属钩、氖管、氖管窗、紧固螺钉、护环和握柄等部分组成，其外形与结构如图 1-1 （a）所示，握法如图 1-1 （b）所示。

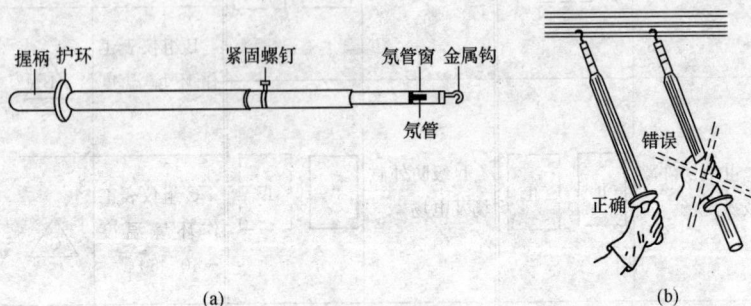

图 1-1 10kV 高压验电器外形与结构

（a）外形结构；（b）高压验电器握法

！小提示

高压验电器在使用时应特别注意手握部位不得超过护环。

（2）低压验电器。常用的低压验电器有钢笔式的，也有一字形螺丝刀式的，它们又分为普通式和感应式两种。

1）普通式低压验电器。其前端是金属探头，后部塑料外壳内装配有氖管、电阻和弹簧，还有金属端盖或钢笔形挂钩，这是使用时手触及的金属部分。低压验电器结构如图 1-2 （a）所示。

普通低压验电器的电压测量范围在 60～500V，低于 60V，验电器的氖管可能不会发光显示，高于 500V 的电压则不能用普通验电器来测量。

带电体与大地之间的电压超过 60V 后，氖管便会发光，指示被测带电体有电。正确的使用方法如图 1-2（b）所示。

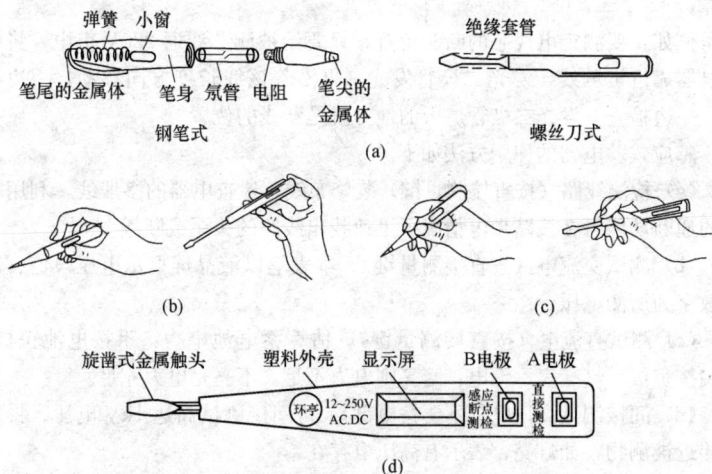

图 1-2 低压验电器的结构与使用方法

（a）结构；（b）正确握法；（c）错误握法；（d）数字显示感应验电器外形图

⚡ **小提示**

验电器除可用来测试相线（火线）和中性线（地线）之外，还有下列用途。

（1）区别电压的高低。测试时可以根据氖管发亮的强弱程度来估计电压的高低。

（2）区别直流电与交流电。交流电通过验电器时，氖管里的两个电极会同时发亮；直流电通过验电器时，氖管里的两个电极只有一个发亮。

（3）区别直流电的正、负极。将验电器连接在直流电路的正、负极之间，氖管发亮的一端即为直流电的负极。

（4）检查相线碰壳。用验电器触及电气设备的壳体，若氖管发亮，则是相线碰壳、壳体的安全接地或安全接零不好。

2）感应式低压验电器。感应式验电器不接触电线或接点就能测其是否带电。多用式感应验电器可以判断一般橡胶或塑料电缆的断芯并寻找暗线故障，还可以用来检查各类家用电器（按直接测量键），如检测电吹风、洗衣机、电饭锅等一切电器。端头两极灯亮表示电路完好；不亮表示电路故障。

例如，要测定电线芯的断头位置，只要给被测芯线通 220V 市电，将此验电器靠近被测线，发光二极管发光，再沿着该线长度方向移动，一边移动，一边检查。发光二极管熄灭的地方就是断线的位置。

感应式验电器的使用方法如下。

（a）检测线路（按直接测量键）装修布线。检查电器的多股线，利用表笔的通断功能可在线路带电情况下迅速找出线路的头尾或断线。

（b）测试交流电（按直接测量键）。本表笔以液晶屏显示电压段值、最后数字为所测电压。

（c）测试直流电（按直接测量键）。估算蓄电池电力：手按电池正极，笔尖按负极，灯亮表示无电，暗亮则电力不足，不亮是电力充足。

（d）间接测试高压电（不要按电键）。可间接测试高达 1kV 电压。将笔身移近被测物，如灯亮，表示有高压电存在。

（e）分辨零相线查找断点（按感应测量键）。将并排两线分开测试，显示带电符号的是相线。若带电电路中有断点，移动表笔，带电符号消失处便是断点。

（f）夜视功能。在黑夜里测试可清晰观察数字显示。

（g）自检功能。在使用前自检，灯亮则正常工作，不亮则需更换电池。

⚠ 小提示

（1）电工人员在室外工作，阳光很强，验电器中氖管发光亮度难以看清，如果自制一个小型音乐验电器，配合验电器同时使用就能更准确地确定电气线路上有无电压。

音乐验电器还有自检功能，当按下微动开关后，音乐验电器便能发出声音，说明内部电路工作正常。

（2）数显感应验电器。数显感应验电器一般有两个电极："直接测检"和"间接测检"（感应断点测检），位于验电器后端手握部；中间有个显示屏，前端是旋凿式金属触头。数显感应验电器测试范围：直接测检 12～250V 的交直流电压。

直接测检的握法：大拇指按直接测检 A 电极，旋凿金属触头触及被测裸导体，眼看验电器中上部显示屏显示数值。最后数字为所测电压值；未到高段显示值 70％时同时显示低段值；测量直流电压时，应用另一只手碰及直流电源另一极；测量少于 12V 电压物体是否带电可用感应电极。

间接测检时，大拇指按感应 B 电极，旋凿金属触头触及带绝缘外皮的导线。例如区别带绝缘外皮的相线、中性线，若并排数根绝缘导线时，应设法增大导线间距离或用另一只手按稳被测导线。显示屏上显示 N 的为相线。

断点测检时，大拇指按感应 B 电极，旋凿金属触头触及有绝缘外皮的相线，沿相线纵向移动，显示屏上无显示时为断裂点处。

5. 使用验电器时应注意哪些事项？

低压验电器的测量电压范围是 60～500V，使用时不允许在超过 500V 的带电体上测量。

低压验电器和高压验电器的使用注意事项是有区别的。切勿用普通验电器测试超过 500V 的电压。

（1）使用低压验电器的注意事项。

1）使用验电器之前，首先要检查电笔内有无安全电阻，然后检查验电器是否损坏，有无受潮或进水，检查合格后方可使用。

2）在使用验电器正式测量电气设备是否带电之前，先要检查一下，看氖管是否能正常发光，如果验电器氖管能正常发光，则可以使用。

3）在明亮的光线下或阳光下测试带电体时，应当注意避光，以防光线太强观察不到氖管是否发亮，造成误判。

4）验电时，一般用右手握住验电器，工作者应保持平稳操作，此时人体的任何部位切勿触及周围的金属带电物体，以免误碰而造成短路。

5）大多数验电器前面的金属探头都制成小螺丝刀形状，在用它拧螺钉时，用力要轻，扭矩不可过大，以防损坏。

验电器顶端金属部分不能同时搭在两根导线上，以免造成相间的短路。

6）有些设备常因感应而使外壳带电，测试时验电器氖管也发亮，易造成误判断。此时，可采用其他方法（例如用万用表测量）判断其是否真正带电。

7）在使用完毕后要保持验电器清洁，并放置于干燥处，严防摔碰。

（2）使用高压验电器的注意事项。

1）使用之前，应先在确定有电处试测，只有证明验电器确实良好才可使用，并注意验电器的额定电压与被检验电气设备的电压等级要相适应。

2）使用时，应使验电器逐渐靠近被测带电体，直至氖管发光。只有在氖管不亮时它才可与被测物体直接接触。

3）室外使用高压验电器时，必须在气候条件良好的情况下才能使用；在雨、雪、雾天和湿度较高时禁止使用。

4）测试时，必须戴上符合耐压要求的绝缘手套，不可一个人单独测试，身旁应有人监护。测试时要防止发生相间或对地短路事故。人体与带电应保持足够距离，10kV高压的安全距离应在0.7m以上。

5）对验电器每半年进行一次发光和耐压试验，凡试验不合格者不能继续使用，试验合格者应贴合格标记。

6. 怎样使用数显验电器？

数显验电器的使用方法如下。

（1）按钮说明如下。

（A键）DIRECT，直接测量按键（离液晶屏较远），也就是用笔头直接去接触线路时，按此按钮。

（B键）INDUCTANCE，感应测量按键（离液晶屏较近），也就是用笔头感应接触线路时，按此按钮。

● 小提示

（1）不管电笔上如何印字，请记住离液晶屏较远的为直接测量键；离液晶较近的为感应测量键即可。

（2）数显验电器适用于直接检测12～250V的交、直流电和间接检测交流电的零线、相线和断点，还可测量不带电导体的通断。

（2）使用方法。

1）直接检测：

a）最后数字为所测电压值。

b）未到高段显示值70%时，显示低段值。

c）测量直流电时，应手碰另一极。

2）间接检测：按住B键，将笔头靠近电源线，如果电源线带电的话，数显验电器的显示器上将显示高压符号。

3）断点检测：按住 B 键，沿电线纵向移动时，显示窗内无显示处即为断点处。

✒ **7. 怎样使用活扳手、钳子、螺丝刀和电工刀？**

（1）活扳手。活扳手是用来旋转六角或方头螺栓、螺钉、螺母的一种常用工具，特别适用于螺栓规格多的场合。活扳手由头部和柄部组成，头部由活络扳唇、呆扳唇、扳口、涡轮和轴销等构成，如图 1-3（a）所示。

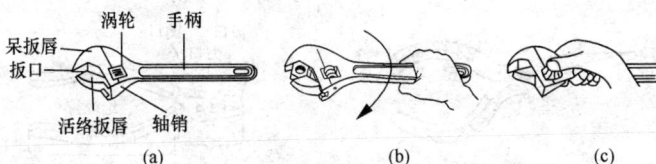

图 1-3　活扳手

（a）活扳手构造；（b）扳较大螺母的握法；（c）扳较小螺母的握法

活扳手的规格以其全长来表示，见表 1-2。

表 1-2　　　　　　　　　　　**活 扳 手 规 格**

长度/mm	100	150	200	250	300	375	450	600
最大开口宽度/mm	14	19	24	30	36	46	55	65
相当普通螺栓规格/mm	M8	M12	M16	M20	M24	M30	M36	M42
试验负荷/N	410	690	1050	1500	1990	2830	3500	3900

使用方法如下。

使用时，将扳口调节到比螺母稍大些，用右手握手柄，再用右手指旋动涡轮使扳口紧压螺母。扳动大螺母时，因需用力矩较大，手应握在手柄的尾处，如图 1-3（b）所示。扳动较小螺母时，需用力矩不大，但螺母过小易打滑，故手应握在靠近头部的地方，如图 1-3（c）所示，可随时调节涡轮，收紧活络扳唇，防止打滑。

❗**小提示**

使用注意事项如下。

（1）使用扳手时，严禁带电操作。

（2）使用活扳手时应随时调节扳口，将工件的两侧面夹牢，以免螺母脱角打滑，不得用力太猛。

（3）活扳手不可反用，以免损坏活络扳唇，也不可用钢管接长手柄来施加较大的扳拧力矩。

（4）活扳手不得当做撬棍和锤子使用。

（2）钳子。常用的钳子有尖嘴钳、钢丝钳、剥线钳和剪线钳等，其外形如图1-4所示。

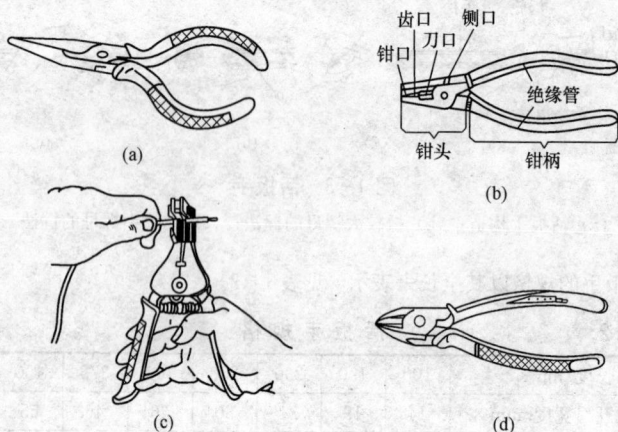

图1-4　钳子外形

（a）尖嘴钳；（b）钢线钳；（c）剥线钳；（d）剪线钳

1）尖嘴钳。尖嘴钳的外形与钢丝钳相似，只是其头部尖细，能夹持较小螺钉、垫圈、导线等元件，带有刀口的尖嘴钳能剪断细小金属丝。在装接控制线路时，尖嘴钳能将单股导线弯成需要的各种形状，适用于狭小的工作空间或带电操作低压电气设备。其主要作用是对元件引脚成形及导线连接。

尖嘴钳有裸柄和绝缘柄两种，绝缘柄的耐压为500V，电工应选用带绝缘柄的。尖嘴钳的规格以全长表示，常用的规格有130、160、180mm和200mm四种。

电工维修人员应选用带有绝缘手柄的，耐压在500V以下的尖嘴钳。

❗️小提示

使用注意事项如下。

（1）使用尖嘴钳时，手离金属部分的距离应不小于2cm。

（2）注意防潮，勿磕碰损坏尖嘴钳的柄套，以防触电。

（3）钳头部分尖细，且经过热处理，钳夹物体不可过大，用力时切勿太猛，以防损伤钳头。

（4）使用后要擦净，经常加油，以防生锈。

（5）不允许用尖嘴钳装卸螺母，夹持较粗的硬金属导线及其他硬物。

（6）塑料手柄破损后严禁带电操作。

（7）尖嘴钳头部是经过淬火处理的，不要在锡锅或高温条件下使用。

2）钢丝钳。钢丝钳是电工应用最频繁的工具。电工用钢丝钳的柄部加有耐压 500V 的塑料绝缘套。常用的规格有 150、175、200mm 三种。

电工钢丝钳由钳头和钳柄两部分组成。钳头由钳口、齿口、刀口和铡口 4 部分组成。其中钳口可用来绞绕电线的自缠连接或弯曲芯线、钳夹线头；齿口可代替扳手来拧小型螺母；刀口可用来剪切电线、掀拔铁钉，也可用来剥离 4mm² 及以下导线的绝缘层；铡口可用来铡切钢丝等硬金属丝。

⚠️ 小提示

使用电工钢丝钳时的注意事项如下。

（1）使用电工钢丝钳以前必须检查绝缘柄的绝缘是否完好。如果绝缘损坏，不得带电操作，以免发生触电事故。

（2）使用电工钢丝钳，要使钳口朝内侧，便于控制钳切部位。钳头不可代替手锤作为敲打工具使用。钳头的轴销上应经常加机油润滑。

（3）用电工钢丝钳剪切带电导线时，不得用刀口同时剪切相线和零线，或同时剪切两根相线，以免发生短路故障。

3）剥线钳。剥线钳是用来剥削小直径（φ0.5～φ3mm）导线绝缘层的专用工具。剥线钳有 140mm 和 180mm 两种规格。它的手柄是绝缘的，耐压为 500V。

使用剥线钳时，将要剥削的绝缘层长度用标尺确定好后，用右手握住钳柄，左手将导线放入相应的刃口中（比导线直径稍大），右手将钳柄握紧，导线的绝缘层即被割破拉出，自动弹出。剥线钳不能用于带电作业。

4）剪线钳。剪线钳也是电工常用的钳子之一，其头部扁斜，又名斜口钳、扁嘴钳，专门用于剪断较粗的电线和其他金属丝，其柄部有铁柄和绝缘管套。电工常用的绝缘柄断线钳，其绝缘柄耐压应为1000V以上。

（3）螺丝刀和电工刀。

1）螺丝刀。螺丝刀又叫改锥、起子，是电工在工作中最常用的工具之一。按照其头部形状不同，可分为一字形和十字形螺丝刀，其握柄材料分木柄和塑料柄两种。电工常用的螺丝刀有100、150mm和300mm几种。可根据不同型号的螺丝选用不同尺寸的一字形和十字形螺丝刀。

螺丝刀主要用于拧动螺钉及调整可调元器件的可调部分。在使用过程中要用力均匀，保持平直，注意安全，如图1-5所示。

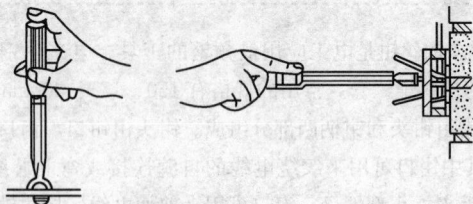

图1-5 螺丝刀使用方法

2）电工刀。电工刀有一用（普通式）、两用及多用（三用）三种。三用电工刀由刀片、锯片、钻等组成，刀片用来割削电线绝缘层，锯片用来锯削电线槽板和圆垫木，钻可用来钻削木板眼孔。电工刀的规格习惯上以型号表示，见表1-3。

表1-3　　　　　　　　电工刀规格

名　称	编　号		
	1号	2号	3号
刀柄长度/mm	115	105	95
刃部厚度/mm	0.7	0.7	0.6

电工刀主要用来刮去导线和元件引线上的绝缘物和氧化物，使之易于上锡。

电工刀是电工在装配维修工作时用于割削电线绝缘外皮、绳索、木板、木桩等物品的工具。电工刀外形如图1-6所示。

使用方法如下。

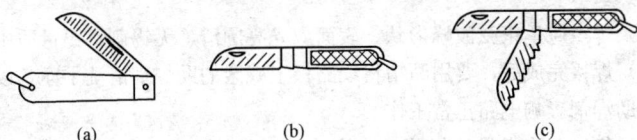

图 1-6　电工刀外形

（a）普通刀；（b）两用刀；（c）多用刀

使用电工刀时，应将刀口朝外剖削。剖削导线时使刀面与导线成较小的锐角，以免割伤导线，并且用力不宜太猛，以免削破左手。电工刀用毕应随即将刀身折进刀柄，不得传递未折进刀柄的电工刀。

小提示

使用电工刀时的注意事项如下。

（1）使用电工刀时切勿用力过猛，以免不慎划伤手指。

（2）电工刀的刀柄是无绝缘保护的，不能在带电导线或器材上剖削，以免触电。

（3）电工刀第一次使用前应开刃。

（4）电工刀不许代替锤子用以敲击。

（5）电工刀的刀尖是剖削作业的必需部位，应避免在硬器上使用，刀口应经常保持锋利，磨刀宜用油石。

8. 如何正确使用电烙铁？

正确使用电烙铁的方法如下。

（1）选用合适的焊锡。应选用焊接电子元件用的低熔点焊锡丝。

（2）助焊剂：用 25％的松香溶解在 75％的酒精（重量比）中作为助焊剂。

（3）电烙铁使用前要上锡，具体方法是：将电烙铁烧热，待刚刚能熔化焊锡时涂上助焊剂，再用焊锡均匀地涂在烙铁头上，使烙铁头均匀地吃上一层锡。

（4）焊接方法：将焊盘和元件的引脚用细砂纸打磨干净，涂上助焊剂。用烙铁头蘸取适量的焊锡，接触焊点，待焊点上的焊锡全部熔化并浸没元件引线头后，电烙铁头沿着元器件的引脚轻轻往上一提离开焊点。

（5）焊接时间不宜过长，否则容易烫坏元件，必要时可用镊子夹住管脚帮助散热。

（6）焊点应呈正弦波峰形状，表面应光亮圆滑，无锡刺，锡量适中。

（7）焊接完成后，要用酒精将线路板上残余的助焊剂清洗干净，以防炭化后的助焊剂影响电路正常工作。

（8）集成电路应最后焊接，电烙铁要可靠接地，或断电后利用余热焊接。或者使用集成电路专用插座，焊好插座后再将集成电路插上去。

（9）电烙铁应放在烙铁架上。

小提示

选用电烙铁的原则如下。

（1）焊接集成电路、晶体管及其受热易损的元器件时，考虑选用 20W 内热式或 25W 外热式电烙铁。

（2）焊接较粗导线或同轴电缆时，考虑选用 50W 内热式或 45～75W 外热式电烙铁。

（3）焊接较大元器件时，如金属底盘接地焊片，应选用 100W 以上的电烙铁。

（4）烙铁头的形状要适应被焊件物面要求和产品装配密度。

---

9. 使用电烙铁头应注意哪些事项?

新电烙铁使用前要进行处理，即让电烙铁通电，给烙铁头"上锡"。其具体方法是，首先用锉刀将烙铁头按需要锉成一定的形状，然后接上电源，当烙铁头温度升到能熔锡时，将烙铁头在松香上沾涂一下，等松香冒烟后再蘸涂一层焊锡，如此反复进行 2～3 次，使烙铁头的刃面全部挂上一层锡便可使用了。使用过程中始终保证烙铁头挂上一层薄锡。

电烙铁不使用时，不宜长时间通电，因为长时间通电容易使烙铁心过热而烧断，缩短其寿命，同时也会使烙铁头因长时间加热而氧化，甚至被"烧死"不再"吃锡"。

使用电烙铁时的注意事项如下。

（1）不能在易燃和腐蚀性气体环境中使用。

（2）不能任意敲击，以免碰线而缩短寿命。

（3）宜用松香、焊锡膏作助焊剂，禁用盐酸，以免损坏元件。

（4）不论是内热式还是外热式电烙铁，使用一段时间后都要摘下烙铁头，清除其表面黑色氧化层。这种氧化层如果积得太多，不仅会影响传热，还会因为氧化物膨胀而使烙铁头很难取下来。

（5）发现铜头不能上锡时，可将铜头表面氧化层去除后继续使用。

（6）切勿将电烙铁放置于潮湿处，以免受潮漏电。

（7）使用电源为～220V±10%，接上电源线旋合手柄时，切勿使线随手柄旋转，以免短路。

（8）电烙铁使用时必须按图接上地线，接地线装置必须可靠地接地。

（9）电源线的绝缘层发现破损时应及时更换，以保安全。

（10）外热式电烙铁首次使用约在 8min 左右有冒烟，这是因云母内脂质挥发，属正常现象。

（11）电烙铁使用时，电源线必须采用橡皮绝缘棉纱编织三芯软线及带有接地接点的插头。

（12）电烙铁的电源线截面和长度应符合表 1-4 规定。

表 1-4　　　　　　　　　**电源线截面和长度**

输入功率/W	导线截面积/mm²	导线长度/mm
20～50	0.28	
70～300	0.35	1800～2000
500	0.5	

（13）使用电烙铁时，若发现烙铁柄出现松动，应及时将其拧紧，否则容易将电源线与烙铁心的引出接线柱之间的连接线绞断，出现脱落或短路。

10. 怎样正确使用喷灯？

喷灯是利用火焰对工件进行加热的一种工具，它有分离式和液化气喷灯两种。如图 1-7 所示为喷灯的结构。

喷灯的使用方法如下。

（1）装灯头。将灯头按顺时针方向旋紧至图 1-7 所示位置。

（2）加油。旋开加油阀，按照规定用油种类将洁净油通过装有过滤网的漏斗灌入灯壶至七成满。如果是连续使用，必须待灯头完全冷却后才能加油。

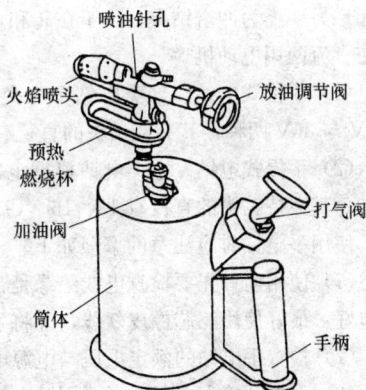

喷油针孔
火焰喷头
放油调节阀
预热燃烧杯
加油阀
打气阀
筒体
手柄

图 1-7　喷灯的结构

（3）检查。启用喷灯之前必须检查手动泵、泄压阀、密封、油路。

（4）生火。将预热杯中加满油及引火物，但油料不得溢到灯壶上，在避风地方点燃预热灯头，当预热杯中油要烧尽时，旋紧加油盖、泵盖，打气3～5下后将手轮缓缓旋开，初步火焰即自行喷出。

（5）工作。初步火焰如正常，继续打气直至强大火焰喷出。火焰如有气喘状态，调节手柄即可正常工作。

（6）熄火存放。将手柄按顺时针方向旋紧，关闭加油阀熄火，待灯头冷却后，旋松加油阀放气后存放。

⚠ 小提示

使用喷灯的注意事项如下。

（1）使用喷灯的人员必须经过专门培训，其他人员不应随便使用喷灯。

（2）严禁带火加油，要选择安全地点给喷灯加油到灯体容量的3/4。

（3）喷灯不能长时间使用，以免气体膨胀，引起爆炸，发生火灾事故。

（4）严禁在地下室或地沟内进行点火，应及时通风，排除地下室的可燃物。需要点火时，必须远离地下室2m以外。

11. 使用手电钻应注意哪些事项？

目前常用的手电钻有手枪式和手提式两种，电源一般为220V，也有三相380V的。电钻的钻头大致也分两大类，一类为麻花钻头，一般用于金属打孔；另一类为冲击钻头，用于在砖和水泥柱上打孔。大多数手电钻采用单相交直流两用电动机。

（1）手枪式电钻。这类电钻多为交直流两用的，根据电源电压可分为220V与36V两种，其夹持钻头的直径有6、10mm与13mm三种。

（2）手提式电钻。这类电钻根据电源电压分为单相220V和三相380V两种，其夹持钻头的直径有13、16、19、23、32、38、49mm等多种规格。

使用手电钻时应注意的事项如下。

（1）使用前首先要检查电线绝缘是否良好，如果电线有破损处，可用胶布包好。最好使用三芯橡皮软线，并将手电钻外壳接地。

（2）检查手电钻的额定电压与电源电压是否一致，开关是否灵活可靠。

（3）手电钻接入电源后，要用验电笔测试外壳是否带电，不带电方能使用。操作时需接触手电钻的金属外壳时，应戴绝缘手套，穿电工绝缘鞋并站在绝缘板上。

（4）拆装钻头时应用专用钥匙，切勿用螺丝刀和手锤敲击电钻夹头。

（5）装钻头要注意钻头与钻夹保持同一轴线，以防钻头在转动时来回摆动。

（6）在使用手电钻过程中，钻头应垂直于被钻物体，用力要均匀，当钻头被物体卡住时，应停止钻孔，检查钻头是否卡得过松，重新紧固钻头后再使用。

（7）钻孔方面。使用的钻头必须锋利，钻孔时用力不要过猛，以免电钻过载。遇到转速突然降低时，应立即放松压力。如果电钻突然刹停，应立即切断电源。

（8）及时发现问题。在钻孔时，如果发现轴承温度过高或齿轮、轴承声音异常，应立即停转检查。如发现轴承、齿轮损坏，应立即更换。

（9）正确移动位置。移动电钻时，必须握持电钻手柄，不能拖拉电源线来搬动电钻，并随时防止电源线被擦破和轧坏。

（10）钻孔完毕，应将电线绕在手电钻上，放置在干燥处以备下次使用。

12. 怎样正确维护手电钻？

手电钻的维护方法如下。

（1）手电钻不使用时，应将其存放在干燥、清洁、无腐蚀性气体且通风良好的室内，经常清除其上的灰尘和油污，并注意防止铁屑等杂物进入电钻内部而损坏零件。

（2）日常应注意保持整流子的清洁。当发现整流子表面黑痕较多，而火花增大时，可用细砂纸研磨整流子表面，清除黑痕。

（3）日常应注意调整电刷弹簧的压力，以免产生严重火花而烧坏换向器。电刷磨损过多时，应及时更换。

（4）单相串励电动机空载转速很高，日常保养时不允许拆下减速机构试转，以免飞车而损坏电动机绕组。

13. 怎样正确使用冲击钻？如何选择？

冲击钻的功能有：① 作为普通电钻；② 用来冲打砌块和砖墙等建筑面的木榫孔和导线穿墙孔的冲锤。

正确使用冲击钻的方法如下。

（1）冲击钻常用于在建筑物上钻孔，其结构如图 1-8 所示。正确使用方法是：将调节开关置于"钻"的位置，钻头只旋转而没有前后的冲击动作，可作为普通钻使用；置于"锤"的位置，钻头边旋转边前后冲击，便于钻削混凝土或在砖结构建筑物墙上打孔。有的冲击电钻调节开关上没有标明"钻"或"锤"的位置，可在使用前让其空转观察，以确定其位置。

遇到较坚硬的工作面或墙体时，不能加压过大，否则将使钻头退火或电钻过载而损坏。电工用冲击钻可钻 6～16mm 圆孔，作普通钻用时，用麻花钻头；作冲击钻用时，应使用专用冲击钻头。

在冲錾墙孔时，应经常将钻头拔出，以利排屑；在钢筋建筑物上冲孔时，遇到坚硬物不应施加过大压力，以免钻头退火。

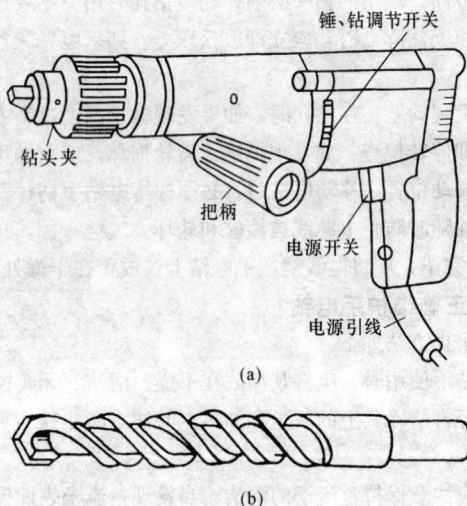

图 1-8　冲击钻

（a）结构；（b）钻头

（2）冲击钻的选择：常用的直径有 8、10、12mm 和 16mm 等多种。

1）根据作业对象及成孔直径选择。在室内装饰和布置电器时，一般使用尼龙膨胀螺栓。成孔直径在 6～12mm，应选用 10、12mm 规格的冲击电钻；而在建筑施工、水电安装及外墙装饰时，一般使用 M8～M14mm 金属膨胀螺栓，成孔直径在 12～20mm 之间，应选用 16、20mm 规格的冲击电钻。

2）按加工材料选择。10、12mm 规格的冲击电钻冲击频率较高，适宜于加工脆性材料，如瓷砖、红砖等制品。16、20mm 规格的冲击电钻输出功率和转矩大，适用于在红砖、轻质混凝土上钻孔。

3）按作用环境选择。10、12mm 规格的冲击电钻可以单手操作，适宜于爬高和向上钻孔用。16、20mm 规格的冲击电钻置有侧手柄及打孔深度标尺，可以用双手操作，适宜于地面及侧面成孔使用。

4）有的冲击钻尚可调节转速，有双速和三速之分。在调速和调挡时均应停转。

⚠ 小提示

使用冲击电钻应注意的事项如下。

（1）冲击电钻在钻孔之前应空载运转 1min 左右，运转时声音应均匀，无异常的周期性噪声，手握工具应无明显的麻手感。然后将调节环转到"锤击"位置，让钻夹头顶在硬木板上，此时应有明显而强烈的冲击感。当转到"钻孔"位置时，手握的电钻应无冲击现象。

（2）冲击电钻的冲击力是由操作者的轴向进给压力而产生的，但压力不宜过大，否则不仅会降低冲击频率，而且还会引起电动机过载，从而导致电钻损坏。

（3）冲击电钻在向上钻孔时，操作人员必须戴防护眼镜。

✐ 14. 怎样正确使用压接钳？

压接钳是连接导线的一种工具，铝导线专用压接钳分户内型［见图 1-9（a）］和户外型［见图 1-9（b）］。压接钳主要由钳头和钳柄两部分组成，钳头由阳模、阴模和定位螺钉等构成，阴模需随不同规格的导线而选配。使用时，拉开钳柄，嵌入线头，然后两手夹紧钳柄用适当的力进行压接即可。钢芯铝导线压接钳如图 1-9（c）所示，该压接钳由钳头、压模、螺杆和摇柄等组成，压接时用摇柄旋压。

✐ 15. 怎样正确使用指针式万用表？

万用表又称为多用表，它有模拟式万用表（又称为指针式万用表）和数字式万用表两种。

指针式万用表能测量交/直流电压、交/直流电流、直流电阻、音频电平、晶体管直流电流放大系数、晶体管反向截止电流、负载电流、负载电压等。

（1）直流电压测量。将功能开关置于"＋DC"位置，量程开关选放在接近被测电压的适当量程上，红表笔接被测电压的正极，黑表笔接负极，指针向顺时针方向偏转，表示被测电压为正电压；反之，则表示被测电压为负电压，只要将功能开关置于"－DC"位置，指针即向逆时针方向偏转，不需要掉换表笔的极性。

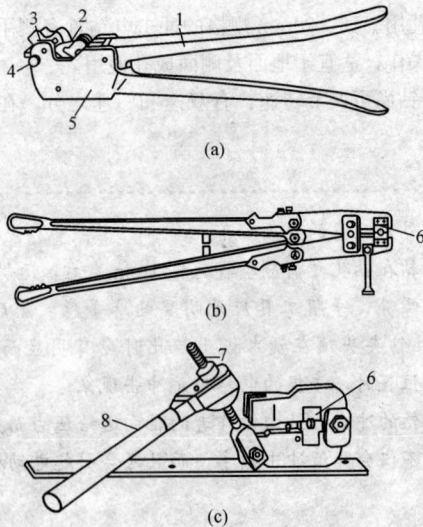

图1-9 压接钳

(a) 户内线路用；(b) 户外线路用；(c) 钢芯铝导线用

1—钳柄；2—阳模；3—阴模；4—定位螺钉；5—钳头；

6—压模；7—螺杆；8—摇柄

当被测电压值不能估计时，应先将量程开关放在最大量限上，电表接在被测电路中，先读取大约值，再将量程开关放在适当的位置上，使指针得到最大的偏转，读取被测电路的实际电压值。在带电测量时，要注意操作安全。

(2) 直流电流测量。将功能开关置于"+DC"位置，量程开关放在被测电流相应的适当位置上。当被测电流大于0.5A时用2.5A量程进行测量。此时应将表笔插在"2.5A"和"＊"插孔内，量程开关放在电流量程位置。测量电流时，将电表串接在电路中，不能将电表直接跨接在高电位两端，否则内附熔丝会被熔断。

(3) 交流电压测量。将功能开关置于"AC"位置，量程开关放在被测电压相应的位置上，将表笔并接在被测电路两端，从刻度线读取数据。

(4) 音频电平的测量。测量方法与"交流电压测量"相同，从dB刻度线读取读数。当量程转换开关置于"10V"量程位置时，刻度线的标志为0～+22dB，在其他量程时，实际"dB"值按刻度盘右下角的"ADD. dB"

表进行换算。

dB 刻度的 0dB 标准是：600Ω 输送线上所消耗的功率为 1mW，或者 0dB 的相应电压为 0.775V，当负载电阻不是 600Ω 时，电表所测出的 dB 值应按表 1-5 示值进行换算。

表 1-5   分 贝 表

负载/Ω	分贝/+dB	负载/Ω	分贝/+dB
2k	−5.2	150	+6
1k	−2.2	75	+9
600	0	50	+10.8
500	+0.8	16	+15.8
300	+3	8	+18.8
200	+4.8	4	+21.8

（5）交流电流的测量。将功能开关置于"AC"位置，量程开关置于与被测电流大小相适应的位置上，测量时将电表与被测电路串联，按 AC 刻度线读数。

（6）电阻阻值的测量。将功能开关置于"Ω"位置，量程开关置于被测电阻值相适应的量程上。测量之前，先将表笔短路，调节"0Ω"旋钮，使指针指示在欧姆刻度线的"0"位置上。每次变换量程时都应重新检查和调节"Ω"的零位值。

选择欧姆测量量程时，尽可能使指针指示在全刻度起始 20%～80% 弧度范围内，这样所读取的欧姆读数比较准确。

测量二极管和三极管正、反向电阻和电解电容时，应记住电表内部的电池正负极和表外电路的正负极是相反的。

（7）晶体管性能的测量。测量晶体管的 I_{ceo} 和 h_{FE} 参数时，先将量程开关置于"$R \times 10$"位置，并短路表笔，将指针调节到 Ω 刻度线的"0"。这时电表指示的电流值为 6mA。

将晶体管测试插座插在"＊"和"＋"插孔内，并注意插座的极性，插座带"＊"的一端应插在仪表"＊"插孔内，然后做以下测试。

根据被测晶体管的类型，将晶体管 e、b、c 管脚插在测试插座相应的插孔内，NPN 型晶体管应插入 N 型一侧的 e、b、c 三孔内，PNP 型晶体管则插入 P 型的 e、b、c 三孔内。

漏电流 I_{ceo} 的测量：将被测晶体管的 c、e 管脚插在相应的测试插座 c、e

孔内，指针偏转值即被测晶体管的 I_{ceo} 值。从 DC 刻度线读数（满度值为 6mA，即在 50 分格分度线上每一分度线为 $120\mu A$）。

直流放大系数 h_{FE} 的测量：将被测试晶体管的 e、b、c 管脚插在相应的测试插座 e、b、c 孔内。按 h_{FE} 刻度线读取 h_{FE} 值。

16. 怎样正确使用数字式万用表？

数字式万用表可用来测量交/直流电压、交/直流电流、电阻、电容、电感、频率、温度、音频、二/三极管参数及电池测试，并具有数据保持、符号显示及背光照明等功能。

（1）直流电压（DCV）测量。将黑色表笔插入"COM"孔，红色表笔插入"VΩ"孔。将功能开关置于 DCV 量程范围，并将表笔并接在被测负载或信号源上。在显示电压读数的同时会指示出红表笔的极性。

（2）交流电压（ACV）测量。将黑色表笔插入"COM"孔，红色表笔插入"VΩ"孔。将功能开关置于 ACV 量程范围，并将表笔并接在被测负载或信号源上。

（3）直流电流（DCA）测量。直流电流测量的最大输入电流为 20A，为避免触电或损坏仪表，不要超过最大输入电流值。将黑色表笔插入"COM"孔，当被测电流在 200mA 以下时，红表笔插入"mA"插孔；如果被测电流在 200mA～20A，则将红表笔移至"20A"插孔。

将功能开关置于直流电流量程范围，测试表笔串入被测电路中。如果被测电流范围未知，应将功能开关置于高挡，并逐步调低。如果只显示"1"，说明已超过量程，必须调换高量程挡位。

（4）交流电流（ACA）测量。测试方法和注意事项类同直流电流测量。

（5）电阻（Ω）测量。将黑表笔插入"COM"插孔，红表笔插入"VΩHz"插孔（注意红表笔为正），将功能开关置于所需电阻量程上，将测试笔跨接在被测电阻上。在线测量时要关断电源。当输入开路时，会显示超量程状态"1"或"OL"。如果被测电阻在 1MΩ 以上，本表需数秒后方能稳定读数。

（6）电容（C）测量。将功能量程旋钮开关置于所需的电容量程范围（对于 $3\frac{3}{4}$ 位显示的自换量程仪表则将功能量程旋钮开关置于电容测试挡位）；将被测电容连接到电容测试插座"CX"（或"CX－LX"）上。对于有极性的电容，注意按所标识极性正确连接。

（7）电感（Lx）测量。将功能量程旋钮开关置于所需的电感量程范围，将被测电感连接到测试插座"Lx"上。

如果被测电感值超过所选的量程值，仪表显示超量程状态"1"或"OL"，这时需要将功能量程旋钮开关换高量程端进行测量。

(8) 逻辑电平测试。将黑表笔插入"COM"插孔，红色表笔插入"VΩHz"插孔。

将功能开关置于 LOGIC 量程范围，并将黑表笔接入测量电路地端，红表笔接测试端。在本挡位测量时，高位始终显示"1"，无超量程含义，只说明内电路已接通。

(9) 二极管和三极管 h_{FE} 测量。

1) 二极管的测量。在进行在线测试时，先切断电路电源，并将电容放电。

将红表笔插入"VΩ"（或"VΩHz"）插孔，黑表笔插入"COM"插孔（注意红表笔极性为内部电路极性）。

将功能量程旋钮开关置于二极管符号位置，并将红表笔接触被测点，对于二极管测量，若显示有 0.3、0.8V 电压读数，表示二极管正常，当二极管被反接时，仪表显示超量程状态；对于通断检测，当被测电阻小于 70Ω 时，仪表内置蜂鸣器发声，同时发光二极管发光指示。

2) 三极管 h_{FE} 测量。将功能开关置于 h_{FE} 挡上。

先认定晶体三极管是 PNP 型还是 NPN 型，然后再将被测管的 e、b、c 三脚分别插入直板对应的晶体三极管插孔内。

此表显示的则是近似值，测试条件为基极电流 $10\mu A$，Acc 约 3V。

17. 怎样检修万用表常见故障？

万用表的常见故障及检修方法见表 1-6。

表 1-6　　　　　万用表的常见故障及检修方法

故障现象	故 障 原 因	检 修 方 法
万用表指针摆动不正常，时摆时阻	(1) 机械平衡不好，指针与外壳玻璃或表盘相摩擦。 (2) 表头线断开或分流电阻断开。 (3) 游丝绞住或游丝不规则。 (4) 支撑部位卡死	(1) 打开表壳，用小镊子和螺丝刀整修机械摆动部位，使指针摆动灵活。 (2) 重新焊接表头线，分流电阻断开时重新连接，烧断时要换同型号的分流电阻。 (3) 用镊子重新调整游丝外形，使其外环圈圆滑，布局均匀。 (4) 整修支撑部位

故障现象	故 障 原 因	检 修 方 法
万用表电阻挡无指示	(1) 电池无电或接触不良。 (2) 电位器中心焊接点引线断开或电位器接触不良。 (3) 转换开关触点接触不良或引线断开	(1) 重新装配万用表电池，或更换新电池。 (2) 重新焊接连接，并调整电位器中心触片使其与电阻丝接触良好。 (3) 擦净触点油污，并修整触片。如果焊接连接线断开，要重新焊接
万用表电阻挡在表笔短路时指针调整不到零位，或指针来回摆动不稳	(1) 电池电能即将耗尽。 (2) 串联电阻值变大。 (3) 表笔与万用表插头处接触不良。 (4) 转换开关接触不良。 (5) 调零电位器接触不良	(1) 更换同型号新电池。 (2) 更换串联电阻。 (3) 调整插座弹片，使其接触良好，并去掉表笔插头及插座上的氧化层。 (4) 用酒精清洗万用表转换开关接触头，并校正动触点与静触片的接触距离。 (5) 用镊子将调零电位器中间的动触片往下压些，使其与静触点电阻丝接触良好
万用表电阻挡量程不通或误差太大	(1) 串联电阻断开或烧断，或电阻值变化。 (2) 转换开关接触不良。 (3) 该挡分流电阻断路或短路。 (4) 电池电量不足	(1) 更换同样阻值的电阻。 (2) 用酒精擦洗并修理接触不良处。 (3) 更换该挡分流电阻。 (4) 更换同型号的新电池
万用表直流电压挡在测量时不指示电压	(1) 测电压部分开关公用焊接线脱焊。 (2) 转换开关接触不良。 (3) 表笔插头与万用表接触不良。 (4) 最小量程挡附加电阻断线	(1) 重新焊接测电压部分脱焊的连接线。 (2) 用酒精擦净转换开关油污并调整转换开关接触压力。 (3) 修整表笔插头与插座的接触处，使其接触良好。 (4) 焊接附加电阻连接线

续表

故障现象	故 障 原 因	检 修 方 法
万用表直流电压挡某量程不通或某量程测量误差大	(1) 转换开关接触不良，或该挡附加电阻脱焊烧断。 (2) 某量程附加电阻阻值变化，使其测量不准	(1) 修整转换开关触片，并重新焊接或更换该量程的附加串联电阻。 (2) 更换某量程的附加串联电阻
万用表直流电流挡不指示电流	(1) 转换开关接触不良。 (2) 表笔与万用表有接触不良处。 (3) 表头串联电阻损坏或脱掉。 (4) 表头线圈脱焊或断路	(1) 打开万用表调整修理转换开关。 (2) 修理表笔与万用表接触处，使其紧密配合。 (3) 更换表头串联电阻或焊接脱焊处。 (4) 焊接表头线圈，使其重新接通
万用表直流电流挡各挡测量值偏高或偏低	(1) 表头串联电阻值变大或变小。 (2) 分流电阻值变大或变小。 (3) 表头灵敏度降低	(1) 更换电阻。 (2) 更换分流电阻。 (3) 根据具体情况处理。若游丝绞住要重新修好，表头线圈损坏要更换
万用表交流电压挡指针轻微摆动，指示差别太大	(1) 万用表插头与插座处接触不良。 (2) 转换开关触点接触不良。 (3) 整流全桥或整流二极管短路、断路	(1) 修理万用表插头与万用表插座处，使其接触良好。 (2) 检修转换开关。 (3) 更换短路或断路的二极管或全桥块

18. 怎样正确使用钳形电流表？

钳形电流表是一种可以在不断开电路的情况下测量电流的专用工具。钳形电流表主要由一只电流互感器和一只电磁式电流表组成，如图1-10（a）所示。电流互感器的一次线圈为被测导线，二次线圈与电流表相连接，电流互感器的变比可以通过旋钮来调节，量程从1安至几十安。测量时，按动手柄，打开钳口，将被测载流导线置于钳口中。当被测导线中有交变电流通过时，在电流互感器的铁心中便有交变磁通通过，互感器的二次线圈中感应出电流。该电流通过电流表的线圈，使指针发生偏转，在表盘标度尺上指出被测电流值。

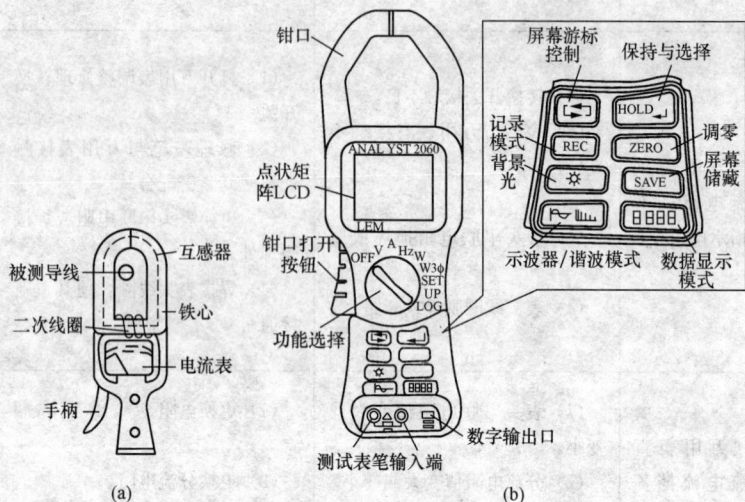

图1-10 钳形电流表结构

（a）钳形电流表结构；（b）数字钳形电流表

（1）钳形电流表的使用方法。

1）调零。在测量电流前，表针应该指向零位，否则应用小螺丝刀调整表头上的调零螺丝使表针指向零位，以提高读数准确度。

2）选择量程。使用钳形电流表时要正确选择量程。测量前应估计被测电流的大小，选择合适量程。若无法估算电流的大小，应先放在大的量程范围，再放在合适量程，但决不可用小量程挡去测量大电流。

3）测量电流。测量时，每次测量只能钳入一根导线，将被测导线钳入钳口中央位置，以提高测量的准确度；被测导线的电流就在铁心中产生交变磁力线，表上指示感应电流的读数。测量结束后，应将量程开关扳到最大量程位置，以便下次安全使用。

⚠️ 小提示

钳形电流表使用的注意事项如下。

（1）为了防止绝缘击穿和人身触电，被测线路的电压不得超过钳形电流表的额定电压，更不能测高压线路的电流。

（2）测量前应检查仪表指针是否在零位。若不在零位，则应调到零位。同时应对被测电流进行粗略估计，选择适当的量程。如果被测电流无法估计，则应先将钳形电流表置于最高挡，逐渐下调切换，至指针在刻度的中间段为止。

（3）应注意钳形电流表的电压等级，不得将低压表用于测量高压电路的电流，以免发生事故。

（4）进行测量时，被测导线置于钳口中央。钳口两个面应接合良好，若发现振动或有碰撞声，应将仪表扳手扳动几下，或重新开合一次。钳口有污垢，可用汽油擦净。

（5）测量大电流后，如果立即测量小电流，应开合钳口数次，以消除铁心中的剩磁。

（6）在测量过程中不得切换量程，以免造成二次回路瞬间开路，感应出高电压而击穿绝缘。必须变换量程时，应先将钳口打开。

（7）在读取电流读数困难的场所测量时，可先用制动器锁住指针，然后到读数方便的地点读值。

（8）若被测导线为裸导线，则必须事先将邻近各相用绝缘板隔离，以免钳口张开时出现相间短路。

（9）测量小于5A的电流时，为获得准确的读数，可将导线多绕几圈放进钳口进行测量，但实际的电流数值为读数除以放进钳口内的导线根数。

（10）测量时，如果附近有其他载流导线，所测值会受载流导体的影响产生误差，此时应将钳口置于远离其他导体的一侧。

（11）每次测量后，应将调节电流量程的切换开关置于最高挡位，以免下次使用时因未选择量程就进行测量而损坏仪表。

（12）有电压测量挡的钳形表，电流和电压要分开测量，不得同时测量。

（13）测量时应戴绝缘手套，站在绝缘垫上。读数时要注意安全，切勿触及其他带电部分。

（14）使用钳形电流表时要尽量远离强磁场，以减少磁场对钳形电流表的影响。测量较小的电流时，如果钳形电流表量程较大，可将被测导线在钳形电流表口内绕几圈，线路中实际的电流值应为仪表读数除以导线在钳形电流表上绕的匝数。

（2）数字钳形电流表的使用方法。测试时需用手压下钳口打开按钮，张开钳夹，将待测导线夹在钳口中才能测出流过导线的电流值。例如，AN2060电力谐波钳形分析仪，它不仅能测电流，还具有多种测试功能，其所测结果通过点状矩阵LCD和数据显示屏显示。其外形与测试电压的方法如图1-10（b）所示。

测电流时，同普通的钳形电表一样，将导线钳在钳口中，在显示屏（即点状矩阵LCD）上即可读出所测电流值，并且不怕过载；测电压、频率等时，均须插入表笔，与电源线接牢才可以从显示屏上读取数值。

19. 怎样检修钳形电流表常见故障？

钳形电流表的常见故障及检修方法见表1-7。

表1-7　　　　　　　钳形电流表的常见故障及检修方法

故障现象	故障原因	检修方法
钳形电流表测量不准	（1）钳形电流表的挡位选择不正确。 （2）钳形电流表表针未调零。 （3）钳形电流表所卡测的电源未放入卡钳中央，或卡口处有污垢。 （4）钳形电流表有强磁场影响	（1）正确选择挡位。换挡时要将被测导线置于钳形电流表卡口之外。 （2）调整表头上的调零螺钉，使表针指向零位。 （3）测量时，将一根电源线放在钳口中央位置，然后松手使钳口密合好。如果钳口接触不好，应检查弹簧是否损坏或有污垢，如有污垢，用布清除后再测量。 （4）尽量远离强磁场

续表

故障现象	故障原因	检修方法
钳形电流表不能测量较小的电流	（1）钳形电流表挡位设置少。 （2）钳形电流表内部整流二极管某只损坏	（1）可将被测导线在钳形电流表口内绕几圈，然后去读数。线路中实际的电流值应为仪表读数除以导线在表口上绕的匝数。 （2）测出是哪只损坏，并应更换同型号的二极管

20. 怎样正确使用功率表？

正确使用功率表的方法如下。

（1）选择功率表的量程时，应按被测回路的电压和电流的大小来选择功率表电压、电流回路的量程，而不能从功率角度来选择量程。

（2）正确选择功率表的接线方式，其电流回路和负载串联，电流线圈有"＊"端与电源相接，电流线圈的另一端与负载相接。电压回路与负载并联，电压线圈的"＊"端若接电源侧，为电压线圈前接方式，电压线圈的"＊"端接负载侧，为电压线圈后接方式，两种接法均可以采用。

（3）正确读数，多量程功率表通常只有一条标尺刻度，并标注分格数，读数时可以直接读出分格数，然后再乘以每格瓦数，以得到某一量程下的功率数。

21. 怎样正确使用测试灯？

使用测试灯时要注意灯泡的电压与被测部位的电压相符，电压相差过高会烧坏灯泡，相差过低则灯泡不亮。

一般用测试灯来查找故障时应使用较小容量的灯泡；而用它查找接触不良的故障时，宜采用较大容量的灯泡（150～200W），这样可根据灯泡的亮、暗程度来分析故障情况。

检查380V线路的电压时，可用两只220V的灯串联做成测试灯。

⚠ 小提示

测试灯又称"校灯"。利用测试灯可检查线路的电压是否正常，线路是否有断路或接触不良等故障。

22. 如何正确使用绝缘电阻表？

绝缘电阻表，俗称兆欧表、摇表，其测量的阻值在兆欧级。绝缘电阻表

接地
接线柱　表盖　　刻度盘

线路
接线柱　　　　　　　　　　　发电机
　　　　　　　　　　　　　　摇柄

保护环
接线柱　　　　　　　　　提手

　　　　　　　　橡皮底脚

绝缘电阻表外形

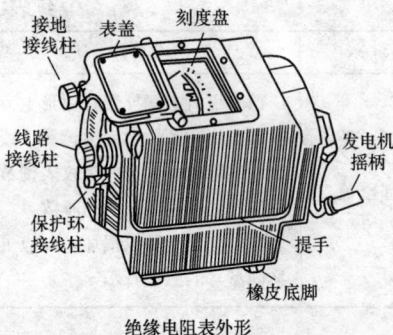

图1-11　绝缘电阻表

主要用来测量电动机、电路的绝缘电阻，测量设备和线路绝缘是否损坏或是否有短路现象。

绝缘电阻表主要由一个磁电式流比计和一只作为测量电源的手摇高压直流发电机组成。绝缘电阻表的外形如图1-11所示。

（1）指针式绝缘电阻表的使用方法及注意事项。

1）测量前应切断被测设备的电源，并进行充分放电（约需2～3min），以确保人身和设备安全。

2）将绝缘电阻表放置平稳，并远离带电导体和磁场，以免影响测量的准确度。

3）正确选择电压和测量范围。应根据被测电气设备的额定电压选用绝缘电阻表的电压等级：一般测量50V以下的用电器绝缘可选用250V绝缘电阻表；测量50～380V的用电设备绝缘情况可选用500V绝缘电阻表；测量500V以下的电气设备，绝缘电阻表应选用读数从零开始的，否则不易测量。

4）对有可能感应出高电压的设备应采取必要的措施。

5）对绝缘电阻表进行一次开路和短路试验，以检查绝缘电阻表是否良好。试验时，先将绝缘电阻表"线路（L）"、"接地（E）"两端钮开路，摇动手柄，指针应指在"∞"位置；再将两端钮短接，缓慢摇动手柄，指针应指在"0"处，否则表明绝缘电阻表有故障，应进行检修。

6）绝缘电阻表接线柱与被测设备之间的连接导线不可使用双股绝缘线、平行线或绞线，而应选用绝缘良好的单股铜线，并且两条测量导线要分开连接，以免因绞线绝缘不良而引起测量误差。

7）绝缘电阻表上有分别标有"接地（E）"、"线路（L）"和"保护环（G）"的三个端钮。测量线路对地的绝缘电阻时，将被测线路接于L端钮上，E端钮与地线相接，如图1-12（a）所示。测量电动机定子绕组与机壳间的绝缘电阻时，将定子绕组接在L端钮上，机壳与E端连接，如图1-12（b）所示。测量电动机或电器的相间绝缘电阻时，L端钮和E端钮分别与两部分接线端子相接，如图1-12（c）所示。测量电缆芯线对电缆绝缘保护层的绝缘电阻时，将L端钮与电缆芯线连接，E端钮与电缆绝缘保护层外表面连接，将电缆内层绝缘层表面接于保护环端钮 G 上，如图 1 - 12 (d) 所示。

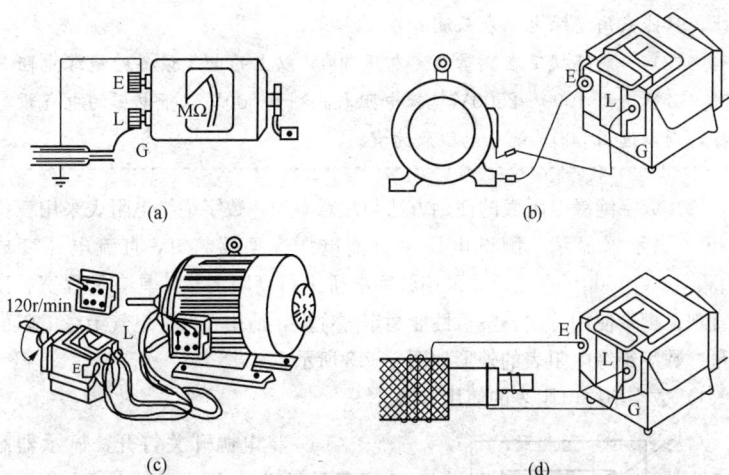

(a)

(b)

(c)

(d)

图 1 - 12　绝缘电阻表测量绝缘电阻的接线

(a) 测量线路对地绝缘电阻；(b) 测量电动机绕组对地绝缘电阻；

(c) 测量电动机相间绝缘电阻；(d) 测量电缆芯线绝缘电阻

8）测量时，摇动手柄的速度由慢逐渐加快，并保持在 120r/min 左右的转速 1min 左右，这时读数才是准确的。如果被测设备短路，指针指零，应立即停止摇动手柄，以防表内线圈发热损坏。

9）测量电容器、较长的电缆等设备的绝缘电阻后，应将"线路（L）"的连接线断开，以免被测设备向绝缘电阻表倒充电而损坏仪表。

10）测量完毕后，在手柄未完全停止转动和被测对象没有放电之前切不可用手触及被测对象的测量部分和进行拆线，以免触电。被测设备放电的方法是：用导线将测点与地（或设备外壳）短接 2～3min。

11）同杆架设的双回路架空线和双母线，当一路带电时，不得测试另一路的绝缘电阻，以防感应高压危害人身安全和损坏仪表。

12）禁止在有雷电时或在高压设备附近使用绝缘电阻表。

🄟 小提示

（1）虽然万用表也能测得数千欧的绝缘电阻，但它所测得的绝缘阻值只能作为参考。因为万用表所使用的电池电压较低，绝缘物质在电压较低时不易击穿，而一般被测量的电气设备均要接在较高的工作电压上，为此，只能采用绝缘电阻表来测量。

（2）一般还规定在测量额定电压500V以上的电气设备的绝缘电阻时，必须选用1000~2500V绝缘电阻表。测量500V以下电压的电气设备，则以选用500V绝缘电阻表为宜。

（2）数字绝缘电阻表的使用方法与注意事项。数字绝缘电阻表采用三位半LCK显示器显示，测试电压由直流电压变换器将9V直流电压变成250V/500V/1000V直流，并采用数字电桥进行高阻测量，具有量程宽、读数直观、携带使用方便、整机性能稳定等优点，适用于各种电气绝缘电阻的测量。数字绝缘电阻表的外形如图1-13所示。

1）数字绝缘电阻表的使用方法。

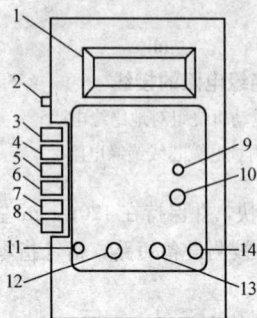

图1-13　数字绝缘电阻表的外形图

1—LCD显示器；2—电源开关（自锁式电源开关）；3~5—量程选择开关（0.01 ~ 20.00MΩ/0.1 ~ 200.0MΩ/0~2000MΩ）；6~8—电压选择开关（250、500、1000V）；9—高压指示（LED显示）；10—自复式测试按键（PUSH）；11—G屏蔽端，测电缆时接保护环电极；12—L线路端，接被测对象线路端；13、14—E1、E2接地端，接被测对象的地端

（a）将电源开关打开，显示器高位显示"1"。

（b）根据测量需要选择相应的量程，并按下0.01~20.00MΩ/0.1~200.0MΩ/0~2000MΩ量程按钮。

（c）根据测量需要选择相应的测试电压，并按下250V/500V/1000V电压按钮。

（d）将被测对象的电极接入绝缘电阻表相应的插孔，测试电缆时，插孔G接保护环。

（e）将输入线"L"接至被测对象线路端，要求"L"引线尽量悬空，"E1"或"E2"接至被测对象接地端。

（f）压下测试按键"PUSH"（此时高压指示LED点亮）进行测试，当显示值稳定后即可读数，读值完毕后松开"PUSH"按键。

（g）如显示器最高位仅显示"1"，表示超量程，需要换至高量程挡，当量程按键已处在 0～2000MΩ 挡时，则表示绝缘电阻已超过 2000MΩ。

2）使用数字绝缘电阻表应注意的事项。

（a）测试前应检查被测对象是否完全脱离电网供电，并应短路放电再进行操作，以保障测试操作安全。

（b）测试时，不允许手持测试端，以保证读数准确和人身安全。

（c）测试时如显示读数不稳，有可能是环境干扰或绝缘材料不稳定的影响，此时将"G"端接到被测对象屏蔽端，可使读数稳定。

（d）电池不足时 LCD 显示器上有欠压符号"LOBAT"显示，须及时更换电池。长期存放时应取出电池，以免电池漏液损坏仪表。

（e）由于仪表具有自动关机功能，如在测试过程中遇到仪表自动关机，则需关闭电源开关，再重新打开，以恢复测试。

（f）空载时，有数字显示属正常现象，不会影响测试。

（g）为保证测试安全和减少干扰，测试线采用硅橡胶材料，勿随意更换。

（h）仪表勿置于高温、潮湿处存放，以延长使用寿命。

23. 怎样检修绝缘电阻表的常见故障？

绝缘电阻表常见故障的原因及检修方法见表 1-8。

表 1-8　　　　　　绝缘电阻表的常见故障及检修方法

故障现象	故障原因	检修方法
绝缘电阻表发电机发不出电压或电压很低，摇柄摇动很重	（1）发电机发不出电压可能是线路接头有断路处。 （2）发电机绕组断线或其中一个绕组断线。 （3）炭刷接触不好或炭刷磨损严重，压力不够。 （4）整流环击穿短路或太脏。 （5）发电机并联电容击穿。 （6）转子线圈短路。 （7）绝缘电阻表内部接线有短路处。 （8）发电机整流环有污物，造成短路	（1）找出断线处，重新焊接好。 （2）焊接发电机绕组断线处或重新绕线圈。 （3）清除污物后更换新炭刷，用细砂纸打磨炭刷，使炭刷在刷架内活动自如。 （4）用酒精清洗整流环，清除污物并吹干，重新装配。 （5）更换同等耐压级别、同等容量的电容。 （6）重新绕制转子线圈。 （7）检查各接头有无短路或因振动使其焊接线脱开而短路到别的接点上，恢复原位，重新焊好。 （8）拆下转子，用酒精刷净，吹干重新装配

续表

故障现象	故障原因	检修方法
绝缘电阻表指针不指零位	（1）导丝变形。 （2）电流线圈或零点平衡线圈有短路或断路处。 （3）电流回路电阻值变大或变小。 （4）电压回路电阻值变大或变小	（1）配换同型号导丝。 （2）重新绕制电流线圈或零点平衡线圈。 （3）更换同规格的电流回路电阻。 （4）更换同规格的电压回路电阻
绝缘电阻表在两表笔开路时指针指不到"∞"位置或超过"∞"位置	（1）表头导丝变形，残余力矩比原来变大。 （2）电压回路电阻值变大。 （3）发电机发出电压不够。 （4）电压线圈有短路或断路处。 （5）指针超过"∞"时，电压回路电阻变小。 （6）指针超过"∞"时，无穷大平衡线圈短路或断路。 （7）指针超过"∞"时，表头导丝变形，残余力矩比原来减小	（1）更换同型号导丝。 （2）更换新的电压回路电阻。 （3）检查原因：若是炭刷接触不好，要更换炭刷；若是整流环短路，要用酒精清洗并吹干；若是整流二极管损坏，则要更换。 （4）重新绕制电压线圈。 （5）更换电压回路变小的电阻。 （6）重新绕制无穷大平衡线圈。 （7）用镊子修理导丝，如果变形严重，要更换表头导丝
绝缘电阻表指针不能转动，或转到某一位置时有卡住现象	（1）绝缘电阻表指针没有平衡于表壳玻璃罩及纸盘中间，造成表针与表壳或纸盘相摩擦。 （2）支撑线圈的上、上轴尖松动，造成线圈与铁心极掌相碰。 （3）线圈内部的铁心与极掌之间间隙处有铁屑等杂物。 （4）绝缘电阻表可动线圈框架内部与铁心相摩擦。 （5）由于导丝变形使指针摆动时与其他固定物相摩擦。 （6）绝缘电阻表指示表盘里或线圈与铁心之间落进细小毛物	（1）用小镊子细心地将指针捏到平衡于表壳玻璃及纸盘的中间位置处。 （2）重新调整上、下轴尖，紧固好宝石螺钉。 （3）拆开绝缘电阻表，用毛刷清除铁心与极掌之间的铁屑或其他杂物。 （4）原因一般是由于紧固铁心螺钉松动，所以要紧固固定铁心的螺钉。 （5）用镊子整形导丝或更新新导丝。 （6）拆开绝缘电阻表，用小细毛刷清除绝缘电阻表表盘，以及线圈与铁心之间的细小毛物

24. 怎样正确使用接地电阻测量仪？

接地电阻测量仪又称接地摇表，专门用来测量各种电气设备的接地电阻、防雷接地装置的接地电阻和重复接地的接地电阻。ZG—8型接地电阻测量仪的外形结构如图1-14所示，它有四个接线端钮（C1、P1、C2、P2）。另外也有三个接线端钮（E、P、C）的接地电阻测量仪。

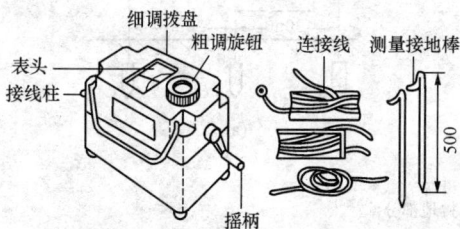

图1-14　接地电阻测量仪及其附件

接地电阻测量仪的使用方法如下。

（1）使用接地电阻测量仪测量接地电阻应在天气良好和土壤干燥时进行。

（2）为了防止其他接地装置影响测量结果，测量时应将被测接地极与其他接地装置临时断开，待测量完后再将断开处牢固连接。

（3）对于三端钮的接地电阻测量仪，测量时 E、P、C 三个接线柱分别接于被测接地体 E′、辅助接地体（探测针）P′ 和 C′。对于四端钮的接地电阻测量仪，其中 P2、C2 可短接后引出一个端钮与 E′ 相接，C1、P1 分别与 C′、P′ 相接，如图1-15所示。

（4）使用专用导线将接地极 E′、电位探测针 P′ 和电流探测针 C′ 分别与仪表的 E、P、C 接线柱相连；E′、P′、C′ 成直线排列，彼此相距约20m，P′ 和 C′ 插入地下 0.5～0.7m。如果地下过于干燥，可沿探针 P′ 和 C′ 注水，使其湿润。

（5）将仪表放平，先检查指针是否处在中心线（红线）上。如果不在中心线上，可调整零位调整器，使其指在中心线上。

（6）将"倍率标度"置于最大倍数，慢慢摇动仪表摇柄，同时旋动"测量标度盘"，使表指针接近中心线。

（7）当表指针接近中心线时，加快摇柄的转速，当摇速约达到120r/min时再细调"测量标度盘"，使指针准确指于中心线上，这时即可读取接地电阻的数值。

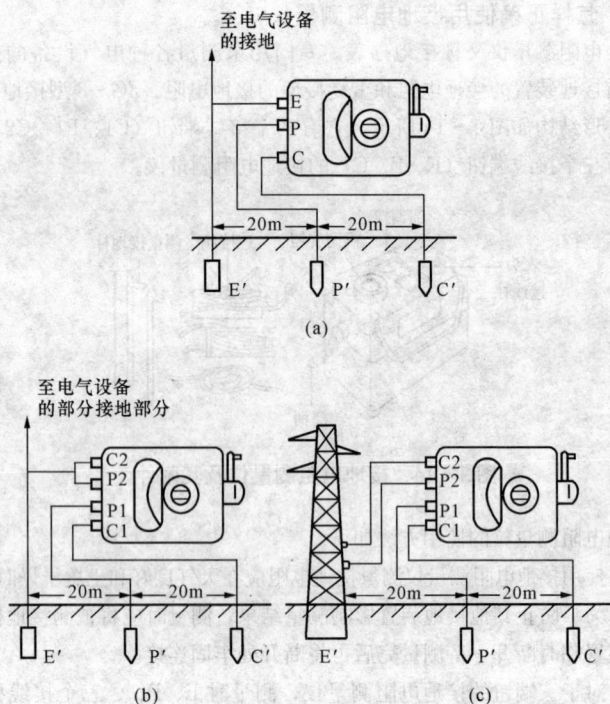

图 1-15　接地电阻测量仪的接线

（a）三端钮式测量仪的接线；（b）四端钮式测量仪的接线；

（c）测量小接地电阻时的接线

（8）如"测量标度盘"的读数小于 1Ω，应将倍率开关置于倍数较小的挡，并重新测量和读数。

（9）用测量标度盘的读数乘以倍率标度的倍数即为所测的接地电阻值。

小提示

接地电阻测量仪的外形与绝缘电阻表很相似，但其结构和使用方法有所不同。

25. 用红外测温仪测温应注意哪些事项？

使用红外测温仪测温时，应将红外测温仪对准要测的物体，按触发器在仪器的 LCD 上读出温度数据，保证安排好距离和光斑尺寸之比及现场。用红外测温仪测温时的注意事项如下。

（1）红外测温仪只能测量表面温度，不能测量内部温度。

（2）不能透过玻璃进行测温，玻璃有很特殊的反射和透过特性，不能精确地对红外温度读数，但可通过红外窗口测温。红外测温仪最好不用于光亮的或抛光的金属表面的测温（不锈钢、铝等）。

（3）定位热点。要发现热点，须将仪器瞄准目标，然后在目标上作上下扫描运动，直至确定热点。

（4）注意环境条件：蒸气、尘土、烟雾等。它会阻挡仪器的光学系统而影响精确测温。

（5）环境温度。如果红外测温仪突然暴露在环境温差为 20℃ 或更高的情况下，允许仪器在 20min 内调节到新的环境温度。

26. 怎样使用电子示波器？

（1）电子示波器的组成。电子示波器由 Y 通道、X 通道、Z 通道、示波管、幅度校正器、时间校正器和电源部分组成。

Y 通道由探头、衰减器、耦合电路、延迟线和放大器组成。为了保证电子示波器的高灵敏度，以便检测微弱的电信号，必须设置前置放大器和末级推挽放大器；为了保证大信号加到示波器输入端显示而不烧坏示波器，必须加衰减器，将经过衰减后的信号引入示波器内部。

示波器可以测量信号源的输出信号，也可以测量电路的输出信号和某点的波形，示波器测量波形有正弦波、矩形波、三角波等，如图 1 - 16 所示。

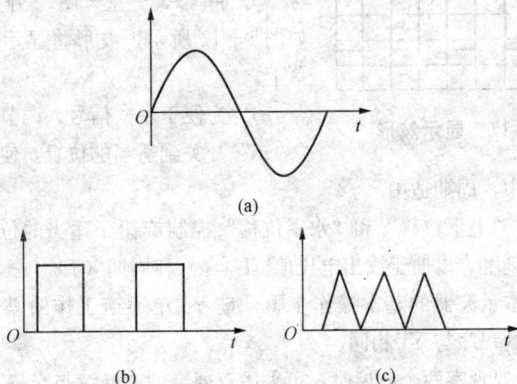

(a)

(b)   (c)

图 1 - 16 示波器测量波形

（a）正弦波；（b）矩形波；（c）三角波

双踪示波器可以在同一个荧光屏上同时显示两个波形，以便于对波形进行观测和比较。双踪示波器的示波管与普通示波器的示波管一样，只有一对 XY 偏转板。双踪示波器是在两个 Y 通道信号间加电子开关，对两个波形显示进行分时控制的。

示波器的种类很多，但它们的功能、原理和使用方法基本相同，下面以 5020C 型双踪示波器为例，介绍示波器的使用方法。

（2）电子示波器使用方法。使用时首先做好测量前的准备工作（如示波器预热、各开关放到合适的位置），然后将输入信号通过探头送到输入端，调整波形到合适的位置。具体方法如下。

各开关及控制旋钮如上所述设置好之后，将电源线连接到交流电源插座上，然后按下列步骤操作。

1）打开电源开关，电源指示灯亮，约 20s 后，示波管屏幕上将出现扫描线，若 60s 后还没有扫线出现，则按上所述再检查开关及控制旋钮的位置。

2）调节"亮度"和"聚焦"旋钮，使扫描线亮度适当，且清晰可读。

3）调节 Y1"位移"旋钮和光迹旋转电位器（用起子调节），使扫描线与水平刻度平行。

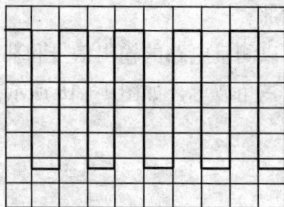

图 1-17　显示波形

4）连接探极（10：1，供给的附件）到 Y1 输入端，将 $0.5U_{p-p}$ 校准信号加到探头上。

5）将"AC—⊥—DC"开关置"AC"，如图 1-17 所示，波形将显示在示波管屏幕上。

6）为便于观察信号，调节"v/cm"和"t/cm"开关到适当的位置，使显示出来的波形幅度适中，周期适中。

7）调节"上下位移"和"水平位移"控制旋钮于适当的位置，使显示的波形对准刻度，以便于读出电压值（U_{p-p}）和周期（T）。

上述为本示波器的基本操作步骤，是 Y1 单通道工作的操作程序。Y2 单通道工作的程序与 Y1 相同。

8）当需要观察两个波形时，可采用双通道的"断续与交替"两种方式。

在"断续"方式时，两个通道信号以 $4\mu s$（250kHz）的速度依次被切换，双通道扫描线是以时间分割的方式同时显示的，当信号频率较高时，应使用交替方式。

在"交替"方式中，一次完整的扫描只显示一个通道，接着是再一次完整的扫描显示下一个通道。这种方式主要用来在快速扫描时显示高频信号。在扫描速度很低时，应使用断续方式。

9）当被显示波形的某一个位置需要沿时间轴方向扩展时，就需用一个较快的扫描速度，然而如果需要扩展的位置远离扫描起点，此时欲扩展部分将跑出屏幕之外。在这种情况下可拉出扫描微调旋钮（置于×10扩展状态）。此时波形将由屏幕中心向左、右扩展10倍。

（3）用示波器测量电压与电流。在测量时一般将"V/div"（伏/格）开关的微调装置以顺时针方向旋至满度的"校准"位置，然后按"V/div"的指示值直接计算被测信号电压的幅值。由于被测信号有直流和交流之分，测量方法分别介绍如下。

1）交流电压测量。首先将Y轴耦合开关置于"AC"位置，调节Y轴耦合开关"V/div"，使波形在屏幕中的位置显示适中，如图1-18所示。调节电平旋钮使波形稳定，分别调节Y轴和X轴位移，使波形显示位置方便读取。根据"V/div"的指示值和波形在垂直方向上的坐标读取计算数值如下。

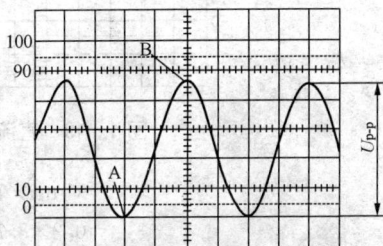

图1-18　交流电压的测量

将示波器的Y轴灵敏度开关"V/div"置于"2"挡，其"微调"开关位于"校准"位置，根据波形偏移原扫描基线的垂直距离，如果被测波形占Y轴的坐标幅度 H 为5div，则

$$U_{p-p} = V/div \times H(div)$$
$$= 2 \times 5V$$
$$= 10V$$

将峰值变为有效值

$$U = U_{p-p}(2\sqrt{2})$$
$$= 10V/(2\sqrt{2})$$
$$= 3.53V$$

如果探头置10∶1衰减位置，则应将计算结果乘以10。

2）直流电压测量。首先将 Y 轴耦合开关置于"GND"位置，调节 Y 轴移位，使扫描基线在一个合适的位置上，再将耦合方式开关转换到"DC"位置，调节"电平"，使波形同步。

将示波器的 Y 轴灵敏度开关"V/div"置于"0.5"挡，其"微调"开关位于"校准"位置，根据波形偏移原扫描基线的垂直距离，此时如果被测波形占 Y 轴的坐标幅度 H 为 3.7div，则此时信号电压 u 的幅度如图 1-19 所示。

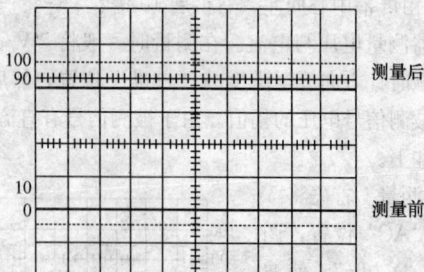

图 1-19　直流电压测量

$$u = V/div \times H \text{ (div)}$$
$$= 0.2 \times 3.7V$$
$$= 0.74V$$

若被测信号经探头输入，则应将探头衰减 10 倍的因素考虑在内，被测信号的 u 幅度实际值为

$$u = 0.2V/div \times 3.7div \times 10$$
$$= 7.4V$$

（4）用示波器测量周期或频率。示波器是测量周期的常用仪器，由于周期和频率互为倒数，所以用它测量周期即可换算成频率，这样简便易行。当测量精确度要求不高时经常采用这种方法。

示波器 X 轴水平扫描系统是一个线性度良好的锯齿波电压，使得光点的 X 轴位移与时间成线性关系。对 X 轴扫描时间进行定量校正后，再将定量值直接刻度在控制旋钮的各挡上。例如任意一种型号的单、双踪示波器，当 X 轴扫描速度置于校正挡时，其扫描速度由选择波段开关位置上的对应值决定。例如 1ms/div、10ms/div 等，表示荧光屏上 1cm（相当一大格）的扫描时间分别为 1ms 和 10ms。

有了扫描时基标准就能测量信号的频率，而示波器上显示的稳定波形至少包含一个完整的周期。如果考虑到 X 轴扫描对被测信号的时间延迟，最好显示两个周期以上的电压波形。读出一个周期的时间，测出两个相邻周期信号同相点之间的 X 轴上的间隔（厘米值）D_0，然后乘以扫描速度 t/cm，则周期时间 T 为

$$T = D_0 \times t/cm \ (s)$$

若 $D_0 = 5cm$，$t/cm = 3ms/cm$，则 $T = D_0 \times t/cm \ (ms)$

$$= 5 \times 3 \times 10^{-3}$$

$$= 15 \times 10^{-3} \ (s)$$

$$f = 1/T = 1/(15 \times 10^{-3}) = 66.6Hz$$

测出 N 个周期波同相点之间的距离 D（cm），则周期时间 $T = (1/N)D/cm$。

27. 使用示波器应注意哪些事项？

使用示波器应注意的事项如下。

（1）防尘、防潮湿，不要用罩布罩上，长期不用要经常通电（一般 20min 以上）烘热。

（2）被测信号输入前要预热。

（3）波形亮度要适中，光点不宜长时间停留在一点。

（4）如果用双踪示波器，两个被测信号应共地连接。

（5）示波器与被测信号的电路之间的连线不宜过长。

第二节 电工电子技术基础

28. 怎样检测二极管？

在使用二极管时，必须注意它的极性不能接错，否则电路就不能正常工作。在使用过程中，有的二极管已在管壳标有极性记号，但有的就没有任何标记，因此就需用简易的测量来将它的正负极判别出来，并判别二极管的好坏。

（1）用一般万用表测试二极管。通常是用万用表测量二极管的正反向电阻来确定其好坏和极性。两个测试表笔间的电压极性正好同万用表的两个接线柱的标号"＋"、"－"相反，即负测试表笔带正电，正测试表笔带负电。

测试时，一般选用万用表的 $R \times 100$ 挡或 $R \times 1k$ 挡，当红、黑表笔分别接二极管的两极时，若万用表指示的电阻值比较小（通常在 $100 \sim 1000\Omega$），

而将红、黑表笔所接电极交换后，所指示电阻值又大于几百千欧，则说明此二极管单向导电性较好，这时交换后的红表笔接的是二极管的正极，黑表笔接的是负极。

如果在测试过程中交换表笔所接管极，所测阻值都很大，甚至为∞，则表示二极管内部已经断路；反之，若交换表笔所接管极，测出的电阻均很小，甚至为0，则表示二极管内部已经短路，这两种情况都说明二极管已经损坏。

（2）用数字万用表来判别二极管。测试时，将测试挡置于二极管挡，红表笔接"Ω"插孔，黑表笔接"COM"插孔。然后将两表笔接被测二极管的两引出极，当显示 0.150～0.300（所测二极管为锗管）或 0.550～0.700（所测二极管为硅管）时，说明此二极管正常，此时红表笔接的是二极管正极、黑表笔接的是负极。测试时，若液晶显示为1，则交换红黑表笔接法，若能显示上述读数范围，就可按上述结论去确定二极管的材料与引出极性；若交换后电表指示仍为1，说明此二极管已损坏。

（3）稳压二极管的检测。一般使用万用表的低电阻挡（$R \times 1k$ 以下）测量稳压二极管正、反向电阻，其阻值应和普通二极管一样。即正向电阻一般应在几十至几百欧之间，反向电阻接近∞。

29. 怎样检测三极管？

（1）用万用表判别管脚。通常在知道三极管的型号后，可以从手册中查到管脚的排列情况。若型号不知，又无法确认三个管脚时（如国外有些塑封管与国内排列就不一样），可用万用表电阻挡来判别其管脚（电阻挡用 $R \times 100$ 挡或 $R \times 1k$ 挡）。

1）基极判别。无论 PNP 管还是 NPN 管，内部都有两个 PN 结，即集电结和发射结。根据 PN 结的单向导电性是很容易将基极判别出来的。判别方法如下。

PNP 型三极管：可将三极管看成两个二极管。当将正表笔（红色）接某一个管脚，负表笔（黑色）分别接另外两管脚，以测量两个阻值时，如测得的阻值均较小，且为 1kΩ 左右时，红表笔所接管脚即为 PNP 型三极管基极；若两阻值一大一小或都大，可将红表笔另接一脚再试，直到两个阻值均较小为止。

NPN 型三极管：其检测基极的方法同上。以黑表笔为准，红表笔分别接另两个管脚，测得的电阻值均较小，且为 5kΩ 左右，则黑表笔所接管脚即为 NPN 型三极管基极。

2）发射极和集电极判断。判别了基极以后，其余两个管脚即为发射极和集电极。因为三极管在反向运用时 β 很低（即发射极当集电极，集电极当发射极），根据正反向运用的明显差异就可以判别哪个是发射极，哪个是集电极，方法如下。

判别集电极：用手将万用表笔分别接基极以外两电极，用嘴含住基极，利用人体电阻实现偏置，测读万用表指示值。再将两表笔对调同样测读，比较两次读数，对 PNP 管，偏转角大的一次中红表笔所接的为集电极；对 NPN 管，偏转角大的一次中黑表笔所接的即为集电极。

（2）三极管好坏的判别。由于三极管是由两个 PN 结构成的，用判断二极管好坏的方法也可判断三极管的好坏。

30. 怎样检测晶闸管的电极？

小功率晶闸管的电极从外形上可以判别，一般阳极为外壳，阴极的引线要比控制极引线粗而长。如果是其他形式的封装，不知电极引线时可以用万用表的电阻挡进行检测。

检测方法是：将万用表置于 $R \times 1\mathrm{k}$ 挡（或 $R \times 100$ 挡），将晶闸管其中一端假定为控制极，与黑表笔相接。然后用红表笔分别接另外两端，若有一次电阻值较小（正向导通），另一次电阻值较大（反向截止），说明黑表笔接的是控制极。在电阻值较小的那次测量中，接红表笔的一端是阴极，电阻值较大的那次，接红表笔的是阳极。若两次测出的电阻值均很大，说明黑表笔接的不是控制极，可重新设定一端为控制极，这样就可以很快判别出晶闸管的三个电极。

31. 怎样检测发光二极管？

由于发光二极管的内部结构是一个 PN 结，具有单向导电的性能，因此可以用万用表测量其正、反向电阻来判别其极性和好坏，方法类似于一般二极管的测量。

测量时，万用表置于 $R \times 1\mathrm{k}\Omega$ 或 $R \times 10\mathrm{k}\Omega$ 挡，测其正、反向电阻值，一般正向电阻约 $200\mathrm{k}\Omega$，反向电阻大于 $2000\mathrm{k}\Omega$ 为正常。如果测得正、反向电阻 $R=0$ 或 $R=\infty$，则说明被测发光二极管已损坏。

判别极性的方法是：当测得正向电阻约 $200\mathrm{k}\Omega$ 时，其黑表笔所连接的一端为正极，红表笔所连接的一端为负极，这和普通二极管的极性判别是一样的。

32. 怎样检测电阻器？

电阻器的检测方法如下。

当需要检测电路中固定电阻时，可用万用表进行测量。在测量一般电器设备电阻器阻值时，可用指针式万用表。但是测量由微机控制的电控系统电路元件或电路参数时，一定要用高阻抗的数字式万用表。

指针式万用表测量电阻器的方法是：测量前，首先将万用表进行调零，如将万用表置于 $R \times 1k\Omega$ 挡，将红、黑表笔短接。使表头指针偏转，此时指针指示电阻值应为零，否则调节 Ω 调零旋钮，使指针指在 0Ω 刻线上。然后用表笔接被测固定电阻器的两个引出端，此时表头指针偏转的指示值即为被测电阻器的阻值，如指示在"10"上，即该固定电阻器的阻值为 $10k\Omega$。

如果指针不摆动，则可将万用表置于 $R \times 10k\Omega$ 挡，并重新调零。指针如果仍不摆动，则表示该固定电阻器内部已断，不能再用。若指针摆动指示为零，可将万用表置于 $R \times 10$ 或 $R \times 1$ 挡，且均需重新调零。此时指针偏转指示的值即为该值 $\times 10$ 或 $\times 1$ 的值。

✒ 33. 怎样检测电容器漏电？

电容器应具有足够的绝缘电阻，可用绝缘电阻表进行测量，一般绝缘电阻应为 $10 \sim 1000M\Omega$。绝缘电阻越小，漏电越严重。严重漏电时，在正常工作电压下也会造成击穿。

对于有极性的电解电容器，不能用绝缘电阻表检查其漏电程度，这时可用万用表来进行测量。

测量时，将万用表置于 $1k\Omega$ 或 $10k\Omega$ 挡，用两根表笔分别接被测电容器的两个引出线。注意不要用手去并接在被测电容器的引出线两端，以免人体漏电电阻并联在上面，引起测量误差。当两根表笔接触被测电容器两个引出线时，这时万用表的表头指针先是向顺时针方向摆动（$R = 0\Omega$ 时），这是因为接入瞬时充电电流最大。然后，指针逐渐向逆时针方向复原退回至 $R = \infty$ 的方向，这是因为充电电流逐渐减小。如果表头指针退不到"∞"处，而在某一值时停止了，则表头指针所指的阻值就是漏电电阻值。

一般电容器的漏电电阻（绝缘电阻）较大，但电解电容器约为几兆欧，这样漏电的大小就可以从表头指针的电阻值去判断。如果所测的阻值大大小于上述阻值，则被测电容器漏电严重，不能使用。

如果被测电容器的容量在 $0.01\mu F$ 以上，将万用表置于 $R \times 10k\Omega$ 高阻量程，而表头指针并不摆动，几乎和没有接上电容器一样，则说明该被测电容器内部已断路。如果是电解电容器，则说明该被测电容器的电解质已干涸，不能使用。

但是被测电容器的容量在 5000pF 以下时，由于充放电的时间太短，将看不到表头的指针摆动，不要认为该电容器已经坏了。

另外，应注意万用表在欧姆挡换挡时必须重新调零，否则将出现较大误差。

34. 怎样检测电容器极性？

电解电容器上"＋"、"－"极性的标记可借助万用表来判别。

具体判别的方法是：先按照测量电容器漏电的方法测出其漏电电阻值，然后将万用表的两根表笔交换一下，再进行一次测量。根据两次测量中的漏电电阻即可判断其极性。因为黑表笔是连接万用表内电池的正极（"＋"），所以漏电电阻小时，黑表笔所连接的一端是电解电容器的正极，而红表笔所连接的一端是电解电容器的负极（"－"）。如果两次测量还看不清，可多测量几次来加以判别。

35. 怎样检测电容器的容量？

用万用表直接测量电容器的容量时，通常用万用表（模拟万用表或称指针式万用表）的两根表笔分别接触电容器的两根引出端，即对电容器进行充放电试验，观察表头指针摆动大小来估计容量，一般是测量 $0.02\mu F$ 以上的容量。`

36. 怎样检测电感器？

电感器也可用 DY1 型多用表直接检测，量程为 $0\sim1mH$、$0\sim100mH$、$0\sim1H$。

具体测量方法是：先将 DY1 型多用表开关中 L 键按下，再将所需测量电感器量程相应的键按下，然后按下 LC－ADJ 键，调节 LC－ADJ 电位器，使表头指针指示为满刻度。这时用表笔即可测量电感量，并由表盘的第四、五、六条刻度线分别读出相应 $0\sim1mH$、$0\sim100mH$、$0\sim1H$ 各挡的电感量。

37. 怎样识别集成电路的引脚？

集成电路是在同一块半导体材料上，利用各种不同的加工方法同时制作出许多极其微小的电阻、电容及晶体管等电路元器件，并将它们相互连接起来，使之具有特定的电路功能的电路。

半导体集成电路的封装形式有晶体管式的圆管壳封装、扁平封装、双列直插式封装及软封装等几种。

（1）圆形结构的识别。圆形结构的集成电路形似晶体管，体积较大，外壳用金属封装，引线脚有 3、5、8、10 多种。识别时将管底对准自己，从管键开始顺时针方向读管脚序号。

（2）扁平形平插式结构的识别。这类结构的集成电路通常以色点作为引脚的参考标记。识别时，从外壳顶端看，将色点置于正面左方位置，靠近色点的引脚即为第1脚，然后按照逆时针方向读出第2、3、…各脚。

（3）扁平式直插式结构（塑料封装）的识别。塑料封装的扁平直插式集成电路通常以凹槽作为引脚的参考标记。识别时，从外壳顶端看，将凹槽置于正面左方位置，靠近凹槽左下方第一个脚为第1脚，然后按逆时针方向读第2、3、…各脚。

（4）扁平式直插式结构（陶瓷封装）的识别。这种结构的集成电路通常以凹槽或金属封片作为引脚参考标记。识别方法同塑料封装。

（5）扁平单列直插结构的识别。这种结构的集成电路通常以倒角或凹槽作为引脚参考标记。识别时将引脚向下置标记于左方，则可从左向右读出各脚。有的集成电路没有任何标记，此时应将印有型号的一面正向对着自己，按上法读取脚号。

38. 怎样检测集成电路？

集成电路的检测方法如下。

（1）检测电阻判别法。可用万用表电阻挡检测引脚与接地端的电阻值，并与标准值比较，若电阻值不符合要求，则说明集成电路有故障。

（2）电压测量判断法。对有可疑的集成电路，测量其引脚电压，将测量的结果与已知值或经验数据进行比较，进而判断出故障范围。

（3）信号检查法。利用示波器及信号源检查电路各极的输入和输出信号。对于数字集成电路主要是通过信号来查清它们的逻辑关系。对集成运算放大器来说，需要弄清其放大特性。可疑级一般发生在正常与不正常信号电压的两测试点之间的那一段。

（4）对有可疑的集成电路，判断是否存在故障的最快办法是采用同型号的、完好的集成电路做替代试验。

39. 晶体管替换的基本方法是怎样的？

（1）正确判断管子的好坏。用仪器仪表（如万用表）测量原管，判断其是否真正损坏。对于损坏者，应查明其型号、类别、主要参数（必要时还要查明其特殊参数），据此选择替换管。

（2）正确判别替换管的各电极。根据整机电路图和印制电路板上的标记，认准并记下原管各电极的位置。根据替换管产品说明书（或手册），分清替换管各电极的位置，然后再用仪器仪表进一步验明各电极的位置。

（3）晶体管的替换应遵循替换管与原管类型相同、特性相近、外形相似三条基本原则。

✦ **40. 集成电路的替换原则是怎样的?**

在检修中当确认一块集成电路损坏后,首先一定要查明损坏电路的原因,是电路本身老化,还是由外部原因引起的,否则替换器件有可能再度造成损坏。所使用的替换器件最好能与元器件规格、型号、生产厂家完全一致。其替换原则如下。

(1) 外形规格及引脚排列顺序应相同。

(2) 电路的结构及工艺类型应相同,如 TTL 替换 TTL,CMOS 替换 CMOS,ECL 替换 ECL 等。

(3) 电路的功能特性应相同。

(4) 电路的一些主要参数应相同或相近,如电源电压、工作频率等。

✦ **41. 集成电路的故障有哪些类型?**

通常可以将每一块集成电路芯片(以下简称为"芯片")看成是带有电源端,输入、输出端,且具有一定功能的黑色方块,对它的内部电路结构可以不去了解,只要判明它的电源端并了解其输入、输出之间的关系和特性即可。如果其输入与输出的特性参数符合要求,输入与输出之间的逻辑关系正确,则认为是正常的,否则表明组件有故障。一般组件故障可以分为两类:① 芯片内部电路的故障;② 芯片外部电路的故障。

(1) 芯片内部电路故障。

1) 输入、输出脚脱焊开路。

2) 输入、输出脚与 U_{cc} 电源或和地线短路。

3) U_{cc} 电源和地线以外的两个引线之间短路。

4) 芯片内部逻辑功能失效。

(2) 芯片外部电路故障。

1) U_{cc} 电源和地线与外部电路节点之间短路。

2) U_{cc} 电源和地线之外的两个节点间短路。

3) 信号开路。

4) 外部元件故障,如电感、电容和电阻等。

综上所述,芯片的故障类型有开路、短路和功能失效三种情况。大量的实践证明,芯片的动态参数(延迟时间、上升边沿时间、下降边沿时间)失效情况较少,而静态参数、静态功能失效情况较多。

静态参数和静态功能是在直流电压信号和低频信号下测试的参数与功能。其功能故障一般有以下几种。

(1) 芯片的功能电流过大,芯片发热,使芯片功能失效。

（2）芯片的输入电流过大，使前级负载加重，将前级信号或电平拉垮。

（3）几个输入端的交叉漏电流过大，从而引起逻辑功能失效。

（4）输入和输出引脚中有开路或短路，致使功能失效。

（5）芯片的频率特性变坏，当工作频率升高时，输出电平的幅度降到3V（对工作电源电压为5V的芯片而言）以下，致使功能失效。

（6）芯片内部输出管负载特性变坏，低电平升高，大于0.8V（如在1～2V之间），使逻辑产生错误。

（7）芯片内部驱动管输出电流太小，不能驱动下一级负载，使逻辑出错。

（8）高、低电平不符合要求，如低电平大于0.6V、高电平小于2.8V，这样的电平一般被称为危险电平或不可靠电平，具有这样输出电平的芯片应当剔除。但要注意，当集电极开路而芯片的输出端不加匹配电阻时也会产生故障电平，但这不是芯片有故障，不应剔除。

以上介绍的基本上属于数字集成电路的故障类型，对于其他集成电路（如模拟线性集成电路）可作为借鉴。

42. 怎样进行电路原理图与印制板图的转换?

下面以图1-20所示电路原理图进行分析。

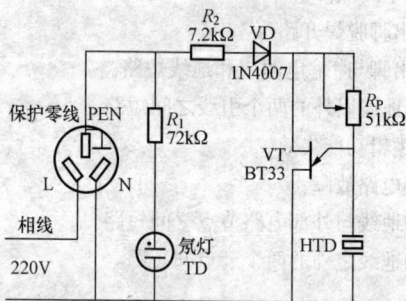

图1-20 电路原理图

（1）原理图到印制板图的要求。

1）根据原理图中的元器件的规格、型号、数量、参数购买合格的元件。

2）选择一块空白覆铜电路板（单面即可）。

3）将元件摆放在空白印制板上，根据原理图的原理合理布局，每一个元件都要整齐摆放好，间隔均匀，最后决定印制板尺寸的大小。

4）特别大而重的元器件，如较大的电源变压器等，不要放在印制板上，可以放在底板上，但在印制板上要留有接线孔，便于连线。

5）用铅笔在印制板上画好边框线，再用手锯沿着框线将它锯下来。

6）按照1∶1的比例选择与印制板尺寸同样的白纸就可以画电路板图了。

（2）印制板图的画法。

1）印制板图的画法有：用画图软件画和用手工画两种方法。对于较简单的电路，用手工画图就可以了。

2）在画图过程中，原理图仍然是画电路板图的依据。按照原理图从左到右、从上到下，依次用铅笔在纸上画出。

3）印制导线要画得宽度一样，接电源和接地端要画得略宽一点。

4）焊盘要画得圆，且大小完全一样，也可以多画一个焊接时备用。

5）引线孔是插入元件用的，三极管管脚的插接面和焊接面顺序是不一样的，在画图时要注意。图要画得圆滑、美观、一致。

6）对照原理图检查有无画错的地方，手工画的印制板如图 1-21 所示（供参考）。

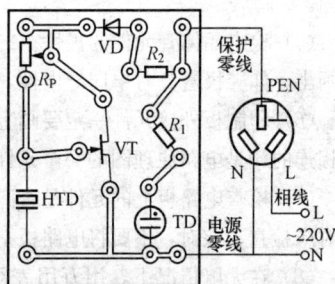

图1-21　手工画的印制板图

✦ 43. 怎样进行印制板图与电路原理图的转换？

下面以图 1-22 所示印制电路板图为例，介绍印制板图与原理图的转换方法。

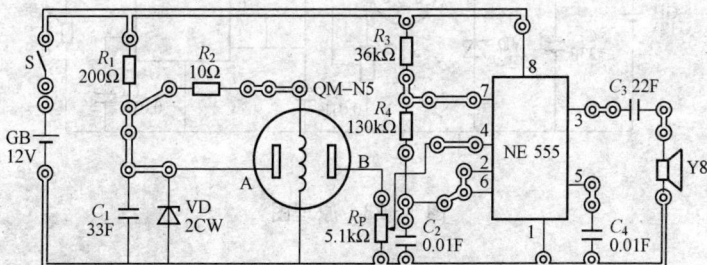

图 1-22　印制电路板图

51

（1）找出电源和接地端。在电路板通电的情况下用万用表测量交流电压和直流电压数值，以标定电路原理图的电压等级和数值，如变压器的二次交流电压或整流后的直流电压。接地电压为0V。

（2）找出元件合理正确的接线。关掉电源开关，在无电的情况下，每个元件的引线都插入一个引线孔，顺着引线孔查找元件连接是否正确，一一画出。

（3）找出电解电容的正或负端。电解电容是有极性的，分清电容正、负极后，在原理图上标出。

（4）边测绘边绘制。为了与电路板一一对应，在测绘时可边测绘边画原理图。

（5）检查晶体管元件的极性。二极管和三极管等晶体管元件的极性要正确画出，如二极管具有单向导电性，不能画反了。

（6）印制板外接元件一定要画上。有的元件虽不在印制板上，但和电路是相连的，是电路原理图的一个元件，千万不要忘记画了。

（7）检查电路板上的元件是否漏画。测绘好电路原理图后，与电路板一一对应检查、核对，不要将电路板上的元件漏画了。

（8）在无电情况下，用万用表欧姆挡测量印制板上的元件参数，将型号、参数标在原理图上。画好的原理图如图1-23所示（供参考）。

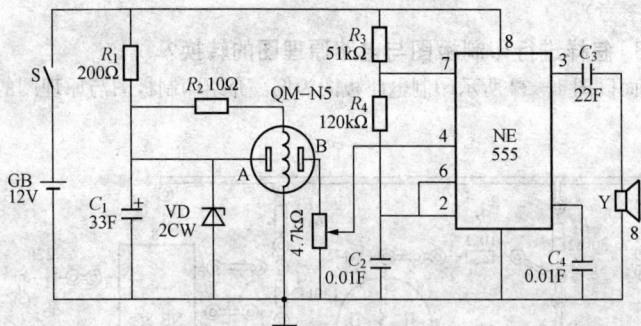

图1-23 原理图

第三节　电工基本操作技能

44. 怎样剥削塑料硬线绝缘层？

剥削塑料硬线绝缘层方法如下。

芯线截面为 $4mm^2$ 及以下的塑料硬线，其绝缘层用钢丝钳剖削，如图 1-24 所示。根据所需线头长度用钳头刀口轻切绝缘层（不可切伤芯线），然后用右手握住钳头用力向外勒去绝缘层，同时左手握紧导线反向用力配合动作。

芯线截面大于 $4mm^2$ 的塑料硬线，可用电工刀来剖削其绝缘层，方法如下。

（1）根据所需的长度用电工刀以 45°斜切入塑料绝缘层，如图 1-25（a）所示。

（2）接着刀面与芯线保持 15°左右，用力向线端推削，不可切入芯线，削去上面一层塑料绝缘层，如图 1-25（b）所示。

（3）将下面的塑料绝缘层向后扳翻，最后用电工刀齐根切去，如图 1-25（c）所示。

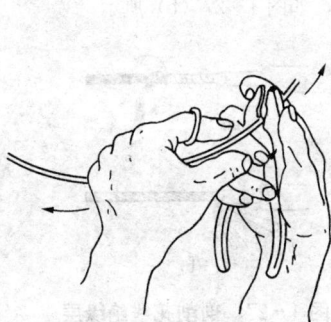

图 1-24　用钢丝钳剖削
塑料硬线绝缘层

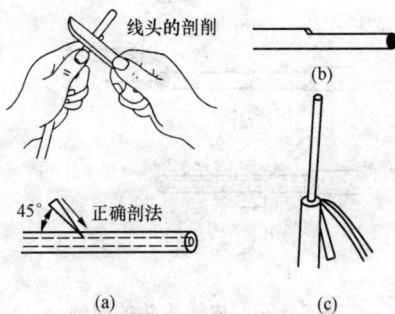

图 1-25　用电工刀剖削
塑料硬线绝缘层

45. 怎样剥削皮线线头？

剥削皮线线头方法如下。

（1）在皮线线头的最外层用电工刀割破一圈，如图 1-26（a）所示。

（2）削去一条保护层，如图 1-26（b）所示。

（3）将剩下的保护层剥割去，如图1-26（c）所示。

（4）露出橡胶绝缘层，如图1-26（d）所示。

（5）在距离保护层约10mm处，用电工刀以45°斜切入橡胶绝缘层，并按塑料硬线的剖削方法剥去橡胶绝缘层，如图1-26（e）所示。

46. 怎样剥削花线线头？

剥削花线线头方法如下。

（1）花线最外层棉纱织物保护层的剖削方法与里面为橡胶绝缘层的剖削方法类似，如皮线线端的剖削。由于花线最外层的棉纱织物较软，可用电工刀将四周切割一圈后用力将棉纱织物拉去。

（2）在距棉纱织物保护层末端10mm处，用钢丝钳刀口切割橡胶绝缘层，不能损伤芯线，然后右手握住钳头，左手将花线用力抽拉，通过钳口勒出橡胶绝缘层。花线的橡胶层剥去后就露出了里面的棉纱层。

（3）用手将包裹芯线的棉纱松散开，如图1-27（a）所示。

（4）用电工刀割断棉纱，即露出芯线，如图1-27（b）所示。

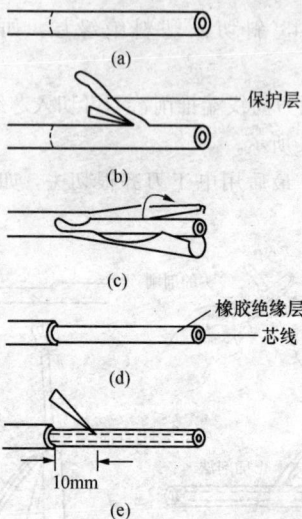

图1-26 皮线线头的剖削

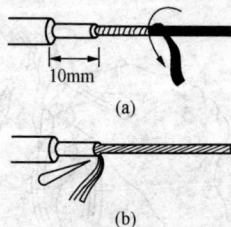

图1-27 剖削花线绝缘层

47. 怎样剥削塑料护套线？

剥削塑料护套线方法如下。

（1）按所需长度用电工刀刀尖对准芯线缝隙划开护套层，如图1-28（a）所示。

（2）向后扳翻护套层，用电工刀齐根切去，如图1-28（b）所示。

（3）在距离护套层5～10mm处，用电工刀按照剖削塑料硬线绝缘层的

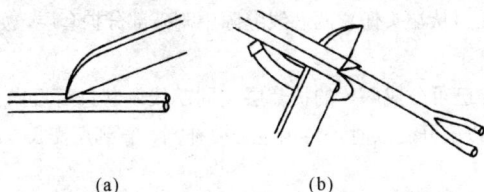

(a)   (b)

图 1-28　剖削塑料护套线绝缘层

方法分别将每根芯线的绝缘层剥除。

48. 怎样剥削塑料多芯软线和橡胶软电缆线头？

（1）剥削塑料多芯软线。剥削塑料多芯软线不要用电工刀剖削，否则容易切断芯线。可以用剥线钳或钢丝钳剥离塑料绝缘层，具体方法如下。

1）左手拇指、食指先捏住线头，按连接所需长度，用钢丝钳钳头刀口轻切绝缘。只要切破绝缘层即可，千万不可用力过大，使切痕过深，如图 1-29（a）所示。

2）左手食指缠绕一圈导线，并握拳捏住导线，右手握住钳头部，两手同时反向用力，左手抽右手勒，即可将端部绝缘层剥离芯线，如图 1-29（b）所示。

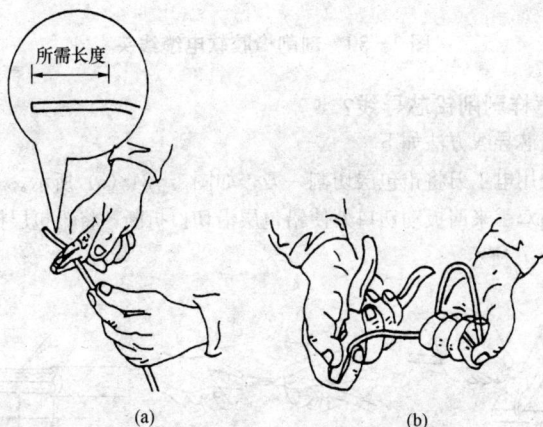

所需长度

(a)   (b)

图 1-29　钢丝钳剖削塑料多芯软线

（2）剥削橡胶软电缆线头的方法。

1）用电工刀从端头任意两芯线缝隙中割破部分护套层，如图1-30（a）所示。

2）将割破已可分成两片的护套层连同芯线一起进行反向分拉来撕破套层，当撕拉难以破开套层时，再用电工刀补割，直到所需长度时为止，如图1-30（b）所示。

3）翻扳已被分割的护套层，在根部分别切断，如图1-30（c）所示。

4）将麻线在护套层切口根部扣结加固，如图1-30（d）所示。

5）每根芯线的绝缘层按所需长度用塑料软线的剖削方法进行剖削，护套层与绝缘层之间应有10mm左右的错开长度，如图1-30（e）所示。

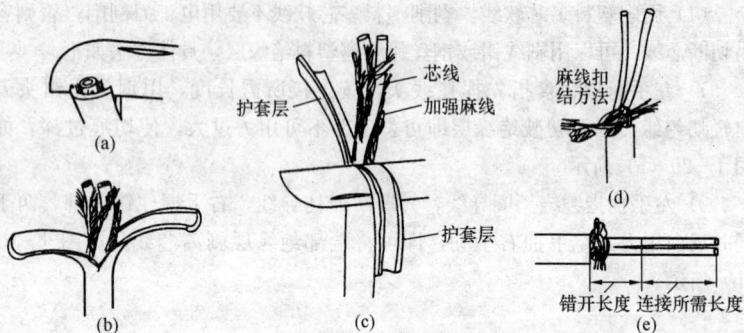

图1-30　剖削橡胶软电缆线头

49. 怎样剥削铅芯导线？

剥削铅芯导线方法如下。

（1）先用电工刀将铅包层切割一刀，如图1-31（a）所示。

（2）用双手来回扳动切口处使铅包层沿切口折断，将铅包层拉出来，如图1-31（b）所示。

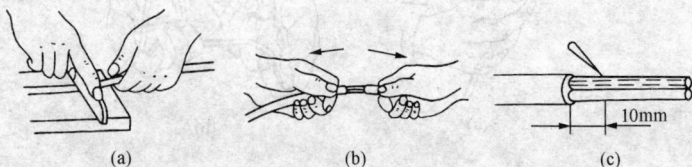

图1-31　剖削铅芯导线绝缘层

（3）内部绝缘层的剖削方法与塑料硬线绝缘层的剖削方法相同，如图1-31（c）所示。

50. 怎样连接铜芯导线？

铜芯导线的连接方法主要有以下几种。

（1）单股铜芯导线的直线连接。连接时，先将两导线芯线线头按图1-32（a）所示成 X 形相交，然后按图 1-32（b）所示互相绞合 2～3 圈后扳直两线头，接着按图 1-32（c）所示将每个线头在另一芯线上紧贴并绕 6 圈，最后用钢丝钳切去余下的芯线，并钳平芯线末端。

（2）单股铜芯导线的 T 字分支连接。将支路芯线的线头与干线芯线十字相交，在支路芯线根部留出 10mm，然后顺时针方向缠绕支路芯线，缠绕 5～8 圈后，用钢丝钳切去余下的芯线，并钳平芯线末端。如果连接导线截面较大，两芯线

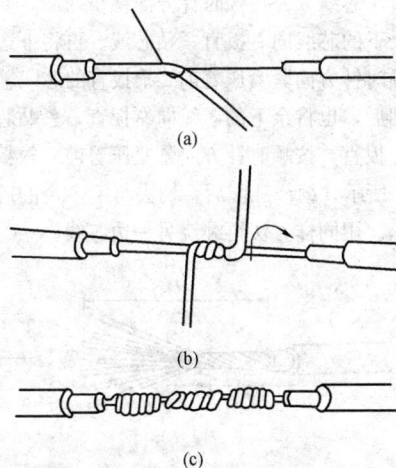

(a)

(b)

(c)

图 1-32　单股铜芯导线的连接方法

十字交叉后直接在干线上紧密缠 5 圈即可，如图 1-33（a）所示。较小截面的芯线可按图 1-33（b）所示方法，环绕成结状，然后再将支路芯线线头抽紧扳直，向左紧密地缠绕 6～8 圈，剪去多余芯线，钳平切口毛刺。

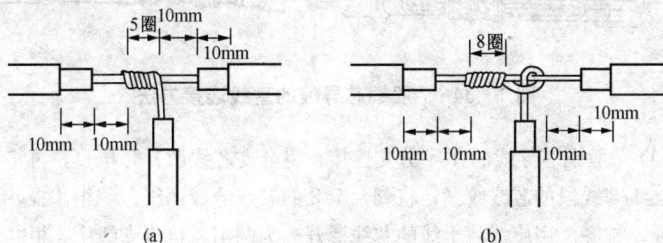

(a)

(b)

图 1-33　单股铜芯导线的 T 字分支连接方法
（a）连接导线截面大；（b）连接导线截面小

（3）7 股铜芯导线的直线连接。先将剖去绝缘层的芯线头散开并拉直，再将靠近绝缘层 1/3 线段的芯线绞紧，然后将余下的 2/3 芯线头分散成伞状，如图 1-34（a）所示，并将每根芯线拉直。将两股伞状芯线线头相对，隔股交叉直至伞形根部相接，然后捏平两边散开的线头，如图 1-34（b）所示。将一端的 7 股芯线按 2、2、3 根分成三组，将第一组 2 根芯线扳起，垂直于芯线，并按顺时针方向缠绕两圈，如图 1-34（c）所示。缠绕两圈后将余下的芯线向右扳直紧贴芯线。再将下边第二组的 2 根芯线向上扳直，也按顺时针方向紧紧压着前 2 根扳直的芯线缠绕，如图 1-34（d）所示。缠绕两圈后，也将余下的芯线向右扳直，紧贴芯线。再将下边第三组的 3 根芯线向上扳直，按顺时针方向紧紧压着前 4 根扳直的芯线向右缠绕，如图 1-34（e）所示。缠绕三圈后，切去每组多余的芯线，钳平线端，如图 1-34（f）所示。用同样方法再缠绕另一边芯线。

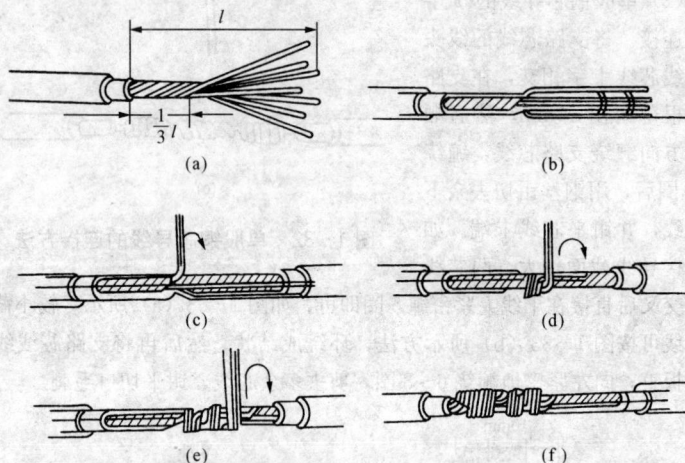

图 1-34　7 股铜芯导线的直线连接方法

（4）7 股铜芯导线的 T 字分支连接。将分支芯线散开并拉直，再将紧靠绝缘层 1/8 线段的芯线绞紧，将剩余 7/8 的芯线分成两组，一组 4 根，另一组 3 根，排齐。用旋凿将干线的芯线撬开分为两组，再将支线中 4 根芯线的一组插入干线芯中间，而将 3 根芯线的一组放在干线芯线的前面，如图 1-35（a）所示。将 3 根芯线的一组在干线右边按顺时针方向紧紧缠绕 3～4 圈，并钳平线端，将 4 根芯线的一组在干线芯线的左边按逆时针方向缠绕

4～5圈，如图1-35（b）所示，最后钳平线端，连接好的导线如图1-35（c）所示。

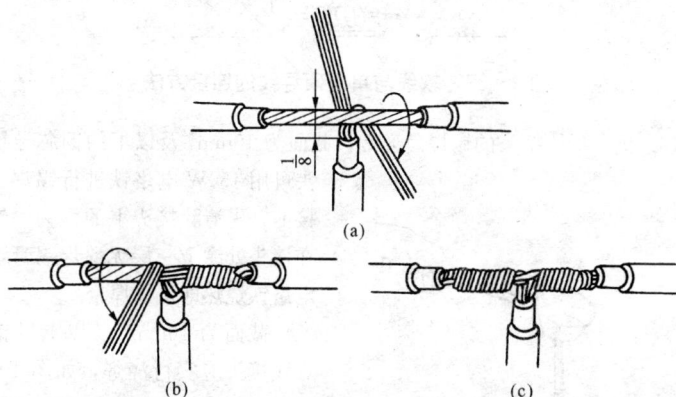

图1-35　7股铜芯导线的T字分支连接方法

（5）19股铜芯导线的直线连接。19股铜芯导线的直线连接与7股铜芯导线的直线连接方法基本相同。由于19股铜芯导线的股数较多，可剪去中间的几股，按要求在根部留出一定长度绞紧，隔股对叉，分组缠绕。连接后，在连接处应进行钎焊，以增加其机械强度和改善导电性能。

（6）19股铜芯导线的T字分支连接。19股铜芯导线的T字分支连接与7股铜芯导线的T字分支连接方法也基本相同，只是将支路芯线按9根和10根分成两组，将其中一组穿过中缝后，沿干线两边缠绕。连接后也应进行钎焊。

（7）不等径铜导线的连接，如图1-36所示。如果要连接的两根铜导线的直径不同，可将细导线线头在粗导线线头上紧密缠绕5～6圈，弯折粗线头端部，使它压在缠绕层上，再将细线头缠绕3～4圈，剪去余端，钳平切口即可。

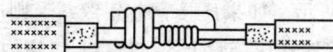

图1-36　不等径铜导线的连接方法

（8）软线与单股硬导线的连接。连接软线和单股硬导线时，可先将软线拧成单股导线，再在单股硬导线上缠绕7~8圈，最后将单股硬导线向后弯曲，以防止绑线脱落，如图1-37所示。

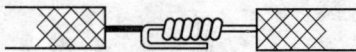

图1-37　软线与单股硬导线的连接方法

（9）铜芯导线接头的锡焊。通常，截面为10mm² 及以下的铜芯导线接头可用150W电烙铁进行锡焊。焊接前，先清除接头上的污物，然后在接头处涂上一层无酸焊锡膏，待电烙铁烧热即可锡焊。

截面为16mm² 及以上的铜芯导线接头应实行浇焊，如图1-38所示。浇焊时，先将焊锡放在化锡锅内，用喷灯或在电炉上熔化。若熔化的锡液表面呈磷黄色，就表明锡液已达到高温。此时可将导线接头放在锡锅上面，用勺盛上锡液，从接头上浇下，直到完全焊牢为

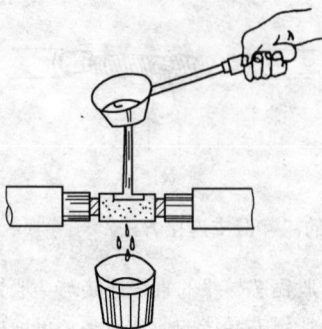

图1-38　铜芯导线接头的锡焊方法

止，最后用清洁的抹布轻轻擦去焊渣，使接头表面光滑。

51. 怎样连接铝芯导线？

由于铝的表面极易氧化，而氧化铝薄膜的电阻率又很高，所以铝芯导线主要采用压接管压接和沟线夹螺栓压接的方式。

（1）压接管压接。压接管压接又叫套管压接。这种压接方法适用于室内外负荷较大的多根铝芯导线的直接连接。接线前，先选好合适的压接管，如图1-39（a）所示；清除线头表面和压接管内壁上的氧化层和污物，然后将两根线头相对插入并穿出压接管，使两线端各自伸出压接管25~30mm，如图1-39（b）所示；再用压接钳压接，如图1-39（c）所示；压接后的铝线接头如图1-39（d）所示。如果压接钢芯铝绞线，则应在两根芯线之间垫上一层铝质垫片。压接钳在压接管上的压坑数目：室内线头通常为4个，室外通常为6个。铝绞线压坑数目：截面为16~35mm² 的为6个，50~70mm² 的为10个。钢芯铝绞线压坑数目：截面16mm² 的为12个，25~35mm² 的为14个，50~70mm² 的为16个，95mm² 的为20个，120~

$150mm^2$ 的为 24 个。

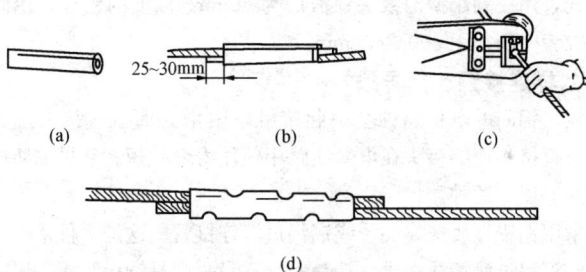

图 1-39 压接管压接方法

（a）压接管；（b）穿进压接管；（c）压接；（d）压接后的铝芯线

（2）沟线夹螺栓压接。此法适用于室内外截面较大的架空铝导线的直线和分支连接。连接前，先用钢丝刷除去导线线头和沟线夹线槽内壁上的氧化层和污物，涂上凡士林锌膏粉（或中性凡士林），然后将导线卡入线槽，旋紧螺栓，使沟线夹紧紧夹住线头而完成连接，如图 1-40 所示。为防止螺栓松动，压紧螺栓上应套以弹簧垫圈。

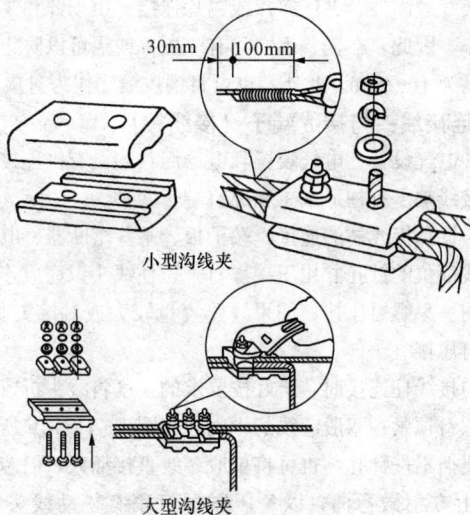

图 1-40 沟线夹螺栓压接

沟线夹的大小和使用数量与导线截面大小有关。通常截面为 $70mm^2$ 及以下的铝线，用一副小型沟线夹；截面为 $70mm^2$ 以上的铝线，用两副大型沟线夹，二者之间相距 300～400mm。

52. 怎样连接铜、铝导线？

由于铜、铝间的电化腐蚀会引起接触电阻增大而造成接头过热，因此铜、铝导线直接相连的接头在电气线路中使用寿命很短。常见的防电化腐蚀的连接方法有以下两种。

(1) 采用铜铝过渡接线端子或铜铝过渡连接管。这是一种常用的防电化腐蚀方法。铜铝过渡接线端子一端是铝筒，另一端是铜接线板。铝筒与铝导线连接，铜接线板直接与电气设备引出线端子相接。

在铝导线上固定铜铝过渡接线端子常采用焊接法或压接法。采用压接法时，压接前剥掉铝导线端部绝缘层，除掉导线接头表面和端子内部的氧化层，将中性凡士林体加热，熔成液体油脂，将其涂在铝筒内壁上，并保持清洁。将导线线芯插入铝筒内，用压接钳进行压接。压接时，先在靠近端子线筒口处压第一个压槽，然后再压第二个压槽。

如果是铜导线与铝导线连接，则采用铜铝过渡连接管，将铜导线插入连接管的铜端，铝导线插入连接管的铝端，然后用压接钳压接。

(2) 采用镀锌紧固件、夹垫锌片或锡片连接。由于锌和锡与铝的标准电极电位相差较小，因此，在铜、铝之间有一层锌或锡可以防止电化腐蚀。锌片和锡片的厚度为 1～2mm。此外，也可将铜皮镀锡作为衬垫。

53. 怎样连接线头与接线端子（接线柱）？

通常，各种电气设备、电气装置和电器用具均设有供连接导线用的接线端子。常见的接线端子有柱形端子和螺钉端子两种。

(1) 线头与针孔接线柱的连接。端子板、某些熔断器、电工仪表等的接线大多利用接线部位的针孔并用压接螺钉来压住线头以完成连接。如果线路容量小，可只用一只螺钉压接；如果线路容量较大或对接头质量要求较高，则使用两只螺钉压接。

单股芯线与接线柱连接时，最好按要求的长度将线头折成双股并排插入针孔，使压接螺钉顶紧在双股芯线的中间，如图 1-41 (a) 所示。如果线头较粗，双股芯线插不进针孔，也可将单股芯线直接插入，但芯线在插入针孔前应朝着针孔上方稍微弯曲，以免压紧螺钉稍有松动线头就脱出，如图 1-41 (b) 所示。

在接线柱上连接多股芯线时，先用钢丝钳将多股芯线进一步绞紧，以保

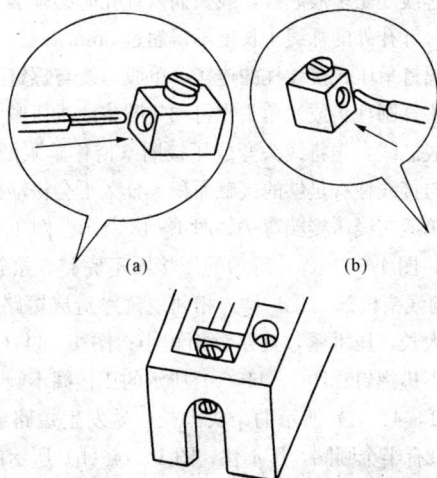

图 1-41 单股芯线与针孔接线柱连接

(a) 芯线折成双股进行连接；(b) 单股芯线插入连接

证压接螺钉顶压时不致松散。此时应注意，针孔与线头的大小应匹配，如图 1-42 (a) 所示。如果针孔过大，则可选一根直径大小相宜的导线作为绑扎线，在已绞紧的线头上紧紧地缠绕一层，使线头大小与针孔匹配后再进行压接，如图 1-42 (b) 所示。如果线头过大，插不进针孔，则可将线头散开，适量剪去中间几股，如图 1-42 (c) 所示，然后将线头绞紧就可进行压接。通常 7 股芯线可剪去 1~2 股，19 股芯线可剪去 1~7 股。

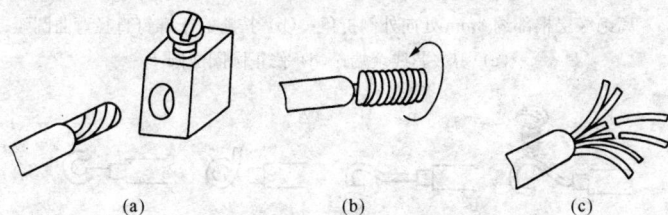

图 1-42 线头与针孔接线柱的连接

(a) 针孔合适的连接；(b) 针孔过大时线头的处理；

(c) 针孔过小时线头的处理

无论是单股芯线还是多股芯线，线头插入针孔时必须插到底，导线绝缘层不得插入孔内，针孔外的裸线头长度不得超过 3mm。

（2）线头与螺钉平压式接线柱的连接。单股芯线与螺钉平压式接线柱的连接是利用半圆头、圆柱头或六角头螺钉加垫圈将线头压紧完成连接的。对载流量较小的单股芯线，先将线头弯成压接圈（俗称羊眼圈），再用螺钉压紧。为保证线头与接线柱有足够的接触面积，日久不会松动或脱落，压接圈必须弯成圆形。单股芯线压接圈弯法如图 1-43 所示。图 1-44 所示的 8 种压接圈都不规范；图 1-44（a）所示的压接圈不完整，接触面积太小；图 1-44（b）所示的线头根部太长，易与相邻线碰触造成短路；图 1-44（c）所示的导线余头太长，压不紧，且接触面积小；图 1-44（d）所示的压接圈内径太小，套不进螺钉；图 1-44（e）所示的压接圈不圆，压不紧，易造成接触不良；图 1-44（f）所示的余头太长，易发生短路或触电事故；图 1-44（g）所示只有半个圆圈，压不住；图 1-44（h）所示的软线线头未拧紧，有毛刺，易造成短路。

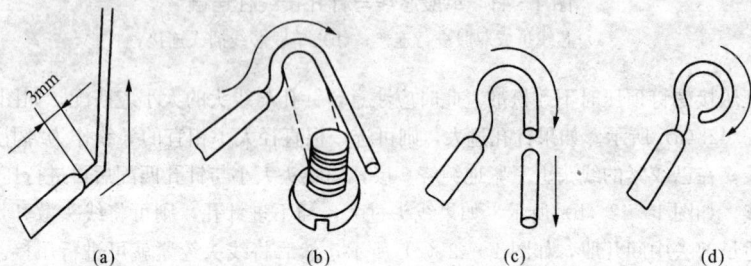

图 1-43 单股芯线压接圈弯法

（a）离绝缘层根部约 3mm 处向外侧折角；（b）按略大于螺钉直径弯曲圆弧；

（c）剪去芯线余端；（d）修正圆圈成圆

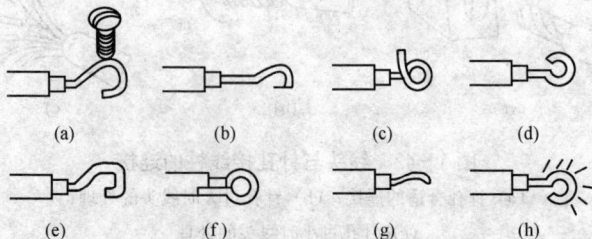

图 1-44 不规范的压接圈

对于横截面不超过 $10mm^2$ 的 7 股及以下多股芯线，应按图 1-45 所示方法弯制压接圈。首先将离绝缘层根部约 1/2 长的芯线重新绞紧，越紧越好，如图 1-45（a）所示；将绞紧部分的芯线在离绝缘层根部 1/3 长处向左外折角，然后弯曲圆弧，如图 1-45（b）所示；当圆弧弯曲得将成圆圈（剩下 1/4 长）时，应将余下的芯线向右外折角，然后使其成圆，捏平余下线端，使两端芯线平行，如图 1-45（c）所示；将散开的芯线按 2、2、3 根分成三组，将第一组两根芯线扳起，垂直于芯线［要留出垫圈边宽，如图 1-45（d）所示］；按 7 股芯线直线对接的自缠法加工，如图 1-45（e）所示。图 1-45（f）所示是缠成后的 7 股芯线压接圈。

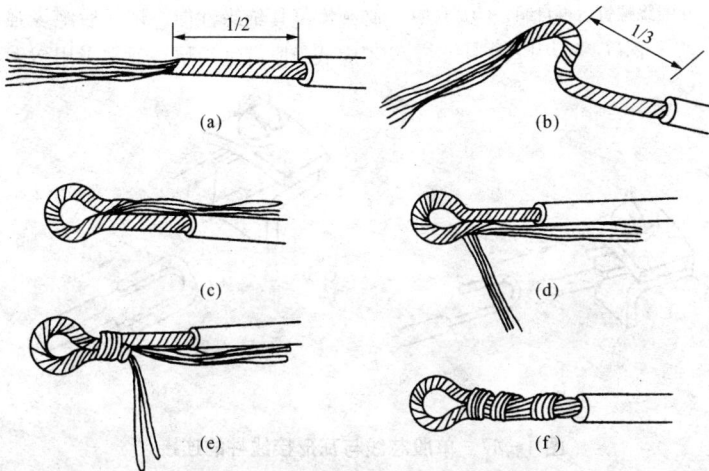

图 1-45　7 股导线压接圈弯法

对于横截面超过 $10mm^2$ 的 7 股以上软导线端头，应安装接线耳。压接圈与接线圈连接的工艺要求是：压接圈和接线耳的弯曲方向与螺钉拧紧方向应一致；连接前应清除压接圈、接线耳和垫圈上的氧化层及污物，然后将压接圈或接线耳放在垫圈下面，用适当的力矩将螺钉拧紧，以保证接触良好。压接时不得将导线绝缘层压入垫圈内。

软导线线头也可用螺钉平压式接线柱连接。软导线线头与压接螺钉之间的绕结方法如图 1-46 所示，其工艺要求与上述多股芯线压接相同。

（3）线头与瓦形接线柱的连接。瓦形接线柱的垫圈为瓦形。为了保证线

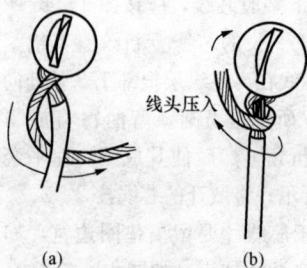

**图1-46 软导线线头用手压式
接线柱的连接法**

（a）围绕螺钉后再自缠；（b）自缠
一圈后，端头压入螺钉

头不从瓦形接线柱内滑出，压接前应先
将已去除氧化层和污物的线头弯成 U
形，如图 1-47（a）所示，然后将其卡
入瓦形接线柱内进行压接。如果需要将
两个线头接入一个瓦形接线柱内，则应
使两个弯成 U 形的线头重合，然后将其
卡入瓦形垫圈下方进行压接，如图
1-47（b）所示。

54. 怎样恢复导线绝缘层？

导线绝缘层被破坏或导线连接以后
必须恢复其绝缘性能。恢复后绝缘强度
不应低于原有绝缘层。通常采用包缠法

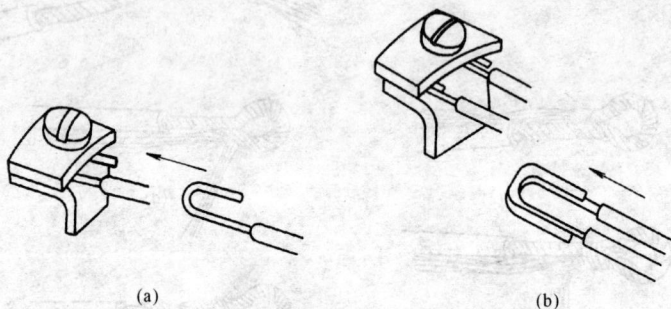

图1-47 单股芯线与瓦形接线柱的连接

（a）一个线头连接方法；（b）两个线头连接方法

进行恢复，即用绝缘胶带紧扎数层。绝缘材料有黄蜡带、涤纶薄膜带和黑胶
带。绝缘带的宽度一般选用 20mm 比较适中，包缠也方便。

（1）绝缘带的包扎方法。将黄蜡带从导线左边完整的绝缘层处开始包
缠，包缠两根带宽后方可进入连接处的芯线部分，如图 1-48（a）所示。包
缠时，黄蜡带与导线应保持 55°的倾斜角，每圈压叠带宽的 1/2，如图 1-48
（b）所示。包扎一层黄蜡带后，将黑胶布接在黄蜡带的尾端，按另一斜叠方
向包扎一层黑胶布，每圈也压叠带宽 1/2，如图 1-48（c）和（d）所示。

（2）注意事项。

1）在 380V 线路上恢复导线绝缘时，必须先包扎 1～2 层黄蜡带，然后

约两根宽带

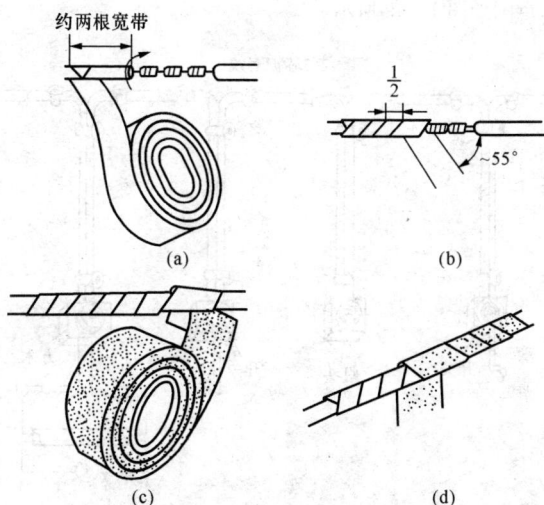

(a)

(b)

(c)

(d)

图 1-48　导线绝缘层恢复方法

(a) 起始包扎位置；(b) 包扎角度；(c)、(d) 黑胶布包扎方法

再包一层黑胶布。

2) 在 220V 线路上恢复导线绝缘时，先包扎一层黄蜡带，然后再包一层黑胶布，或者只包两层黑胶布。

3) 绝缘带包扎时，各包层之间应紧密相接，不能稀疏，更不能露出芯线，以免造成触电或短路事故。

4) 存放绝缘带时不可放在温度很高的地方，也不可被油类侵蚀，以免粘胶热化。

55. 怎样进行导线的敷设与固定？

塑料护套线是一种具有塑料保护层的多芯绝缘导线，可用于直接敷设在空心板、墙壁及其他建筑物表面等处。

塑料护套线配线过程包括錾子定位、粉线画线、凿孔、埋设预埋件和保套管、固定线卡（包括铝片卡和塑料卡钉）、导线敷设等。

(1) 定位画线。根据电源进线和用电器的安装位置确定导线路径。用錾子打击痕迹作为定位点，用粉线在建筑物表面画出导线走向线，每间隔 150~200mm 划出固定钢精轧头的位置，并根据设计安装要求标出照明器具、穿墙套管、导线分支点及转角处的位置，距开关、插座的距离。塑料护套线配线示意图如图1-49所示。

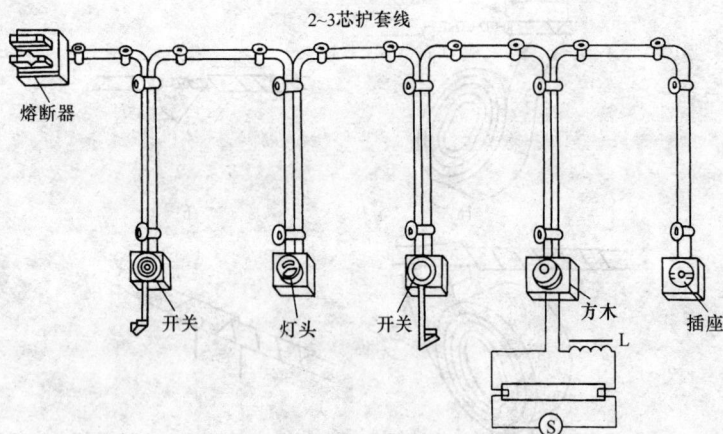

图1-49　塑料护套线配线示意图

（2）固定接线卡。

1）用钢精扎头的固定方法。钢精扎头用来固定 BVV、BLVV 型护套线，它是用 0.35mm 厚的铝片制成的。根据导线的粗细不同和固定方式的不同，钢精扎头的形状分为用小铁钉固定和用粘合剂固定两种。钢精扎头的规格有 0、1、2、3 号等，号码越大，长度越长。钢精扎头的大小（号数）要与护套线的规格及敷设的根数相配合，具体配合情况见表1-9。如果护套线并排敷设根数多，则用较大的 3 号钢精扎头也包不过来，或者钢精扎头买小了，这时可采用接长的办法，即将一个钢精扎头的尾部穿入另一钢精扎头的头部，将尾部翻折一下。

表1-9　　　　钢精扎头与护套线配合表

护套线型号（芯数×截面积）	钢精扎头规格			
	0号	1号	2号	3号
	可夹根数			
BVV-70 2×1.0	1	2	2	3
BVV-70 2×1.5	1	1	2	3

续表

护套线型号	钢精扎头规格			
（芯数×截面积）	0号	1号	2号	3号
	可夹根数			
BVV－70 3×1.5		1	1	2
BLVV－70 2×2.5		1	2	2

在木结构上可沿线路在固定点直接用钉子固定钢精扎头。在砖结构上应每隔4～5m挡将钢精扎头钉牢在预埋的木榫上，中间的钢精扎头可用小钉钉在粉刷层内，如图1－50所示。但在转角、分支、进木台和进电器处应预埋木榫固定铝片卡。在混凝土墙上或预制板上可用木榫或环氧树脂粘合剂固定钢精扎头。采用粘结法时，在粘贴前应将建筑物上粘贴面的粉刷层清理干净，使钢精扎头底面与水泥或砖面直接粘住，待粘贴剂干透方可敷线，否则容易脱落。

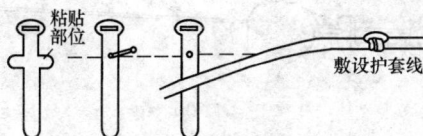

图 1－50 钢精扎头的固定方式

2）塑料卡钉的固定方法。塑料卡钉也称塑料钢钉电线卡，由塑料卡和水泥钉组成，其外形有两种，如图1－51所示。配线时，根据所敷设护套线的外形是圆形的还是扁形的选用圆形卡槽或方形卡槽的卡钉。卡钉的规格很多，可用于外径为3～20mm的护套线。常用的塑料卡钉的规格有4、6、8、10、12号等，

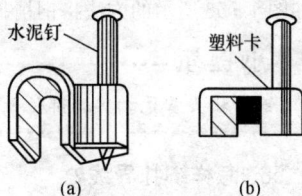

图 1－51 塑料卡钉
(a) 圆形卡槽；(b) 方形卡槽

69

号码的大小表示塑料卡钉卡口的宽度。10号及以上为双钢钉塑料卡钉。

配线时，用塑料卡钉卡住电线，用锤子将水泥钉直接钉在墙上。在墙面上钉卡钉时，击打要准确，钉入深度要适可而止，以免钉歪或将墙面钉崩了。用塑料电线卡布线，所用的塑料卡槽要与电线的外径相适应，电线嵌入槽内不能太松也不能太紧。同一根护套线上固定单钉塑料卡钉时，钢钉的位置应在同一方向或在同一区域内。

3）敷设护套线方法。护套线的敷设必须横平竖直，敷设时，用一只手拉紧导线，另一只手将导线固定在钢精扎头上，如图1-52（a）所示。对截面积较大的护套线，为了使护套线敷设得平直，可在直线部分的两端临时安装两副瓷夹。敷线时，先将护套线一端固定在一副瓷夹内并旋紧瓷夹，接着在另一端收紧护套线并勒直，然后固定在另一副瓷夹中，使整段护套线挺直，如图1-52（b）所示。最后将护套线依次夹入钢精扎头中。

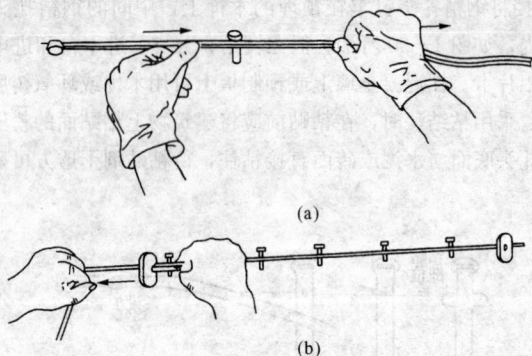

(a)

(b)

图1-52　护套线的敷设方法

4）钢精扎头的固定方法。护套线均置于钢精扎头的钉孔位置后，即可按如图1-53所示的方法将钢精扎头收紧夹持护套线。

！小提示

钢精扎头首尾相接的部位最好处于护套线的中间，不要偏。

56. 怎样绑扎导线？

瓷柱配线施工中，导线拉紧后要用铜线或镀锌铁线将导线绑扎到每个瓷柱上。为了避免绑线损伤导线绝缘层，应在绑扎导线的地方用橡胶布带缠上两层，导线绑扎有直线段导线绑扎和始终端导线绑扎两种方式。

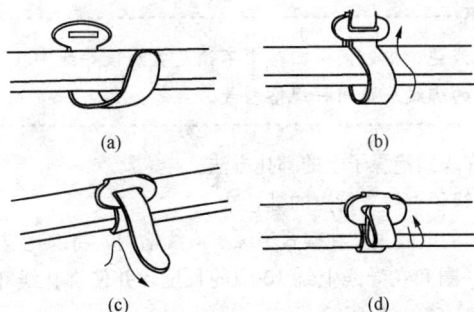

图 1-53　钢精扎头收紧夹持护套线

（a）将铝片卡两端扳起；（b）将铝片卡的尾端从另一端孔中穿过；

（c）用力拉紧，使铝片卡紧紧地卡住导线；（d）将尾部多余部分折回

（1）直导线的绑扎法。对于直线段导线的绑扎方法又分为单绑法和双绑法两种。单绑法适用线路导线截面积在 $6mm^2$ 以下，其具体操作方法如图 1-54（a）所示；双绑法适用线路导线截面积在 $10mm^2$ 及以上，具体操作方法如图 1-54（b）所示。始终端导线的绑扎操作方法如图 1-54（c）所示，当导线截面积为 $1.5\sim2.5mm^2$ 时，公圈数为 8 圈，单圈数为 5 圈；若导线截面积为 $4\sim25mm^2$，公圈数为 12 圈，单圈数为 5 圈。

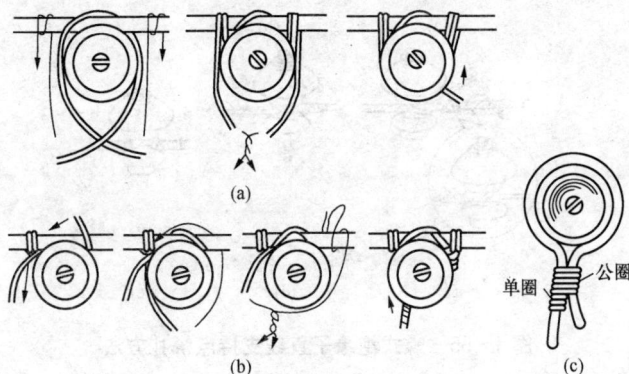

单圈　　公圈

图 1-54　导线绑扎法

（a）直线段单绑法；（b）直线段双绑法；（c）始终端绑扎法

> **⚠ 小提示**
>
> 在瓷柱配线施工中，同一回路中不论是直线段导线绑扎还是始终端导线绑扎，所用的绑线应是同一规格型号。

（2）导线在蝶式绝缘子上的绑扎方法。

1）蝶式绝缘子直线支持点的绑扎法。

（a）将拉紧的电线紧贴在蝶式绝缘子嵌线槽内，将绑扎线一端留出足够在嵌线槽中绕一圈和在导线上绕10圈的长度，并使绑扎线和导线成"×"状相交，如图1-55（a）所示。

（b）将盘成圈状的绑扎线从导线右下方绕嵌线槽背后缠至导线左下方，并压住原绑扎线和导线，然后绕至导线右边，再从导线右上方围绕至导线左下方，如图1-55（b）所示。

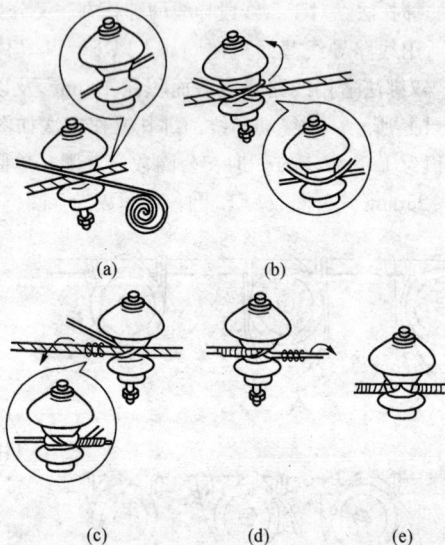

(a)   (b)

(c)   (d)   (e)

图1-55　蝶式绝缘子直线支持点绑扎方法

（c）从贴近绝缘子处开始，将绑扎线紧缠在导线上，缠满10圈后剪除余端，如图1-55（c）所示。

（d）将绑扎线的另一端围绕到导线右下方，也要从贴近绝缘子处开始，紧缠在导线上，缠满 10 圈后剪除余端，如图 1-55 (d) 所示。

(e) 绑扎完毕，如图 1-55 (e) 所示。

2) 蝶式绝缘子始终端支点的绑扎方法。

(a) 将导线末端在绝缘子嵌线槽内围绕一圈，如图 1-56 (a) 所示。

(b) 将导线末端压住第一圈后再围绕第二圈，如图 1-56 (b) 所示。

(c) 将绑扎线短端嵌入两导线并合处的凹缝中，绑扎线长端在贴近绝缘子处按顺时针方向将两导线紧紧地缠扎在一起，如图 1-56 (c) 所示。

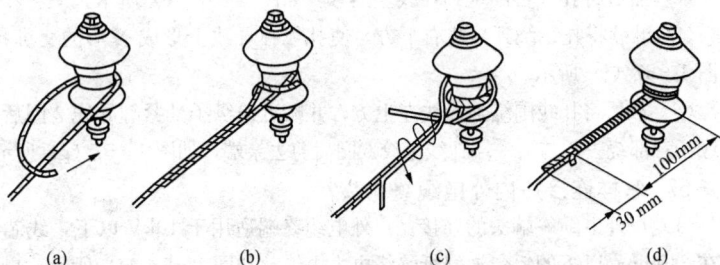

图 1-56　蝶式绝缘子始终端支点的绑扎法

3) 针式绝缘子的绑扎法。

(a) 绑扎前先在导线绑扎处包缠 150mm 长的铝箔带，如图 1-57 (a) 所示。

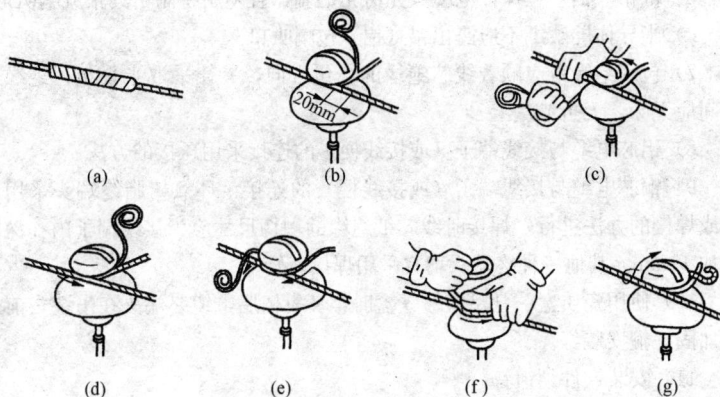

图 1-57　针式绝缘子的绑扎法

73

（b）将扎线短的一端在贴近绝缘子处的导线右边缠绕3圈，然后与另一端扎线互绞6圈，并将导线嵌入绝缘子颈部嵌线槽内，如图1-57（b）所示。

（c）接着将扎线从绝缘子背后紧紧地绕到导线的左下方，如图1-57（c）所示。

（d）接着将扎线从导线的左下方围绕到导线右上方，并如同上法再将扎线绕绝缘子1圈，如图1-57（d）所示。

（e）然后将扎线再围绕到导线左上方，如图1-57（e）所示。

（f）继续将扎线绕到导线右下方，使扎线在导线上形成X形的交绑状，如图1-57（f）所示。

（g）最后将扎线围绕到导线左上方，并贴近绝缘子处紧缠导线3圈后向绝缘子背部绕去；与另一端扎线紧绞6圈后剪去余端，如图1-57（g）所示。

57. 怎样连接户内外电缆终端头？

（1）户外电缆终端头的连接。户外电缆终端适用于10kV以下，线芯截面在240mm^{2}以下的铅包油浸纸绝缘电力电缆，如图1-58（a）所示。户外电缆终端头的连接过程及注意事项如下。

1）施工过程中必须按照有关规则进行安装。

2）施工地点应保证干燥清洁，周围温度一般应在5℃以上。

3）电缆头必须一次性连续切剥后使用。

4）6～10kV电缆终端头带电引上线至接地距离在200mm以上。

5）剖铅（铝）应保证电缆头光滑无毛刺，且须用特制工具张成喇叭形。

6）半导体屏蔽纸不应露出铅（铝）包喇叭口。

7）包缠绝缘带应顺着线芯绝缘的绕包方向，一律采取半叠包，绝缘带层间应无味、无折皱。

8）铝芯电缆与接线端子（或接线梗）的连接采用压接的方法。

9）铜芯电缆与接线端子（或接线梗）的连接：环氧树脂终端头采用压接或焊接的办法进行，焊接时线芯纸绝缘的剥切尺寸应为接线端子内孔深度再加15mm。其他三种终端头均宜采用焊接。

10）使用瓷质盒、鼎足式铸铁盒时，环氧树脂电缆终端头在吊装之前须将加固抱箍安装好。

11）安装铁件须镀锌。

12）在电缆终端头处，电缆的铠装、铅（铝）包和铸铁终端盒应有良好的电气连接，应按《电气设备接地装置规程》接地。

(a)

(b)

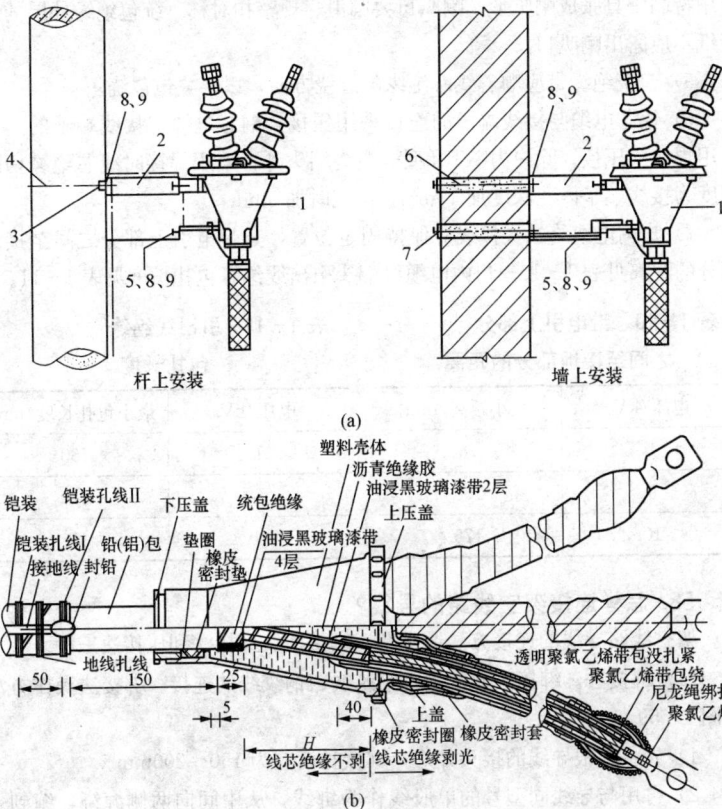

图 1-58　电缆终端头

(a) 户外电缆终端头；(b) 户内电缆终端头

1—电缆终端头；2—固定支架；3—M 形垫铁；4—U 形抱箍；

5—加固抱箍；6—方头螺栓；7—双头螺栓；8、9—螺栓

(2) 户内电缆终端头的连接。户内电缆终端头如图 1-58 (b) 所示，它包括环氧树脂电缆终端头、NTN 型电缆终端头和户内干包电缆终端头的制作与安装，其操作方法如下。

1) 施工过程中均按有关规程进行。

2) 施工地点应保证干燥清洁，周围温度一般应在 5℃以上。

3) 电缆头必须一次性连续切剥后使用。

4) 电缆剖铅（铝）工作应保证包口光滑无毛刺，不应损伤统包绝缘，

应用特制工具张成喇叭形，喇叭口要圆滑、规整扣对称。统包绝缘外层的屏蔽纸不应露出喇叭口。

5）包绕绝缘带应顺着线芯绝缘的缠绕方向，以半叠包包绕。

6）铝芯电缆与接线端子的连接采用压接，铜芯电缆与接线端子的连接采用焊接或压接。除户内 NTN 型电缆终端头外，采用焊接时线芯绝缘切除长度为接线端子内孔深度加 15mm，压接时加 5mm。

7）户内电缆终端头接线应保持固定位置，其带电引上部分之间至接地部分的距离见表 1-10。户内电缆终端头引出线绝缘包扎长度见表 1-11。

表 1-10 带电引上部分之间至接地部分的距离

电压/kV	最小距离/mm
1	75
6	100
10	175

表 1-11 引出线绝缘包扎长度

电压/kV	最小包扎长度/mm
1	160
6	270
10	315

▲58. 怎样连接架空线路的导线？

架空线路导线的连接方法通常有：绑接法、叉接法和压接法三种。

（1）绑接法。绑接法通常用于铝绞线、铜绞线的连接。绑接法操作方法如图 1-59（a）所示。

1）先将两根导线的接头并好，绑接长度应为 150～200mm。

2）再用与导线同型号的单股线作为绑线，从中间向两侧缠绕，缠到头时与导线的线头拧成小辫收尾。

3）最后将导线尾部弯好，防止导线被拉出。

4）较大截面积的导线使用线夹连接，而不用绑接法。

（2）叉接法。铜绞线及导线截面积在 35mm^2 及以下的铝绞线多采用叉接法连接，这种接法的导线连接长度一般为 200～300mm。叉接法的操作方法如图 1-59（b）所示。

1）先将导线接头长度的 1/2 顺序拆开拉直，去掉表面的污垢，做成"伞骨"的样子。

2）将两个伞骨每隔一股互相交叉插到底，将插好的线拢在一起，用电工钳压紧，用同导线一样的单股线在中间缠绕 50mm，绕完后将绑线头弯成直角靠拢在导线上。

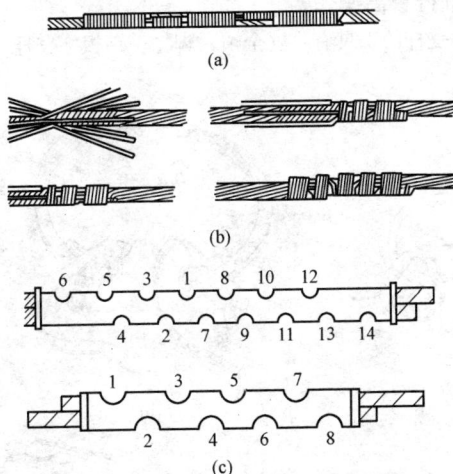

(a)

(b)

6 5 3 1 8 10 12
4 2 7 9 11 13 14

1 3 5 7
2 4 6 8

(c)

图 1-59　架空线路的连接方法
(a) 绑接法；(b) 叉接法；(c) 压接法

3) 再用导线本身的单股线压住绑线头，并逐步向两端缠绕，绕完一股后，再用另一股线头将余下的前股线尾压在下面，继续缠绕，直到绕完为止。

4) 最后一股缠完后，与前边压住的线头拧成小辫收尾，接头接好后涂上少量中性的凡士林油或导电膏，以减少氧化膜的产生。

(3) 压接法。由于铝极易氧化，并且氧化膜的电阻很高，因此铝导线一般应采用压接法。压接法的操作方法如图 1-59 (c) 所示。

1) 将准备连接的两个断头用绑线扎紧后再锯齐。

2) 根据导线规格选择适当的铝压接管及钳压膜。

3) 用汽油清洗管内壁及被连接部分导线的表面，并在导线表面涂一层电力脂（导电膏）或中性凡士林。

4) 将连接的两根导线的端头穿入钳压管中，导线端头露出管外部分不得小于 20mm。用于钢芯铝绞线的钳压管中，两导线间夹有一条铝垫片，可增加接头的连接力，使接头良好。

5) 用压接钳按压按顺序压出一定数量的凹坑，每个压坑应一次压完，中途不能间断。导线的型号不同，压坑的深度也不同。压坑过深，会使导线受到损伤，影响机械强度；压坑过浅，可能压接不紧，使导线被抽出来。

59. 怎样进行登高操作？

电工常用的登杆的工具有：安全帽、脚扣、踏板、登杆携带的工具和安全带等，如图 1-60 所示。

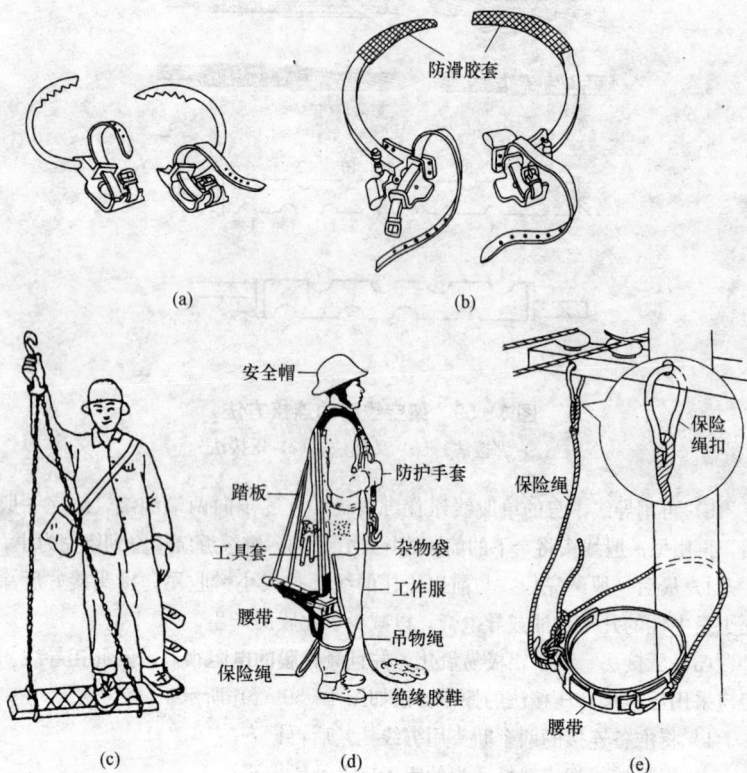

图 1-60　常用的登杆工具

（a）木脚扣；（b）铁脚扣；（c）踏板；（d）登杆携带的工具；（e）安全带

（1）脚扣。脚扣又称铁脚扣，是攀登杆塔的工具，它主要由弧形扣环和脚套组成，分为木杆脚扣［见图 1-60（a）］和水泥杆脚扣［见图 1-60（b）］。木杆脚扣的半圆形扣环上制有铁齿，以咬入木杆内起防滑作用；水泥杆脚扣的半圆形扣环上及其根部装有扎花橡胶套或橡胶垫，以增加攀登时的摩擦力，防止打滑。

（2）踏板。踏板又叫登板，由板、绳、钩组成，如图 1-60（c）所示。

板由质地坚韧的木材制成，尺寸一般为 640mm×80mm×25mm。绳索是直径为 16mm、长 2.6～4m 的白棕绳或尼龙绳，长度要适应使用者的身材，一般保持一人一手长。踏板和白棕绳均应能承受 300kg 力重量，且每半年要进行一次载荷试验。

（3）登杆携带的工具如图 1-60（d）所示。

（4）安全带。安全带是用来防止发生空中坠落事故的安全用具，由腰带、保险绳和保险绳扣组成，如图 1-60（e）所示。腰带是用来系挂保险绳、腰绳和吊物绳的，系在腰部以下、臀部以上的部位；保险绳是用来防止失足时人体坠落到地面上的，其一端系在腰带上，另一端用保险挂钩系在横担、抱箍或其他固定物上，要高挂低用；腰绳系在杆塔上，用来固定身体的下部。

另外，登高的工具还有安全帽和梯子。

（5）安全帽是来保护施工人员头部的，必须由专门工厂生产。在架空线路等电气设备的安装或检修现场，以及在可能有上空落物的工作场所或进行登高作业时都必须戴好安全帽。

安全帽的技术条件为：① 耐冲击力为 36N，即将 3.6kg 重物悬空 1.5m 高，自然落下冲击安全帽一次，不裂者为合格品；② 硬度（邵式）为 90 以上；③ 重量为 320g 以下；④ 使用期限一般为 5 年以上。

（6）电工常用的梯子有直梯和人字梯。直梯用于户外登高作业，常用的规格有 13、17、19、21 挡和 25 挡，直梯的两脚应各绑扎胶皮之类防滑材料；人字梯用于户内登高作业，人字梯应在中间绑扎两道防自动滑开的安全绳。

登高操作的方法如下。

（1）用踏板登杆和下杆。

1）用踏板登杆的方法。

（a）先将一只踏板挂钩挂在杆塔上，高度以操作者能跨上为宜，另一踏板反挂在肩上。

（b）右手握住挂钩端双根棕绳，并用大拇指顶住挂钩，左手握在左边贴近木板的单根棕绳，将右脚跨上踏板，然后用力使人体上升，待人体重心转到右脚，左手即向上扶住杆塔，如图 1-61（a）、（b）所示。

（c）当人体上升到一定高度时，松开右手并向上扶住杆塔，使人体立直，将左脚绕过左边单根棕绳踏入木板内，如图 1-61（c）所示。

（d）待人体站稳后，在杆塔上方挂上另一只踏板，然后右手紧握上一只踏板的双根棕绳，并使大拇指顶住挂钩，左手握位左边贴近木板的单根棕绳，将左脚从下踏板左边的单根棕绳内退出，踏在正面下踏板上，接着将右脚跨上踏板，手脚同时用力，使人体上升，如图1-61（d）所示。

（e）当人体离开下面一只踏板时，需要将下面一只踏板解下，此时左脚必须抵住杆塔，以免人体摇晃不稳，如图1-61（e）所示，以后重复上述各步骤进行攀登，直至上升到所需高度。

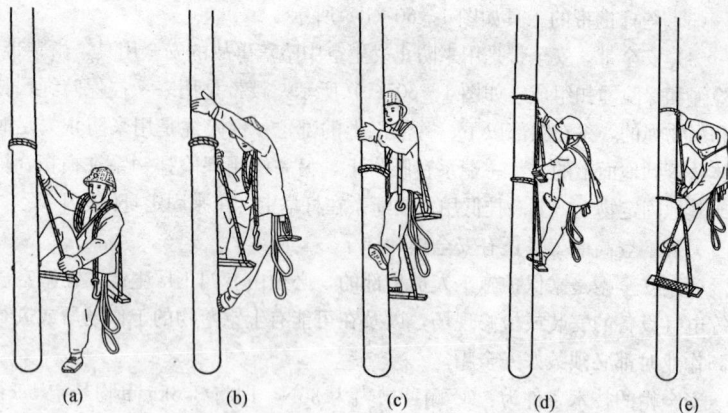

（a）　　　　（b）　　　　（c）　　　　（d）　　　　（e）

图1-61　踏板登杆的方法

（a）、（b）上踏板；（c）、（d）、（e）登杆上升

2）用踏板下杆的方法。

（a）人体站稳在一只踏板上（左脚绕过左边单根棕绳踏入木板内），将另一只踏板钩挂在下方的杆塔上。

（b）右手紧握踏板挂钩处的双根棕绳，并用大拇指抵住挂钩，左脚抵住杆塔下端，随即用左手握住下踏板的挂钩处，人体也随着左脚的下降而下降，同时将下踏板下降到适当位置，将左脚插入下踏板两根棕绳间并抵住杆塔，如图1-62（a）所示。

（c）然后将左手握住上踏板的左端棕绳，同时左脚用力抵住杆塔，以防踏板滑下和人体摇晃，如图1-62（b）所示。

（d）双手紧握上踏板的两端棕绳，左脚抵住杆塔不动，人体逐渐下降，双手也随人体下降而下移至紧握棕绳的位置，直到贴近两端木板，此时人体向后仰开，同时右脚从上踏板退下，使人体不断下降，直至右脚踏到下踏板上，如图1-62（c）、（d）所示。

（e）将左脚从下踏板两根棕绳内抽出，人体贴近杆塔站稳，左脚下移并绕过左边棕绳踏到下踏板上，如图1-62（e）所示，以后重复上述各步骤，直至操作者着地为止。

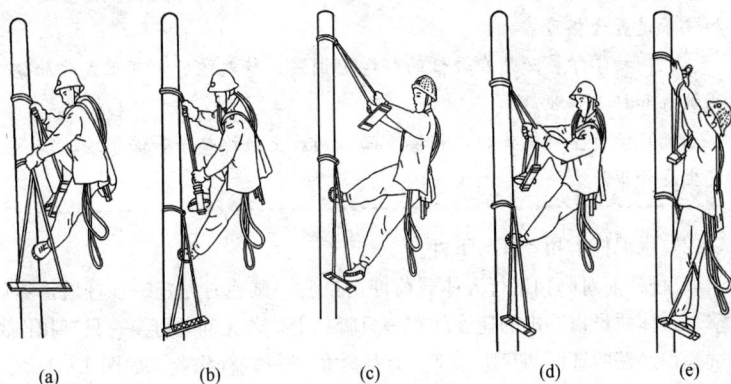

图 1-62 登踏板下杆的方法

小提示

注意事项如下。

(1) 使用踏板前一定要检查有无开裂和腐朽，绳索有无断股。

(2) 踏板挂钩时必须正勾，如图 1-63 所示，切勿反勾，以免造成脱钩事故。

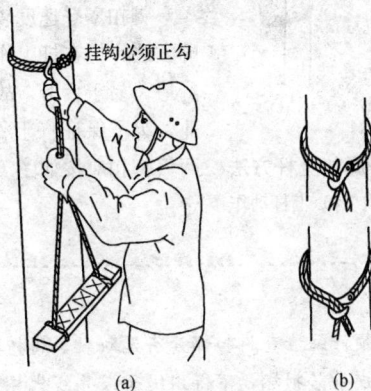

图 1-63 踏板的挂钩

（a）正确操作；（b）错误操作

（3）登杆前，应先将踏板挂好，用人体作冲击载荷试验，检查踏板和腰带是否合格可靠。

（4）初学学员必须在较低的杆塔上训练，待熟练后才可正式参加登高训练和杆上作业。

（5）学员登杆操作时，杆塔下面必须放上海绵垫子等保护物，以免发生意外事故。

（2）水泥杆脚扣登杆与下杆。

1）登杆前对脚扣进行人体载荷冲击试验，试验时先登一步杆塔，然后使整个人体质量以冲击的速度加在一只脚扣上，若无问题再换一只脚扣作冲击试验，经试验证明两只脚扣都完好后才能进行登杆作业，如图1-64（a）所示。

2）左脚向上跨扣，左手应同时向上扶住杆塔，如图1-64（b）所示。

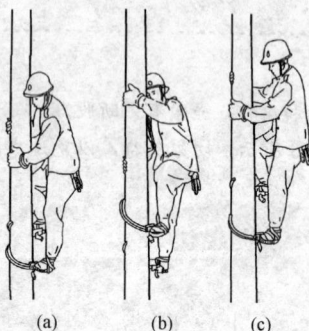

3）接着右脚向上跨扣，右手应同时向上扶住杆塔，如图1-64（c）所示，以后将上述步骤重复进行，直至所需高度。

4）下杆时要手脚协调配合并向下移动身体，其动作与上杆时相反。

脚扣攀登速度较快，容易掌握登杆的方法，但在杆上作业时没有踏板灵活舒适，易于疲劳，故适用于杆上短时作业，为了保证杆上作业人员身体平稳，两只脚扣应按图1-64所示方法进行定位。

图1-64　水泥杆脚扣登杆方法
（a）试验脚扣；（b）、（c）上杆动作

小提示

注意事项如下。

（1）使用前必须仔细检查脚扣部分有无断裂、腐朽现象，脚扣皮带是否牢固可靠，脚扣皮带若损坏，不得用绳子或导线代替。

（2）一定要按杆塔的规格选择大小合适的脚扣，水泥杆脚扣可用于木杆，但木杆脚扣不可用于水泥杆。

（3）雨天或冰雪天不宜用脚扣登杆。

（4）在登杆前，应对脚扣进行人体载荷冲击试验，并检查安全带，戴好安全帽。

（5）上、下杆的每一步都必须使脚扣环完全套入，并可靠地扣住杆塔才能移动身体，否则会造成事故。

60. 怎样拆卸贴片式元器件和贴片式集成电路？

（1）贴片式元器件的拆卸方法。贴片式电阻器、电容器的基片大多采用陶瓷材料制作，这种材料受碰撞易破裂，因此在拆卸、焊接时应掌握控温、预热、轻触等技巧。

控温是指脱焊温度控制在 200～250℃。预热指将待焊接的元件先放在 100℃左右的环境里预热 1～2min，防止元件突然受热膨胀损坏。轻触是指操作时烙铁头应先对印制电路板的焊点（焊盘）或导带加热，尽量不要碰到元件。另外还要控制每次脱焊时间在 3s 左右。

！小提示

上述方法同样适用于贴片式晶体二极管、晶体管的脱焊。

（2）贴片式集成电路的拆卸方法。贴片式集成电路的引脚数量多、间距窄、硬度小，如果焊接温度不当，极易造成引脚焊锡短路、虚焊或印制电路铜箔脱离印制电路板等故障。

1）拆卸贴片式集成电路时，可将调温电烙铁温度调至 260℃左右，用烙铁头配合吸锡器将集成电路引脚焊锡全部吸除后，用尖嘴镊子轻轻插入集成电路底部，一边用电烙铁加热，另一边用镊子逐个轻轻提起集成电路引脚，使集成电路引脚逐渐与印制电路板脱离。用镊子提起集成电路的过程一定要随电烙铁加热的部位同步进行，防止操之过急将印制电路板损坏。

2）换入新集成电路前要将原集成电路留下的焊锡全部清除，保证焊盘的平整清洁。然后将待焊集成电路引脚用细砂纸打磨清洁，均匀搪锡，再将待焊集成电路脚位对准印制电路板相应焊点，焊接时用手轻压在集成电路表面，防止集成电路移动，另一只手操作电烙铁，蘸适量焊锡将集成电路四角的引脚与印制电路板焊接固定后，再次检查集成电路型号与方向，确认正确后正式焊接全部引脚，待焊点自然冷却后，用毛刷蘸无水酒精再次清洁印制电路板和焊点，防止遗留焊渣。

61. 怎样拆卸集成电路？

拆卸集成电路的方法如下。

取直径为1mm左右的铜线10cm左右，一端弯成小钩，另一端绕到螺丝刀上便于拉扯。电烙铁头部一定要尖细，以不使集成电路两引脚短接为宜。拆卸集成电路时，将铜线的小钩伸进集成电路内钩住一个引脚，在以后的操作中应尽量使铜线的钩头压贴在印制电路板上，然后将发热的烙铁头压到钩住的引脚上。随着焊锡的熔化，轻轻拉扯铜线的另一端，使铜线的钩子从集成电路引脚与印制电路板间脱离，迅速移去电烙铁，这时集成电路引脚与电路的联系断开。该集成电路引脚仅仅向上移动了1mm左右，不会对集成电路造成机械损坏。用这种方法拆卸集成电路大约需要10min左右。

⚠️ 小提示

在拆卸过程中有时可能会将印制电路板上的铜箔拉扯开来，所以用力要均匀，电烙铁温度不应太高。

62. 怎样焊接电子分立元器件？

电子分立元器件的焊接方法如下。

（1）清除元器件焊脚表面的氧化层，并对焊脚搪镀锡层。锡缸内的锡液温度宜保持在350℃左右，不宜过高或过低。过高时，锡液表面因氧化过剧而悬浮的氧化物大量增加，容易沾污镀层；过低时，容易造成镀层锡结晶粗糙。

（2）安装元器件的印制电路板（或空心铆钉板），如果表面没有镀过银或虽镀过银但已经发黑的，应清除表面氧化层后，涂上一层松香酒精溶液，以防继续氧化。

（3）有的元器件必须检查其引出线头的极性，在焊脚的位置确认无误后方可下焊。每次下焊时间一般不超过2s。

（4）使用的电烙铁以25W较为适宜，焊头要稍尖。焊接时，焊头的含锡量要适当，每次以满足一个焊点需要为度，不可太多，否则会造成落锡过多而焊点粗大的情况。要注意，在焊点较密集的印制电路板上焊点过大就容易造成搭焊短路。

（5）焊接时，焊头先蘸附一些焊剂，接着将蘸了锡的烙铁头沿元器件引脚环绕一圈，使焊锡与元器件引脚和铜箔线条充分接触。烙铁头在焊点处再稍停留一下，待锡液在焊点四周充分熔开后，快速收起焊头（要垂直向上提起焊头），使留在焊点上的锡液自然收缩成半圆粒状。焊接完毕要用纱布蘸适量纯乙醇后揩擦焊接处,将残留的焊剂清除干净。

> **小提示**
>
> 焊接电子元器件时,要避免受热时间过长,并切忌采用酸性焊剂,以防降低其介质性能和加剧腐蚀。

第四节　电气检修基本方法

63. 电工常见故障有哪些?

电气线路与电气设备较常见的故障是:具有外部特征直观性的故障和没有外部特征隐性的故障两大类。

(1)具有外部特征直观性的故障。如电动机、电器明显发热、冒烟、散发焦臭味,线圈变色,接触点产生火花或异常,熔断器断开,断路器跳闸等。这类故障往往是电动机、电器绕组过载,线圈绝缘下降或击穿损坏,机械阻力过大或机械卡死,短路或接地所致。

(2)没有外部特征隐性的故障。这种故障检修难度较大,也是主要故障,其主要问题在电气线路或设备元件本身。如电气元件调整不当、损坏,电气元件与机械操作杆配合不当(如磨损)、松动错位,电气元件机械部分动作失灵,触点及压接线头接触不良或松脱,导线绝缘层磨破,元件参数设置不当或元件选择不当等。

> **小提示**
>
> 电工电子产品在长期使用过程中,常见的故障如下。
>
> (1)开关(按钮)的故障。由于开关或按钮经常使用,反复操作,发生自然损坏、接触不良、接线脱落等,使电器装置无法工作。
>
> 对于开关或按钮,应该过一段时间检查一次,如发现上述故障,可用钳子、螺丝刀将松动的接线、螺母拧紧,脱落的导线用电烙铁重新焊接。损坏严重不能继续维修使用的,可按原型号换新的。
>
> (2)熔丝(管)熔断。熔丝(管)的熔断是一切电器装置、产品常见的故障,导致整机无电不能工作。产生原因是内部出现短路,或开、关过程中冲击电流过大所致。
>
> 熔丝(管)熔断后,应换上同规格容量大小相同的熔丝(管),但一定不能用铜丝或铁丝来代替。

（3）电池夹生锈霉变。现代的电子装置日趋微型化，有交直流两用或用电池供电的。特别用电池供电的，时间长了，电池流出腐蚀液体，使电池夹生锈霉变，电路接触不良或不通电。

要注意定期更换电池，对生锈霉变的电池夹可用砂纸、小刀和除锈剂将锈除掉，使之光亮如初，接触良好。

（4）弹簧弹失、螺母松动。在电子装置中，弹簧弹失，螺母松动、脱落的现象时有发生，影响整机的工作，且不好寻找。这时可用一块永久磁铁帮助寻找，将它吸住，然后用扳手或钳子将它拧紧。

（5）内部元件损坏。内部元件出现损坏，可用万用表检查元件的参数、工作点电压是否符合正常值，若发现损坏，则要用相同规格型号的元件换上。

（6）空气潮湿。电子装置由于空气潮湿，使印制线路板、变压器等受潮、发霉或绝缘性能降低，甚至损坏。此时，应排除湿气，加温来提高温度。

（7）元器件失效。有些元器件失效，例如电解电容器的电解液干涸，导致电解电容器的失效或损耗增加而发热，此时应更换元件。

（8）接插件接触不良。如印制线路板插座簧片弹力不足或断电器触点表面氧化发黑，将造成接触不良，使控制失灵。这时应检查或更换插接件，使之良好接触。

（9）元件布局不当。元件若排布不当，则会相碰而引起短路；当连接导线焊接时绝缘外皮剥除过多或因过热而后缩时，也容易和别的元器件或与机壳相碰引起短路。这时应拉开元件间的距离，使之不能相碰。

（10）线路设计不合理。若线路设计不合理，允许元器件参数的变动范围过窄，则元器件参数稍有变化，机器就不能正常工作。此时应修改设计或调整元件参数。

64. 电气检修的一般步骤是怎样的？

电气故障检修的一般步骤如下。

（1）观察和调查故障现象。电气故障现象是多种多样的。例如，同一类故障可能有不同的故障现象，不同类故障可能有相同故障现象，这种故障现象的同一性和多样性给查找故障带来复杂性。但是，故障现象是检修电气故障的基本依据，是电气故障检修的起点，因而要对故障现象进行仔细观察、分析，找出故障现象中最主要的、最典型的方面，搞清故障发生的时间、地点、环境等。

可采用"感官诊断法"。调查故障前后有无振动、气味、响声等。搞清故障发生的时间、地点、环境等，为分析诊断故障创造条件。

（2）分析故障原因。初步确定故障范围、缩小故障部位，据故障现象分析故障原因是电气故障检修的关键。某一电气故障产生的原因可能很多，重要的是在众多原因中找出最主要的原因。

通过故障调查，结合电气设备图纸初步判断发生故障的部位，分析发生故障的原因。分析时，先从主电路入手，再依法分析各个控制电路，然后分析信号电路及其余辅助电路。通过分析可初步诊断是机械故障还是电路故障，是主电路故障还是控制电路故障。例如，用手旋转电动机皮带轮时感觉不正常，说明电动机的机械部分有故障，而电路部分有故障的可能性很小，这时应主要检查机械部分。

（3）确定故障的部位。判断故障点，确定故障部位是电气故障检修的最终目的和结果。确定故障部位可理解成确定设备的故障点，如短路点、损坏的元器件等，也可理解成确定某些运行参数的变异，如电压波动、三相不平衡等。确定故障部位是在对故障现象进行周密的考察和细致的分析的基础上进行的。往往采用的多种方法如下。

1）直接感知。有些电气故障可以通过人的手、眼、鼻、耳等器官，采用摸、看、闻、听等手段直接感知故障设备异常的温升、振动、气味、响声等，确定设备的故障部位。

2）仪器检测。许多电气故障靠人的直接感知是无法确定其部位的，而要借助各种仪器、仪表，对故障设备的电压、电流、功率、频率、阻抗、绝缘电阻值、温度、振幅、转速等进行测量，以确定故障部位。例如，通过测量绝缘电阻、吸收比、介质损耗，判定设备绝缘是否受潮；通过直流电阻的测量，确定线路的短路点、接地点等。

3）类比法。有些情况下，可采用与同类完好设备进行比较来确定故障的方法。例如，一个线圈是否存在匝间短路，可通过测量线圈的直流电阻来判定，但直流电阻多大才是完好的却无法判别。这时，可以与一个同类型且完好的线圈的直流电阻值进行比较来判别。又如，某装置中的一个电容是否损坏（电容值变化）无法判别，可以用一个同类型的完好的电容器替换，如果设备恢复正常，则故障部位就是这个电容。

4）试探法。在确保设备安全的情况下，可以通过一些试探的方法确定故障部位。例如通电试探或强行使某继电器动作等，以发现和确定故障的部位。

5）其他方法。如计算机辅助分析法、逻辑分析法等。

65. 怎样检修电气故障？

电气故障检修的方法如下。

（1）熟悉电路原理，确定检修方案。当一台设备的电气系统发生故障时，要先了解该电气设备产生故障的现象、经过、范围、原因，熟悉该设备及电气系统的基本工作原理，分析各个具体电路，理清电路中各级之间的相互联系及信号在电路中的来龙去脉，结合实际经验，经过周密思考，确定一个科学的检修方案。

（2）先简单、后复杂。检修故障要先用最简单易行、自己最拿手的方法去处理，再用复杂、精确的方法。排除故障时，先排除直观、显而易见、简单常见的故障，后排除难度较高、没有处理过的疑难故障。

（3）先检修"通病"，后检修疑难杂症。电气设备经常容易产生的相同类型的故障就是"通病"。由于通病比较常见，积累的经验较丰富，因此可快速排除。这样就可以集中精力和时间排除比较少见、难度高、古怪的疑难杂症，简化步骤，缩小范围，提高检修速度。

（4）先外部调试，后内部处理。外部是指暴露在电气设备外壳或密封件外部的各种开关、按钮、插口及指示灯，内部是指在电气设备外壳或密封件内部的印制电路板、元器件及各种连接导线。先外部调试，后内部处理，就是在不拆卸电气设备的情况下，利用电气设备面板上的开关、旋钮、按钮等调试检查，缩小故障范围。排除了外部部件引起的故障后，再检修机内的故障，尽量避免不必要的拆卸。

（5）先不通电测量，后通电测试。首先在不通电的情况下对电气设备进行检修，然后再在通电情况下对电气设备进行检修。对许多发生故障的电气设备检修时，不能立即通电，否则会人为扩大故障范围，烧毁更多的元器件，造成不应有的损失。因此，在故障机通电前，应先进行电阻测量，采取必要的措施后方能通电检修。

1）不通电检查。一般电路的不通电检查顺序如下。

（a）先查容易检查的部位，后查较难检查的部位。先用简单易行的方法检查直观、简单常见的故障，后用复杂、精确的方法检查难度较高、没有见过和听过的疑难故障。

（b）先查重点怀疑部位和重点怀疑元器件，后查一般部位和一般元器件。

（c）先检查电源，后检查负载。因电源侧故障会影响到负载，而负载侧故障未必影响到电源。

（d）先查控制回路，后查主回路；先查交流回路，后查直流回路；先查起停电路，后查可逆运行、调速、制动电路。

（e）检查电气设备的活动部分，再检查静止部分。因活动的部分比静止部分发生故障的几率要高得多。

根据检查的结果进行分析。例如检查电动机时，如果测量绕组的电阻值不正常，肯定是绕组有短路或断路。可将测得的阻值进行分析；若电阻值为无限大，可能是定子绕组断路或绕组连接线断开；若绕组电阻比额定值小，说明绕组有短路。

2）通电检查。若断电检查没能找到故障元器件，可将整个电路划分为几部分，配上合适的熔断器，用万用表的交流电压挡、校验灯等工具将各部分分别通电。通电检查的方法如下。

（a）观察有关继电器和接触器是否按照控制顺序动作。

（b）检查各部分的工作情况，是否有拒动、接触不良、元器件冒烟、熔断器的熔体熔断。

（c）测量电源电压、接触器和继电器线圈的电压、各控制回路的电流等数据，从而将故障进一步缩小或查出。

⚠️ **小提示**

（1）通电时动作要迅速，尽量减少通电测量和观察的时间。

（2）故障分析。结合通电检查进行故障分析。如果检查时发现某一接触器不吸合，则说明该接触器所在回路或相关回路有故障，再对该回路作进一步检查，便可发现故障原因和故障点。

（6）先共用电路，后专用电路。任何电气系统的共用电路出故障，其能量、信息就无法传送、分配到各个具体专用电路，专用电路的功能、性能就不起作用。如果一个电气设备的电源出故障，整个系统就无法正常运转，向各种专用电路传递的能量、信息就不可能实现。因此遵循先共用电路、后专用电路的顺序就能快速、准确地排除电气设备的故障。

⚠️ **小提示**

综合分析：对于较复杂的故障，若经过通电检查仍没能查到故障点，可结合故障调查、断电检查、通电检查的结果进行综合分析，在分析故障时，考虑电气装置中各组成部分的内在联系，将各故障现象联系在一起，找出故障现象中更隐性的方面，最终找到较隐蔽的故障。

66. 电气检测的基本方法有哪些？

电气检测的基本方法有：离线检测和在线检测、简易检测和精密检测、定性检测和定量检测三种。

（1）离线检测和在线检测。

1）离线检测。离线检测一般是指在电气装置停止运行和不带电的情况下，利用有关仪器、仪表工具等对装置进行接触检测或远距离遥测的方法，某些情况下也可在运行时进行。

离线检测主要检测电气装置的固有性能参数，例如绕组和导线的直流电阻、导体连接间接触电阻、设备的绝缘电阻、介质损失、电磁损耗、电容量、电感量等。

2）在线检测。电气装置在运行过程中都会产生物理的和化学的现象，即信息，例如电磁的、温度的、噪声的、机械的等信息。这些信息的量值超过常规就是故障或故障预兆。而这些信息只有在装置运行中可能产生，因此，检测这些信息量值必须在装置运行时或带电状态下才能进行，这种检测方法称为在线检测。一般情况下，设备不从电路中拆除且不停电而进行检测的一种方法称为在线检测。

在线检测主要检测电气装置的运行参数，如电压、电流、频率、功率、波形、相位、相序，以及温度、噪声、机械振动、转速等。有些性能参量也可以在线检测，如绝缘电阻、接触电阻等。

离线检测和在线检测的检测方法及其相互关系如图1-65所示。

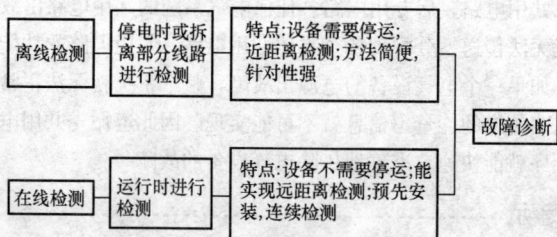

图1-65　离线检测与在线检测

（2）简易检测和精密检测。当一种装置出现不正常现象以后，首先进行的是简易检测，判别是否已经发生了故障，并判别故障的严重程度。如果有必要，再进行精密检测，进而确定故障的部位、故障的类别、故障的原因，并为故障处理提供科学的决策。简易检测和精密检测的关系如图 1 - 66 所示。

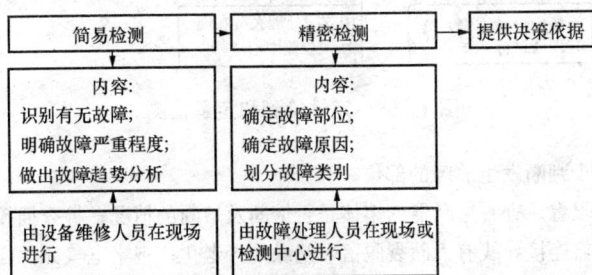

图 1 - 66　简易检测和精密检测

（3）定性检测和定量检测。检查电气故障时，往往要根据故障的具体情况，分别采用定性检测和定量检测。

在检查电气故障时，判断某些电气参数、参量的有或无（如电压有或无、电路中电流有或无、开关是否闭合等）的检测方法称为故障的定性检测；在检查电气故障时，比较准确地判断某些电气量的数值大小（如电压、电流、频率的大小）的检测方法称为定量检测。

例如，某设备不能正常工作，需要检测其供电电源电压，常用的方法可能是：先用验电器检查一下电源是否有电；如有必要，再使用万用表测量电源电压的高低，具体是多少伏。

这里，用验电器检测就属于定性检测，用万用表检测就属于定量检测。

定性检测和定量检测都是电气故障检测的基本方法，各有其目的。通常情况下先进行定性检测，必要时再进行定量检测。也可以认为，故障检测过程中，定量检测是定性检测的延伸和深化。定性检测和定量检测的检测方法及其相互关系如图 1 - 67 所示。

67. 怎样运用感官诊断法？

感官诊断法通过人的眼、耳、鼻、手等器官直接或间接了解设备故障时的运行情况，从而发现损坏部位或故障原因。

（1）口问。询问使用人或设备故障时的目击者，了解发生故障的前后情

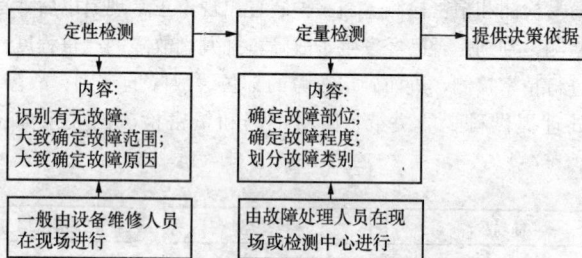

图1-67　定性检测和定量检测

况，以利于判断发生故障的部位。

（2）眼看。查看熔断器的熔体是否熔断及熔断的情况；检查插接件是否接触良好，连接导线有无断裂脱落，绝缘是否老化；观察电气元件烧黑的痕迹；更换明显损坏的元器件。

断电后，可视情况分别观察相应部位的连线和闸刀，开关和连接是否异常或发热，电子控制电路的电路板及集成块是否断裂、损坏，晶体管、电容器、电阻器、变压器等元器件有无缺损、烧焦和爆裂现象，导线上是否有烧焦痕迹或鼓包处、是否有折断压痕等。在允许通电的情况下还可以观察电气设备相关机械的运转和传动系统的运行是否正常。

（3）鼻闻。闻故障电器是否因电流过大而产生异常气味。如果有，应及时切断电源检查。

电气线路或设备有无焦味或其他怪味出现，找出发出气味的部位或元件（零线、接线）也有助于检修工作的顺利进行。

（4）手摸。手摸（拨、拉）：轻拉各种电气线路或设备的连线、传动皮带盘等，凭手感判断其接触是否牢固，松紧程度是否正常。只要不断积累手感的实践经验，凭手感也可以很快发现故障部位或故障元件（零件）。

例如，电机、变压器和电磁线圈正常工作时，一般只有微热感觉；而故障时，其外壳温度明显上升。所以可断开电源后，用手触摸温升来判断故障。如果带电触摸，最好用手背，决不可用手心，因为万一所接触的设备带电，手背容易自然地摆脱带电的机壳，而手心会不由自主地握住带电设备，不易脱离带电的机壳。

电源变压器工作一段时间后应有一定的温升但温升不会过高，如一点温升也没有，可能是负载开路；如温升过高，可能是负载短路。

（5）耳听。电气线路与设备通电后，仔细听有无异常声音，如线路接头处有无打火、电气设备运行时有无机械零件碰击声、按动某一功能键时继电器有无正常的吸合声等。利用耳听法还可积累对各种电气线路或设备的启动、各种开关的开或闭等工作方式的感性认识，使维修各种电气线路与设备故障变得简单。

68. 怎样运用电阻测量法？

（1）电阻测量法的运用。电路在正常状态和故障状态下的电阻是不同的，可以通过测量电路的电阻值来查找故障点。

1）如果测试点间的电阻为∞，说明电路或触点开路。

2）如果测试点间包含线圈元件，则电阻应为线圈的阻值，如果电阻值增大许多，说明测试点间的触点或接线接触不良。

3）如果测试点间仅为触点与导线的连接通路，则电阻应为零。

（2）测量元器件的质量。通过对测量数据的分析来寻找故障元器件。例如，电阻器的检测、二极管的检测、继电器的检测等。也可以从检查线路的通断、接插件的接触情况来判断故障。

⚠小 提 示

使用电阻测量法时，必须先断开电源，将万用表拨至合适的电阻（Ω）挡测量故障电路的线路电阻或触点电阻，以此来判断故障点。

例如，变压器绕组、继电器线圈的阻值、电阻器、电解电容器的断路可以在电路上测出来，但较复杂的电路，例如电路板上某电阻的阻值，电容器是否漏电、失效等一般要卸下来测试才能确定，因为电路板上很多元器件互相关联，无法独立测试某一元器件。

69. 怎样运用电流测量法？

所谓电流测量法是测量电路中某测试点的工作电流的大小、电流的有或无来判断故障的方法。例如，负载开路后，负载电流很小或为零；负载短路后，负载电流会急剧增大；负载接地后，漏电电流增大。所以针对不同的故障现象，可通过测量电路工作时的电流、短路故障电流和接地故障电流来查找电路故障。

测量电流时，应选用合适的仪表。负载电流较大时，通常可以采用钳形表或电流表经互感器测量；负载电流较小时，可以用数字万用表或普通指针式万用表直接串联于电路测量。

如果是直流电路，用指针式万用表测量时，应根据电流的流动方向接入万用表表笔，红表笔是电流的流入端，黑表笔是电流的流出端。

70. 怎样运用测电压降法？

所谓测电压降是指使用万用表电压挡测量电气设备线路的回路中各元件上的电压降。

采用测电压降法查找电气设备故障时无须断开回路电源，但表针量程应大于电源电压。查直流二次回路用万用表直流电压挡，查交流回路用交流电压挡。

> **小提示**
>
> 使用测电压降法的原理如下。
>
> 在回路处于接通状态下，接触良好的接点两端电压应等于零。若不为零或为电源电压，说明该接点接触不良或未接通，而回路中其他元件基本完好。电流线圈两端电压正常时应近似于零，电压线圈两端则应有一定电压。如果回路中仅有一个电压线圈、无串联电阻，电压线圈两端电压应接近电源电压。

71. 怎样运用短接法？

采用短接法查找故障点时，在电路带电的情况下用一根绝缘良好的导线将所怀疑的断路或接触不良的部位进行短接，如短接到某一处时电路接通，说明该处或该段断路。一般采用长短结合进行短接，即一次短接一个或多个触点来检查故障电路。

以图1-68所示电路为例，先用验电器（或万用表）测试电源①与⑦端是否正常。若正常，用绝缘导线短接③与④点。

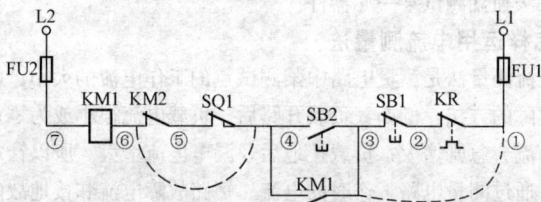

图 1-68　短接法举例用图

（1）如果交流接触器 KM1 能吸合，说明启动按钮 SB2 按下后接触不良。

（2）如果交流接触器 KM1 仍不能吸合，用绝缘导线短接①与⑥点。如果仍不吸合，说明 KM1 线圈开路；如果吸合，说明 KM1 线圈完好，①与⑥点间电路有断路故障。

继续按下启动按钮 SB2，再用绝缘导线分别短接①与③、④与⑥点，缩小故障点范围，然后采用局部短接逐步找出故障点。例如，若初步判断出故障点在①与③点之间，则再分别短接①与②、②与③点，以进一步确定故障的准确位置。

短接法使用器材少（通常仅使用验电器或绝缘导线），没有万用表也能进行故障检修且判断速度较快，但对电阻、线圈、绕组不可采用短接法。因是带电检修，短接法也有一定的危险性，应注意安全。

⚡ 小提示

使用短接法时，也可与其他检测方法相互配合，互相佐证，可使检修快捷准确。

🔌 72. 怎样采用脱开法？

脱开法也称分段检查法，就是将某一部分线路断开，用万用表等仪器测量电阻、电压或电流，以此来判断故障。这种方法特别适用于电流变大、电压变低、短路、漏电等故障的检查。

当某一局部线路出现短路故障时，流过它的电流就会大大增加。此时即可使用脱开检查法，即将一部分线路断开，观察总电流的变化，以判断出故障的大概部位。若断开被怀疑的某一部分线路后，总电流立即下降或电压恢复正常值，则故障就在脱开的这一部分线路，进一步就可通过测量该线路对地间或线路间的电阻来进一步寻找故障零部件。

🔌 73. 怎样运用灯泡检查法？

现以单相电路为例，如出现短路或接地故障，总开关会跳闸或烧断熔丝，此时应将所有用电器具全部关掉。在总开关的相线中串入一只 100W、220V 左右的白炽灯，重换熔丝后合上总开关，如灯泡亮，说明线路有短路或接地故障，再分段断开各支路；当断开某支路后灯泡不亮，则说明该支路有问题。

进行上述判断时，可按耗电功率从小到大分别单独合上各用电器后马上断掉，灯泡应微亮一下后熄灭，功率越大灯泡亮度越高。如用电器具功率大于 200W，则可在原 100W 的灯泡两端再并联一只灯泡，当有短路、接地故障时，灯泡会很亮，有时故障点还会冒烟或出现火花，这样就很容易查出故障点。

⚠ **小提示**

对于低压电缆或架空线路的相间击穿或接地故障也可采用上述方法查找。

74. 怎样运用灯泡检查线圈绝缘损坏故障？

小型交流接触器、继电器、小电机等线圈绝缘击穿后，控制回路的熔丝会熔断，有时线圈外观并无明显痕迹，用万用表测其直流电阻也无明显变化。但当线圈中串入一只同电压等级的灯泡，接入电源后线圈层间烧伤的绝缘就会击穿，灯泡会亮。

例如：一分变电站的多只三相电能表同时出现较大误差，经检查，这几只表的380V三相电压线圈共用一组熔丝，又查出W相熔丝熔断，换上熔丝后又熔断，估计有电压线圈烧坏。断开电源后用万用表测各表W相线圈的直流电阻相差很小，无法判断是哪只线圈出故障；用两只220V/100W的灯泡串联后再串入W相熔丝中，送电后灯泡很亮；逐个将电能表W相电压线断开，假若断开3号表W相电压线后灯泡变暗，则说明3号表的电压线圈烧坏。

75. 怎样运用替换法？

替换法是在确定故障范围后，将故障范围内所怀疑的元器件用同规格、同型号的合格元器件代替，如果某元器件一经替换，故障排除，则替换下来的就是故障元器件。所以替换法是确切判断某个元器件是否失效或不合适最为有效的方法之一。

这种方法对容易拆装的元器件，如带有插座的继电器、集成电路等都很方便，而焊接在印制电路板上的集成电路一般应在外围元器件确定无故障后才更换。对那些性能不稳定或较难检测的电子元器件，用一般仪器检查较困难时，也不妨用此法试一试。

例如，某荧光灯不亮，每个元器件分别检查也没有必要，而荧光灯管、辉光启动器这些都是损件，且容易更换，可先用同型号的元件替换一下，如不正常，再用其他方法检查。

⚠ **小提示**

(1) 若替换的元器件接入电路再次损坏，应考虑是否替用件型号不对，还要考虑所接入电路是否存在其他故障。

(2) 若替换的元器件接入电路后工作性能不良，这时需要考虑替用件是否满足电路要求，同时还应考虑电路是否还有其他故障存在。

76. 怎样运用加热法或降温法？

当电气故障与开机时间或环境温度有一定的对应关系时，可以采用加热法（如用电吹风吹），加速电路温度的上升，促使故障再现。加热操作可以在通电或断电时进行，但应注意加热温度。

降温法是用棉花沾酒精，在所怀疑温升过高的元器件上擦拭来降低其工作温度，如果故障现象消失，说明此元器件性能不好。

77. 怎样运用部分重焊法？

部分重焊法是将所怀疑的部分元器件或看似不合格的部分焊点重新用电铬铁焊接，这种方法对消除电路板因虚焊、接触不良等引起的间断性故障非常实用，对其他一些故障也可以作为辅助检查方法。重焊时要切断电源，不必使用过多焊锡和松香，必要时应将元器件管脚处理（如用刀片除去氧化层）后，再重新焊接并确认焊牢。

78. 怎样运用甩负载法？

甩开与故障疑点相连接的后级负载（对于多级连接的电路，可有选择地甩开后级），使电路空载、带部分负载或临时接上假负载工作，然后检查本级，如电路恢复正常，则故障在甩开部分，否则故障在开路点之前。

⚠ 小提示

> 在设备调试时，若甩开负载后电路故障排除，这可能是由于元器件设计不合理或元器件性能不良，这一点也应引起注意。

79. 怎样运用试探法？

在保证安全的前提下，通过试探的方法，例如强行使某继电器吸合或释放，观察相关电器元件的动作情况，以确定或缩小故障范围。例如，电动机运行时突然停机，再次按下 SB2 启动按钮，接触器 KM 不吸合，说明 KM 控制回路开路，这时可冷却一段时间后，试按下热继电器 FR 上的复位按钮，看热继电器是否动作，然后再按启动按钮 SB2，观察接触器 KM 是否吸合，若接触器吸合，说明故障的原因是热继电器过热动作。

⚠ 小提示

> （1）当发现接线正确时，应立即断电改接，不允许长时间通电。
>
> （2）电动机控制装置如不能启动或发生异常，则应检查控制电路、主电路、电动机本身和负载，不得强行启动。

80. 怎样运用经验法？

经验法是指应用在检修中长期积累的一些经验来检修同类或类似设备或线路经常出现的一些常见性故障。例如，启动控制电路发生故障变为点动，不能自锁，其故障点往往是与启动按钮并联的交流接触器动合触点通电闭合时接触不良或接线松动等有关。

再如，X62W 型万用铣床变速冲动失灵，多数情况下都是冲动开关的动合触点在瞬间闭合时接触不良（其次是冲动行程开关松动、位置发生了变化），变速手柄推回原位的过程中，机械装置未碰上冲动行程开关所致。

小提示

运用经验法检修电气线路或设备时，是根据自己日积月累获得的实际经验来进行的，故在日常检修中应注意积累自己的或别人的检修经验。

第五节 电 工 识 图

81. 电气电路图的组成与规律是怎样的？

（1）电气电路的组成。用导线将电源和负载，以及有关控制元件连接起来，构成闭合回路，以实现电气设备的预定功能，这种回路的总体就叫做电路。

电路是电路图的主要构成部分。因为电器元件的外形和结构比较复杂，所以采用国家统一规定的图形符号和文字符号来表示电器元件的不同种类、规格及安装方式。此外，根据电路图的不同用途，要绘制成不同的形式。有的电路只绘制其工作原理图，以便了解电路的工作过程及特点。有的电路只绘制装配图，以便了解各电器元件的安装位置及配线方式。对于比较复杂的电路，通常绘制工作原理图和安装接线图。必要时，还要绘制展开接线图、平面布置图等，以方便实际使用。

电路通常分为主电路和辅助电路两部分。主电路也叫一次回路，是电源向负载输送电能的电路。它一般包括发电机、变压器、开关、接触器、熔断器和负载等。辅助电路也叫二次回路，是对主电路进行控制、保护、监测、指示的电路。它一般包括继电器、仪表、指示灯控制开关等。通常主电路通过的电流较大，线径较粗；而辅助电路中的电流较小，线径也较细。

（2）电路的分布规律。电路图的分布是有规律的。如：电源电路一般画在图面的上方或左方，三相交流电源按顺序由上而下依次排列，中性线和保护线画在相线下面。直流电源则以"上正、下负"画出；电源开关水平方向设置；主电路垂直电源电路画在电气图的左侧；控制电路、信号电路及照明电路跨接在两相电源之间，依次画在主电路的右侧。电气图中的触头都是按电路未通电、未受外力作用时的常态位置画出的。

按照一般规律，电路原理图上器件的输入端在左边，输出端在右边；整机的输入端也在左边，输出端在右边；信号的流向从左到右；一些重要的线路画在上部，辅助线路画在下部，如图 1-69 所示。

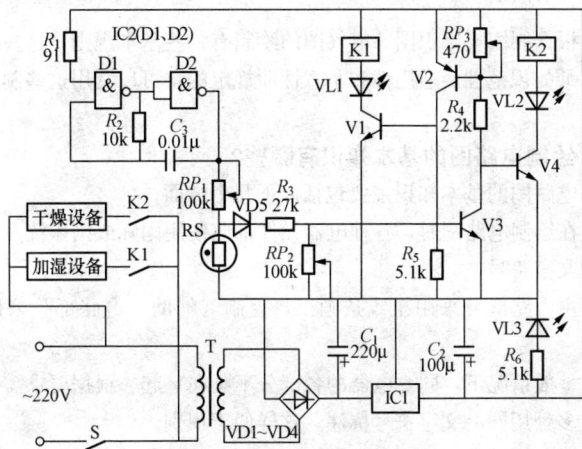

图 1-69　控制电路

82. 识读电路图的基本方法是怎样的？

识读电路图的基本方法如下。

（1）结合电工基础理论识图。无论变配电所、电力拖动，还是照明供电和各种控制电路的设计，都离不开电工基础理论。因此，要想看懂电路图的结构、动作程序和基本工作原理，必须首先懂得电工原理的有关知识，并运用这些知识分析电路，理解图纸所含方法。

（2）结合电器的结构和工作原理识图。电路中有各种电器元件，例如，在高压供电路中，常用高压隔离开关、断路器、熔断器、互感器等；在低压电路中常用各种继电器、接触器和控制开关等。因此，在看电路图时，首先应该搞清这些电器元件的基本结构、性能、原理、元件间的互相制约关系，以及在整个电路中的地位和作用，以识读并理解电路图。

（3）结合典型电路识图。所谓典型电路就是常见的基本电路，如串/并联电路、电动机各种控制电路、晶体管二极管整流、各种滤波电路，晶体管放大电路、各种门电路等，不管多么复杂的电路，总是由若干个典型电路组成的，先搞清每个典型电路，然后再将典型电路串联组合起来看，对看懂复杂电路图有很大的帮助。

（4）结合有关资料识图。在看各种电气图之前，首先要看清电气图的技术资料、使用说明。它有助于了解电路的大体情况，便于抓住看图重点，有利于识图。

（5）根据制图规则识图。电气图的绘制有一些基本规则，这些规则是为了加强图纸的规范性、通用性和示意性而规定的，可以利用这些制图知识准确识图。

83. 绘制电路图的基本知识有哪些？

绘制电路图的基本知识主要包括以下几个方面。

（1）在绘制电路图时，各种电器元件都应使用国际或国家统一规定的图形符号和文字符号。

（2）主电路部分采用粗线条画出，控制（辅助）电路部分采用细线条画出。

（3）一般情况下，同一电器的各部分不画在一起。根据要求需分散绘制时必须在多处用同一文字符号标注，这样便于识别。

（4）对完成具有相同性质任务的几个元器件，可在文字符号后面加上数码以示区别。

84. 识读电路图的具体方法是怎样的？

常见的电工电路图有：电气原理图、电器元件平面布置图、电气安装接线图、展开接线图和剖面图等。在电气安装与维修中用得最多的是电气原理图、电器元件平面布置图和电气安装接线图。识读电路图的方法如下。

（1）明确用途。开始看图之前首先弄清楚该产品的用处、作用和特点，及其有关的技术指标，并与同类产品比较，便于以后改进。

（2）逐步分解，各个击破。将总原理图分解成若干部分，弄清各部分的功能，以及图中元器件的图形符号、参数、规格型号等。对于不甚了解的新元件，如集成块等，借助资料搞清其功能和引脚，对每一部分进行逐个分析，明确由哪些基本单元组成，各单元电路的作用和特点。

（3）找出通路。对每个基本单元电路，找出直流通路、交流通路和反馈通路等，以判断电路的静态偏置是否合适，交流信号能否正常放大和逐级传递，引入的反馈属于什么组态等。

（4）由粗到细。将电路各部分相互关系、信号流向组合在一起，构成整机方框图。从电路图的输入一直到输出端联系起来。借助示波器观察信号在电路中如何逐级放大和传递，从而对总图有一个完整的认识。

85. 识读电气电路图的要点有哪些？

电气控制电路分主控电路（一次电路）和辅助电路（二次电路、控制电路）。主电路一般用粗实线画在图纸的上方或左方，它与三相电源相连，连接负载，允许通过大电流，受辅助电路的直接控制；辅助电路是通过较弱电流的控制，用细实线画在图纸的下方或右方，控制主电路动作的。

电气控制是借助于各种电磁元件的结构、特性对机械设备进行自动或远距离控制的一种方法。电器元件是一种根据外界的信号和要求，采用手动或自动断开电路，断续或连续改变电参数，以实现电路或非电对象的切换、控制、保护、检测和调节的元件。掌握元器件的结构原理是个重点。例如接触器、继电器、中间继电器的线圈得电，带动衔铁的吸合，使它们的主、辅触点作相反（原来断开的接通，原来接通的断开）的变化，去接通或断开主电路及其他电路实现控制。又如时间继电器，线圈得电后，其动合、动断触点不是马上接通或断开的，而是延迟一段时间才接通或断开电路，延迟时间的长短是可以调整改变的。只要掌握这些元器件的特点，其控制电路就很容易看懂了。

86. 识读电气电路图的步骤有哪些？

识读电气电路图的步骤如下。

（1）阅读产品使用说明书。在识图之前应首先了解设备的机械结构、电气传动方式、对电气控制的要求、电动机和电器元件的大体布置情况，以及设备的使用操作方法，各种按钮、开关、指示器等的作用。此外还应了解使用要求、安全注意事项等，对设备有一个全面完整的认识。

（2）看图纸说明书。图纸说明书包括图纸目录、技术说明、元器件明细表和施工说明书等。识图时，首先要看清楚图纸说明书中的各项方法，搞清设计方法和施工要求，以了解图纸的大体情况和抓住识图重点。

（3）看标题栏。图纸中标题栏也是重要的组成部分，它告诉你电气图的名称及图号等有关方法，由此可对电气图的类型、性质、作用等有明确认识，同时可大致了解电气图的方法。

（4）看框图。读图纸说明后就要看框图，从而了解整个系统的组成概况、相互关系及其主要特征，为进一步理解系统的工作原理打下基础。

（5）看主电路图。先读主电路，再读辅助电路。看主电路时，通常从下往上看，即从用电设备开始，经控制元件、保护元件依次看到电源。通过看主电路，要搞清楚用电设备是怎样取得电源的，电源是经过哪些元件到达负载的，这些元件的规格、型号、作用是什么。

（6）看控制电路。应自上而下、从左向右看，即先看电源，再依次看各条回路，分析各条回路元器件的工作情况及其对主电路的控制关系。看控制电路时，要搞清电路的构成，各元件间的联系（如顺序、互锁等）及控制关系和在什么条件下电路构成通路或断路，控制电路是如何控制主电路工作的，从而搞清楚整个系统的工作原理。

（7）看接线图。接线图是根据电路原理图绘制的，读接线图时，要对照原理图来读接线图。

先看主电路，再看控制电路。看接线图要根据端子标记、回路标号从电源端顺次查下去，搞清楚线路的走向和电路的连接方法，即搞清楚每个元器件是如何通过连线构成闭合回路的。读主电路时，从电源输入端开始，顺次经过控制元器件、保护元器件到用电设备，与看电路原理图时有所不同。

看控制电路时，要从电源的引入端，经控制器件到构成回路回到电源的另一端，按元器件的顺序对每个回路进行分析。接线图中的回路标号（线号）是电器元件间导线连接的标记，标号相同的导线原则上都可以接在一起。由于接线图多采用单线表示，因此对导线走向应加以辨别。此外，还有搞清端子排内外电路的连线，内外电路的相同标号导线要接在端子排的同号接点上。

87. 如何阅读照明系统图？

阅读照明系统图应掌握如下方法。

（1）进线回路编号、进线线制（三相五线制、三相四线制、单相两线制）、进线方式、导线电缆及穿管的规格型号。

（2）照明箱、盘、柜的规格型号，各回路开关熔断器及总开关熔断器的规格型号，回路编号、相序分配各回路容量及导线穿管规格，计量方式及表计、电流互感器规格型号。同时，核对该系统照明平面图回路标号与系统图是否一致。

（3）直控回路编号、容量及导线穿管规格，控制开关型号规格，柜、盘有无漏电保护装置，其规格型号及保护级别范围。

（4）应急照明装置的规格、型号、台数。

88. 如何阅读照明系统平面图？

在阅读照明系统平面图时，应注意并掌握以下方法。

（1）灯具、插座、开关的位置、规格型号、数量，控制箱的安装位置及规格型号、台数。从控制箱到灯具插座、开关位置的管路（包括线槽、槽板、明装线路等规格）的规格走向与导线规格型号、根数和安装方式，上述元器件的标高及安装方式和各户计量办法等。

（2）电源进户位置、方式、线缆规格型号、第一接线点位置及引入方式、总电源箱规格型号及安装位置，总箱和各分箱的连接形式及线缆规格型号。

（3）核对系统图与照明平面图的回路编号、用途名称、容易及控制方式（集中、单独控制）是否相同。

（4）建筑物为多层结构时，上下超越的线缆敷设方式（管、槽、竖井等）及其规格、型号、根数、走向、连接方式（盒内、箱内等）。单层结构的不同标高下的上述各有关方法及平面布置图。

（5）系统采用的接地保护方式及要求。

（6）采用明装线路时，其导线和电缆的规格、绝缘子规格型号、钢索规格型号、支柱塔架结构、电源引入及安装方式、控制方式及对应设备开关元器件的规格型号等。

（7）其他特殊照明装置的安装要求及布线要求、控制方式等。

（8）土建工程的层高、墙厚、抹灰厚度、开间布置、梁窗柱梯井厅的结构尺寸、装饰结构形式及其要求等土建资料。

（9）各类机房照明要求及上述有关方法。

89. 怎样阅读电气原理图？

所谓电气原理图是根据电气控制系统的工作原理，本着简单、清晰的原则，采用电器元件展开的形式绘制的。它包括所有电器元件的导电部分和接线端子，但并不按照电器元件实际布置位置来绘制，而是根据它在电路中所起的作用画在不同的部位上。电气原理图的作用是便于详细了解工作原理，指导系统或设备的安装、调试与维修。

电气原理图一般分为主电路和辅助电路两大部分。主电路中通过的电流较大，它主要是对电动机等主要用电设备供电，通常用粗实线画在图纸左边或上边（见图1-70），它受辅助电路的控制。

辅助电路主要是对控制电器供电，它是控制主电路动作的电路，所以又叫控制电路或控制回路，一般用细实线画在图的右边或下边（见图1-70）。

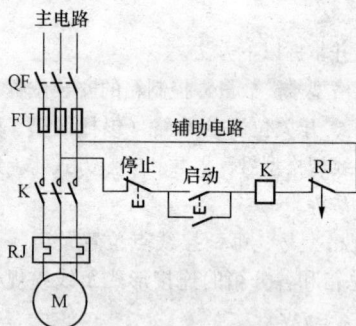

图 1-70　电气原理图

看图时，首先看主电路，其次看辅助电路，最后看照明、信号、保护等电路。

（1）看主电路的步骤。

1）看主电路中有些什么用电设备（如电动机、电弧炉等），它们的用途和工作特点是什么。例如电动机的启动方式，有无正、反转，调速和制动等要求（图1-70中M是电动机）。

2）看主电路中的用电设备是用什么电器控制的（图1-70中电动机用一接触器K控制）。

3）看主电路中还接有什么电器，这些电器起什么作用。通常主电路中除了用电设备和控制电器之外还有电源开关、熔断器、热继电器等。图1-70中QF是电源开关，用以控制电源；FU是熔断器，作为短路保护装置；RJ是热继电器，作为过载保护装置。

4）看电源。要了解主电路的电源电压是380V还是220V。

（2）看辅助电路的步骤。

1）看电源。首先要看清电源是交流电源还是直流电源，其次要看清电源是从何处接来的，电压有多大。通常，从主电路的两根相线上接来的电源，其线电压为380V；从主电路的一根相线和一根地线上接来的电源，其相电压为220V。此外，从变压器上接来的电源电压有127、36、24V或6.3V等几种。在图1-70中，辅助电路的电源线从主电路的两根相线上接来，其电压为380V。

2）根据辅助电路的回路研究主电路的动作情况。在电路图中，整个辅助电路构成一条大回路，大回路又分为几条独立的小回路，每一条小回路控制一个用电设备或一个电器的一个动作。在图1-70中，辅助电路只有一条回路。按下启动按钮，接通原来断开的电路，电流进入接触器的线圈K，主电路中的主触头闭合，于是电动机接入电源而运转。按下停止按钮，电路断开，K断电，接触器释放，主触头断开，于是电动机被切断电源而停止运转。这就是开关（或按钮）→接触器（或继电器）→电动机的控制方式，也是机械自动化或半自动化的基本形式。

3）研究电器之间的相互联系。电路中的所有电器都是相互联系、相互制约的。有时用甲电器去控制乙电器，甚至用乙电器再去控制丙电器，在阅读电路图时应仔细查明它们之间的相互联系。

（3）看其他电路。其他电路是指照明、信号、保护等电路，这些电路一般比较简单，只要看清它们的线路走向、电路的来龙去脉即可。

⚠小提示

通常每一用电设备都有不同的电气控制电路，而控制电路都是由一些单元线路（即基本环节）组成的。因此，阅图时可以逐步分析各个基本环节，然后再综合起来全面分析。如果电路比较复杂，可以先看简单的部分，后看复杂的部分。

90. 怎样识读电气安装接线图？

电气安装接线图又称为电气线路图，是根据电气设备和电器元件的实际位置和安装情况绘制的，只用来表示电气设备和电器元件的位置、配线方式和接线方式，而不明显表示电气动作原理。电气安装接线图主要用于安装接线、线路的检查维修和故障处理，在实际使用中可与电路图和电器元件平面布置图配合使用。电气安装接线图通常应表示出设备与元件的相对位置、项目代号、端子号、导线号、导线类型、导线截面积、屏蔽和导线绞合等方法。

识读安装接线图仍然应先看主回路，后看辅助回路。

分析主回路时，可以从电源引入处开始，根据电流流向依次经过控制元件和线路到用电设备。看辅助回路时，仍从一相电源出发，根据假定电流方向经控制元件巡行到另一相电源。在读图时还应注意施工中所用器材（元件）的型号、规格、数量和布线方式、安装高度等重要资料。

安装接线图是根据电气原理图绘制的，看安装接线图时若能对照电气原理图，则效果更好，但在读图中应注意分清回路标号。安装时，凡是标有相同符号的导线是等电位导线，可以连接在一起。因此，识读安装接线图时，应注意配电盘及其他整机的内外线路往往经过端子板连接。盘（机）内线头编号与端子板接线柱编号对应，外电路上的线头只需按编号对应就位即可。在识读这种电路图时，弄清了盘内外电路走向就可以搞清端子板上的接线情况。

91. 电气电路图中常用的电气图形符号和文字符号有哪些？

（1）电气图形符号。图形符号分为基本符号、一般符号和明细符号三种。电工用图中常用图形符号与文字符号见表1-12。

表1-12 　　　　常用的电气图形符号与文字符号表

类别	图形符号	名称	文字符号	类别	图形符号	名称	文字符号
基本元素		直流	DC	电容器		电容器的一般符号	C
		交流	AC			极性电容器	C
		接地一般符号				可调电容器	C
		保护接地	PE	电感器		电感器符号	L
		接机壳或底板				带磁心的电感器	L
	或	三根导线		压电晶体		压电晶体	B
		连接，连接点		半导体二极管		二极管	VD
		端子	X			发光二极管	VD
接插器		插座（内孔）的或插座的一个极	XS			稳压二极管	VD
		插头或插头的一个极	XP			双向二极管	VD
电阻器		电阻器	R	晶闸管		一般晶闸管	VS
		可变电阻器	R			双向晶闸管	VS
		压敏电阻器	RV	半导体管		PNP型晶体管	VT
		热敏电阻器	RT			NPN型晶体管	VT
		带滑动触点的电位器	R			光敏晶体管	VT
						蜂鸣器	HA

续表

类别	图形符号	名称	文字符号	类别	图形符号	名称	文字符号
测量仪表	Ⓥ	电压表	PV	按钮	E-⌐\	动合按钮开关	SB
	Ⓐ	电流表	PA		E-⌐/	动断按钮开关	SB
熔断器	▭	熔断器	FU		E-⌐\	复合按钮开关	SB
互感器		电流互感器	TA		⌀-⌐\	急停按钮开关	SB
		电压互感器	TV		⌀-⌐\	钥匙操作式按钮开关	SB
电抗器扼流圈		电抗器	L	接触器	▭	线圈操作器件	KM
开关	\ 或 /	单极控制开关	SA			动合主触点	KM
		手动开关一般符号	SA			动合辅助触点	KM
		三极控制开关	QS			动断辅助触点	KM
		三极隔离开关	QS	位置开关		动合触点	SQ
		三极负荷开关	QS			动断触点	SQ
		组合旋钮开关	QS			复合触点	SQ
		低压断路器	QF	电磁操作器	▭ 或 ▭	电磁铁的一般符号	YA
	后 前 2 1 0 1 2	控制器或操作开关	SA			电磁吸盘	YH

续表

类别	图形符号	名称	文字符号	类别	图形符号	名称	文字符号
电磁操作器		电磁离合器	YC	变压器		单相变压器	TC
		电磁制动器	YB			三相变压器	TM
		电磁阀	YV	灯	⊗	信号灯（指示灯）	HL
电动机	Ⓜ	直线电动机	M		⊗	灯，照明灯	H
	Ⓜ	步进电动机	M	热继电器		热元件	FR
	Ⓜ 3~	三相笼型异步电动机	M			动断触点	FR
	Ⓜ 3~	三相绕线转子异步电动机	M	时间继电器		通电延时吸合线圈	KT
	Ⓜ	他励直流电动机	M			断电延时缓放线圈	KT
	Ⓜ	并励直流电动机	M			瞬时闭合的动合触点	KT
	Ⓜ	串励直流电动机	M			瞬时断开的动断触点	KT
					或	延时闭合的动合触点	KT
发电机	Ⓖ	发电机	G		或	延时断开的动断触点	KT
	TG	直流测速发电机	TG		或	延时闭合的动断触点	KT
					或	延时断开的动合触点	KT

108

续表

类别	图形符号	名称	文字符号	类别	图形符号	名称	文字符号
中间继电器		线圈	KA	电流继电器	$I<$	欠电流线圈	KA
		动合触点	KA			动合触点	KA
		动断触点	KA			动断触点	KA
电流继电器	$I>$	过电流线圈	KA	电压继电器	$U>$	过电压线圈	KV

1）基本符号。基本符号不代表具体的设备和器件，而是表明某些特征或绕组接线方式。例如，"～"表示交流电，"＋"表示正极，"△"表示绕组三角形接法。基本符号可以标注于设备或器件明细符号旁边或内部。

2）一般符号。一般符号是用以表示一类产品和此类产品特征的一种较简单的符号。例如，"□"表示接触器、继电器的线圈。

3）明细符号。明细符号表示某一种具体的电气元件，它由一般符号、限定符号、物理量符号等组合而成。例如，过电压继电器线圈符号为"$U>$"，它由线圈的一般符号"□"、符号"U"和限定符号"＞"组成。

（2）文字符号。文字符号分为基本文字符号和辅助文字符号。

1）基本文字符号。基本文字符号是表示电气设备、装置和元器件种类的文字符号。基本文字符号分为单字母符号和双字母符号两种。单字母符号表示各种电气设备和元器件的类别。例如，"F"表示保护电器类。当用单字母符号表示不能满足要求，需较详细和具体地表示电气设备、元器件时，可采用双字母符号表示。又如，"FU"表示熔断器，是短路保护电器，"FR"表示热继电器，是过载保护电器。

2）辅助文字符号。辅助文字符号是用以表示电气设备、装置和元器件，以及线路的功能、状态和特征的。如"SYN"表示同步，"RD"表示红色等。辅助文字符号也可放在表示种类的单字母符号后边组成双字母符号。例如，"KT"表示时间继电器，"YB"表示电磁制动器。为简化文字符号起见，若辅助文字符号由两个以上字母组成，允许只采用其第一位字母进行组合，如"MS"表示同步电动机。辅助文字符号还可以单独使用，如"ON"表示接通，"PE"表示保护接地，"DC"表示直流，"AC"表示交流等。

✍ 92. 怎样区分一次接线图和二次接线图？

电气接线图又称电气线路图，按其在电力系统中的作用，可分为一次接线图和二次接线图。

（1）一次接线图也叫主接线图，是表示电能输送和电能分配路线的接线图。与一次接线直接相连的电气设备称为一次设备或一次元件。一次接线图一般用单线绘出，图中的设备（如开关）位置都是无电压时的位置。如图1-71所示是低压配电的一次接线图，包括以下3个单元。

第一个单元由配电变压器B、电流互感器（3只）1LH、刀开关1DK、自动空气开关1ZK和连接导线组成，它是电能输入部分。

第二个单元由刀开关2DK、电流互感器（3只）2LH、自动空气开关（4只）2ZK～5ZK和连接导线组成。

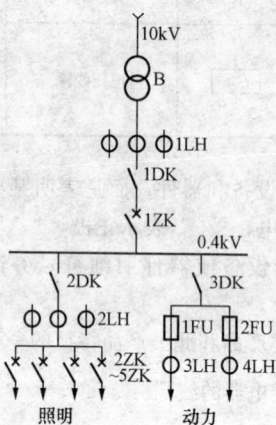

图1-71　低压配电一次接线图

第三个单元由刀开关3DK、熔断器1FU和2FU、电流互感器（单只）3LH和4LH及连接导线组成。

第二个单元和第三个单元是电能输出（分配）部分。

B、1LH、1DK、1ZK等都是一次设备。

（2）二次接线图。上述一次接线图所绘出的3个单元只表明电能的输送和分配，而未表明电路的控制、指示、监视、测量和保护。表明电路的控制、指示、监视、测量和保护电器正常运行的接线图称为二次接线图，也叫副接线图。与二次接线直接相连的电器称为二次设备或二次元件。

二次接线图往往只绘出一次接线图中的一个单元的某一元件、某一参量或表明某一功能。例如，图1-72所示是图1-71中电能输入单元的电流互感器1LH（电流参量）的电流测量二次接线图。由该图可见，电流表PA就是二次元件。

93. 怎样看电气接线图的一次接线图？

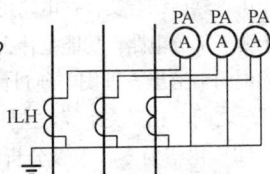

图 1-72　电流测量
二次接线图

例如，图 1-71 所示低压配电的一次接线图是由输入部分和电能输出部分两基本单元组合成。

(1) 输入部分。这部分电路是由配电变压器 B、电流互感器 1LH、刀开关 1DK、自动空气开关 1ZK 及连接导线组成的。

(2) 电能输出部分。这部分电路又分为两个部分，一部分是由 2DK 刀开关、2LH 电流互感器、2ZK～5ZK 空气开关及连接导线组成的，另一部分是由 3DK、1FU 和 2FU、3LH 和 4LH 及连接导线组成的。

94. 怎样看电气接线图的二次接线图？

二次接线图通常仅画出一次接线图中的一个单元的某一元件、某一参量或表明某一功能。根据这一特点来看二次接线图就可顺利读懂各种二次接线图。如图 1-72 所示为图 1-71 中电能输入单元的电流互感器 1LH（电流参量）的电流测量的二次接线图。图中的电流表 PA 即为二次元件，用来指示三相线路中流过的电流。

95. 怎样识读电力电子电路图？

电力电子电路是采用电力电子器件（如晶闸管等）组成的电子电路，具有对大功率电能进行变换和控制的功能。

电力电子电路主要用来代替常规的继电器、接触器控制电路，如用晶闸管代替继电器、交流接触器的触点，由触点开关变成无触点开关，用晶闸管代替充气电子管等。因此，电力电子电路也有主电路和控制电路之分，其控制电路就是主电路中晶闸管的触发电路。故上述电气控制电路图的识图方法基本上也适用于看电力电子电路图。但在看电力电子图时必须先熟悉图中各符号所对应的电子元器件，了解其基本功能，根据工作原理画出方框图，并找出单元电路，这样就能了解整个电路的大致情况，为最后看懂整个电力电子电路图打下基础。

96. 怎样识读模拟电路图？

模拟电路图都是由各种元件图形符号和文字符号组成的，如电阻、电容、电感、晶体管、集成电路等元器件。识读模拟电路图的方法如下。

(1) 图物对照读图。在识读电子电路图之前，先阅读电气设备说明书，了解设备的用途、安全注意事项，了解设备中的各开关、旋钮、指示灯、仪表的作用，然后结合实物在电路图中找到其相应的图形符号位置，从而了解它们属于哪一部分电路，功能是什么，有哪些控制作用，大致了解电路的整体情况，有的说明书给出方框图，通过阅读方框图大致了解整个电路由哪些部分组成、各部分之间的相互关系等，这样就可粗略地知道电路的构成、功能和用途。

（2）化整为零，逐级分析。模拟电路不论有多么复杂，都可以分解成若干个单元电路，一般可分为输入电路、中间电路、输出电路、电源电路、附属电路等几部分。每一部分又可分解为几个基本的单元电路，而单元电路又是由各种元件构成的。还可用画框图的方法对整机电路进行分解，将电路按功能分成若干单元电路，找出它们之间的联系，搞清每一单元内元器件的作用，从而弄清楚每一单元电路的功能，搞清单元电路之间具有何种关系，进而对整个电路有完整的了解。

（3）从静态到动态。模拟电路中的各种晶体管、集成电路是电路的核心，而它们在工作中需要建立静态工作点才能实现对交流信号的放大作用。为了进一步理解电路工作原理，在看图分析时可以采用直流等效电路法、交流等效电路法对电路进行静态、动态的分析。

直流等效电路法就是在输入信号为零时，找出各级放大电路在直流电源作用下的工作状态，实际上就是找出直流通路，确定各级电路在静态时的偏置电流和电压。交流等效电路法就是在输入信号不为零时，确定电路的交流信号通路及工作状态。

⚠️ **小提示**

在采用等效电路法分析时，要根据元件性质给予特别处理。如电路中含有电容、电感这两种元件时，电容具有"隔直通交"的作用，电感具有"隔交通直"的作用。在进行直流等效电路分析时，直流信号不能通过电容，这时电容相当于断路。但直流信号可以通过电感，这时电感相当于短路（只起到导线的作用），这样使得电路可以简单化，便于对电路进行分析。而在用交流等效法分析时，要考虑输入信号频率的高低，信号频率不同，则信号通过电容、电感时所呈现的容抗和感抗大小就会不同，即对交流信号的阻碍作用亦不同，电路的特性、功能也会不同。当输入信号中包含多种频率成分时，有的元件允许高频信号通过，而阻止低频信号通过；有的正好相反，这就要看电路中各元件的具体参数。有些电路形式相似，但功能、特性完全不同，其重要原因是电路参数不同。因此，识图时不仅要看元器件在图中的位置，还要看它们的参数，参数不同其功能、作用也不同。

（4）综合分析，全面理解。进行综合分析，从电路图的输入端开始逐步与输出端贯穿起来，理清信号的传递过程及发生的变化，分析电路前级与后级的输出、输入之间的关系，以便对整个电路的原理、功能有一个完整的、全面的、正确的认识。

✒ 97. 怎样识读数字电路图？

实现一定逻辑功能的电路称为逻辑电路，又称为开关电路、数字电路。这种电路中的晶体管一般都工作在开关状态。数字电路可以由分立元件构成（如反相器、自激多谐振荡器等），但现在绝大多数是由集成电路（如与门电路、或门电路等）构成的。要看懂数字电路图，一是要掌握一些数字电路的基本知识；二是了解二进制逻辑单元的各种逻辑符号及输出、输入关系；三是应掌握一些逻辑代数的知识。具备了这些基本知识也就为看懂数字电路图奠定了良好基础。

（1）"是是非非看逻辑"。通过阅读电路说明书来了解逻辑电路的结构组成、功能、用途，也可通过阅读真值表了解输出与输入间的"是"或"非"的逻辑关系，掌握各单元模块的逻辑功能。

（2）元件功能看引脚。数字电路中往往使用具有各种逻辑功能的集成电路，这样会使整个电路更简单、可靠。但也为识图带来一定困难。因为看不到集成块内部元件及电路组成情况，只能看到外部的许多引脚，这些引脚各有各的作用，可以与外部其他元件或电路连接，以实现一定的功能。实际上很多时候并不需要知道集成块内部电路组成情况，只需了解外部各引脚的功能即可。集成电路各引脚的功能用文字加以注明，如电路中没给出文字说明或参数，则应查阅有关手册，了解集成块的逻辑功能和各引脚的作用。对一些常用的集成电路，如常用的运算放大器 LM324、四二输入与非门74LS00、555 时基电路等，读者应记住各引脚的功能，这对快速、准确识图有所帮助。

（3）功能分解看模块。对数字电路可按信号流向将系统分成若干个功能模块，每个模块完成相对独立的功能，对模块进行工作状态分析，必要时可列出各模块的输入、输出逻辑真值表。

（4）综合起来看整体。将各模块连接起来，分析电路从输入到输出的完整工作过程，必要时可画出有关工作波形图，以帮助对电路逻辑功能的分析、理解。

✒ 98. 怎样识读建筑电路图？

识读建筑电路图，首先要熟悉建筑电路图的表达形式、画图方法、图形符号、文字符号和建筑电气工程图的特点，然后掌握一定的识图方法，以迅速读懂电路图。读图方法如下。

（1）看标题栏及图纸目录。了解工程名称、项目方法、设计日期、图纸数量和方法等。

（2）看总体说明书。了解工程总体概况及设计依据，了解图纸中未能表达清楚的各有关事项。如供电电源的来源、电压等级、线路敷设方法、设备安装高度及安装方式、补充使用的非国标图形符号、施工时应注意的事项等。有些分项局部问题是在分项工程的图纸上说明的，看分项工程图时也要先看设计说明书。

（3）看系统图。各分项工程的图纸中都包含系统图。如变配电工程的供电系统图、电力工程的电力系统图、照明工程的照明系统及电缆电视系统图等。看系统图的目的是了解系统的基本组成，主要电气设备、元件等连接关系及它们的规格、型号、参数等，掌握该系统的组成概况。

（4）看平面布置图。平面布置图是建筑电气工程图纸中重要的图纸之一，如变配电所电气设备安装平面图、剖面图、电力平面图、照明平面图、防雷和接地平面图等，都是用来表示设备安装位置、线路敷设部位、敷设方法及所用导线型号、规格、数量、管径大小的。通过阅读系统图，了解了系统组成概况之后，就可依据平面图编制工程预算和施工方案具体组织施工了，所以对平面图必须熟读。阅读平面图时，一般可按此顺序：进线→总配电箱→干线→支干线→分配电箱→用电设备。

（5）看电路原理图。了解各系统中用电设备的电气自动控制原理，用来指导设备的安装和控制系统的调试工作。因电路图多是采用功能布局法绘制的，看图时应依据功能关系从上至下或从左至右一个回路一个回路地阅读。熟悉电路中各电器的性能和特点对读懂图纸将是一个极大的帮助。

（6）看安装接线图。了解设备或电器的布置与接线，与电路图对应阅读，进行控制系统的配线和调校工作。

（7）看安装大样图。安装大样图是用来详细表示设备安装方法的图纸，是依据施工平面图进行安装施工和编制工程材料计划时的重要参考图纸。特别是对于初学安装的人员这更显重要，甚至可以说是不可缺少的。安装大样图多采用全国通用电气装置标准图集。

（8）看设备材料表。设备材料表提供了该工程使用的设备、材料的型号、规格和数量，是编制购置设备、材料计划的重要依据之一。

阅读图纸的顺序没有一定的规律可循，应根据自己的需要灵活掌握，突出重点，以达到用图纸指导安装施工，保质保量，符合要求。

（9）阅读有关施工及验收规范、质量检验评定标准，以详细了解安装技术要求，保证施工质量。

99. 常见的建筑电气图形符号有哪些？

建筑电气平面图中各种电气设备的图形符号主要提供电气设备在建筑物内的安装位置、供电布线、安装方法等信息，以及建筑物内用电设备的编号、型号、规格和容量等有关参数，为安装施工、运行、维护管理等提供相应技术资料。常用建筑电气图形符号见表1-13。

表1-13　　　　　　　　　　建筑电气图形符号

新图形符号	名称或含义	旧图形符号	新图形符号	名称或含义	旧图形符号
	架空线路			向上配线	
	管道线路			向下配线	
	6孔管道线路			垂直通过配线	
	地下线路			带中性线和保护线线路	
	有接头的地下线路			盒、箱（一般符号）	
	水下线路			连接盒或接线盒	
	防雨罩（一般符号）			熔断器箱	
	中性线			插座一般符号	
	保护线			电力或电力—照明配电箱	
	保护和中性共用线			信号板信号箱（屏）	

续表

新图形符号	名称或含义	旧图形符号	新图形符号	名称或含义	旧图形符号
	照明配电箱（屏）			密闭（防水）	
	事故照明配电箱（屏）			密闭（防爆）	
	多种电源配电箱（屏）			单线表示的三相插座	
	直流配电盘（屏）			带保护极的单相插座	
	交流配电盘（屏）			带保护极的单相插座暗装	
	电缆交接间			密闭（防水）单相插座	
	架空交接箱			防爆单相插座	
	壁龛交接箱			带保护极的密闭(防水)单相插座	
	室内分线盒			带保护极的三相插座(一般符号)	
	分线箱			带接地插孔密闭(防水)三相插座	
	壁龛分线箱			开关（一般符号）	
	电源自动切换箱（屏）			带指示灯的开关	
	自动开关箱			单极拉线开关	
	带熔断器的刀开关箱			单极现时开关	

新图形符号	名称或含义	旧图形符号	新图形符号	名称或含义	旧图形符号
⊶	双极开关		⊗	投光灯（一般符号）	
	多位单极开关		⊗⟶	聚光灯	
⟋	单极双控开关		⊗⟋	泛光灯	
⟋↑	单极双控拉线开关		⌒	广照型灯	
⊶	三极开关明装		⊗	防水防尘灯	
⟋	三极开关暗装		⊙	局部照明灯	●
⊙	按钮		⊖	安全灯	
⊗	带指示灯按钮		◉	防爆灯	
⊗	灯（一般符号）		⟜○	弯灯	
⊢—⊣	荧光灯（一般符号）		✕	专用线路的应急照明灯	
3 ⊢—⊣	三管荧光灯单线表示		⊠	自带电源的应急照明灯	

✎ **100. 怎样识读机床电气电路图？**

机床电气原理图是用来表明机床电气的工作原理，即各电气元件的作用及相互之间的关系的，一般由主电路、控制电路、保护电路、配电电路、照明电路等几部分组成。机床电气电路图的识读方法如下。

（1）主电路的阅读。阅读主电路时，应首先了解主电路中有哪些用电设备，各起什么作用，受哪些电器的控制，工作过程及制动特点是什么（如电动机的起动、制动、调速方式等）。然后根据生产工艺的要求了解各用电设备之间的联系。

1）看用电器。看使用了几个用电器（如电动机、电弧炉等），它们的类别、用途、接线方式及一些不同的要求。

2）看用电器的控制元件。例如电动机是由哪个继电器控制其启动与停止的。

3）看除用电器以外的元件。这些元件在电路中起什么作用。例如主触点、刀开关 DK、热继电器 KR 的热元件和熔断器 FU1～FU3。

4）看电源。要了解主电路使用的电源是采用 380V 还是采用 220V 交流电源。

（2）控制电路的阅读。控制电路一般由开关、按钮、接触器、继电器的线圈和各种辅助触点构成，无论简单或复杂的控制电路，一般均由各种典型电路（如延时电路、联锁电路、顺控电路等）组合而成，用以控制主电路中受控设备的"启动"、"运动"、"停止"，使主电路中的设备按设计工艺的要求正常工作。

1）看电源。看清辅助电路使用的是交流电源还是直流电源，电源来自何处，电源电压的高低。一般从主电路引来的两根相线电源，其线电压为380V；从主电路引来一根相线和一根中性线，其相电压为 220V。从变压器上接来的电源电压通常有 24、36V 和 127V 等几种。

2）看辅助元件对主电路用电器的控制关系。辅助回路是一个大回路，大回路经常又包含若干个小回路。对于控制电路，SB2 启动开关按下后，大回路形成，KM 继电器线圈得电，KM1 吸合后自锁，KM2～KM4 闭合后使M 电动机得电工作。

3）看辅助电路中各控制元件之间的制约关系。这样有利于查明各种元件之间的相互联系。

（3）保护、配电线路的阅读。保护电路图的构成与控制电路基本相同，主要是根据电气原理图要达到的工艺要求，为避免设备出现故障时可能造成的损伤事故所设的各种保护功能。阅读时先在图样上找到相应的保护措施及保护原理，然后找出与控制电路的联系加以理解，这样就能掌握电路的各种保护功能。最后再读配电电路的信号指示、工作照明、信号检测等方面的电路。

101. 怎样识读三相交流异步电动机基本控制电路图？

三相交流异步电动机基本控制电路包括电动机的启动、反转、调速、制动等几类。这些基本控制电路一般都是采用接触器、继电器、按钮等电器元件的触点组合而成的。

下面以图 1-73 所示电动机连续运行电路原理图为例,介绍电气原理图的识读方法。

图中所用的元器件:M——电动机(Y2-51-1);KM——交流接触器(CJ10-63);FR——热继电器(JR16-20/3D);SB1——按钮(LA4-22K);SB2——按钮(LA4-22K);QF——断路器(DZ10-100);FU——熔断器(RL1-15);HLR——指示灯(220V);HLG——指示灯(220V)。

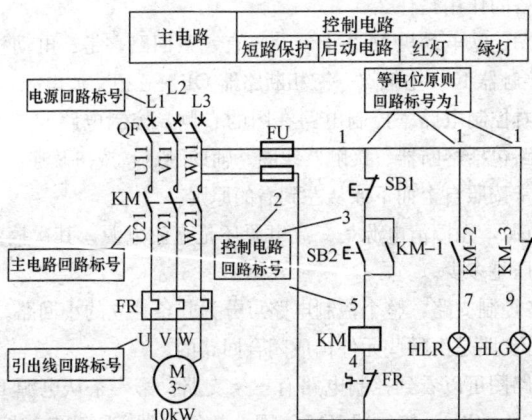

图 1-73 三相交流电动机连续运行电路原理图

三相交流电动机连续运行电路原理图识读方法如下。

(1)看资料。结合电路图中的文字说明、技术说明,搞清电路的用途,对电路有一个大致的了解。从图 1-73 中可以看到,此电路有一台电动机,此电动机启动后连续运行。

(2)弄明白电路图中各符号所代表的意义。根据电气图形符号、文字符号表和元件明细表,弄明白电路图中各符号所代表的意义。看原理图时应注意以下两点。

1)图中所画开关、触点是在断开了所有电源的状态,即在线圈不带电、手柄在断位的状态。

2)为了便于阅读,同一元件的各个部件可以不画在一起,但同一电器上的各元件都用同一文字符号。例如:为了画图的方便,接触器 KM 的线圈和辅助触点画在控制电路中，而 KM 的主触点画在主电路中，但都用同一文字符号标注。

（3）先看主电路。主电路通常在图的左侧，包括断路器、接触器主触点、热继电器、电动机及连接导线等。它是从电源至电动机输送电能时电流所经过的电路，所以电流较大。识图时通常从下面的被控设备开始，经控制元件，依次看到电源。通过看主电路可以知道以下几点。

1）主电路中有哪些电气设备，它们的用途和工作特点是什么。

2）主电路中的电动机是用什么电器控制的，为什么要通过这些电器，这些电器设备的作用是什么。

结合此图，从电动机 M 往上看，只有一条回路，是：电动机 M→热继电器 FR→接触器 KM 主触点→三相断路器 QF→三相交流电源。

（4）再看控制电路。控制电路在图的右侧，控制电路起控制和保护作用。控制电路包括熔断器、接触器线圈、辅助触点、按钮及连接导线等。看控制电路通常按照自上而下或从左到右的原则。

1）看电源，先搞清电源是交流电源还是直流电源，其次搞清电源从何而来，其电压是多少。

2）看各控制支路，整个控制电路可分为几条独立的小回路。

3）看各支路是由哪些元件构成闭合回路的。

结合电路图可以看到控制电路有三条支路：第一条从电源 L3→熔断器 FU→按钮 SB1、SB2→接触器 KM 线圈→热继电器 FR 触点→熔断器 FU→电源 L2；第二条从电源 L3→熔断器 FU→KM－2 动合辅助触点→红灯 HLR→熔断器 FU→电源 L2；第三条从电源 L3→熔断器 FU→KM－3 动断辅助触点→绿灯 HLG→熔断器 FU→电源 L2。三条支路的电源都接在 L2、L3 两相。

（5）搞清电路之间的控制关系。搞清主电路与控制电路及控制支路之间的联系和控制关系，电路中各电器元件、触点的作用是什么。

1）先看主电路，电动机 M 启动时需要合上断路器 QF，同时还应使接触器 KM 得电吸合。再观察接触器 KM 的控制电路，平时 SB2 的触点处于断开位置。所以启动时应按下 SB2，接通接触器 KM 线圈的控制电路，接触器 KM 线圈中有电流，接触器吸合，KM 主触点闭合，电动机主电路接通，电动机启动运行。

2）电动机运行时，不会一直按下 SB2，原因是接触器吸合后，KM 动合辅助触点闭合，所以松开 SB2 后，与 SB2 并联的 KM－1 动合辅助触点保持吸合，接触器 KM 线圈可以一直得电，此触点起到自保持（自锁）的作用，所以叫自锁触点。

3）怎样使电动机停机，如电路图中的 SB1 按钮，它串联于 KM 线圈回路中，按下 SB1，接触器 KM 线圈中就没有电流了，接触器 KM 释放，KM 各触点恢复初始状态，主电路断开，电动机停机。

4）指示灯支路。电动机启动前（或停机后），由于 KM 辅助触点处于图中的初始位置，这时与绿灯 HLG 相连的 KM－3 动断辅助触点闭合，绿灯亮；与红灯 HLR 相连的 KM－2 动合辅助触点断开，红灯灭。启动后，接触器吸合，其动合触点闭合，动断触点打开，所以绿灯熄灭，红灯点亮。

例如，50 电路中断路器 QF 作电动机和主电路的短路保护，当电动机主电路中的连接导线、元器件短路时，断路器 QF 跳闸，防止事故的发生；熔断器 FU 作控制电路的短路保护；热继电器 FR 在电路中起过载保护的作用，电动机过载时，串接于控制电路的动断触点 FR 断开，切断接触器 KM 线圈的供电，电动机保护停机。

（6）根据回路编号了解电路的走向和连接方法。为了安装接线和维护检修，在如图 1－73 所示的电路中可以看到有各种标号，这种标号就是回路编号，回路编号是电气设备与电气设备、元件与元件间（或导线间）的连接标记。它是按等电位原则标注的，即在电气回路中连于一点的所有导线用同一数字标注。当回路经过开关或触点时，因为在触点两端已不是等电位，所以应给予不同的标号。下面简要介绍一下电动机电路的回路编号的标注方法。

1）主电路的回路编号。

（a）三相电源按相序编号为 L1、L2、L3，经过开关后，在出线接线端子上按相序依次编号为 U11、V11、W11。

（b）主电路各支路的编号应从上至下（垂直画图时）或从左至右（水平画图时），每经过一个电器元件的接线端子后编号要递增。如 U11、V11、W11、U21、V21、W21、… 顺序标号。

（c）单台三相异步电动机的三根引出线按相序依次编号为 U、V、W，多台电动机引出线的编号为防止混淆，可在字母前加数字来区别，如 1U、1V、1W、2U、2V、2W、…顺序标号。

（d）定子线圈首端用 U1、V1、W1 标号，尾端用 U2、V2、W2 标号。

2）控制电路回路标号。控制电路回路标号应从上至下（或从左至右）逐行对主要降压元件两侧的不同线段分别按奇数和偶数的顺序标号，如一侧按 1、3、5、…顺序标号，另一侧按 2、4、6、…顺序标号。编号的起始数字，除起始支路须从数字1开始外，照明支路和信号支路可以接上述的数字编排，也可以依次递增100作起始数，如照明支路从101开始编号，信号支路从201开始编号。

102. 怎样识读三相交流异步电动机控制电路接线图？

控制电路接线图是表示电路连接关系的一种简图，它是根据电路原理图和各电器元件在控制箱（或控制柜）中的实际安装位置而绘制的，主要用于电气安装接线、检修。

（1）安装接线图的规律。

1）接线图中，电器元件及设备的大小都是根据它的外形轮廓及实际尺寸按照统一的比例绘制的。

2）接线图中，各电器元件的图形符号及文字符号要与电路原理图完全一致，凡是需要接线的端子一定要标注端子编号，并与原理图上相应的线号一致，同一根导线上连接的所有接线端子的编号应相同。

3）同一个元器件的所有部件（线圈、主触点、辅助触点）都应根据它的实际结构画在一起，并用虚线框起来；在几个或很多个电器元件四周如果画上虚线，表明这几个或很多个电器元件是安装在同一块控制箱上的。

4）不同控制箱之间或同一控制箱内外电器元件之间的连线应通过接线端子板连接，电器互联关系以线束表示，走向相同的相邻导线可以绘制成一束线，连接导线应标明导线参数（如截面积：主电路导线采用4mm² 绝缘铜线，控制电路采用1.5mm² 绝缘铜线）。

（2）接线图的识图方法。如图1-74所示为电动机连接运行电路的安装接线图。

1）与原理图对照识图。电动机安装接线图是根据电气原理图绘制的，看接线图时，只知道电器元件的安装位置、接线方法、相互之间如何接线，但不能明显表示电气动作原理，特别是辅助电路，根本分辨不出各条小支路来。因此要搞清主电路和控制电路由哪些元件组成，它们是怎样完成电气动作的，各个元件在电气设备中的作用是什么，就必须对照电气原理图。

2）根据具有相同标号的导线相连的原则了解主电路和辅助电路的走向和连接方法。

（a）先看主电路。看主电路是从引入的电源线开始顺次往下看，直至电动机，主要目的是知道三相电源线经过哪些电器元件到达电动机。如图1-74所示的电路中，端子板XT1上L1、L2、L3分别与断路端器QF入线端的L1、L2、L3是相连的，顺次往下看，QF的出线端U11、V11、W11

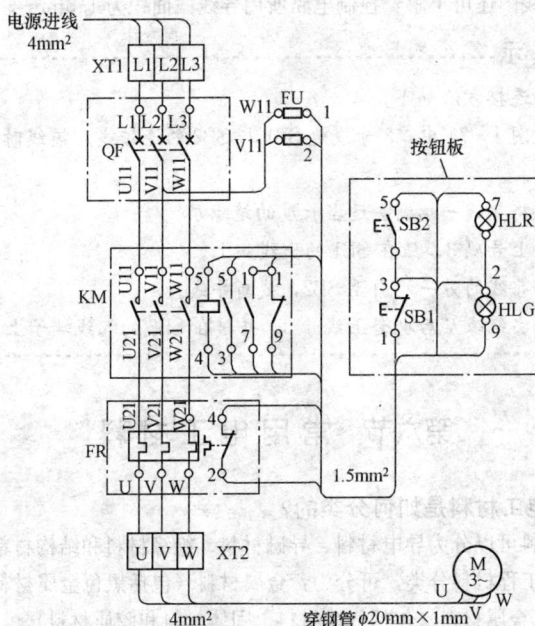

图 1-74　三相电动机连续运行电路的安装接线图

分别与 KM 接线端的 U11、V11、W11 是相连的，……，端子板 XT2 上的 U、V、W 分别与电动机接线端的 U、V、W 也是相连的。

主电路路径为：电源 L1、L2、L3→端子板 XT1→断路器 QF→接触器 KM 主触点→热继电器 FR→端子板 XT2→电动机。

通过接线图还可了解：主电路所用导线为 4mm² 绝缘铜线；端子板至电动机间的导线应穿钢管保护。

（b）再看控制电路。看控制电路要从电源起始点（相线）开始，看经过哪些电器元件又回到另一相电源。如图 1-74 所示的电路中，从电源起始点 L1 开始，由于 FU 的入线端 W11 与主电路 QF 出线端的 W11 具有相同的标号，既表明它们是相连的，又表明控制电路是从此与主电路分开的，同理 FU 的出线端与 SB1 的入线端都有相同的标号 1，它们也是相连的，……，最后经 FR 触点、断路器 QF 回到另一相电源 L2。

控制电路路径为：电源 L3→断路器 QF→熔断器 FU→按钮 SB1→按钮 SB2→KM 线圈→热继电器辅助触点 FR→熔断器 FU→断路器 QF→电源 L2。

通过接线图还可了解：控制电路所用导线截面积为 1.5mm²。

小提示

导线的连接方法如下。

例如，图 1-74 中，3 号线是 SB1 与 SB2 的连接线。接线时，可按以下步骤进行。

（1）先将导线一端剥去适当长度的绝缘层。

（2）套上号码 3，压在 SB1 的出线端上。

（3）将导线的另一端引至 SB2，截断导线。

（4）剥去绝缘层后也套上线号 3，并接在 SB2 的入线端子上。

第六节　常用电工材料

103. 电工材料是如何分类的？

电工材料可以分为导电材料、导磁材料、绝缘材料和结构材料四大类。

（1）按工程材料分类，可分为：金属材料（包括黑色金属材料和有色金属材料）、非金属材料（包括气体材料、固体材料和胶质材料）。

（2）按材料化学成分分类，可分为：无机材料、有机材料和无机有机复合材料。

（3）按材料的功能分类，可分为：导电材料、电阻材料、磁性材料、绝缘材料、润滑材料和建筑材料。

也有将电工材料分为八大类的，它们是钢铁类，非铁金属类，矿物及其制品类，动植物森林及其制品类，化学材料、颜料、染料、漆类和塑料类，电器配件类和工具、量规及仪器类，等等。

104. 导电材料是怎样分类的？

普通导电材料是指专门用于传导电流的金属材料。最常用的导电材料为铜和铝。它们的主要用途是用于制造导线（电线电缆）。电气设备的控制线和电机电器的线圈大部分采用铜导线，架空线、照明线等大部分采用的都是铝导线。

导电材料的分类主要有：按电气设备用导线和按导线的绝缘情况分类两种。

（1）电气设备用电导线分类。按产品的使用特点分为通用导线、电机电器用电导线、仪器仪表用导线、地质勘探和采掘用导线、交通运输用导线、信号控制导线和直流高压软电缆七类。

（2）按导线的绝缘情况分类。常用导线分绝缘导线和裸导线两大类。绝缘导线主要有电磁线和普通导线。电磁线主要用于绕制中小型电机、变压器及各种电器的线圈，如漆包线等；普通导线一般用于低压动力、照明和控制线路中，如塑料、橡胶绝缘导线、电灯软线等。裸导线多用于户外架空线路，如铜纹线、铝绞线和有钢芯的加强型铝线等。

1）裸导线。裸导线按所用材料不同可分为单金属线、合金线、双金属线等；按结构和用途不同，可分为圆单线、裸绞线、裸型线、裸软接线四个系统。

2）绝缘导线。

（a）聚氯乙烯绝缘电线。聚氯乙烯绝缘电线通常称为塑料线，主要供各种交直流电气装置、电工仪表、通信设备、电力及照明装置配线用。

（b）聚氯乙烯绝缘尼龙护套电线。聚氯乙烯绝缘尼龙护套电线的型号是FVN，它是一种铜芯镀锡聚氯乙烯绝缘尼龙护套电线，用于交流 250V 以下、直流 550V 以下的低压线路中。

（c）丁腈聚氯乙烯复合物绝缘软线。丁腈聚氯乙烯复合物绝缘软线简称为复合物绝缘线，主要有 RFB 型复合物绝缘平型软线和 RFS 型复合物绞型软线两种，它们适用于交流 250V 以下和直流 500V 以下的各种移动电器、无线电设备和照明灯座接线。

（d）橡胶绝缘导线。

（e）橡皮绝缘棉纱编织软线。橡皮绝缘棉纱编织软线有 RXS 型和 RX 型两种。RXS 型是橡皮绝缘棉纱编织双绞线；RX 型是橡皮绝缘棉纱总编织软线，有二芯和三芯两种。它们适用于交流 250V 以下、直流 500V 以下的室内干燥场所，各种移动电器，家用电子设备，照明灯头，灯座与电源之间的连接。

（f）耐热电线。常用耐热电线有以下几种：BV－105、BLV－105 型聚氯乙烯绝缘电线，RV－105 型聚氯乙烯绝缘软线，工业热电偶补偿电线，氟塑料绝缘耐热电线，AVRT 型耐热聚氯乙烯绝缘安装线等。

105. 磁性材料及特殊合金材料有哪些？

（1）磁性材料。

磁性材料的分类：磁性材料按其磁性能及其应用，可以分为软磁材料、硬磁材料和特殊磁材料三类。按其组成又可分为金属（合金）磁性材料和非金属磁性材料两种系列。实际中广泛使用的是软磁材料。

1）软磁材料。软磁材料主要用作导磁回路。软磁材料分为金属软磁材料和铁氧体软磁材料两大类。其中金属软磁材料包括电工纯铁、硅钢片、铁镍合金和铁铝合金等。

2）硬磁材料。一般将矫顽力大于 10^4 A/m 的磁性材料称为硬磁材料。常用硬磁材料主要有：铝镍钴、铁氧体等。

铝镍钴合金是目前我国电机、电大工业中应用较多的硬磁材料，主要用于电机、微电机、磁电系仪表等。铁氧体硬磁材料主要用于电信器件中的拾音器、扬声器、电话机等的磁芯，以及微电机、微波器件、磁疗片等。

稀土钴硬磁材料主要为超大型高频器件中的电子聚焦装置提供磁场。另外，还应用在微电机、磁性轴承、电子手表等方面。

塑性变形硬磁材料通常用于里程表、罗盘仪、计量仪表、微电机、继电器等。

3）特殊磁性材料。恒导磁合金实际上是铁镍钴和铁镍钴钼合金经过适当处理的某些品种，一般用来制作恒电感、精密电流互感器和中等功率的单极性脉冲变压器等的铁心。

磁温度补偿合金主要用于制作微电机、继电器、电磁铁等器件，可以满足磁感应强度高、体积小、质量轻等特殊要求。

磁记录材料主要有磁头材料和磁性媒质，前者是高密度的磁性材料，磁导率高，饱和磁感应强度高，剩磁低和矫顽力低，专用作磁头的制作。磁性媒质涂敷在磁带（磁盘）和磁鼓上面，用于记录和存储信息。

（2）特殊合金材料。特殊合金材料包括电触头材料、热双金属、热电偶等。其中电触头材料用作开关触头，开关触头在电路中起着载流、分断、隔离等作用。

热双金属是由两种线膨胀系数不同的金属复合而成的，热双金属元件具有结构简单、动作灵敏可靠等特点，被广泛地用于自动控制和过载保护系统中。

106. 绝缘材料的分类及其作用有哪些？

（1）绝缘材料的分类。绝缘材料的分类很多，按化学成分分类，可分为有机绝缘材料、无机绝缘材料和复合绝缘材料；按来源分类，可分为天然绝缘材料和合成绝缘材料；按耐热等级分类，可分为 7 个耐热等级；按物理状态分类，可分为气体绝缘材料、液体绝缘材料和固体绝缘材料，气体绝缘材料包括空气、二氧化碳、六氟化硫等，液体绝缘材料包括矿物油、合成油、植物油等，固体绝缘材料包括云母、塑料、胶、绝缘漆等。

1）气体绝缘材料。

（a）空气绝缘材料。空气的电气性能和物理性能都很稳定，电气开关中广泛地应用空气作为绝缘介质。

（b）六氟化硫绝缘材料。六氟化硫属于惰性气体，具有良好的绝缘性能和灭弧性能，主要用作电力变压器、电容器、封闭组合电器等的绝缘介质。

2）液体绝缘材料。

（a）矿物油绝缘材料。矿物油包括变压器油、电容器油、电缆油等。

（b）合成油绝缘材料。合成油是化学合成的绝缘油，主要包括聚丁烯、甲基硅油、苯甲基硅油等。

3）固体绝缘材料。

（a）云母制品。云母制品主要包括云母带和云母箔。

（b）绝缘漆。绝缘漆按用途分为浸渍漆、硅钢片漆、覆盖漆和瓷漆等。其中硅钢片漆主要用来涂覆硅钢片表面，它可以降低铁心涡流损耗，增强防锈和耐腐能力。

（c）绝缘纸。绝缘纸主要包括植物纤维纸和合成纤维纸两大类。植物纤维纸包括电缆纸、电容器纸、电话纸、卷绕纸等，合成纤维纸包括聚酯纤维纸、聚酰胺纤维纸等。

（2）绝缘材料的主要作用。绝缘材料主要用来对带电体进行封闭和隔离，有时也起散热冷却、机械支撑等作用，良好的绝缘是保证系统正常运行的必要条件。绝缘材料具有较高的耐压强度，良好的耐热性能，在电力系统中得到广泛应用。其主要作用有以下几点。

1）使导电体和其他部分绝缘。

2）将不同电位的导体分隔开。

3）提供电容器储能的条件。

4）改善高压电场中的电位梯度。

5）某些绝缘材料还起着机械支撑、固定、防潮和防霉的作用。

●）小提示

　绝缘材料又称介质材料，在直流电压作用下仅有微弱的泄漏电流通过，一般可以认为是不导电的，其电阻率在 $10^9 \sim 10^{22}\,\Omega \cdot \text{cm}$，是电工中应用极广的一类材料。

✐ **107. 电工新材料有哪些？**

电工新材料常见的有：电工用塑料、无机绝缘新材料；信息存储功能材料——磁记录材料、磁光材料；磁性微粒子功能材料——磁流体材料、特殊磁性材料、光电材料、发光材料、压电材料及半导体材料和超导体材料等。

（1）电工用塑料。电工用塑料是由合成树脂、填料和各种添加剂等配制成的粉状、粒状和纤维状材料，按照合成树脂的特性，塑料可分为热固性和热塑性两种。

常见的有酚醛塑料、氨基塑料、密胺聚酯塑料、邻苯二甲酸二烯丙酯塑料、聚酰亚胺塑料、环氧模塑料、聚苯乙烯塑料、ABS 塑料、聚甲基丙烯酸甲酯塑料、聚酰胺塑料、聚碳酸酯酸酯塑料、聚砜塑料等。

（2）无机绝缘新材料。常用的无机绝缘新材料有电工玻璃、绝缘陶瓷材料，以及具有高耐热性、耐电弧性、耐电晕性的云母、石棉、玻璃和陶瓷制品。

（3）磁记录材料。磁记录材料是用于记录、储存和再现信息的磁性材料，常见的有磁头材料、磁记录介质、颗粒涂布型介质、连接薄膜型介质等，常应用在磁盘、磁鼓、磁卡、磁光盘上。

（4）磁光材料。目前正在使用的磁光材料有石榴石薄膜、非晶薄膜、复合膜、MnBi 系列薄膜、MnMGe 系列薄膜、氧化物薄膜、人工晶格多层膜，以及其他合金和化合物材料，广泛应用在磁光盘及磁光记录系统中。

（5）磁流体材料。磁流体是由磁性微料、表面活性剂和基载液组成的，磁性微粒在基载液中呈高弥散、稳定胶体状，是具有强磁性和流动性的材料，广泛应用于医疗、磁性分离显示、磁带、磁泡检验及扬声器和电机中。磁流体材料还有着许多特殊的用途，如用在磁密封、传感器中，还用在磁性流体制动器中。

（6）特殊磁性材料。常用的特殊材料有非晶态软磁合金材料、恒导磁合金材料、磁温度补偿合金材料、低膨胀合金材料、磁滞伸缩合金材料、磁屏蔽合金材料、高饱和磁感应强度合金（铁钴合金）材料、矩磁合金材料等。

（7）光电材料。光电材料中最常见的是光电阴极材料，广泛应用于光电倍增管、摄像管、变像管等光—电转换器件。另外还有光敏电阻、光电导探测器材料及红外光电探测器材等。

（8）发光材料。常见的发光材料有半导体发光材料、荧光粉材料、磷光体材料、激光材料等。

（9）压电材料。压电材料有压电晶体（如石英和铌酸锂、钽酸锂等）、压电陶瓷、高分子压电材料等。

压电材料常应用在电—机转换、机—电转换和电路元件中。

(10) 半导体材料。半导体材料导电性能介于绝缘体和导体之间，像锗、硅、砷化镓和大多数的金属氧化物及金属硫化物等，统称为半导体或半导体材料。

半导体材料有元素半导体、化合物半导体、固溶体半导体、半导体超晶格和有机半导体五大类。

(11) 超导体材料。零电阻和完全抗磁性是超导体材料的两个相互独立的基本特征。

根据在磁场中不同的磁化特征，超导体可分为Ⅰ类超导体和Ⅱ类超导体，Ⅱ类超导体又分为理想和非理想的超导体（硬超导体）。

超导体材料应用在超导电机、磁流体发电、大容量输电、远距离信号、天线小型化、天文学、地震预报、导航高速大容量电子计算机等许多方面。

第二章 Chapter2

电 气 照 明

第一节 电气照明的维护

108. 怎样使用和维护灯具？

灯具的使用和维护应注意的事项如下。

（1）必须在额定电压和额定频率下使用灯具。

（2）凡接地的灯具，应经常检查其接地情况。

（3）无特别规定的灯具，其周围环境的温度一般可为 5～35℃。

（4）室内灯具不得用于室外。

（5）电炉、煤气炉、煤油炉等加热设备的上方及其附近，以及有蒸汽的场所，均不得使用普通灯具。

（6）灯具内不得安装超过规定瓦数的灯泡。

（7）更换灯泡、拆卸灯罩等工作应在切断电源下进行。

（8）对安全照明灯具应定期检查，以确保灯具处于良好工作状态。

（9）应使用温水（或拧干浸肥皂水的棉布）擦洗灯具，不得使用汽油、挥发油等来擦洗。

（10）灯具的金属部分，不许使用擦亮粉来擦。

（11）灯具背后的粉尘宜使用干棉布或掸子来清扫。

（12）灯具出现歪斜、破损等异常现象时，应停止使用，立即切断电源进行检修或更换。

109. 怎样使用和维护高压水银荧光灯？

高压水银荧光灯常用的有高压水银荧光灯、自镇流高压水银荧光灯及反射型高压水银荧光灯等。应用最普通的是高压水银荧光灯，其使用与维护应注意以下事项。

（1）当电源中断、高压水银荧光灯熄灭后，灯内汞蒸气压力很高，在灯未冷却前，相应的点燃电压也很高，所以不能立即再接入电源。通常需要间断 10～15min，待灯管冷却，灯内汞蒸气凝结后才能再启动。

（2）应保持电源电压稳定。高压水银荧光灯的电源电压应尽量保持稳定。当电源降低 5％时，灯就可能熄灭，而再次启动点燃的时间较长。所以，高压水银荧光灯不宜在电压波动较大的线路上使用，否则应考虑采取调压或稳压措施。

（3）高压水银荧光灯虽然可以在任何位置点燃，但水平点燃时输出的光通量将减少 7％，并且容易自行熄灭。因此，应尽量使高压水银荧光灯在垂直位置工作。

（4）玻璃外壳破碎后，虽然仍能够发光，但大量紫外线辐射将灼伤人眼和皮肤。所以，玻璃外壳破碎的高压水银荧光灯应立即换下。

（5）由于高压水银荧光灯的外玻璃壳温度很高，所以必须安装在散热良好的地方，否则会影响灯的性能与寿命。

（6）除自镇流高压水银荧光灯外，灯管应与相应规格的镇流器配套使用。

（7）由于高压水银荧光灯再启动的时间长，不适用于要求迅速点燃的场所。

（8）破碎的灯管要及时妥善处理，以防止发生水银危害。

110. 怎样使用和维护高压钠灯？

高压钠灯是利用高压钠蒸气放电而使灯点燃的，其辐射光的波长集中在人眼感受较灵敏的范围内，被广泛应用于高大厂房、车站、广场、体育场等处的照明。使用和维护高压钠灯应注意以下事项。

（1）应使用专门设计的配套灯具，以满足两点要求：① 玻璃灯管外壳温度很高，灯具必须具有良好的散热性能；② 高压钠灯的放电管是半透明的，灯具的反射光不宜通过放电管。否则，放电管因吸热而温度升高，破坏密封处，影响使用寿命，同时灯也易自燃。

（2）电源电压的波动不宜大于±5％，因为高压钠灯的管压、功率和光通量随电源电压的变化而发生变化，比其他气体放电灯大。当电源电压增高时，由于管压降增大，容易引起灯自熄；当电源电压降低时，光通量将减少，光色变差。

（3）高压钠灯可在任一位置点燃，光电参数基本不变。

（4）必须配用相应规格的镇流器，否则起动困难，灯的寿命缩短。

⚠ 小提示

由于钠灯再启动的时间长，不适用于要求迅速点燃的场所。

111. 怎样使用和维护管形氙灯？

正确使用与维护氙灯，通常应注意以下几方面。

（1）用前检查。应检查玻璃外壳是否良好，有无裂痕。如发现玻璃有指印、油污等，应采用无水酒精（含量 95％以上）擦干净晾干后再用。

（2）安装要求。

1）由于点燃前灯管内已有很高的气压，因此点燃电压较高，需要触发器产生的脉冲高频高压来点燃。

2）氙灯有强紫外线辐射，其安装高度不宜低于 20m。

3）应保持电源电压稳定，电压波动不宜大于±5％。否则，氙灯容易自熄。

4）灯管工作温度很高，灯座和灯头应采用耐高温导线。灯管应保持清洁，以防高温下形成污斑，降低灯管透明度。

5）灯管应水平安装，触发器的安装位置应尽量靠近灯管。

6）应注意正、负极性千万不能接反，否则氙灯将被烧毁。

7）切勿使装在灯架上的氙灯承受扭力，否则点燃后将产生应力而爆炸。

8）由于氙灯工作电流很大，安装时应保持引线与灯头接触良好，否则接触电阻产生的高温易损坏灯头。

（3）维护。氙灯工作一段时间后，要将灯体转动一定角度，以利于电极均衡工作，防止电极变形；对于不易触发的氙灯，可另加辅助触发器；风冷使用的氙灯要扇风降温；氙灯点燃后，必须采取降弧措施。

112. 怎样使用与维护金属卤化物灯？

使用与维护金属卤化物灯应注意以下事项。

（1）电压。应保持电源电压稳定，电压波动不宜大于±5％。电源电压变化不但会引起光效、管压等的变化，而且还会引起光色变化。

（2）外罩。无玻璃外壳的金属卤化物灯，由于紫外线辐射较强，灯具应加玻璃罩（无玻璃罩时，悬挂高度一般不宜低于 14m），以防紫外线灼伤眼睛和皮肤。

（3）方向标记。金属卤化物灯中的管形镝灯，根据使用时置放的方向有三种结构形式：水平点燃；垂直点燃，灯头在上；垂直点燃，灯头在下。使用时必须认清灯的方向标记，且灯轴中心的偏离角度不应大于 15°。要求垂直点燃的灯，若水平安装，灯管会发生爆裂；若灯头方向调错，则灯的光色会变绿。

（4）散热。卤化物灯的玻璃外壳温度较高，灯具必须具有良好的散热性能。

（5）镇流器。金属卤化物灯要配用相应规格的镇流器，否则会使启动困难，缩短灯的使用寿命。

⚡ 小 提 示

　　由于金属卤化物灯再启动的时间长，不适用于要求迅速点燃的场所。

113. 怎样使用霓虹灯？

正确使用霓虹灯应注意以下事项。

（1）导线的选择。霓虹灯管所用导线，安装前应先成卷放入水中浸泡24h，然后用灯管专用变压器进行约 10min 耐压试验，耐压值应大于 15kV。专用变压器供电侧导线可用橡皮绝缘线；负载侧的导线应用高压绝缘线并采用相应的高压保护措施。例如将高压线穿入瓷管或玻璃管等。

（2）不许与普通照明用一个回路。在霓虹灯管的供电回路中应安装专用的开关，绝不允许与普通的照明电路共用一个回路。

（3）供电方式。霓虹灯的供电应采用单相三线制或三相五线制方式，回路中所有的金属构件，例如，变压器铁箱、固定件等，均应妥善接地。

114. 怎样使用与维护霓虹灯变压器？

使用与维护霓虹灯变压器时应注意以下事项。

（1）导线的选择。漏磁式霓虹灯变压器在工程中使用量较大，由于其功耗大，功率因数低，在计算电流选择导线线径时要充分考虑到功率因数的影响。一般选用导线电流密度小于 $8A/mm^2$ 为宜。霓虹灯变压器尽可能平均分摊在三相电源的各相线上。

（2）注意灯管长度与额定值的关系。霓虹灯电子变压器一旦发生故障，必须排除故障，确认无误后重新开机才能恢复正常工作。

由于电子变压器灯管的长度需与额定值基本一致，并应注意长度减少时工作电流反而增加这一特殊情况。

（3）雨雪天不应运行。雨雪天一般不使用霓虹灯。当然，条件许可的情况下最好安装霓虹灯雨雪感应控制器。该感应器的探头由于安装在室外，长期使用以后会落上污垢或灰尘，而这些污垢会使霓虹灯雨雪感应控制器的感应探头失灵或灵敏度变低。故对霓虹灯雨雪感应控制器的感应器探头至少半年除一次尘。

（4）变压器的安装。霓虹灯的变压器是一种专用件，用以产生二次高压提供给霓虹灯，以保证其正常工作。因此，霓虹灯变压器是一只关键部件，应将它安放在灯管附近的专用小箱子里，并对该小箱采取防雨、防湿、防尘的措施。

⚠小提示

霓虹灯变压器在使用过程中应定期检查，如发现有"吱吱"高压打火声和不亮等故障，应及时关闭、维修，以防故障的进一步扩大。

115. 怎样对工厂车间的照明设备进行维护？

对工厂车间的照明设备进行维护应注意以下事项。

（1）要定期对照明设备去污与检查，多尘车间每月要清扫多次，使照明度始终处于最佳状态。对防爆、防水型灯具，要定期对其进行密封检查，如发现有锈蚀损坏，密封失效等不良现象，要及时对其进行修理或更换。

（2）对各种电器元件的状态进行检查。应检查插座、灯头、瓷底胶闸开关、瓷插式熔断器是否有残缺损坏现象，发现问题及时处理。低压行灯变压器通风应良好，不允许过负荷运行，其引线要尽可能悬挂起来，但不能与金属物体，炽热管道，化学腐蚀剂容器，潮湿、涂油未干的地面等接触，以防被损漏电。

116. 怎样使用和维护碘钨灯？

使用和维护碘钨灯应注意以下事项。

（1）碘钨灯必须配用与灯管规格相适应的专用铝质灯罩。这种灯罩的作用：一是反射灯光，提高灯光利用率；二是散发灯管热量，使灯管保持最佳工作状态。由于灯罩温度较高，装于灯罩顶端的接线块必须是瓷质的，电源引线应采用橡胶绝缘线，且不可贴在灯罩铝壳上，而应悬空布线。

（2）碘钨灯必须保持水平位置，水平线偏角不得大于±4°，否则会破坏碘钨循环，缩短灯管使用寿命。

（3）碘钨灯正常工作时管壁温度达600℃左右，因此灯管必须装在专用的有隔热装置的金属灯架上，严禁装在易燃的木质灯架上。此外，灯管周围也不得有易燃物品，以免发生火灾。

（4）碘钨灯不可装在墙上，以免散热不良而缩短灯管使用寿命；碘钨灯装在室外时，应采取防雨措施。

（5）使用前应使用酒精球擦去灯管外壁的油污，以防止在高温下形成污点而降低灯管的透明度。

（6）灯管两头的电极与灯座的接触应严密可靠，使用中若发现锈蚀现象，应使用细砂布打磨光滑，以免烧毁接点。

（7）对碘钨灯不允许采取任何人工冷却措施（如吹风、水淋等），以保证碘钨灯正常循环。

（8）碘钨灯的电源电压应保持稳定，电压波动不要超过额定电压的±2.5%，必要时应采取调压措施。

（9）碘钨灯的灯丝较脆，耐振性能差，不适用于振动场所；同时，安装地点最好固定，不宜将其搬来搬去。

（10）在碘钨灯的使用过程中，灯管经过多次热胀冷缩，灯脚容易松动。一旦出现这种故障，应立即更换灯脚。

⊙·小提示

功率在 1kW 以上的碘钨灯不可安装一般电灯开关，而应安装瓷底胶盖闸刀开关。

117. 使用白炽灯时应注意哪些事项？

使用白炽灯应注意的事项如下。

（1）使用时灯泡的额定电压应与电源电压相符。为使灯泡发出的光得到很好的分布和避免刺眼，最好按照度的要求安装适度的灯罩。

（2）大功率的白炽灯泡在安装时要考虑到通风良好，以免灯泡过热而引起玻璃壳与灯口松脱，发生事故。

（3）灯泡在露天使用时，应有防雨设施，以免灯泡遇雨破裂损坏。

（4）室内使用的灯泡要经常清扫灯泡和罩上的灰尘与污物，保持清洁和亮度。

（5）拆换和清扫灯泡时应关闭电灯开关，等灯泡冷却后操作，注意不要触及灯泡的螺栓部分，以免触电。

118. 常用灯具的防火措施有哪些？

常用灯具的防火措施除应根据环境场所的火灾危险性来选择不同类型的灯具外，还应符合下列防火要求。

（1）白炽灯及高压水银荧光灯。白炽灯的灯丝是用熔点高和不易蒸发的钨制成的，加以额定电压后，电流通过灯丝时，灯丝被加热到白炽体，温度高达 $2000\sim3000℃$ 而发出光来。所以白炽灯灯表面的温度很高，能烤燃接触或临近的可燃物质。经测量，100W 的灯泡表面温度为 $170\sim216℃$，200W 的可达 $154\sim296℃$，有些质量差、散热条件不好的灯泡，表面温度会更高，可以引燃任何可燃物。

高压水银荧光灯在正常工作时，其灯光表面温度虽比白炽灯略低，但因常用的高压水银荧光灯功率都比较大，不仅温升的速度快，且发出的热量仍然较大。例如，400W的高压水银荧光灯，其表面温度约为180～250℃，它的火灾危险性与功率200W的白炽灯相仿，高压水银荧光灯镇流器的火灾危险性与荧光灯镇流器也大体相似。

因此，白炽灯、高压水银荧光灯与可燃物、可燃结构之间的距离不应小于50cm，卤钨灯与可燃物之间的距离则应大于50cm。

(2) 卤钨灯工作时，维持灯管点燃的最低温度为250℃；1000W卤钨灯的石英玻璃管外表面温度可达500～800℃，而其内壁的温度则更高，约为1600℃。因此卤钨灯不仅能在短时间内引燃接触灯管外壁的可燃物，而且其高温热辐射还能将距灯管一定距离的可燃物烤燃。它的火灾危险性比其他电气照明灯具更大，特别是在基建工地、公共现场中，引起的火灾事故较多，必须予以足够的重视。

因此，卤钨灯管附近的导线应采用由玻璃丝、石棉、瓷珠（管）等耐热绝缘材料制成的护套，而不应直接使用具有延燃性的绝缘导线，以免灯管的高温破坏绝缘层，引起短路。

(3) 严禁用纸、布或其他可燃物遮挡灯具。

(4) 灯泡距地面高度一般不应低于2m。如果必须低于此高度时，应采取必要的防护措施。如可能会遇到碰撞的场所，此时灯泡应有金属或其他网罩防护。

(5) 灯泡正下方不宜堆放可燃物品。

(6) 室外或某些特殊场所的照明灯具应有防溅设施，防止水滴溅射到高温的灯泡表面，使灯泡炸裂。灯泡破碎后，应及时更换或将灯泡的金属头旋出。

(7) 当选用定型照明灯具有困难时，可将开启型照明灯具做成嵌墙式壁龛灯。它的检修门应向墙外开启，并保证良好的通风；向室内照射的一面应有双层玻璃，其安装位置不应设在门、窗及排风口的正上方，距门框、窗框的水平距离应不小于3m；距排风口水平距离应不小于5m。

(8) 荧光灯的火灾危险主要是镇流器发热引燃可燃物。镇流器由铁心和线圈组成，正常工作时，因其本身损耗而导致发热，如果制造粗劣、散热条件不好或与灯管配套不合理，或者其他附件发生故障，其内部温升能破坏线圈的绝缘强度，形成匝间短路，产生高温，引燃周围可燃物，造成火灾。镇流器安装时应注意通风散热，不准将镇流器直接固定在可燃天花板、吊顶或墙壁上，应用隔热的不燃烧材料进行隔离。

> **⚠ 小提示**
>
> 镇流器与灯管的电压与容量必须相同，正确配套使用。

（9）灯具的防护罩必须保持完好无损，必要时应及时更换。

（10）可燃吊顶内暗装的灯具（全部或大部分在吊顶内）功率不宜过大，并应以白炽灯或荧光灯为主。灯具上方应保持一定的空间，以利散热。

（11）暗装灯具及其发热附件，周围应用不燃材料（石棉板或石棉布）做好防火隔热处理。安装条件不允许时，应将可燃材料涂刷防火涂料。

（12）明装吸顶灯具采用木制底台时，应在灯具与底台中间铺垫石棉板或石棉布。附带镇流器的各式荧光吸顶灯，应在灯具与可燃材料之间加垫瓷夹板隔热，禁止直接安装在可燃吊顶上。

（13）特效舞厅灯。常用的有蜂巢灯、扫描灯、太阳灯、宇宙灯、双向飞蝶灯，还有本身不发光的雪球灯等。这些灯具都附带有驱动灯具旋转用的电动机，当旋转阻力增大或卡住时，将使发动机绕组电流增大发热，甚至燃烧引起火灾。

> **⚠ 小提示**
>
> （1）目前普遍采用的吸顶灯（如筒灯等）将整个灯具暗装在可燃吊顶内，通风、散热条件差，也很容易引起火灾。
>
> （2）各种特效舞厅灯的电动机不应直接接触可燃物，中间应铺垫防火隔热材料。

（14）可燃吊顶上所有暗装和明装灯具、舞台暗装彩灯、舞池脚灯的电源导线均应穿钢管敷设。舞台暗装彩灯灯泡和舞池脚灯彩灯灯泡，其功率均宜在40W以下，最大不应超过60W。彩灯之间导线应焊接，所有导线不应与可燃材料直接接触。

（15）大型舞厅在轻钢龙骨上以吊线方式安装的彩灯，导线穿过龙骨处应穿胶圈保护，以免导线绝缘破损造成短路。

（16）霓虹灯管的引燃电压高达10kV以上，需要用专门的霓虹灯变压器升压后取得。在变压器高压输出端的绝缘接线柱上如积有尘埃油污，在潮湿天气就会发生漏电打火，使变压器功耗增大、温度急剧上升而被烧毁；使用软化点低的沥青（俗称拷帮）封灌的变压器，长时间使用会因温度升高导致沥青融化溢淌，严重的也会引起火灾。

第二节 电气照明的故障检修

119. 照明线路的故障有哪些？

照明线路的故障主要有：漏电、过载、短路和开路（断路）四种。

（1）漏电。其通常表现为线路绝缘破损或老化，电流通过建筑物与大地形成回路或在相线、中性线之间构成局部回路。漏电严重时，会出现建筑物带电和用电量无故增加等故障现象。

（2）过载。表现为工作电流超过线路导线的额定容量。由此会引起熔断器熔断、过载部分温度剧升，若保护装置未动作，会引起严重电气故障。

导线过载的常见原因是：导线截面积太小或盲目过量用电，电源电压异常。

（3）短路。导致短路的原因有：线路设计不佳或未按要求施工；用电设备本身内部出现短路；电力线路年久失修、老化等。

（4）开路（断路）。导线或附件受外力破坏而导致供电中断，这种故障一般较直观，不难排除。

120. 怎样检修零线断线造成的照明线路故障？

对于零线断线故障的检查处理，要检查零线上是否接有刀开关、熔断器等元器件，如有，应全部拆除并将零线进行直接可靠连接。检查零线的连接点有无断开、松动、接触不良，有无因大风或其他机械原因导致零线断线的情况。

小提示

零线断线造成的电压不平衡现象常会造成在高电压的一相中正在使用的家电损坏，在零线断线负荷一侧的断口处将出现对地电压。为防止零线断线造成的照明线路故障和家电的损坏，零线应选用与相线相同截面积的导线，并应进行可靠的连接。同时也可在进户线处和在线路的末端处实施重复接地。零线万一断线，三相电源可通过重复接地装置与大地形成回路，避免酿成事故。

121. 照明线路短路怎么办？

照明线路短路故障通常表现为：熔断器熔体熔断，并在短路处有明显烧痕，绝缘炭化，严重的会使导线绝缘层烧焦，甚至引起火灾。线路短路故障的常见原因有以下几点。

（1）安装不符合要求，多股导线未捻紧、涮锡，压接不紧，有毛刺。

（2）相线、零线压接松动，距离过近，遇到某些外力，使其相碰造成相线对零线短路或相间短路。

（3）恶劣天气，如大风使绝缘支持物损坏，导致相互碰撞、摩擦，导致绝缘损坏，出现短路；雨天，电气设备防水设施损坏，雨水进入电气设备造成短路。

（4）电气设备所处环境有大量导电尘埃，若防尘设施不当或损坏，导电尘埃落到电气设备中，会造成短路故障。

（5）人为因素，如土建施工时将导线、开关箱、配电盘等临时移动位置，处理不当，施工时误碰架空线或挖土时挖伤土中电缆等。

可针对上述不同的原因进行检修，故障即可排除。

！小提示

短路故障的查找一般采用分支路、分段与重点部位检查相结合的方法，也可利用试灯法进行检查。

122. 照明线路断路怎么办？

照明线路断路故障发生后，负荷将不能正常工作。线路断路的常见原因有以下几点。

（1）负荷过大使熔断器熔断。

（2）开关触点松动、接触不良。

（3）导线接头处压接不实、接触电阻过大造成局部发热并引起连接处氧化，特别是铜铝导线相接时无过渡接头引起接头处严重腐蚀而断路。

（4）恶劣天气和人为因素等。

可针对上述不同的原因进行检修，故障即可排除。

！小提示

查找断路故障时可用验电器、万用表等进行测试，与分段查找与重点部位检查相结合。对较长线路可采用对分法查找断路点。

123. 照明线路漏电怎么办？

照明线路漏电的主要原因是：① 导线或电气设备的绝缘受到外力损伤；② 线路经长期运行，导线绝缘老化变质；③ 线路受潮气侵袭或污染，造成绝缘不良。具体检修方法如下。

（1）首先判断是否确实漏电。可用绝缘电阻表摇测，根据测得的线路绝缘电阻值进行判断。此外，也可在被检查建筑物的总刀闸上接一只电流表，接通全部电灯开关，取下所有灯泡，进行仔细观察。若电流表指针摆动，则说明存在漏电现象。指针摆动的幅度取决于电流表的灵敏度和漏电电流的大小。若指针摆动幅度很大，则说明存在严重漏电现象。确定线路漏电后，可按以下步骤继续进行检查。

（2）判断是相（火）线与零线间漏电还是相线与大地间漏电，或者是二者兼而有之。以接入电流表检查为例，切断零线，观察电流变化情况；若电流表示值不变，则是相线与大地间漏电；若电流表示值为零，则是相线与零线间漏电；若电流表示值变小但不为零，则是相线与零线、相线与大地间均漏电。

（3）确定漏电范围。取下分路熔断器或拉开刀闸开关，若电流表示值不变，则说明总线漏电；若电流表示值为零，则说明分路漏电；若电流表示值变小但不为零，则说明总线和分路均漏电。

（4）找出漏电点。按步骤（3）的方法确定漏电的分路或线段后，依次拉开该线路灯具的开关。当拉开某一开关时，若电流表指针回零，则表明该分支线漏电；若电流表示值变小，则表明除该分支线漏电外还有其他漏电地点。如果拉开所有灯具的开关后，电流表示值仍不变，则表明该段干线漏电。

按照上述方法依次将故障范围缩小到一个较短的线段或较小范围之后便可进一步检查该段线路的接头，以及导线穿墙处等地点是否漏电。找到漏电点后应及时消除漏电故障。

124. 电气照明线路绝缘电阻降低怎么办？

电气照明线路使用年限过久，绝缘老化，绝缘子损坏，导线绝缘层受潮或磨损等都会使绝缘电阻降低。应定期检查线路的绝缘电阻，以便发现问题及时处理。测量方法如下。

（1）线间绝缘电阻的测量。首先切除用电设备，然后切断电源。用绝缘电阻表测量线间绝缘电阻值，该电阻值应符合有关要求，若不符合要求应进一步检查。

（2）线对地的绝缘电阻测量。切除电源，并将线路上的用电设备断开，将绝缘电阻表上的一个接线柱接到被测的一条导线上，绝缘电阻表的另一个接线柱接到自来水管、电气设备的金属外壳或建筑物的金属外壳等与大地良好接触的金属物体上，然后进行测量。

125. 照明灯泡不亮怎么办?

照明灯泡不亮的故障原因及检修方法如下。

(1) 电源进线无电压,若不是正常停电,应查找线路的原因,并加以处理。

(2) 灯丝断开,应更换新的灯泡。

(3) 灯头内接线脱落,应重新接好。

(4) 灯头内接触点与灯泡接触不良,如是挂口灯头,应去掉灯泡,修理弹簧触点,恢复弹性;若是螺口灯头,在去掉灯泡后,用电笔头将灯头中间的铜皮舌头向外翘出一点,使其与灯泡接触良好。

(5) 电路中有断线处,电路断线,可用验电器测试总开关相线和中性线是否断开,找出附近断线点,将断线接通。

(6) 开关接触不良,开关接触不良应打开开关修理,或更换新开关。

(7) 电源熔丝断开,应查找短路点,分析短路原因,排除短路点,更换新熔丝,送电。

126. 灯头两端用验电器测试都有电,但灯泡却不亮怎么办?

灯头两端用验电器测试都有电,但灯泡却不亮。若此时用电压表测量灯头两端头的实际电压为零(灯泡两端头的电压正常时应为 220V 左右),但两端头对地的电位都是 220V(正常时应只有一端对地为 220V),说明此照明线路的零线断路。灯头两端有电压只能说明相线有电,但由于零线断线,线路没有构成回路,或相当于在断线处串接了极大的电阻,故灯泡不亮。

将断路的零线处理好后,故障即可排除。

127. 灯光暗淡怎么办?

灯光暗淡的故障原因及检修方法如下。

(1) 灯泡内钨丝挥发后积聚在玻璃壳内表面,透光度减低;同时由于钨丝挥发后变细,电阻增大,电流减小,光通量减小。这是灯泡使用年久的正常现象,更换新灯泡即可。

(2) 如果电源电压过低,应在电源电路上找原因,是否这段线路过长,负荷过重,电压降过大,根据具体情况进行处理。

(3) 线路因年久老化或绝缘损坏有漏电现象,应检查电路敷设及导线绝缘情况并作相应的处理,必要时进行更换。

128. 灯泡发强烈白光并瞬时(或短时)烧坏怎么办?

灯泡发强烈白光并瞬时(或短时)烧坏的故障原因及检修方法如下。

(1) 灯泡额定电压低于电源电压。应更换与电源电压相符的灯泡。

（2）灯泡钨丝有搭丝，从而使电阻减小，电源增大。则更换新灯泡即可。

（3）电源电压过高。应调低电源电压。

129. 灯泡忽明忽暗怎么办？

灯泡忽明忽暗的故障原因及检修方法如下。

（1）电源电压忽高忽低。用万用表测电源电压是否波动很大，是否电路上有接触不良处，应在电路上查找原因并进行处理。

（2）附近有大电动机启动。如果是线路上其他大型负载的影响，待电动机启动后会好转。

（3）受振动忽接忽离。灯丝快断时，应及时更换灯泡。

（4）熔丝与金属连接处电阻值增大，灯头、灯座、吊盒、开关及导线接线点有接触不良。应更换新熔丝，旋紧加固。查出接触不良处，重新接线，加固加紧。

130. 灯泡的灯丝易断怎么办？

灯泡灯丝易断的故障原因及检修方法如下。

（1）电源电压过高。应调低电源电压。

（2）开、闭过于频繁。应尽量减少开、闭次数。

（3）灯泡受到严重振动。应消除振动源，或将其装于另一处，避开振动源。

（4）灯泡质量不好。应选购优质灯泡。

（5）安装灯泡时，将灯丝与灯头连接处的焊接线碰开，使其处于似接非接状态，灯丝受到断续电压冲击而烧断，应细心安装灯泡。

131. 怎样检修插座的常见故障？

插座常见的故障有：① 移动电具插入插座后没电源；② 插销容易自行脱出插座；③ 插入插座即烧断熔丝；④ 在三孔插座上引接电源，移动电具外壳仍带电等四种。

（1）移动电具插入插座后没电源。

1）停电。待恢复送电。

2）熔丝烧断。按正规要求选配熔丝。

3）插孔触片松开或断裂。松开时校正触片位置，断裂时更换触片（或插座）。

4）线路线头连接处松散或解脱落。查出断开点，按正规加工方法重新连接线头。

5）插销内电源引线头脱落。重新接妥电源引入线头。

6）移动电具内部存在开路。检修移动电具。

（2）插销容易自行脱出插座。

1）插销与插座不配套，插销插柱过细。更换相匹配的插销。

2）插座插孔排列不对（双孔排成上下分布状态）。改变插孔排列方向。

3）电源引线承载过大质量。减轻电源引线承载质量。

（3）插入插座即烧断熔丝。

1）插销接线柱处短路。

2）移动电具内部短路。

3）电源引线绝缘破坏并存在短路故障。

可针对上述故障原因进行检修，故障即可排除。

（4）在三孔插座上引接电源，移动电具外壳仍带电。

1）接地孔没有进行正规接地。进行正规接地。

2）接地孔和相线的连接线头互碰。排除相地相碰故障。

3）接地线头连接处散开。检修接地线连接处。

132. 跷板式开关操作后电路不通怎么办？

跷板式开关操作后电路不通的故障原因及检修方法如下。

（1）接线螺丝松脱，导线与开关导体不能接触。打开开关，紧固接线螺丝。

（2）内部有杂物，使开关触片不能接触。打开开关，清除杂物。

（3）机械卡死，拨拉不动。给机械部位加润滑油，机械部分损坏严重时应更换开关。

133. 开关接触不良怎么办？

开关接触不良的故障原因及检修方法如下。

（1）压线螺丝松脱。打开开关盖，压紧压线螺丝。

（2）开关接线处铝导线与铜压接头形成氧化层。换成搪锡处理的铜导线或铝导线。

（3）开关触头上有污物。断电后，清除污物。

（4）拉线开关触头磨损、打滑或烧毛。断电后修理或更换开关。

134. 开关烧坏怎么办？

开关烧坏的故障原因及检修方法如下。

（1）负载短路。处理短路点，并恢复供电。

（2）长期过载。减轻负载或更换容量大一级的开关。

135. 开关漏电怎么办？

开关漏电故障的原因及检修方法如下。

（1）开关防护盖损坏或开关内部接线头外露。重新配全开关盖，并接好开关的电源连接线。

（2）受潮或受雨淋。断电后进行烘干处理，并加装防雨设施。

136. 怎样检修胶盖刀开关故障？

胶盖刀开关的故障原因及检修方法如下。

（1）胶盖刀开关熔丝熔断。

1）刀开关下桩头所带的负载短路。将闸刀拉下，找出线路的短路点，修复后，更换同型号的熔丝。

2）刀开关下桩头负载过大。在刀开关容量允许范围内更换比额定电流大一级的熔丝。

3）刀开关熔丝未压紧。更换新垫片后用螺丝将熔丝压紧。

（2）胶盖开关烧坏，螺丝孔内沥青熔化。

1）刀片与底座插口接触不良。在断开电源的情况下用钳子修整开关底座插口片，使其与刀片接触良好。

2）开关压线固定螺丝未压紧。重新压紧固定螺丝。

3）刀片合闸时合得过浅。改变操作方法，每次合闸时用力将闸刀合到位。

4）开关容量与负载不配套，过小。在线路容量允许的情况下更换比额定电流大一级的开关。

5）负载端短路，引起开关短路或弧光短路。更换同型号新开关，平时要注意尽可能避免接触不良和短路事故的发生。

（3）胶盖开关漏电。

1）开关潮湿，如被雨淋浸湿。如雨淋严重，要拆下开关进行烘干处理再装上使用。

2）开关在油污、导电粉尘环境中工作过久。如环境条件极差，要采用防护箱，将开关保护起来后再使用。

（4）胶盖刀开关拉闸后下桩头仍带电。

1）进线与出线上下接反。更正接线方式，必须是上桩头接入电源进线，而下桩头接负载端。

2）开关倒装或水平安装。禁止倒装和水平装设胶盖刀开关。

✒ 137. 怎样检修铁壳开关故障？

铁壳开关故障的故障原因及检修方法如下。

（1）铁壳开关合闸后一相或两相没电。

1）夹座弹性消失或开口过大。更换夹座。

2）熔丝熔断或接触不良。更换熔丝。

3）夹座、动触头氧化或有污垢。清洁夹座或动触头。

4）电源进线或出线头氧化。检查进出线头。

（2）铁壳开关动触头或夹座过热或烧坏。

1）开关容量太小。更换较大容量的开关。

2）分、合闸时动作太慢造成电弧过大，烧坏触头。改进操作方法，分、合闸时动作要迅速。

3）夹座表面烧毛。用细锉刀修整。

4）动触头与夹座压力不足。调整夹座压力，使其适当。

5）负载过大。减轻负载或调换较大容量的开关。

（3）铁壳开关操作手柄带电。

1）外壳接地线接触不良。检查接地线，并重新接好。

2）电源线绝缘损坏。更换合格的电源线。

✒ 138. 怎样判断荧光灯漏气故障？

荧光灯漏气故障的判断方法如下。

（1）荧光灯通电后，如被点亮又熄灭后，灯管内部两端出现微红，如白炽灯低电压时的红光，则表明荧光灯密封性不良并开始漏气。

（2）通电一段时间后，发现荧光灯内部两端有丝丝白烟，绕灯管径向转动，且两端开始发黑，则表明荧光灯已严重漏气，不能使用。

❶小提示

对质量不好的荧光灯要耐心、仔细地判断，一般为第一种情况较多，只要通电即可发现其故障所在。

✒ 139. 怎样检查荧光灯、高压水银荧光灯、碘钨灯和钠灯灯管的好坏？

（1）检查荧光灯。利用绝缘电阻表和万用表可快速判断荧光灯和高压水银荧光灯等的启辉情况及衰老程度。

将万用表拨到直流 500V 挡，与 1000V 的绝缘电阻表并联后（注意两表的极性要一致），再分别与灯管两端的一只管脚相连（另一只管脚空着），如图 2-1（a）所示。

以 120r/min 的转速摇动绝缘电阻表，这时约有 1000V 直流电压加在两组灯丝之间，以代替镇流器产生的 600～700V 电压，使荧光灯管内的气体放电发光。此时，由于有负阻效应，灯管的压降降至 300V 以下。

如果灯管不亮，则说明灯管已坏；如果有微弱发光，则说明灯管严重衰老；如果灯管发光，则说明灯管良好。也可以通过测量灯管两端的电压来判断，灯管发光时，电压达 150～300V 为正常，300～450V 时为衰老，高于 450V 时为严重衰老。一般灯管功率越大，正常工作时的电压也越高。

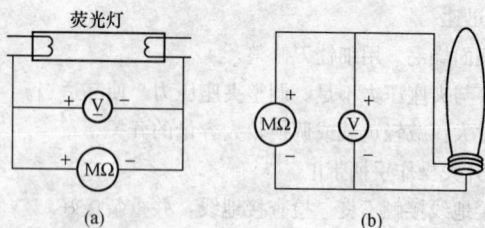

图 2-1 检查灯管好坏的接线图

（a）检查荧光灯；（b）检查高压水银荧光灯

（2）检查高压水银荧光灯。检查高压水银荧光灯的接线如图 2-1（b）所示。将高压水银荧光灯置于较暗处以便于观察。摇动绝缘电阻表，如果高压水银荧光灯中间部分发出淡蓝色光晕，电压读数为 150V 左右，绝缘电阻表的读数为 0.2MΩ 左右，说明高压水银荧光灯是良好的；如果看不到光晕，则说明高压水银荧光灯有故障。如绝缘电阻表指示为零，说明高压水银荧光灯内部有故障；如绝缘电阻表指示为无穷大，说明高压水银荧光灯内部有开路故障；如绝缘电阻表指示为几兆欧至几十兆欧，说明水银荧光灯已经衰老失效。

（3）检查碘钨灯、钠灯。用与检查高压水银荧光灯同样的方法可以检查碘钨灯、钠灯等的好坏。

140. 怎样检修三基色节能型荧光灯常见故障？

三基色节能型荧光灯有直管、单 U 形、双 U 形、2D 形和 H 形等几种。下面以 H 形三基色节能型荧光灯为例，介绍其常见故障及检修方法，见表2-1。

表2-1　　　H形三基色节能型荧光灯常见故障及检修方法

故障现象	故 障 原 因	检 修 方 法
灯管不亮	(1) 灯丝断裂。 (2) 其他部位有断路点	(1) 撬开铝壳与塑料壳连接处，用电烙铁将灯脚焊锡烫化，取下塑料壳，用万用表欧姆挡检查灯丝电阻。 (2) 用上述方法取下塑料壳，用万用表欧姆挡检查各连接部位
不能启动，局部发红	启辉器故障	试用手指弹击塑料壳，若仍不能启动，则可按上法取下塑料壳，更换启辉器
启动困难	(1) 气温太低。 (2) 电源电压过低。 (3) 灯管质量差或老化。 (4) 镇流器不合格	(1) 不必修理。 (2) 用万用表检查电源电压。 (3) 更换灯管，若灯管老化，则灯管两端发黑。 (4) 更换镇流器
灯光发暗	(1) 电源电压过低。 (2) 灯管老化	(1) 用万用表检查电源电压。 (2) 更换灯泡
镇流器过热，有焦煳味	镇流器绕组发生短路	立即断电检查，更换镇流器
灯座损坏	质量差或使用不当	更换灯座，这时需拆装H形灯。拆装时只能捏住灯头的铝壳，将灯管平行地拔出或插入，禁止捏住玻璃管摇动或推拉灯管，以免灯管与灯座松动或脱落

141. 荧光灯灯管不发光怎么办?

荧光灯灯管不发光的故障原因及检修方法如下。

(1) 启辉器与基座接触不良或启辉器损坏，可旋转一下启辉器，观察是否发光，如能发光，说明是与基座接触不良；如仍不能发光，可用万用表在启辉器的两个触头上测量电压，若有电压（一般应为220V电源电压），多为启辉器损坏，应更换启辉器；若无电压，可能是灯管脚接触不良或灯丝烧断。

（2）灯管漏气或灯丝断。应用万用表检查，或观察荧光粉是否变色，确认灯管已坏可更换新管。

（3）镇流器线圈断路。应用万用表检查，确认后修理或调换规格合适的镇流器。

（4）电源电压过低。可调高电源电压或换上截面较大的导线。

（5）新装荧光灯接线错误。检查接线，按电路正确接线。

（6）电路接线松动。应检查接线，使连接线牢靠。

（7）灯管座与灯脚接触不良。可转动一下灯管或将灯管座向灯管方向压一压，增加灯座压力，使之接触良好。

（8）电子镇流器的电子电路发生故障。应进行修理或更换。

142. 荧光灯灯管亮度减低或色彩较差怎么办？

荧光灯灯管亮度减低或色彩较差的故障原因及检修方法如下。

（1）灯管陈旧。调换新灯管。

（2）灯管上积垢太多。卸下灯管清除积垢。

（3）电源电压降太低或线路电压降太大。调整电压或加粗导线。

（4）气温过低或冷风直吹灯管。注意安装位置，避开冷风或加装防护罩。

143. 荧光灯灯管两端发光而中间不亮怎么办？

荧光灯灯管两端发光而中间不亮的故障原因及检修方法如下。

（1）接线错误或灯座灯脚松动。检查线路连接情况或修理灯座。

（2）启辉器内电容被击穿。这种情况可在去掉启辉器后，用导线连接启辉器底座两触片，灯管能正常发光，此时应更换启辉器，也可将电容去掉暂时应急使用。

（3）镇流器配用规格不合适或接线头松动。按灯管的功率选用相应规格的整流器或接线头加固，必要时可用烙铁焊锡连接。

（4）灯管使用年久。调换新灯管。

（5）电源电压过低。应检查电源电压，并调整电压。

（6）环境温度过低。应提高环境温度或加保温罩。

（7）灯管已慢性漏气。这时会在灯管两端发出白炽灯样的红光，灯管中间不亮，但启辉器处不断跳动闪亮，应更换灯管。

144. 荧光灯灯管"跳"但不发亮怎么办?

其故障原因及检修方法如下。

（1）环境温度过低，管内气体不易分离，往往开灯很久才能跳亮点燃，有时启辉器跳动不止而灯管不能正常发光。应提高环境温度或加保温罩。

（2）天气潮湿。应降低湿度。

（3）电源电压低于荧光灯最低启动电压（额定电压为 220V 的灯管最低启动电压为 180V）。应提高电源电压。

（4）镇流器与灯管不配套。应合理选择，使两者配套。

（5）启辉器有问题。应及时修复或更换启辉器。

（6）灯管老化。应更换灯管。

145. 荧光灯灯光闪烁或光在管内滚动怎么办?

其故障原因及检修方法如下。

（1）属新灯管的暂时现象，开关几次或灯管两端对调装入灯座。

（2）灯管质量不好。换一根灯管试一试有无闪烁。

（3）镇流器配用规格不符或接线松动。调换合适的整流器或加固接线。

（4）启辉器损坏或接触不良。调换新启辉器，或拨正启辉器底座铜片，使之接触良好，必要时更换。

（5）荧光灯实际上有四种接线方式，应选择最佳的一种接线方式。

146. 荧光灯断电后灯管内有余光怎么办?

其故障原因及检修方法如下。

（1）开关接在零线上。应将开关改接在相线上。

（2）开关漏电。应检修或更换开关。

（3）荧光灯启辉器底座积尘受潮。清除启辉器底座和开关上的污垢。

（4）荧光灯安装环境湿度较大。改善荧光灯使用环境的湿度。

（5）新灯管暂时现象。开关几次，这种现象即可消除。

147. 荧光灯灯管两端发黑或生黑斑怎么办?

其故障原因及检修方法如下。

（1）灯管陈旧，寿命将终的现象。调换新灯管即可。

（2）启辉器损坏（反复启辉），加速灯丝发射物质的挥发。应及时调换启辉器。

（3）灯管内水银凝结是细灯管常见的现象，灯管工作后即能蒸发，或将灯管旋转 180°。

（4）镇流器配用不当。应及时更换合适的镇流器。

（5）电源电压过高或电压波动过大。应调整电源电压，提高电压质量。

148. 荧光灯灯管使用寿命较短或两端发红很快变黑怎么办？

其故障原因及检修方法如下。

（1）电源开关操作频繁。应尽量减少开关次数。

（2）启辉器工作不正常，使灯管预热不足。应更换启辉器。

（3）镇流器配用不当或质量差，内部短路。应更换镇流器。

（4）荧光灯安装处振动较大。应改变安装位置，减少振动。

（5）电源电压过高，使灯管很快变黑。应调整电压。

149. 荧光灯发光后立即熄灭或新灯管灯丝烧断怎么办？

其故障原因及检修方法如下。

（1）接线错误，合上开关，灯管闪亮后立即熄灭。应检查线路，纠正接线。

（2）镇流器短路。可用万用表 $R \times 1$ 或 $R \times 10$ 电阻挡测量镇流器阻值，其值比参考值小很多，说明线圈短路，应更换镇流器。

150. 荧光灯的镇流器过热怎么办？

荧光灯的镇流器过热的故障原因及检修方法如下。

（1）镇流器内部线圈短路。更换镇流器。

（2）通风散热不好。解决通风散热问题。

（3）镇流器容量过小。更换较大容量镇流器。

（4）灯管闪烁时间长或连续时间太长。查明并消除闪烁原因，或减少连续使用时间。

151. 镇流器有杂音或电磁声怎么办？

镇流器有杂音或电磁声的故障原因及检修方法如下。

（1）镇流器质量较差，或铁心硅钢片未夹紧。更换镇流器。

（2）镇流器过载或内部短路。更换镇流器。

（3）镇流器受热过度。查明并清除受热原因。

（4）电源电压过高，引起镇流器发出声音。若有条件，可调低电源电压。

152. 怎样判别荧光灯的正误两种接线方法？

荧光灯电路中的主要附件是镇流器和启辉器。接线时灯管、镇流器和启辉器三者之间的位置对荧光灯的启动影响很大。如果将镇流器接在火（相）线上，并与启辉器中的双金属片相连（见图2-2），可以产生较高的脉冲电势，荧光灯易于启动。

如果按图2-3所示接线，镇流器既未接在相线上，也未与启辉器的双金属片相连，则荧光灯难以启动。

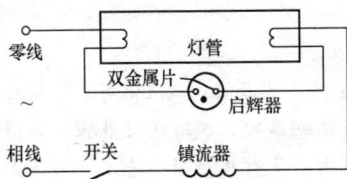

图2-2 荧光灯的正确接线　　　图2-3 荧光灯的错误接线

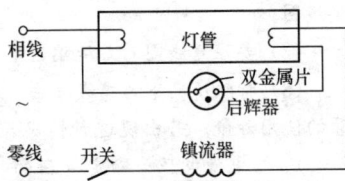

153. 怎样判别双线圈镇流器的主、副线圈？

配用单线圈镇流器的荧光灯，当电源电压降较大时，往往难以启动，甚至不能点燃。而双线圈（主、副线圈）镇流器则可改善荧光灯的启动条件。

由于双线圈镇流器主线圈的匝数比副线圈的匝数要多得多，所以主线圈的直流电阻比副线圈的直流电阻大。判断双线圈镇流器的主、副线圈的方法如下。

（1）用万用表测量主、副线圈的直流电阻。通常6～8W镇流器主线圈的直流电阻为150Ω左右，而副线圈的直流电阻约为10Ω；15～20W镇流器主、副线圈的直流电阻分别为30Ω和2Ω左右。

（2）串联灯泡检验。串联灯泡后，灯光发暗者为主线圈，灯光明亮者为副线圈。检验时，6～8W镇流器可串接220V、40W灯泡，15～20W镇流器可串接220V、60W灯泡，如果检验时灯光明暗不显著，可调换较大功率的灯泡。

双线圈镇流器接线如图2-4所示。

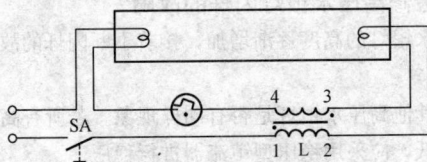

图2-4 双线圈镇流器接线图

!小提示

接线应注意的事项如下。

（1）要正确区分主、副线圈，不可接错。通常，镇流器的标签上印有接线图。

（2）要注意线圈的首尾端，不可接反。

（3）特殊情况下的接线方法。通常，电源电压过高或过低都会缩短灯管的使用寿命。若出现这种情况，可将镇流器的主、副线圈串联（见图2-5）。当电源电压为额定电压的110%时，实行正串接，使主、副线圈的磁场方向一致，这相当于两个感抗串联，即降低了通过灯管的电流值；当电源电压低于额定电压的80%时，实行反串接，使主、副线圈的磁场方向相反，此时提高了通过灯管的电流值。通过串接，四根引线便变为两根，因此与两根引线镇流器的接线相同。

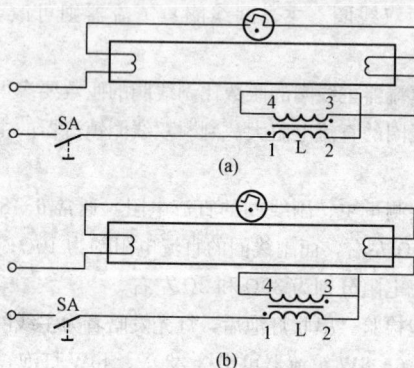

图2-5 特殊情况下双线圈镇流器接线图

（a）正串接；（b）反串接

154. 怎样检修高压水银灯闪烁的故障？

开灯后高压水银灯的亮度逐渐增加，接着不断闪烁的故障原因及检修方法如下。

（1）应观察其他高压水银灯是否有同样现象。若所有高压水银灯全部闪烁，则表明电压低，应采用稳压型镇流器进行稳压。

（2）若其他高压水银灯正常，则表明灯本身或接线存在故障。

（3）检查高压水银灯螺口是否晃动，若晃动，则表明该处接触不良，应更换高压水银灯。

(4) 若高压水银灯无损坏，应检查高压水银灯的接线是否正常。

(5) 更换新高压水银灯后，若新灯仍闪烁，表明该高压水银灯灯口上的镇流器存在故障，更换即可。

⚠️ **小提示**

自镇流高压水银灯优劣的检查方法如下。

(1) 将万用表与绝缘电阻表并联接在高压水银灯的两个接电极上，将万用表调至交流电压 1000V 挡，将高压水银灯置于阴暗处继续测量。

(2) 摇动绝缘电阻表并逐渐加快，使万用表显示电压值约为 150V，这时若高压水银灯中间部分发出淡蓝色光晕，则表明高压水银灯性能良好，若无光晕，表明高压水银灯异常。

(3) 此时若绝缘电阻表指示为几兆欧或几十兆欧，表明高压水银灯使用时间过长，已衰老；若绝缘电阻表指示无穷大，表明水银灯开路；若绝缘电阻表指示为零，表明高压水银灯存在短路故障，加电使用会烧坏电源。

155. 怎样检修高压水银荧光灯不发光故障？

高压水银荧光灯不发光的故障原因及检修方法如下。

(1) 水银蒸气未达到足够的压力。若电源、灯泡都无故障，一般通电约 5min 灯泡就会发出亮光。应进一步检查，并排除故障。

(2) 电源电压过低。调高电源电压或采用升压变压器。

(3) 镇流器选用不当或接线错误。调换规格合适的镇流器或纠正接线。

(4) 灯泡使用日久，已老化。更换灯泡。

156. 高压水银荧光灯发光正常，但不久灯光即昏暗怎么办？

高压水银灯得电后发光正常，十几分钟后，灯光开始变暗。其检修方法如下。

(1) 用万用表检查高压水银灯的电源电压，若发现额定电压低出许多，采取措施使电压升高即可。

(2) 若上述测得的电源电压过高，会使通过灯泡的电流过大，时间一久会导致其使用寿命缩短，应使电压恢复正常。

(3) 观察周围是否有振动振源，因为振动会使灯泡连接线松动或接触不良。若有此现象，应停电后将线拧紧。

(4) 若镇流器中的沥青流出，表明镇流器的绝缘能力降低，应更换镇流器。

（5）灯泡连接线头松动。重新接线。

✐ 157. 高压水银荧光灯熄灭后，立即接通开关，灯长时间不亮怎么办？

其故障原因及检修方法如下。

（1）水银灯一般特性。有碍工作时，可与白炽灯或荧光灯混用。

（2）灯罩过小或通风不良。换上大尺寸灯具或者改用小功率镇流器和小功率灯泡。

（3）灯泡损坏。更换灯泡。

（4）电源电压下降，再启动时间延长。调高电源电压或采用适合电源电压的镇流器。

✐ 158. 高压水银荧光灯一亮即突然熄灭，怎么办？

高压水银荧光灯一亮即突然熄灭的故障原因及检修方法如下。

（1）电源电压过低。调高电源电压或采用升压变压器。

（2）线路断线。检查线路，查明并消除断路点。

（3）灯座、镇流器和开关的接线松动。重新接线。

（4）灯泡陈旧，使用寿命即将结束。更换灯泡。

✐ 159. 怎样检修管形氙灯不能触发的故障？

开关接通后，管形氙灯不能被触发的故障原因及检修方法如下。

（1）检查火花放电器是否正常，若火花放电器不放电，应检查火花放电器的电源变压器是否完好，其损坏方式一般为短路和断路。若有短路故障，应更换；若开路，应停电放电后将断路点焊好。

（2）检查线路是否接触不良或断开。若发现线路间有断开现象，应将它修好，使火花放电器放电工作。

（3）火花放电器不放电的原因还有可能是高频扼流线圈被烧断。用表测量，若断路，可去掉高频扼流线圈后短接，以暂时使用。

（4）火花放电器有放电现象，但火花间隙较大。调节火花间隙即可。

（5）若火花放电器放电强度较小，应对储能电容进行测量，发现电容容量下降过多，应予以更换。

（6）若电容完好，而火花放电器放电不正常，可检查升压变压器，观察高压输出端是否有损坏痕迹，若有损坏，应更换元件或重新安装。

（7）若升压变压器完好，应检查脉冲变压器。脉冲变压器的胶木筒击穿是常见现象，这种情况只好更换脉冲变压器。若脉冲变压器距铁箱距离过近，应防止它对铁箱外壳放电击穿。

⚠ 小提示

氙灯不能被触发与火花放电器有很大关系，若氙灯不亮，应围绕火花放电器进行逐步检查。

✎ 160. 氙灯触发正常，灯管不亮或氙灯管电弧闪烁不停怎么办？

（1）检查触发器完全正常，但灯管无火花或仅一端有蓝光。

其检修方法如下。

1）灯管漏气。调换灯管。

2）高压输出线对地严重短路。查明并消除短路点。

（2）氙灯管电弧闪烁不停，不能及时引燃。

其检修方法如下。

1）电路接触不良。查明并消除接触不良现象。

2）灯管不良。调换灯管。

✎ 161. 高压钠灯不亮怎么办？

高压钠灯不亮的故障原因及检修方法如下。

（1）检查钠灯两端是否有电压，若无电压，则表明线路不通，需逐根线进行测量。

（2）若电源正常，应检查灯泡的情况。若更换灯泡后高压钠灯立即点亮，则表明原灯泡损坏。

（3）若更换灯泡后仍不亮，则表明高压钠灯的灯架有故障，而镇流器损坏是灯架故障中的最常见的原因，应调换镇流器，若钠灯点亮，则表明镇流器损坏。

（4）若调换镇流器后，仍不点亮，则为热继电器动触点长时间使用而接触不良，可对它用手连压快松三四次，再通电试验，若钠灯不亮应更换热继电器。

（5）使用不当。因为高压钠灯熄灭后不能立即点燃，若确实刚熄灭，则停 10min 后再加电试一试。因为钠灯刚熄灭后，管内钠蒸气压较高，启动电压不够而不能点燃，等一段时间后，气压下降，钠灯才能被点亮。

✎ 162. 碘钨灯通电不亮怎么办？

碘钨灯通电不亮的原因一般是接线、灯管、灯脚损坏。

（1）检查碘钨灯时，先观察钨丝是否烧断，若已被烧断，直接更换灯管。若灯脚密封处有松动或碰破掉块，则应更换灯脚。

（2）碘钨灯通电检查。用验电器首先检查零线或相线是否有断路现象，若检查碘钨灯前有电而灯后无电，且相线无电，则表明相线断路。

（3）若用验电器检查零线和相线时，验电器都发光，则表明零线断路，灯本身存在故障。

（4）若在他处验出氖管不发光，表明是接线故障，重新紧固线或重新接线。

⚠️·小提示

灯管使用寿命很短的原因如下。

（1）灯管本身质量不好。调换新灯管。

（2）灯管没按水平位置安装。重新安装，使灯管倾斜度小于4°。

163. 安装水下照明灯具应注意哪些事项？

水下照明用光源以金属卤化物灯、白炽灯为最好。在水下的颜色中，黄色、蓝色容易看出，水下的对比度也较大。照明用灯具都要具有抗蚀性和耐水结构，且必须具有一定的机械强度。在水中使用的灯具上常有微生物附着或浮游物堆积的情况，为了易于清理和检查，应使用水下接线盒进行连接，必要时应设保护接地。

164. 安装园林庭院灯具应注意哪些问题？

安装园林庭院灯具应注意如下问题。

（1）每套灯具的导电部分对地绝缘电阻值大于 $2M\Omega$。

（2）立柱式路灯、落地式路灯、特种园艺灯等灯具与基础固定牢固，地脚螺栓备帽齐全，灯具的接线盒或熔断器及盒盖的防水密封垫完整。

（3）金属立柱及灯具可接近裸露导体接地（PE）或接零（PEN）可靠，接地线单设干线，干线沿庭院灯布置成环网状，并不少于两处与接地装置引出线连接。由干线引出支线与金属灯柱及灯具的接地端子连接，并有标识。

⚠️·小提示

安装庭院灯应符合以下规定。

（1）灯具的自动通、断电源控制装置动作准确，每套灯具熔断器盒内熔体齐全，规格与灯具适配。

（2）架空线路电杆上的路灯固定牢靠，紧固件齐全、拧紧、灯位正确；每套灯具配有熔断器保护。

（3）落地式灯具底座与基础应吻合，预埋地脚螺栓位置准确，螺纹完整无损伤。

（4）落地式灯具预埋电源接线盒宜位于灯具底座基础内。

（5）灯具内留线的长度适宜，多股软线头应搪锡，接线端子压接牢固可靠。

165. 如何安装室外彩灯？

（1）建筑物彩灯的安装。

1）建筑物顶部彩灯灯具应使用具有防雨性能的灯具，安装时应将灯罩装紧。

2）管路应按照明管路敷设工艺安装并应具有防雨水功能。管路连接和进入灯头盒均应丝接，丝头应缠生胶带或缠麻抹铅油。

3）垂直彩灯悬挂挑臂应采用 10 号槽钢，开口吊钩螺栓直径不小于10mm，上下均附平垫圈、弹簧垫圈和螺母安装紧固。

4）钢丝绳直径不小于 4.5mm，底盘可参照拉线底盘安装，底盘为不小于 16mm 的圆钢。

5）布线可参照钢索室外明配线工艺，灯口应采用防水吊线灯口。

6）金属架构及钢索应做好保护接地。

（2）节日彩灯的安装。

1）固定安装的彩灯装置，其灯间距离一般为 600mm，每个灯泡的功率不宜超过 15W，节日彩灯每一单相回路不宜超过 100 个灯泡。

2）安装彩灯装置的管路应使用钢管敷设，使用非金属管是非常危险的。连接彩灯灯具的每段管路应用管卡子及塑料件膨胀螺栓固定，管路之间（即灯具两旁）应用直径不小于 6mm 的镀锌圆钢进行跨接连接。

3）土建施工完成后，顺线路的敷设方向拉通线定位，根据灯具位置及间距要求，沿线打孔埋入塑料胀管。将组装好的灯底座及连接钢管一起放到安装位置，用膨胀螺栓将灯座固定。

4）彩灯装置的钢管应与避雷带（网）进行连接，并应在建筑物上部将彩灯线路线芯与接地管路之间接以避雷器或留有放电间隙，借以控制放电部位。

5）节日彩灯线路敷设应使用绝缘软铜线，干线路、分支线路的最小截面积不应小于 2.5mm^2，灯头线不应小于 1mm^2。

6）各个支路工作电流不应超过10A。

7）悬挂式彩灯一般采用防水吊线灯头连接，同线路一起悬挂于钢丝绳上。悬挂式彩灯导线应采用绝缘强度不低于500V的橡胶铜导线，截面积不应小于4mm²。灯头线与干线的连接应牢固，绝缘包扎紧密。

8）节日彩灯除统一控制外，每个支路应有单独控制开关及熔断器保护，导线不能直接承力，所有导线的支持物应安装牢固。

9）节日彩灯的导线水平敷设在人能触及处时，应有"电气危险"的警告牌，垂直敷设时，对地面距离不应小于3m。

10）节日牌楼彩灯，对地面距离小于2.5m时，应采用安全电压。

166. 公园绿地照明的一般原则是什么？

公园绿地照明的一般原则如下。

（1）不要泛泛设置照明设施，而应结合园林景观的特点，以能最充分体现其在灯光下的景观效果为原则来布置照明设施。

（2）关于灯光的方向和颜色的选择，应以能增加树木、灌木和花卉的美观为主要前提。如针叶树只在强光下才反映良好，一般只宜于采取暗影处理法。又如，阔叶树种白桦、垂柳、枫等对泛光照明有良好的反映效果；白炽灯包括反射型、卤钨灯却能增加红、黄色花卉的色彩，使它们显得更加鲜明，小型投光器的使用会使局部花卉色彩绚丽夺目；汞灯使树木和草坪的绿色鲜明夺目等。

（3）对于水面、水景照明景观的处理，注意如以直射光照在水面上，对水面本身作用不大，但却能反映其附近被灯光所照亮的小桥、树木或园林建筑，呈现出波光粼粼，有一种梦幻似的意境。而瀑布和喷水池却可用照明处理得很美观，不过灯光须透过流水以造成水柱的晶莹剔透、闪闪发光。所以，无论是在喷水的四周，还是在小瀑布流入池塘的地方，均宜将灯光置于水面之下。在水下设置灯具时，应注意使其在白天难于被发现，但也不能埋得过深，否则会引起光强的减弱。一般安装在水面以下30～100mm为宜。进行水景的色彩照明时，常使用红、蓝、黄三原色，其次使用绿色。

某些大瀑布采用前照灯光的效果很好，但如让设在远方的投光灯直接照在瀑布上，效果并不理想。潜水灯具的应用效果颇佳，但需特殊的设计。

（4）对于公园和绿地的主要园路，宜采用低功率的路灯装在3～5m高的灯柱上，柱距20～40m效果较好，也可每柱两灯，需要提高照度时两灯齐明。可隔柱设置控制灯的开关来调整照明，也可利用路灯灯柱装以150W的密封光束反光灯来照亮花圃和灌木。

在一些局部的假山、草坪内可设地灯照明，如要在内设灯杆装设灯具时，其高度应在 2m 以下。

（5）在设计公园、绿地园路照明时，要注意路旁树木对道路照明的影响，为防止树木遮挡，可以适当减少灯间距，加大光源的功率以补偿由于树木遮挡所产生的光损失，也可以根据树形或树木高度不同，采用较长的灯柱悬臂使灯具突出树缘外或改变灯具的悬挂方式等以弥补光损失。

（6）无论是白天或黑夜，照明设备均需隐蔽在视线之外，最好全部敷设电缆线路。

（7）彩色装饰灯可创造节日气氛，特别是反映在水中更为美丽，但是这种装饰灯光不易获得一种安静、安详的气氛，也难以表现出大自然的壮观景象，只能有限度地调剂使用。

167. 室内线路过负荷怎么办？

主要故障现象：灯光发暗；按额定电流配备的熔丝熔断，但不是迅速熔断，且熔丝在中间熔断；采用低压断路器时会自动跳闸，但不是迅速跳闸，即合闸后，过一段时间跳闸；较大的用电设备启动时"嗡嗡"响或启动不起来。这时应检查线路上是否增加了大容量的用电设备；若线路发热，有绝缘物烧焦的气味，严重者会引起火灾。

检修时，可用钳形电流表测量电路的电流与正常值比较；用万用表测量电源电压是否偏高；观察电源线是否发热；熔丝是否在中间熔断；低压断路器是否延时跳闸。

线路过负荷，则应增大供电线径或减少用电容量。

小提示

室内线路过负荷也称过载，是指电路或设备超过其额定电流。

168. 室内线路短路怎么办？

室内线路短路故障的现象是：熔丝接通电流后立刻炸断，且熔丝全部熔化；若采用低压断路器会立即跳闸，重新合闸时不能闭合。出现这种情况时，不允许盲目加大熔体，更不允许以铜丝或铝丝之类的金属代替熔丝使用，以免引起严重后果。

检查时，可用万用表电阻挡测量怀疑短路的用电器的阻值是否很小，若是，则该电器短路；将各用电器开关断开或从插座拔下，分段用万用表电阻挡测量线路阻值是否很小，若是，则该段线路短路。最终找到故障点。

处理时应分开短路点，并做好绝缘处理，以防再次短路。

⊙ 小提示

线路短路指电源或电路元器件被电阻极小的导体（如导线、电流表等）并联而造成的电路故障，短路时电路的电流会急剧增大。例如，接线错误而引起相线与中性线直接相碰；因接触不良而导致接头之间直接短接，或接头处接线松动而引起碰线；直接将线头插入插座孔内造成混线短路；用电器具内部绝缘损坏，导致导线碰触金属外壳而引起电源线短路；房屋失修漏水，造成灯头或开关受潮甚至进水导致内部短路；导线绝缘受外力损伤，在破损处电源线碰触大地或者同时接地。

169. 室内线路断路怎么办？

室内线路断路的故障现象是：用电设备不启动，而且熔丝未熔断。开路按其故障范围可分为总干线开路和分支线开路。总干线开路表现为用电设备全不启动，分支线开路表现为该分支线不能正常供电，其他线路都能正常供电。开路包括相线断开和中性线断开两种。

检查时可观察熔丝是否熔断；观察接头、接线柱的导线是否松脱；将故障支路的开关闭合或用电器的插头插入插座，再用万用表电阻挡测量该支路的电阻，应该较小，否则该支路存在开路现象，然后继续找到故障点。用验电器分别测试相线和中性线时，如果相线和中性线都没电，说明相线断开；相线和中性线都有电，说明中性线断开。

处理时，可将断开的导线接头或接线柱恢复连接，并做好绝缘处理。

⊙ 小提示

（1）线路断路是指电路中某处断开，导致电路无电流，用电器不工作的故障。例如，灯丝断了、接触不良、导线断开、仪表内部断线等。

（2）导线如不是外力作用或埋入地下，一般不会出现非接头处断开。

170. 室内线路虚接怎么办？

室内线路虚接故障现象是：电源时有时无、灯光时亮时灭；导线接头、熔丝与接线柱连接点、导线与接线柱连接点变焦黄或变黑；熔丝与接线柱连接点出现不明显的断开或熔断；计算机使用过程中出现无规律的重新启动等。

检查时可根据故障现象确定范围，若只是一台计算机出现无规律的重新启动，没有其他现象，基本可以确定是插座与插头的故障；若出现各个室内的灯光时亮时灭，可能是总电源开关或熔丝与接线柱螺钉松动引起接触不良。观察熔丝、导线接头、接线柱螺钉是否变色，插座插头是否氧化等。

处理时应将虚接点断开，清除氧化物，重新连接断开点，并做好绝缘处理以防其他故障的发生。若接线柱螺钉严重烧蚀，需更换螺钉或该电器。

⚠ **小提示**

> 虚接是指电路中连接点连接不牢固，接触面积小，时而接触时而断开。例如，导线接头、熔丝与接线柱连接点、导线与接线柱连接点、插头与插座接触不良等。

171. 室内线路漏电怎么办?

室内线路漏电的主要原因是：由于导线或用电设备的绝缘因外力而损伤，或长期使用绝缘老化而造成绝缘不良所引起。

故障现象：漏电较轻时故障现象如同过载；较重则熔丝熔断；如果总开关采用漏电保护断路器，则自动跳闸。

检查时可用绝缘电阻表摇测，看绝缘电阻的大小判断是否有漏电，也可在被检查线路的总开关的相线上串入一只电流表，取下所有灯泡，接通全部电灯开关仔细观察电流表，判断是否确实发生了漏电。若电流表指针摆动，则说明有漏电，指针偏转越大，说明漏电越严重。仍以接入电流表检查漏电为例，方法是切断中性线观察电流的变化。若电流表指示不变，则说明是相线与大地之间有漏电；若电流表指示变小但不为零，则表明相线与中性线、相线与大地间均有漏电，可以判断漏电性质。取下分路熔断器或拉开分路刀开关，若电流表指示不变，则表明是干线漏电；若电流表指示为零，则表明是分路漏电；若电流表指示变小但不为零，则表明是总线和分路均有漏电，可以确定漏电范围。

按上述方法确定漏电范围后，依次断开该线路的灯具开关，当断开某一开关时，电流表指示归零则是这一分支线漏电；若电流表的指示变小，则说明除这一分支线漏电外还有其他漏电处。若所有灯具开关都断开后电流表指示不变，则说明是该段干线漏电。最终找出漏电点。

处理时应恢复绝缘或更换用电器。

172. 室外灯具安装有哪些要求?

室外灯具安装的要求主要有以下几点。

(1) 采用钢管作灯具的吊杆时，钢管内径不应小于10mm，钢管壁厚不应小于1.5mm。

（2）吊链灯具的灯线不应受拉力，灯线应与吊链编叉在一起。

（3）软线吊灯的软线两端应作保护扣，两端芯线应搪锡。

（4）同一室内或场所成排安装的灯具，其中心线偏差不应大于5mm。

（5）荧光灯和高压水银荧光灯及其附件应配套使用，安装位置应便于检修。

（6）灯具固定应牢固可靠，每个灯具固定用的螺钉或螺栓不应少于两个；若绝缘台直径为75mm以下，可采用一个螺钉或螺栓固定。

（7）室内照明灯距地面高度不得低于2.5m，当受条件限制时，可减为2.2m，低于此高度时，应进行接地或接零加以保护，或用安全电压供电。在桌面上方或其他人不能够碰到的地方，允许高度可减为1.5m。

（8）安装室外照明灯时，一般高度不低于3m，对墙上灯具允许高度可减为2.5m，不足以上高度时，应加保护措施，同时尽量防止风吹而引起的摇动。

（9）接线时，相线和零线要严格区别，应将零线直接接在灯头上，相线必须经过开关再接到灯头上。

（10）螺口灯头的接线要求。

1）相线应接在中心触点的端子上，零线应接在螺纹的端子上。

2）灯头的绝缘外壳不应有破损和漏电。

3）对带开关的灯头，开关手柄不应有裸露的金属部分。

（11）灯具不能直接安装在可燃构件上，当灯具表面高温部位靠近可燃物时，应采取隔热、散热措施。

（12）对装有白炽灯泡的吸顶灯，灯泡不能紧贴灯罩，当灯泡与绝缘台之间的距离小于5mm时，灯泡与绝缘台之间应采取隔热措施。

（13）公共场所用的应急照明灯和疏散指示灯应有明显的标记，无专人管理的公共场所照明宜装设自动节能开关。

（14）当吊灯灯具重量超过3kg时，应采取预埋吊钩或螺栓固定；当软线吊灯具重量超过1kg时，应增设吊链。

（15）固定在移动结构上的灯具，其导线宜敷设在移动构架的内侧，当移动构架活动时，导线不应受拉力和磨损。

（16）每套路灯应在相线上装设熔断器，由架空线引入路灯的导线，在灯具入口处应做防水弯。

173. 安装高压水银荧光灯、碘钨灯应注意哪些问题？

高压水银荧光灯、碘钨灯安装应注意的问题如下。

（1）安装高压水银荧光灯。

1）安装接线时，一定要分清楚高压水银荧光灯是外接镇流器还是自镇流器。而带镇流器的高压水银荧光灯必须是镇流器与汞灯相匹配的。

2）高压水银荧光灯应垂直安装，水平安装时其亮度要减少 7%，并容易自灭。

3）由于高压水银荧光灯的外玻璃壳温度很高，可达 $150\sim250℃$，因此，必须使用散热良好的灯具。

4）电源电压要尽量保持稳定，若电压降低 5%，灯泡就可能自灭，而再次启动点燃的时间又较长，因此高压水银荧光灯不应接在电压波动较大的线路上。当作为路灯、厂房照明灯时，应采取调压或稳压措施。

5）镇流器宜装在灯具附近人体不能触及的地点，并应在镇流器接线柱上覆盖保护物。若镇流器装在室外，应采取防雨措施。

（2）安装碘钨灯。

1）碘钨灯必须保持水平位置，其倾斜度不应大于 $4°$。

2）电源电压的变化一般不应超过 $\pm2.5\%$，当电压超过额定电压的 5% 时，寿命将缩短一半。

3）灯管要配用专业灯罩，在室外使用时应注意防雨（雪）。

4）由于碘钨灯工作时管壁温度很高，可达 $600℃$ 左右，应注意散热，要与易燃物保持一定距离。

5）安装使用前应使用酒精擦去灯管外壁的油污，以防止在高温下形成斑点而影响灯管的亮度。

6）灯脚引线必须采用耐高温的导线，或用裸体导线连接，并在裸导线上加穿耐高温的小瓷罐，不得随意改用普通导线。电源线与灯线的连接应用良好的瓷接头，靠近灯座的导线应套耐高温的瓷套管或玻璃纤维管。连接处必须接触良好，以免灯脚在高温下氧化并引起灯管封接处炸裂。

第三章 Chapter3

电 动 机

第一节 电动机检修基础

174. 电动机例行维护检查的要点有哪些？

电动机例行维护检查有日常检查、每月或定期巡回检查及每年的检查。

在日常检查中，主要检查润滑系统、外观、温度、噪声、振动及异常现象，还要检查通风冷却系统、滑动摩擦状况及各部分紧固情况，认真做好检查记录。

每月或定期巡回检查中，主要检查开关、配线、接地装置等是否有松动现象，有无破损部位，如有必要可提出计划和修理措施，检查粉尘堆积情况，及时清扫，检查引出线和配线是否有损伤和老化问题。测试绝缘电阻并记录，检查电刷、集电环磨损情况，电刷在刷握内是否灵活等。

每年的检查方法除上述项目之外，还要检查和更换润滑剂，必要时要解体电动机进行抽心检查，清扫或清洗油垢，检查绝缘电阻，进行干燥处理，检查零部件生锈和腐蚀情况等。

175. 电动机按惯例进行维护和检查的项目有哪些？

（1）日常检查。

1）外观全面检查，并记录。

2）检查电动机各部分是否有振动、噪声和异常现象，各部分温度是否正常。

3）检查供油系统，进行轴承滑润。

4）检查通风冷却系统、滑动摩擦状况及各部紧固情况。

（2）每月或定期巡回检查。

1）外观全面检查，并记录。

2）检查各部分松动情况（如开关、配线、接地装置等）及接触情况。

3）检查有无破损部位，若有，应提出处理计划和措施。

4）检查粉尘堆积情况，要及时清扫。

5）检查引出线和配线是否有损伤、老化等问题。

6）各部连接状态是否良好。

7）绝缘电阻情况。

8）检查电刷、集电环磨损情况，电刷在刷握内活动是否正常。

（3）每年的检查。

1）检查轴承和润滑剂，及时更换新轴承和润滑剂。

2）必要时，电动机应解体检修（检查）。

3）清扫或清洗尘垢。

4）外观检查是否生锈、腐蚀。

5）更换电刷，修理集中电环，调整刷压。

6）检查绝缘电阻，进行干燥处理。

176. 电动机的定期维修保养方法有哪些？

电动机的定期维修保养可分为小修和大修，一般每半年一次小修，每年一次大修，维修保养方法如下。

（1）小修保养（含日常保养）。小修保养时，不作大的拆卸，只对电动机及启动设备作一般性维护和检修，需检修的项目如下。

1）清洗电动机，清除电动机外壳上的灰尘和污物，以利散热。

2）测量绝缘电阻。

3）清洁接线盒，清除接线盒内的灰尘及污物。

4）检查接线盒的压线螺钉有无松动和烧伤，拧紧螺母。

5）检查端盖、轴承盖各紧固螺钉是否松动，并将其紧固。

6）检查接地线的紧固螺钉是否松脱，并紧固，使接地可靠。

7）检查轴承。拆下轴承盖，检查轴承是否缺油漏油，并更换新油；拆下一边端盖，检查气隙是否均匀，以判断轴承是否磨损，若严重磨损应予以更换。

8）检查传动装置。传动带的松紧度是否合适，传动装置是否正常。

9）检查启动装置。清洁触点、接线头，若烧伤应进行打磨；检查触点的动作是否一致；有接地的接地是否可靠；测量绝缘电阻。

10）检查绕线型电动机的电刷磨损情况，调整电刷，当电刷磨损 1/3 时应更换。

（2）大修（含小修项目）。大修时，除对电动机进行清洁处理外，还应拆开电动机作全面检查，需检查维修的项目如下。

1）清洁电动机内外。先清除电动机壳体表面的灰尘和污物，再拆开机壳，用压缩空气吹去灰尘，并用干布擦去机内的污物。

2）清洗轴承。将轴承拆下后，先刮去轴承上干涸的油脂，然后将轴承放到煤油（或柴油）中浸泡半小时，用毛刷将轴承上的油刷净。若轴承磨损严重，应更换新轴承。

如果轴承可以继续使用，应加新润滑油脂。对于一般电动机的轴承可加入复合钙基润滑脂（ZFG-2、ZFG-3）或锂基润滑脂（ZL-2、ZL-3）。对于高转速电动机的轴承可选用二硫化钼锂基润滑脂。

3）检查定子绕组是否有故障。绕组有无接地、短路、断路及老化现象（老化后颜色变成棕色），若有，应进行修理或更换。

4）检查转子是否有故障。笼型电动机转子是否断条，绕线型电动机转子接线是否松脱。

5）检查电动机的定子、转子铁心有无相擦。可拆开观察有无相擦的痕迹，若有，应进行调整。

6）检查绕线电动机集电环和电刷装置。集电环、电刷是否磨损，应清洁集电环，更换新电刷。

7）检查启动设备。若触点油污或锈蚀应予以清除，若接线松动应予以重新连接，使启动设备保持良好的工作状态。

8）检查电动机其他零部件是否齐全，有无磨损及损坏现象，若有，应进行更换，使电动机达到完好设备标准。

9）试车检查。电动机装配后，测量绝缘电阻；检查各传动部分是否灵活；安装是否牢固；启动和运行时电压、电流是否正常，有无异常振动和噪声。

10）填写检修记录单。包括检修日期、检修项目、更换零部件等方法，留作备查。

177. 电动机启动前、后的检查和维护方法有哪些？

（1）起动前的检查。

1）应核对电动机铭牌数据（额定功率、电压、电流、转速等）是否符合实际要求。

2）检查电动机接线是否正确。

3）检查电动机零部件是否齐全、完好。电动机内部若有杂物，要清扫干净，使电动机内、外部无电刷粉末、灰尘、油污等。

4）所有紧固件是否牢固，接地装置是否完备可靠。

5）检查传动装置时，主要检查带轮或联轴器有无破损。传动及其连接是否完好。

6）检查电动机轴能否旋转自如，轴承是否有油。电刷在刷盒中应上、下活动自如。

7）新的或长期未用的电动机，应测量绕组间和绕组对地绝缘电阻。对于有集电环的，还应测集电环对地和环与环之间的绝缘电阻，一般电动机的绝缘电阻大于 $0.5M\Omega$ 才可使用。

（2）启动的注意事项。

1）电动机投入电源后不启动，不要再连续启动，应找出原因，处理好之后再重合闸启动。

2）电动机启动后，看电动机转向、电流表和电压表指示是否正常。然后观察电动机的传动装置是否正常。查看电动机运转情况有无异常现象（如振动、异常响声等）。

（3）电动机运行时的监视和维护。

1）检查电动机的振动情况，用测振仪测量地脚、轴承、端盖等处振动值并记录。

2）监视电动机的电压、电流值是否正常，三相是否平衡。电源电压与额定电压的误差不得超过 $\pm5\%$。三相交流电动机的三相电压不平衡度不得超过 1.5%。电流不平衡度，空载时不超过 10%，中载以上不超过 5%。

3）检查所有紧固件的紧固程度。

4）检查电动机的温度，可用点温度计测量，看温升是否超标。

5）检查电动机接地情况是否良好。

6）电动机的气味是否正常，有无绝缘烧焦的气味。

7）检查电刷运行情况（对于绕线转子），电刷与集电环接触是否吻合，有无刷火，集电环温度如何。

8）应经常保持清洁，不允许有水滴、油污及杂物等落入电动机内部，电动机的进风口与出风口必须保持畅通，使其通风良好。

9）经常检查周围空气是否干燥，湿度是否符合产品要求；空气中灰尘不允许过多；经常检查空气中是否含有腐蚀性气体和盐雾，如发现应立即清除。对于有特殊防护措施的电动机也应设法尽量减少空气中腐蚀性气体和盐雾的含量。

10）经常检查出线盒的密封情况；电源电缆在出线盒入口处的固定和密封情况，电源接头与接线柱接触是否良好，是否有烧伤的现象。

178. 怎样维护运行中的防爆电动机？

在易燃易爆场所运行的防爆电动机应加强日常的维护管理，一般应注意以下事项。

（1）由于防爆电动机的启动电流较大，熔体和其他过流保护装置应按规定时间更换和调整。

（2）注意电动机有无异常声响和焦臭味。

（3）检查接地是否完整，各处导体的连接是否可靠。

（4）检查电动机外壳和轴承温度是否过高。

（5）控制电动机转子运转中突然停住的时间不超过 10s，启动时间不超过 17s（一般为 8.5s）。

（6）检查电动机的机壳有无裂纹，隔爆面接合处、进线装置是否良好。

（7）电动机轴承油脂应每 3 个月（连续运转）检查一次。

（8）检查电动机各部分的紧固螺栓是否松动，接线盒内的接线柱是否牢靠和有无氧化现象。

（9）电动机在高温环境中连续运行时每半年应解体清扫一次，同时对其附属设备也要进行全面检查。

（10）在油瓦斯不浓、室温一般、粉尘不多的场所，每年也应解体清扫一次。

通常，每当电动机停车时就应检查转子轴上风扇固定是否牢靠，轴承磨损情况和油量，定、转子间有无扫膛现象，并用绝缘电阻表测量绝缘电阻是否符合要求。

● 小 提 示

防爆电动机虽然具有隔爆机壳，密封性能良好，在有易爆介质（如氢、乙炔、石油气、二硫化碳等）的场所正常运行时不易发生爆炸。但是，如果维护不当，或者发生故障而未及时发现和处理，也可能爆炸酿成事故。因此也应按规定维护电动机。

179. 怎样对电动机的运行状况进行监视和检测？

对电动机运行状况进行监视和检测的方法主要有以下几个方面。

（1）电动机在运行中的声音、振动和气味。电动机的声音、振动和气味异常一般是同时出现的，可通过人的听觉和嗅觉进行监测。

电动机在正常运行时，发出的声音是平稳、轻快、均匀的，且无任何气味。如果发出尖叫、沉闷、刺耳的异常响声，剧烈振动及有油漆气味，则可能是电动机轴承损坏。可用手触摸轴承部位，若烫手，应停机对轴承进行检查，加滑润油或更换轴承。

（2）电动机的工作温度。电动机的允许极限温度是根据电动机使用的绝缘材料等级制定的，由于不同用途的电动机所使用的绝缘材料等级不同，其允许的极限温度也不同。在电动机运行中可采用以下方法进行监视。

1）仪表监视法。在线路上装设电压表、电流表及过载保护装置，当电动机温升过高时，通过这些仪表可以直接反映出来，既科学又直观。

2）现场监测法。用手触摸电动机外壳，若有热感，但手可以放到机壳上，说明该电动机热性能良好；如果手摸机壳觉得发烫，但可以接触短暂时间，且温度不再上升，说明温度在正常范围内；若手触及机壳时烫得立即缩回来，用小水滴滴上去发出"丝丝"之声，水滴被立即蒸发掉，则电动机可能过热了，应停机检查，排除故障后再通电运行。

（3）工作电压。电动机在正常工作状态下运行的电压称为额定电压，在铭牌中有标示。要求其实际工作电压变化范围应不超过或低于额定电压的 10%，即使用 380V 电压的电动机，实际电压也应在 342~418V 之间。同时三相电压应保持对称，在三相电压中任意两相电压的差值不应超过 5%。监视电动机工作电压，一般在电动机电源线上装一只电压表，对电动机工作电压进行直接监视。

电动机工作电压过高会烧坏电动机；电压过低或三相电压不对称，会造成电动机发热，缩短电动机的使用寿命。电动机工作电压过高或过低时应停机检查，排除故障后再开机。

（4）电动机的运行电流。电动机实际运行中的电流应不超电动机铭牌中标示的额定电流。同时三相电流应基本平衡，任意两相间的电流差值不应大于额定电流的 10%，特别要注意防止电动机继相运行。监视电动机运行电流是否正常的方法有：① 安装电流表，通过观察电流表监视电动机的运行电流；② 使用钳形电流表对电动机运行时的电流进行检测两种方法。

电动机运行电流异常或三相电流不平衡，说明电动机有故障，应立即停机，进行检修。

（5）熔丝或熔断器的工作情况。熔丝或熔断器是电动机的短路保护装置。电动机在运行时，若一相熔丝或熔断器熔断，会造成电动机断相运行，此时若不停机检查将会导致电动机烧坏。尤其是农用电动机一般使用刀开关控制，熔丝或熔断器熔断的故障时有发生，因此，在开机前应检查熔丝或熔断器。在运行中，若电动机转速突然降低，转不动，出现沉闷声，可能是相熔丝熔断，应立即停机检查，并更换同型号熔丝或熔断器。

（6）传动装置的工作状况。传动装置主要是传动带、传动轮或联轴器。应随时注意传动带是否打滑，若打滑，可能是传动带过松，传动带磨损，应及时调整传动带或更换新传动带。

180. 在哪些情况下应立即切断电动机的电源？

电动机在启动或运行中遇到下列情况时，必须立即切断电源，否则会烧坏电动机。

（1）接通电源后，电动机不能转动也无任何声音。

（2）接通电源后，电动机启动困难，转速很慢。

（3）接通电源后，启动器内火花不断或冒烟。

（4）电动机在运行中壳体温度超过允许值。

（5）电动机在运行中轴承温度过高。

（6）电动机在运行中振动剧烈。

（7）电动机在运行中有焦煳味。

（8）电动机在运行中冒烟或起火。

（9）电动机在运行中发出异常响声。

（10）电动机在运行中所拖带的作业机械发生故障。

181. 怎样检查电动机机械的故障？

电动机的机械故障主要有：轴承磨损和定子转子摩擦两种。

（1）轴承磨损。电动机本身对前后的两套轴承要求是很严格的，轴承质量的好坏直接影响着电动机本身的工作状况。检查时如果电动机是在运行中，可用螺丝刀的一端触及轴承盖，耳朵贴紧螺丝刀的手柄，细听轴承运行有无杂音、振动等异常声音，如果声音异常，可判断出轴承已有损坏，要停止电动机运行，打开电动机检查。检查轴承小环与大环中间的固架损坏情况，轴承是否卡死损坏，电动机端盖与轴承、轴承与转轴是否配合适当，有无旷动，发现旷动时，要用錾子在转轴上打些痕迹或用铣床在电动机轴上进行辊花处理，再装配轴承。最后检查轴承缺油情况，轴承装配是否到位，装配的同心度是否良好，电动机端盖装配是否到位等。

（2）定子转子摩擦。先用手转动电动机转子，仔细听有无摩擦声音，或用手轻轻触及电动机轴和周围部位，即可感觉出有无摩擦现象，另外也可拆开电动机，观察定子铁心表面上有无摩擦后的痕迹，再观察转子上有无摩擦后的痕迹，根据转子铁心上摩擦痕迹的部位来判断造成摩擦的原因。主要原因有：端盖没有上到合适位置、轴承损坏、轴与轴承摩擦、转子与定子间夹有杂物、硅钢片错位串出、电动机旋转磁场变异等。

182. 怎样检查电动机绕组接地的故障？

电动机绕组接地故障的检查方法如下。

（1）用绝缘电阻表查找电动机接地点。电动机绕组出现接地，首先要查出电动机三相绕组中的哪一组接地，或是哪两组接地。先将三相绕组的连接线拆除，然后用 500V 的绝缘电阻表分别对三相绕组进行相间绝缘检测，如果三相绕组之间绝缘良好，再进行对地检测。检测方法是绝缘电阻表一端接通三相绕组的出线一端，另一端触及电动机金属壳的铭牌或触及电动机不生锈的金属外壳上，如图 3-1 所示，如绝缘电阻表的指针为零位，说明该相绕组有接地短路点，为了进一步查出哪个线圈接地，需再将该绕组中的各线圈间连接桥线分开，逐步查找。

（2）用灯泡查找电动机接地点。在农村，有时电工仪表不全，可采用如图 3-2 所示方法进行检测，将交流电 220V 直接串联灯泡后接在电动机外壳及电动机绕组一端（注意零线接电动机外壳，并注意人员不要触及带电部分），若三相绕组中的某一相在触及时灯泡发亮，说明该相绕组有接地故障点，可按照上一条方法查找接地点的具体部位。

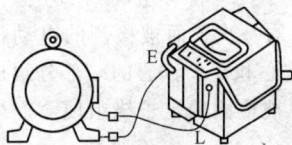

图 3-1　用绝缘电阻表检查
电动机接地点

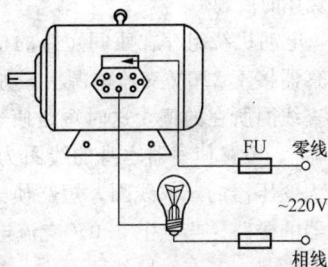

图 3-2　用灯泡检测电动机接地点

（3）用耐压机查找电动机接地点。这种方法可直接观察到接地点的部位，如图 3-3 所示，当耐压机电压逐渐升高时，若绕组有接地故障，线圈接地点便会起弧冒烟，只要仔细观察，就可找出接地点的具体位置。如果接地点在电动机槽内，根据打耐压所产生的"吱吱"声来判断大概部位，然后取出槽内的槽楔，重新打耐压，直至查出接地点的具体部位。

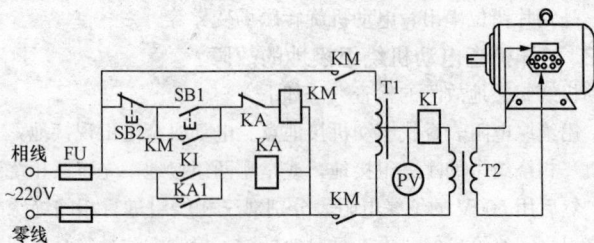

图 3-3　用耐压机检测电动机接地点

⚠ **小提示**

　　在打耐压时应注意人身安全，人和设备要保持一定的安全距离，严防触电。

183. 怎样检查电动机绕组短路故障？

　　电动机绕组发生短路会使周围绝缘损坏变色。若是相间短路，用绝缘电阻表可测出，这种故障所产生的后果较严重，从外表上即可观察到短路部位有烧坏的痕迹。

　　电动机绕组存在匝间短路的检测方法是用短路侦察器查找。将短路侦察器接于 220V 交流电源上，如图 3-4 所示，然后将铁心开口对准被检查线圈所在的槽，这时短路侦察器和定子的一部分组成一个小型"变压器"，短路侦察器本身的线圈为变压器的一次，而被检测的电动机绕组为变压器的二次线圈，短路侦察器的铁心和定子铁心的一部分组成变压器的磁路。当接上 220V 交流电源后，被检测的定子绕组便会产生感应电动势，若有短路线匝存在，短路线匝中便会有电流通过，反映到短路侦察器的一次电流也比通常要大，并且同时会使电动机定子绕组周围的铁心产生磁场，这时在槽口处放一块薄铁片，短路线圈产生的磁通就会通过铁片形成回路，将铁片吸引在铁心上，并产生振动，这样即可判断出电动机匝间短路点的部位。

　　利用短路侦察器检查电动机匝间短路时，必须将定子绕组的多路线圈并联处断开，否则无法判断短路故障点的位置。

　　检查电动机有无相间短路，首先要将电动机引出线的线板连接线拆除，然后分别用绝缘电阻表的一端接在某相绕组上，另一端接在另一相绕组上进

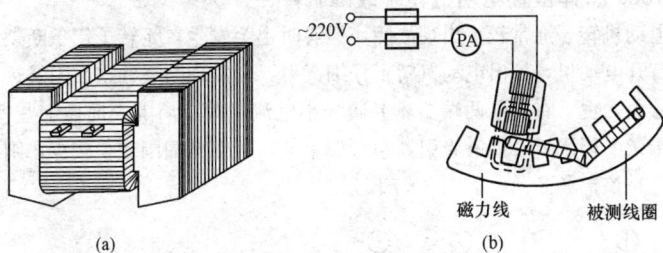

图 3-4　用短路侦察器查找电动机匝间短路

(a) 短路侦察器外形；(b) 检测方法

行测试，在测试中如果某两相绕组有匝间短路点时，绝缘电阻表指针为零。然后依次将这两相绕组的各组线圈之间的连接线拆开逐一进行测试，最终查出发生短路的两组线圈。

184. 怎样检查电动机绕组断路故障？

电动机绕组断路故障的检查方法如下。

检查电动机绕组断路也需将电动机接线端子的连接线断开，然后用万用表的低阻挡分别测试三相绕组的通断，若某相线圈断路，则电阻会很大，说明该相线圈断路。为了进一步查出断路点的部位，可用电池与小灯泡串联，一端接于断线绕组首端，另一端接一根钢针，用钢针从断路相的首端起依次刺破线圈

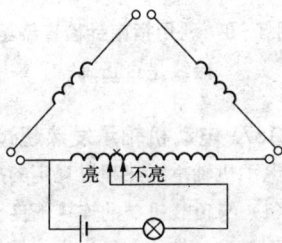

图 3-5　用灯泡查找
电动机断路点

绝缘，观察灯泡是否发亮，当刺到某点时，灯泡不亮，则说明断路点在该点的前后之间，如图 3-5 所示。

185. 怎样检查电动机绕组接错线？

电动机绕组是否接错线，可用一种简便的方法来检测，如图 3-6 所示。首先将被检查的相绕组两端接上直流电源，然后用指南针沿定子内圈移动，如果线圈没有接错，每当指南针经过该绕组的一组线槽时，它的指向是反向的，并且在旋转一周时，方向改变次数正好与极数相等，如果指南针经过某组线槽时，指针不反向，或是指向不定，则说明该组有接错处。

186. 怎样检查电动机转子故障？

电动机转子通常较少出现故障，但有时也会发生鼠笼转子铝条断裂等故障。打开电动机，抽出电动机转子仔细查看，会发现断裂处铁心因发热而变成青蓝色，也可在转子两端端环上通入小电流，并在周围表面撒上些铁粉，未断铝条的周围铁心能够吸引铁粉，如果某一根铝条周围铁粉较少，则说明有可能是该铝条断条，如图 3-7 所示。

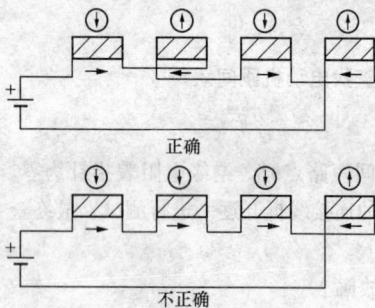

正确

不正确

图 3-6 利用指南针检查绕组
　　　　　接线是否正确

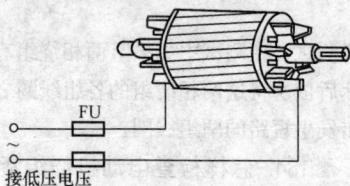

FU

接低压电压

图 3-7 查找转子笼条断裂方法

187. 电动机轴承发热超过规定怎么办？

电动机轴承发热超过规定的故障原因及检修方法如下。

（1）与负载机械的连接不良。其原因是：带的拉力过大；与负载机械的轴心不一致；带轮直径过小；带轮离轴承太远；所承受的轴向或径向载荷过大等。

（2）轴发生弯曲。应将弯曲轴校直或换轴。

（3）钢球损坏，或由于安装轴承时变形过大。应更换轴承。

（4）润滑脂质量差。这里是指润滑脂材质不好、润滑脂内混入了灰尘、填充的润滑脂过多或不够、润滑脂变质等。但是由于密封式轴承不能更换润滑脂，因此要更换成新的球轴承。

（5）轴承磨损。应更换成新品。

188. 电动机轴承中有杂音怎么办？

电动机轴承中有杂音时，应及时采取相应的措施，可用听诊棒靠听觉听到电动机的各种杂音，其中包括电磁噪声、通常噪声、机械摩擦声、轴承杂音等，从而可判断出电动机的故障原因。引起噪声大的原因很多，其中，机械方面有：轴承故障，机械不平衡，紧固螺钉松动，联轴器连接不符合要求，定、转子铁心相摩擦等；电气方面有：电压不平衡、单相运转、绕组有断路或击穿故障、启动性能不好、加速性能不好等。

189. 怎样分辨电动机轴承的杂音？

将听诊棒、螺钉旋具或金属棒的一端与轴承相接触，另一端与耳接触，根据声音的类别来进行判断。虽然这种方法随诊断人员的听觉或熟练程度的不同而有所差异，但仍能分辨如下几种声音。

（1）正常的声音。这是一种如同金属剪切时发出的清亮的声音，也是一种均匀的连续的声音。

（2）轴承保持架的声音。由滚珠与轴承保持架旋转而发出的声音为"吱利、吱利"和"嚓利、嚓利"的声音。这是一种与转速无关的不规则的金属声音。长时期未运转的电动机运转时常常发出这种声音，但这不是故障。对敞开式球轴承，若少量补充规定的润滑脂，这种声音就会停止的。

（3）钢球落下的声音。对于卧式电动机，这种声音与轴承径向的间隙有关，是旋转时不承受载荷的轴承上方附近的钢球，由于重力作用和轴承保持架的旋转很快落下撞击轴承保持架而发出的声音，听起来是一种"咔嗒、咔嗒"的声音。因此，低速旋转时经常会听到这种声音，这种声音不是故障。

（4）伤痕的声音。由于轴承制造上的缺陷或电动机装配时操作上的不注意，可能由于滚珠表面或轴承内、外圈支承面上的伤痕而发出的声音，可听到"咔拉、咔拉"的声音。声音的周期与转速成正比，高速旋转时会伴随有振动。因此，在停止旋转之前，由于声音的周期变长，从而容易发现。对于这种情况，没有必要更换轴承。

（5）灰尘的声音。这是由于灰尘进入到轴承内、外圈转动面与钢球之间时而发出的声音，会听到"唧、唧"的声音。声音虽大但呈现不规则地变化，听起来似乎与转速无关。对于敞开式轴承，应更换润滑脂，对于密封式轴承，由于不能更换润滑脂，所以如果声音过大，要换成新的轴承。

190. 电动机产生强烈的振动和噪声的机械方面的原因有哪些？

（1）转子固定键未拧紧，有松动现象。

（2）未做风扇静平衡或做得精度不够。

（3）转子不平衡，未做静、动平衡检查。

（4）定、转子铁心变形。

（5）转轴弯曲，定、转子相擦。

(6) 地脚固定不稳，安装不正、不牢固。

(7) 铁心及铁心齿压板松动。

(8) 零部件加工不同心，装配公差不合理。

(9) 电动机组装和安装质量不好。

(10) 端盖、轴承盖螺钉未拧紧或装偏。

(11) 气隙不均匀，调整气隙使之均匀。

191. 电动机产生强烈的振动和噪声的电磁方面的原因有哪些？

(1) 三相绕组不平衡。

(2) 绕组有短路或断路故障。

(3) 电刷接触不好，压力过大、过小，刷质不合要求。

(4) 断笼或端环开裂、松动。

(5) 改极时，定、转子槽数配合不适应。

(6) 集电环的短接片与短路环触点接触不稳定。

(7) 电源供电质量不好，三相不平衡，有高次谐波等。

192. 电动机产生强烈的振动和噪声的通风方面的原因有哪些？

(1) 风扇有缺陷或损坏，如掉叶、变形、风扇不平衡等。

(2) 风扇在轴上固定不牢固。

(3) 风罩与风扇叶片之间的间隙不合适，过小或偏斜。

(4) 风路局部堵塞。

❗ 小提示

通常电动机的噪声和振动是同时发生的。电动机噪声包括通风噪声、电磁噪声和机械振动噪声。由于电动机修理操作不当，造成电动机修后的噪声和振动增大。

---

193. 怎样鉴别电动机通风噪声？

电动机通风噪声的鉴别方法如下。

(1) 去掉风扇或堵住风口，让电动机在无通风气流情况下运转，这时如果电动机噪声消失或显著减弱，则说明是通风噪声引起的。

(2) 改变测量噪声的位置进行鉴别，因为以通风噪声为主的电动机，在电动机进出风口处和风扇附近处噪声最强。

(3) 电磁噪声和机械噪声有时不稳定，时高时低，而通风噪声通常是稳定的。

（4）选用外径和形式不同的风扇，在不同转速下试运转，如果电动机噪声有明显差别，则说明电动机噪声主要是通风噪声引起的。

⚠ **小提示**

机械噪声或电磁噪声较大的电动机往往振动也大，但通风噪声与电动机振动关系不大。

194. 怎样鉴别电动机机械噪声？

电动机机械噪声鉴别方法如下。

（1）机械噪声与外施电压大小和负载电流无关。

（2）如果噪声不稳定，时高时低，那就是机械噪声，因为通风噪声是稳定的。

195. 怎样鉴别电动机电磁噪声？

电动机电磁噪声大小随磁场强弱、负载电流大小及转速高低而变，利用这个特征，可采取下面的办法进行鉴别。

（1）突然断电法。由于机械惯性比电磁过渡过程慢得多，突然断电，无电磁因素影响，这时电动机转速几乎不变。如果这时电动机噪声突然消失或显著降低，可断定是电磁原因产生的噪声。

（2）改变电压法。由于异步电动机转速随电压变化不大，当改变电压时，机械噪声和通风噪声基本不变，但电磁噪声随电压变化很大。

（3）对拖法。用一台低噪声电动机拖动有噪声的被试电动机，这时如果噪声降低或消失，则说明被拖动的电动机噪声是电磁噪声。

⚠ **小提示**

如果电磁噪声是因绕组不对称，匝间短路等缺陷引起的，则三相电流不平衡；如因转子断笼或绕线转子三相绕组不对称引起的，则定子电流有波动。

196. 电动机熔断器熔断的现象有哪些？

熔断器熔断的现象通常有：① 一相熔断；② 二相熔断；③ 三相全部熔断三种。

① 当一相熔断时，电动机处于断相运行，虽然继续运转，但电动机温升高，有噪声和产生振动。如果电动机停下来再启动时电动机便不能启动，这时只有电磁的"嗡嗡"声响。

② 两相熔断时，说明电动机绕组流过很大的电流，这时电动机没有任何声响，很快就停下来。

③ 三相全部熔断时，表明线路有非常大的冲击电流，在保护动作失灵情况下才会产生这种现象，这时是因电动机失电，所以转速迅速降到零停下来。

197. 怎样从熔断器熔断现象来判断电动机故障？

（1）熔体仅在中间部位被烧断，两端仍正常连接。这是因为冲击电流不太大，两端有紧固螺钉、紧固良好，并有散热作用，而中间的熔体热量不易散发，造成熔断，这说明是电动机电流过载所致。引起电流过载的可能是电动机本身故障，也可能是所带负载的机械原因。

（2）如果某端的紧固螺钉太松，当流过较大电流时，便会在此螺钉端烧断，而其余部分完好。这时可以看到螺钉表面有氧化现象。

（3）当熔体通过过大的冲击电流时，这时螺钉两端之间的熔体全部爆断，不留残余，这说明电动机有严重故障（如上述的匝间短路、相间短路及断路等故障），应彻底查明，打开电动机，可从绕组端部看线圈被烧焦的特征来判定电动机故障原因。

小提示

（1）电动机刚启动时熔断器就被烧断，这是由于电动机绕组存在短路、断路故障，启动转矩小，不能带动负载启动，有时电动机通电后虽然启动，但由于电流过大，熔断器被烧断一相或两相。

（2）电动机存在匝间短路时，线圈端部有明显特征，就是有几匝或一个极相组的线圈被烧焦，而其余部分绕组完好或被轻微烤焦。

（3）电动机存在相间短路时，在短路点附近导线烧焦，而其余部分完好。

198. 怎样拆除电动机的旧绕组？

拆除电动机旧绕组的方法很多，但一般是先将电动机一端的端部绕组从出槽口处錾掉，然后将定子绕组加热，从另一端将定子绕组拉出。

加热的方法：有条件的最好是在烘箱中整体加热，一般在200℃左右，时间不宜过长，线圈软化能拉出即可。另外也可用电焊机对錾后线圈进行加热，一般是加热一个拉出一个。拉出线圈时可用卷扬机，这种方法比较方便。其他方法也有如用撬棍撬等。

! 小提示

注意事项如下。

（1）加热温度不宜过高，否则使铁心硅钢片绝缘烧坏，会增加铁损。加热温度应根据电动机绕组的绝缘耐热等级作适当调整，一般 B 级不要超过 180℃，F 级不要超过 200℃，应禁止用火烧的方法来加热。

（2）在线圈拉出时不要用力过猛，以免使铁心变形或损坏；最后是在线圈拆除过程中就注意保留一至两个较好、较完整的线圈作为重绕时的参数。

199. 怎样检查确定电动机绕组质量的好坏？

电动机绕组在做浸漆绝缘处理前应仔细检查，方法如下。

（1）从外观上看，绕组两端应该是整齐一致的，喇叭口大小合适，端部内圆上不能有高于定子铁心内圆的点，槽口绝缘纸不应有破裂现象，相间绝缘要垫好。定子内圈应没有槽楔或槽绝缘纸高出铁心表面，如有应处理掉。

（2）用仪表检查，三相绕组的直流电阻应是平衡的，如有差别，最大差别不应大于三相平均值的 2%。三相绕组的对地和相间绝缘电阻值用 500V 摇表测量时一般情况下应为 500MΩ 以上，如太小，应注意是不是绕组的绝缘有问题（天气很潮湿时除外）。需要时可对绕组进行交流耐压试验，试验值为两倍额定电压值再加上 1000V，时间为 1min。

（3）对绕组通三相低压交流电试验，电压大小约为额定电压的 10%～15%。通电后测量三相电流应平衡，最大不平衡量不大于 2%（在三相电压完全平衡的条件下）。通电时可用一铁丝做成一个框，将此框置于定子铁心内腔，此框应能旋转。

200. 电动机在更换新绕组后如何进行浸漆？

电动机在重新更换绕组完毕，并经检查合格后，就可以进行浸漆处理了。具体浸漆方法如下。

（1）浸漆前先对定子进行预烘，目的是驱赶潮气，以及浸漆时可使绝缘漆在绕组内增加流动性，使漆浸得更透。预烘温度一般在 120℃左右，时间为 3～4h，如体积较大烘不透，可适当延长时间。

（2）第一次浸漆一定要浸透。在漆槽或漆桶内浸漆时，要使漆面高出绕组，并保持一段时间（10～15min）。若用浇灌方法，需将绕组上下灌满绝缘漆。在浸漆过程中要注意漆内不能有灰尘等杂物。同时要注意安全，周围要通风，不能有烟火。

（3）在电动机浸透或灌满漆后，取出电动机在漆槽或漆桶上静放一段时间，以便将多余的漆滴干。然后将浸漆的电动机放进烘箱内（或其他加热装置内）进行烘干。

（4）加热烘干时，开始时温度不可太高，一般在80℃左右，等基本干后再升温，以免一开始温度过高而使表面固化过快，影响内部的干燥。

温度升起后，一般在6h以上或直到热态绝缘电阻达2MΩ以上时停止加热。为了提高电动机绝缘和防潮能力，通常电动机绕组要做第二次浸漆，这样能增加漆膜的厚度。

（5）第二次浸漆时，要等到绕组的温度降到60℃左右，浸的漆黏度要适当提高。其他工艺与第一次浸漆相同。第二次浸漆后的烘干一般在10h以上，测得的热态绝缘电阻要大于1MΩ以上。

❶小提示

有条件时，可对电动机绕组进行真空压力浸漆（VPI），这样可以将绕组内的气泡清除得比较干净。经真空压力浸漆的绕组，无论电气强度还是机械强度都比普通浸漆的绕组高得多。

📍201. 烘干浸漆后的绕组有哪些方法？

电动机绕组进行浸漆处理后，烘干加热的方法有：内加热和外加热两种，用得较多的是外加热。

（1）内加热法。内加热法是给电动机绕组通电进行加热。可通直流电，也可以通交流电。通交流电时绕组和铁心都能发热的，但由于电动机存在电抗，要提高电流时电压会比直流电压高。通直流电时，主要是导体的直流电阻上消耗能量而发热。两种通电方法都需要使用调压装置对电压进行调整，以使通过电动机绕组导体中的电流不能过大。绕组中通过的加热电流一般最大不超过其额定电流的80%。

（2）外加热法。在外加热法中，使用烘箱、烘房是最好的方法，因为加热很均匀而且温度好控制。另外，用电炉、红外加热板、火炉进行加热的小容量的电动机也可采用红外线灯泡进行加热。但这些加热方法热量不均匀，容易使局部温度过高，甚至引起火灾。所以，采用这些方法时要加强监视，注意安全。

📍202. 怎样处理遭受水淹的电动机？

电动机浸水后，需立即进行检查修理，除去其中的水分、杂质，以防止损坏或报废。具体检修方法如下。

（1）如果电动机受水淹时间短，水质较好，又是封闭结构，可不必解体，首先清理电动机表面泥沙，再将出线端子处仔细擦拭干净，测量其绝缘电阻。如只是受潮的，则加热干燥恢复绝缘电阻到正常值即可。

（2）如果水淹时间长，或水质差，测试绝缘电阻为零，则需将电动机解体。拆开机体，清理壳体内腔、转子和滑环上的污泥和水渍，检查绕组是否脱焊，电刷是否在电刷槽中锈蚀卡死，电刷压力是否正常，电刷与滑环表面是否贴紧，用汽油清擦绝缘表面，对金属零件也要擦拭并作防腐处理。如果有脏物粘满绝缘表面，则需用中性洗涤剂清洗直至表面露出绝缘本色，再用清水冲净洗涤剂残留物，然后进行干燥处理。

如果水质有盐分，则先用清水多冲洗几遍。对含有酸、碱的水则相应用烧碱（1%～2%浓度）和酸性的水溶液先清洗中和后再用中性洗涤剂清洗。

（3）对绕组进行烘干。可用白炽灯烘烤，也可放在通风处自然风干。但不得用电流加热或明火烘烤，以防短路或烤坏绝缘层。烘干以后，需用绝缘电阻表或万用表检查各绕组的绝缘性能，如发现故障应予以排除。

（4）将机体装复，进行试运转。如试运转无任何问题，即可投入使用。

203. 如何判断电动机滚动轴承内润滑脂是多还是少？

如果发现轴承盖发热，或用螺钉旋具顶住轴承盖，将耳朵贴在木柄上听到"咕噜、咕噜"的杂音，则说明轴承内缺油，严重时耳朵直接可听到此杂音，其原因多为加注油过少。轴承得不到全部润滑，而加速了轴承磨损，产生高热，使润滑脂熔化，渗漏流失，造成恶性循环，引起轴承过热。

!小提示

电动机滚动轴承内加注的润滑脂是一种油膏状矿物润滑油，其作用是润滑，减少摩擦和磨损，同时还有冷却、传热、防尘、防锈、减振等作用。

204. 如何更换电动机滚动轴承内润滑脂？

如果轴承有异常发热现象，发现滚动轴承内润滑脂很少时，则应更换（6～12 个月更换一次）。

（1）更换油脂时，除用汽油洗净轴承和轴承盖外，轴承内润滑脂的填充量一般为盖内容积的 1/3～1/2 左右。轴承内外圈内的润滑脂，两极电动机加 1/3～1/2 空腔容积；两极以上电动机加 2/3 空腔容积。

（2）在电动机轴承室内装的润滑脂应正确选择，且不同牌号的油脂不能混用，要洁净、均匀，但不应完全装满。过多了会增大滚珠的滚动阻力，增加机械损耗，产生高温，使润滑脂熔化而流入绕组，特别是转速较快的两极电动机。

⚠小 提 示

润滑脂用量不能超过轴承容积的 50%～70%，转速高时加脂量应少些，绝对不能加足油脂，否则会造成轴承过热，油脂液化外流，使轴承因缺油而损坏。

205. 怎样清洗电动机滚动轴承？

（1）新轴承的清洗。国产轴承使用的防锈剂有油剂防锈剂、水剂防锈剂和气相防锈剂三种。油剂防锈剂能溶解在汽油或煤油中，所以可用汽油或煤油清洗。对于水剂防锈剂和气相防锈剂，因为它们不能溶解在油中，通常用油脂钠皂水溶液或 664、105、6503、6501 水溶液清洗。

对于带有防尘盖或密封圈的轴承，在出厂时已涂封好润滑剂，故不必再清洗和涂脂。涂有防锈和润滑两用油的轴承也不需清洗。

（2）旧轴承的清洗。对于拆下的旧轴承，可用 805 洗涤剂清洗。首先将轴承内旧油用竹板刮净，然后将 805 洗涤剂对水（98%左右），加热至 60～70℃，用毛刷进行清洗。这种清洗方法的优点是安全、无毒、省汽油、成本低。由于该洗涤剂具有暂时防锈能力（能保持 7 天），因此不必担心清洗后的轴承生锈。

（3）对于轴承小盖、密封圈、转轴配合部位和端盖轴承室等处均可用上述洗涤剂清洗。清洗后擦干或吹干，并涂上一层薄油后就可待用。

⚠小 提 示

清洗剂循环使用时，需用 0.125mm 金属网过滤，以保证清洗剂清洁。采用喷射方式比人工刷洗轴承效果更好，既省力，效率又高。

206. 怎样检查电动机滚动轴承的间隙？

电动机滚动轴承的间隙有径向间隙和轴向间隙两种，检修时只是测量径向间隙。对于新轴承所检查的径向间隙为原始径向间隙，也就是出厂时的制造间隙。当轴承和转轴安装配合好之后所得的径向间隙称为安装间隙。通常安装间隙要比原始间隙小些。在电动机检修中，清洗轴承后所得的轴承径向间隙称为工作间隙。工作间隙是由于轴承磨损的实际间隙，一般是要增大的，当大到超过允许值时，便不能继续使用。滚动轴承径向间隙最大允许磨损值见表 3-1。

表 3-1　　　　　　滚动轴承径向间隙最大允许磨损值

轴承内径/mm		20～30	35～50	55～80	85～120	130～150
径向间隙/mm	新滚珠轴承	0.01～0.02	0.01～0.02	0.01～0.02	0.02～0.04	0.02～0.04
	新滚柱轴承	0.03～0.05	0.05～0.07	0.06～0.08	0.08～0.10	0.10～0.12
	磨损最大允许值	0.10	0.20	0.25	0.30	0.35

　　检查轴承径向间隙的简单方法是用手转动轴承外圈。间隙正常的轴承，其外圈转动平稳、无杂声、转速均匀，并缓慢地停止转动，否则说明轴承间隙有缺陷。

　　轴承的径向间隙还可以采用指示表测量。其方法是将轴承的外圈顶起来，用指示表测量其顶起值，顶起值减去未顶起时的数值差就是径向间隙。

　　对于圆柱滚柱轴承、调心轴承及圆锥滚柱轴承，可采用塞尺测量径向间隙。测量时，先将轴承内圈固定，再将轴承外圈用 50N 左右的力推向一边；然后将塞尺插入滚动和滚道的间隙内，调整塞尺厚度使松紧程度适度，这时塞尺的实际探测厚度便是径向间隙。用塞尺测量径向间隙时，要求从轴承两端分别测量一次，插入的深度对于滚柱体要超过其长度的 1/4，对于滚珠体要求超过其圆心。

　　如果测量的径向间隙超过表 3-2 中的数值，则应更换新轴承。

207. 滚动轴承的常见故障有哪些？

　　滚动轴承的常见故障有以下几点。

　　(1) 轴承的磨损故障会使径向间隙超限。造成急剧磨损的常见原因是：润滑脂中混入杂质，如灰尘、砂粒、脏物等，在滚动体和滚道之间起研磨剂作用，使滚道遭受划伤和金属剥落现象；轴承内润滑脂不足时，会使轴承发生金属之间的干摩擦，轴承因局部过热降低机械强度和硬度，使磨损加速；轴承安装不正、配合尺寸不符合要求均会引起异常磨损。

　　(2) 轴承破裂，如外圈、内圈及保持架破裂等。其造成的原因是轴承内圈与转轴配合过紧，安装轴承时将内、外圈装偏或用锤敲击轴承等。由于轴承局部发生应力集中，当此应力大于轴承材料的强度极限时，在该处就会产生显微裂纹，然后裂纹不断扩大，直至达到轴承破裂为止。

　　(3) 滚动体变形、磨损和滚道表面金属剥落。当轴承产生磨损时，滚动体也同时遭到磨损，由于滚道表面不平坦、局部凹坑，使滚动体的磨损不均匀，而造成滚珠或滚柱圆形不规矩。当负载过大或有冲击负载时，滚动体会遭到破碎。造成轴承金属剥落的原因有以下几点。

1）轴承安装不正，引起金属剥落。由于安装不正，使内、外圈歪斜，造成滚动表面接触应力过大，引起剥落。当轴承圈在轴承上配合过紧时，使滚动体承受过大的压力，因此滚动体与滚道之间压出凹坑，使金属疲劳而剥落。

2）轴承选型不当，引起金属剥落。电动机有较大轴向负载时，选用只能承受径向负载的轴承就会使内、外圈偏移，造成滚动体和滚道局部应力集中而引起金属剥落。

208. 怎样检修电动机滚动轴承常见故障？

电动机滚动轴承常见故障的原因及检修方法如下。

（1）轴承过热、响声大。其原因是：① 过载或选型不当；② 润滑脂过多、过稠；③ 径向间隙过小；④ 转子不平衡或外界振动过大；⑤ 轴承滚道混入异物和脏物；⑥ 轴承安装不正；⑦ 轴承内、外圈松动。

（2）轴承内、外圈破裂。其原因是：① 配合过紧；② 疲劳破坏。

（3）轴承滚道金属剥落。其原因是：① 轴承安装在椭圆形的配合面上，使轴承内、外圈变形严重；② 轴承内、外圈歪斜，安装不正；③ 转轴弯曲；④ 金属疲劳。

（4）保持架破裂。其原因是：① 润滑脂不足；② 装配时使保持架受挤压。

（5）轴承有退火颜色。其原因是：① 轴承调整过紧；② 润滑脂不足。

（6）滚道磨损、粗糙。其原因是：润滑脂中有杂质。

（7）轴承表面有腐蚀及斑点。其原因是：润滑脂中有湿气或酸类物质。

（8）在滚道上有与滚动体相同间距的凹痕。其原因是：① 装配不良；② 轴承遭受冲击负载。

针对上述不同的故障原因进行检修，故障即可排除。

209. 怎样测试电动机的绝缘电阻？

电动机的绝缘电阻是用绝缘电阻表进行测量的，对于 380V 电动机，可选用 500V 的绝缘电阻表。

（1）测试方法。首先应检查绝缘电阻表本身是否正常，应做"短路"和"开路"试验。测试时要将绝缘电阻表的接地端 E 接在电动机转轴或机座地脚上，接触部位要事先擦干净，去掉漆膜和锈迹，如图 3 - 8 所示。绝缘电阻表的线路端 L 要接在需要测试的绕组端，不参加测试的绕组均接地。

接好线后，要平稳、均匀地摇动绝缘电阻表手柄，一般按 120r/min 的速度转动，不可低于 80r/min，否则测量结果不准确，摇动 1min 左右的数值便是电动机的绝缘电阻值。

电动机绝缘电阻值不小于 1MΩ/kV。

（2）注意事项。

1）摇动手柄时，不可忽快忽慢。要求绝缘电阻表稳定，不可摇动，为此可用右手摇动手柄，左手按住绝缘电阻表盖侧面，如图 3-8 所示。

2）使用前必须切断电源，对于功率较大的电动机应先放电后测量。

3）测量用的导线不可使用双股并行导线或绞合导线，要使用绝缘良好的导线。

4）测量中若表针指零，应立即停止摇动，否则会损坏仪表。

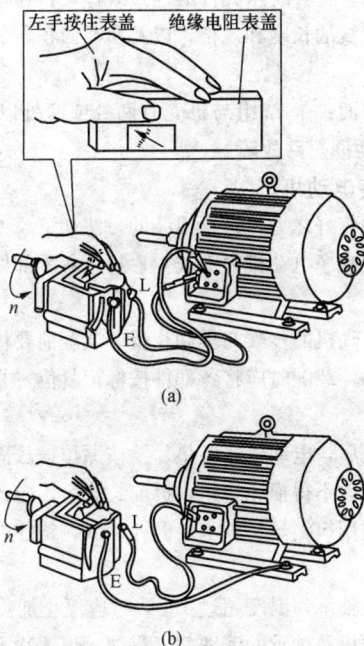

（a）

（b）

图 3-8　绝缘电阻表的使用方法

（a）检查绕组相间绝缘；（b）检查绕组相对地绝缘

210. 电动机直流电阻不合格的常见原因有哪些？

电动机常见主要原因是：焊接质量不佳，焊点开焊；另外，还可能是导线材质不合格。同时，在操作上还有以下原因。

(1) 电磁线规格方面：① 电磁线材质欠佳，电阻系数不合格；② 电磁线粗细不均，一段合格，一段不合格。

(2) 重绕线圈工艺方面：① 线圈尺寸大小不一致；② 某些线圈匝数不对；③ 绕线时拉力不均。

(3) 导线断裂方面：① 并绕导线或并联支路中导线有断裂处；② 并联导线焊接处断裂；③ 线圈引线或弯折处导线断裂。

可用仪表检查，轻轻摇动导线，仪表指针会随着摆动，导线断裂处用试灯或绝缘电阻表检查比较方便，检查出来后重新焊好。

(4) 绕组连接方面：① 绕组元件连接不正确；② 连接线、引线长度或横截面积不符合要求。检查绕组元件的连接规律，将连接错误的元件纠正过来。检查连接线、引线的长度和规格，以及横截面积，凡不符合要求的一定要纠正过来。

(5) 绕组故障方面：① 绕组与机壳有两处或两处以上接触将会产生接地故障；② 绕组有匝间短路故障。

211. 怎样组装电动机？

拆卸的电动机检修好之后，进行组装的方法如下。

(1) 用压缩空气吹净电动机内部灰尘，检查各零部件的完整性，清洗油污等。

(2) 装配异步电动机的步骤与拆卸相反。装配前要检查定子内污物、锈是否清除，有无损坏，装配时应将各部件按标记复位，并检查轴承盖配合是否合适。

(3) 拆移电动机后，电动机底座垫片要按原位摆放固定好，以免增加钳工的工作，装转子时，不得损坏绕组，拆前、装后均应测试。

(4) 装端盖前应用粗铜丝从轴承装配孔伸入，钩住内轴承盖，以便于装配外轴。

(5) 用热套法装轴承，温度超过100℃时应停止加热，工作现场一定要放置灭火器，洗电动机及轴承的清洗剂（汽油、煤油）不准随意乱倒，必须倒入垃圾桶内。

212. 怎样辨别三相电动机绕组起末端？

辨别三相电动机绕组起末端的方法有：直流感应法、环流法和零线电流法三种。

(1) 直流感应法。接线如图 3-9 (a) 所示，先将接电源绕组两个头任意认定为起头 A 末头 X，并做上标记。将万用表开关打到 2.5V 直流挡（或直流毫安挡），当合开关 K 瞬间，万用表针摆一下。当正向摆动时，负极那一端为起头。当拉开 K 时表针则往零下摆动。第三绕组也是这样做，这样做两次三相绕组起末头就全找出来了。从图 3-9 (b) 中看出，B、C 两绕组起头虽然和 A 绕组末头 X 相差 60°，但基本属于同一方向，A 端进电流瞬间，B、C 两绕组肯定有瞬间感应电动势。根据楞次定律，B、C 两端极性为负（进电流），Y、Z 两端为正（出电流），拉闸时当然相反。

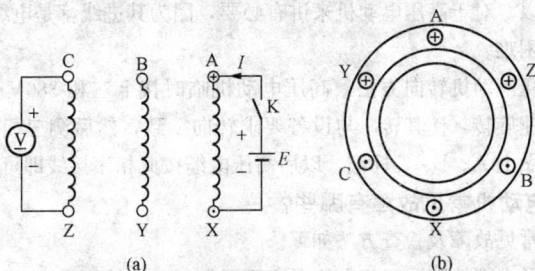

图 3-9 直流感应法查找电动机起末端接线

(2) 环流法（开三角法）。用一直流毫安表，按如图 3-10 所示开三角接法接线，如三相绕组都是起末头相接，当转动转子时，由于转子有剩磁，相当于一台三相发电机，则直流毫安表不反应，如果有一相起末头接反，则转动转子时，毫安表表针上下摆动，反复多调几次接头直至表针不动为止，这样就找出三相绕组起末头了。

(3) 零线电流法。接线如图 3-11 所示，当扳动转子旋转时，此时电动

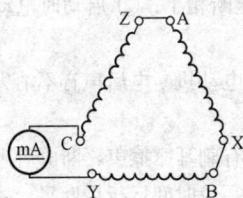

图 3-10 开三角法查找电动机
起末头接线

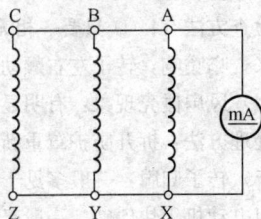

图 3-11 零线电流法查找
起末头接线

机相当于三相发电机，转子剩磁，切割定子导体，如接线正确（三个起头连在一起，三个末头连在一起）毫安表无摆动，有一相接反，毫安表有摆动，反复多试几次直至毫安表不摆动为止。

213. 怎样判断三相交流电动机转向，使电源线相序一次接对？

三相交流电动机不管是同步的或异步的、高压的或低压的，其转向都是由外界电源相序和自身绕组相序两个因素决定的。

当电源相序确定后，再知道电动机自身绕组相序，电动机转向就知道了。

对于低压电动机来讲，事先判断相序知其转向没什么必要，因转向不对一调头就可以。对于高压电动机来讲有必要，因为其进线都是电缆，转向不对调头相当困难。

确定高压电动机转向方法：高压电动机临时接上三相380V低压电源，电动机则低速旋转，使其转向与设备要求转向一致，然后测三相低压相序，在接线盒里做上A、B、C标记，以后高压电缆按此相序接线即可。

214. 电动机常见故障有哪些？

电动机常见故障及检查方法如下。

（1）定子内部故障。三相电流严重不平衡时，有低沉吼声。一般多为匝间短路。

检查方法：先检查三相交流是否严重不平衡，如果严重不平衡再检查三相电压是否严重不平衡。如果不是电源原因就是电动机自身原因，只有进行抽芯检查。

（2）转子断条。转速变慢，电流忽大忽小，电源表周期性摆动，电动机机身振动。

（3）单相运行。其现象是：① 定子一相无电流；② 吼声大；③ 嗡嗡响；④ 机壳发热；⑤ 启动困难；⑥ 转速慢，有振动现象。

检查方法有：① 只要一相无电流那就肯定断相了；② 启动时电动机转不起来，嗡嗡响，转子左右颤动等。

（4）风扇碰壳现象：有明显金属撞击声，电动机断电后声音不消失。

处理方法：拆开防护罩重新装配。

（5）转子归膛：一般多见于新装电动机，有刺耳摩擦声，断电后声音不消失但电动机很快停转。一般轻微扫膛，经过一段时间运行后磨平，故障自行消除。

（6）温度过高：机壳温度过高往往是过负荷或定子内部绕组有故障所

致，轴承温度过高，检查有无缺油干磨情况。

处理方法：① 过负荷，减轻负荷；② 定子内部故障，抽芯检查；③ 轴承缺油，加油。

（7）机身振动：有明显振动现象和声音，用手摸机壳有发麻感觉。

原因：① 安装基础不牢或底脚螺丝不紧；② 电动机和所带设备轴连接不在一条直线上，转起来扭动。

处理方法：停机重新装配。

215. 运行中的电动机会有哪些异常现象？如何处理？

运行中的电动机异常现象主要有：异声、气味、电流、温度异常和电压异常。

（1）异声。处于正常状态的电动机，在距离稍远地方听起来是一种均匀而单调的声音，并带一点排风声，靠近电动机后，特别是用螺钉旋具顶住电动机各部位时，就可以清楚地听到风扇排风声、轴承滚动声、微微振动声，其声音同样使人感到单调而均匀，如果在这种单调而均匀的声音中夹杂着一种不正常声响，即为异声。

（2）气味。电动机运行时，如闻到电动机发出焦灼气味，说明电动机已有故障，应立即采取措施。

（3）电流、温度异常。电动机工作电流不应该超过其铭牌规定，三相电流不平衡不应超过 10%，各部位温升在允许范围内（轴承 A 级 $60℃$，E 级 $55℃$），否则应视情况采取必要措施。

（4）电压异常。电动机正常运行时，三相电压同时升降，变动在 $353\sim406V$ 之间。若三相电压升高不相等，说明有故障，应检查处理。

216. 电动机外壳带电怎么办？

电动机外壳带电的检修方法如下。

（1）电动机绕组的引出线或电源线绝缘损坏在接线盒处碰壳，使外壳带电。应对引出线或电源线的绝缘进行处理。

（2）电动机绕组绝缘严重老化或受潮，使铁心或外壳带电。对绝缘老化的电动机应更换绕组；对电动机受潮的应进行干燥处理。

（3）错将电源相线当作接地线接至外壳，使外壳直接带有相电压。应找出错接的相线，按正确接线改正即可。

（4）线路中出现接线错误，如在中性点接地的三相四线制低压系统中，有个别设备接地而不接零。当这个接地而不接零的设备发生碰壳时，不但碰壳设备的外壳有对地电压，而且所有与零线相连接的其他设备外壳都会带电，并带有危险的相电压。应找出接地而不接零的设备，重新接零，并处理设备的碰壳故障。

（5）接地电阻不合格或接地线断路。应测量接地电阻，接地线必须良好，接地可靠。

（6）接线板有污垢。应清理接线板。

（7）接地不良或接地电阻太大。找出接地不良的原因，采取相应措施予以解决。

217. 电动机不能启动，且没有任何声响怎么办？

电动机不能启动，且没有任何声响的检修方法如下。

（1）电源没有电。接通电源。

（2）两相或三相的熔体熔断。更换熔体。

（3）电源线有两相或三相断线或接触不良。在故障处重新刮净，接好。

（4）开关或启动设备有两相或三相接触不良。找出接触不良的相，予以修复。

（5）电动机绕组Y接法有两相或三相断线，△接法三相断线。找出故障点，予以修复。

218. 电动机不能启动，但有"嗡嗡"声怎么办？

电动机不能启动，但有"嗡嗡"声的检修方法如下。

（1）定、转子绕组断路或电源一相断线。查明绕组断点或电源一相的断点进行修复。

（2）绕组引进线首尾端接错或绕组内部接反。检查绕组极性，判断绕组首尾端是否正确；查出绕组内部接错点，予以修复。

（3）电源回路接点松动，接触电阻大。紧固螺栓，用万能表检查各接头是否假接，予以修复。

（4）负载过大，或转子被卡住。减载或查出并消除机械故障。

（5）电源电压过低或压降大。检查是否将△接法接成Y接法，是否电源线过细，压降过大，予以改正。

（6）电动机装配太紧或轴承内油脂过硬。重新装配使之灵活，换合格的油脂。

（7）轴承卡住。修复轴承。

219. 如何根据电动机绕组烧坏的特征来判断故障原因？

根据电动机绕组烧坏的特征来判断故障原因的方法如下。

（1）电动机缺相运行。由于缺相运行而烧坏的电动机绕组，其损坏特征一般很明显。开启电动机端盖，如果发现绕组端部的 1/3 或者 2/3 的极相绕组烧黑或变为深棕色，而其余两相或一相绕组完好无损或稍微烤焦，则可判定绕组烧坏是缺相运行造成的。

（2）电动机匝间短路。由于匝间短路而烧坏的电动机绕组，其损坏特征也较明显。如果在绕组的端部可以清楚地看到有几匝、一卷或一极相绕组烧焦，电磁线被烧成裸铜线，而短路部分以外的本相或其他两相绕组却较完好或稍微烤焦，则可判定绕组烧坏是匝间短路造成的。

（3）电动机相间短路。如果在短路处发现爆断现象，该处熔断很多导线，附近有很多熔化的铜屑，而其他线圈组或另一端部却无烤焦痕迹，则可判定绕组烧坏是相间短路造成的。

220. 电动机冒烟怎么办？

如果发现运行中的电动机冒烟，应立即停车进行检修。电动机冒烟的原因如下。

（1）定子绕组短路或接地。

（2）转子绕组接头松脱。

（3）传动胶带太紧。

（4）扫膛。

如果是定、转子绕组发生的故障，应在短路、接地点垫以绝缘纸，并刷上绝缘漆或接好松脱的接头，确认故障已消除后才可投入试运行；如果是胶带太紧，可适当放松，以消除过大的张力；扫膛故障一般是端盖轴承等的位置变动，使转子偏移，应先测量定、转子之间的气隙，并进行调整，若不奏效，应更换有关零件。

❶小提示

处理电动机冒烟故障的时间一般较长，在多数情况下需要拆开电动机进行内部检查。对冒烟故障的处理必须彻底。

221. 电动机扫膛怎么办？

电动机扫膛的检修方法如下。

认真检查电动机的轴承和机轴等部件，用塞尺测量定、转子之间的间隙，测量时可用手慢慢拨动转子，观察不同角度时的间隙变化情况。如果在任何角度下总是下部间隙过小，则表明轴承磨损严重，应更换轴承；如果总是在某一角度时间隙过小，则说明机轴向该方向弯曲，应予以矫直或换上新轴。

> **⚠ 小提示**
>
> 当电动机出现扫膛故障时，切不可采取将转子外圆车小的办法来排除。因为扫膛一般是由于轴承磨损，转子下沉或机轴的挠度过大使转子偏心所致。如果简单地将转子外圆车小，会增大定、转子之间的气隙，使励磁电流增加，从而造成电动机的运行性能恶化，效率和功率因数降低。

222. 电动机过热怎么办？

电动机过热的故障原因及检修方法如下。

（1）电源电压过高或过低。调节电源电压，换粗导线。

（2）检修时烧伤铁心。检修铁心，排除故障。

（3）定子与转子相擦。调节间隙或车转子。

（4）电动机过载或启动频繁。减载，按规定次数启动。

（5）断相运行。检查熔断器、开关和电动机绕组，排除故障。

（6）笼型转子开焊或断条。检查转子开焊处，进行补焊或更换铜条，铸铝转子要更换转子或改用铜条。

（7）绕组相同、匝间短路或绕组内部接错，或绕组接地。查出定子绕组故障或接地处，予以修复。

（8）通风不畅或环境温度过高。修理或更换风扇，清除风道或通风口，隔离热源或改善运行环境。

223. 怎样根据外观检查判断电动机故障？

在现场发现电动机有异常现象时，在未用专用仪表检查和测量之前，可以靠检查人员的视觉、听觉、嗅觉和触觉等，凭维护经验判断出电动机故障原因。三相异步电动机的故障现象和主要原因见表3-2。

表3-2　　　　　三相异步电动机的故障现象和主要原因

感觉	故障现象	主要原因
视觉	外观不整	污损、尘埃、腐蚀损伤
	变色、冒烟	过热、烧损、接触不良
	仪表失常、不平衡	电压不平衡、转子电阻不平衡、层间短路、断线

续表

感觉	故障现象	主要原因
视觉	无指示	单相运转、接触不良、熔线烧断
	电流不平衡	转子电阻不平衡、转子绕组故障
	指示过大	过负荷、堵转、轴承烧损
	运转停止	停电、轴承烧毁，定子和转子接触、单相运转、电压低、转矩不够、负载过大、离心开关不好、电压降过大
听觉	噪声	机械原因：松动、连接不良、机械不平衡、轴承故障
		电气原因：电压不平衡、单相运转、堵转、层间短路、断路、启动及升速不好
嗅觉	有臭味	电动机过热、烧毁、层间短路、堵转、过载、单相运转、润滑不良、轴承烧损
触觉	振动	异常振动、机械不平衡、电压不平衡、单相运转、层间短路、断线
	温度	过热、过载、堵转、单相运转、冷却不良、低电压运行、升速不好

224. 怎样根据声音判断轴承故障？

在电动机运行中，可根据声音判断轴承的故障，见表3-3。

表3-3　　　　　　　　根据声音判断轴承故障

轴承在滚动中发出的声音	故障原因	检修方法
滚动体在内外环中有隐约的滚动声，这声音单调而均匀，使人感到轻松	轴承完整良好	
听到明显的滚动体滚动和振动声	轴承间隙过大的征兆	若确认间隙过大，应该更换
滚动体声音发哑，声调沉重	润滑油脂太脏，有杂质侵入	更换润滑油脂，清洗轴承
滚动体有不规律的撞击声	个别滚动体破裂，裂块已掉出，珠架尚完好	停机检查，若确实是滚动体破裂，应更换轴承

续表

轴承在滚动中发出的声音	故障原因	检修方法
近似口哨的叫声夹杂着滚动体的滚动声	轴承严重缺少润滑油脂或润滑油脂选择不当	补充清洁的润滑油脂或更换合适的润滑油脂
轴承温度突然升高	配合过盈，装得不准，油脂黏度太大，润滑油脂过量等	当轴温过高时要停机查明原因
声音有周期性的忽高忽低现象	负载轻重不一致，设法使负载均匀	

225. 电动机运转时发出异常的响声怎么办？

电动机正常运转时，仅有轻微的电磁声和细小的机械噪声。当电动机发现异常响声时，首先应判断是机械方面的故障还是电气方面的故障。其方法是：接上电源，有不正常的声音存在，切断电源，故障消失，则为电气故障；反之为机械故障。具体检修方法如下。

（1）机械故障。

1）"吣吣"声：是金属摩擦声，一般是轴承缺油干磨造成的，应拆开轴承添加润滑脂。

2）"嘎吱嘎吱"声：是轴承内滚珠的不规则运动产生的，它与轴承的间隙、润滑脂的状态有关。长期闲置不用的电动机重新使用时会有这种声音。润滑脂太稠或太稀也会有这种声音，如果只有这种声音而无其他不正常现象，可先加注润滑油，看这种声音能否消除，若能消除，则电动机仍可继续使用。

3）"唧里唧里"声：是轴承运转时滚珠与滚珠相互摩擦产生的，一般是润滑油不足，加注润滑油后，电动机仍可继续使用。

4）"咚咚"声：是一种机械撞击声，一般是传动机构的联轴器或传动轮与轴之间松动，键或键槽磨损所致。应拆卸检修传动机构。

5）周期性的"啪啪"声：是传动带发出的声音，可能是传动带过松或传动带接头处不平滑引起的，应调整传动带或更换新传动带。

6）不规则的噪声：多发生在高速电动机上，一般是轴承润滑油清洁度低，在加油时混入杂质引起的。应清洗轴承，选用优质润滑油，加强轴承的密封性能。

7) 有规律的"嚓嚓"声：是电动机扫膛引起的噪声。应注意声音的变化情况，若这种声音不断增大，应拆卸、检修电动机。

（2）电气故障。

1) 粗大"嗡嗡"声：是电流不平衡造成的，因为电流不平衡时会产生与负载有关的两倍电源频率的电磁噪声。当出现此种情况时，应立即停机，排除故障后再投入运行，否则会烧坏电动机。

2) "嘶嘶"声：是放电声，一般是定子绕组存在轻微接触不良而产生放电引起的。应停机，修复定子绕组。

3) 不规则的"呱呱"声：是铁心内部有气隙或松动引起的，若响声继续变大，应进行检修。

4) 金属抖动声：是定子端部铁心硅钢片张开，张开的硅钢片受振后发现金属抖动声，应立即停止使用，并进行检修。

5) 金属敲击声：一般在启动、停车及负载变化时较明显，是转子铁心松动造成的，应检修转子或更换电动机。

226. 电动机定子绕组接地怎么办？

（1）定子绕组接地故障的检查方法如下。

1) 用验电器检查。接通电动机电源，用验电器测试电动机的外壳，如果验电器的氖泡发亮，则说明电动机存在接地故障。

2) 用绝缘电阻表检查。用绝缘电阻表测量电动机绕组对机座的绝缘电阻，可分相测量，也可以三相并在一起测量。若测出绝缘电阻在 $0.5M\Omega$ 以上，说明该电动机的绝缘正常，可继续使用；如果测得绝缘电阻为 0Ω，说明绕组接地；如果测得绝缘电阻小于 $0.2M\Omega$，说明电动机受潮，要进行干燥处理。测量相与相之间的绝缘电阻时，将三相绕组的 6 个引出线端头全部拆开，用绝缘电阻表测量两相之间的绝缘电阻，绝缘电阻的要求与前述相同。

3) 用校验灯检查。采用一台隔离变压器，电源经此变压器后接入校验灯。使用时，校验灯的一端接电动机机壳，另一端串接一只 100W/220V 的白炽灯，分别与每相绕组的接线端相接触。如果白炽灯亮，则说明该相绕组有接地故障；如果白炽灯暗红，则说明该相绕组已严重受潮。

（2）定子绕组接地的检修。如果接地点在槽口或槽底部绕组出口处，且仅一根导线绝缘损坏，可加热绕组使绝缘物软化，再用画线板撬开接地点的槽绝缘，插入适当大小的天然云母片或布纹层压板，然后涂上绝缘漆。

如果接地点有两根以上的导线绝缘损坏，则应填入黄蜡布，将损坏绝缘的导线隔开，并涂上绝缘漆，以防止发生匝间短路故障。

如果接地点是某相绕组中的一个绕组，则应更换一只同规格的绕组。

⚠️ **小提示**

一般引起绕组接地（碰壳）的主要原因是：电动机长期不用、周围环境潮湿、电动机受日晒雨淋、长期过载运行使绝缘老化、有害气体侵蚀，以及金属异物掉进绕组内部损坏绝缘等，使绕组的绝缘性能变坏，绝缘电阻降低。有时在修复、重绕定子绕组时也会损伤绝缘层，使导线和铁心相碰；绕组绝缘不良，会使绕组因过电流而发热，从而造成匝间短路。绕组接地会造成电动机外壳带电，甚至发生人身触电事故。

227. 电动机定子绕组烧毁怎么办？

电动机绕组烧毁的故障大多是电动机断相运行或长时间过电流运行使绕组温升过高引起的。其现象是：电动机绕组烧毁时会冒黑烟；有强烈烧焦味。

检修时可用万用表测量绕组的直流电阻，三相绕组的电阻明显不平衡。当出现上述情况时，一般可以判定电动机绕组烧毁，当电动机绕组损坏严重无法局部修复时，就要将整个绕组拆去，重新嵌绕新的绕组。

228. 电动机外壳有麻手感怎么办？

电动机外壳有麻手感的原因主要是：绕组接地、引线接地、接线头接地、绝缘老化、绝缘受潮漏电等。其检修方法如下。

(1) 查找绕组接地点，并予以修复。

(2) 更换引线，重新接线，或处理其绝缘。

(3) 重新浸绝缘漆，并烤干。

(4) 更换绕组。

(5) 将绕组进行烤潮处理。

229. 电动机已烧坏，而热继电器不动作怎么办？

电动机已烧坏，而热继电器不动作的检修方法如下。

(1) 热继电器的额定电流值与电动机的额定电流值不符。此时应按电动机的容量来选择热继电器（不可按接触器的容量来选用热继电器）。

(2) 动作机械卡住，导板脱出。处理时应打开热继电器的盖子，检查动作机构，重新放入导板，并按动复位按钮，检查机构动作是否灵活。

(3) 热元件通过短路电流，双金属片产生永久性变形，电动机过载时热继电器无法动作，使电动机烧毁。此时应更换双金属片，并重新调整。

（4）检修热继电器时，由于疏忽，将双金属片装反了，或者双金属片和发热元件用错，当过电流通过热元件时双金属片不能推动导板，电动机过负荷运行烧毁而热继电器不动作。处理时应检查并调整双金属片的安装方向，或者换上合适的金属片和发热元件。

（5）热继电器的整定值偏大，触头接触不良。此时应合理调整整定值，消除触头表面的污垢或氧化物。

（6）电动机本身发生故障，如自冷风扇损坏和风道堵塞而造成散热不良，或者环境温度过高，都会导致电动机烧毁而热继电器不动作。这不是热继电器的缺陷，应着手排除电动机的故障。

230. 怎样维护电动机电气控制电路？

电动机电气控制系统维护的项目如下。

（1）除尘和清除污垢，消除漏电隐患。

（2）检查各元件导线的连接情况及端子排的锈蚀情况。

（3）电磨损、自然磨损和疲劳致损的弹性件及电接触部件。

（4）检查活动部件有无生锈、污物、油泥干涸和机械操作损伤。

（5）对于已经被检修过的电气控制系统，应检查新换上元器件的型号和参数是否符合原电路的要求，连接导线的型号是否正确，接法有无错误，其他导线、元件有无移位、改接和损伤等。如果有以上情况，必须及时复原，再进行下一步检修。

小提示

当电动机电气控制系统运行到规定时间后，不管系统是否发生了故障，都必须进行保养性例行检修。因为电路在运行过程中会磨损、老化，内部元器件会蒙上污垢，特别是在湿度较高的雨季，容易造成漏电、接触不良和短路故障。

231. 怎样检修电动机电气控制电路故障？

（1）对比较明显的故障应首先排除。例如，明显的电源故障、导线断线、绝缘烧焦、继电器损坏、行程开关卡滞等都应该首先排除，以消除其影响，使其他故障更加直观，易于观察和测量。

（2）多故障并存的电路应分清主次按步检修。电路生疏，多种故障同时出现或相继出现，按上述方法检修难以奏效时应理清头绪，根据故障的情况分出主次，先易后难。检修时，应注意遵循分析—判断—检查—修理—再分析—判断—检查—修理的基本规律，及时纠正分析和判断的结果，一步一步地进行，逐个排除存在的故障。

如果对电路原理比较熟悉，应首先弄清电路元件的实际排列位置，然后根据故障情况，确定测量关键点，根据测量结果，确定故障的所在部位。

一般来说，对电路的检修按一定的步骤进行。首先是检查电源，然后按照电路动作的流程，从后向前一部分一部分地进行。这样做的优点是：每一步的检修结果都可以在电路的实际动作中加以验证和确定，保证检修过程不走弯路。

⊕小提示

控制电路无线路图时应绘制出电路图。根据绘制出的电路图仔细分析电路的动作原理，弄清电路在不同状态下的各种参数，以便正确选择修理方法。

✦232. 怎样根据电动机电气控制电路的控制旋钮和可调部分判断故障范围？

由于电气控制系统的种类较多，每种设备的电路互不相同，控制旋钮和可调部分也无可比性，因此这种方法应根据具体设备具体制定。

一般来说，根据设备故障现象可大致确定故障范围如下。

（1）所有按钮功能失效。电源故障或熔断器故障可能性较大。

（2）一部分按钮失效，另一部分按钮功能正常。此时出现故障的部位多在这部分电路的公共部分或这部分电路的电源部分。

（3）单个的按钮或单个功能失效。按钮本身及引线发生故障的可能性较大。

（4）多部分故障。若是长时间不用的设备，则可能是接触不良或漏电的故障，也可能是由接触不良或漏电引发的其他故障。

（5）软故障。如果与时间或外界环境有一定规律，则有可能是电路与外界环境相联系部分的性能变劣，受到一定的影响；若与工作时间有一定的关系，则电路受温度的影响较大，可能是元件性能变劣，如漏电、性能不稳或污物形成的故障。

例如，某电动机的可逆控制出现了不能正转只能反转的故障。根据这一特点大致可以确定故障范围在正转控制回路，而不在电动机本身和反转控制电路。按下正转按钮不松手，再按反转启动按钮，电动机不反转启动，说明按钮联锁功能失效，电路故障出在正转控制回路中。

　　然后按照从后向前的分步方法先检查正转接触器。将线圈引线越过按钮及其他触头直接接入电源，通电后，电动机正转，说明接触器没有故障。然后将引线接线路至启动按钮后，接通电源，按下启动按钮，电动机正转，说明正转按钮正常。正转按钮和正转接触器之间只串接了一个反转按钮的动断触头和反转接触器的动断触头，电路出故障，说明故障点就在反转按钮和反转接触器的动断触头上，检查后发现反转启动按钮的动断触头不能良好闭合。

第二节　　直流电动机的维护与故障检修

233. 怎样正确使用与维护直流电动机？

　　(1) 直流电动机的正确使用。

　　1) 一般直流电动机都要采用降压措施来限制启动电流，只有功率较小的电动机可直接启动。

　　2) 要掌握好电动机降压启动过程所需要的时间。

　　3) 电动机启动时，若出现意外情况应立即切断电源，并查找原因。

　　4) 注意观察运行中的电动机是否正常，有无冒烟、噪声等不正常现象，发现后应及时停机检查。

　　5) 注意观察在直流电动机运行时，电刷与换向器表面的火花情况，在额定负载下，一般直流电动机只允许有不超过 1 1/2 级的火花。

　　在使用串励电动机时，应注意不允许空载启动，不允许用带轮或链条传动；在使用并励或他励电动机时，励磁回路不允许开路，否则会因为转速过快而发生飞车现象。

　　(2) 直流电动机的维护。直流电动机的维护方法有以下几点。

　　1) 换向器表面应保持光洁、圆整，不得有机械损伤和火花灼痕；如有轻微灼痕时，可用 00 号砂纸在低速旋转的换向器表面研磨；若换向器表面出现严重的灼痕或粗糙不平现象，应拆下换向器重新进行车削，并清除换向器表面金属屑及毛刺等，最后用压缩空气将整个电枢吹干净后再进行装配。

　　2) 电刷应与刷盒存在适当的间隙，与换向器表面有良好的接触。

234. 怎样维护与保养直流电动机的换向器？

　　直流电动机换向器维护与保养的方法如下。

　　正常运行的换向器应该是平滑的圆柱形表面，并且表面有一层紫红色的光泽氧化膜。这层氧化膜既可保护换向器，又能改善换向，因而要加以保护，不要擦去。

（1）经常使用的电机换向器需经常在不运行时用干净的毛刷或酒精的布清除换向片间的污垢，擦净换向器接触面，必要时用空气压缩机吹净电刷粉末。

（2）要按时检查换向器表面的偏心度，使之不超过 0.1mm，换向器表面若产生灼伤或有熔渣，要用 0# 玻璃砂纸擦去熔渣或打平灼伤面，处理完应吹净表面粉尘。

（3）运行中的换向器要注意圆柱表面磨损程度，因为正极的电刷对换向器的磨损比负极严重，因而要注意检查，按极性将电刷相互交替分开，以防表面磨损导致表面不均匀。

1）整流子应为正圆形，表面平滑、光洁，无炭末和灼痕。如果整流子表面有轻微的灼痕，可用 00 号细砂纸在旋转着的整流子上仔细研磨，如果整流子表面有严重的灼痕，可先用粗砂纸研磨，然后用 00 号细砂纸磨光。

2）整流子在负载下长期无火花运行时，其表面形成一层坚硬的深褐色薄膜，这层薄膜对整流子表面具有保护作用。如果整流子无损伤，这层薄膜不应磨掉。

3）在整流子的运行中，夜间可以看到细微的火花，这是正常的现象。如果火花过大，则应查明并消除火花过大的原因。

4）整流子长期运行后，如果呈椭圆形或局部凹陷，则应在车床上或现场进行重车。重车前，应使用手锯将整流子铜片间的云母截至 1～1.5mm，使被车削的部分仅是铜片；然后以 1.5m/s 的速度进行车削，车削深度和走刀量均不得大于 0.2mm。车削时应防止铜屑掉入电枢线圈内部。车削完毕应清除铜屑，并将整个电枢擦拭和吹扫干净，然后用 00 号砂纸磨光。

⊙小提示

换向器工作表面的要求如下。

（1）表面应光洁、平滑，工作时电刷能与之平稳接触，无跳动现象。

（2）片间云母下刻后，应清理干净，不得有云母碎屑残留在换向片侧边，更不允许云母片突出云母沟。此外，换向片倒棱应平直、均匀。

（3）表面应有一层光亮且颜色均匀的紫铜色氧化膜。因为氧化膜不仅能降低摩擦系数，而且还可增加表面硬度，加强换向器的耐磨性。同时，氧化膜具有较高的电阻率，可以限制附加横向换向电流。

✎ 235. 长期搁置的直流电动机投入运行前，如何进行检查和保养？

检查和保养方法如下。

（1）清除电动机内外部分的灰尘和污垢。

（2）开启风窗盖，撕掉贴在盖上的防尘纸，或者除掉包在换向器刷架上的覆盖纸。

（3）转动电枢，检查电枢转动是否灵活，有无卡涩现象和有无撞击或摩擦声。

（4）检查刷架是否固定在规定的标记位置上，电刷压力是否均匀、正常，刷握固定是否可靠，电刷的刷握内是否太紧或太松，电刷与换向器的接触是否良好。

（5）检查换向器表面是否清洁。若有污垢，应使用清洁、柔软的棉布蘸酒精（或汽油）将其擦掉。

（6）用500V绝缘电阻表测量电动机各绕组对机壳和各绕组之间的绝缘电阻，测得的电阻值若小于1MΩ，应将电动机进行烘干处理。

（7）测量各绕组的电阻，检查电动机有无断线或短路故障。

236. 直流电动机换向器松动或换向片变形怎么办？

（1）换向器松动的处理。换向器松动的原因如下。

1）换向器运行日久，V形云母环收缩，紧固螺栓松动，从而换向器也松动。

2）制造或修理时，V形云母环的鸠尾尺寸与换向片的30°锥面配合不良，使换向片之间的压力不足，造成换向器松动。

处理方法如下。

将换向器加热后，紧固螺栓，换向器紧固后，在冷态下再紧固一次；然后用小锤轻轻敲打换向器表面。若发出"当当"的清脆声，则表明换向器已紧固；最后车削换向器表面。如果紧固螺栓后换向器仍松动，则将V形云母环取出，检查装配质量、V形云母环厚度和30°锥面的配合情况，然后针对检查所发现的问题作相应处理，必要时更换V形云母环，并对换向器重新进行烘压处理。

（2）换向片变形的处理。由于换向片片间松动，导致换向片钮斜和变形，结果换向片与轴线不平行，造成电刷出现严重的刷火。处理的方法是：松开紧固螺栓，加热换向器的换向片，用夹紧工具将换向器夹住，向钮斜和变形的反方向旋转，使换向片与轴线平行，最后拧紧螺栓。

通常，可用手推动电枢，观察电刷是否高低跳动。如果跳动，则说明换向器不圆或有飞片。遇到这种情况可按下述方法进行检查和处理。

1）检查紧固螺钉是否松动。如果松动，可将螺钉拧紧，并且加温后再次拧紧。紧固后，用 0.25kg 的小锤轻轻敲打换向器表面。如果换向器完好、坚固，则会发出清脆的铃声；如果换向器松弛，则会发出空壳声，声音沉闷。若此时紧固螺钉确认已拧紧，则应拆卸和检查 V 形压环与 V 形绝缘套的质量和尺寸。如果二者存在缺陷或尺寸不符，则应视具体情况予以修整或调换新件。

2）检查换向器表面是否高低不平。一般可用千分尺进行检查。如果换向片不平或者是新装配的换向器，可对换向器表面进行打磨和剔槽。

237. 怎样打磨和剔槽换向器表面？

使用中失去圆形的换向器或重新装配的换向器，车床车光后均应进行打磨。通常，可使用与换向器曲率相同的油石或包在木块上的砂纸来打磨，如图 3-12 所示。

对于中型以上的高速电动机，一般均应将换向片间的云母剔低，以防止工作后云母突出。剔低的云母应整齐，如图 3-13（a）所示，不允许剔成图 3-13（b）所示的形状。

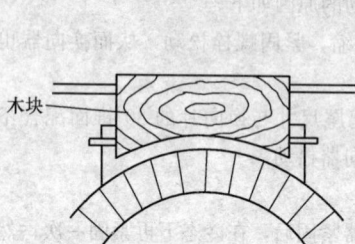

图 3-12　换向器的打磨

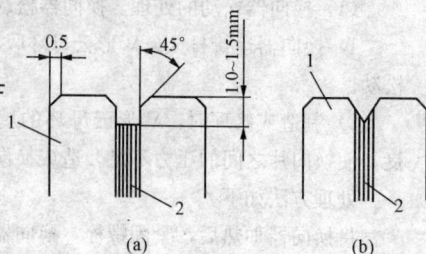

图 3-13　云母片的挖削

（a）正确；（b）不正确

1—换向片；2—云母片

如果换向片表面出现短路、火花和烧灼痕迹，可使用工具刮掉造成片间短路的金属屑、电刷粉末、腐蚀性物质和其他污垢，然后用校验灯检查有无短路故障，若无短路故障，即可继续使用。

238. 直流电动机的换向器表面不均匀磨损怎么办？

换向器表面不均匀磨损，表面为换向器表面出现沟槽和轴向波浪形条痕，通常有孤立条痕、连续条痕和沟槽三种形式。换向器表面一旦出现不均匀磨损，滑动接触的稳定性将受到机械性干扰，电刷和换向器的磨损加剧，因此应立即进行检查和处理。

（1）检查方法。可用钢板尺和塞
尺进行检查，如图 3 - 14 所示。当钢
板尺边与换向片靠近且平行后，磨损
部位出现空隙，空隙的大小就是磨损
的深度。通常，磨损深度在 0.2mm 以
内为轻度不均匀磨损，0.2～0.5mm
为一般不均匀磨损，0.5mm 以上为严
重不均匀磨损。

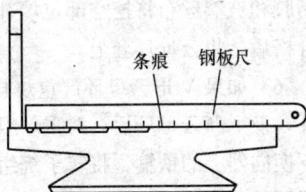

图 3 - 14　检查换向器表面磨损

（2）处理方法。对于轻度不均匀磨损，通常用换向砂石打磨即可。而换
向器表面出现沟道和波浪形条痕时，则必须车削换向器表面，并重新下刻和
倒角，使换向器恢复良好的工作表面，以保持稳定的滑动接触。同时，还必
须重新合理选择电刷，使电刷在换向器表面合理排列，并调整换向，以避免
同样的故障重复发生。

小提示

无论采用哪种方法处理，换向器表面的氧化膜都将受到破坏。

239. 电动机换向器内部短路怎么办？

电动机换向器内部短路的检修方法如下。

（1）松开线圈端部的绑箍，打出槽楔。

（2）作好转子绕组、铁槽与换向片的相互位置标记。

（3）制作防止换向器在检修过程中松散的铁箍。首先用比铁箍宽 10～20mm
的 0.5mm 厚（两层）的环氧玻璃布板将换向器封闭，然后将铁箍封闭在玻璃布
板上，并用铁箍上的螺钉拧紧换向器，使铁箍紧紧地抱住和箍紧换向器。

（4）松开换向器的 V 形压圈，取出 V 形云母环，再取下换向器，然后
检查 V 形云母环的表面状态。如果发现云母环表面有大量炭粉和油垢，则
用棉布蘸酒精将云母环表面擦拭干净，同时也将换向片和云母片上的炭粉和
油污清除。如果云母环上有烧焦痕迹，则用刮刀将烧焦部位刮削干净，然后
用蘸酒精的棉布擦拭。云母环彻底清理干净后，用 220V 电源电压测试片间
电阻。待测试合格，将 V 形云母环套上，再套上 V 形压圈，装上换向器，
最后用 220V 试灯检查片间短路情况，直到合格为止。

（5）如果 V 形云母环烧损，并且烧损深度较大，则用电工刀将烧损部
位彻底挖掉，并在烧损部位的周围挖出坡口，使其露出新绝缘，然后用环氧

树脂胶和玻璃丝布将挖空部位填补平整，固化后修整表面，使表面平坦，试验合格后，将云母环套上。

（6）如果 V 形云母环严重烧损，无法局部修理，则应制作新的 V 形云母环，换上新云母环后，对重新组装的换向器进行试验，至合格为止，然后拆下换向器上的铁箍，将转子绕组嵌入换向片槽内，并与换向片焊接，最后经耐压试验合格，对换向器（V 形云母环）3°锥面进行密封处理。

⚠️ **小提示**

换向器3°锥面密封处理方法如下。

如果换向器3°锥面密封不良，外界的炭粉和其他脏物将大量进入 3°锥面的周围缝隙内，造成换向器内部发生片间短路故障。为了防止发生这种故障，应将换向器的3°锥面严实密封，方法如下。

（1）采用环氧树脂胶密封。将 6101 号环氧树脂和 650 固化剂各 50% 混合（重量比），加微温，搅拌均匀，待用；将 3°锥面密封处擦拭干净，并将云母外露部分也清理干净，然后将混合好的环氧树脂胶充填在 3°锥面的缝隙内，并在外露的云母绝缘上也涂上一层，要求涂匀，涂满；在室温下固化 8h，密封处的外表面就形成一层光滑的漆膜。

（2）采用无纬玻璃丝带绑扎。将 V 形云母环的 3°锥面的外露部分用无纬玻璃丝带均匀地绑扎一层，然后涂上 1032 号绝缘漆或 6101 号环氧树脂胶，最外边再涂上耐弧灰瓷漆，最后烘干处理。

240. 直流电动机的电枢绕组接错或接反怎么办？

直流电动机的电枢绕组元件分为波绕组和叠绕组两种。在单波绕组或双叠绕组嵌线时，往往将引出线端放错，即将元件的换向片节距搞错。此时用毫伏表测量换向片间的电压可找出接错部位。通常有以下两种接错情况。

（1）个别绕组元件（线圈）的换向片节距接错。用毫伏表依次测量相邻两换向片间的电压，若毫伏表出现负值，则说明该处元件接反。此外，还可用指南针沿通电的绕组依次移动，若在移动过程中发现指南针的指针方向突然反向，则表明该处元件接反。

（2）换向器节距多数或全部接错。此时用毫伏表测量换向器片间的电压，如果毫伏表示值无规则地变化，或者用指南针检查，指针方向变化不定，均表明多数或全部节距接错。

241. 如何定期检查直流电动机电刷装置？

直流电动机电刷装置是直流电动机的转动部件（电枢）和固定部件（定子），同时也是形成电流通路的过渡性部件，最容易发生故障，因此应定期进行检查。检查项目和检查方法如下。

（1）检查电刷是否跳动。一手缓慢盘动电枢，一手轻轻按压电刷，凭感觉判断电刷的跳动情况。如果电刷有规律地上下窜动，则表面换向器失圆；如果电刷有明显的不规则跳动，则表明换向器凹凸不平。

（2）检查换向器表面。观察换向器表面，如果发现有许多条细而深的槽痕，应逐个检查电刷，很可能是某个电刷接触面上有金刚砂粒或电刷严重磨损而使引线端子露出，磨伤换向器表面。一旦发现，应及时换上尺寸相近、牌号一致的新电刷。

（3）检查电刷接触面。将电刷从刷握中提出进行观察。如果电刷接触面上的光亮部分（真正接触换向器的部分）所占面积小于整个接触面的 75%，则应研磨电刷，扩大实际接触面。将电刷提出刷握前，应在电刷与刷握的同一侧作装配复位标记，以便按复位标记将电刷装入刷握，切不可装反，否则会改变电刷与换向器的接触面积。

（4）检查电刷压力。同一电动机内各电刷架上的电刷压力与平均值之差允许在 ±10% 以内。

（5）检查电刷对机座的绝缘电阻。电刷对机座的绝缘电阻应远大于电枢绕组的绝缘电阻。当电刷装置积满炭粉、灰尘或油垢时，应及时用汽油或无水酒精擦洗干净。如果刷杆绝缘损坏，则应更换绝缘。如果有烧焦的炭迹，则应予以刮除。

242. 怎样维护和更换电刷？

（1）电刷的维护。

1）电刷与换向器工作面应有良好的接触，正常的电刷压力为 15～25kPa（±10%），压力大小可以用弹簧秤测量。

2）电刷在刷握中不宜太松或太紧。若太松，电刷晃动会引起机械火花；若太紧，电刷会被刷握夹住；若被换向器弹回或磨损而能上不能下，便会导致各电刷负荷分配不均，形成很大火花，甚至使直流电动机无输出。

（2）电刷的更换。

1）电刷是易损件，需要经常更换。正确更换电刷对于延长电动机使用寿命具有重要作用。通常，当电刷磨损到只有 1/3 高度时就应更换电刷。每次更换电刷应同时更换电动机上全部电刷，更换的电刷必须型号一致。如果型号不同，会造成电刷负荷分配不均，火花增大的电刷将很快磨损，并会严重损害换向器。如果由于某些原因不能一次更换全部电刷，则每次至少要更换电刷的20％，每次更换的时间间隙为1～2周。

2）如果没有一次更换全部电刷，则电动机最好以1/4～1/2额定负载轻载运行12h，使电刷接合面达到80％以上才满载运行。

3）更换电刷时，如果没有与原尺寸相同的电刷，可将尺寸稍大的电刷进行改制。如果电刷某一方向的尺寸过大，可将电刷夹在台虎钳上，用手锯锯割出毛坯后，再用双齿细纹锉刀精修至所需尺寸。

4）新电刷端面是平的，装入刷握后应研磨光滑，使之与换向器接触面相吻合。

5）更换电刷后，应及时调整刷盒弹簧的压力，使每只电刷的压力基本均匀。

243. 如何判断电刷火花是否有害？

直流电动机在故障下运行时，电刷下出现以下火花和非正常现象属于有害的非正常火花。

（1）电刷与换向器之间的火花为两极及其以上，电刷上有暗淡的条纹。

（2）电动机有较大的振动，出现浅绿色的火星和产生闪火。

（3）电动机发出"啪啪"声，电刷表面布满火星，形成环火。

（4）电刷下发出芝麻粒大小的黄色火星，并且发出火星或闪光的电刷边上呈红色。

（5）大半个电刷或者整个电刷上局部产生较大的火花。

（6）电刷上出现强烈的红绿色火花或燃烧痕迹，换向片上出现黑斑。

小提示

直流电动机正常运行时，电刷下出现以下火花和正常现象，属于无害的正常火花。

（1）电刷与换向器之间的火花不超过1 1/2极，火花呈淡蓝色，微弱而细密，电刷运行稳定，无过热现象，换向器表面光亮而平滑，并有一层古铜色光泽的氧化膜。

（2）电刷上只出现小颗的火星或者半个电刷上只有轻微的火花。

244. 怎样判断电刷与换向器接触是否良好？

判断直流电动机的电刷与换向器接触是否良好，首先应检查电刷在刷握内是否被卡死，然后在旋转的电动机上用绝缘物轻轻按压任意一个电刷，若产生火花，则表明该电刷接触不良。

小提示

电刷接触不良的原因如下。

(1) 更换电刷时，错换上其他型号的电刷。

(2) 电刷与刷握配合太松，电刷在刷握中被卡死，不能上下自由滑动；或者电刷与刷握配合太松，电刷在刷握内晃动。

(3) 换向器表面覆盖一层脏物或氧化层太厚。

(4) 换向器没有刮沟，片间绝缘凸出。

(5) 电刷与换向器接触面太小或电刷安放方向不正确（电刷方向反了）。接触面太小主要是更换电刷时电刷研磨方法不当造成的。

245. 如何判断换向器和集电环上的电刷运行是否良好？

表明换向器和集电环上的电刷运行良好的现象有以下几点。

(1) 换向器表面呈均匀褐色、透明，并且有光泽。允许有蓝黑色条纹，但不得有刻痕和铜色亮纹。

(2) 换向器表面摩擦小，温度低。在额定负载下，换向器允许温升为65℃（理想温升为25~30℃），换向器上的电刷允许温升为30~45℃，并联电刷间的温差应小于15℃。

(3) 电刷磨面光亮、平滑，无细纹、铜点子、硬粒和刻痕。

(4) 电刷无振动现象。在热状态下，振动不宜超过0.04mm。

(5) 电刷下无损坏换向器的火花。但允许有微小的、时隐时现的蓝绿色小火球。

(6) 换向器与其上的电刷磨损轻微，换向器表面车旋和挠沟的时间间隙长，电刷使用寿命长。

(7) 电刷和刷辫的温度正常，各刷的温差不大。

小提示

如果集电环上的电刷能满足以下要求，也可判定它为运行良好。

(1) 集电环表面光亮，无暗涩的黏物或刻痕。

(2) 集电环运行温度低。在额定负载下，集电环允许温升为70℃（理想温升为25~35℃）。集电环上的电刷允许温升为30~45℃，并联电刷间的温差应小于15℃。

(3) 电刷磨面光亮、平滑，无硬粒、细纹和刻痕，电刷使用寿命长。

（4）刷下不冒火花，电刷无过热现象。

（5）电刷电流分布均匀。

246. 怎样对直流电动机进行定期检修？

直流电动机定期检修的方法如下。

（1）对电动机内外进行一次彻底清扫，检查电动机外壳、端盖和其他结构部件有无损伤和锈蚀现象。

（2）检查绕组表面是否变色、损伤，有无裂纹和剥离现象；定子绕组固定是否可靠；补偿绕组的连接线是否距离过近，焊接处是否开焊。如果发现问题，应予以处理。

（3）检查换向器是否变形，表面有无条痕和沟道，云母下刻和倒棱是否符合有关标准，换向器表面是否烧伤。如果发现问题，应使用磨石打磨，并将换向片重新下刻和倒棱。

（4）检查电刷是否磨损到寿命限度，镜面是否良好，电刷压力是否合适，电刷在刷握内是否活动自如，有无过紧现象。对于换向不良的电动机还应测量片间电阻、刷距和间隙。

（5）检查绕组绝缘电阻，并与上次小修的数值进行比较。如果下降，应分析原因和进行干燥处理。

（6）检查轴承运行温度是否超过允许值。对于注入式换油滚动轴承，应注入适量润滑油；对于轴承间隙较大或润滑油使用时间较长的轴承，应更换轴承和润滑油。

（7）检查转动部件和静止部件的各部分螺钉是否完全或松动。

247. 直流电动机换向不良怎么办？

检修方法如下。

（1）电刷压力过大或过小，电刷与换向器接触不良。

（2）换向器表面粗糙，云母片有毛边，且高出换向片。

（3）换向器脏污。

（4）电刷的磁极几何中性线位置不对。

（5）刷握与换向器的表面距离太大。

（6）更换的电刷，其电阻率与原电刷相差太大。

（7）电刷研磨不良，且间距不等。

（8）换向器的拉紧螺栓松动。

(9) 换向极、补偿绕组、并联回路接触不良。

(10) 磁场或电枢绕组短路。

(11) 周围空气中有影响电刷与换向器正常接触的油污、有害气体或耐磨性粉尘。

可根据上述不同的原因进行检修，故障即可排除。

248. 直流电动机温升过高或突然"失磁"怎么办？

直流电动机温升过高或突然"失磁"的原因及检修方法如下。

(1) 长期过载。此时电枢回路中各绕组都会发热，可将负载调整到额定值。

(2) 未按规定运行。应按铭牌规定运行，"短时"、"继续"工作制的电动机都不得长期运行。

(3) 斜叶风扇的旋转方向与电动机旋转方向不配合。换上合适的斜叶风扇即可。

(4) 风道堵塞。可用圆毛刷清扫风道。

(5) 外通风量不足。可换上大风量、高转速通风设备。

直流电动机如果突然失去磁场，会出现两种情况：若是轻载电动机，转速将大大升高，以致超过额定值数倍；若是重载电动机，电枢电流将大大超过额定值。这两种情况都是危险的，因此他励或并励电动机的磁场都不许开路。为了防止直流电动机突然失磁而发生意外，可在电动机磁场电路中串接一只欠电流继电器，当电动机失磁时，此继电器便立即断开电枢回路的电源。

249. 直流电动机电枢受潮怎么办？

直流电动机电枢一旦受潮，其绝缘电阻将很快下降到零。其检修方法如下。

(1) 如果仅仅电枢线圈受潮，一经烘干，绝缘电阻就会回升。

(2) 如果换向器内部进水，即使烘干，水蒸气和热态水也不易排出。温度下降后又会冷凝成水而聚集在换向器内，即使长期真空干燥也无济于事，在这种情况下可先紧固换向器表面，然后在加压下拧松换向器螺母和螺栓，入炉进行烘干。烘干后，趁热用木槌轻轻敲击换向器压圈的端平面，使原密封的3°锥面产生缝隙。此时过热的水蒸气就会从缝隙喷出，沸水沿3°锥面一圈向下滴。这样的滴水、放气处理反复进行几次就可将换向器内部的积水排除干净。如果拆下外侧的换向器压圈，将V形云母环和绝缘筒敞开进行烘干，则烘干速度更快。

⚠️ **小提示**

由于云母的质地较松软，受潮和反复烘烤后，其挥发物已充分排出，此时换向器的片间压力已降低很多。为此，必须重新进行热压、冷压和旋紧换向器螺母（或螺栓），并重新加工换向器工作面，同时换向器的紧固螺钉也需要相应移位。

250. 直流电动机电枢过热怎么办？

直流电动机电枢过热的原因及检修方法如下。

（1）电枢组或换向器片短路。可用压降法测定，排除短路点。如果严重短路，应拆除绕组重新绕制。

（2）电枢绕组中部分线圈的出线端接反。用压降法找出绕组出线端接反处，用烙铁烫开换向器接线片，调整接头。

（3）换向极接反。调整换向极绕组引线端，消除换向火花。

（4）定子与转子相擦。检查磁极固定螺栓是否松脱或调整气隙。

（5）电动机的气隙不均匀，相差过大，造成绕组内电流不均衡，因电枢内有相当大的不均匀电流流过叠绕组的均压线，使它发热。应调整气隙。

（6）叠绕组中均压线接错。均压线中流过很大电流而发热。应拆开绕组重新连接。

（7）电动机端电压过低。同时电动机转速出现下降现象。应提高电压至额定值。

⚠️ **小提示**

如果电枢内部存在故障，在一般情况下只是部分线圈出现过热。但故障严重时，往往某一只线圈烧毁或者呈焦黄或黑色。在应急处理时，切除那只线圈，并用绝缘导线短接该线圈的换向片，电动机就可继续运行。如果由于均压线接错跨距而引起均压线发热，则切除均压线也可使电动机暂时继续运行。

251. 直流电动机不能启动怎么办？

直流电动机不能启动的原因及检修方法如下。

（1）电源无电压。检查电源及熔断器。

（2）励磁回路断开。检查励磁绕组启动器。

（3）电刷回路断开。检查电枢绕组及电刷与换向器接触是否良好。

（4）有电压，但电动机不转动。负载过重或电枢被卡死或启动设备不合要求所致，应分别检查。

252. 直流电动机转速不正常怎么办？

直流电动机转速不正常原因及检修方法如下。

（1）转速过高。检查电源电压是否过高，主磁场是否过弱，电动机负载是否过轻。

（2）转速过低。检查电枢绕组是否有断路、短路、接地等故障，检查电刷压力及电刷位置，检查电源电压是否过低及负载是否过重，检查励磁绕组回路是否正常。

253. 直流电动机电刷火花过大怎么办？

直流电动机电刷火花过大原因及检修方法如下。

（1）电刷不在中性线上。调整刷杆位置。

（2）电刷压力不当或与换向器接触不良或电刷牌号不对。调整电刷压力、研磨电刷与换向器接触面、调换电刷。

（3）换向器表面不光滑或云母片凸出。研磨换向器表面、下刻云母槽。

（4）电动机过载或电源电压过高。降低电动机负载及电源电压。

254. 直流电动机过热或冒烟怎么办？

直流电动机过热或冒烟原因及检修方法如下。

（1）电动机长期过载。更换功率大的电动机。

（2）电源电压过高或过低。检查电源电压。

（3）电枢绕组、磁极绕组、换向极绕组故障。分别检查原因。

（4）启动或正、反转过于频繁。避免不必要的正、反转。

255. 直流电动机外壳带电怎么办？

直流电动机外壳带电原因及检修方法如下。

（1）各绕组绝缘电阻太低。烘干或重新浸漆。

（2）各绕组绝缘损坏造成对地短路。修复绝缘损坏处。

256. 需要直流电动机反转怎么办？

通常使直流电动机反转可采用以下两种方法。

（1）将电枢两端电压反接，改变电枢电流的方向。

（2）改变励磁绕组的极性，即改变主磁场的方向。

在实际运行中，由于直流电动机的励磁绕组匝数较多，电感很大，将励磁绕组从电源上断开将产生较大自感电动势，使开关产生很大的火花，并且还可能击穿励磁绕组的绝缘。因此，要求频繁反向的直流电动机应采用改变电枢电流方向这一方法来实现反转。

！小提示

采用上述方法之一即可实现电动机的反转，如果同时使用上述两种方法，则反反为正，反而不能达到电动机反转的目的。

第三节　交流异步电动机的维护与故障检修

257. 异步电动机运行维护应注意哪些问题？

运行的异步电动机在日常维护工作中应注意以下几点。

（1）电动机周围应保持清洁。

（2）用仪表检查电源电压和电动机的电流变化情况，一般电动机允许电压波动值为额定电压的±5%，三相电压之差不得大于5%，各相电流不平衡值不得超过10%，并要注意判断是否缺相运行。

（3）定期检查电动机的温升。应注意温升不得超过最大允许值。

（4）监听轴承有无异常杂音，密封要良好，并定期补充或更换润滑油。

（5）定期测量电动机的振动值，该值不应超过标准或有突然变化。

（6）定期使用轴承状态监测仪检测电动机的轴承运行状况，以便在轴承即将损坏时及时更换。

258. 怎样正确地拆修异步电动机？

在拆修电动机前应做好各种准备工作，如所用工具、需更换的零件、拆卸前的检查工作和原始数据的记录工作。拆修电动机的方法如下。

（1）拆卸皮带轮或联轴器。拆卸皮带轮或联轴器要使用专用工具拉力器，拉时用力尽量均匀，有些皮带轮或联轴器拉前需要适当加热，不可使皮带轮或联轴器的局部受到过大的拉力，否则容易将皮带轮或联轴器拉变形甚至损坏。

（2）拆卸风罩、风扇叶片。风罩拆卸较容易，只要将几个固定螺栓拆下即可将风罩拿开。风扇叶片如果是金属的，可用拉具拉下来，拉时适当加热。如果是塑料风扇叶片，可用热水加热后轻松卸下。

（3）拆卸端盖。拆卸端盖前应先将油盖螺栓全部拆除，将外油盖拿下来，然后将端盖螺栓拆除，卸端盖时如有顶丝，要用顶丝两边均匀用力将端盖顶下来。如无顶丝，可在两边用撬棍均匀用力将端盖撬下，注意不能用力过猛，以免将端盖撬坏。

(4) 抽出转子。抽转子要在转子一端的轴头套上合适的套管（比电动机机座略长），然后在转子两端用吊绳平衡地吊起转子，向未套套管的一端将转子移出。

(5) 轴承处理。如要更换轴承则将旧轴承拉下，换上新轴承。新轴承安装时可进行加热，但温度不要超过100℃。如轴承还能使用，则可不更换轴承，将旧轴承清洗干净再用。

(6) 清理检查电动机。对电动机定子进行清理，如实在太脏可用清洁剂加入适量的水后进行清洗，最后用清水冲干净并送入烘房进行干燥。对电动机其他各附件进行清理，特别要检查接线盒内导电杆的连接片是否有松动。

(7) 定子试验。对定子绕组进行绝缘电阻和直流电阻的测量，并做记录。与上次检修时数值应无显著变化，否则要查明原因。

(8) 安装试车。电动机安装时的顺序与拆卸基本相反。轴承加油量高转速的要少，约为轴承室的1/3，低转速的加油量较多，约为轴承室的2/3或更多。电动机各螺栓要上紧，风扇及联轴器要进行热装。试车时要测量三相空载电流，测试轴承温度。一般新轴承在初次运行时会有温度上升然后再下降的现象。如温度在轴承室外测量时超过85℃不下降且有上升趋势，应停止试车查清原因或重新更换轴承。

ⓘ **小提示**

笼式异步电动机与绕线式异步电动机结构的不同点如下。

笼式感应电动机的转子绕组是将导体（铜条）嵌放在转子铁心槽内，两端用短路环分别将所有的导体焊接起来，形成短接回路。目前100kW以内的笼式电动机的笼条多采用铸铝一次浇铸而成。

绕线式感应电动机的转子绕组和定子绕组相仿。中型电动机多采用双层绕组，小型电动机一般采用单层绕组，在转子绕组电路中串入附加电阻可以改善启动性能或进行调速。

259. 电动机旧绕组不易拆除怎么办？

电动机的冷态旧绕组一般都很硬，很难拆除，必须将绕组绝缘加热软化，乘热将线圈迅速拆除。此外，也可用化学药品将绝缘腐蚀、溶解，然后拆下线圈。实际检修工作中常用的是加热法，一般分为电流加热、烘烤、明火加热等几种。

(1) 电流加热。用调压器或电焊机往电动机绕组中通入较大的三相电流（通常为1.8倍电动机额定电流）。当绝缘软化、绕组冒烟时，立即切断电源，敲出槽楔，拆除线圈。如果没有三相电源或三相高压设备，可将电动机三组绕组接成开口三角形，然后通入单相低压大电流。

（2）烘烤。在有条件的地点可将待修电动机直接置于烘干室或烘箱内加热，待温度达到一定值，绕组绝缘便软化，此时很容易拆除线圈。

（3）明火加热。先将槽楔敲出，将绕组两端部剪断，然后用喷灯、煤炉、木柴等直接烧烤绕组、槽口，待绝缘软化，将导线逐根从槽中取出。

⚠小提示

（1）无论采用哪种加热方法，都应注意控制加热温度（一般不应超过180℃），以免损坏铁心绝缘，增加铁心损耗。因此，有条件的地点应尽量不用明火加热，因为用这种方法加热，温度不易控制。

（2）通常，不管用哪种方法拆除线圈，都应保留几个完整的旧线圈，以便绕制新线圈的绕线模。

260. 异步电动机绝缘电阻过低怎么办？

异步电动机的绝缘电阻过低时，应视具体情况分别对待。

（1）长期停用的电动机，由于绕组受潮而绝缘电阻降低时，要将电动机拆开进行烘烤。

（2）长期使用的电动机由于绕组上的灰尘及炭化物质太多，天气一潮湿绝缘电阻马上就降低，这时应对电动机定子进行冲洗后干燥处理。

（3）引出线和接线盒内绝缘不良，应先将接线盒内的绝缘子及引出线进行清理擦拭，如引出线绝缘老化应更换引出线或将引出线用绝缘带重新包扎、刷漆，然后进行干燥处理。

（4）电动机绕组绝缘过热老化，可以看出绝缘变色，而且发脆，用手轻按绝缘物就会断裂。这时可对定子绕组进行一次浸漆烘干处理后临时使用，但不能根本解决问题。要彻底解决问题必须换线。500V及以下的电动机的绝缘电阻应不低于0.5MΩ才能使用。

261. 怎样判断异步电动机所用轴承的好坏？

判断滚动轴承好坏的方法如下。

（1）听声音。运行正常的滚动轴承应发出轻微的"嗡嗡"声。如果在电动机运行中听到轴承发出"梗、梗"声，说明内外钢圈或滚珠破裂；如果听到"骨碌、骨碌"的杂声，则说明轴承中缺油。在一般情况下，严重的杂音可以直接听出来，轻微的杂音可用旋具顶住轴承盖，将耳朵贴在木柄上仔细察听。轻微的杂音多是油内混有砂土杂物所引起的。

（2）定期检查轴承的发热情况。轴承因某种原因发生故障，严重时会使轴承部分发热，这时应将轴承拆下，根据具体情况处理并查明发热原因。如轴承发热并伴有杂音，可能是轴承盖与轴相擦或润滑油脂干涸。

（3）使用仪器。使用轴承状态监测仪可以较精确地判断出轴承所处的状态，使用时要准确输入运行轴承的参数，并定期进行测量和记录相关数据，在轴承即将损坏前停下电动机进行更换。轴承状态监测仪也可以准确测量出轴承的润滑状况。

> **⊙ 小 提 示**
>
> 　　滚动轴承的损坏在异步电动机的机械故障中占很大的比例。一般滚动轴承在电动机运行中往往由于电动机基础不牢，机械传动不在一条直线上，润滑脂过多或过少，或者润滑脂内有杂质，振动厉害，以及装卸轴承不合理等造成滚动轴承寿命缩短。

262. 怎样从异步电动机的不正常振动和声音中判断故障原因？

（1）机械方面的原因。

1）电动机风叶损坏或紧固风叶的螺栓松动，造成风叶与风罩相碰，它所产生的声音随着碰击力的轻重时大时小。

2）由于轴承磨损或轴不正，造成电动机偏心，严重时将使定转子相擦，使电动机产生剧烈的振动和不均匀的碰擦声。

3）由于定子铁心偏心，或端盖等的配合过松造成定转子相碰发生剧烈振动和较均匀的碰擦声。

4）电动机定子铁心松动或转子铁心松动，转子平衡块松动等产生的振动会大小变化不稳定。

5）电动机长期不用后不盘车造成轴向一边弯曲后不能恢复而造成永久弯曲，电动机运行时振动变大。

6）电动机与所带机械对中超标或联轴器出现问题会引起振动增加。

7）电动机因长期使用致使地脚螺栓松动或基础不牢，因而电动机在电磁转矩的作用下产生不正常的振动。

8）长期使用的电动机因轴承内缺乏润滑脂而形成干磨运行或轴承中钢珠损坏，因而使电动机轴承室内发生异常声响。

（2）电磁方面的原因。

1）正常运行的电动机突然出现异常声响，在带负载运行时，转速明显下降，并发出低沉的吼声，可能是三相电流不平衡，负载过重或单相运行。

2）正常运行的电动机，如果定子、转子绕组发生短路故障或笼转子断条，则电动机会发出时高时低的"嗡嗡"声，机身也随之略为振动。

263. 怎样检修电动机铁心故障？

（1）铁心表面擦伤。

1）若定子铁心表面一处有擦痕，转子铁心表面一周全是擦痕，则是由于定子、转子不同心造成的。原因是机座和端盖止口变形或因轴承严重磨损使转子下落。

2）若定子铁心表面全是擦痕，而转子铁心表面只有一处擦伤，则多半是由于轴弯或转子不平衡引起的。

3）若定子、转子铁心表面均有局部擦伤痕迹，则是由于上述两种原因共同引起的。

（2）铁心位置不对齐。

1）铁心位置不对齐就相当于铁心缩短，则磁通密度增高并会引起铁心过热。原因：转子铁心轴向串位或新换转子不合适。

2）定子、转子铁心沿圆周方向有移动。原因：定子方面的顶丝失去作用或丢失，或因轴与转子铁心配合不紧。

264. 在安装不允许反方向旋转的异步电动机时，怎样预先测定异步电动机旋转方向？

预先测定电动机旋转方向的方法如下。

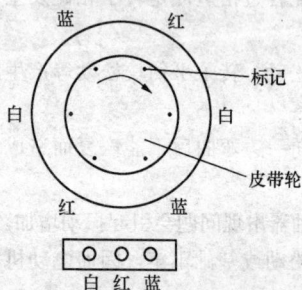

图3-15 预先测定
电动机的旋转方向

（1）先用粉笔在相线上各标"白"、"红"、"蓝"记号，同时在皮带轮侧（即轴伸端）的端盖上画一标记，如图3-15所示。将直流毫伏表（或万用表的直流毫安挡）接在白的相线及中性线间，按顺时针的方向用手慢慢旋转皮带轮，如为四极，电动机每转一周毫伏表会左右摆动4次，这样皮带上有两点与端盖上的标记相重合时毫伏表的指针由零位开始向正向偏转，将此两处涂以白颜色。

将毫伏表同样接在红色相线及中性线间，做同样的测试，并涂以红色。

依同样的办法将毫伏表接在蓝色相线及中性线间，又在皮带轮上画以蓝的标记两处，结果皮带轮上画有颜色的 6 点，各点之间的机械角度为 60°（相应各相之间的电气角度为 120°）。

在皮带轮获得如图的顺序后，则依次在白、红、蓝相上通以 A、B、C 相序的电流，则电动机从皮带轮侧看是顺时针方向旋转的。

（2）在安装不允许反转的异步电动机时，还可以使用相序继电器，当相序不对时，电源开关就不允许合闸。这时将三相电源的任意两相对调一下就可以了。

265. 异步电动机转轴故障怎么办？

异步电动机转轴故障主要有：轴弯曲、轴的铁心挡磨损、轴颈磨损和轴裂纹。

检修方法如下。

（1）轴弯曲。电动机运行中如果发现负荷端有跳动的现象，则说明轴已弯曲。此时应将电动机解体，将转子送到车床上找正，看轴有多少弯曲量。然后对轴的数据进行测绘，将轴用堆焊法加以修复。堆焊时所用焊材要与轴的材质相接近，堆焊量要大于弯曲量，堆好后要进行退火处理，温度一般为 650℃，2h 后自然冷却。然后根据测绘数据进行加工，加工时应以转子铁心外圆与轴承挡为找正的依据，如果两端轴承挡都损坏，则以转子铁心两端外圆为基准。加工完后，对于高转速或振动要求较高的电动机转子要做动平衡。

（2）轴的铁心挡磨损。由于电动机长时间运行，特别是带有正反转运行及紧急制动的电动机，有时容易造成铁心挡的磨损，使转子铁心松动。这种情况如果转轴铁心挡原来没有滚过花，可在铁心挡进行滚花处理。如果无法滚花可考虑焊一层后再加工，但焊时应用小直径焊条以小电流焊接，以免轴弯曲。如果铁心在轴上有位移的可能，则应在铁心两端的轴上开一个环形槽，再放入两个弧形键并与轴焊在一起。如果轴实在不行了可以换一根新轴，一般轴的材质为 45 号钢。

（3）轴颈磨损。轴颈即轴承挡，在轴承多次拆卸后有可能使轴颈的尺寸小于公差的要求。另外如轴承不灵活或抱死也会造成轴承跑内圈，使轴颈磨损。此类故障用电刷镀后再加工进行处理或用金属喷涂后再加工处理比较方便。但如果磨损的同时还有轴的弯曲，就只能使用堆焊加工法了。

（4）轴裂纹。如果轴的径向裂纹不超过轴直径的 10%～15%，轴向裂纹不超过轴长度的 10%，可用电焊法进行修补后继续使用。如果轴裂纹损坏较严重或断裂就必须更换新轴。

266. 怎样查找三相异步电动机接入电源后不转故障？

（1）故障原因。

1）电源未接通（如熔丝断、开关有故障，或接触不实、连接线间有断路等）。

2）绕组有故障（如有相间短路、接地、接错线、断路等）。

3）轴承有故障，定、转子扫膛卡住。

4）过电流继电器调整整定值过小。

5）控制设备的接线有错误。

6）绕线转子电动机启动误操作或启动电阻过小。

7）电动机负载过大或被机械卡住。

（2）查找故障。在分析故障时，首先应弄清是电源线路故障、负载故障，还是电动机本身故障。

1）查找时，首先用手或专用工具转动转子，如不能转动，可断定是机械故障造成的，这时要考虑负载是否有问题。可将电动机的联轴器拆开，使电动机与负载机械分离，单独分析电动机本身原因。如果用手或专用工具仍不能转动转子，很可能是定、转子铁心扫膛卡住，因此，应首先检查这方面故障。如果经检查确信不是扫膛，便要考虑轴承是否烧毁。如果轴承工作正常，那么造成转子不转的原因可能有：制动器未放开抱闸、外风扇变形碰风罩等。

2）用手或工具转不动转子，并且发现定、转子扫膛，其可能原因有：① 轴承是否因磨损间隙变大；② 转轴是否弯曲；③ 端盖磨损或变形严重使转子下沉；④ 定、转子铁心变形等。

3）用手能够转动转子时，则要考虑电气原因，检查绕组是否烧毁，如果绕组没烧毁，但不通电，原因是配线错误、开关有故障、程序不对等。由于配线短路使自动断路器动作，另外转子电阻器、集电环与电刷接触不好也是电动机不转的原因。如果三相中单相有电，那么造成的故障是电动机断相运转，这是由于熔断器被烧断或者接触不实、接线有误造成的。如果绕组已被烧毁，检查电源发现不正常，但三相能够通电，其原因是由于电压过高、过低或三相电压不平衡所致。

267. 三相异步电动机不能启动，但有电机嗡嗡声怎么办？

（1）故障原因。

1）电源电压过低。

2）缺相，电源线路或熔丝有一相断线，绕组有一相或两相断线。

3）定子与转子相摩擦。

4）负载机械卡死。

5）电机轴承损坏卡死或润滑脂过多过硬。

（2）检修方法。

1）用验电器检查，如缺相，应找出断相点修复供电。

2）用万用表重新检查电动机三相绕组有无断线处，如果测出电动机绕组内部的三相绕组有一相断线，或三角形绕组有两相断线，需打开电动机端盖，找出断线点的接头重新接好；如果是线圈本身局部烧坏，则需局部换线或重新绕制电动机绕组。

3）如果电源电压过低，应找出过低的原因。

4）查找接线有无错误。如果有错误重新接线。

5）将电动机拆开，对转子清洗污垢、除铁锈，经校准后重新装配。

6）判断是否负荷过重或卡死。

7）检查轴承是否损坏，如轴承损坏严重，应换新轴承或者更换新的润滑油脂。

268. 异步电动机启动时，熔丝熔断怎么办？

异步电动机启动时熔丝熔断的原因有以下几点。

（1）电源缺相或电动机定子绕组断一相。

（2）熔丝选择不合理，容量较小。

（3）负载过重或传动部分卡死。

（4）定子绕组接线错误，如一相绕组头尾接反或绕组内部部分线圈接错。

（5）定子绕组或转子绕组有严重短路或接地故障。

（6）启动控制设备接线错误。

可根据上述不同的原因进行检修，故障即可排除。

第四节　三相同步电动机的维护与故障检修

269. 怎样检查和维护同步电动机？

（1）同步电动机的日常检查和维护方法。

1）监视各仪表指示是否正常。同步电动机监视仪表有电流表、电压表、励磁电压表、励磁电流表，还有监测定子绕组、铁心、轴承等的温度及进、出风温度的温度表等。通过监视和记录仪表的指示值可以发现电动机的异常情况，以便及时采取措施加以排除。

同步电动机正常运行时，要求各指示仪表的指示值不得超过规定范围，各部分的温度不得超过极限值。

2) 检查主回路、二次回路、控制回路及励磁调节器等是否正常。

重点检查以下方面。

(a) 主回路的导线有无过热现象。

(b) 二次回路及控制、保护回路有无异常情况。

(c) 励磁调节器有无异常情况。

3) 监听和观察发电机运行有无异常现象。利用人的五官检查电动机有无异常声响、摩擦、放电、火花、高温、焦臭及其他情况。如有异常，应及时停机检查，排除故障。

4) 检查滑环、电刷与电刷架。可参见直流电动机的有关方法。

5) 测量电动机绕组对地的绝缘电阻。

(a) 测量转子绕组的绝缘电阻。用 500V 绝缘电阻表测量，其阻值一般不应低于 $0.5M\Omega$。

(b) 测量定子绕组的绝缘电阻。对于 500V 以下的低压同步电动机，用 500V 绝缘电阻表测量；对于高压同步电动机，用 $1000\sim2500V$ 绝缘电阻表测量。测量结果与制造厂的试验值或以前测量值比较不应有明显的降低。若低到以前所测量的 $1/3\sim1/5$，说明绝缘可能受潮、表面污脏，应查明原因并加以消除。若绝缘吸收比 $R_{60}/R_{15} < 1.3$，则认为绝缘受潮，应作干燥处理。

(2) 同步电动机停转后，应进行维护和检查，方法如下。

1) 首先进行清扫，然后详细地检查绕组绝缘是否损伤，绕组有无位移现象，各焊接头是否开焊，引线绝缘是否良好，槽楔和槽内垫条是否完好，有无松动现象。

2) 检查转子笼条和端环是否开焊和有无裂纹，各部绝缘绑扎和垫片是否松动，转子支架和机械零部件是否开焊和有无裂缝，磁轭紧固磁极螺栓、穿芯螺栓是否松动。

3) 检查轴承和电刷装置是否正常。如刷盒应与铜环保持平行、对准；电刷在刷盒内的间隙一般应为 $0.1\sim0.2mm$；刷压应符合规定；刷盒底边与铜环表面的距离应为 $2\sim3mm$；集电环绝缘良好、清洁、无松动现象；铜环表面清洁，呈圆柱体。

⚠️**小提示**

同步电动机维护和检查的标准如下。

（1）电源频率应在（50±1％）Hz以内。

（2）电源电压的上下波动值应在额定电压的±5％以内，三相电压不平衡度应不大于5％。

（3）轴承最高温度不应超过下列值：滑动轴承——75℃；滚动轴承——95℃。

（4）用温度计测得的绕组和铁心的最高温升不应超过75℃（B级绝缘）。

（5）允许的最高风温为：入口风——35℃；出口风——55℃（进出口风温差为20℃）。风道应保持清洁、无水。

（6）冷却水温不应超过下列值：入口水——15℃；出口水——20℃（进出口水温差为5℃）。

（7）环境温度为5～35℃，电动机长期停用时应存放在温度为5～15℃的场所。

（8）电动机工作地点的空气相对湿度应在75％以下。

（9）电动机的轴向游隙不应超过轴颈的2％。

（10）电动机的强励磁倍数不应大于1.5。

▶ **270. 怎样调整同步电动机的轴向窜动间隙？**

带有座式轴承的同步电动机，其转子与轴瓦之间一般都留有一定的轴向窜动间隙（间隙值约为轴颈的2％）。通常，可移动轴承座来调整轴向窜动间隙，如图3-16所示。调整时，先使一端轴承两边的间隙相等，即$\delta_1 = \delta_2$，而另一端的间隙δ_3略大于δ_4，这主要是考虑到转子在热态下的膨胀量；然后调整每个间隙的上、下、左、右间距，使之相等，$\delta_1 = \delta_1'$。这样可保证轴瓦与轴颈互相贴紧。

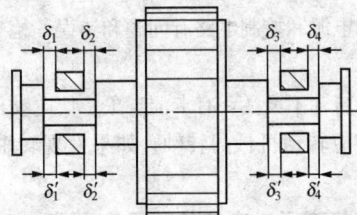

图3-16 同步电动机的轴向窜动间隙调整

> **! 小提示**
>
> 有时，由于转子水平未调整好，或定子与转子的磁中心线不重合，在转子运行时，转子向一边窜动，造成轴瓦端面发热，严重时甚至出现撞瓦现象。此时应校正电动机水平，调整转子的轴向位置。

271. 三相同步电动机轴承发热怎么办？

三相同步电动机轴承发热的原因及检修方法如下。

(1) 润滑不良。改善润滑条件，注油。

(2) 轴承污损或润滑油内有杂物。清洗或更换轴承，换润滑油。

(3) 轴承太紧。检查轴承的配合状况。

(4) 轴承因振动而松动。检查和更换好轴承，查出振动原因，并及时排除。

> **! 小提示**
>
> 如果轴承发热但没有超过电动机的其他部位，这可能是转子或定子发热而传到轴承上的，这时主要减小电动机的负载额定值以适当减小励磁电流至额定值。

272. 三相同步电动机不能启动怎么办？

三相同步电动机不能启动的原因及检修方法如下。

(1) 定子绕组的电源电压太低，启动转矩过小。如是降压启动，则适当提高启动电压，以提高启动转矩。

(2) 定子绕组开路。检修开路的绕组。

(3) 轴承太紧和安装不当，使定、转子铁心相擦。调整定、转子之间的气隙达正常值。

(4) 负载过重。使电动机轻载启动。

(5) 定子绕组的电源和控制电路有问题和错误。检查定、转子的主线路和控制电路。

(6) 拖动机械的转轴不灵活，有卡涩现象，使电动机转轴负载太重而不能启动运行。启动前应转动机械的转轴，如果发现转轴运转失灵，需进行检修。

273. 同步电动机定子过电流的原因有哪些？

同步电动机定子过电流的原因有以下几点。

（1）所拖动的机械负载过重或卡住。

（2）定子绕组相间短路、匝间短路或单相接地。

（3）电源电压过低或缺相。

（4）电动机异步启动时间过长。

（5）轴承损坏或定、转子相擦。

（6）电动机带励失步或失励失步运行。

同步电动机的定子过电流会引起绕组迅速发热，甚至烧毁绕组。因此，同步电动机一般都采用 GL 型过电流继电器作为过电流保护装置。

274. 同步电动机的定子接线开焊怎么办？

如果同步电动机的定子接线开焊，一般可用炭精钳加热，用磷铜焊片焊接即可。这种焊料不会因发热而开焊，其接触电阻和机械强度均优于普通焊锡。在某些特殊情况下，可采用银铜焊料，其导电性能和机械强度优于磷铜焊料。焊接时应注意以下几点。

（1）焊接前。为保护线头附近的绝缘，应在线头附近裹上浸水的石棉绳，以防止焊剂、焊料流入线圈缝内。

（2）焊接前，应使用细砂纸将被焊导线接头打磨干净。

（3）对于绝缘等级较高的电动机，最好使用磷铜焊料。

（4）炭精应采用电阻较大的硬质电刷，而不易采用铜石墨电刷。

（5）焊接时，将炭精钳夹在已搭接好的导线上，断续接通电源，将温度控制在 600～700℃以内。当导线呈暗红色时，将磷铜焊片熔于缝内，断开电源，移去焊钳即可。

（6）焊接后，应使用电桥测量焊接部位的电流电阻，测得的电阻值与安装时测得的电阻值相差不应超过±2%。

275. 同步电动机的转子接地怎么办？

同步电动机的转子接地检修方法如下。

（1）同步电动机长期停用（特别是梅雨季节长期停用）而受潮，转子绝缘电阻降低到允许值以下。此时可采用烘炉和热风法将电动机进行干燥处理，直到绝缘电阻合格为止。

（2）励磁绕组表面脏污，造成绝缘电阻降低。应擦拭绕组表面，并且吹风清扫，必要时进行清洗和干燥处理。

（3）励磁绕组长期过载运行，其绝缘老化变质，失去绝缘能力。老化变质的绝缘应予以更换。

（4）磁极线圈固定不牢靠，运行中颤动使绝缘损坏。除调换新线圈外，还应加强磁极的固定。

（5）转子过电压引起转子绝缘击穿而造成接地。除更换接地的磁极线圈或绝缘外，还应检查过电压保护的可靠性，或装设新的过电压保护装置。

（6）集电环下游电刷粉末或油垢，引出线绝缘损坏或集电环绝缘不良。应清理集电环或更换集电环绝缘。

276. 怎样检修同步电动机磁极线圈的短路故障？

同步电动机磁极线圈的短路故障的检修方法如下。

（1）用电工刀或毛刷将全部线圈表面的污垢和粉尘清除干净，以免造成线圈匝间短路。

（2）在线圈中通入低压交流电，用插针法测量每个磁极线圈的电压降。如果发现某只线圈的电压降明显大于其余线圈，则表明该线圈存在短路故障。

（3）拆开该故障线圈相邻两线圈的连接线，并将故障线圈单独甩开。在故障线圈中通入较大的交流电，历时 1min 左右，然后切断电源，立即用手触摸该线圈表面，看是否发热（可用点温度计测量）。如果某部分的线匝比其余部分的线匝温度高，则说明该部分的线匝存在短路故障。

（4）发现短路线匝后，先用旧手锯条和电工刀将发热部位的线匝间绝缘从外向里清除，清除深度约 1mm，然后测量发热点温度。此时如果短路故障已消除，则该线圈的表面温度是均匀的。若确认故障已不存在，可将环氧树脂胶涂在线圈的被清理部位，并在室温下固化 8h 左右即可。如果短路故障发生在线圈内表面，可将良好线圈拆下后，按上述方法找出故障点，并予以处理。如果短路点在线圈里面，则应拆修线圈，利用原来的铜线更换匝间绝缘。

❶小提示

由于同步电动机磁极线圈的匝数较多，所以，即使有几匝短路，电动机也能够"带病"运行，但这是一种隐患，应及时检修排除。

277. 怎样修理中小型同步电动机的转子绕组？

中小型同步电动机转子绕组的检修方法如下。

（1）将每个磁极在磁轭上的位置作出记号，以便组装时各个磁极各就各位，确保转子的动平衡。

(2) 用喷灯或烙铁烧断所有极间连接头,取下绑扎的铜线或铜套。

(3) 从磁轭上拆下磁极。对于用螺钉固定的磁极,拆卸时先要凿掉螺母上的焊点,然后旋下螺钉,磁极即可与磁轭分离;对于用 T 形尾固定的磁极,先将斜键打掉,然后拆下磁极。

(4) 从磁极上取出线圈。线圈取出后,要查看线圈的绕制方法,并作出详细的记录。

(5) 烧掉线圈绝缘物,注意火势要均匀。

(6) 清理线圈。线圈绝缘物烧掉后,先用棉布擦去导线上残留的绝缘物,然后将导线整直整平,并整理成卷。

(7) 包绝缘。用白绸带半叠包一层。

(8) 绕线。严格按照原来的线圈形式、层数、匝数绕制。

(9) 总包。线圈绕好后,用白绸带半叠包一层,以免线圈松散。包扎时要预先做好所需的 N、S 极连接头。

(10) 浸漆。与笼型电动机定子线圈的浸漆工艺相同。

(11) 装配。阻尼绕组、极身绝缘和转子线圈的装配与异步电动机相应部件的装配工艺相同。

278. 同步电动机的阻尼绕组焊接处断裂怎么办?

一旦发现同步电动机阻尼绕组焊接处断裂,应立即停机进行检查,查出故障点后进行铜焊或银焊予以修复。焊接方法如下。

(1) 焊接前焊点附近用浸水的石棉绳包裹,以保护完好部分。

(2) 用炭精(炭精选用电阻较大的硬质电刷)钳加热断裂处。操作时,断续接通电源,将焊接温度控制在 $600 \sim 700 ℃$ 之间。

(3) 当断裂处的阻尼条呈暗红色时,将磷铜焊片置于断裂处,待其溶化即可焊合。磷有去氧化作用,所以不需添加助焊剂。如果进行银铜焊,则焊接时应添加硼砂作为助焊剂。

(4) 焊接后,将焊接部位打磨平整。

💡小提示

同步电动机的阻尼绕组由阻尼绕组条和阻尼环组成,两者用铜焊或银焊连接。如果焊接质量差,则在电动机的运行中,由于电磁力和机械力的作用,焊接处便发生断裂而产生火花,并有异常电磁声,断裂部位一般呈黑色。

279. 同步电动机启动后转速不能增大到正常值并有较大的振动或产生异常噪声怎么办？

（1）同步电动机启动后转速不能增大到正常值并有较大的振动的原因及检修方法如下。

1）励磁系统发生故障，不能投入额定励磁电流。首先检查并消除励磁系统的故障，然后用电流表测试励磁电流是否符合要求。

2）励磁绕组发生匝间短路。应检修或更换短路线圈。

3）励磁绕组的接线有错，或绕制方向有误和匝数不符合规定。应检查绕组接线方式、绕制方法和匝数，并消除差错。

（2）同步电动机启动后运转时产生异常噪声的检修方法。

1）励磁绕组松动或发生位移。应检查绕组固定情况，消除松动和位移现象。

2）励磁绕组绕制有错、接线不正确或发生匝间短路。应检修或更换绕组，纠正接线差错。

3）定、转子之间的气隙不均匀。应调整定子或转子的安装位置。

4）转子不平衡。应使转子保持静平衡或动平衡。

5）所传动的机械运转不正常。应检查所传动机械的工作情况，消除不正常现象。

6）电动机在底座上固定不良或底座强度不够。应将电动机可靠地固定在底座上或加强底座基础。

7）轴承支座安装不良。应使轴承支座安装牢固。

8）转轴弯曲。应矫直或更换转轴。

280. 三相同步电动机定子绕组各部分都发热怎么办？

三相同步电动机定子绕组各部分都发热的原因及检修方法如下。

（1）电动机过载。应减少电动机负荷。

（2）磁场过励。适当降低励磁电流。

281. 三相同步电动机定子绕组中有一个或几个线圈发热怎么办？

检修方法如下。

（1）定子绕组部分线圈匝间短路。局部修理或大修定子绕组。

（2）定、转子铁心相擦。校正定、转子铁心。

282. 三相同步电动机绝缘击穿怎么办？

检修方法如下。

（1）工作电压过高。检查工作电压。

（2）环境温度太低。改善电机工作环境。

（3）绕组被有害气体、潮气等侵蚀。局部或全部修理已击穿的绕组。

283. 三相同步电动机集电环火花过大怎么办？

检修方法如下。

（1）电刷牌号或尺寸不符合要求。更换适合的电刷。

（2）滑环表面有污垢杂物。清除污垢，烧灼严重时应进行金属加工。

（3）电刷压力太小或电刷在刷握卡住或位置不正。调整电刷压力，改用适当大小的电刷，将电刷放正。

第五节 单相异步电动机及特殊
电动机的维护与检修

284. 如何使用和维护单相异步电动机？

单相异步电动机的日常检查和维护方法如下。

（1）外观及机件。检查端盖、外壳有无破损，转轴有无变形和损坏，接线盒是否牢固，电源引线是否完好，紧固螺钉有无松动，各部件是否齐全，电源开关是否良好。

（2）检查轴承。用手摇动和推动转子，检查上下有无松动，前后游隙是否正常，转动转子看是否灵活，必要时拆下轴承外盖，检查润滑脂（油）是否缺少、变色、硬化，轴承有无磨损。

（3）检查振动和噪声。检查电动机运行中有无异常振动及过大的噪声和杂声，若有异常，应查明是电动机本身内部原因还是基础螺栓松动等引起的。

（4）检查转速。检查电动机转速是否正常，有无转速变慢或时快时慢的现象，检查皮带松紧度是否合适。

（5）检查发热情况。用手触及电动机外壳，用手感温法判断电动机温度是否正常。

（6）检查绕组对地绝缘电阻。用 500V 绝缘电阻表摇测绕组对地（外壳）的绝缘电阻，如绝缘电阻小于 $0.5M\Omega$，应查明原因并加以排除。若受潮，则应作干燥处理。

（7）检查电容器。若发现电动机启动困难、转速慢，可将电容器一端焊下，用万用表 100Ω 或 $1k\Omega$ 挡测量，以判断电容器有无击穿、开路、漏电或容量减小现象。

小提示

（1）所谓单相异步电动机，是指仅以相定子绕组由单相交流电源供电的异步电动机。它是笼型三相异步电动机的派生品种，它们之间通用性、互换性极强。

单相异步电动机被广泛用于工业、农业、家用电器等方面，如风扇、洗衣机、电冰箱、空调等采用的都是单相异步电动机。

（2）注意事项。

1）单相分相启动异步电动机只有在电动机静止或转速降低到使离心开关闭合才能对其进行改变方向的接线。

2）单相异步电动机接线时，应正确区分主绕组和辅助绕组，并注意它们的首、尾端。如果出现标志脱落，则电阻大者为辅助绕组。

3）更换电容器时，电容器的容量和工作电压应与原规格相同。启动用的电容器应选用专用的电解电容器，其通电时间一般不得超过3s。

4）额定频率为60Hz的电动机不得用于50Hz电源，否则将引起电流增加，造成电动机过热甚至烧毁。

285. 怎样改变单相电动机的旋转方向？

单相电动机一般分为分相式、推拒式、罩极式和普通串激式四种。由于四者的结构各有差异，改变其旋转方向的方法也不同，具体方法如下。

（1）分相式电动机。它共有两组线圈，一组是运行线圈，另一组是具有较高电阻的启动线圈。颠倒这两组线圈中任一组的两个线端，就可使电动机反向旋转。

（2）推拒式电动机。它有一组电枢线圈、一只换向器和一组刷握，这种电动机与直流电动机大致相同，只是电刷由离心开关短路。通常，移动电刷在换向器上的相对位置就可改变电动机的旋转方向。

（3）罩极式电动机。由于只有一组线圈接在交流电源上运行，所以不能用颠倒线端的办法来改变电动机的旋转方向。通常，将定子铁心取出，倒一个方向即可使电动机反转。

（4）普通串激式电动机。变换电枢或磁场的电源线头就可改变电动机的旋转方向，其原理与改变串激直流电动机的方向相同。

286. 单相双电容电动机接线错误怎么办？

单相双电容电动机在电路中分别接有启动电容器和运行电容器，其中启动电容器只在电动机启动过程中工作，当转速达到一定值时就及时退出，为了保证电动机的启动转矩和运转性能，启动电容器的容量相对较大，而运行电容器的容量相对较小，使用中，如果将两个电容器的位置接反，即会使副绕组因过电流而烧毁。

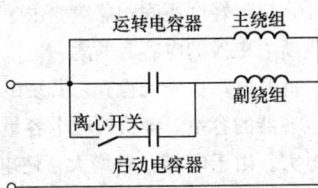

图 3 - 17　单相双电容
电动机接线方法

正确的接线方法如图 3 - 17 所示，在副绕组接一离心式启动开关，启动电容器与离心式开关串联，再和运行电容器并联。当电动机启动后，转速达到额定转速的 80% 左右时，离心开关的接点断开，切断启动电容器，此时电动机电流减少，电动机进入正常运转状态。

❗小提示

　　单相双电容电动机接线错误很容易烧毁副绕组。

287. 怎样检查单相异步电动机故障？

　　单相异步电动机故障的检查方法有：外观检查、轴承和润滑油脂的检查、启动装置检查和定、转子绕组检查。

　　（1）外观检查。首先检查、观察电动机外部各零部件，如端盖、转子轴是否变形或损坏，接线是否松动，各部位的螺钉是否缺损、锈蚀，零件是否齐全等。如果发现转轴变形、弯曲，则应在车床上用千分表进一步测出其变形度的大小，以确定是否存在定、转子相擦（扫膛）故障。

　　（2）轴承和润滑油脂的检查。先将转子横向晃动，以检查轴承是否松动；然后将转子轴向推动，以判断轴承是否窜动；接着盘动转子，观察其转动是否灵活，查看润滑油是否变质或干涸；最后仔细检查轴承是否破损和磨损程度如何。

　　（3）启动装置检查。先检查启动开关、启动继电器是否损坏，动作是否灵敏；然后检查电容器是否开路、短路、变质、击穿或失效。

　　（4）定、转子绕组检查。先检查定子绕组接线是否正确，观察绝缘是否老化或过热；然后检查绕组是否短路、断路、接地；最后检查笼型转子导条与铜端环是否断裂。

288. 单相电容运转式电动机在维修时更换了电容后，转速变慢，且外壳发烫怎么办？

　　单相电动机转速变慢且过热的故障原因很多，如轴承损坏或缺油，电压过低，绕组轻度匝间短路等。由于该电动机是在更换了电容后引起的故障，可判断为更换的电容有问题。

拆开电动机外壳检查，若绕组烧焦变成黑色，应进一步检查该机所配用的电容器的容量，该机所配电容量为 $3\mu F/500V$，与标称值比较，电容量显然过大。由于电容容量增大，使电动机效率下降，电动机拖不动原来的负载，长时间处于过负载运行状态，最后导致绕组烧坏，应修复绕组，并按铭牌所标示的参数配用电容器。

> ❗ **小提示**
>
> 在维修单相电容运转式电动机时，有些维修人员为了提高电动机的启动转矩，误认为电容器越大越好，随意选用大容量的电容器进行更换，其实这是一种误区。

289. 单相异步电动机电源电压正常，但通电后电动机不转怎么办？

其故障原因及检修方法如下。

（1）定子绕组或转子绕组开路。定子绕组开路可用万用表查找，转子绕组开路用短路测试器查找。

（2）离心开关触头未闭合。检查离心开关触头、弹簧等，加以调整或修理。

（3）电容器开路或短路。测量电容器是否开路或短路。

（4）转轴卡住。清洗或更换轴承。

（5）电源未接通。检查电源插座、开关触点等是否正常合断。

290. 单相异步电动机接通电源后熔丝熔断怎么办？

其故障原因及检修方法如下。

（1）定子绕组内部接线错误。用指南针检查绕组接线。

（2）定子绕组有匝间短路或对地短路。用短路测试器检查绕组是否有匝间短路，用绝缘电阻表测量绕组对外壳的绝缘电阻。

（3）电源电压不正常。用万用表测量电源电压。

（4）熔丝选择不当。更换合适的熔丝。

291. 单相异步电动机温度过高怎么办？

其故障原因及检修方法如下。

（1）定子绕组有匝间短路或对地短路。用短路测试器检查绕组是否有匝间短路，用绝缘电阻表测量绕组对壳的绝缘电阻。

（2）润滑油干涸。检查清洗后加油。

（3）副绕组与主绕组接错。测量两组绕组的直流电阻，电阻大者为副绕组。

（4）电源电压不正常。用万用表测量电源电压。

（5）电容器变质或损坏。更换电容器。

（6）定子与转子相摩擦。找出原因对症处理。

292. 单相异步电动机运行时噪声大或振动过大怎么办？

其故障原因及检修方法如下。

（1）定子与转子间有杂物。找出原因对症处理。

（2）转轴变形或转子不平衡。如无法调整，则需更换转子。

（3）轴承故障。清洗或更换轴承。

（4）电动机内部有杂物。拆开电动机，清除杂物。

293. 单相异步电动机外壳带电怎么办？

其故障原因及检修方法如下。

（1）定子绕组在槽口处绝缘损坏。寻找绝缘损坏处，再用绝缘材料与绝缘漆加强绝缘。

（2）定子绕组端部与端盖相碰。寻找绝缘损坏处，再用绝缘材料与绝缘漆加强绝缘。

（3）绕组分布电容引起外壳带电。将金属外壳妥善接地。

294. 单相异步电动机绝缘电阻低怎么办？

其故障原因及检修方法如下。

（1）潮湿或水分浸入。对电动机清理后烘干。

（2）绕组绝缘有油垢或粉尘。清扫后，吹风或擦拭干净。

（3）引出线或接线盒绝缘损伤。更换引出线绝缘或更换新接线盒。

（4）电动机绝缘老化。拆换绕组。

295. 单相异步电动机离心开关断路怎么办？

单相异步电动机离心开关出现断路故障后，由于离心开关的触点不能将二次绕组与电源连通，电动机将无法启动。

导致离心开关断路故障的原因有：① 触点簧片过热失效，触点烧坏脱落；② 机械机构卡死；③ 接线螺钉松动或线端断开；④ 触点绝缘板破裂；⑤ 弹簧失效以致无足够张力使触点闭合；⑥ 动静触点之间接触不良等。

检修方法如下。

可用万用表测量二次绕组引出线端的电阻。正常时二次绕组的电阻通常约为几百欧。如果测得的电阻值过大，则说明启动回路有断路故障。可拆开电动机的端盖，用万用表直接测量二次绕组的电阻，如测得的电阻正常，则说明离心开关有断路故障。应查明原因找出故障点进行修理。

296．单相异步电动机离心开关短路怎么办？

单相异步电动机离心开关出现短路故障后，由于离心开关的触点不能断开二次绕组与电源的连接通路，电动机运行时将会导致二次绕组发热烧毁。

导致离心开关短路的原因有：① 机械结构磨损、变形；② 动静触点烧熔黏结；③ 簧片式开关簧片过热失效、弹簧过硬；④ 甩臂式开关的铜环极间绝缘击穿；⑤ 电动机的转速达不到额定转速的80％等。

检修方法如下。

可在二次绕组线路中串上电流表，如运行时仍有电流指示，则说明离心开关的触点失灵未断开，应查明原因及时进行处理。如离心开关损坏严重，应重换新件。

297．单相异步电动机一带负载，熔丝就被烧断怎么办？

单相异步电动机一带负载，熔丝就烧断的故障原因及检修方法如下。

(1) 过负载。检查负载，如过大，可适当减少负载。

(2) 引出线接地或短路。检查后，重包绝缘处理。

(3) 绕组短路。检查后，重绕或局部处理绕组。

(4) 机械故障。检查是否卡住，转轴、轴承是否损坏，并处理好。

(5) 电容器短路。更新电容器。

298．单相异步电动机接负载后，转速急剧下降，达不到额定转速怎么办？

单相异步电动机接负载后，转速急剧下降，达不到额定转速的故障原因及检修方法如下。

(1) 负载过大。用电流表检查定子电流，适当减载。

(2) 气隙不均。调节端盖或适当车削转子外径。

(3) 绕组短路或接地。检查故障后进行处理。

(4) 绕组接线有误。改正接线方式。

(5) 转子导条缺陷或开焊。用短路侦察器检查，开焊处要进行补焊。

(6) 轴承故障。更换新轴承。

(7) 离心开关断开，但辅助绕组未脱开电源。检查和修复离心开关。

(8) 电源电压低。调整电源变压器与接头使电压适当提高。

(9) 配线过细，电压降增大。更换较粗的配线，使电压降低。

299. 单相异步电动机转速低于正常转速怎么办?

单相异步电动机转速低于正常转速的故障原因及检修方法如下。

(1) 电源电压过低。调整电源电压至额定值,增大转子导条和截面。

(2) 转子电阻太大。减少定子匝数。

(3) 一次侧绕组内有部分绕组反接或接线错误。改正端部的连接。

(4) 轴承摩擦加大。清理轴承,加上适当的润滑脂。

(5) 负载过大。更换容量较大的电动机。

300. 单相异步电动机启动后电动机很快发热,甚至烧坏绕组怎么办?

单相异步电动机启动后电动机很快发热,甚至烧坏绕组的故障原因及检修方法如下。

(1) 一次侧绕组短路或接地。用万用表测量电阻值的大小。

(2) 一次侧、二次侧绕组短路。用万用表检查电阻值,改换线圈。

(3) 启动后离心开关触头断不开。测量总电流或副相回路电源,检查或更换离心开关。

(4) 一次侧、二次侧绕组接错。测量其电阻或复查接头符号,改正一次侧、二次侧绕组接线。

(5) 电动机的负载选择不当,过大或过小。应按电容运转和分相启动的特点选择负载。

(6) 电压不准确。用电压表校准。

301. 单相异步电动机启动后电动机发热,输入功率大怎么办?

单相异步电动机启动后电动机发热,输入功率大的故障原因及检修方法如下。

(1) 电动机过载。调整电动机负载。

(2) 绕组短接或接地。用万用表测量电阻值的大小。

(3) 定、转子相擦。检查转子铁心是否变形,轴是否弯曲,端盖的止口是否过松。

(4) 轴承有故障。保养或更换轴承。

302. 单相异步电动机绕组断路的原因有哪些?

单相异步电动机绕组断路的原因有以下几点。

(1) 在检修和维护时导线多次弯折受损而断线。

(2) 受机械力和电磁力的冲击使绕组折断。

(3) 引线接头焊接不良,长期运行过热而脱焊。

（4）引线绝缘磨损以致短路，从而烧断引线。

（5）绕组接地、短路等烧断导线，造成断路故障。

303. 怎样检查单相异步电动机绕组断路故障？

检查单相异步电动机绕组断路故障的方法有：万用表检查法和校灯检查法两种方法。

（1）万用表检查法。将万用表拨至欧姆挡，将其一根表棒接在绕组的公共引出线 N 上，另一根表棒分别接在主绕组引出线 U 和辅助绕线引出线 Z 上，测得 Z、N 间电阻为 130Ω，U、N 间电阻为 85Ω，如图 3-18（a）所示。然后将万用表表棒的一端接在主绕组的引出线 U 端，另一根表棒接在辅助绕组的引出线 Z 端，测出 U、Z 间电阻为 215Ω，如图 3-18（b）所示，则说明电动机绕组正常；若测得 Z、N 间电阻为无穷大，则说明辅助绕组断路，如图 3-18（c）所示；若测得 U、N 间电阻为无穷大，则说明主绕组断路，如图 3-18（d）所示。

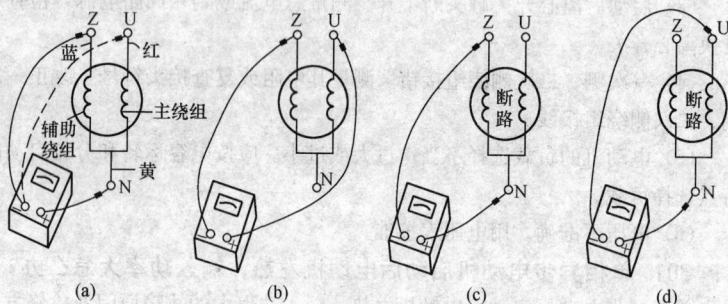

图 3-18　用万用表检查绕组断路

（a）、（b）绕组正常；（c）辅助绕组断路；（d）主绕组断路

（2）校灯检查法。单相异步电动机的接线如图 3-19（a）所示，检查时，将校灯一端接到两绕组的公共引出线上，另一端分别接到主绕组的引出线 U 上和辅助绕组引出线 Z 上，如图 3-19（b）所示。如果绕组断路，电路不通，则校灯不亮。查出哪个绕组有断路后，再进一步查出哪个线圈有断路。

对于辅助绕组的断路故障，由于辅助绕组与离心开关、电容器等启动元件连接，所以辅助绕组的断路点除绕组本身外还应检查这些启动元件的触点有否断路故障。离心开关的触点常因磨损、生锈、弹簧压力不足等原因造成断路故障。

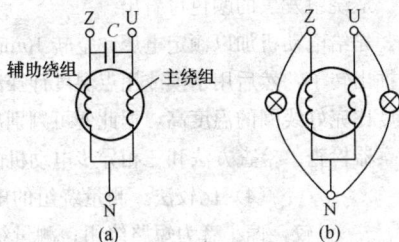

图 3 - 19 用校灯检查绕组断路

(a) 单相异步电动机绕组接线；(b) 用校灯检查绕组断路故障

小提示

由于电容器焊接不牢、松脱等原因也会造成断路故障。

---

304. 怎样检修单相异步电动机绕组断路故障？

单相异步电动机绕组断路故障的检修方法如下。

（1）当主绕组或辅助绕组的引出线接头焊接不牢或引出线被折断，造成断路故障时，可重新焊拉接，然后包扎修复绝缘。

（2）绕组断路处在铁心槽外时，将断裂的导线焊牢，并包好绝缘。

（3）绕组断路处在铁心槽内时，若是个别槽内的线圈，可进行修复。

（4）电容器的断路故障，常见的有电容器引线头脱落、过电压或过热击穿。通常可用万用表检查，检查时将万用表拨到 $R \times 10\text{k}\Omega$ 挡，用一根表棒将电容器两个接线端短路放电，然后将万用表两根表棒接在电容器的两接线端上，此时可按万用表指针摆动情况判断电容器的故障。若万用表指针先大幅度向电阻为零方向摆动，然后慢慢回到几百千欧处，说明电容器是好的；万用表指针无摆动，说明电容器已断路；万用表大幅度摆到电阻为零的位置，指针不返回，说明电容器已短路；万用表指针摆到某位置后停下来不返回，说明电容器漏电较多。

305. 单相异步电动机绕组短路的原因有哪些？

单相异步电动机绕组短路的形式有：绕组匝间短路、主绕组与辅助绕组相间短路两种。

其原因是：绕组受潮、绝缘受损伤和电容器短路。

306. 怎样检查单相异步电动机绕组短路故障？

单相异步电动机绕组短路故障的检查方法如下。

（1）外观检查。从绕组发黑的颜色可看出。

（2）发热检查。先给电动机加以额定电压，空转10min左右即停机，拆开电动机的端盖，抽出转子，然后用手摸或用点温度计探测线圈表面、短路线圈的温度，该温度比完好线圈的温度高，据此便可判别出故障线圈。

（3）用短路侦察器检查。检查方法和三相异步电动机的检查方法相同。

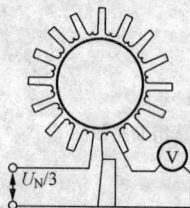

图 3-20　用电压表
检查绕组匝间短路

（4）比较法。测量绕组的电阻，与正常值比较，偏小者为短路绕组；测量绕组的电流，与正常值比较偏大者为短路绕组。

（5）用电压表检查。对于单相异步电动机还可用电压表来检查其绕组匝间是否短路，如图 3-20 所示。

检查时，必须抽出转子，剥去各个线圈连接头上的绝缘，在定子绕组上通入1/3或更低的额定电压，用一只50V的交流电压表或万用表交流电压挡测量每只线圈的电压降。在正常情况下，各只线圈的电压读数应相差不多，如果相差很多，则说明电压小的一只线圈有短路故障。

307. 怎样检修单相异步电动机绕组短路故障？

单相异步电动机绕组短路故障的检修方法如下。

单相异步电动机线圈短路后，如果尚未完全烧坏，可做局部简易修补，其方法是：先将电动机拆卸开，仔细检查定子绕组端部，找出被损伤的那一组线圈，设法挑出损伤的导线（要小心），若是绝缘损伤，则在损伤部位涂上绝缘漆，放回原处后再涂上一层绝缘漆；若导线已烧断，则需进行焊接，即预先套上绝缘套管，然后取一段线径相同的漆包线焊接上，在焊接口涂上绝缘漆，将套管套好，最后轻轻将焊好的线放回原处，再涂上一层绝缘漆，再用万用表检查是否接通。对短路严重的线圈应重绕，不宜进行修补。

308. 怎样检查单相异步电动机绕组接地故障？

单相异步电动机绕组接地故障一般是由绕组受潮、绝缘老化或损坏造成的。

（1）用绝缘电阻表检查。将绝缘电阻上标的"E"端接在机壳上，"L"端接在绕组上，以 12r/min 的速度摇动手柄进行测量。如测出绝缘电阻大于或等于 0.5MΩ，则电动机可以继续使用；如其值小于 0.5MΩ，则说明电动机已受潮，绕组绝缘强度下降；如果测得绝缘电阻为"0"，说明绕组接地。

(2) 用校灯检查。先将单相电动机的主绕组和辅助绕组分开，然后用校灯串联 36V 以下低压电源，如图 3 - 21 所示。将 A 端接辅助绕组的 Z 端或主绕组的 U 端，B 端接单相电动机的外壳，若校灯亮，说明电动机的工作绕组或辅助绕组已通电。

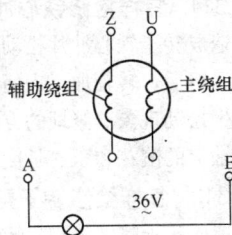

图 3 - 21　用校灯检查
绕组通电情况

309. 怎样检修单相异步电动机绕组接地故障？

单相异步电动机绕组接地故障的检修方法如下。

(1) 若绕组绝缘质量较好，因受潮、受脏污及绕组局部绝缘损坏时，只需对局部绕组进行加强绝缘处理。

(2) 若绕组接地故障点在铁心末端槽口处，可用绝缘纸或纸片垫在线圈与铁心槽口之间；如接地发生在绕组端部，可用绝缘带包扎，再涂上自干绝缘漆；如接地发生在槽内的绕组上，则可更换接地绕组。

(3) 如绕组严重受潮，可在拆除端盖和转子后，将其放入烘箱内烘干，并加浇一层绝缘漆，使其绝缘电阻大于等于 $2M\Omega$。

(4) 如绕组的绝缘已老化，应进行重绕。

310. 怎样检修单相异步电动机铁心表面擦伤故障？

检修方法如下。

(1) 轴承损坏、转轴弯曲、装配质量不好、端盖止口磨损或电动机内部落入异物等均会造成定子、转子相擦，使铁心表面擦伤，造成冲片之间短路。

(2) 可配制 34% 浓度的硝酸或稀硫酸液来腐蚀短路冲片的毛刺。

1) 用干净的布或纸将通风孔和线圈表面盖好，以免酸液腐蚀线圈。

2) 用毛笔或刷子蘸上酸液，顺短路冲片涂刷，涂刷几次后用清水冲洗腐蚀物，反复多次使冲片毛刺全部腐蚀掉。

3) 当铁心露出冲片纹路时，用干布擦拭，并用汽油擦拭两遍。

(3) 在修理过的铁心表面涂上绝缘漆。

小提示

单相异步电动机常见的铁心故障是铁心表面擦伤和转子铁心冲片松动。

311. 怎样检修铁心冲片松动故障？

造成转子铁心冲片松动的原因是转轴有锥度，粗糙度不符合要求，当电动机运行后，转轴加工表面的凸峰被压平，冲片之间压紧的摩擦力降低，从而产生松动现象。修理的方法是用壁冲沿转轴的周围打几个点铆紧，或者加长转轴上的滚花和压筋长度或更换合格的转轴。

312. 怎样检修转子整体铁心与转轴配合松动的故障？

造成转子整体铁心与转轴配合松动的原因是轴套松动或螺母未拧紧、冲片孔转轴配合公差不当或冲片孔、转轴加工超差。修理的方法有：刷镀轴套或拧紧螺母；更换新转轴，选用合理的公差配合；用环氧树脂浇入转子铁心与转轴之间使之固定；将铁心两端与转轴电焊一周，要求用细焊条，不可将铁心或转轴焊变形。

313. 怎样根据单相异步电动机的故障现象判断是否为电容器损坏？

电容器损坏所引起的单向异步电动机故障的规律和特征有以下几点。

（1）单相异步电动机施以220V的额定电压后，电动机不能启动，如检查接线和熔断器良好，电动机正常，则故障多为电容器损坏引起的。

（2）单相电动机在使用时，若发现其转速下降，这多是由于电容器被击穿或容量值减小造成的。

（3）单向异步电动机在使用过程中，若发现其带较大负载时有带不动的现象，该故障多是因电容器损坏以后，电动机的转矩严重下降引起的。

（4）电容器损坏以后，还会引起电动机发出"嗡嗡"的噪声。

314. 怎样用万用表检测单相异步电动机所用电容器的好坏？

对怀疑有故障的电容器用螺丝刀或导线将电容器两端短接放电，然后将其拆下，用万用表 $R \times 10k\Omega$ 或 $R \times 1k\Omega$ 挡进行测量，两表笔分别接在电容器的两端，根据表针摆动的情况来进行判断。

（1）如果指针先大幅度摆向电阻零位，然后慢慢地返回到数百千欧位置，说明电容器完好。

（2）如果指针不动，则说明电容器有开路故障。

（3）如果指针摆到电阻零位后不返回，说明电容器内部已击穿损坏。

（4）如果指针摆到刻度盘上某个较小电阻处不能返回，说明电容器泄漏电流较大。

（5）如果指针能摆动和返回，但第一次摆幅小，说明电容器容量已减小。

（6）将万用表的转换开关拨到 $R \times 10k\Omega$ 挡，用表笔测量电容器两引线对外壳电阻。如果电阻为 0Ω，说明电容器电极与其外壳之间已被击穿短路。

⚠️**小 提 示**

  对于电容器已有断路、严重泄漏或击穿故障的，则需要更换新的电容器。

315. 怎样用交流放电法判断单相异步电动机所用电容器的好坏？

用交流放电法判断单相异步电动机所用电容器好坏的方法如下。

（1）将电容器的两引脚短时间（1~2s）直接接触单相交流电源，然后立即脱离电源。但应注意通电时间要尽量短，以防烧毁电容器。

（2）用螺丝刀或导线（但应注意不要用手碰导线，以免发生危险）将电容器的两引线短接，如果有火花放电，说明电容器良好；反之，说明其已损坏。

如果火花虽有但很小，说明电容器的容量已明显减小，也应重换新件。

316. 怎样用氖灯检测单相电动机所用电容器的好坏？

采用氖灯检测单相异步电动机所用电容器好坏的接线电路如图 3-22 所示，利用变压器和整流、滤波得到的 200~300V 的直流电作为检测电源。

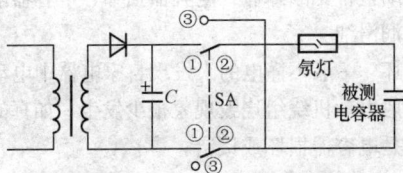

图 3-22 用氖灯检查电动机
电容器好坏的接线电路

检测时，先将 SA 开头拨到使①、②触点接通处，向被测电容器充电，然后再将 SA 开关拨到使②、③触点接通位置，使电容器放电。当电容器充电和放电的瞬间，氖灯若发生短时间的闪光，则说明电容器良好。若 SA 开关拨至充电位置时氖灯不亮，说明电容器断路。若氖灯一直是亮的，则说明电容器短路。若氖灯每隔 1~2s 闪亮一次，说明电容器漏电。

317. 单相交流电容式电动机为什么有的能反转而多数不能？

单相交流电容式电动机定子有两个线圈，一是主线圈、一是副线圈。主线圈线径粗，匝数少，电阻小，而副线圈则相反。工作时外附电容器是

239

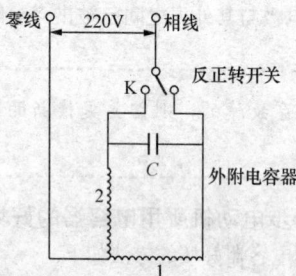

**图 3-23 具有反正转单相
电容式电动机的外部接线**

串接在副线圈里的。如反接，将电容器串接在主线圈里也能反转，但缓慢无力。

双向单相交流电容式电动机里边两个线圈无所谓主副之分，也就是两个线圈匝数、线径、电阻完全相同。外附电容器与哪个线圈串接，哪个线圈就是副线圈，如洗衣机电动机就是双向电动机，它是靠机械式反正开关控制的，如图 3-23 所示。

❗小提示

单相电容式电动机（包括老式其他型电动机）转向和电源零线、相线接法无关，而认为单相电容式电动机是靠电源零线、相线互换来改变方向的是完全错误的。

📌318. 单相电容式电动机常见故障有哪些？

单相电容式电动机常见故障有：电容器损坏、电容器电容量不足、电容器接错和电动机缺润滑油。

（1）电容器损坏。一般不懂电的人发现自家电器中电动机不转就盲目定论电动机烧了，一般电动机绕组烧毁现象很少发生，如真的烧了肯定有焦煳味。电动机不转多是电容器损坏或接错。

1）短路。用万能表检查，两线直通。一般人家没有万能表，可用 220V 灯泡串联，如灯泡亮度正常，说明短路。短路后副线圈电压升高易烧毁。

2）断路。用万能表检查（打到电阻高挡），如表无反应，说明断路。如刚一接通瞬间表针往零下方向稍一闪动即返原位，说明电容器完好。用灯泡串联法检查，如灯泡稍有发红，说明电容器完好。用验电器检查更方便，电容器任一端接电源相线，用验电器分别碰电容器两端，如亮度一样，说明电容器完好，如碰未接线端亮度稍暗或不亮，说明电容器断路。

（2）电容器电容量不足。这种情况往往是由于更换的电容器的电容量小了。因为电容器是串接在副绕组中的，电容量小，副绕组电流就小，电动机转矩也小，启动困难，转速慢。如电容量配置过大，副绕组中电流增大，时间长有可能烧毁。如原来电容器看不清或丢失，可参考表 3-4 选购新电容器。

表 3 - 4　　　　　　　单相电容式电动机配置电容量

电动机不同容量时电容量/μF									
6W	10W	16W	25W	40W	60W	90W	120W	180W	250W
1	1	2	2	2	4	4	4	6	8

（3）电容器接错。

1）电容器串接在主绕组中，等于主、副绕组互换，旋转磁场反向，电动机反转。

2）电容器跨接在主、副绕组之间，主、副绕组再共同接电源等于电容器自己短接不起作用，主、副绕组均无电容，两电流同相，无旋转磁场，电动机不转。

3）电容器直接跨接在电源零线与相线之间，主、副绕组均无电容，不产生旋转磁场，电电动机不转。一般电容器的工作电压均在 400V 以上，故不烧毁。

（4）电动机缺润滑油。电动机工作一定时间后机轴无油、电动机启动不起来。检查方法：用手直接扳动机轴很费劲或通电后用手帮助启动能转起来但转速偏慢，加油即好。

⬤·小提示·

（1）目前家用电器中大都采用单相电容式电动机，老式单相电动机几乎全部被淘汰。

（2）用万能表或灯泡检查电容器断路、短路，不能带电测试。因为电容器与副线圈是串联后并接的，都成通路，但有一定电阻值（主、副线圈两者电阻之和），当然电容器完全短路也能测试出。

✐319. 电磁调速异步电动机是由哪几部分组成的？

电磁调速异步电动机又叫"转差电动机"，它是一种交流无级调速电动机，可进行较广范围的平滑调速（调速比一般为 10∶1）。其组成如图 3 - 24 所示，主要由三相笼型异步电动机、电磁转差离合器和测速发电机组成。

三相笼型异步电动机为原动机，测速发电机安装在电磁调速电动机的输出轴上，用来控制和指示电动机的转速；电磁转差离合器是电磁调速的关键部件，电动机的平滑调速就是通过它的作用来实现的，其结构主要由电枢和磁极组成，如图 3 - 25 所示。

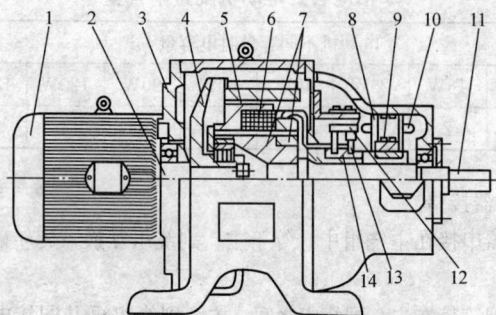

图 3-24 电磁调速异步电动机的组成

1—电动机；2—主动轴；3—阀兰端盖；4—电枢；5—工作气隙；6—励磁绕组；
7—磁极；8—测速发电机；9—测速机磁极；10—永久磁铁；11—输出轴；
12—刷架；13—电刷；14—集电环

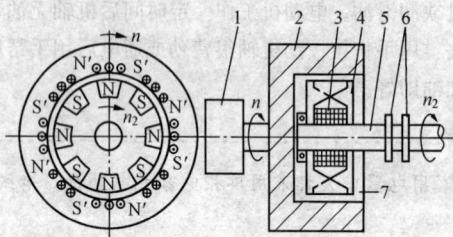

图 3-25 转差离合器示意图

1—异步电动机；2—电枢；3—励磁绕组；4—爪形磁极；
5—集电环；6—输出轴；7—气隙

（1）电枢：形状为圆筒形，通常由铸钢加工而成。它是直接固定在异步电动机的轴伸上的，属主动部分。

（2）磁极：形状为爪形，有励磁绕组，固定在输出轴上，属从动部分。

320. 如何对电磁调速电动机进行日常维护工作？

由于电磁调速电动机调速范围广，可无级调速，机械特性硬度较高，启动转矩大且平滑启动，结构简单，维护方便，所以广泛使用于恒转矩无级调速的场合，尤其风机、水泵等递减转矩负载机械，应用后节电效果较好。

在日常维护工作中要做到以下几点。

（1）仔细检查通风冷却系统是否有堵塞现象。

（2）拖动的原动机可以直接启动或降压启动，启动后要合上控制器的电源开关，逐渐调节调速旋钮，增加励磁电流，电磁转差离合器的转速逐渐加快，一直到所需转速。

（3）电动机启动后应监视轴承的运转情况是否正常，并应保证轴承正常润滑。

（4）检查电动机振动和噪声情况是否正常，地脚螺栓是否松动。

（5）检查测速发电机的灵敏度。

（6）定期检查控制部分，及时调整电位器的电阻值。

（7）尽量缩短低速运转时间，频繁正反转的次数不可过多，运行中应减少反转运行。

（8）电动机停机时，应将调速旋钮调到零位，再停止拖动原动机。欲使负载机械迅速停止时，应先停止原动机，再将调速旋钮调节到零位。

（9）电动机停止后，对电动机进行彻底清扫，尤其离合器部位的灰尘。

（10）停机闲置一段时间的电动机，在使用前应测量绝缘电阻，校验转速刻度，验证反馈情况。

（11）仔细检查调速系统动作情况。

（12）电动机未转动之前不可将励磁绕组通入励磁电流，以防使熔丝熔断。

321. 电磁调速电动机的常见故障有哪些？

电磁调速电动机最常见的故障有定、转子间铁心相擦，造成扫膛现象。引起扫膛最常见的原因如下。

（1）轴弯。原动机带动外转子，轴承支撑力不够，常使轴头发生弯曲，检修时校正轴的弯曲作用不大，有的修理单位改用 65 钢重新车制转轴；有的是在轴头加套，以增大轴的强度。

（2）轴承故障。由于轴承的磨损，造成气隙不均匀，使铁心发生扫膛故障。更换新的轴承。

（3）铁心变形，气隙不均。外转子靠涡流产生转矩，外转子温升较高，早年出品的电动机没有散热措施（最近产品有散热筋和水冷却措施），所以变形严重，使气隙不均匀，造成扫膛。检修时，应严格检查气隙的均匀度。

322. 电磁调速电动机接通电源后，指示灯不亮怎么办？

电磁调速电动机接通电源后，指示灯不亮的故障原因及检修方法如下。

（1）组合插头或印刷电路板插座接触不良，电源未接通。检查插头或插座情况，用酒精清洗。

（2）指示灯坏或未拧紧。检查灯泡情况，用伏安表测量应为5V左右。

（3）熔断器熔丝烧断。检查电源引线是否正确，有无短路，硒堆是否击穿。

（4）电源开关接触不良。更换开关。

323. 电磁调速电动机电源接通后，调节旋钮时，电磁离合器不工作，转速表无指示怎么办？

其故障原因及检修方法如下。

（1）调速电位器断路。检查变压器各二次侧线圈电压是否正常。

（2）稳压管或滤波电容器击穿短路。测量电位器上的给定电压是否在16～20V之间。

（3）二极管击穿。测量稳压管两端电压是否在8～10V之间。

（4）单结晶体管和三极管损坏。如果检查上述情况均正常，则用示波器观察脉冲变压器的波形（应为能移动的脉冲波）。

（5）脉冲变压器断线。检查断线情况，焊接变压器。

（6）续流二极管损坏。更换续流二极管。

（7）二极管不通。更换二极管。

324. 电磁调速电动机运转后，电磁离合器工作时，转速一直上升，电位器失去控制怎么办？

其故障原因及检修方法如下。

（1）电位器损坏。更换电位器。

（2）插脚管不通。用酒精清洗插脚。

325. 电磁调速电动机运转时，转速表指针有摆动怎么办？

其故障原因及检修方法如下。

（1）励磁绕组极性接反。互换励磁绕组接线。

（2）微分电路的电阻和电容损坏。检查电容两端有无微分电压，更换损坏元件。

326. 电磁调速电动机在运转时转速突然上升，转速表指示正常怎么办？

电磁调速电动机在运转时转速突然上升，转速表指示正常的故障原因往往是二极管不通，在运行时被烧坏，则更换二极管，故障即可排除。

327. 电磁调速电动机表头指示转速与实际转速值不一致或无法调节怎么办？

电磁调速电动机表头指示转速与实际转速值不一致或无法调节的故障原因及检修方法如下。

（1）永磁式测速发电机退磁，如调节电位器仍不能解决问题时，需将测速发电机重新充磁。

（2）测速发电机有一相短路或断线，测量测速发电机的三相电压是否对称，然后修复。

328. 怎样检查和排除交流伺服电动机的故障？

交流伺服电动机和笼型电动机结构类似，所以故障的检查和排除也大致相同。

（1）定子绕组故障。断路、短路和接地等故障，可参考异步电动机定子绕组故障及检修的相关方法。

（2）机械故障。可参考异步电动机常见故障及处理的相关方法。

（3）控制电源和附属元件故障。检查控制电源电路，找出故障元件，对症处理。

⚠ **小提示**

（1）伺服电动机是将输入电信号变成轴上的角位移或角速度的旋转电动机。

（2）伺服电动机主要分为交流和直流两大类。其中交流伺服电动机按转子形式分为笼型和非磁性杯形两种，直流伺服电动机按励磁方式分为他励式和永磁式两种。

交流伺服电动机与一般异步电动机相似，基本结构包括定子、转子两大部分。定子铁心由硅钢片叠压而成，定子绕组多制成两相的，两相绕组在空间相差90°电角度。

直流伺服电动机的基本结构与普通直流电动机相同，体积和容量都很小，换向性能好，无换向极，转子细而长，便于控制。按励磁方式分为他励式和永磁式两种，目前已应用较多的是他励式。

329. 怎样进行锥形转子电动机的日常维护？

锥形转子电动机日常维护的方法如下。

（1）定期检查控制部分、启动器、接触器是否有故障，用绝缘电阻表检查是否漏电。

（2）检查轴承运转情况，因为这类电动机轴承经常遭受冲击力，容易损坏。

（3）经常检查绕组绝缘水平，看是否有受潮或过热现象。

（4）检查弹簧压力。使用时间长的弹簧其弹簧压力会降低，必要时应更换新弹簧。如果无新弹簧，可以临时在弹簧的下部加入适当厚度的垫圈，以增加弹簧压力。

（5）检查减振装置是否正常。

（6）由于这种电动机轴向串量较大，所以电动机与机械负载连接时不可采用刚性连接。

（7）一般不可将卧式电动机改为立式使用，因为锥体转子安装不方便，不能上下运转。

330. 怎样更换锥形转子电动机轴承？

锥形转子电动机的轴承采用内圈无挡边的单列向心短圆柱滚柱轴承，所以更换时应将轴承外圈装在端盖轴承室内，其内圈装在转轴上，当装配端盖向机座安装时，应注意使轴承滚柱的内圈对准转轴上的轴承内圈，防止轴承内圈碰伤或碰掉轴承外圈上的滚柱体。

轴承外圈与端盖轴承室，或轴承内圈与转轴配合发生松动时，均可用环氧树脂胶或农机2号胶涂抹，然后进行装配。固化的环氧树脂胶形成胶垫，保证了配合公差。

331. 锥形转子电动机难以启动，或加上负载后转速较额定值低怎么办？

其故障原因及检修方法如下。

（1）电源电压太低或某相断路。调整电源电压或排除断路故障。

（2）风扇制动轮与后端盖锈蚀咬死，制动轮脱不开。卸下风扇制动轮，清洗锈蚀表面。

（3）电动机定、转子相擦（扫膛）。按电动机的转子与定子相擦（扫膛）的故障处理。

（4）定子引线首尾接错。查找和纠正错误接线。

（5）定子绕组断路。用绝缘电阻表或万用表检修。

（6）转子绕组或端环断裂。查找断裂部位并修复。

（7）电动机超载。调整负载。

（8）定子绕组有局部线圈接线错误。查找、纠正错误接线。

332. 锥形转子电动机三相电流不平衡怎么办？

锥形转子电动机三相电流不平衡的故障原因及检修方法如下。

（1）电源电压三相不平衡。检查、调整电源电压。

（2）定子绕组内有部分线圈短路。查找绕组短路部位并修复或更换。

（3）重绕线圈匝数有误。用双臂电桥检查，或重新更换缺匝线圈。

（4）定子绕组内部接线错误。检查、纠正错误接线。

333. 锥形转子电动机局部发热或内部冒烟怎么办？

锥形转子电动机局部发热或内部冒烟的故障原因及检修方法如下。

（1）电源电压过高或过低。调整电源电压。

（2）电动机超载或启动过于频繁。调整负载或使电动机按 JC25% 运行。

（3）制动间隙过小，运转时制动环未完全脱开。重新调整制动间隙。

（4）电动机定、转子相擦。按电动机的转子与定子铁心相擦（扫膛）的故障处理。

（5）定子绕组内部接线错误。检查、纠正错误接线。

（6）电动机运转时相断路。停车检查电源电压或绕组断路原因并进行修复。

（7）定子绕组短路或接地。查找接地或短路部位，并修复。

334. 锥形转子电动机制动不可靠怎么办？

锥形转子电动机制动不可靠的故障原因及检修方法如下。

（1）制动环磨损。更换制动环。

（2）制动间隙太大。调整制动间隙。

（3）制动环沾有油污。拆下制动环并清除油污。

（4）抽动弹簧压力下降或断裂。修复或更换制动弹簧。

（5）电动机超载。调整负载。

（6）制动环与后端盖锥面接触不良。对制动环锥面重新进行车削加工。

（7）制动环松脱。紧固、更换制动环。

335. 锥形转子电动机的转子与定子铁心相擦（扫膛）怎么办？

锥形转子电动机的转子与定子铁心相擦（扫膛）的故障原因及检修方法如下。

（1）在电动机转轴上支承圈磨损严重。修复或更换支承圈。

（2）转子或定子轴向发生位移。调整、修复定转子轴向位置。

（3）轴承磨损。更换新轴承。

（4）制动弹簧疲劳。修复或更换制动弹簧。

336. 锥形转子电动机运转有异常噪声或振动严重怎么办？

锥形转子电动机运转有异常噪声或振动严重的故障原因及检修方法如下。

（1）定、转子相擦（扫膛）。按电动机的转子与定子铁心相擦（扫膛）的故障处理方法进行处理。

（2）两相运转。检查电源或绕组的断相原因并修复。

（3）轴承缺油或损坏。清洗轴承并加油或更新轴承。

（4）电动机接线错误。检查、纠正错误接线。

（5）转子或风扇制动轮不平衡。校平衡。

337. 如何对潜水、潜油电动机及其电泵进行日常维护保养工作？

（1）电泵日常的检查与维护。

1）检查电泵出水是否正常，不可有少出或多出，以及继续出水等不正常现象。

2）检查电泵和水管的连接处是否可靠，如有脱开现象，应进行修理。

3）潜水电泵不可在深水中使用。

4）电泵的扬程和流量应正常，不可太大或太小。

5）检查管路、滤水网是否有堵塞和破裂现象。

6）长期停用的潜水电泵应吊起，并放出电动机内积水。

7）检查电泵的密封性是否良好。

（2）电动机的日常检查与维护。

1）检测充油式电动机的油量，应在允许范围内。

2）检查充油式电动机的油质是否符合要求。YQSZ250 系列和 YQSY250 系列电动机一般选用 22 号汽轮机油，QY 型潜水电动机常采用 5 号机械油。

3）检查电源是否断相，熔断器是否完好；三相电源电压是否平衡。

4）检查控制器是否完好，动作有无失灵现象。

5）检查电动机绕组绝缘电阻是否符合要求。

6）电动机引线电缆有无损伤。电缆橡皮护套是否有不正常现象和暴露的部位。YQSZ 系列电动机采用三芯潜水扁电缆；JQS10 系列电动机采用聚氯乙烯塑料电缆及耐水橡胶电缆。

7）检查电动机启动和转向是否正常。

338. 怎样检修潜卤电动机？

检修方法如下。

（1）潜卤电动机在使用前应进行详细的检查，在运行操作时要严格按照操作规程进行操作。要求每隔 8～10 个月检修电动机一次，特殊情况下应每隔 3～4 个月检修一次。

（2）潜卤电动机在结构上采用整体绝缘密封式，绝缘等级为 H 级。修理电动机时，应注意选用合理的材料和施工工艺。

（3）电动机绕组采用闭口槽穿线工艺；电磁线牌号应选用亚胺/氟 46 薄膜绕包线，槽绝缘应采用复合亚胺薄膜氟 46 玻璃漆布；定子绕组应采用真空浸渍处理。

（4）拆装电动机时，应注意其结构的特点。电动机装配过程中所有丝扣连接应涂上环氧密封胶，电动机组装后应再涂一次。另外，应用 8～10MPa 的压力作油压试验，经 30min 不泄漏为合格。

⚠ **小提示**

潜卤电动机是运行在含有硫化氢、天然气和含沙的深水卤液中，所以电动机的结构采用全封闭式充油型。YQL 型潜卤电动机采用 30 号或 22 号透平机油。电动机与泵之间设有多级密封的液体保护器，以阻止井液外层卤液侵入电动机内部。

339. 单绕组多速电动机不能启动或转速达不到额定值怎么办？

其故障原因及检修方法如下。

（1）电源电压过低。检查电源电压，调整到额定值。

（2）电动机外部连接不对。应按铭牌正确接线，查出错误后改正。

（3）重绕绕组时绕组接法有误。极相组间接线错误，查出错误后更正；部分线圈接反，查出错误后重新连接；绕组匝数有误，查出错误后纠正，去掉多余的绕组，若绕组匝数少了，则重绕绕组。

340. 单绕组多速电动机绕组过热怎么办？

其故障原因及检修方法如下。

（1）通风散热系统故障。

1）风路堵塞，通风不良，绕组表面积满灰尘等，造成电动机散热不好，温度升高而过热。应清扫电动机内部灰尘，检查风路并使其畅通。

2）风扇有缺陷，如掉叶、变形，甚至风扇装反等。查出错误后应更换或配置风扇，使风扇正常运行，满足电动机通风散热要求。

（2）电动机重绕引起的故障。

1）重绕时，绕组匝数过多。应按正确匝数绕制线圈。

2）线圈匝数过少或线圈节距过小。取出线圈后重新绕制线圈，使匝数和节距正确。

3）线圈绕得不整齐、松散、浸烘不良。应将松散的端部线圈包扎好，现进行浸烘处理。

4）绕组有故障。检查出绕组有短路、断路、接地等故障后应处理好，否则应重绕线圈。

（3）环境温度高。改善环境温度。

（4）电动机过载。应调整负载，使负载大小与电动机铭牌匹配。

（5）有扫膛现象。检查和调整气隙，使气隙均匀；如果铁心变形或转轴弯曲，应修复好铁心或转轴。

341. 单绕组多速电动机启动电流大怎么办？

（1）安装不正。检查带轮是否有卡住现象，皮带是否过紧；定子中心是否正确；联轴器安装是否符合要求。

（2）重绕时造成启动电流大。

1）线圈匝数绕少或嵌线时节距跨少。应重绕。

2）铁心锉槽或拆线时损伤铁心，造成铁耗增大，增加匝数重绕或降低容量使用。

（3）轴承故障，转轴弯曲。检查出轴承故障应换新轴承；弯曲的转轴应进行调直处理。

342. 充油式潜水电动机启动困难怎么办？

充油式潜水电动机启动困难的故障原因及检修方法如下。

（1）水泵叶轮被卡住。清除杂物，使水泵叶轮转动正常。

（2）油泵有故障。检查油泵，处理故障。

（3）轴承损坏。更换合格的新轴承。

（4）负载过载。调整机械负载，使其降到额定值。

（5）绕组故障。处理绕组短路、断路、接地等故障，必要时重绕线圈。

（6）电源三相电压不平衡。调整三相负载。

（7）电源断相。检查熔丝，更换新的熔丝并处理好引线断线部位。

（8）电源电压低。检查电源电压后调整到额定值。

（9）重绕线圈时参数不对。重新按正确参数绕制线圈。

343. 充油式潜水电动机绝缘电阻降低怎么办？

充油式潜水电动机绝缘电阻降低的故障原因及检修方法如下。

（1）电动机内膛的贫油后进水。将电动机提出至水面，将电动机内膛的油和水放净，并冲洗干净，放入烘干炉内干燥，绝缘电阻上升并稳定后装配电动机，注入合格油。

（2）电动机外接电缆的外接头进水。剥除电缆接头的密封绝缘，清理干净后，重新包扎绝缘，进行密封。

（3）油囊破裂。换油后更换新油囊。

（4）油囊两端密封不严。按工艺中规定重新进行密封。

（5）电动机贫油。补充合格新油。

（6）油泵失修或损坏。对油泵进行修理或更换零部件。

（7）绕组故障。即绕组发生短路、断路、接地等故障，应检修或重绕修复绕组。

✍ 344. 充油式潜水电动机运行时噪声和振动大怎么办？

充油式潜水电动机运行时噪声和振动大的故障原因及检修方法如下。

（1）继电保护失灵或误动作。检查出来后，应进行修复和调整。

（2）电动机和油泵选型不对。应根据负载要求正确选型。

（3）油泵损坏或失修。对油泵进行修复或更换新零部件。

（4）电源电压断相。检查熔丝、接线焊头等处，更换新熔丝，并焊接好接线头。

（5）电源电压不平衡。调整三相负载，使电源电压平衡。

（6）轴承损坏。对轴承进行修复或更换合格的新轴承。

（7）绕组接线和重绕参数有误。按正确参数和接线方法施工。

✍ 345. 充油式潜水电动机空载和负载时电流异常怎么办？

充油式潜水电动机空载和负载时电流异常的故障原因及检修方法如下。

（1）电源电压过高或过低。调整电源电压到额定值。

（2）绕组故障。按电动机绕组故障检修方法处理。

（3）三相电压不平衡。调整负载，使三相负载平衡。

（4）电动机过载。降低机械负载到额定值。

（5）电动机和油泵选型不对。重新选型。

（6）油泵有故障。检查后对油泵进行修理或更换油泵。

✍ 346. 充油式潜水电动机漏油和油质恶化怎么办？

充油式潜水电动机漏油和油质恶化的故障原因及检修方法如下。

（1）油囊破裂。换油；更换新油囊。

（2）油囊两端密封失效。重新密封和装配。

（3）水面上有浮油。清除水面上的浮油。造成水面浮油的原因是电缆头护套胀大和密封不良。

（4）磨块工作面有损伤和污垢。清理污垢，拆除磨块后碾磨磨块，重新装配。

（5）油质恶化。其原因为油囊密封不好，混入脏物造成油质恶化，应做到良好密封。

347. 充油式潜水电动机温升超限和过载跳闸怎么办？

充油式潜水电动机温升超限和过载跳闸的故障原因及检修方法如下。

（1）电动机贫油。及时补入合格油。

（2）叶轮反转。调整电动机三相引出线中任一引线头，改变电动机转向。

（3）注油过多。适当放掉一些多余的油。

（4）电动机或油泵选型不对。按要求正确选型。

（5）油泵故障。检查油泵并处理或更换新油泵。

（6）轴承故障。更换新轴承。

（7）绕组故障。检查绕组短路、接地、断路等故障，查出后进行修理，必要时应重绕绕组。

（8）绕组绝缘处理不当。再次进行浸渍处理。

（9）电动机过载。检查机械负载，将负载调至额定值。

第六节　电动机启动器和制动器的维护与故障检修

348. 怎样维护电动机启动器？

电动机启动器的维护方法如下。

（1）按维修工作卡做好设备的日常维护与故障检修工作。定期清理启动器，可用压缩空气或小毛刷清除污垢，并在活动部位加注适量的润滑油，在灭弧罩未装前切勿操作启动器。

（2）定期对热继电器进行校验。若线路发生短路事故，应对各元件逐个检查，及时更换发生永久变形的零部件。即使热元件未发生永久变形，也应经检验、调试合格后，方可继续使用。

（3）对于手动减压启动器，当电动机运行因失压而停转时，应及时将手柄扳回停止位置，以防电压恢复后电动机自行全压启动。最好另装一个失压脱扣器作保护。

（4）无触头启动器在使用中应经常观察面板上的各种指示信号，及时了解电动机工作情况，若有故障，应及时排除；若过载或断相脱扣，排除故障后，按复位按钮，使启动器重新投入运行。

349. 启动器触头过热或烧毁怎么办？

启动器触头过热或烧毁的故障原因及检修方法如下。

（1）负荷过重，电流过大。应更换较大容量的启动器。

（2）触头压力不足。应调整或更换触头弹簧。

（3）触头表面污脏。应清洁触头。

（4）触头超行程过大。应调整超行程，无法调整时，更换启动器。

（5）操作频率太高或操作时间过长。应按规定要求操作，操作动作要正确。

（6）油槽缺油或油质劣化。应补充油或更换绝缘油。

350. 启动器开关把手转动失灵怎么办？

启动器开关把手转动失灵的故障原因及检修方法如下。

（1）定位机构损坏。应修理或更换定位机构。

（2）静触头的固定螺钉松脱。应拧紧固定螺钉。

（3）启动器内部落入杂物。应清理杂物。

351. 怎样检查和维护自耦降压启动器？

自耦降压启动器的日常检查和维护方法除可参照星—三角启动器外，还有以下方法。

（1）检查操作机构是否灵活，检查分、合闸的可靠性；先用手按住脱扣衔铁，将手柄推向"启动"位置，再立即扳向"运转"位置，然后放开衔铁，应立即跳闸而无迟缓或卡阻现象。

（2）检查动、静触头接触是否良好，表面有无毛刺或凹凸不平的现象。如有，可用细锉锉平。

（3）检查三相触头动作的同时性（可调整各触头弹簧压力，使之一致）。

（4）检查触头开距、超行程和触头终压力，应符合表 3-5 的规定。

表 3-5　　　　　　　自耦减压启动器的触头参数

容量/kW	开距/mm	超行距/mm	终压力/N
20	不少于 17	3.5±0.5	6.87±0.69
40	不少于 17	3.5±0.5	14.2±1.42
75	不少于 20	4±0.5	3.14±3.14

（5）如果发现接在 $65\%U_e$ 轴头上的电动机启动困难、启动时间过长，可改接至 $80\%U_e$ 轴头。

（6）电动机启动时间的整定。

电动机的启动时间应根据其功率的大小进行整定。为了保证自耦变压器的负载特性与电动机及负载的启动特性相匹配，对于手动控制，整定的启动时间以电动机启动电流降到 1.5 倍额定电流所需的时间较为合适；对于自动控制，可根据电动机的额定功率，按下式整定时间继电器的动作时间。

1）用 $65\%U_e$ 轴头启动时

$$t_8 = 8 + P_e/8$$

2）用 $85\%U_e$ 轴头启动时

$$t_8 = 6 + P_e/15$$

式中　t_8——时间继电器的整定动作时间，s；

　　　P_e——电动机额定功率，kW。

⊙小提示

　　自耦减压启动器可分为开路和闭路两种转换方式。开路转换在转换过程中电流有短暂的中断，会产生电流冲击，造成转矩的突变和产生较高的过电压；闭路转换在转换过程中电流连续，电动机加速平滑，无转矩突变，可避免出现过电压。

352. 自耦减压启动器能合上，电动机却不转动怎么办？

自耦减压启动器能合上，电动机却不转动的故障原因及检修方法如下。

（1）电源电压太低，启动转矩不足。应调整自耦变压器抽头位置至 80% 处。

（2）熔断器熔体熔断造成缺相。应更换熔体接通电路。

（3）连接导线断线或接线错误。应检查线路，并修复故障线路。

353. 自耦减压启动器不能合闸，操作手柄无法停留在"运转"位置上怎么办？

自耦减压启动器不能合闸，操作手柄无法停留在"运转"位置上的故障原因及检修办法如下。

（1）热继电器触点接触不良或连接线接头松动。可用细锉刀修整触点的接触面，使之接触良好，并紧固松动的导线接头。

（2）失压脱扣器的线圈开路或电磁铁铁心、衔接接触面脏污及短路环断裂等使启动器不能吸合。应更换线圈或清洗修整电磁铁铁心及衔铁，并更换已断裂的短路环。

(3) 热继电器的脱扣器动作，造成启动器处于"停止"状态而不能合闸。应查明脱扣动作的原因后重新高整脱扣器的动作电流。

(4) 传动杠杆的调行程螺栓松动或定位板上的压紧弹簧脱落。应紧固松动的螺栓或重新装配好定位板上的压紧弹簧。

(5) 定位板上"运转"位置的缺口棱角磨损，使手柄无法停留在"运转"位置上。应修整或更换定位板。

354. 自耦减压启动器不能进入运行状态怎么办？

自耦减压启动器不能进入运行状态的故障原因及检修方法如下。

(1) 失压脱扣器不能吸合。应检查电源和接线是否正确。

(2) 热继电器整定值过低。应将热继电器整定值调高到电动机额定电流值。

(3) 机械机构被卡阻。应将机构调整灵活。

(4) 停止按钮、热继电器的动断触点接触不良。应修复或更换触头，使之接触良好。

(5) 电磁铁铁心、衔铁接触面有脏污或其他异物，使启动器不能吸合。应清理铁心。

355. 自耦减压启动器启动电动机后，电动机运转太慢或太快怎么办？

(1) 自耦减压启动器启动电动机后，电动机运转太慢。自耦减压启动器的自耦变压器一般有两个或三个抽头，通常用中间抽头或用电压低的抽头来降低启动电流。当电动机启动后运转太慢或根本不能启动时，一般可将抽头调换到电压最高挡，即抽头由 65% 调到 80%，电动机就能正常运转。若还不能运转，可采用以下方法进行检修。

1) 开关触点行程超程和接触压力调整不当，或三相触头动作不同步都有可能使启动器在电动机正常运转前转跳闸。应进行适当调整，使触点不超程和三相触点同步动作。

2) 油箱内绝缘油变质或油量不足。可更换或填足合格的绝缘油到油位线。

3) 热继电器工作电流偏小。应重新调整热继电器的工作电流。

(2) 自耦减压启动器启动电动机后，电动机运转太快。

1) 自耦减压启动器的自耦变压器接在百分数较大的抽头上，使电动机启动太快，造成启动电流很大。应将抽头从80%调到65%。

2）自耦减压启动器的自耦变压器绕组匝间短路。可取下油箱上盖，拆去电动机接线，操作手柄合闸，分别测量自耦变压器各相绕组的抽头电压。电压低并产生过热的绕组即是短路绕组，应重新更换绕组。

3）电路接线错误造成电动机启动太快，应仔细检查电路接线。

356. 自耦减压启动器欠电压脱扣器不动作怎么办？

自耦减压启动器欠电压脱扣器不动作的故障原因及检修方法如下。

（1）欠电压脱扣器线圈烧坏。应更换线圈。

（2）欠电压脱扣器线圈接线端松脱。应将接线端接牢固。

（3）接线错误。应找出原因，纠正错误接线。

（4）电磁机构卡住。应找出原因，排除故障。

357. 自耦减压启动器发出"嗡嗡"声怎么办？

自耦减压启动器发出"嗡嗡"声的故障原因及检修方法如下。

（1）变压器铁心未夹紧。应夹紧变压器铁心。

（2）变压器线圈接地。应用绝缘电阻表找出接地线圈，拆开重绕或在损坏处加强绝缘。

358. 运行中的自耦减压启动器产生异常声响怎么办？

运行中的自耦减压启动器一旦发生故障，其油箱就会发出嗡嗡声、吱吱声甚至爆炸声，此时可按不同声响判断故障原因并进行处理。

（1）启动器的自耦变压器铁心未夹紧，硅钢片产生电磁振动造成变压器产生嗡嗡声。此时夹紧自耦变压器的铁心即可。

（2）如果自耦变压器绕组的局部绝缘损坏，也会造成变压器发出嗡嗡声。在这种情况下可用绝缘电阻表测出绕组绝缘损坏处，修补绝缘或更换绕组。

（3）由于开关触头接触不良，触头上跳火花产生吱吱声。此时应修整或更换触头，同时应保证油箱有足够的绝缘油，以使触头能进行正常的冷却和灭弧。

（4）启动器的绝缘损坏，使导电部分直接接地而发出爆炸声并冒烟。通常，故障发生后的短路点是显而易见的，可对弧光烧焦处进行绝缘处理，必要时应更换启动器。

359. 自耦减压启动器油箱发热怎么办？

自耦减压启动器油箱发热的故障原因及检修方法如下。

（1）油中渗有水分使绝缘油变质。应更换合格的绝缘油。

（2）油面低于规定值或冷却条件差。应按规定补充油或改善冷却环境。

360. 启动器触点烧成突出的小点怎么办？

启动器触点烧成突出的小点的故障原因及检修方法如下。

（1）触点在分断时，电弧在触头之间燃烧，灭弧系统不好，电弧温度过高，电弧燃烧时间长。应全面检查灭弧系统，防止电弧燃烧时间过长。

（2）触点在合闸过程中有跳跃现象，应全面检查触头初压力是否符合要求。

（3）电动机启动电流太大，应使启动器和电动机容量相匹配。

（4）操作线圈电压过低，应使操作电源和操作线圈电压一致。

361. 启动器触点磨损怎么办？

启动器触点磨损的故障原因及检修方法如下。

（1）启动器在合闸过程中电流大，电弧温度高，使触点金属因汽化而逐渐减少。应完善灭弧系统，防止弧光温度过高造成金属汽化，并检查触点初压力是否正常。

（2）动静触点通过电动过大，长期发热烧损。应保证动、静触点在允许运行温度下通过允许的正常负荷。

（3）触点容量太小或启动过于频繁。应更换大容量的触点满足电动机启动电流要求或减少操作次数。

（4）操作电压太低使合闸时产生跳跃。应提高电源电压至额定值。

362. 电磁启动器衔接噪声大怎么办？

电磁启动器衔接噪声大的故障原因及检修方法如下。

（1）衔铁与铁心接触不良。应清除接触面的污垢和杂质。

（2）短路环断裂。应更换短路环。

（3）线圈电压过低。应调整电源电压使其符合线圈要求。

（4）衔铁各螺钉松动。应检查并拧紧各螺钉。

363. 启动器线圈过热烧坏，绝缘老化怎么办？

启动器线圈过热烧坏，绝缘老化的故障原因及检修方法如下。

（1）电源电压过高。应检查电源电压是否与线圈电压一致。

（2）线圈匝间短路。应修复或更换线圈。

（3）衔铁机构不正。有卡住现象，应检查有无不正和卡住现象，并予以排除。

（4）过负荷，触头烧掉脱焊。应更换触头。

（5）衔铁吸合不上。应检查线圈连接部分有无脱落断线，按钮有无卡住。

（6）线圈过热使绝缘损坏。应更换线圈。

364. 启动器里发出爆炸声，同时油槽里冒烟怎么办？

启动器里发出爆炸声，同时油槽里冒烟的故障原因及检修方法如下。

（1）触头有火花。修整或更换触头。

（2）开关的机械部分与导线间的绝缘损坏接地或接触器接地。查出接地点并予以消除。

365. 电动机未过载，但启动器的握柄却不能在运行位置上停留怎么办？

电动机未过载，但启动器的握柄却不能在运行位置上停留的故障原因及检修方法如下。

（1）欠压继电器吸不上或热继电器之间的触头接触不良，检查欠压继电器电源和接线是否错误，是否有卡住现象；检查过载继电器触头，并予以修整。

（2）过载继电器整定值太低，机械机构卡死或被移动，或弹簧里的油太薄，调整继电器整定值，检查撞针使其灵活，或将弹簧里的油加浓一些。

366. 启动后不能投入运行并自动停机怎么办？

启动后不能投入运行并自动停机的故障原因及检修方法如下。

（1）时间继电器延时闭合触头磨损较大，弹簧压力不足或断裂。检修或更换触头及弹簧。

（2）中间继电器触头接触不良或接线松动。检查中间继电器触头，接好接线。

（3）接触器 KM_1 的铁心有剩磁，在整定的启动时间到达时延缓释放，使其动断辅助触头不能及时复位，使 KM_2 不能吸合。更换带有剩磁的接触器。

367. 电动机运行中自动停机怎么办？

电动机运行中自动停机的故障原因及检修方法如下。

（1）控制电源的熔断器在运行中熔断。更换熔芯。

（2）热继电器过载动作。查明电动机过载原因，正确调整热继电器电流。

（3）中间继电器或运行接触器 KM_2 的线圈损坏或接线不良。更换中间继电器或接触器，接好接线。

（4）接线端头氧化严重，接触电阻大。刮除接线端头氧化膜，吃紧螺丝。

368. 启动器连锁机构不动作怎么办？

启动器连锁机构不动作的原因大都是启动器锁片锈死或磨损。可用锉刀修整或局部更换。

369. 怎样检查和维护制动器？

制动器由电磁铁、摩擦片、闸瓦、机械机构和电子元件等组成。制动器的日常检查和维护方法如下。

（1）检查并清除制动器上的灰尘、污垢。

（2）检查衔铁有无机械卡阻，元件有无损坏。

（3）定期检查衔铁行程的大小。由于使用日久，制动面（闸瓦）会磨损，从而使衔铁行程变大，引起吸力显著降低，因此当衔铁行程达到正常值时即进行调整。不让行程增加到正常值以上。

（4）检查闸瓦磨损情况，及时调整；对磨损严重或损坏的闸瓦应更换。

（5）检查控制电路及电子元件，及时更换损坏的电子元件。

⊙ 小 提 示

目前最先进的电磁制动器为盘式电磁制动器，如国产的 DPB 型、日本的 QBSP 型、美国的 EMX 系列等。在电动机轴端装着一个不太厚的由 45 号钢制成的圆盘，盘式电磁制动器的制动钳块与圆盘表面（径向）的卡住与离开实现着对电动机的制动和释放的相应动作。每种规格的盘式电磁制动器与不同尺寸的圆盘配合，圆盘直径越大，制动力矩也越大。

370. 制动器衔铁动作失灵怎么办？

制动器衔铁动作失灵的故障原因及检修方法如下。

（1）制动弹簧太硬或太软。更换压力适中的弹簧，或将过软的弹簧淬火、过硬的弹簧回火至压力适中后再用。

（2）衔铁铁心松散、变形，工作面灼伤或铁心短路。修整铁心，叠压紧固，故障严重时则重换铁心。

（3）摩擦片过热变形或烧坏。更换摩擦片，调整好间隙。

（4）启、制动次数超过极限而使铁心过热、机构不灵活。按规定进行启、制动操作，防止频繁操作。

（5）励磁线圈匝数不对（匝数过多或过少）。用匝数测定仪测定，将多的匝数拆掉，将少的匝数加绕上。

（6）整流电路内的电子元件损坏。修复及更换电子元件。

371. 怎样检修制动器电磁铁的故障？

当电磁铁发生故障停止工作时，可用减轻制动负荷或沿制动杠杆移动负荷的方法进行以下检查。

导线接头接触是否良好；电磁铁动铁心和制动系统是否被卡住；电压是否低于额定值的 90%。如果接通电路，电磁铁能举起已减小的负荷，则可判定电压过低。如果经过试验，仍找不出故障原因，则应使用 500V 绝缘电阻表分别测量三个线圈与外壳的绝缘电阻，以确定线圈有无接地故障。通电检查时，如果发现某线圈的电流特别大，则说明该线圈发生短路故障，短路故障严重的线圈应予以更换或重新绕制。

372. 怎样检修制动器的其他故障？

制动器其他故障的检修方法如下。

（1）衔铁等间隙、气隙增大，吸力减小。重新调整间隙、气隙，使之符合要求。

（2）摩擦力矩变小，调节不当。调节螺钉，使其力矩符合要求，一般调至额定值的 1.1～1.3 倍。

（3）闸瓦损坏或调节不当。修理或换闸瓦并调整好。

（4）接线有误，影响制动时间或产生制动误动作。按图正确接线，快、慢速两种制动接线不可混淆。

第四章 Chapter4

机床电气设备

第一节 机床电气设备的维护

373. 机床控制设备的日常维护、保养有哪些方法？

控制设备的日常维护、保养方法有以下几个方面。

（1）电气柜的门、盖、锁及门框周边的耐油密封垫均应良好。门、盖应关闭严密，柜内应保持清洁，不得有水滴、油污和金属屑等进入电气柜内，以免损坏电器，造成事故。

（2）操纵台上的所有操纵按钮、主令开关的手柄、信号灯及仪表护罩都应保持清洁、完好。

（3）检查接触器、继电器等电器的触头系统吸合是否良好，有无噪声、卡住或迟滞现象，触头接触面有无烧蚀、毛刺或穴坑；电磁线圈是否过热；各种弹簧弹力是否适当；灭弧装置是否完好无损等。

（4）试验位置开关能否起位置保护的作用。

（5）检查各电器的操作机构是否灵活可靠，有关整定值是否符合要求。

（6）检查各线路接头与端子板的连接是否牢靠，各部件之间的连接导线、电缆或保护导线的软管不得被冷却液、油污等腐蚀，管接头处不得产生脱落或散头等现象。

（7）检查电气柜及导线通道的散热情况是否良好。

（8）检查各类指示信号装置和照明装置是否完好。

（9）检查电气设备和工业机械上所有裸露导体件是否接到保护接地专用端子上，是否达到了保护电路连续性的要求。

374. 怎样做好电气设备的日常维护、保养？

做好电气设备的日常维护、保养的方法如下。

（1）配合工业机械一级保养进行电器设备的维护保养工作。如金属切削机床的一级保养一般在一季度左右进行一次。机床作业时间常在 6～12h，这时，可对机床电气柜内的电器元件进行维护、保养。具体方法如下。

1）清扫电气柜内的积灰异物。

2）修复或更换即将损坏的电器元件。

3）整理内部接线，使之整齐美观。特别是在平时应急修理处，应尽量复原成正规状态。

4）紧固熔断器的可动部分，使之接触良好。

5）紧固接线端子和电器元件上的压线螺钉，使所有压接线头牢固可靠，以减小接触电阻。

6）对电动机进行小修和中修检查。

7）通电试车，使电动元件的动作程序正确可靠。

（2）配合工业机械二级保养进行电器设备的维护、保养工作。如金属切削机床的二级保养一般一年左右进行一次，机床作业时间常在 3～6 天，此时，可对机床电气柜内的电器元件进行维护、保养。具体方法如下。

1）机床一级保养时对机床电器所进行的各项维护保养工作，在二级保养时仍需照例进行。

2）着重检查动作频繁且电流较大的接触器、继电器触头。为了承受频繁切合电路所受的机械冲击和电流的烧损，多数接触器和断电器的触头均采用银或银合金制成，其表面会自然形成一层氧化银或硫化银，它并不影响导电性能，这是因为在电弧的作用下它还能还原成银，因此不要随意清除掉。即使这类触头表面出现烧毛或凹凸不平的现象，仍不会影响触头的良好接触，不必修整锉平（但铜质表面烧毛后则应及时修平）。但触头严重磨损至原厚度的 1/2 及以下时应更换触头。

3）检修有明显噪声的接触器和继电器，找出原因并修复后方可继续使用，否则应更换新件。

4）校验热继电器，看其是否能正常动作。校验结果应符合热继电器的动作特性。

5）校验时间继电器，看其延迟时间是否符合要求。如果误差超过允许值，应调整或修理，使之重新达到要求。

375. 怎样维护机床电气设备线路？

对机床电气线路进行维护，通常应注意以下几个方面。

（1）日常维护时，不仅要对电气线路本身进行检查，看线路上的电器元件是否有缺陷，还应注意外界因素，如电网电压是否过高或过低，一旦发现问题，应采取相应的稳压措施。

（2）经常对易损件进行检查。在机床线路上，交流接触器、继电器、开关、熔断器等均属易损件，应检查相关触点是否烧蚀或受氧化而导致接触不良。

（3）线路的接头属薄弱环节，应经常对其检查，看其是否有发热、冒烟、烧焦变色或跳火现象。一旦发现问题，应及时进行处理，以防故障进一步扩大。

> ⊙ **小提示**
>
> 机床电气线路维护的特点如下。
>
> （1）由于机床电气设备的电器元件种类和规格繁多，不同机床有不同的电气结构，并且引起机床电气线路发生故障的因素也很多，所以机床电气线路往往发生多种难以预料的故障，处理这些故障存在很大难度。
>
> （2）机床电气线路的故障，按其外观特征可分为两类。
>
> 一类是电器元件发生故障，无外观特征，需要仔细进行检查、分析和处理；另一类是有明显的外观特征，如发热、冒烟、烧焦、发生火花等，这类故障一般易于查明原因和进行处理。
>
> （3）机床电气线路发生故障，除了线路上的电器元件存在缺陷之外，还与外界因素有关，如电网电压过高或过低，所以排除机床电气线路的故障时应注意查明内外原因。
>
> （4）接触器、继电器、开关等机床电气线路上的易损电器，其触头经常烧损，所以线路一旦发生故障，首先应检查这些器件工作是否正常。
>
> （5）机床控制部分发生的故障往往与电气线路和机械系统的运行不正常有关，所以维修电工不仅要掌握机床电气电路的工作原理，而且还要具备机床机械部分的一般知识，以迅速查明和顺利排除故障。

✦376. 机床电气设备维修的一般要求是什么？

机床电气设备维修的一般的要求有以下几个方面。

（1）采取的维修步骤和方法必须正确，切实可行。

（2）不得损坏完好的电器元件。

（3）不得随意更换电器元件及连接导线的型号、规格。

（4）不得擅自改动线路。

（5）损坏的电器装置应尽量修复使用，但不得降低其固有的性能。

（6）电气设备的各种保护性能必须满足使用要求。

（7）绝缘电阻合格，通电试车能满足电路的各种功能，控制环节的动作程序符合要求。

⚠️ **小提示**

　　机械设备在日常使用中造成电气故障的原因如下。

　　一般机械设备在日常使用中经常发生各种电气故障，这些故障多是由于维护保养不当、操纵失误、检修过程中操作不规范，以及电气控制电路的接线端子松动、电器开关振动移位、电器开关损坏等原因造成的。

377. 怎样进行机械设备一般电气故障检修时的故障调查？

　　机械设备一般电气故障检修方法是：口问、眼看、耳听和手摸。

　　（1）口问。机床发生故障后，首先应向操作者了解故障发生的前后情况，有时可根据电气设备的工作原理来分析发生故障的原因。一般询问的方法有：故障发生在开车前、开车后，还是在运行中自行停车，还是发现异常情况后由操作者停下来的；发生故障时，机床工作在什么工作顺序，按动了哪个按钮，扳动了哪个开关；故障发生前后，设备有无异常现象（如响声气味、冒烟或冒火等）；以前是否发生过类似的故障，是怎样处理的。

　　（2）眼看。查看机床有无明显的外部损坏特征，如电动机、变压器、电磁铁线圈等有无过热冒烟；熔断器的熔丝是否熔断；其他电器元件有无发热、烧坏、断线；导线连接点是否松动；电动机的转速是否正常。

　　（3）耳听。仔细聆听电动机、变压器和电器元件在运行中的声音是否正常，可以帮助寻找故障的部位。

　　（4）手摸。电动机、机床控制变压器和电器元件的线圈发生故障时，温度明显升高，可切断电源后用手去感触。

378. 机械设备检修时怎样进行电路分析？

　　机械设备检修时电路分析的方法如下。

　　（1）根据调查结果，参考该电气设备的电气原理图进行分析，初步判断故障产生的部位，逐步缩小故障范围，直至找到故障点并加以排除。

　　（2）分析故障时应有针对性，如接地故障一般先考虑电器柜外的电气装置，后考虑电器柜内的元件；断路和短路故障应先考虑频繁动作的电器元件，后考虑其他元件。

379. 机械设备电气检修时怎样进行断电检查？

机械设备电气检修时进行断电检查的方法如下。

（1）检查前先断开机床总电源，然后根据故障可能产生的部位逐步找出故障点。

（2）检查时应先检查电源线进线处有无损伤面引起电源接地、短路等现象，螺旋式熔断器的熔断指示色点是否脱落，热继电器是否动作，然后检查电器外部有无损坏，连接导线有无断路、松动，绝缘是否过热或烧焦。

380. 机械设备电气故障检修时怎样进行通电检查？

通过断电检查仍未找到故障时，可对电气设备做通电检查。在通电检查时要尽量使电动机和其所传动的机械部分脱开，将控制器和转换开关置于零位，并将位置开关还原到正常位置，确保无缺相和严重不平衡再进行通电检查，检查的顺序为：先检查控制电路，后检查主电路；先检查交流系统，后检查直流系统；先检查开关电路，后检查调整系统。或断开所有开关，取下所有熔断器，然后按顺序逐一插入欲要检查部位的熔断器，合上开关，观察各电气元件是否按要求动作，有无冒火、冒烟、熔断器熔断的现象，直至查到发生故障的部位。

⓵ 小提示

通电检查时必须注意人身和设备的安全，严格遵守安全操作规程。

381. 用电阻测量法检查电气故障时应注意哪些问题？

用电阻测量法检查电气故障时应注意如下问题。

（1）用电阻测量法检查电气故障时一定要先切断电源。

（2）所测量电路若有与其他电路并联，必须将该电路与其他电路断开，否则所测量电阻值不准确。

（3）测量高电阻电器元件时，要将万用表的电阻挡转换到适当挡位。

382. 机床电气故障的检修方法有几种？

通常机床电气故障的检修方法有以下几种。

（1）验电器测试法。

（2）校灯检修法。

（3）万用表检修法。它有电压测量法和电阻测量法两种，它们都有分阶测量法和分段测量法两种。

（4）短接检修法。它又有局部短接检修法和长短接检修法两种。

383. 怎样用验电器测试机床一般电气断路故障？

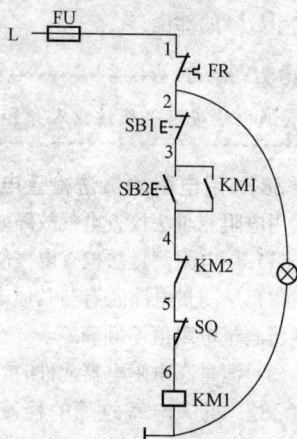

用验电器测试断路故障的方法如图4-1所示。检修时用验电器依次测试图4-1中的1、2、3、4、5、6各点，并按下SB2，测量到哪一点验电器不亮即为断路处。

小提示

注意事项如下。

（1）在有一端接地的220V电路中测量时，应从电源侧开始依次测量，并注意观察验电器的亮度，防止由于外部电场、泄漏电流造成氖管发亮，而误认为电路没有断路。

（2）当检查380V且有变压器的控制电路中的熔断器是否熔断时，防止由于电源通过另一相熔断器和变压器的一次侧线圈回到已熔断的熔断器的出线端，造成熔断器没有熔断的假象。

384. 怎样用校灯法检修机床一般电气断路故障？

用校灯检修机床一般电气断路故障的方法如图4-2所示。

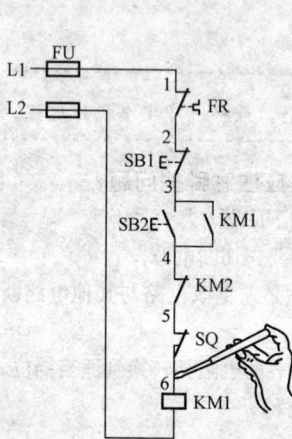

图4-1 验电器测试断路故障　　图4-2 校灯检修断路故障

检修时将校灯一端连接在0点，另一端依1、2、3、4、5、6次序逐点测试，并按下SB2，如接在2号线上校灯亮，而接在3号线上校灯不亮，则说明SB1（2-3）断路。

⚠️ **小提示**

注意事项如下。

(1) 用校灯检修断路故障时,要注意灯泡的额定电压与被测电压应相配合。若被测电压太高,则灯泡易烧坏;电压太低,灯泡则不亮。一般检查 220V 电路时,可采用一只 220V 的灯泡;检查 380V 的电路时,可采用两只 220V 的灯泡串联。

(2) 用校灯检查故障时还应注意灯泡的容量,一般查找断路故障时使用小容量(10~60W)的灯泡为宜;而查找接触不良而引起的故障时,应用较大容量(150~200W)的灯泡。

✏️ **385. 怎样用万用表的电压分阶测量法检修机床一般电气断路故障?**

万用表的电压分阶测量法如图 4 - 3 所示。测量前先将万用表旋到交流电压 500V 挡位上。用万用表测量 1、7 两点间的电压,若电路正常,应为 380V,然后按住启动按钮 SB2 不放,同时将黑表笔接到 7 号线上,红色表笔按 2、3、4、5、6 标号依次测量 7 - 2、7 - 3、7 - 4、7 - 5、7 - 6 各阶之间的电压,在电路正常的情况下,各阶的电压值均应为 380V。如测到 7 - 5 电压为

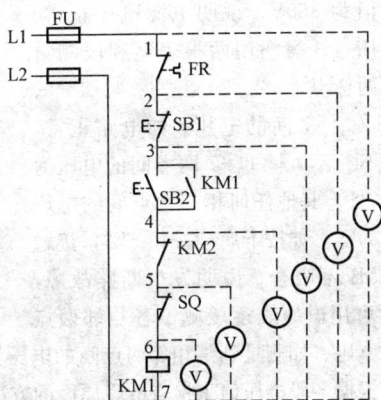

图 4 - 3 电压的分阶测量法

380V,测到 7 - 6 无电压,则说明位置开关 SQ 的动断触头(5 - 6)断路。

根据各阶电压值来检查故障原因的方法见表 4 - 1。这种测量方法看上去像台阶一样,所以称其为分阶测量法。

表 4 - 1   用分阶测量法判断故障原因

故障现象	测试状态	7 - 1	7 - 2	7 - 3	7 - 4	7 - 5	7 - 6	故障原因
按下 SB2,KM1 不吸合	按下 SB2 不放	380V	380V	380V	380V	380V	0V	SQ 动断触头接触不良
		380V	380V	380V	380V	0V	0V	KM2 动断触头接触不良

续表

故障现象	测试状态	7-1	7-2	7-3	7-4	7-5	7-6	故障原因
按下 SB2，KM1 不吸合	按下 SB2 不放	380V	380V	380V	0V	0V	0V	SB2 动合触头接触不良
		380V	380V	0V	0V	0V	0V	SB1 动断触头接触不良
		380V	0V	0V	0V	0V	0V	FR 动断触头接触不良

386. 怎样用万用表的电压分段测量法检修机床一般电气断路故障?

电压的分段测量法如图4-4所示。测量前先将万用表旋到高位电压500V挡位上。

先用万用表测试1-7两点，若其电压值为380V，说明电源电压正常。然后用红、黑两用两根表笔逐段测量相邻两标点1-2、2-3、3-4、4-5、5-6、6-7间的电压。如电路正常，按下SB2后，除6-7两点间的电压为380V外，其他任何相邻两点间的电压值均为零。如按下启动按钮SB2，接触器KM1不吸合，说明发生断路故障，此时可用电压表逐段测试各相邻两点间的电压。如测量到某相邻两点间的电压为380V，说明这两点间有断路故障。根据各段电压值来检查故障原因的方法见表4-2。

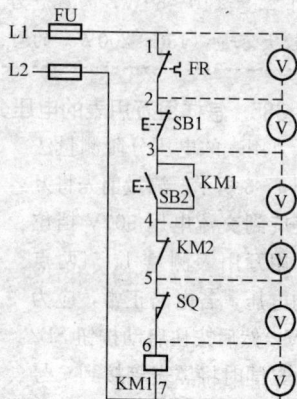

图4-4 电压的分段测量法

表4-2 用分段测量法判断故障原因

故障现象	测试状态	1-2	2-3	3-4	4-5	5-6	6-7	故障原因
按下 SB2，KM1 不吸合	按下 SB2 不放	380V	0V	0V	0V	0V	0V	FR 动断触头接触不良
		0V	380V	0V	0V	0V	0V	SB1 动断触头接触不良
		0V	0V	380V	0V	0V	0V	SB2 动合触头接触不良
		0V	0V	0V	380V	0V	0V	KM2 动断触头接触不良
		0V	0V	0V	0V	380V	0V	SQ 动断触头接触不良
		0V	0V	0V	0V	0V	380V	KM1 线圈断路

387. 怎样用万用表电阻的分阶测量法检修机床一般电气断路故障？

万用表电阻的分阶测量法如图4-5所示。

按下启动按钮 SB2，接触器 KM1 不吸合，则该电气回路有断路故障。

⚫小提示

用万用表的电阻挡检测前应先断开电源，然后按下 SB2 不放，先测量1-7两点间的电阻，如电阻值为无穷大，说明1-7之间的电路断路。然后分阶测量1-2、1-3、1-4、1-5、1-6各点间的电阻值。若电路正常，则该两点间的电阻值为"0"；若测量到某标号间的电阻值为无穷大，则说明表笔刚跨过的触头或连接导线断路。

388. 怎样用万用表的电阻分段测量法检修机床一般电气断路故障？

万用表的电阻分段测量法如图4-6所示。

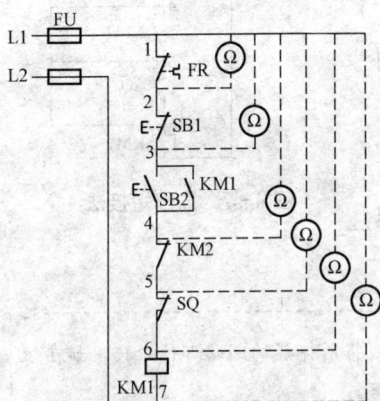

图4-5 电阻的分阶测量法

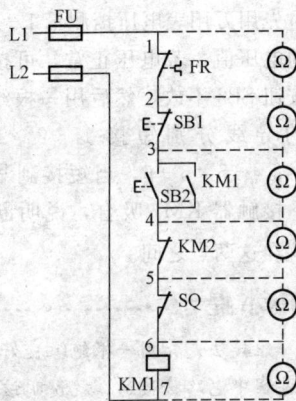

图4-6 电阻的分段测量法

检查时，先切断电源，按下启动按钮 SB2，然后依次逐段测量相邻两标号点1-2、2-3、3-4、4-5、5-6间的电阻。如测得某两点的电阻为无穷大，说明这两点间的触头或连接导线断路。例如，当测得2-3两点间电阻为无穷大时，说明停止按钮 SB1 或连接 SB1 的导线断路。

⚠️ **小提示**

由于电阻测量法测得的电阻值不准确时容易造成判断错误，因此应注意以下事项。

（1）用电阻测量法检查故障时一定要断开电源。

（2）如被测的电路与其他电路并联，必须将该电路与其他电路断开，否则所测得的电阻值是不准确的。

（3）测量高电阻值的电气元件时，应将万用表的选择开关旋转至适合的电阻挡。

389. 怎样用局部短接法检修机床一般电气断路故障？

用局部短接法检查断路故障的电路如图4-7所示。

按下启动按钮 SB2，接触器 KM1 不吸合，说明该电路有断路故障。检查时先用万用表电压挡测量1-7两点间的电压值，若电压正常，可按下启动按钮 SB2 不放，然后用一根绝缘良好的导线分别短接 1-2、2-3、3-4、4-5、5-6。当短接到某两点时，接触器 KM1 吸合，说明断路故障就在这两点之间。

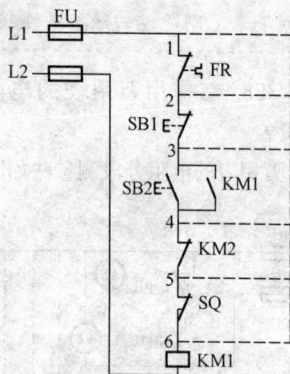

图4-7 局部短接法

⚠️ **小提示**

短接法是指用一根绝缘良好的导线将所怀疑的断路部位短接，如在短接过程中电路被接通，就说明该处断路。

390. 怎样用长短接法检修机床一般电气断路故障？

用长短接法检修断路故障的电路如图4-8所示，长短接法是指一次短接两个或多个触头来检查断路故障。

当 FR 的动断触头和 SB1 的动断触头同时接触不良时，如用上述局部短接法短接1-2点，按下启动按钮 SB2 后，KM1 仍然不会吸合，则可能会造成判断错误。而采用长短接法将1-6短接后，如 KM1 吸合，说明1-6段电路中有断路故障，然后再短接1-3和3-6，若短接1-3时，按下SB2后KM1吸合，说明故障在1-3段范围内，再用局部短接法短接1-2和2-3，这样很快就能将断路故障排除了。

小 提 示

用短接法检查断路故障时应注意的问题如下。

（1）短接法是用手拿绝缘导线带电操作的，所以一定要注意安全，避免发生触电事故。

（2）短接法只适用于检查压降极小的导线和触头之间的断路故障。对于压降较大的电器，如电阻、接触器和继电器的线圈等断路故障，不能采用短接法，否则会出现短路故障。

（3）对于机床的某些要害部位，必须在保障电气设备或机械部位不会出现事故的情况下才能使用短接法。

391. 怎样检修机床一般电气电源间短路故障？

电气电源间短路故障一般是指通过电器的触头或连接导线将电源短路了，如图4-9所示。

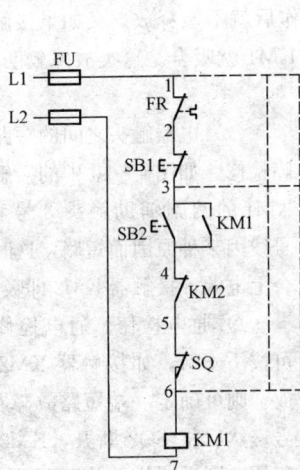

图4-8 长短接法

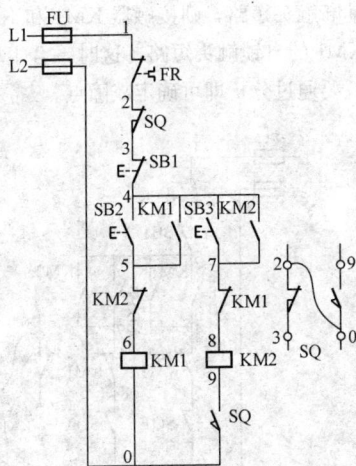

图4-9 电源间短路故障

图4-9中的位置开关SQ中的2号与0号因某种原因连接将电源短路了，电源合上，按下SB2后，熔断器FU就熔断。下面介绍采用电池灯进行

检修电气电源间短路故障的方法。

（1）拿去熔断器 FU 的熔芯，将电池灯的两根线分别接到 1 号和 0 号线上，灯亮，说明电源间短路。

（2）将位置开关 SQ 的动合触头上的 0 号线拆下，灯暗，说明电源短路出在这个环节。

（3）再将电池灯的一根线从 0 号移到 9 号上，如灯灭，说明短路在 0 号上。

（4）将电池灯的两根仍分别接到 1 号和 0 号线上，然后依次断开 4、3、2 号线，当断开 2 号线时灯灭，说明 2 号和 0 号线间短路。

⊕ 小提示

电源间短路故障亦可用万用表的电阻挡进行检修。

392. 怎样检修机床一般电气电器触头短路故障？

机床电气电器触点短路故障一般有电器触点本身短路或触点之间短路两种。

（1）电器触头本身短路故障的检修。如果图 4 - 9 中的停止按钮 SB1 的动断触头短路，则接触器 KM1 和 KM2 工作后就不能释放。又如果接触器 KM1 的自锁触头短路，这时一合上电源，KM1 就吸合。这类故障较明显，只要通过分析即可确定故障点。

（2）电器触头之间的短路故障检修。如图 4 - 10 中的接触器 KM1 的两副辅助触头 3 号和 8 号线因某种原因而短路，这时若合上电源，接触器 KM2 即吸合。

1）通电检修。通电检修时可按下 SB1，如接触器 KM2 释放，则可确定一端短路故障在 3 号；然后将 SQ2 断开，KM2 也释放，则说明短路故障可能在 3 号和 8 号之间。若拆下 7 号线，KM2 仍吸合，则可确定 3 号和 8 号为短路故障点。

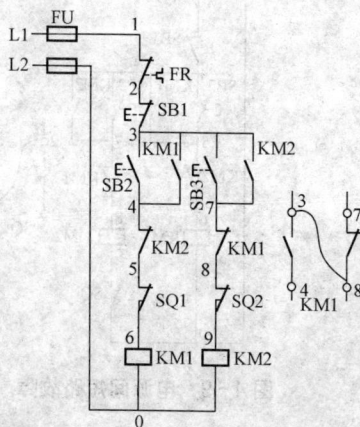

图 4 - 10　电器触头之间的短路故障

2) 断电检修。将熔断器 FU 拨下，用万用表的电阻挡（或电池灯）测 2-9，若电阻为"0"（或电池灯亮），则表示 2-9 之间有短路故障；然后按 SB1，若电阻为"∞"（或电池灯不亮），则说明短路不在 2 号；再将 SQ2 断开，若电阻为"∞"（若电池灯不亮），则说明短路也不在 9 号。然后断开 7 号，电阻为"0"（或电池灯亮），则可确定短路故障点在 3 号和 8 号。

第二节　机床电气设备的故障检修

393. 怎样检修机床电气线路的故障？

机床运行中一旦发生故障，应立即切断电源，停电进行检修。检修的步骤如下。

(1) 向机床操作工了解发生故障时的情况，查询该故障是首次突然发生还是曾经多次发生。

(2) 进行外观检查：检查熔体是否熔断；是否冒火星；有无烧焦痕迹；有无异常声响和气味；电动机的温升是否过高；线路连接点是否断开和松动等。

(3) 对照电气原理图，结合故障现象进行分析、判断，确定故障性质和范围。

(4) 如果电器元件外观无异常现象，则应着重检查主电路的控制电路有无故障，电器元件动作是否灵活，连接是否良好，接头是否松动。

(5) 经过上述检查，如果仍不能查明故障原因，则应对控制电路进行通电试验。试验的方法是：切断电动机的电源，向控制电路通电，操作按钮或开关，观察控制电路上的接触器、继电器等动作是否正常。若动作正常，则说明故障存在于主电路；若不动作或动作异常，则说明控制电路发生故障，可进一步查明原因，确定故障点。

(6) 使用绝缘电阻表、万用表、钳形电流表等测量电阻、电压、电流等电工参数，将测得的值与正常值对比，从中分析故障原因，确定故障点并予以排除。

(7) 机床的运行是由电气线路和机械系统互相协调配合实现的，机床发生故障停运不一定是电气线路方面的原因，也可能是机械系统出现故障造成的，所以必要时应与机修人员共同进行检修。

394. 机床设备故障点修复应注意哪些问题？

机床设备故障点修复应注意以下问题。

（1）在找出故障点和修复故障时，应注意不能将找出的故障点作为寻找故障的终点，还必须进一步分析查明产生故障的根本原因。修复故障应在找出故障原因并排除之后进行。

（2）找出故障点后，一定要针对不同故障的情况和部位相应采取正确的修复方法，不要轻易采用更换电器元件和补线等方法，更不允许轻易改动线路或更换规格不同的电器元件，以防止产生人为故障。

（3）在故障点的修理工作中，一般情况下应尽量做到复原，但是，有时需要尽快恢复工业机械的正常运行，根据实际情况也允许采取一些适当的应急措施，但决不可凑合行事。

（4）电气故障修复完毕需要通电试行时，应和操作者配合，避免出现新的故障。

🔷·小提示·

　　每次排除故障后，应及时地总结经验，并做好维修记录，记录的内容包括：工业机械的型号、名称、编号、故障发生日期、故障现象、部位、损坏电器、故障原因、修复措施及修复后的运行情况等。记录的目的：作为档案以备日后维修时参考，并通过对历次故障的分析采取相应的有效措施，防止类似事故的再次发生或对电气设备本身的设计提出改进意见等。

395. CW6163B 型车床在运行中突然停车怎么办？

CW6163B 型车床控制电路如图 4 - 11 所示。

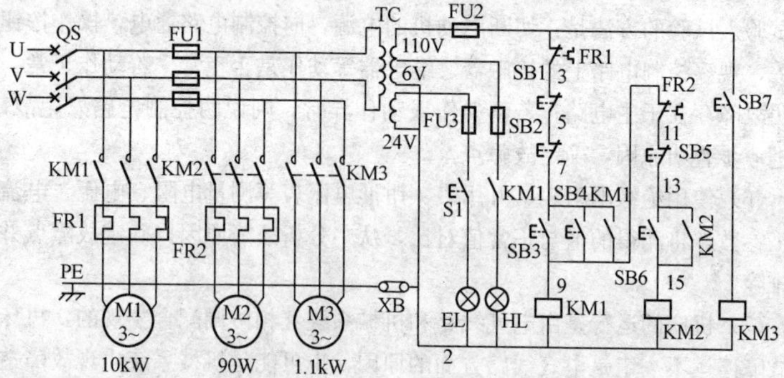

图 4-11　CW6163B 车床控制电路图

CW6163B 型车床在运行中突然停车的原因有：① 车床熔断器熔断或接

头松动而接触不良；② 控制回路接头松动；③ 动断按钮闭合不好而接触不良；④ 接触器 KM 自锁触点接触不良；⑤ 热继电器 FR1 或 FR2 动作。

维修方法如下。

（1）打开车床前电源闸刀灭弧盖，检查熔断器是否有接触不良或熔断处，如有，则应更换熔丝，再将熔断器接头压紧。如果接触良好，应查车床内的螺旋熔断器底座与熔断管是否配合接触良好；如果接触不好，应旋紧螺旋熔断器盖。

（2）检查控制电路各接头，如按钮、接触器线圈、热继电器动断触点、控制回路熔断器等是否接头有松脱接触不良处，查出接触不良处后应重新接好。

（3）用万用表电阻挡在断开车床总电源的情况下测停止按钮动断触点是否接触良好，如接触不良应更换停止按钮开关。

（4）在车床断电的情况下，用螺丝刀强行使接触器闭合，用万用表检查自锁触点是否接触不良，如接触不可靠，可再用两根连接导线与接触器的另一组动合辅助点进行并联，使辅助触点接触可靠。

（5）在车床通电情况下，主轴电动机突然停车时，尽快用验电器测 FR1 或 FR2 的热继电器动断触点是否动作，若有某个动作，则说明某电动机过载或调整热继电器位置不适当，要查出原因并排除故障后再将热继电器复位。若热继电器自动复位，应将造成热继电器动作的原因找出，并加以解决后再启动电动机。

396. 车床关断停车按钮主轴电机无法停车怎么办？

车床关断停车按钮主轴电机无法停车的故障原因有：① 接触器主触点熔焊；② 接触器机械卡死或动作不灵；③ 接触器释放慢；④ 停止按钮短路。

检修方法如下。

（1）断开电源，打开接触器灭弧盖检查主触点是否熔焊，熔焊时要用螺丝刀分开触点，使三组动、静触点复位，并查出造成熔焊的原因。一般接触器熔焊的原因有三种：一是接触器本身质量极差，在正常启动电动机过程中发生多次熔焊，应更换合格的接触器。二是二次回路（即车床的控制回路）或主电路有接触不良处，造成接触器在吸合时瞬间多次吸合释放，引起电流增大，使接触器发生熔焊，这种通断频率很高，在接触器吸合时会发出连续不断的"啪、啪、啪"声，要从主电路和控制回路去查找接触不良处，特别检查螺旋熔断器未旋紧、按钮动断触点闭合不好和接触器自保触点闭合不好等处，查出问题后应重新接好线或更换对应的损坏件。三是因负载超载或短路造成接触器在超额定电流工作条件下发生熔焊，首先要解决过载原因，查三相负载电路是否短路、电动机绕组是否烧毁等，并根据具体情况重新接好电路，排除短路点，将接触器触点人为分开，打磨平后再重新使用。

（2）打开接触器，检查机械动作机构，动作机构不灵时要更换接触器。

（3）打开接触器后盖，用棉布将两衔铁吸合极面擦干净，重新装配好。

（4）更换同型号停止按钮。

397. Z35 型摇臂钻床主轴电机不能启动怎么办？

Z35 型摇臂钻床控制电路如图 4 - 12 所示。

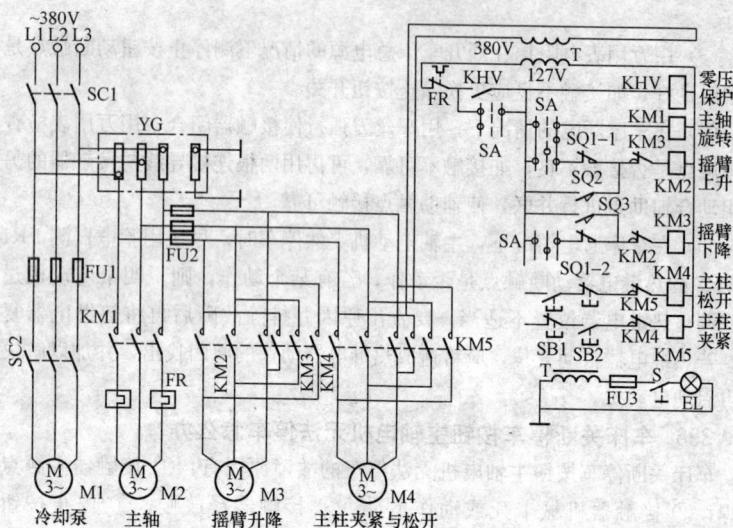

图 4 - 12　Z35 型摇臂钻床控制电路

主轴电机不能启动故障原因有：① 电源电压过低；② 熔断器 FU1 或 FU2 接触不良或熔断数相；③ 开关 SA1 接触不良；④ 热继电器 FR 动作或接触不良；⑤ 接触器 KM1 线圈断线或线圈烧毁；⑥ 接触器主触点闭合不好；⑦ 主轴电动机 M2 机械卡死；⑧ 主回路有烧断处或线头脱落；⑨ 主轴电动机 M2 绕组烧毁。

检修方法如下。

（1）用万用表测钻床 QS 闸刀上柱头电压是否为 380V，若电压太低，应向电路查找原因，并排除。

（2）用低压验电器测熔断器 FU1 和 FU2 下柱头，检查出熔断的熔断器，并更换同型号的熔断器；若是接触不良，应重新处理接线，并压紧各接线头。

（3）用万用表在断开电源情况下测开关 SA1 操作后能否可靠闭合，若不能则应更换。

（4）用万用表电阻挡测热继电器 FR 动断触点，若热继电器闭合不好应更换；若热继电器动作，应查主轴电动机是否过载，找出过载原因，并加以处理，再将热继电器复位。

（5）用万用表测接触器 KM1 线圈电阻，观察是否断线或匝间短路，若测出线圈损坏应更换接触器 KM1 线圈或更换接触器。

（6）断开钻床电源，打开接触器 KM1 灭弧盖，检查主触点闭合接触情况。若接触器触点接触不好，应更换接触器动、静触点。

（7）用手转动一下摇臂钻床钻头夹，若转不动，应检查是电动机轴承损坏卡死还是机械传动部位有卡死不灵活现象，找出具体原因并加以修复，直到电动机转动灵活为止。

（8）打开摇臂钻床电气箱盖，认真检查各个线头有无烧断或脱落处，查出断线处应接好连接线。

（9）用 500V 绝缘电阻表测主轴电动机 M2 绕组是否烧坏，若电动机绕组烧毁接地，应更换电动机绕组。

◢ 398. Z35 型摇臂钻床升降电机加电不能工作怎么办？

升降电机加电不能工作的故障原因有：① 开关 SA1 损坏，接不通电路；② 行程开关 SQ1 或 SQ3 损坏；③ 接触器或 KM3 线圈断线或机械卡死；④ 接触器 KM2 或 KM3 互锁触点接触不良；⑤ 摇臂升降电动机 M3 绕组烧坏或机械卡死不能转动。

检修方法如下。

（1）用万用表电阻挡检查十字开关 SA1 触点，若电路不通应更换开关。

（2）打开行程开关 SQ1 或 SQ3 盖，在断开电源情况下人为地触击触点动作头柄，如触击后动作触点不动作，说明该行程开关损坏，应予以更换。

（3）用万用表电阻挡测接触器 KM2 和 KM3 线圈有无断线或短路，若断线或线圈匝间短路，应更换线圈或接触器；若线圈正常，应检查接触器动作机构，若有卡死也需要更换接触器。

（4）用万用表在断开电源情况下测两接触器 KM2 和 KM3 的互锁触点，若哪只接触器不能闭合，应查该接触器是否复住不好或机械卡死，应进行对应处理或将 KM2 或 KM3 互锁触点再并接一组同类互锁触点。

（5）用手转动一个电动机 M3 风叶，检查是否卡死。若卡死，要查清是电动机轴承损坏还是机械原因造成，若是电动机轴承损坏应更换轴承，若是机械故障应修理机械部分。

399. Z35 型摇臂钻床主轴松紧电机不能启动运行怎么办？

主轴松紧电机不能启动运行的故障原因有：① 按钮开关 SB1 或 SB2 按下后接触不上；② 接触器 KM4 或 KM5 线圈断线或烧毁；③ 接触器 KM4 或 KM4 的互锁触点闭合不好；④ 接触器 KM4 或 KM5 主触点烧毛而接触不良；⑤ 主轴松紧电动机 M4 绕组烧毁或机械卡死。

检修方法如下。

（1）在断开电源情况下用万用表测 SB1 或 SB2 按钮在按下后能否可靠闭合，若接不通应更换该按钮。

（2）用万用表电阻挡在断开电源的情况下测接触器 KM4 和 KM5 线圈是否断路或匝间短路，若某线圈不通或损坏，应更换该线圈或更换整个接触器；若线圈正常，还需打开接触器 KM4 或 KM5 灭弧盖，检查动作机构及主触点，若损坏，要更换触点或整个接触器。

（3）用万用表电阻挡测接触器 KM4 或 KM5 互锁辅助触点是否闭合可靠，若某只接触器闭合不好，可再并接该接触器的另一组互锁动断触点。

（4）打开接触器，检查接触器触点是否烧毛或接触不良，如烧坏应更换动、静触点。

（5）用 500V 绝缘电阻表测电动机 M4 绕组，若绕组接地烧毁，应更换电动机绕组；若正常，检查一下电动机轴承及机械方面有无卡死现象，若有，应查找原因并排除。

第五章 Chapter5

电 力 变 压 器

第一节　电力变压器的维护与故障检修

400. 运行中的变压器应做哪些巡视检查？

（1）听声音是否正常，一般应为平稳的"嗡嗡"声。如发现有杂音或有不均匀的放电声，就认为变压器内部有故障。

（2）检查变压器有无渗油、漏油现象。油的颜色和油位是否正常。新变压器油呈浅黄色，运行以后呈浅红色。如有异常应进行处理。

（3）变压器接地是否良好。一、二次引线及各个接触点是否紧固，有无过热现象；各部分的电气距离是否符合要求。

（4）变压器套管是否清洁，有无破损裂纹和放电痕迹。

（5）变压器的温度指示是否正常，如超过 85℃应立即采取措施，或停止运行，或强迫降温。

（6）看变压器呼吸器里的除湿硅胶是否失效，颜色变粉红基本失效，变成白色已完全失去作用，要及时更换。

（7）检查气体继电器应充满油，防爆管玻璃应完好无损。

（8）检查电压表、电流表的指示是否在正常范围。

（9）检查变压器的冷却装置是否运行良好（包括风冷、水冷强迫风冷等）。

401. 怎样维护和检查变压器？

维护和检查变压器的方法如下。

（1）检查变压器的温度。由温度计看变压器上层油温是否正常或是否接近或超过最高允许限额（油浸电力变压器在环境温度 40℃时，其上层油温不得超过 95℃）。当指示温度的玻璃温度计与压力式温度计相互间有显著异常时，应查明是否仪表不准或油温确有异常。

（2）油位检查。变压器储油柜上的油位是否正常，是否为假油位，有无渗油现象；充油的高压套管油位、油色是否正常，套管有无漏油现象。油位指示不正常时必须查明原因。必须注意油位计出、入口处有无沉淀物堆积而阻碍油的通路。

（3）检查声响。变压器的电磁声与以往比较有无异常。工作人员通常对变压器的正常噪声已经听惯，如有异常声响是容易发现的。异常噪声发生的原因通常有下列几种。

1）因电源频率波动大，造成外壳及散热器的振动。

2）铁心夹紧不良。

3）因铁心或铁心夹紧螺杆、紧固螺栓结构上的缺陷，发生铁心短路。

4）紧固部分发生松动。

5）绕组或引线对铁心或外壳有放电现象。

6）由于接地不良或某些金属部分未接地，产生静电放电。

（4）检查变压器顶盖上的绝缘件。出线套管、引出导电排的支持绝缘子等表面是否清洁，有无破裂或放电的痕迹等缺陷。

（5）检查引出导电排的螺栓接头有无过热现象。可查看示温蜡片及变色漆的变化情况或用红外线测温仪测试。当有电缆终端接头盒时，还应检查电缆头有无漏油现象。

（6）检查漏油。漏油会使变压器油面降低，还会使外壳散热器等产生油污，油污会污损变压器的外观。应特别注意检查各阀门及各部分的垫圈。若是因焊接不良，则应立即进行检修处理。

（7）检查阀门。各种阀门是否按工作需要应打开的打开，应关闭的关闭。振动也会使阀门发生松动，检查中应查看其状态是否符合运行要求。

（8）检查防爆管。防爆管有无破裂、损伤及喷油痕迹，防爆膜是否完好。因防爆管装于较高处，检查时应特别注意。

（9）检查冷却系统。冷却系统是否正常，阀门位置是否正确。对室内安装的变压器，要察看周围通风是否良好，是否要开动排风扇等。

（10）检查吸湿器。吸湿器内的干燥剂是否变色（如白色的硅胶是否呈蓝色，活性铝是否由青色变为粉红色），辨明干燥剂是否已失效。

（11）检查周围场地和设施。通道和走廊是否畅通，室外变压器事故蓄油坑有无积水，变压器室的门窗是否完好，有无雨水侵入的可能，照明是否合适和完好，消防用具是否齐全完好等。

402. 变压器在日常运行中有哪些监视、检查项目？

变压器在日常运行中监视和检查的项目如下。

（1）检查变压器运行声音是否正常。正常时，只有"嗡嗡"的电磁声，而应无"吱吱"或"噼啪"的放电声。

（2）检查油箱内的油位是否正常，有无漏油现象。

（3）检查油温是否正常，正常时，上层温度在 80℃ 以下，最高不超过 85℃。

（4）检查套管表面是否清洁，有无破损、裂纹和放电等现象。

（5）检查各导线连接处有无变色、发热现象。

（6）检查防爆管的防爆膜是否完整。

（7）检查吸湿器是否完整，油封吸湿器的油位是否正常，吸湿器的硅胶是否干燥。

（8）检查气体继电器是否漏油，内部是否充满油。

（9）检查冷却装置是否按规定运行方式投入，各种冷却器温度是否接近，风扇、油泵运转是否均匀正常。

403. 怎样根据变压器运行中发出的声音来判断运行情况？

根据运行的声音来判断运行的情况的方法如下。

（1）用听棒的一端顶在变压器的油箱上，另一端贴近耳边仔细听声音，如果是连续的"嗡嗡"声，则说明变压器的运行正常。

（2）如果"嗡嗡"声比平常加重，要检查变压器的电压、电流和油温，看是否是由于电压过高或超负荷引起的，若无异状，则多是由于铁心松动而引起的。

（3）当听到"吱吱"声时，要检查套管表面是否有闪络现象。

（4）当听到"噼啪"声时，则是内部绝缘有击穿现象。

404. 在特殊情况下应检查变压器哪些项目？

在特殊情况下应对变压器检查的项目如下。

（1）大风后的检查。大风后应检查变压器是否松动，引线上有无搭挂异物，变压器顶部、套管及汇流排有无被风吹落的异物，若有，应进行清洁。

（2）雷雨后的检查。雷雨后应检查变压器部分有无放电痕迹，特别是瓷套管有无放电现象，并抄录避雷器的雷击次数及时间。

（3）大雪天的检查。大雪天时，应检查变压器套管和导线连接处的积雪融化情况，导线接头有无发热现象，并及时处理积雪和冰凌。

（4）大雾天的检查。大雾天时，空气中水分较重，应检查变压器各部套管、瓷管有无异常放电现象，尤其是污秽的瓷质部分。

（5）气温及负载剧变时的检查。气温升高或负载过大时，应检查变压器储油器及充油套管油位，温升及温度变化情况，接头接触是否良好，示温蜡片（又称示温片，主要用于变压器母线与母线、母线与电气设备的连接部位，用来监视连接部位的接触是否良好，以便了解母线及电气设备在运行中的温度升高情况）有无溶化现象，冷却系统工作是否正常。

（6）大短路故障后的检查。在大短路故障后，应检查有关设备和接头有无变形、烧蚀等异常状况。

（7）气体继电器发出警报时的检查。当气体继电器发出警报信号时，应仔细检查变压器外部情况，并及时排除。

405. 怎样判断变压器运行时的温度是否正常？

巡视检查变压器时应记录外温、上层油温、负荷及油面高度，并与以前数值进行对照分析，判断变压器运行是否正常。

若发现在同样运行条件下变压器油温比平时高出 10℃ 以上且有不断上升的趋势（注意温度表是否失灵），而散热冷却装置又运行正常，则可认为变压器内部发生故障。

一般变压器的绝缘材料是 A 级绝缘，其各部位温升的极限值见表 5-1。

表 5-1　　　　A 级绝缘变压器及各部位温升极限值

变压器的部位	最高温升/℃
绕组	65
铁心	70
顶部油面	55

⚠小提示

我国变压器的温升标准均以环境温度 40℃ 为准。同时确定年平均温度为 15℃，故变压器上层油温不得超过 40℃＋55℃＝95℃。温度过高绝缘老化严重，绝缘油劣化快，影响变压器寿命。

406. 怎样查找变压器故障的原因和部位？

在检修变压器之前，通常可采用以下较简便的问、闻和听、看、测的方法来确定故障的可能原因和部位。

（1）问。通过向值班人员询问该变压器的运行情况，了解其历史，仔细阅读它的运行记录，以此来初步估计故障可能产生的部位。

（2）闻和听。通过对变压器闻一闻看其是否有异味，用耳朵听一听运行中声响的情况，可以大致判断故障的性质。

(3) 看。通过对变压器外观的检查，尤其是事故后的外观检查，可以初步确定故障损坏程度。

(4) 测。通过用仪表对变压器绝缘电阻、油温的测试，并与正常值进行对比，确定故障检修的部位。

407. 变压器在哪些情况下应进行干燥处理？

变压器应进行干燥处理的情况如下。

(1) 变压器更换绕组或绝缘后。

(2) 在修理或安装前的器身检查中，器身在空气中暴露的时间超过相应湿度下的规定时间。

(3) 变压器长期停用后再次启用时，绝缘电阻不合格时。

(4) 任何情况下，经绝缘电阻和吸收比测量证明变压器绕组受潮。

408. 变压器可不经干燥的情况有哪些？

变压器可不经干燥处理的情况如下：

(1) 绕组绝缘电阻或吸收比、介质损耗正切值符合标准要求者。

(2) 变压器密封良好，变压器油符合标准规定者。

(3) 判断变压器是否局部受潮，可测吸收比，当吸收比大于 1.3 时，表明绝缘未受潮。判断变压器是否整体受潮，可测试介质损耗角正切值。对于 35kV 级及以下变压器 $\tan\delta$ 小于 1.5%；对于 35kV 以上变压器，$\tan\delta$ 小于 0.8%，则表明绝缘未受潮，不需干燥处理。

(4) 带油但不装储油柜运输的 110kV 及以上的变压器，在不低于 10℃ 温度下测试绝缘电阻，如果满足下列情况者可不进行干燥处理：

1) 绝缘电阻值不低于出厂记录的 70%。

2) 油内含水量不超标，油击穿电压不低于出厂记录的 75%。

3) 介质损耗角正切值不大于出厂记录的 130%。

(5) 不带油运输的 110kV 及以上的变压器，在温度不低于 10℃ 不测试绝缘电阻时，如能满足下列情况可不经干燥处理：

1) 在不低于出厂最低试验温度下，用 2500V 绝缘电阻表测试绝缘电阻不小于出厂值的 70%，测量介质损耗角正切值不大于出厂值的 13% 时。

2) 油箱底部残油含水量不超标，耐电压大于 50kV。

3) 注油 6h 时取油样化验，含水量不超标，击穿电压不低于 40kV 时。

409. 变压器需轻度干燥的情况有哪些？

变压器需轻度干燥的情况如下：

（1）检修经验表明，吸收比小于 1.3，但大于 1.0；20℃时 tanδ 大于 1.5%而低于 2%可进行轻度干燥。

（2）变压器油经检查不合标准，但又接近标准规定。

（3）变压器有渗漏油现象，但油箱和器身未发现明显受潮。

（4）器身在空气中暴露时间超过规定，但未超过 48h。

（5）不带油运输的变压器，残油击穿电压低于规定时；从发货日起超过 6 个月（应 3 个月）未注油者。

> **⚠ 小提示**
>
> 判断绝缘干燥合格的标准
>
> （1）干燥过程中，每隔 1h 测量一次绝缘电阻值，开始烘干时各部位的绝缘电阻随温度上升而降低，以后，又随温度上升而上升，一直上升到某一稳定值，经历一段时间（6~8h）不变且无凝结水，则认为变压器烘干合格，可画出绝缘电阻与时间的关系变化曲线。
>
> （2）连续测量集水器内的集水量，一直达到集水量稳定到某一最小值，并经历一段稳定时间，则认为合格。

410. 变压器干燥时安全技术措施有哪些？

（1）变压器附近严禁吸烟和做与烟火有关的各项工作，同时要放置灭火用具（沙箱、铁锹、水桶等）。

（2）清除变压器周围的易燃物和垃圾。

（3）所有电气装置均应妥善接地。

（4）测量绝缘电阻时要先拉闸，不可带电测量。

（5）手提灯电压不大于 36V。

（6）接入或断开电源时，必须带橡胶绝缘手套。

（7）值班人员必须有专人负责。

（8）温度计的安装，注意不要碰到线圈，不要垫很厚的绝缘，以免影响测量的准确性。

（9）发现局部过热时要及时拉闸，线圈最高温度不超过规定温度（95℃）。

（10）发现火灾时，值班人员要及时发出火警和切除电源。

（11）严格遵守安全规程。

411. 怎样鉴别变压器绕组绝缘老化程度？

变压器绕组绝缘是否老化，可通过观察绕组的颜色，测试其弹性及机械强度进行鉴别，根据老化的程度分为四级。

一级：绕组表面颜色较淡，富有弹性，用手按下后暂时变形，手松开后立即恢复原状，绝缘无裂纹。此种绕组的绝缘良好，可放心使用。

二级：绕组颜色稍深，质地较硬，手按下去不出现裂纹。此种绕组的绝缘有轻度老化，但绝缘还合格，可继续使用。

三级：绕组颜色较深，质地坚硬，变脆，用手按下去会出现较小的裂纹，绝缘已不可靠。此种绕组已不能使用，若受条件限制，不能更新，则应进行浸漆处理，同时在运行中加强监视。

四级：绕组表面颜色发黑，绝缘材料非常脆弱，用手按下后即龟裂，大量绝缘层从导线上剥落。此种绕组绝缘已劣化，也不能修复，必须更换新绕组后变压器才能继续运行。

412. 变压器绕组短路或对地击穿时怎么办？

当变压器绕组发生匝间短路、相间短路或对地击穿时，会出现以下几种异常现象。

（1）电流异常。绕组短路后会出现一次侧电流显著增大或高压熔体熔断，二次侧电流不稳，忽高忽低。

（2）油温异常。绕组短路后，绕组温度增高会导致没油温急剧增高；油箱内的变压器油翻滚，发出"咕嘟、咕嘟"声；严重时，油箱盖和储油器冒黑油，并发生喷油。

（3）保护装置动作。重瓦斯保护装置动作。

运行中的变压器发生绕组层间或匝间短路有以下几种现象。

（4）高压熔丝熔断。

（5）二次电压不稳，忽高忽低。

（6）电阻异常 停电后用电桥测得的三相直流电阻不平衡。

造成层间或匝间短路的原因多是由于变压器内进水使绕组受潮，变压器散热不良，变压器长期过负荷运行使匝间绝缘老化，或制造检修工艺不良等原因造成的。

发现变压器层间或匝间短路后，应立即将变压器退出运行，以免事态进一步扩大。

小提示

事故变压器进行检修处理，如属老旧耗能型变压器可考虑更换新型节能产品，将旧变压器作报废处理。

413. 变压器运行中出现异常情况怎么办？

在变压器的运行中，一旦发现任何不正常情况，都应设法予以消除。如果发现运行中的变压器有下列严重不正常现象之一，则应立即停运检修，并换上备用变压器。

(1) 内部声响很大，极不均匀，并有爆裂声。

(2) 在正常负荷和正常冷却条件下，温度不正常，并不断上升。

(3) 油枕或防爆管喷油。

(4) 严重渗、漏油，油面下降到低于油位指示计的限度。

(5) 油色变化很大，油内出现碳质。

(6) 套管严重破损，并有放电现象。

(7) 接点严重发热、变色。

414. 变压器冷却系统发生故障怎么办？

对于强迫油循环风冷、水冷和导向水冷却的变压器，当冷却系统（指风扇、潜油泵、冷却水系统等）发生故障而停用冷却装置时，处理的方法如下。

(1) 当变压器控制盘上出现"冷却装置工作电源故障"或"备用电源故障"光字信号时，应立即查明原因，使冷却装置尽快恢复工作。

(2) 当变压器控制盘上出现"冷却水中断"光字信号时，应迅速检查原因，使冷却装置恢复工作。

(3) 如果同时出现上述两种故障信号，则应注意变压器上层油温和油枕油位的变化。当冷却装置全部停运时，会出现油温急剧上升和可能从防爆管（或安全气道）跑油的现象。当冷却装置恢复运行后，油枕油位又急剧下降，且油位下降到标尺-20℃以下并有继续下降趋势时，应立即停用重瓦斯保护装置。如果在规定时间内无法使冷却装置恢复运行，则应汇报值长，并使变压器退出运行。

415. 怎样判断变压器绕组的绝缘状况是否良好？

判断变压器绕组的绝缘状况是否良好的方法如下。

(1) 通常将变压器运行期间所测得的绕组绝缘电阻与该变压器投入运行前首次测得的绕组绝缘电阻进行比较，以判断绕组绝缘状况是否良好。如果在变压器的运行中发现其绕组的绝缘电阻低于制造厂试验值的70%，则可判定该绕组的绝缘状况不良。如果测试时变压器的温度与制造厂测试时的温度不相同，则应将测得的绝缘电阻换算到相同温度下的电阻再进行对比。

(2) 变压器绕组的最小允许绝缘电阻一般在产品说明书或技术标准中都有规定。如果无资料可查，可参照表5-2确定。若实测电阻值较表中数值大 1.5 倍，可判定绕组绝缘状况良好；若实测电阻值较表中数值大 1.5 倍，可判定绕组绝缘状况良好；若实测值接近表中值，则在运行中应加强绕组绝缘的监视；若实测值小于表中值，则可判定绕组绝缘不合格。

表 5 - 2 　　　　　各种油温下变压器绕组的最小允许绝缘电阻

额定电压 /kV	绕组在以下温度时的绝缘电阻/MΩ							
	10℃	20℃	30℃	40℃	50℃	60℃	70℃	80℃
6 及以下	600	300	150	80	45	24	13	8
10	715	350	175	92.5	49	29.5	15.5	9

小提示

绕组绝缘电阻值降低通常是绕组受潮引起的，因此测试时应判明受潮程度，然后根据供电情况确定是否停电对绕组进行干燥处理。

416. 怎样做好变压器检修前的准备工作？

尽管有关规程规定了变压器大、小修的项目，但是检修工作应有所侧重。消除变压器的缺陷，保证安全运行是大、小修的重点。因此，大、小修前必须先了解变压器的状况及缺陷。

（1）检查运行日志，了解变压器的历史情况，根据日志所反映的异常情况及缺陷登记，分析故障或隐患可能发生的部位。

（2）检修前对变压器进行外观检查，特别是事故后的外观检查，通过看（观察）、闻、听，模拟判断变压器是否存在异常现象，并判断故障的性质和严重程度。

（3）根据仪表检测变压器绝缘电阻和油温，做好预防性试验和色谱分析记录，通过对比分析，最后确定检修方法、重点和项目。

417. 变压器干燥处理的一般要求有哪些？

变压干燥处理的一般要求有以下几点：

（1）不管采用哪种方法加热干燥变压器，在无油时变压器器身温度不得高于 95℃，在带油干燥时，油温不得超过 80℃，以免油质老化，如果带油干燥不能提高绝缘电阻时，应采用无油干燥法。

（2）采用带油干燥法应每 4h 测量一次绝缘电阻和变压器油的击穿电压。当油击穿电压呈稳定状态，绝缘电阻值也 6h 保持稳定即可停止干燥。

（3）干燥时如不抽真空，则在箱盖上应开通气孔或用人孔等使潮气放出。

（4）采用带油加热时，应在油箱外装设保温层，保温层可用石棉布、玻璃布等绝缘材料制成，不得使用易燃材料。加热时应采取相应的防火措施。

418. 变压器干燥处理的方法有哪几种？

变压器干燥处理的方法有：感应加热法、热风干燥法、烘箱干燥法、滤油干燥法和短路法等五种。

419. 怎样运用感应加热法？

感应加热法将器身放在油箱内，外绕线圈通以工频电流，利用油箱壁中涡流损耗的发热来干燥。此时箱壁的温度不应超过 $115\sim120℃$，器身温度不应超过 $90\sim95℃$。为了缠绕线圈的方便，尽可能使线圈的匝数少些或电流小些，一般电流选150A，导线可用 $35\sim50mm^2$ 的。油箱壁上可垫石棉板条多根，导线绕在石棉板条上。

420. 怎样运用热风干燥法？

热风干燥法是将器身放在干燥室内通热风进行干燥，干燥室应尽可能小些，板壁与变压器之间的距离不要大于200mm，板壁内铺石棉或其他防火材料。可用红外加热板、管，蒸汽管或地下火炉、火墙等加热。

进口热风温度应逐渐上升，最高温度不应超过95℃，在热风进口处应装设过滤器或金属栅网，以防止火星灰尘进入。热风不要直接吹向器身，尽可能从器身下面均匀地吹向各处，使潮气由箱盖通气孔放出。

421. 怎样运用滤油干燥法？

在现场使用真空滤油机对变压器中的油进行干燥过滤的同时，对器身进行干燥。滤油时，在变压器箱底的放油管放油进入真空滤油机，出油可从变压器的上部人孔或油枕进入变压器内，就这样对变压器油箱内的油进行循环过滤。滤油时将真空滤油机的加热器打开，控制好变压器油的进出量，每4h测量一次变压器的绝缘电阻，直到合格为止。

422. 怎样采用铜损干燥法烘干变压器？

所谓铜损干燥法是把变压器高压侧绕组短接，在低压侧通上较低的电压，利用绕组铜损发热来烘干变压器。它适用于对不带油或带油受潮不严重的小型变压器的干燥。但应注意以下几点。

（1）干燥用的电源，既可以是交流，也可以是直流，绕组通过的电流越大，热量越多。

（2）干燥过程。开始用额定电流的 $120\%\sim150\%$ 进行加热→高压绕组温度达 65℃时，改用额定电流→高压绕组温度达 75℃时，降到 85％的额定电流，最终控制绕组最高温度不超过 90℃，油面温度不超过 85℃，并连续加热到绝缘性能符合要求即可。

小提示

带油干燥时，变压器顶盖应留排气孔，油箱外壳加保温层，油面高度应刚好低于散热管上口处。

423. 变压器绕组绝缘损坏的原因有哪些？

通常变压器绕组绝缘损坏的主要原因有以下几点。

（1）线路的短路故障和负荷的急剧多变，使变压器的电流超过额定电流的几倍或十几倍以上，这时，绕组受到很大的电磁力矩而发生位移或形变。另外，由于电流的急剧增大将使绕组温度迅速升高，而导致绝缘损坏。

（2）变压器长时间的过负荷运行，绕组产生高温，将绝缘烧焦，可能变成损片而脱落，造成匝间或层间短路。

（3）绕组绝缘受潮。这多是因为绕组里层浸漆不透和绝缘油含水分所致，这种情况容易造成匝间短路。

（4）绕组接头盒分接开关接触不良。在带负载运行时，接头发热损坏附近的局部绝缘，造成匝间或层间短路，以至接头松开，使绕组断线。

（5）变压器的停、送电和雷电波使绕组绝缘因过电压而被击穿。

424. 变压器运行中铁心片局部短路与铁心局部熔毁怎么办？

其故障原因及检修方法如下。

（1）铁心或铁轭螺杆的绝缘损坏。更换损坏的绝缘胶纸管。

（2）片间绝缘严重损坏。用直流电压电流法测片间绝缘电阻，找出故障点进行修理。

（3）接地方法不正确，造成短路。纠正接地错误。

425. 变压器运行中铁心片间绝缘损坏怎么办？

变压器的铁心片间绝缘老化，有局部损坏。应吊出器身检查片间绝缘电阻，进行涂漆或补漆处理。

426. 变压器运行中线圈匝间短路怎么办？

（1）变压器长期过载运行或发生短路故障，损伤了匝间绝缘。应局部修理或补制线圈。

（2）导线有毛刷、导线绝缘不完善、焊接不良或线圈压装使绝缘受损。应吊出器身，加不超过 15kV 的电压做空载试验，找到损坏点后，进行针对性修理。

427. 变压器运行中线圈断线怎么办？

其故障原因及检修方法如下。

（1）焊接不良。用摇表检查或通电检查法找到断点，选用适当的焊接方法重焊。

（2）电动力破坏或烧断。处理方法同上。

428. 变压器运行中线圈相间短路怎么办？

其故障原因及检修方法如下。

（1）相间绝缘损坏或线圈变形相碰。用2500V摇表查找故障点，并进行修补。

（2）绝缘油受潮。采油样试验，将油净化处理或换油。

（3）引线间或套管间短路。用摇表测量排除短路故障。

429. 变压器运行中分接开关触头烧伤怎么办？

变压器触头压力不够，接触不良。应检查并调整触头压力，修整灼迹或更换触头。

430. 变压器运行中套管对地击穿怎么办？

变压器表面有污垢或套管破裂。应清除污垢，修理或更换套管。

431. 变压器运行中套管间放电怎么办？

变压器套管间不洁，有杂物。应清除杂物。

432. 变压器运行中绝缘油质变坏怎么办？

变压器绝缘油含碳粒和水分等杂质过量或变质。应采样试验，将油进行净化处理或换油。

433. 变压器运行中三相电压不平衡怎么办？

其故障原因及检修方法如下。

（1）三相负载不平衡，引起中性点位移。调整三相负载，使负载平衡分配。

（2）系统发生铁磁谐振。消除系统铁磁谐振。

（3）绕组局部发生匝间和层间短路。修理或补制线圈。

434. 变压器声音异常怎么办？

变压器正常运行时，由于铁心的振动而发出轻微的"嗡嗡"声，声音清晰而有规律。如果出现下述声音应视为不正常："嗡嗡"声大但仍均匀，"嗡嗡"声忽高忽低，"嗡嗡"声大而沉重，"嗡嗡"声大而嘈杂，有"吱吱"放电声或"噼啪"爆裂声。

(1)"嗡嗡"声大或比平时尖锐,但声音仍均匀,这通常不是变压器本身的故障,而是由于电源电压过高所致,可通过电压表查看电压的实际值。造成电压高的原因,一是高压线路电压过高,二是一次侧投入电容器容量过大造成过电压。可根据实际情况或与供电部门联系降低电压,或切除电压侧的部分电容器。

(2)"嗡嗡"声忽高忽低地变化但无杂音。一般是变压器负荷变化较大引起的,可通过调整使变压器负荷尽量均衡。只要变压器在额定容量内运行,一般不会造成危害。

(3)"嗡嗡"声大而沉重,但无杂音。一般是过负荷引起的,可通过调整负荷加以解决。变压器在不同程度的过负荷下允许在一定时间内存在。自然冷却油浸变压器的过负荷允许时间见表5-3。

表5-3 变压器过负荷允许时间 h:min

过负荷倍数	过负荷前上层油的温度/℃					
	18	24	30	36	42	48
1.05	5:50	5:25	4:50	4:00	3:00	1:30
1.10	3:50	3:25	2:50	2:10	1:25	0:10
1.15	2:50	2:35	1:05	1:20	0:35	
1.20	2:50	1:40	1:15	0:45		
1.30	1:10	0:50	0:30			
1.40	0:40	0:25	0:30			
1.50	0:25					

在变压器中性点不直接接地系统中发生单相接地、铁磁共振及大型电动机启动、短时穿越性短路等故障时,由于变压器过电流也会引发上述声响。

(4)"嗡嗡"声大而嘈杂,有时会出现惊人的"叮当"锤击声或"呼呼"的吹气声。这通常是内部结构松动时受到振动而引起的。内部结构一般为铁心缺片,铁心未夹紧,铁心紧固螺钉松动等。可停电进行吊芯检查并做相应处理。若不能停电处理,应加强监视,并适当减小负荷。

(5)有"吱吱"放电声或"噼啪"爆裂声。这可能是跌落式熔断器有接触不良、变压器内部有放电闪络或绝缘击穿。当绝缘击穿造成严重短路时甚至会出现巨大的轰鸣声,并伴有喷油或冒烟着火。此时应进行停电检查。重点检查绝缘套管、高低压引线连接处、高低压线圈与铁心之间的绝缘是否有损坏等。若变压器油箱内有"吱吱"放电声，且伴随着放电声，电流表读数明显变化，有时瓦斯保护发出信号，此故障现象多为调压分接开关故障，或为触头接触不良，或为抽头引出线处的绝缘不良引起的放电闪络现象。此时应对变压器调压分接开关进行检修。

（6）有"嘶嘶"声。这可能是变压器高压套管脏污、表面釉质脱落或有裂纹而产生的电晕放电所致。也可能是由于引线离地面的距离不足而出现的间隙放电，这种情况可伴有放电火花。

（7）有"轰轰"声。这常是因变压器二次侧的架空线发生接地引起的。

（8）有"咕噜咕噜"声。这可能是变压器绕组有匝间短路产生短路电流，使变压器油局部发热沸腾。

（9）间歇性的"哧哧"声。常由铁心接地不良引起。应及时处理，避免故障扩大。

435. 变压器的风扇损坏怎么办？

采用吹风冷却的变压器一般采用变压器风扇。变压器风扇的正常运行可提高油箱及散热器表面的冷却效率，从而保证变压器的安全运行。实际运行中造成变压器风扇损坏的常见原因有：风扇进水受潮、运行维护差、断相运行等。

（1）风扇进水受潮。变压器风扇一般安装于室外电力变压器的散热器处，因此它极易进水受潮。进水受潮的部位多出现在电动机轴的止口处，严重时雨水可沿电动机轴轴向浸入。进水可使电动机绝缘性能降低、轴承锈蚀。因此在安装变压器风扇时，可在电动机止口处涂以密封胶，安装叶轮时一定要将叶轮安装到位，并在轴伸处用密封胶封好，以防止雨水进入。另外在轴承盖螺钉头处也应涂以密封胶，电动机接线盒螺栓应紧固，出线应自然下垂，防止进水。

（2）运行维护差。在实际运行中，运行值班人员往往只对变压器进行巡视检查，而忽视了对风扇的维护。因此应加强对风扇的运行维护管理。

对新投入运行的风扇，特别是对干式变压器，一周内应加强巡视检查，若发现剧烈振动、声音异常、电流过大、轴承过热等异常现象，应及时停机检查，排除故障后方可继续运行。

平时应根据实际运行情况定期进行巡视检查，发现故障或异常现象时要及时处理。

风扇在较长时间内停止运行后重新投运时，应先转动叶轮进行检查，如有卡阻应进行检查；若受潮严重（500V绝缘电阻表检测低于 $1M\Omega$），应进行干燥后再投入运行。

（3）断相运行。风扇电动机由于一相熔断器熔体熔断或其他原因（电动机振动使三相熔体松动等）造成单相运行是风扇电动机烧坏的常见原因。将电动机的熔断器安装在风扇电动机的控制箱内可避免因振动而引起的熔体松动。

436. 变压器温升过高怎么办？

变压器温升过高是指在同样负荷条件下，油温比平时高出 10℃ 以上，或者在负荷基本不变的情况下变压器温度却不断上升。变压器温升过高说明变压器内部变化发生了故障，例如调压开关接触不良，线圈匝间短路或铁心片间短路等。铁心片间短路时可使铁损增大，油温升高，油的老化速度加快。在进行油样分析时，可发现油泥沉淀较多，油色变暗，闪点降低等。铁心片间短路多由夹紧铁心用的穿芯螺钉绝缘损坏所致，严重时会引起铁心打火过热熔化。因此，当变压器温升太高时应断开变压器电源，进行吊芯检查，避免引起火灾或爆炸事故。

小提示

变压器的上层油温一般不能超过 85℃，最高不能超过 95℃。

437. 变压器铁心吊出检查顺序是怎样的？

（1）放油。吊出铁心前将油箱中的油放出一部分，放至箱顶盖的密封衬垫以下，防止卸开顶盖螺钉时油溢出来。

（2）吊铁心。起吊前应将油箱放平，卸开顶盖与油箱连接的螺钉，将钢丝绳系在顶盖上的全部吊环（或吊钩）上。

（3）检查铁心。铁心吊出后，应立即检查，并有专人负责记录，将发现的问题和处理的结果记录下来。检查步骤和要求如下。

1）用干净的白布擦净绕组、铁心支架及绝缘隔板，并检查有无铁屑等金属附在铁心上。

2）拧紧铁心上的全部螺钉，检查绕组两端的绝缘楔或垫片是否松动或变形，如有松动或变形的，应用绝缘纸板垫紧。

3）旋转电压切换装置，检查切换器与传动装置的相互动作是否正常和灵活，其动触点与静触点应接触严密，以 0.05mm 厚的塞尺检查应塞不进去；转动节点应正确停留在各个位置上，且与指示器的指示位置一致；切换装置的拉杆，分接头的凸轮、小轴、销子都应完整无损；转动盘应动作灵活，密封良好，无渗油现象；对有载分接开关应检查油箱内选择开关的触点部分，其触点和铜软线应完整，无磨损折断现象，触点应接触良好。

4）检查铁心上下接地片接触是否良好，有无缺少或损坏，拆开接地螺钉使其不接地，用绝缘电阻表测量铁心对地的绝缘电阻，用500V绝缘电阻表测量穿芯螺栓对地的绝缘电阻，并用1000V交流或2500V直流电压试验1min。穿芯螺栓的绝缘电阻虽无规定标准，但一般10kV以下的变压器穿芯螺栓最低允许绝缘电阻值为2MΩ；20～35kV的变压器为5MΩ，如不符合要求，可卸下穿芯螺钉检查并处理。

5）检查铁心有无变形，表面漆层是否完好，铁心及绕组间有无油垢，油路是否畅通。

6）检查绕组的绝缘有无脆裂、击穿及表面变色等缺陷。

7）检查绕组线圈的排列是否整齐，间隔是否均匀；高、低压绕组有无移动错位情况；绝缘围板的绑扎是否牢固；线间及其他有间隙的地方有无异物。

8）检查引出线绝缘是否良好，焊接是否牢固，包扎是否紧固完整，引出线的固定及固定支架是否牢固，引出线是否正确，小型变压器的心部与该机套管是否同时吊起，引出线与套管的连接是否牢靠，电器距离是否符合要求。

9）抽出的变压器油应放在清洁干燥的油桶或油槽中存放，然后用干净布清洗油箱。将油箱内的残油放净，清除积存在箱底的铁锈、焊渣和其他杂物（对于新出厂的变压器此条可省略）。

10）检查处理完毕即可将铁心吊入油箱内。

（a）在铁心吊入油箱前应对已发现的缺陷进行处理和电气实验，即测量绕组的绝缘电阻，绕组的吸收比；测量切换开关触点的接触电阻等。

（b）将顶盖与油箱之间的密封衬垫放好，放下铁心，将盖板上的螺栓相对拧紧，以免造成密封衬垫在顶盖与油箱之间压紧不均匀而发生渗油现象。

（c）将放出的绝缘油全部加入变压器中。

❗小提示

采用钟罩式油箱的电力变压器时，检查心部只需吊起钟形箱罩即可。由于质量较小，起吊工作不太困难，但是要严格防止箱罩和铁心碰撞。

438. 怎样检查变压器整体密封？

变压器整体密封的检查方法如下。

加注补充油后，一般采用油柱法进行整体密封检查。密封式变压器油柱应高于附件最高点 0.6m，对于一般油浸式变压器油柱应为 0.3m，注油持续时间为 3h，如无渗油现象，即为合格。检查时应注意油温不应低于 10℃，检查完毕后，从变压器下部放油到标准油位。

油柱及整体密封检查应注意以下几点。

（1）为防止潮气侵入，真空注油应连续进行，不应间断。

（2）变压器抽真空时，有些不能承受真空机械强度的附件，如储油柜、安全气道等，应与油箱隔离，以免胶囊及气道隔膜损坏。

（3）为了提高整体密封检查效果，可以适当提高油柱值，但不能过高（以不超过 1.5m 为宜），以免损坏设备。

439. 环氧树脂浇注干式变压器定期检查的方法有哪些？

环氧树脂浇注干式变压器应该定期清理变压器表面污秽。表面污秽物大量堆积会构成电流通路，造成表面过热损坏变压器。在一般污秽状态下，半年清理 1 次，在严重污秽状态下应缩短清理时间，同时在清理污秽物时紧固各个部位的螺栓，特别是导电连接部位。

投运后的 2～3 个月期间进行第 1 次检查，以后每年进行 1 次检查。检查的方法如下。

（1）检查浇注型绕组和相间连接线有无积尘，有无龟裂、变色、放电等现象，绝缘电阻是否正常。

（2）检查铁心风道有无灰尘、异物堵塞、有无生锈或腐蚀等现象。

（3）检查绕组压紧装置是否松动。

（4）检查指针式温度计等仪表和保护装置动作是否正常。

（5）检查冷却装置包括电动机、风扇是否良好。

（6）检查有无由于局部过热，有害气体腐蚀等使绝缘表面出现爬电痕迹和炭化现象等造成的变色。

（7）检查变压器所在房屋或柜内的温度是否特别高，其通风换气状态是否正常，变压器的风冷装置运转是否正常。

（8）检查调压板位置，当电网电压高于额定电压时，将调压板连接 1 挡、2 挡，反之连接在 4 挡、5 挡；等于额定电压时，连接在 3 挡处，最后应将封闭盒安装关闭好，以免污染造成端子间放电。

（9）变压器的接地必须可靠。

（10）变压器如果停止运行超过 72h（若湿度大于或等于 95%，允许时间还要缩短）在投运前要做绝缘测试，用 2500V 摇表测量，一次侧对二次侧及地大于或等于 300MΩ，二次侧对地大于或等于 100MΩ，铁心对地大于或等于 5MΩ（注意拆除接地片）。若达不到以上要求，需做干燥处理，一般启动风机吹一段时间即可。

440. 运行中环氧树脂浇注干式变压器维护的方法有哪些？

运行中环氧树脂浇注干式变压器维护的方法有以下几种。

（1）定期清扫。现场研究表明，对于环氧树脂浇注绝缘质量优良和结构设计合理的高电压干式变压器，在二级空气质量（指为保护人群健康和城市、乡村的动植物，在长期和短期接触情况下，不发生伤害的空气质量要求。二级标准的大气尘计重浓度为 $0.20mg/m^3$）和适当清理周期（运行清理周期为 1 年、存放清理周期为 3 个月）的条件下运行时，可以不考虑积尘对绝缘性能的影响。实际上现场的运行条件是多种多样的，所以为保证干式变压器的安全运行，应加强清扫，因地制宜，适当缩短清扫周期，清除积尘对绝缘性能的影响。

（2）变压器室要合理通风。置于变压器室内的干式变压器的散热主要依靠空气对流，依靠变压器室的通风，使冷空气从下部进入变压器室，经过变压器的发热体获取热量后成为热空气，而从变压器室的上部排出形成对角通风。这样，周而复始的空气流动维持了变压器的热平衡，从而满足变压器运行的热平衡要求。当环境温度为 40℃，进、出口空气温差 15K 时，干式变压器单位损耗散热所需要的空气流量为 $3.528m^3/$（min·kW）。

（3）加强通风设备的运行维护。为确保干式变压器正常运行，必须确保通风设备正常运转。当通风设备（如风机）发生临时故障时，应密切监视温度，必要时减小负荷。

（4）加强温度监视。加强温度监视一则可以及时掌握变压器温度变化，二则可以监视温控器本身是否有异常，因为目前所用的温控器与变压器内部热敷电阻之间的接头是由针式插头来完成的。如果接触不良，就会导致温控器误判断。对于大容量或重要场所的变压器，在订货时可要求变压器生产厂每相多埋一只热敷电阻，对温控器实现双重化配置，这样可避免上述情况的发生。

（5）停运期间应防止绝缘受潮。在干式变压器停运和保管期间，应防止其绝缘受潮。若发现有受潮或凝露现象，要启用机械热风对其表面进行干燥处理。由于这种表面受潮和凝露并不影响绕组内部的绝缘，因此，简单处理后，只要绝缘电阻值不小于 2MΩ/1000V 即可投入运行。一旦变压器投入运行，其损耗产生的热量将会使绝缘电阻恢复正常。

（6）定期检查紧固件、连接件是否松动。变压器在长期运行过程中，由于外界短路等原因，不可避免地出现端短头受力、振动而引起的紧固件、连接件松动等现象。它们一旦松动，就有可能产生过热点。因此，在高低压端头及所有可能产生过热的地方都要设置示温蜡片，定期观察，同时结合清扫、预防性试验，认真检查紧固端头和连接件。

（7）防止铁心锈蚀。由于干式变压器的铁心都是暴露在空气中的，所以很容易锈蚀。对于备用的干式变压器，如果铁心保养不当，锈蚀就难以避免。当发生大面积铁心锈蚀时，会直接威胁变压器的寿命，导致变压器损耗增加，效率下降。所以定期除锈、防锈、避免铁心锈蚀是保证干式变压器正常运行的一个重要方法。

（8）变压器室的门、窗和通风孔除考虑通风外，还要有防飞鸟、蛇等小动物进出的隔离网等，也应能避免雨、雪入侵变压器本体。

（9）装设防雷设施。为了防止雷电波入侵，应在变压器的一次侧装设避雷器，以选用金属氧化避雷器为宜。对于 35kV 的干式变压器的高压测应采用电缆进线，不宜直接与架空线相连。

441. 干式变压器电压、电流、功率因数表等读数不正确怎么办？

检修方法如下。

（1）仪表不正常。应修理或更换。

（2）其他故障。应查明原因，采取措施。

442. 干式变压器温升不正常怎么办？

干式变压器温升不正常的故障原因及检修方法如下。

（1）仪表不正常。修理或更换。

（2）过负荷。减轻负荷，平衡各相负荷，增加变压器容量。

（3）风扇方向转。改变接线。

（4）空气过滤器网眼堵塞。清扫或更换。

（5）绕组内部异常。查明原因，采取措施。

（6）其他。查明原因，采取措施。

443. 干式变压器异常声响怎么办？

干式变压器的异常声响主要有：① 铁心励磁声音高；② 振动、共振声；③ 铁心机械振动声；④ 放电声；⑤ 附属设备声音不正常、振动。

检修方法如下。

（1）过电压或负荷中采用晶闸管等元件。改变分接头位置。

（2）安装不稳固或共振。安装稳固，消除共振条件。

（3）螺栓、螺母未拧紧。拧紧螺栓、螺母，夹紧铁心。

（4）接地不良或发生电晕。完善接地；查明电晕原因，采取措施。

（5）风扇不正常。修理或更换轴承。

✎ 444. 干式变压器异味怎么办？

干式变压器异味现象主要有：① 温度不正常；② 焦臭味。

检修方法如下。

（1）过负荷时，则减轻负荷。

（2）局部过热，绕组内部异常，则应查明原因，采取措施。

✎ 445. 干式变压器绕组异常怎么办？

干式变压器绕组异常现象主要有：① 附着灰尘；② 浇注基线龟裂、变色；③ 放电痕迹，附着炭黑；④ 绝缘电阻低于规定值；⑤ 绕组支持件松动；⑥ 其他。

检修方法如下。

（1）环境差，养护不善，应加强维护。可用干燥压缩空气吹干净，或用吸尘器清除，或用抹布拭干净。注意不要擦伤绕组表面，不要使用汽油等溶剂。

（2）局部过热或自然老化。应查明原因，采取措施，与厂家协商处理。

（3）产生或受到异常电压侵入。应查明原因，采取措施，与厂家协商处理。

（4）绝缘受潮或老化。老化显著时，与厂家联系，采取适当处理措施。

（5）螺栓松动。拧紧螺栓。

（6）其他。查明原因，采取措施。

✎ 446. 干式变压器铁心异常怎么办？

干式变压器铁心异常的现象主要有：① 附着灰尘；② 生锈腐蚀。

检修方法如下。

（1）环境差，维护不善。用压缩空气、吸尘器或抹布清除灰尘。

（2）防锈材料恶化，有害气体存在，附着雨水、水滴、凝露。用规定的涂料修补；防止有害气体侵入；做好防漏水处理、降低室内相对湿度。

✎ 447. 干式变压器接线端、分接开关异常怎么办？

干式变压器接线端、分接开关异常现象是：① 过热变色；② 生锈。

检修方法如下。

（1）过负荷或电流异常；紧固部分松动；接触面不良。应减轻负荷；紧固松动部分；研磨，再电镀。

（2）有害气体存在；受水侵入。应防止有害气体侵入；做好防漏水处理，降低室内相对湿度。

448. 干式变压器部件破损、脱落怎么办？

干式变压器部件破损、脱落受外力作用或安装不良影响，应修理或更换。

449. 干式变压器有放电痕迹怎么办？

检修方法如下。

（1）过电压。查明原因，采取措施。

（2）雷击。完善防雷装置。

450. 干式变压器空气过滤器过滤网堵塞怎么办？

干式变压器空气过滤器过滤网堵塞。若因吸入空气灰尘或杂物，则应清扫或更换。

451. 在巡视配电变压器时应注意哪些问题？

在巡视配电变压器时应注意的事项如下。

（1）检查变压器的声音是否正常。有均匀的"嗡嗡"声表明运行正常；声音比平时沉闷，可能过负荷或低压线路有短路故障；声音比平时尖锐，表明高压线路电压过高；声音嘈杂，可能变压器内部结构松动；听到有爆裂声，可能是绕组或铁心绝缘局部击穿；其他杂音，可能是跌落断器接触不良、调压开关位置未对正或接触不良等。

（2）观察变压器油面高度和油色的变化。正常时油面在油面计的 $1/4 \sim 1/3$，新的变压器油呈浅黄色，运行后呈浅红色。

（3）检查变压器套管、引线的连接是否良好。

（4）检查变压器接地装置有无断裂、锈烂等现象。

（5）检查变压器的温度。油浸式变压器在运行中顶层油温不得高于 95℃。对无温度计的变压器，可用水银温度计贴在变压器的外壳上测量温度。允许温度为 $75 \sim 80$℃。

（6）雷雨过后，应检查变压器套管有无破损或放电痕迹。大风时，应检查变压器的引线有无剧烈摆动现象，接头处是否有松脱，有无杂物刮在变压器上。定期进行夜间巡视，检查套管有无放电现象，引线各连接点有无烧红情况。

452. 配电变压器在运行中发现何种情况应立即停电？

配电变压器在运行中应立即停电的情况有以下几点。

（1）有异音、放电声、冒烟和过热现象。

（2）负荷和环境温度正常，但上层的油温超过了允许值。

（3）漏油或油严重渗漏，在油标上看不到油面。

（4）绝缘老化，油色变黑。

（5）导电杆端头过热、烧损或熔化。

（6）瓷件出现裂纹、击穿、烧损或严重的污渍；瓷裙损伤面积已超过 100mm^2。

453. 怎样观察发现配电变压器故障?

观察发现配电变压器故障的方法如下。

（1）观察变压器有无渗漏油现象。

1）若变压器外表闪闪发光或黏着黑色的液体，说明变压器可能漏油。

2）若变压器油位下降，说明变压器可能存在渗漏油故障。

3）变压器的油温很高，说明变压器也可能存在漏油故障。

（2）观察变压器的外表有无异常。若变压器的箱体表面漆膜龟裂、起泡、剥离、变色，说明变压器存在漏磁故障或磁场分布不均匀，产生了涡流。

（3）观察变压器的吸湿计是否异常。若变压器的吸湿计变色（正常为蓝色，从蓝色变为粉红色时为变色），说明吸湿器吸潮过度、垫圈损坏或进入吸湿器油室的水分过多。应检查变压器是否受潮，同时将吸潮剂进行再生处理。

（4）观察变压器的瓷套管端子是否异常。变压器的瓷套管端子变色，说明瓷套管的紧固部件可能松动，表面接触过热而产生了氧化故障。

454. 怎样用耳听出农用变压器的故障?

用耳听出变压器的故障的方法如下。

（1）农用变压器正常运行时会发出连续均匀的"嗡嗡"声，如果产生的声音不均匀或有其他特殊的响声，则说明变压器可能存在故障隐患。

（2）若变压器的"嗡嗡"声比平常大且尖锐，说明电网过电压或变压器超载严重。

（3）若变压器发出较大的"吱吱"响声，则说明变压器存在火花放电现象，应重点检查分接开关是否接触良好。

（4）若变压器发出较大的"啾啾"响声，则说明变压器分接开关不到位。

（5）若变压器发出较大的"咕嘟咕嘟"的开水沸腾声，则说明变压器绕组发生层间或匝间短路。

（6）若变压器发出巨大轰鸣声，则说明变压器绕组存在严重短路故障，有爆炸的可能，应立即停机检查。

（7）若变压器的套管处出现"嘶嘶"、"哧哧"响声，说明变压器环境湿度过大、高压套管过脏或变压器储油器放电。

（8）若变压器发出"噼啪"声，则说明变压器可能存在接地不良或静电放电故障，应重点检查铁心和接地点。

（9）若变压器上的跌落式熔断器发出"吱吱"的放电声，说明变压器的跌落式熔断器存在接触不良的故障，应及时更换。

（10）若变压器发出"叮叮当当"的敲击声或"呼呼"的吹风声，说明变压器铁心存在故障，应重点检查变压器夹紧铁心的穿心螺杆是否松动，应停电进行检修。

（11）若变压器发出"唧哇唧哇"的叫声，说明变压器的线路在导线的连接处发生了断线故障，应立即进行检查。

（12）若变压器发出"轰轰"声，则说明变压器的低压线路发生了接地或短路故障，应立即进行重点检修。

（13）若变压器发出了"哔剥哔剥"声，说明变压器的铁心接地点断路，应检查铁心的线路。

（14）若变压器送电时发出"噼啦噼啦"的清脆击铁声，说明外界导电引线通过空气对变压器外壳放电，检查外界导线是否过低。

（15）若变压器发出"噼啪"声，说明外界金属通过变压器油面对外壳放电，应加强绝缘或增设绝缘隔板。

（16）若变压器发出爆裂声音，说明变压器绕组高压引出线之间或绕组与外壳存在放电故障，应立即停机检查。

455. 怎样用鼻闻出农用变压器的故障？

用鼻闻农用变压器的故障的方法如下。

（1）变压器发出臭氧味，说明变压器的瓷套管污损，存在电晕放电故障，应清理瓷套管。

（2）变压器发出烧焦气味，说明变压器的冷却风扇、油泵可能烧坏，应停机检查。

（3）变压器发出难辨的异味，说明变压器瓷套管端子的紧固部分可能松动，紧固即可。

456. 农用变压器有哪些常见故障？

农用变压器的常见故障有以下几点。

（1）线路故障。引起该类故障的原因主要有错误操作、变压器解并列、分接头拉弧等。

（2）绝缘故障。绝缘老化是变压器寿命缩短的主要原因。变压器的实际平均寿命只有 17.8 年，设计寿命为 35～40 年，绝缘老化引起变压器寿命大大缩短。

（3）受潮短路。受潮短路的故障原因大多是由于变压器管道渗漏、顶盖渗漏、水分侵入油箱及绝缘油中存在水分等，这也是变压器的常见故障。

（4）高温过载。当变压器超负荷运行时，过高的温度会导致变压器绝缘层过早老化，从而引起故障。

（5）雷击损坏。变压器产生雷击故障，一般是由于变压器防雷设施损坏或性能不良。

（6）负载失衡。由于变压器的三相负载不平衡而引起某相长期过载会使变压器某一相温度偏高而出现绝缘老化，产生匝间短路或相间短路故障。

457. 怎样检修配电变压器常见故障？

配电变压器常见故障及检修方法如下。

（1）变压器油温突然增高。应重点检查冷却装置是否正常，油循环是否破坏。

（2）变压器油面过高。应重点检查变压器的油质是否为透明、微带黄色的正常油品；检查冷却装置是否正常。

（3）变压器漏电。应重点检查变压器的套管是否清洁，有无裂纹和放电痕迹，冷却装置是否正常。

（4）变压器放电。应检查大风时变压器引线有无剧烈摆动现象，变压器顶盖、套管引线处是否有杂物。大雪时各触点上的积雪是否立即融化，大雾天时有无火花放电现象。

（5）变压器铁心片间的绝缘损坏，从而引起油温升高，油的颜色变深。

（6）接地片断裂或铁心接触不良，引起铁心与油箱间有放电声。

（7）铁心松动后引起不正常的振动或噪声。

（8）变压器的绕组相间或匝间短路，出现高压端熔丝熔断、油温升高后外喷、三相电阻不平衡、一次侧电流增大和二次侧电压不稳。

（9）线圈断电后出现放电声、断线相无电流电压。

（10）绕组对地击穿后，出现匝间短路、高压熔断器落的现象。

（11）分接开关常出现触头表面熔化和灼伤的现象，从而引起油温升高、触头表面产生放电声或高压熔丝熔断。

(12) 相间触头放电或各分接头放电，使油枕盖冒烟、高压熔丝熔断、有时会出现"咕嘟"声。

(13) 套管对地击穿或套管间放电，从而使高压熔丝熔断。

针对上述不同的原因进行检修，故障即可排除。

458. 怎样检查配电变压器的绕组故障？

变压器绕组故障的检查方法如下。

(1) 变压器绕组在制造或检修时，局部绝缘受到损害，引起匝间短路。

(2) 变压器在运行中因散热不良或长期过载，部分绕组内有杂物落入，使局部温度过高造成绝缘层老化。

(3) 变压器的制造工艺不良，压制不紧，机械强度不能经受短路冲击，使绕组变形，绝缘层受损。

(4) 变压器的绕组受潮，绝缘层膨胀引起局部过热而损坏。

(5) 变压器的绝缘油内混入水分，或与空气接触面积过大，使油的绝缘水平下降或油面太低而使绝缘层受损。

当变压器绕组出现上述故障时，应立即进行绝缘处理或更换相应的绕组。反之会引起更为严重的单相接地或相间短路等故障，造成更大的损失。

459. 怎样检修配电变压器的套管故障？

引起变压器套管故障的原因有：① 变压器套管炸裂；② 变压器套管掉落；③ 变压器套管漏油；④ 变压器套管绝缘受潮；⑤ 变压器套管的吸湿器配置不当或吸入水分。

当出现以上故障时，应及时更换变压器的套管。

460. 如何检修变压器分接开关故障？

变压器分接开关故障的检修方法如下。

(1) 分接开关表面熔化或灼伤。其原因主要是分接头绝缘板绝缘不良或接头的焊锡不满、接触不良或制造工艺不好。

(2) 分接开关相间触点放电或各接头均放电。其原因主要是连接螺钉松动、带负载调整的装置异常或调整不当，分接开关的弹簧失去弹性。

(3) 分接开关变色。其原因大多是变压器油的酸价过高，使分接开关接触面被腐蚀。

当出现上述故障时应及时更换分接开关。

461. 怎样检修农用变压器的铁心故障？

农用变压器铁心故障的检修方法如下。

(1) 变压器铁心柱的穿芯螺杆或铁轮的夹紧螺杆的绝缘损坏，使铁心部位出现环流，引起局部发热，引起铁心的局部熔化损坏。在一般情况下，只有更换铁心。

（2）变压器铁心的穿芯螺杆与铁心叠片连接，造成铁心叠片局部短路，引起变压器绝缘油劣化。检修时可用直流电压表、电流表测量片间绝缘电阻进行判断。如短路部位很小，可在损坏处涂以绝缘漆排除故障，若短路部位很多，则只有更换铁心。

462. 农用变压器瓦斯保护故障的原因有哪些？

瓦斯保护是变压器的主保护，它有两种动作方式。

（1）轻瓦斯保护动作后发出信号。其原因是：变压器内部有轻微故障，变压器内部存在空气；二次回路存在故障等。

（2）瓦斯保护跳闸。其原因是：由于变压器内部发生严重故障，温度升高引起油分解大量气体，或二次回路出现故障等。

463. 怎样检修变压器的瓦斯保护故障？

（1）轻瓦斯保护发出信号的检修方法。

首先对变压器整体进行观察检查，若发现故障应予以排除。若无异常现象，应进行气体取样分析，查找故障点。

（2）瓦斯保护动作跳闸的检修方法。先检查变压器外部是否变形，储油器防爆门是否正常，各焊点焊缝是否裂开，然后检查气体的可燃烧性。

经过以上检查后，如果是差动保护动作，则应对保护范围内的设备进行全面检查。如果外部和内部都无故障，而是人员误动作引起的保护跳闸，则可投入使用。

464. 配电变压器喷油爆炸的原因有哪些？

配电变压器喷油爆炸故障的原因有：绝缘损坏、断线产生电弧和调压分接开关损坏。

（1）绝缘损坏。变压器进水使绝缘层受潮损坏；雷电等过电压使绝缘层损坏；绕组局部短路、匝间短路产生过热而使绝缘层损坏等。

（2）断线产生电弧。由于绕组导线焊接不牢、引线松动等因素在大电流冲击下造成断线，断点处产生高温电弧使箱内压力增高，当增高到一定程度时便发出喷油爆炸。

（3）调压分接开关损坏。配电变压器高压绕组的调压段绕组是经分接开关连接在一起的，分接开关触点串接在高压绕组的回路中，与绕组一起通过负荷电流和短路电流。分接开关接触不良就会产生轻微的放电火花，使高压段绕组短路。

小提示

喷油爆炸是变压器内部存在短路故障所致，短路电流和高压电弧使变压器油迅速老化，而继电保护装置又未能及时切断电源，使故障长时间存在，箱体内部压力持续增长，高压的变压器油气体从防爆管或箱体其他强度薄弱处喷出。

465. 配电变压器喷油爆炸怎么办？

配电变压器喷油爆炸的检修方法如下。

（1）绝缘电阻试验。检测变压器各绕组、铁心、外壳相互之间的绝缘电阻是否正常。对于变压器绝缘层严重老化或损坏的，应重绕绕组。

（2）检查绕组是否断线。首先确定断线部位，通过检测判断是匝间、层间或相间断线。可采用吊芯处理，若引线断线，只要重新接好即可；若绕组短路，则应重绕绕组。

（3）检查调压分接开关是否正常。首先检查分接开关是否到位，若已到位，产生火花且有"吱吱"声，则可能是开关触点烧坏，造成接触不良。可在停电后将分接开关转动几周，使其接触良好。

466. 配电变压器绕组烧毁怎么办？

配电变压器绕组烧毁的原因有以下几点。

（1）变压器使用时间过长、环境温度过高或进水等多种原因致使绝缘层老化，产生短路而烧毁。

（2）组装或维修时，将绕组、引线、分接开关等处的绝缘层破坏，造成短路而烧毁。

（3）组装或维修时，不慎将工具或螺母遗留在变压器内，使变压器产生放电、短路接地而烧毁。

变压器绕组烧毁只有重绕，或更换新的变压器。

467. 怎样预防配电变压器烧毁？

预防配电变压器烧毁的措施有以下几点。

（1）正确安装与使用。在安装配电变压器时，应安装高电压熔断器和过电压保险。使用过程中应经常对熔断器和过电压保险进行检查，若发现熔断器熔断或被盗，应及时更换。

（2）高、低电压熔断器应根据变压器的容量合理配置。

1）容量在 100kVA 以下的变压器应配置额定电流为 $1.5\sim2.0A$ 的熔丝。

2）容量在 100kVA 以上的变压器应配置额定电流为 2.0～3.0A 的熔丝。

3）二次侧熔丝应按额定电流稍大一点配置。

（3）经常用钳形电流表检测变压器的负载情况，若发现三相不平衡偏负载运行，应及时进行调整。

（4）定期检查变压器的油温和油位，若发生渗漏应及时检修并补油，避免分接开关、绕组露在空气中受潮。

（5）经常检查变压器套管有无闪络痕迹，接地所用的引线有无断脱、脱焊现象，用绝缘电阻表检测接地电阻不得大于 4Ω。定期清除套管表面的脏污。

（6）正确选用二次侧导线的接线方式，采用接线板或钢铝过渡线夹等专用设备，并抹上导电膏，增大接触面积，防止氧化而造成接触不良。

（7）注意对避雷器的检测，每年在雷雨季节前对避雷器进行一次检测试验，务必达到完全合格。

（8）必须安装一级保护，并在投运前做好以下测试。

1）带负载分、合开关三次，不得误动。

2）用试验按钮试验三次，动作应正确。

3）各项目试验电阻接地三次，应正确动作。

4）每周试跳一次，应正确动作。

468. 配电变压器着火怎么办？

（1）故障原因。

1）变压器铁心穿芯螺栓绝缘损坏，或铁心硅钢片绝缘损坏。

2）高压或低压绕组层间短路。

3）绕组引出线混线或引线碰油箱。

4）长时间过载。

5）套管破损，油在储油器的挤压下流出并燃烧。

（2）处理方法。当配电变压器发生着火故障时，首先应切断电源，然后灭火，若是变压器顶盖上部着火，应立即打开下部放油阀，将油放完或放至着火点以下部位，同时用不导电的灭火器（如四氯化碳、二氧化碳、干粉灭火器等）或干燥的河砂灭火，严禁用水或其他导电的灭火剂灭火。待火熄灭后，再对变压器进行检查、修理、试运、调整，直至正常后再投入运行。

469. 怎样检测配电变压器的绝缘电阻？

运行中的配电变压器，在定期预防性试验中或异常现象发生之后，都要停下电来测量它的绝缘电阻，检查线圈的绝缘是否被破坏。使用摇表测量变压器的绝缘电阻的方法如下。

（1）将瓷套管清扫干净，拆去全部引线和零相套管接地线。

（2）用 1000V 绝缘摇表以 120r/min 的转速摇测高压线圈对地、低压线圈对地和高低压线圈之间的绝缘电阻值。

（3）当测得的绝缘电阻值比较小时，还应测出线圈的吸收比，以判断变压器线圈绝缘是老化还是受潮。

（4）摇测绝缘电阻，应在天气干燥时进行，并且应在停电后立即测量，同时记录下测量时的变压器油温和环境温度，以便将各次测量数值换算到同一温度下进行比较。

（5）测量绝缘电阻的过程中，不允许接触带电体或拆接摇表线，摇测读取绝缘值之后不应立即停止摇动，应先取下相线后再停摇。否则变压器线圈的感应电压将会反过来冲坏摇表。

（6）摇完绝缘电阻后还应将变压器线圈放电，以防触电。

⊕ 小提示

目前有绝缘电阻测量仪可以比较快地测量变压器线圈的绝缘电阻，并且可以带打印机将测量结果打印下来，常用的型号有 DMB 系列、DMG 系列等绝缘电阻测试仪，使用时参考使用说明书操作即可。

470. 农用变压器二次侧接线柱烧损怎么办？

（1）二次侧接线柱烧损的原因。这主要是接线不规范引起的。农用变压器二次侧电流大，是一次侧的 25 倍，且运行时环境温度较高，如果接线不规范，使流过的连接部位接触面积过小或接触不良，接触电阻过大，使接线柱处的发热量大于散热量，从而导致接头发热烧毁，使接线柱受损。

（2）预防二次侧接线柱烧损的措施。

1）选用相匹配的接线耳，确保接线处有足够大的电流截面。

2）用砂纸将接线耳接触面打磨平整、光亮，彻底除去异物或毛刺，以提高接触性能。

3）在过电流连接件双面加足够厚铜垫片，以保证不变形并有较大的接触面，同时，在接触面涂上导电膏，并配置弹簧垫圈，将螺母紧固，使其接触良好。

471. 配电变压器怎样在现场定相？

对于拟定并列运行的变压器，在正式并列送电之前必须做定相试验。定相试验方法是将两台符合并列条件一次侧都接在同一电源上的配电变压器，经低压线路的连接线，测量二次电压相位是否相同。具体步骤如下。

(1) 分别测量两台变压器的相电压是否相同。

(2) 测量同名端子之间的电压差。

当同名端子上的电压差等于零时，就可并列运行。

472. 怎样检查运行中变压器响声是否正常？

变压器正常运行时的响声是均匀而轻微的"嗡嗡"声，这是在 50Hz 的交变磁通作用下，铁心和绕组振动造成的；若变压器内有某种缺陷或故障，会引起以下异常响声。

(1) 声音增大并比正常沉重。对应于变压器负荷电流大、过负荷的情况。

(2) 声音中夹杂有尖锐声、音调变高。对应于电源电压过高、铁心过饱和的情况。

(3) 声音增大并有明显杂音。对应于铁心未夹紧，片间有振动的情况。

(4) 再现爆裂声。对应于绕组和铁心绝缘有击穿点的情况。

小提示

变压器以外的其他电路故障，如高压跌落式熔断触头接触不好、无励磁调压开关接头未对正或接触不良等，均会引起变压器响声变化。

473. 怎样检查变压器的油位是否正常？

从储油柜上的油位计检查油位。正常油位应在油位计刻度的 1/4～3/4 以内气温高时，油面在上限侧；气温低时，在下限侧。油面过低，应检查是否漏油。若漏油，应停电修理；若不漏油，则应加油至规定油面。加油时，应注意油位计刻度上标出的油位值，根据当时气温，将油加至适当油位。

474. 怎样检查变压器的油质是否正常？

(1) 对油质的检查，通过观察油的颜色来进行，新油为浅黄色；运行一段时间后的油为浅红色；发生老化、氧化较严重的油为暗红色；经短路、绝缘击穿和电弧高温作用的油中含有碳质，油色发黑。

(2) 发现油色异常，应取油样进行试验。此外，对正常运行的配电变压器至少每两年取油样进行一次简化试验；对大修后的变压器及安装好即将投运的新变压器也应取油样进行简化试验。若试验结果达不到标准，则应对油进行过滤、再生处理。

⚠ 小提示

为了尽量减少环境因素的影响，应采用溢流法取油样。

（1）对容器要求。使用的容器应清洁、干燥、不透光，容器的材料应使油样在容器内不会引起扩散、渗透、催化和吸附。

（2）取油样方法。先不用容器，打开放油阀门，将变压器箱底污油放掉。待油清洁后，用少量油清洗容器。正式取油样时，将软管伸到容器底部，放取油样（约取 500ml）。取样后，尽快送有关部门试验，并注意避免环境影响。

🖊 475. 怎样检查变压器运行温度是否超过规定？

变压器运行中温度升高主要是由器身发热造成的。一般来说，变压器负荷越大，绕组中流过的工作电流越大，发热越剧烈，运行温度越高。变压器运行温度升高，使绝缘老化过程加剧，绝缘寿命减少，同时温度过高会促使变压油老化。运行中，可通过温度计测取上层油温。若小型配电变压器未设专门的温度计，也可用水银温度计贴在变压器油箱外壳上测温，这时允许温度相应为 75～85℃。

如果发现运行温升过高，原因可能是变压器内发热加剧（过负荷或内部故障），也可能是变压器散热不良，需区别情况加以处理。其中，变压器的负荷状况和发热原因可根据电流表、功率表等表计的读数来判断。如果表计读数偏大，发热可能是过负荷引起的；如果表计正常，变压器温度偏高且稳定，则可能是散热不良引起的；如果表计、环境温度都和以前相同，油温高于过去 10℃ 以上并持续上升，则可能是变压器内部故障引起的，需迅速退出运行，查明原因后进行修理。

⚠ 小提示

据理论计算，变压器在额定温度下运行，寿命应在 20 年以上。在此基础上，变压器长期运行温度每增加 8℃，它的运行寿命就相应减少一半。可见，控制变压器运行温度是十分重要的。据规定，变压器正常运行时，油箱内上层油温不应超过 85～95℃。

🖊 476. 怎样检查高低压套管是否清洁，有无裂纹、碰伤和放电痕迹？

表面清洁是套管保持绝缘强度的先决条件。当套管表面积有尘埃，遇到阴雨天或是雾天时，尘埃便会沾上水分，形成泄漏电流的通路。因此，对套管上的尘埃应定期予以清洁。套管由于碰撞或放电等原因产生裂纹伤痕，也会使它的绝缘强度下降，造成放电，故发现套管有裂纹或碰伤应及时更换。没有更换条件的，应及时报有关部门处理。

477. 怎样检查防爆管、除湿器、接线端子是否正常？

检查方法如下。

（1）检查防爆管隔膜是否完好，有无喷油痕迹。若有喷油痕迹，说明发生了严重内部故障，应停运检修；防爆管隔膜破裂，应检查破裂的原因，若是意外碰撞所致，则更换新膜即可。

（2）除湿器中的硅胶是否已达到饱和状态。硅胶呈红色，说明它已吸湿饱和失效，需更换新硅胶。

（3）各接线端子是否紧固，引线和导电杆螺栓是否变色。线头接点变色是接线头松动，接触电阻增大造成发热的结果，应停电后重新加以紧固。

478. 怎样检查变压器外接的高、低压熔体是否完好？

（1）变压器低压熔体熔断。这是二次侧过电流所造成的，过电流的原因有以下几点。

1）低压线路发生短路故障。

2）变压器过负荷。

3）用电设备绝缘损坏，发生短路故障。

4）选择的熔体截面积过小或熔体安装不当，例如连接不好，安装过程中熔体有损伤等。

（2）变压器高压熔断器（跌落式熔断器）熔断。熔断器熔断的原因有以下几点。

1）变压器本身绝缘击穿，发生短路。

2）低压网络有短路，但低压熔体未熔断。

3）当避雷器装在高压熔断器之后，雷击时雷电流通过熔断器也可能使其熔断。

4）高压熔断器熔体截面积选择不当或安装不当。

发现熔体熔断，应首先判明故障，再更换熔体；更换时应遵照安全操作规程进行，尤其是更换高压熔体，应正确使用绝缘拉棒，以免发生触电事故。

479. 怎样检查变压器接地装置是否良好？

变压器运行时，它的外壳接地、中性点接地、防雷接地的地线应连接在一起，共同完好接地。巡视中若发现锈蚀严重甚至断股、断线，应做相应的处理。

480. 怎样检测配电变压器一次侧故障？

变压器一次侧故障的检测方法如下。

（1）测试前，先将变压器一次侧和二次侧的外部接线全部拆除。

（2）检查万用表内部 1.5V 和 9V 电池是否正常。

（3）将万用表的旋钮拨至 $R \times 10 k\Omega$ 挡，用负表笔接变压器的箱盖，正表笔接一次侧的 B 相接线柱，测量高压绕组对箱壳的绝缘电阻，会出现以下三种情况。

1）万用表的表针不向刻度线"0"值方向摆动，直接指向刻度盘上的最大位置，说明变压器内三相高压绕组对箱壳的绝缘良好，变压器正常。

2）万用表的指针出现微微摆动（向"0"值方向），说明变压器已进水受潮，需要驱潮或维修。

3）万用表的指针摆动到 100Ω 刻度以下，说明变压器的高压绕组对机箱的绝缘层已经被击穿，需要维修。

481. 怎样检测农用变压器二次侧故障？

检测变压器二次侧故障的检测方法与检测一次侧故障的检测方法类似，所不同的是将万用表的正表笔接变压器二次侧的 B 相接线柱，负表笔依然接机壳，这会出现以下三种情况。

（1）万用表的表针不向刻度线"0"值方向摆动，直接指向刻度盘上的最大位置，说明变压器内三相低压绕组对箱壳的绝缘良好，变压器正常。

（2）万用表的指针出现微微摆动（向"0"值方向），说明变压器已进水受潮，需要驱潮或维修。

（3）万用表的指针摆动到 100Ω 刻度以下，说明变压器的低压绕组对机箱的绝缘层已经被击穿，需要维修。

482. 怎样测量农用变压器的高、低压绕组绝缘电阻值？

测量之前先放电，方法是：将变压器一次侧的三根接线柱用熔体短接并与箱盖连接，将高压绕组放电入地，再拆除短接线进行测量。测量农用变压器的高低压绕组绝缘电阻值的方法如下。

（1）将万用表的旋钮置于 $R \times 10 k\Omega$ 挡的位置，将正表笔接一次侧的 B 相接线柱，负表笔接二次侧的 B 相接线柱。

（2）测量变压器的高、低压绕组之间的绝缘电阻会出现以下三种情况。

1）万用表的表针慢慢地向刻度盘的"0"值方向摆动，经过 3～5min 后才稳定地指示在某一阻值，且高低压三相的直流电阻值大致相等，说明高、低压绕组良好，没有损坏。

2）万用表的表针快速地向刻度盘的"0"值方向摆动，并稳定地指示在某一阻值上，说明高压绕组或低压绕组存在层间或匝间短路故障。

3）万用表的表针在1min以后没有向刻度盘的"0"值方向摆动，而仍然指示在最大值的位置，说明变压器的高压绕组或低压绕组存在断路故障。

483. 如何测量农用变压器是否存在铁心多点接地？

测量变压器是否存在铁心多点接地的方法如下。

（1）正常时变压器铁心只能一点接地，不允许有两点或多点接地，反之会造成接地点之间形成闭合回路，形成环流而引起局部过热烧坏铁心或绕组。

（2）先拆除变压器的正常接地点（厂家人为接地点），用绝缘电阻表测量铁心对地的绝缘电阻，若阻值在几万欧或兆欧以上，此时用电容器对变压器铁心放电，若此时测得铁心的绝缘电阻下降很快，则说明变压器的铁心存在多点接地故障；反之，说明变压器铁心不存在多点接地故障。

（3）先拆除变压器的正常接地点（厂家人为接地点），用绝缘电阻表测量铁心对地的绝缘电阻，若测得的铁心绝缘电阻是0或很小的阻值，说明变压器的铁心存在两点接地故障。

（4）不管是多点接地故障还是两点接地故障，对变压器均是损坏性故障。可用"大电流冲击法"进行维修。

具体方法是：用电焊机的焊把瞬间触碰变压器的外壳，若出现冒烟现象，说明接地点可能被消除。若不能消除两点接地故障，可将人为接地点甩开，也可利用故障产生的一点接地点运行。

！小提示

变压器铁心接地主要有吊环螺杆接地、下节油箱接地、接地套管在油箱外部接地等几种形式，检查时应重点对上述部位进行检测。

484. 安装、运行和维护箱式变电站应注意哪些事项？

箱式变电站安装、运行和维护的注意事项如下。

（1）箱式变电站运抵现场后，首先应检查包装是否完整无损。拆箱后，应检查设备是否完好，备品备件、附件、技术资料（说明书、合格证、附件备件清单等）是否齐备。若发现问题，应与厂家联系，并汇报相关部门。

（2）安装时应根据图样选择相应的安装基础。

（3）应根据箱式变电站的安装尺寸、地脚孔尺寸进行准备，起吊须用专用的起吊工具，起吊部位必须为箱式变电站的标明部位。

（4）箱式变电站的基础应预埋接地极，其接地电阻值 $R \leqslant 4\Omega$。

（5）箱式变电站底部和基础结合处应用水泥浆抹封；电缆进入套管，其缝隙处也应进行密封。

（6）安装后各种紧固件应紧固。

（7）在试运行前应检查全部电器装置是否完好，开关通断、电器的辅助触点的通断是否准确可靠，各种电器的整定值是否符合要求。

（8）试运行前应检查绝缘电阻是否符合要求。

（9）检查操作机构是否灵活，不应有卡涩或操作力过大等现象。

（10）检查母线或电缆接线是否可靠。

（11）运行中的箱式变电站应进行巡视。

（12）运行中的箱式变电站，发生故障应及时进行检修和排除。

小 提 示

箱式变电站由高压配电装置、电力变压器、低压配电装置等部分组成，安装于一个金属箱体内，三部分设备各占一个空间，相互隔离。箱式变电站是一种新型的供电设备。

第二节　变压器调压分接开关的
维护与故障检修

485. 怎样检查调压分接开关的故障？

调压分接开关是变压器中唯一可转动的部件，常因其接触不良引起发热而发生故障。其检查方法如下。

（1）固定和活动的接触面有无烧伤痕迹（烧毛）和接触不良现象，接触处有无油泥积垢。

（2）调压开关的传动机构是否失灵；传动机构有无因过分松动而使箱盖上的指针尖端指示在位置标志上，而此时触点尚未闭合；开关的三相触点是否同时合上，弹簧的松紧是否相同。

（3）开关的操作杆与箱盖的接缝处是否接合紧密，衬垫是否完整；对准操作杆的箱盖孔下面有无水渍。

（4）如果采用接线板式的分接头，则应检查接线螺栓桩头的松紧情况，各接线桩头间是否因油泥堆积而发生短路或出现闪络痕迹。

（5）检查有载开关时，应将开关的芯子部分吊出，来回转动，观察其接触限位的动作，检查过渡电阻，以确定其连接是否可靠。

486. 变压器的调压分接开关接触不良怎么办？

变压器的分接开关接触不良的故障原因及检修方法如下。

（1）触头严重损坏。拆下触头，换上新触头或者按原样配制。

（2）触头压力不平衡。有些分接开关的触头弹簧是可调动的，此时适当调节弹簧，即可保持触头压力平衡（触头表面粗糙度以 1.6 ▽ 为宜，不需抛光和研磨）。

（3）使用较久的分接开关，其触头表面常覆有氧化膜和污垢。如果氧化膜很薄，污垢不多，将触头在各位置往返切换多次即可清除；否则，须用汽油擦洗。有时绝缘油的分解物沉积在触头上呈光泽薄膜，看来很洁净，其实为一绝缘层，妨碍接触，可用丙酮擦洗，予以清除。

（4）滚轮压力不均，使有效接触面积减小，应调整滚轮，保证接触良好。

（5）弹簧压力不足，失去弹性，应更换弹簧。

🔴 小提示

在对变压器进行检修时，应严格按规程要求进行。对分接开关，一定要定期反复转几次，以去除触头表面的氧化膜和油污，调节后还应复查变压器绕组的直流电阻，以避免出现接触不良。

487. 变压器有载调压分接开关故障怎么办？

变压器有载调压分接开关故障的检修方法如下。

（1）辅助触头中的限流阻抗在切换过程中可能被击穿、烧断，在烧断处发生闪络，引起触头间的电弧越拉越长，使故障扩大，并发出异常声音。

（2）分接开关由于密封不严，进水后造成相间闪络或短路。

（3）由于分接开关触头中的滚轮卡住，分接开关停在过渡位置上，造成相间短路而损坏。

（4）调压分接开关的油箱不严密，使分接开关的油箱与主变压器的油箱相互连通，并使两个油位计指示相同，造成分接开关的油位出现假油位，而使分接开关油箱缺油，危及开关安全运行。

488. 变压器有载分接开关箱渗油怎么办？

变压器的主油箱与有载分接开关箱是不连通的。但是当开关箱出现渗油故障时，由于变压器主油箱油位高于开关箱油位，开关箱的油位将上升，甚至超出标志油位；相反，变压器的油位是下降的。

变压器有载分接开关箱渗油的检修方法如下。

（1）开关箱抽芯。可先将变压器全部负荷切断，并断开变压器电源，使调压开关转至空挡位置，然后抽芯。

（2）检查渗油部位。抽出开关芯子后，将开关箱内的油全部放出，用清洁不掉毛的干净布将开关箱内的油擦干净，然后进行观察，稍过片刻即可发现渗油部位。常见的渗油部位是在开关箱底的橡胶密封圈处，多由于密封圈老化失去弹性而造成渗油。

（3）处理渗油部位。开关箱是固定在变压器箱盖上的，处理渗油时应将变压器吊芯。若需更换密封圈，应吊芯至开关箱箱底的圆盘能方便地旋下。更换后再将圆盘旋紧，将器身放回油箱。若开关箱箱体渗油，则可进行补焊或粘接修复。补焊时应采取防火措施，以防残油炭化燃烧引发事故。粘接修复可采用环氧树脂粘合剂粘补。

小提示

在检修时，一定要注意调压开关在空气中停留的时间不能过长，不能超出相应电压等级变压器的规定检修时间，否则应重新进行干燥处理和耐压试验。因此，在检修前一定要将可能用到的工具、材料、设备准备好，并有技术熟练的人员进行指导。

489. 变压器调压分接开关触头表面熔化或灼伤怎么办？

变压器调压分接开关触头表面熔化或灼伤的故障原因及检修方法如下。

（1）装配结构有缺陷。分接头接触不良使局部过热，应测量分接头的直流电阻，更换质量好的分接开关。

（2）分接开关经受不起短路电流的冲击，应用绝缘电阻表检查触头是否断开。

（3）分接开关弹簧压力（滚轮压力）不够，应吊出器身进行外观检查，更换弹簧。

（4）触头镀银层机械强度不够，使用中造成严重磨损，应取油样化验，其闪点下降，更换触头。

出现上述故障多为装配不当造成触头表面接触不良或触头弹簧压力不足。

故障表现为油温升高，在油箱的上部即分接开关触头处产生"吱吱"的放电声，电流表指针随响声发生摆动，有时气体继电器可能发出信号。值班人员若发现上述现象，即可初步判断故障性质，若有条件可取油样进行气相色谱分析，以进一步通过鉴定确定故障性质。对于此类故障，只需将变压器的分接开关切换到触头完好的另一挡上即可继续运行，等变压器进行定期维修时进行处理。

> **❗小提示**
>
> （1）在检修后继续投入运行前或调换分接头位置时，一定要测量分接头的直流电阻，三相电阻应平衡，相差值不能超过2%；分接头的箱外指示与内部接头连接应一致；应将分接开关手柄在该位置上转动10次以上，以消除触头上的氧化膜和油污。变压器检修时，触头表面若灼伤严重必须更换。
>
> （2）对于触头的氧化膜或污垢，一般将触头轻轻转动切换几次即可清除。为避免触头接触不良，一定要正确进行装配，弹簧压力不足的应更换弹簧。分接开关在使用中若常年固定于一个位置上，为避免触头部分的氧化及油污造成接触不良，不论变压器是否需要改变电压，每年至少要往返转动分接开关10次以上。经转动后重新固定在原处或固定在需调压的位置上。

490. 变压器有载分接开关的过渡电阻断路怎么办？

判断过渡电阻是否烧坏而断路，可通过在操作过程中对电流进行观察完成。即不论升挡或降挡，在变换过程中由于串入了过渡电阻，电流都有一个变小的趋势，可以清楚地看到，电流表指针向减小的方向摆动一点后再升起来。若在操作过程中没有电流下降现象，说明过渡电阻已经断了，此时应予以更换。

> **❗小提示**
>
> 有载分接开关是变压器在负荷运行中用以变换一次或二次绕组的分接（分接头一般在高压绕组上的较多），改变其有效匝数来进行分级调压的。分接开关在切换过程中常采用电抗或电阻过渡，以限制其过渡时的循环电流。采用电阻过渡的，由于电阻是短时工作的，操作结构一经工作必须连续完成。倘若由于机构不可靠而中断操作，停在过渡位置上，将会使电阻烧坏而造成断路。

491. 变压器调压分接开关慢动怎么办？

分接开关是专门承担切换负荷电流的器件，它的动作是通过快速机构按一定程序快速完成的。如果分接开关慢动，将有可能烧坏过渡电阻，导致分接开关顶盖冒烟，分接开关的气体继电器动作；若分接开关在某个位置上停下来而结束调挡，再调挡时很可能造成选择器触头拉弧，变压器主体的继电器动作。分接开关慢动时，从电流表上可发现指针向下降的方向大幅度摆动。若发现分接开关慢动，应停止下一次调挡，并将变压器停下来进行检修。

492. 变压器调压分接开关在某个位置被卡死怎么办？

变压器调压分接开关在某个位置被卡死，常会出现导电回路不变，负荷电流不变的情况。此时，运行人员应停止换挡操作，将变压器停下来检查。如果继续换挡，会造成选择器拉弧，电流向零方向指示。如果是单相有载分接开关，还将伴有单相运行的"嗡嗡"声，变压器主体的气体继电器动作。

493. 变压器限位开关失灵怎么办？

变压器限位开关有载分接开关换挡操作的极限位置由限位开关控制，设有机械和电气闭锁两道保护。当操作在极限位置时，应能进行可靠的闭锁，否则将会因过电压而烧坏过渡电阻或分接开关触头，甚至会出现大绝缘崩坏等恶性事故。为此，运行人员应在分接开关投入运行前对限位开关进行认真检查。

494. 变压器相间触头放电或分接头件放电怎么办？

变压器相间触头放电或分接头件放电。三相引线相间距离不够或绝缘材料的电气性能低，在过电压情况下会造成击穿或分接头相间短路，应更换分接开关。

分接头之间有油泥、灰尘或受潮影响，易造成相间短路或表面闪络现象，应取油样进行色谱分析或简化试验。

495. 变压器无励磁分接开关故障怎么办？

当发现变压器油箱内有"吱吱"的放电声，电流表随着响声产生摆动，瓦斯保护发出信号，油的闪点急剧下降等现象时，可能是分接开关故障。

检修方法如下。

（1）分接开关触头弹簧压力不足，滚轮压力不均，使有效接触面积减少；镀银层机械强度不够而严重磨损，引起分接开关在运行中烧坏。

（2）分接开关接触不良，引线连接与焊接不良，经受不起短路电流冲击而造成分接开关故障。

（3）倒换分接头时，由于接头位置切换错误，引起分接开关损坏。

（4）由于三相引线相间距离不够或绝缘材料的电气强度低，在发生过电压时，使绝缘击穿，造成分接开关相间短路。

应根据变压器的运行情况，如电流、电压、温度、油位、油色、声音等的变化，立即取油样进行气相色谱分析，以判断故障性质，并排除故障。

❶·小提示

　　检修调压分接开关时，可将调压分接开关套筒罩上，将调压分接开关全部露出，重点检查引出线的绝缘是否良好，接线头的焊接是否牢固，接触压力及弹簧的弹性是否良好，接触面有无氧化或烧毛现象等。检查弹簧压力可用 0.05mm×10mm 塞尺进行，接触到塞尺但塞不进去方为正常。触头发生氧化或覆盖油污时，可将触头来回多转换几次，即可将触头氧化物或覆盖的油污磨去。

第三节　变压器套管及引线的维护与故障检修

496. 变压器套管损坏怎么办？

其故障原因及检修方法如下。

（1）套管密封不严。一般是密封橡胶质量不好或位置不正，压紧螺母松动，以致进水或潮气侵入，使绝缘受潮而损坏。

（2）电容式套管制造工艺不良，造成表面闪络。套管损坏主要是由于维修工作未做好而引起的，为避免套管损伤，应加强套管的防御性试验及清扫工作，及时消除隐患，以保证套管的安全运行。

（3）套管积垢严重，造成表面闪络。套管损坏主要是由于维修工作未做好而引起的，为避免套管损坏，应加强套管的预防性试验及清扫工作，及时清除隐患，以保证套管的安全运行。

497. 变压器接线端发热怎么办？

变压器接线端发热多因变压器引线处连接处焊接不牢，接线柱压接母线时处理不当，引起接线端发热并形成氧化层。其防范和处理方法如下。

（1）压接母线时，一定要按规定进行操作，引线与油箱或引线相间的距离要符合标准。在投入运行一段时间后，可停电将所有接线处检查、紧固一遍。若条件允许，可在连接部位贴用感温片，以利观察巡视连接部位的温度变化。

（2）引出母线的截面积要与变压器容量相适应。

（3）导线螺栓与母线为铜铝连接时，应采用铜铝过渡连接，并涂以导电膏，以免产生电化反应。

（4）对母线的压接可采用在母线上下两侧用螺母同时相对拧紧的方法。螺母同时相对拧紧可消除母线对两面的接触氧化层，有利于导电，也不易发生旋转螺母的导电杆同时跟着转的情况。

498. 变压器引线及绝缘损坏怎么办？

（1）变压器引线连接处焊接不牢，或引线与接头处焊接不透彻，接头上的螺钉未拧紧，都会引起局部发热而使接头熔毁，造成引线断线。

（2）引线与油箱距离太近或引线相互间距离不够，引起短路。有时虽然距离够了，但固定得不牢固。当外界发生短路时，引线之间发生很大的机械应力，引起引线摆动，从而形成引线的短路。由于漏油，变压器严重缺油，使引出线部分暴露在空气中，可能形成闪络。

（3）水分或潮气大量进入变压器内，使主绝缘受潮而击穿。

（4）变压器出口处多处短路，使绕组受力变形，使匝间绝缘损坏。

（5）在高压绕组加强段或低压绕组端部处，由于绝缘膨胀，堵塞油道，绝缘过热老化而引起匝间短路。

499. 变压器套管引线故障怎么办？

（1）变压器套管引线故障的现象。

1）温度升高，明显超过正常值。

2）母排与平垫圈、螺母的表面严重氧化，甚至烧毁。

3）密封橡胶垫产生龟裂变形，导致引线端子的接触缝隙处出现渗水、渗油现象，严重时甚至有油烟冒出。

（2）故障常见原因。

1）由于用电负荷引起各连接件与触头的热胀冷缩。

2）电磁场的作用引起的振动等原因造成引线接触电阻增大，在连接处产生局部发热，温度的升高会使接触面加速氧化，氧化层的产生又进一步增大了接触电阻，如此恶性循环，最终引发故障产生。

3）套管密封橡胶圈位置不正、结构不严、压紧螺母压得不紧、连接件与密封件的疲劳变形、套管积垢严重造成表面闪络等也是引发套管故障的常见原因。

（3）故障的预防及处理方法。

1）要经常巡视检查变压器引线。当发现母排、平垫圈、螺母等处有表面氧化时，应及时检查原因并进行清理，涂以导电膏后加以紧固。密封橡胶垫产生龟裂变形时，应及时更换。

2) 要加强套管的损坏预防措施并及时进行清理，以扫除隐患。当故障较为严重而生产又急需时，可作如下应急处理：更换螺母、增大平垫圈；对于杆式引线，可改用板式引线。

3) 如螺杆已严重烧伤，瓷套裂缝，应全套更换。

500. 变压器绝缘套管闪络和爆炸怎么办？

绝缘套管闪络和爆炸的主要原因是：套管密封不严进水、套管间有杂物放置或有小动物进入。因此，对运行中的变压器，有运行值班人员的，每班至少应每天巡视检查一遍，无运行值班人员的，至少每月检查一次。巡视检查时应重点对套管进行检查、清理，发现密封不好的，要尽快安排检修，改善密封，若发现有裂纹应更换。

501. 变压器绝缘管脏污、破裂怎么办？

变压器绝缘管脏污、破裂的检修方法如下。

（1）如果变压器绝缘套管表面受潮，使闪络电压降低，易于发生闪络，结果造成开关跳闸，还会增加泄漏电流，使套管发热，严重时可能导致套管击穿。应及时清扫和除去油污。

（2）长期运行的绝缘套管，由于多次受到热胀冷缩产生的应力，套管破裂。当裂缝中的电场强度达到一定值时，便会产生游离放电而损坏套管绝缘，甚至造成套管完全击穿，应立即更换套管，以保证变压器正常运行。

第四节　变压器绕组及铁心的维护与故障维修

502. 变压器绕组绝缘损坏怎么办？

变压器绕组绝缘损坏的检修方法如下。

（1）线路的短路故障和负荷的急剧变化，使变压器的电流超过额定电流几倍或十几倍，绕组受到很大的电磁力矩而发生位移或变形，并使绕组温度迅速升高，造成绝缘损坏。

（2）变压器长时间地过负荷运行，绕组产生高温，使绝缘烧焦，造成匝间或层间短路。

（3）由于绕组里层浸漆和绝缘油含有水分，绕组绝缘受潮，造成匝间短路。

（4）绕组接头和分接开关接触不良，在带负荷运转时，接头发热损坏附近的局部绝缘，引起匝间或层间短路，使接头松开，绕组断线。

（5）变压器的停送电或雷电波造成过电压使绕组绝缘击穿。

503. 变压器绕组匝间短路怎么办？

变压器绕组匝间短路的检修方法如下。

（1）由于变压器运行时间太长，绝缘自然老化而损坏，或因散热不良、长期过负荷运行及油道堵塞，使变压器部分绝缘迅速劣化，应测量变压器高、低压绕组的直流电阻，并与原始资料进行对比，看有无差别，除掉损伤绕组导线绝缘层，重新包扎绕组绝缘或重新绕制绕组并浸漆烘干。

（2）由于系统短路或其他故障，绕组受振动产生位移、变形，造成机械损伤，应修复或更换绕组原有的绝缘。

（3）绕制绕组操作不正确产生缺陷，如排列、换位、压装等不正确，导线本身有毛刺、焊接不良，本身绝缘不完善或有磨损引起局部过热，使几个匝间的绝缘损坏，产生一个闭合短路环流，严重时会烧毁变压器。应将变压器心置于空气中，加 $10\% \sim 20\%$ 额定电压做空载试验，若有损坏点则会冒烟（做试验时应有防火措施）。

> **⚠小提示**
>
> 变压器若发生绕组的匝间或层间短路，常表现为一次电流增大，油温升高，高压熔丝熔断，二次电压不稳或储油柜盖有黑烟冒出，各绕组的直流电阻将会有所差别。此时可先测量各相绕组的直流电阻并进行比较，数值较小者可能有短路故障。然后将器身吊出仔细检查，在短路处常有烧灼的痕迹。若不能发现故障点，可在绕组上接入额定电压做空载试验，断路处将发热和冒烟。找到短路点后，可在短路处进行绝缘处理，短路严重时应重绕线圈。

504. 变压器绕组相间短路怎么办？

检修方法如下。

（1）由于主绝缘老化而破裂、折断等缺陷。应用绝缘电阻表测量绕组对地的绝缘电阻，若击穿应更换损坏的绕组或重新绕制。

（2）绝缘油受潮。应将绝缘油进行击穿电压试验，若油质有问题，要进行处理。

（3）绕组内有杂质落入。应将绕组吊出器身外进行外观检查。

（4）过电压冲击波的作用。

（5）绕组短路产生作用力使绕组变形损坏。

（6）由于杂质的影响，绝缘受潮及电磁作用力的破坏可能引起套管间的短路，应用绝缘电阻表测量绕组、引线套管等各处的绝缘电阻。

505. 变压器绕组断线怎么办？

变压器绕组断线的检修方法如下。

（1）由于连接不良或短路应力使引线内部断裂，或由于匝间短路引起高温使线匝烧断，应将绕组吊出器身外进行外观检查。若绕组是三角形联结的，可用电流表检查绕组的相电流或测量直流电阻；若有一相断线，则在三相绕组中进行三次电阻测量，有两次测量的阻值相近，而第三次为前两次的一倍，即说明该相有故障；若完全断线，则第三次仅比先前两次略大。若是星形联结，可测量直流电阻或用绝缘电阻表检查，根据检查情况更换损坏的绕组或重新绕制。

（2）由于连接不良或短路应力使引线断裂，导线内部焊接不良，匝间短路使线匝烧断，应吊芯检查，如果绕组直流电阻有差别，找出断路点，予以排除。

⚠小提示

变压器线圈断线时，断线处可发生电弧。断线的相没有电流。线圈的断线多发生在导线接头、线圈引线处，常见的断线原因是短路故障。绕组断线的检查主要通过外部检查或测量各相绕组的直流电阻并进行数值比较，直流电阻大的说明有断线，然后进行吊芯检查。外部断线或接触不良的，可将其焊牢或紧固，若为内部断线，则应进行局部处理或更换线圈。

506. 变压器绕组对地击穿怎么办？

检修方法如下。

（1）由于主绝缘老化而破裂、折断等缺陷，应用绝缘电阻表测量绕组对地的绝缘电阻，若击穿，应更换损坏的绕组或重新绕制。

（2）绝缘油受潮，应将绝缘油进行击穿电压试验，若油质有问题，要进行处理。

（3）绕组内有杂质落入，应将绕组吊出器身外进行外观检查。

（4）过电压冲击波的作用。

（5）绕组短路产生作用力，使绕组变形损坏。

507. 变压器绕组对地击穿或相间短路怎么办？

发生变压器绕组对地击穿或相间短路时常发生高压熔丝熔断、油温剧增或储油柜喷油。主要原因是主绝缘老化或绝缘油受潮，绕组内有异物落入或严重缺油。出现这种故障时一般应重新绕制线圈。

508. 变压器铁心片间绝缘损坏怎么办？

（1）铁心片间绝缘损坏将会使变压器的空载电流增大（即空载损耗增大），油质变坏（闪点降低、油色变褐），变压器温度升高。片间绝缘损坏的可能原因是铁心受到剧烈振动，铁心片间发生摩擦，也可能是铁心片间绝缘老化。出现片间绝缘损坏时，可在硅钢片两面涂以 1611 号或 1030 号绝缘漆。

（2）铁心片间绝缘老化并有局部损坏，使涡流增大，造成局部过热，严重时还会熔化。应将铁心片吊出器身外进行外观检查，用直流电压电流表法测量片间绝缘电阻，如果损坏部分不大，可在损坏处涂一层绝缘清漆，如果严重应清除老化绝缘层，重新喷漆烘干。若硅钢片质量差，应更换铁心。

509. 变压器铁心片间局部烧熔损坏怎么办？

铁心出现片间局部烧熔损坏时，常表现为高压溶丝熔断、变压器油色变黑并有特殊气味，温升过高。出现这种故障的原因主要是穿芯螺栓绝缘损坏或者出现铁心两点接地，造成铁心短路产生环流而烧坏铁心；也常由于片间绝缘的损坏引起涡流增加使之熔化。对这种故障，轻者可用砂轮将熔化磨除后涂以绝缘漆；若严重烧溶，则应更换。

510. 变压器铁心片局部短路或局部烧毁怎么办？

（1）变压器穿心螺栓或铁轭夹件损坏，故障处有金属片，使铁心片短路或熔化。应吊芯检查，先进行外观检查，然后用直流电压电流表测量铁心片面的绝缘电阻，找出故障，并涂漆进行绝缘处理，或更换铁轭夹件螺杆的绝缘材料。

（2）接地方法不正确也极易造成短路。

小提示

上述两种故障会造成环流局部发热而导致事故发生，因此应及时检修。

511. 变压器铁心、油道或夹件等松动怎么办？

由于电磁场的作用引起其他部件谐振共鸣，出现惊人的"锤击"声和如刮大风的声音，如"叮叮当当"和"呼呼"的音响。应吊出器身进行外观检查，可用纸板塞紧、压紧、卡紧，并紧固松动件。

铁心松动时时常出现不正常的振动或大而嘈杂的"嗡嗡"声等噪声。产生这种故障的主要原因是铁心油道内或夹片下有未夹紧的自由端或紧固螺钉松动。此时应进行吊芯检查，找出松动原因后，加以紧固。

512. 变压器绕组的主绝缘击穿怎么办？

造成绕组主绝缘击穿的主要原因有以下几点。

（1）绝缘老化引起破裂或折断。

（2）变压器油受潮，油质变劣。

（3）绕组内部落入异物。

（4）线路故障使绝缘受到机械损伤。

（5）各种过电压使绝缘击穿。

检修方法如下。

首先测量绝缘电阻，然后吊出绕组更换有关绝缘，并予以烘干。对变压器油应除去水分，并作过滤等处理。

对于过电压击穿的绝缘并不一定会立即失去运行能力，但会造成绝缘上的隐患。如果再次出现过电压，就会在原处造成二次击穿，使绝缘性能进一步降低，直至发生短路故障。

> **⚠小提示**
>
> 变压器绕组的主绝缘击穿是指低压绕组与铁心柱之间的绝缘，高、低压绕组之间的绝缘，相邻两高压绕组之间的相间绝缘，绕组两端与铁轭之间的绝缘等。这些部位的绝缘击穿后相当于绕组之间短路或接地。

513. 变压器绕组的绝缘受潮的原因有哪些？

变压器绕组受潮主要是绕组从大气中直接吸收和从绝缘油中吸收潮气，而从大气中直接吸收潮气是主要的，潮气直接侵入变压器绝缘的主要途径如下。

（1）运输保管阶段。由于变压器油箱密封不严，潮气浸入。密封被严重破坏时，水珠直接滴落在绝缘上；密封被轻微破坏时，大气进入油箱，也会引起绝缘逐渐受潮。若发现油箱密封破坏，应及时处理。

（2）心部检查阶段。变压器芯部检查时，由于绕组和铁心的绝缘直接暴露在空气中，大气中的水蒸气在绝缘物表面凝结和渗透，造成绝缘受潮。受潮的程度与大气的湿度和温度、变压器心部的温度及心部在大气中暴露的时间长短等因素有关。

（3）抽真空过程。对于110kV以上的变压器需要真空注油，在真空的状态下有助于排除绝缘油中的水分和空气，但在油箱真空被破坏时，大气压力下的空气进入油箱，使体积膨胀，温度急剧下降，水蒸气从大气中析出，在油箱内壁产生结露现象，使水浸入绝缘油中，造成绕组受潮。应使真空油中注入连续进行，不宜间断。

第五节　变压器油及油箱的维护与故障检修

514. 怎样维护吸湿器？

为使进入储油柜中的空气不含杂质，进入的空气要先通过变压器吸湿器的油室过滤，然后再经过硅胶吸收空气中水分，使进入储油柜的空气是无杂质且干燥的清洁气体，从而减缓变压器油劣化速度。

维护检修时取下吸湿器，倒出失效的吸附剂，更换新吸附剂。最好采用变色硅胶，这是为了显示硅胶受潮情况，当硅胶吸收水分失效后，从蓝色变成粉红色，这时可更换新硅胶，或者将失效的硅胶烘干，硅胶从粉红色变成天蓝色后可继续使用。

515. 怎样对变压器油进行取样？

对变压器油进行取样的方法如下。

（1）取样时间。变压器油的取样应在晴天或湿度较小的干燥天气进行最好在油位正常的晴天上午 10 点到下午 14 点这段时间。

（2）取样容器。采样容器可采用 1L 的透明无色广口瓶。瓶子应干净并经过干燥处理，采样后在瓶上系以标签，注明油样的名称、地点、日期、天气状况以及取样人等。

（3）取样部位。取油样应从变压器的下部放油，采样前，先放出一些油以清洗放油孔后，用干净棉布将油门擦净，再进行采样。

（4）取油量。油样数量应根据试验方法确定。通常耐压试验取 0.5kg，简化试验取 1kg 左右。

516. 怎样从气味上鉴别变压器油的质量？

对于变压器油质量的鉴别，也可从其气味上来加以分辨。

合格的变压器油一般是无气味的，有的稍带有一点淡淡的煤油味。运行中的油若有异味产生，说明油质发生了变化，不宜继续使用，应立即进行处理。

（1）若油中有酸味，说明油已严重老化。

（2）若油中有焦味，说明在油的干燥过程中或运行过程中产生过过热现象。

（3）若油中有乙炔味（臭鸡蛋味），表明油内发生过闪燃及产生电弧。

也可用干净的玻璃试棒将油样搅匀，微微加热后，滴一两滴在手上搓摩，这样就更容易判别气味的性质和种类。

517. 怎样根据变压器油的颜色判断其质量？

对于变压器油的质量，通常可从其颜色上来简易进行判别。可将变压器油装入无色玻璃瓶或试管中，从外观上看，正常变压器油的色泽应均匀透明，无沉淀和悬浮物存在。

（1）新变压器油的颜色通常呈淡黄色。

（2）运行中的变压器油通常呈深黄色或浅红色。

运行中的油劣化后颜色变暗并呈现出不同的颜色，劣化程度不同，呈现的颜色也不同：

（1）若油色发黑，则表明油已严重炭化。

（2）若油的透明度差，表明油中含有杂质。

（3）把装在玻璃瓶中或试管中的新油对着光线观察，可见到蓝紫色的光；运行中的油若无荧光，表明其内含有游离碳和机械混合物。应对油进行过滤处理。

518. 怎样混合使用不同牌号的变压器油？

目前，我国配电变压器使用的油多为国内厂家生产，国产变压器油品种牌号虽较多，但它们的生产工艺基本相同（或大同小异），并且使用的抗氧化剂也基本相同，故对于国产牌号的变压器油来说，原则上可以直接进行混合使用，混合后油的稳定性与油质均不会比单一牌号的油差。但使用混合后的变压器油还应注意以下问题：

（1）牌号不同的变压器油混合后，由于其凝固点发生了改变，故还应对该混合油进行试验，确定其凝固点后才可投入使用。

（2）如采用新油与运行中另一牌号的旧油混合时，在注入新油前，要对旧油进行过滤除去杂质后才可混合新油。

519. 变压器油要做哪些试验？

变压器油在变压器中充当绝缘和运行时所产生的热量散发的载体，在变压器的安全可靠运行中起着很重要的作用，因此对变压器油的油质检测是很重要的。通常对变压器油做简化试验分析。

！小提示

为了早期判断变压器内部可能出现的故障及性质，从气体继电器取气样可初步检测故障。但要准确地检测故障，则应定期从运行的变压器油箱中取出油样，进行油中溶气的气相色谱分析。

---

520. 怎样清洗变压器内的油泥？

变压器内油泥的清洗方法如下。

线圈上的油泥一定要轻轻地剥去，不能损坏绝缘。油箱及铁心的油泥可用刮刀刮除，再用干净的布擦净，最后用好变压器油进行冲洗。

① 小提示

一定不能用碱水洗刷。

521. 变压器油箱内有"吱吱"放电声怎么办？

由于调压开关触头接触不良、切换错误或抽头引线绝缘不良等原因引起油箱内部闪络，造成变压器油箱内部有"吱吱"放电声，电流表指针随着响声摆动，瓦斯保护发出信号。应对调压开关进行检修，其方法如下。

（1）将罩在调压开关上的套管向上移动，检查内部的零件。每根引出线的外表绝缘应完好，与接线端头的焊接应牢靠，以免进行中发生过热或焊锡熔化。

（2）接触环与接触时间的压力应足够。可用手指按压弹簧来检查其弹性。必须保证在任何一个切换位置时接触良好，尤其要检查正在运行的挡位，金属表面不能有变色和烧毛现象。触头表面覆盖的氧化膜或油污可操作触头往返多次切换来消除，或用汽油、丙酮擦洗干净。

（3）调压开关的整体应牢靠，操动装置应灵活，操动开轴销、开口销应齐全牢靠，无滑出的可能。可用绝缘电阻表测量每一挡的接触电阻不大于 $500m\Omega$。

（4）检查手柄的指示位置是否与触头的接触相一致，触头在每一位置上的接触要准确，而夹片式开关经常会出现手柄表示的位置与触头的实际接触不对应，应将手柄罩与转轴的圆键拔出，重新钻孔进行正确装配。

522. 怎样用简易法鉴别变压器油质变坏？

变压器油质的简易鉴别可从油的颜色、透明度和气味等方面加以判断，具体方法如下。

（1）好油一般为浅黄色，而氧化后的颜色变深。因此，若在运行中油的颜色变暗，说明油质已经变坏。

（2）好油在玻璃瓶中是透明的并带有蓝紫色的荧光。在运行中的油若已经失去蓝紫色的荧光，则说明油中有机械杂质和游离碳存在。

（3）好油应是无味或略带一点煤油味，若掺杂有烧焦味、酸味、乙炔味等都说明油质已变。变压器油质变坏的主要原因是长期运行后受热变质或变压器发生故障时气体引起。

变压器油应定期（每1～2年）进行取样检验。取油样时应在晴朗、干燥的天气下进行；取样时要避雾、避霜，不能在雨后初晴的时候进行。取样瓶最好用有毛玻璃塞的、容积为500mL的玻璃瓶。使用前要用汽油、肥皂液洗净，再用自来水冲洗至不呈碱性，最后用蒸馏水洗刷数次，在烘箱内烘干，用瓶塞盖好。取油时，应先将变压器底部的积水和积存的油污放掉，并用干净布将油阀门擦净，再放少量油进行冲洗，之后将油接入瓶内摇荡清洗数次后即可装瓶。装瓶时，要稍空出一点空隙，以免油温升高时溢出。装油后将瓶口塞紧并用蜡封口，注明油样标号、来源、取样日期、取样人等。取样后要迅速送验。

❗小提示

变压器油变质后应检验决定是否需要换油或净化再生。净化再生一般采用过滤法。

✐ 523. 油面是否正常怎样判断？出现假油面怎么办？

（1）变压器油面的正常变化（渗漏油除外）决定于变压器的油温变化。因为油温的变化直接影响变压器油的体积，从而使变压器油标内的油面上升或下降。影响变压器油温的因素有负荷的变化、环境温度和冷却装置运行状况等。如果油温的变化是正常的，而油标管内油位不变化或变化异常，则说明油面是假的。

（2）运行中出现假油面的直接原因是油标管堵塞，堵塞有可能是油标的下部堵塞，也可能是上部堵塞，因为上部堵塞后油标管上部的空气无处可走，并随着温度变化，体积压力变化比变压器油要大得多，另外上部不通后使管内的变压器油面不能正常下降。呼吸器及防爆管通气孔堵塞对油面也会产生一定的影响。另外，对于非直接显示油面的变压器，如油枕中带有气囊或隔离橡胶的变压器，其联杆或小皮囊出现问题会对油面产生影响，出现假油位。

发现假油面时应及时处理，应尽量在不带电的情况下作彻底检修，如属于可不停电处理的情况，应做好安全防护措施，并将投入使用的变压器重瓦斯跳闸保护暂时退出，待故障处理完毕后再行恢复。

✐ 524. 全密封变压器如何加油？

全密封变压器应在常温下（20℃）进行加油，刚运行的变压器要等变压器完全冷下来才能加油。加油时将注油口的盖子打开，将合格的同型号的变压器油注入变压器，注满后将注油口的盖子旋紧并打上铅封，加油结束。

⚡ **小提示**

　　普通油浸变压器是用油枕来调节变压器油箱内变压器油的热胀冷缩的，全密封变压器是用散热片的厚度来调节变压器油箱内变压器油的热胀冷缩的。

　　全密封变压器在运行中是不能加注变压器油的。因为变压器内部在温度升高时会产生正压，此时打开变压器会有变压器油从变压器内喷出；在低于常温时内部会产生负压，此时打开变压器会使空气进入变压器中。

525. 变压器油位不正常或油温超过允许温升怎么办?

　　变压器储油柜的一端安装有油位计，并有表示油温为 $-30℃$、$+20℃$、$+40℃$ 的三条油位线或温度指示线，以便监视油位的高低。根据油位线来判断是否需要加油或放油。

　　(1) 如果温度为 $+20℃$ 时，油面高于 $+20℃$ 的一条油位线，说明变压器中的油多了，应及时放油使油位降低到该油位上。

　　(2) 如果温度为 $+20℃$ 时，油面低于 $+20℃$ 的一条油位线，说明变压器中的油少了，应及时加油。

　　(3) 若大量漏油，使油位迅速降低，低到气体继电器动作值以下或继续下降，应立即停止变压器运行并进行修复。

　　(4) 变压器套管的油位一般随气温的变化而发生很大的变化，不得满油或缺油，应根据情况及时进行放油或加油。

　　(5) 若发现油温较平时同样负荷和同样冷却温度下高出 10℃ 以上，或负荷不变而油温不断上升。如果冷却装置、变压器室通风和温度计都正常，可能是因变压器绕组层间短路，铁心打火等造成的，应停止变压器运行，并进行检修。

　　(6) 如发现变压器油凝固，仍允许变压器带负荷继续运行，但应检查上层油温和油是否循环。

　　(7) 若发现变压器的油面较低时，油位明显下降，应立即补充油。若大量漏油，油位迅速降低，必须迅速采取堵油措施，并立即加油，严禁将气体继电器改为只动作于信号。

　　(8) 若发现变压器的油过多，应立即放油，以免油温升高时，油从储油柜上溢出。

　　(9) 由于变压器三相负荷不平衡，某相绕组中电流大于额定电流而过热，使油温升高而造成油位不正常，应调整三相负荷使其基本平衡，Yy12 联结的变压器中性线电流不得超过低压绕组额定电流的 25%。

（10）变压器较长时间处于过负荷运行，绕组电流大于额定值而发热，使油温升高引起油位不正常，应减轻负荷使变压器在额定负荷状态下运行。

（11）变压器箱体上有砂眼、气孔等缺陷，使变压器油渗漏，运行日久造成油位低于油位线。可用环氧树脂粘合剂堵塞砂眼或气孔，也可用锤子和圆冲在渗漏位置的周围1~2mm处微冲，直到不渗为止。但根本解决办法是补焊，焊接时应吊出器身将油放净，并采取防火措施，以防残油炭化燃烧引起事故。

造成油位不正常的原因有：变压器温升过高；长时间过负荷或三相电流严重不平衡导致某一相电流超过额定电流；变压器漏油。

若为长时间过负荷引起，应减轻负荷，使之在额定状态下运行。若为三相电流严重不平衡引起，则应通过调整负荷达到基本平衡。对常用的Yyn0联结的变压器，应使中性线电流在额定电流的25％以下。

当值班人员在油位计内看不到油位时，说明油位过低，此时必须及时补油。补油时应注意所补之油必须为合格的变压器油；补油前要将重瓦斯保护改接至信号以防误动作；补油后要及时放气，待24h后无问题时再将重瓦斯保护接入。

对大型强油循环水冷却的变压器，若发现油位降低，应检查水中是否有油花，以防止油中渗水危及变压器绝缘。查明原因后方可补油。

⚡ 小提示

（1）因季节变化引起变压器油位升高或降低属正常现象。但若油位过高，应设法放油；油位过低，应设法加油。

（2）变压器按一、二次绕组的联结方式分为Y，yn0（即Y/Y - 12）和D，yn11（即△/Y - 11）两种。

Y，yn0型：一、二次绕组都是Y形连接。一次线电压与二次线电压的相位关系如同时钟在12点（0点）时分针与时针的关系。

D，yn11型：一侧绕组△形连接，另一侧绕组Y形连接。一次线电压与二次线电压的相位关系如同时钟在11点时分针与时针的关系。

526. 怎样给运行中的变压器补充油？

运行中的变压器缺油，需要补充油时，可按以下步骤加油。

（1）不同牌号的新旧油混合时，新牌号油应试验合格。

（2）补油前将重瓦斯保护改接信号位置，以防止误动作跳闸。

（3）补油后应检查瓦斯继电器，及时放出气体；运行24h后，如果无异常现象，再将重瓦斯接入跳闸位置。

（4）补油量不得过多或过少，油位应与变压器当时的油温相适应。

（5）禁止从变压器下部截门补油，以防止变压器底部的沉淀物冲入绕组内而影响变压器的绝缘和散热。

527. 变压器油中含有水分怎么办？

变压器油中若含有水分，应将其除去。除去油中水分的最佳方法是进行真空过滤、压滤式过滤或离心机分离。如果现场不具备这类处理设备，可按以下简易方法进行处理。

（1）取经过干燥的球状粗孔硅胶（使用前应过筛除去灰尘），用无碱性玻璃丝布或细纱布将其包扎成袋状浸入油中，硅胶用量视油中水分含量而定。对于水分含量较高、油质混浊或击穿电压较低的变压器油，硅胶用量以3%～5%为宜。通常，硅胶袋在油中浸泡 4～6h 就可使油的击穿电压提高到40kV。如果将油加热到 50～60℃ 再进行硅胶处理，效果更好。

（2）将经过干燥的快速或中速滤油纸浸入受潮或水分含量较小的油中，一般经 4～6h 也可使油的击穿电压提高到 40kV。此时应注意，滤油纸的边缘要整齐，以防纸纤维脱落在油中。

经过上述处理的变压器油应经简化试验合格后才注入变压器中。

528. 小型配电变压器喷油和油箱炸裂怎么办？

（1）小型配电变压器喷油和油箱炸裂的原因。

1）变压器过负荷。变压器过负荷会引起变压器内部过热，加快绝缘材料的热分解，变压器内产气量增大、产气速度加快，使油箱内的气体压力增高。当气体压力大于大气压力时，便可能在吸湿器等密封薄弱环节处喷油。

2）分接开关和绕组接头等接触不良。分接开关和绕组接头等接触不良会使变压器发生局部过热，同样会造成喷油。

3）变压器内部发生绝缘击穿、短路和接地故障。此类故障可使气体压力剧增，如果值班人员不能及时发现或继电保护拒绝动作，除可能在吸湿器处发生喷油外，还可能会在变压器箱体上承受压力的薄弱点（如箱盖下的密封垫等处）产生喷油。当油箱压力超过油箱的允许压力时，可发生箱体炸裂。

（2）防止措施。

1）做好变压器的负荷管理。应避免变压器超过允许的正常过负荷能力或事故过负荷能力，保证变压器的正常散热条件。变压器散热条件不良或在夏季户外运行时，应适当降低负荷或加强散热，保护变压器运行在允许的温升范围内。

2）保持分接开关和绕组接头等接触部位的良好性能。焊接接头要防止虚焊、夹渣、脱焊；螺钉连接的接头要防止氧化和松动；调压分接开关要保证有效的接触面积和压力，要定期将分接开关反复转动几次，以去除触头表面的氧化膜和油污，调节后还应复查变压器线圈的直流电阻。

3）保持变压器的良好绝缘。变压器的绝缘包括绕组、变压器油、瓷套管、铁心等。应按规定定期进行预防性试验。

4）应配备完善的保护装置。变压器的保护装置主要包括一、二次侧的继电保护和油箱防爆保护装置。对一次电压力10kVA以下的，二次电压为0.4/0.23kV，采用Yyno联结方式的变压器，180kVA以下的，可用熔断器作为单相及多相短路保护；180～320kVA的，可用熔断器作多相短路保护，用负荷开关和零序过电流继电器作单相短路保护。

5）建立切实可行的变压器运行规章制度。明确岗位责任，提高人员素质。

529. 变压器储油柜或防爆管喷油怎么办？

变压器储油柜或防爆管薄膜破裂喷油说明变压器内有严重损伤。当由于喷油使油面降低到油位指示计的最低限度时，还可能引起气体继电器动作。若变压器无气体继电器或继电器没有动作，油面可继续降低，当油面低于变压器顶盖时，由于引出线绝缘的降低，可引发击穿放电造成油质变坏。因此，当变压器储油柜或防爆管薄膜破裂喷油时，值班人员应立即切断变压器电源，以防事故进一步扩大。

第六章 Chapter6

互　感　器

第一节　电压互感器维护与故障检修

530. 电压互感器分为几种类型？结构上各有什么特点？

电压互感器依照其结构不同可分为：干式电压互感器、油浸式电压互感器和串级绝缘油浸式电压互感器等三种。

（1）干式电压互感器：包括所有0.5kV以下的电压互感器和10kV以下环氧树脂浇注绝缘的电压互感器。这类电压互感器直接利用空气冷却，重量轻，无易燃的油，所以能防火防爆。

（2）油浸式电压互感器：一般用于3kV及以上的户内或户外的配电装置中，有单相和三相两种，单相的用于35kV及以上的电压等级，三相的用于10kV及以下的电压等级。油浸式电压互感器的外壳为金属桶，铁心和线圈均浸于金属桶内的绝缘油中。线圈的高、低压引出端（导电杆）以瓷套管绝缘子与桶盖绝缘。10kV及以下装于室内的电压互感器一般无油枕（油膨胀器）；安装在室外的电压互感器通常都设有油枕，以适应温度幅度变化时绝缘油的热胀冷缩。

（3）串级绝缘油浸式电压互感器：当电压在110kV及以上时，采用油浸式单相电压互感器是很不经济的。实际上都是将电压互感器做成串级绝缘式。串级绝缘式电压互感器是由串联在相与地之间的扼流线圈构成的一种感应式电位器，所有扼流线圈流过的电流相同，并且与系统的相电压成正比，在与地连接的一个扼流线圈具有二次线圈。当系统相电压发生变化时，流过扼流圈的电流也随之改变，二次线圈中的感应电势发生相应的变化。这种串级绝缘式电压互感器由于采用两个（110kV）或四个（220kV）扼流圈，因此，绝缘要求减低为原来的1/2或1/4，这样，也就比普通电压互感器在绝缘上要经济得多。串级绝缘式电压互感器一般都做成单相的，它有两个二次线圈。

> **⊕ 小提示**
>
> 由于油浸式电压互感器具有体积大、质量大、所充的绝缘油在事故情况下易燃易爆等缺点，所以，近年来在10kV及以下的电压等级中均采用环氧树脂浇注绝缘的干式电压互感器。

531. 怎样维护电压互感器？

电压互感器的维护方法如下。

对于运行中的电压互感器，要经常保持清洁，每两年进行一次预防性试验，平时应定期巡视检查。

（1）检查内部有无放电声和剧烈振动声，特别是当线路接地时，应注意检查电压互感器声音是否正常，有无异味。

（2）检查电压表的三相指示是否正常，检查电压互感器负荷是否正常，要求负荷保持在不高于电压互感器的最大容量。

（3）检查环氧树脂套管状态。应清洁、完整无损，没有放电痕迹和声音。

（4）检查二次侧接地是否良好。

（5）检查导线接头，要求一次侧导线接头不过热，二次侧导线没有腐蚀和损伤，一次和二次侧熔断器完好，无短路现象存在。

（6）检查充油电压互感器油量是否充足，有无渗漏油现象。

532. 怎样巡视检查运行中的电压互感器？

对运行中的电压互感器进行巡视检查时，一般应注意以下几方面。

（1）瓷套管是否清洁、完整，有无损坏、裂纹和放电痕迹。

（2）油位是否正常，油色是否透明（不发黑），有无严重渗、漏油现象。

（3）呼吸器内部的吸潮剂是否潮解。如果硅胶由原来的天蓝色变为粉红色，则说明硅胶已受潮，应予以更换。

（4）内部是否发出异常声响，有无放电声和剧烈振动声；当外部线路接地时，更应注意电压互感器的声响是否正常，有无焦臭味。

（5）6～35kV电压互感器开口三角绕组上的灯泡（指示过电压用）是否损坏。如果损坏，应及时更换。

（6）高压中性点上所串接的电阻是否良好。如果损坏，应立即更换；若无备品，应尽快恢复中性点接地。

（7）一次侧导线接头是否过热，低压电路的电缆和导线是否损伤和腐蚀，二次侧熔断器和限流电阻是否完好。

(8) 电压互感器的保护接地是否良好。如果接地线断开或锈蚀，应及时处理，以防一、二次绝缘击穿时，一次高压窜入一次回路，造成人身和设备事故。

533. 电压互感器熔体熔断怎么办?

电压互感器熔体熔断时可表现为在正常送电时仪表无指示或指示不正常。在 10kV 及 35kV 电网中，其绝缘监视装置的三相对地电压表也可有相应的指示。

(1) 电压互感器熔断器有一相熔体熔断时，熔断的一相对地电压表指示降低，未熔断的两相对地电压表指示正常；熔断的一相与另外两相间的线电压降低，未熔断的两相间的线电压正常；若出现接地信号，则是电压互感器一次侧熔断器一相熔断，若不出现接地信号，则是电压互感器二次侧熔断器一相熔断。

(2) 电压互感器熔断有两相熔体熔断时，熔断的两相对地电压表指示很小或者接近于零，未熔断的一相对地电压表指示正常；熔断的两相间的线电压为零，另外两相线电压降低，但不为零；若出现接地信号，则是电压互感器一次侧熔断器两相熔断，若不出现接地信号，则是电压互感器二次侧熔断器两相熔断。

电压互感器熔断器熔断的常见原因有：① 一次侧中性点接地时系统发生单相接地；② 母线未带负荷而投入高压电容器；③ 二次侧所接测量仪表消耗的功率超过电压互感器的额定容量或二次绕组短路；④ 在发生雷击时，感应雷电流通过一次侧熔断器经电压互感器中性点入地，导致一次侧熔断器熔断。

发现高压熔断器熔断时，应仔细查明原因，在确认无问题后方可进行更换；若低压熔断器熔断，应立即更换同容量同规格的熔断器熔体。更换熔体前应将有关保护解除，在更换熔体并进入正常运行后再将停用的保护重新投入。

(3) 当线路发生雷击单相接地时，电压互感器可能因自身的励磁特性不好而发生一次侧熔断器熔断。当一次侧发生熔断器熔断时，应将一次侧的隔离开关拉开，并检查二次侧熔断器是不是同时熔断。若二次侧熔断器也已熔断，故障可能是发生在二次回路，可更换高、二次侧熔断器后试运行。若二次侧熔断器再次熔断，应查明原因后再予更换。若二次侧熔断器没有熔断，则应对电压互感器本身进行检查。可测量互感器绝缘，绝缘正常时可更换熔断器后继续投入运行。注意在检查高、低压熔断器时要采取相应的安全措施，保证人身安全，防止保护装置误动作。

小提示

110kV以上的电压互感器，其一次侧不装熔断器，35kV室外电压互感器一次侧一般装设带限流电阻的熔断器，限流电阻约为360Ω。在这种互感器的一次侧也可安装有防雨罩的充填石英砂的瓷管熔断器。35kV和10kV室内电压互感器一次侧一般均装设充填石英砂的瓷管熔断器。熔断器的额定电流为0.5A，熔断电流为0.6～2A（10kV约取1.5～2A）。保护范围为内部故障与电网相连接线上的短路故障。

534. 电压互感器运行中出现异常怎么办？

运行中的电压互感器可能出现的异常现象有以下几种。

（1）瓷套管破裂，严重放电。

（2）高压绕组的绝缘击穿、冒烟，发现焦臭味。

（3）电压互感器内部有放电声或其他噪声，绕组与外壳之间或引线与外壳之间有火花放电现象。

（4）严重漏油，油标中看不见油面。

（5）外壳温度超过允许温度，且继续上升。

（6）高压熔体连续两次熔断。

一旦发现运行中的电压互感器出现上述故障之一，该互感器应立即退出运行。此时，对于6～35kV装有0.5A熔体和合格限流电阻的故障电压互感器可用刀闸将其切断；对于110kV及以上的电压互感器，不得带故障将刀闸拉开，否则将导致母线发生故障。

535. 电压互感器投入运行前及运行中应做哪些检查和巡视？

电压互感器投入运行前，除应按有关试验规程的交接试验项目进行试验并合格外，还应进行检查的有以下几个方面。

（1）充油电压互感器外观应清洁，油量充足，无渗漏现象。

（2）瓷套管和其他绝缘介质无裂纹破损。

（3）一次侧引线及二次回路各连接部分螺栓应紧固，接触良好；

（4）外壳及二次回路一点接地应良好。

运行中的电压互感器应经常保持清洁。每1～2年进行一次预防性试验。运行过程中应定期巡视检查，主要观察瓷质部分有无破损和放电现象；声音是否正常；油位是否正常；有无渗漏油现象；观察接至测量仪表、继电保护和自动装置及其回路的熔丝是否完好；电压互感器一、二次熔丝是否完好，表针指示是否正常等。

536. 10kV 电压互感器运行中一次侧熔丝熔断怎么办？

运行中的 10kV 电压互感器，除了因其内部线圈发生匝间、层间或相间短路及一相接地等故障使其一次侧熔丝熔断外，还有可能造成熔丝熔断的原因有以下几点。

（1）二次回路故障。当电压互感器的二次回路及设备发生故障时，可能造成电压互感器的过电流，若电压互感器的二次侧熔丝选得太粗，则可能造成一次侧熔线熔断。

（2）10kV 系统一相接地。10kV 系统为中性点不接地系统，当其一相接地时，其他两相的对地电压将升高 $\sqrt{3}$ 倍。这样对于 Y_0/Y_0 接线的电压互感器，其正常的两相对地电压将变成线电压，由于电压升高引起电压互感器电流的增加，可能会使熔丝熔断。

（3）系统发生铁磁谐振。近年来，由于配电线路的大量增加及用户电压互感器数量的增加，使得 10kV 配电系统的电气参数发生了很大变化，逐渐形成了谐振条件，加之有些电磁式电压互感器上将产生过电压或过电流，电流激增，此时除了造成一次侧熔丝熔断外，还经常导致电压互感器的烧毁事故。

当发现电压互感器一次侧熔丝熔断时，首先应将电压互感器的隔离开关拉开，并取下二次侧熔丝，检查是否熔断。在排除电压互感器本身故障或二次回路的故障后，可重新更换合格熔丝将电压互感器投入运行。

537. 更换运行中的电压互感器及其二次线时，应注意哪些问题？

对运行中的电压互感器及其二次线需要更换时，除应按照相关的安全工作规程的规定执行外，还应特别注意以下几点。

（1）个别电压互感器在运行中损坏需要更换时，应选用电压等级与电网运行电压相符、变比与原来的相同、极性正确、励磁特性相近的电压互感器，并需经试验合格。

（2）更换成组的电压互感器时，除应注意上述方法外，对于二次与其他电压互感器并列运行的还应检查其接线组并核对相位。

（3）电压互感器二次线更换后，应进行必要的核对，防止造成错误接线。

（4）电压互感器及二次线更换后必须测定极性。

538. 怎样检修电压互感器？

检修电压互感器时应注意以下事项。

（1）油面高度。油浸式电压互感器的油面距油箱盖一般应在 10～15mm 左右。如果距离太大（例如，JDT 型，大于 30mm；JSJB 和 JSJW 型，大于 60mm），则器身和引线将露出油面，此时应检查绝缘是否受潮。

（2）绝缘电阻。测量绕组的绝缘电阻，测得值不应低于出厂值（或上一次测量值）的 70%（换算到同一温度时的值）。

（3）电压互感器的故障特征。多半是由于其绝缘受潮、击穿、绕组局部短路或烧毁，套管损坏等原因引起的。对此，如果有条件，通常可按原样对其进行修理，具体修理方法与变压器的修理方法基本相同。

（4）电压互感器二次回路不得短路。如果短路，应使其立即退出运行，并进行检查和试验。

（5）线路发生单相接地故障时，只允许电压互感器连续运行 2h。否则，绕组可能因过热而损坏。

539. 电压互感器异常噪声怎么办？

电压互感器正常运行时，有均匀的轻微"嗡嗡"声；运行异常时，若有下列异常声音，则应进行检修。

（1）线路单相接地时，因未接地两相电压升高及零序电压产生，使铁心饱和而发出较大的噪声，主要是沉重且高昂的"嗡嗡"声。

（2）铁磁谐振，发出较高的"嗡嗡"或"哼哼"声，这声音随电压和频率的变化而变化，且工频谐振与分频谐振时声音不同。工频谐振时，三相电压上升很高，使铁心严重饱和，发出很响且沉重的"嗡嗡"声；分频谐振时，三相电压升高，铁心饱和，且分频谐振时频率不到 50Hz，只发出较响的"哼哼"声。

540. 电压互感器回路断线怎么办？

电压互感器回路断线会发出预告响声和光字牌，低压继电器动作，周波监视灯熄灭，仪表指示不正常。

当发现电压互感器断线后，应先检查电压互感器的熔断器熔体是否熔断。如果发现高压或低压熔体熔断，应将有关保护（如低压闭锁、距离保护、方向闭锁、复合电压闭锁等）解除后再根据实际情况作进一步的处理。

（1）由于电压互感器高、二次侧熔断器熔断，回路接头将松动或断线。若高压熔断器熔断应拉开电压互感器入口隔离开关，应查明原因处理后方可重换新件。同时检查在高压熔断器熔断前有无不正常现象，并测量电压互感器绝缘，确认良好后方可送电。若低压熔断器熔断，应立即换上同容量的熔体，但不可随意增大容量。如再次熔断，应查明原因，修复后再更换。若一时处理不好，应考虑调整有关设备的运行方式。

（2）电压切换回路辅助触点及电压切换开关接触不良，造成电压互感器回路断线。应将电压互感器所带的保护与自动装置停止使用，以防止保护装置误动作，对电压切换开关及回路辅助触点进行检修。

（3）由于电压互感器低压电路发生回路断线，使指示仪表的指示值产生错误时，应尽量根据其他仪表的指示对设备进行监视。

（4）如重换熔体后仍会发出断线信号，则应拉开隔离开关，在采取安全措施的情况下查找故障原因。

（5）排除故障后，应将停用的保护装置及时投入运行。

541. 电压互感器绝缘子闪络放电怎么办？

电压互感器绝缘子闪络放电的检修方法如下。

（1）绝缘子表面和绝缘子内部有污垢，受潮后耐压强度降低，绝缘子表面形成放电回路，使泄漏电流增大，达到一定程度，造成表面击穿放电，应更换绝缘子，对未放电的绝缘子进行清扫。

（2）绝缘子表面有污垢，当电力系统发生某种过电压，使表面闪络放电，造成绝缘性能大大降低时，应立即更换绝缘子。

542. 电压互感器运行异常怎么办？

运行中的电压互感器出现冒烟、发出焦臭味；瓷套管破裂，严重放电；严重漏油，油标中看不见油面；电压互感器内部出现放电声或其他噪声，绕组与外壳之间或引线与外壳之间出现打火放电现象；外壳温度异常升高大大超过了允许的额定温度；高压熔体多次熔断等现象时，应立即将故障的电压互感器从线路中断开。具体处理方法如下。

（1）对于6～35kV装有0.5A熔体和合格限流电阻的故障电压互感器，可用隔离开关将其切断。

（2）对于110kV及其以上的电压互感器，不得带故障将隔离开关拉开，否则将会导致母线发生故障。

543. 电压互感器铁磁谐振怎么办？

电压互感器的铁磁谐振主要表现为三相电压同时升高很多，其产生的过电压可能会击穿互感器的绝缘，造成电压互感器烧坏；如因接地诱发铁磁谐振，可有系统接地信号发出。

当出现电压互感器铁磁谐振的现象时，应立即由上一级断路器切除互感器，切忌使用刀开关，避免因电压过高造成三相弧光短路，危及人身或设备安全。切除后应检查电压互感器有无电压击穿现象。

❗小提示

为避免电压互感器铁磁谐振造成的损失，可采取吸收谐振过电压的自动保护装置。该装置由保护间隙串联吸收电阻后并接在互感器线圈上。当发生铁磁谐振过电压时，保护间隙被击穿，由吸收电阻将过电压限制在互感器的额定电压以内，从而保护互感器不被击穿。

544. 电压互感器二次负荷回路故障怎么办?

当运行的电压互感器二次回路发生故障时，电压互感器内部有异常声音，仪表指示不准确引起保护误动作。

处理时应断开隔离开关，切除自动装置并取下二次回路熔体，使电压互感器退出运行；检查二次回路是否短路，找出回路上的短路点；检查熔断器是否合乎要求；检查电压互感器二次绕组是否短路，如互感器二次绕组短路，修复电路正常后更换互感器。

❗小提示

电压互感器单相接地的检测方法如下。

电压互感器单相接地时，故障相的相电压为零，非故障相两相的相电压升高至线电压。可对电压互感器进行检查，取下一、二次熔体，检测绕组（对地）绝缘情况，检查是否短路；确认电压互感器良好，修复故障电路以后，将互感器投入运行。

第二节 电流互感器的维护与故障检修

545. 怎样运行和维护电流互感器?

电流互感器的运行和维护的方法如下。

（1）检查接头是否松动、过热。

（2）耳听电流互感器的声音，如果"嘶、嘶"的声音异常大，说明电流互感器有二次开路现象，应立即检查并排除。

（3）用试温蜡检查电流互感器是否过热，检查有无烧焦痕迹或异味。

（4）检查电流表的变化，如果指示为零或比正常电流小得多，则说明有开路现象，应立即检查并排除。

（5）定期检查绝缘，对于 10kVA 及以上的电流互感器，一次侧用

2500V 绝缘电阻表，二次侧用 1000V 绝缘电阻表。

（6）检查磁套管或其他绝缘介质有无裂纹、破损，如有，则应及时更换。

（7）充油电流互感器的油量应充足，无漏油现象。

（8）外壳及二次回路的一点接地应完好。

（9）观测电流互感器的负荷情况，长期过负荷的，应及时更换。

546. 怎样巡视检查运行中的电流互感器？

对运行中的电流互感器的巡视检查通常主要有以下几个方面。

（1）检查各个连接点有无过热现象，螺栓有无松动，有无焦臭味。

（2）运行中的电流互感器如出现"嗡嗡"的响声，应检查铁心是否松动，如铁心松动，可将铁心螺栓拧紧。

（3）定期检验电流互感器的绝缘情况，如定期放油，化验油质是否良好，如果绝缘油受潮，会使绝缘性能降低，严重时会造成电流互感器损坏。

（4）检查瓷套管是否清洁，有无缺损、裂纹和放电现象。

（5）随时观察电流表的三相指示值是否在允许值范围内，以防电流互感器处于过负荷运行。

（6）油位是否正常，有无渗、漏油现象。

（7）二次绕组是否开路，接地线是否良好，有无松动和断裂现象。

547. 怎样在运行中的电流互感器二次回路上带电进行作业？

在运行中的电流互感器二次回路上带电进行作业时，应采取一定的保护措施。

（1）作业中一定要有人监护，且必须使用绝缘工具和站在绝缘垫上。

（2）作业时应仔细小心，不得损坏元件和将回路的永久性接地点断开。

（3）清扫二次线路时必须穿长袖工作服，戴线手套，使用干燥的清扫工具，并且要将手表等金属物件从身上摘下来。

（4）禁止在电流互感器与短路端子间的回路上进行任何作业。

（5）不允许将电流互感器的二次侧开路。但可在适当地点将互感器二次侧短路，且应采用短路片或专用的短接线，短路要可靠。

548. 怎样诊断电流互感器异常噪声？

电流互感器正常运行时，声音极小，一般认为无声；在轻负荷或空载时，某些离开叠层的硅钢片端部发生振荡而造成一定的"嗡嗡"声。此声音时有时无，且随线路负荷的增加而消失。运行异常时有下列异常声音。

电流互感器正常运行时，由于铁心的振动会发出较大的"嗡嗡"声。但是若所接电流表的指示超过了电流互感器的额定允许值（规程规定，电流互感器允许的过负荷极限为额定电流的110%，长期运行），电流互感器就会严重过负荷，同时伴有过大的噪声，甚至会出现冒烟、流胶等现象。

另外，电流互感器还可能由于以下原因发出异常声响。

（1）电晕放电或铁心穿芯螺钉松动。若为电晕放电，可能是瓷套管质量不好或表面有较多的污物和灰尘。瓷套管质量不好时应更换，对表面污物和灰尘应及时清理。

如果是在电流互感器内部有严重放电，多为内部绝缘降低，造成一次侧对二次侧或对铁心放电，此时应立即停电处理。

若为铁心穿芯螺钉松动，电流互感器异常声响常随负荷的增大而增大。如不及时处理，互感器会严重发热，造成绝缘老化，导致接地、绝缘击穿等故障。对此，应停电处理，除了紧固松动的螺钉外，还要检查是否已经引起其他故障。

（2）电流互感器二次回路开路。二次回路开路，电流为零时，阻抗无限大，二次线圈产生很高的电动热，其峰值可达几十千伏。同时，原线圈磁化力使铁心磁通密度过度增大，铁心严重饱和，可能造成铁心过热而烧坏。因磁通密度的增加和磁通的非正弦性，使硅钢片振荡的力加强且振荡不均匀，从而发出较大噪声。

应先将与之有关的保护或自动装置停用，以防误动作，然后检查开路回路故障点。检查开路故障点时重点检查高低压熔断器是否熔断；连接线有无松动或脱落；电压切换回路的辅助触点或切换开关是否有接触不良等。

⚠ **小提示**

对于电流互感器长期过负荷的情况，应考虑分散负荷或换用电流互感器。但要注意，在换用电流互感器时，应同时更换继电保护的整定值和电流表、电能表等。

549. 电流互感器运行中响声较大怎么办？

其故障原因及检修方法如下。

（1）过负荷。应降低负荷至额定值以下，并继续进行监视和观察。

（2）二次回路开路。应立即停止运行，并将负荷减少到最低限度进行处理，采取必要的安全措施，以防触电。

（3）绝缘损坏而发生放电。应更换绝缘。

（4）绝缘漆损坏或半导体漆涂刷不均匀而发生放电或造成局部电晕，应重新均匀涂刷半导体漆。

（5）夹紧铁心的螺栓松动，应紧固松动螺栓。

550. 运行中二次侧电流互感器开路怎么办？

检修方法如下。

（1）二次回路断线或连接螺钉松动造成二次开路，应接好焊牢二次回路接线或紧固螺钉。

（2）由于铁心中磁通饱和，在二次侧可能产生高压电（数千伏甚至上万伏），在二次回路的开路点可能有放电现象，出现放电火花及放电声，并严重威胁人身和设备安全。

（3）铁心可能因磁饱和引起损耗增大而发热，使绝缘材料产生异味，并有异常响声，甚至烧坏绝缘。

（4）与电流互感器二次侧相连接的电流表指示可能摇摆不定或无指示，电能表可能出现异常，失去了对电流的监视，造成假象；还会使电流继电器无法正常工作，以致电流保护失灵，这都会使电流表对主电路的异常运行失去警觉而不能及时处理，可能造成严重后果。

当发现电流互感器二次侧开路后，应尽可能及时停电进行处理。如不允许停电时，应尽量减小一次侧负荷电流，然后在保证人身与带电体保持安全距离的前提下，用绝缘工具在开路点前用短路线将电流互感器二次回路短路，再将开路点消除，最后拆除短路线。在操作过程中需有人进行监护。

551. 电流互感器一次绕组烧坏怎么办？

电流互感器一次绕组烧坏的主要原因有线间绝缘损坏或长期过负荷。线圈绝缘损坏的原因一是线圈的绝缘本身质量不好；二是因二次绕组开路产生高达数千伏的电压，使绝缘击穿，同时也会引起铁心过热，导致绝缘损坏。

检修时应更换线圈，或更换合适电流比和容量的电流互感器。

552. 更换电流互感器及其二次线时，应注意哪些问题？

对电流互感器及其二次线需要更换时，除应执行有关安全工作规程的规定外，还应注意以下几点。

（1）个别电流互感器在运行中损坏需要更换时，应选用电压等级不低于电网定额电压、变比与原来相同、极性正确、伏安特性相近的电流互感器，并需经试验合格。

（2）因容量变化需成组地更换电流互感器的，除应注意上述方法外，应重新审核继电器保护定值及计量仪表的倍率。

（3）更换二次电缆时，应考虑截面、芯数等必须满足最大负载电流及回路总负载阻抗不超过互感器准确度等级允许值的要求，并对新电缆进行绝缘电阻测定，更换后应进行必要的核对，防止错误接线。

（4）新换上的电流互感器或更换后的二次线在运行前必须测定大、小极性。

553. 在运行中的电流互感器二次回路上进行工作或清扫时应注意什么问题？

在运行中的电流互感器二次回路上进行工作，除应按照《电气安全工作规程》的要求填写工作表外，还应注意以下各项。

（1）工作中绝对不准将电流互感器二次开路。

（2）根据需要可在适当地点将电流互感器二次侧短路，短路应采用短路片或专用短路线，禁止采用熔丝或用导线缠绕。

（3）禁止在电流互感器与短路点之间的回路上进行任何工作。

（4）工作中必须有人监护，使用绝缘工具，并站在绝缘垫上。

（5）值班人员在清扫二次线时应穿长袖工作服，带线手套，使用干燥的清扫工具，并将手表等金属物品摘下。工作中必须小心谨慎，以免损坏元件或造成二次回路断线。

554. 电流互感器运行中声音不正常或铁心过热怎么办？

运行中的电流互感器在过负荷、二次回路开路及因绝缘损坏而发生放电等情况下均会造成声音异常。此外，由于半导体漆涂刷得不均匀而造成局部电晕，以及夹紧铁心的螺栓松动也会产生较大的响声。

电流互感器的铁心过热可能是由于长时间过负荷或者二次回路开路引起铁心饱和而造成的。

在运行过程中，如果发生上述异常现象，首先应仔细观察，并通过仪表指示等判断引起声音异常或铁心过热的原因。

（1）如果是过负荷引起的，应采取措施降低负荷至额定值以下，并继续进行监视和观察。

（2）如果是因二次回路开路造成的，则应立即停止运行，或将负荷减少至最低限度进行处理，处理过程中须采取必要的安全措施以防止造成触电。

（3）如果互感器绝缘破坏而造成放电，则应予以更换。

555. 电流互感器投入运行前应做哪些检查？

电流互感器投入运行前，除按有关试验规程的交接试验项目进行试验并合格外，还应进行以下几项检查。

（1）充油电流互感器外观应清洁，油位在规定位置，无渗漏油现象。

（2）瓷套管和其他绝缘物无裂纹破损。

（3）一次侧引线、线卡及二次回路各连接部分螺栓应紧固，接触应良好。

（4）外壳及二次回路一点接地正确良好，无两点接地现象。

556. 电流互感器运行中应做哪些检查？

运行中的电流互感器应经常保持清洁，定期进行清扫，每 1～2 年进行一次预防性试验。运行过程中应定期检查巡视，主要检查各部分接点有无过热及打火；有无异常气味；声音是否正常；瓷质部分是否清洁完整（应无破损和放电现象）。对充油电流互感器还应检查其油面是否正常，有无渗漏油等现象。

第七章 Chapter7

消弧线圈、电抗器与电容器

第一节　消弧线圈、电抗器的维护与故障检修

557. 电抗器正常运行时的检查项目有哪些？

（1）接头应接触良好，无发热现象，支持绝缘子应清洁、完好。

（2）周围清洁、无杂物。

（3）垂直布置的电抗器应无倾斜。

（4）电抗器室门窗应严密关好。

558. 电抗器的常见故障及处理方法是怎样的？

（1）电抗器内部局部过热。局部过热不会造成跳闸，但长时间过热会加速绝缘老化，影响电抗器运行寿命，应查明原因，消除故障。

（2）电抗器外壳局部过热。该故障大多是漏磁形成涡流引起的，应设法切断涡流路径，消除故障。

（3）电抗器振动。振动大会使部件断裂、脱落，引发漏油与放电异常现象。可采取在振动激烈点悬挂重物（即防振锤）的方法处理。

（4）电抗器温度高。应核对电压、无功负荷和气温，且进行三相比较，同时应检查电抗器的油面、声音及各部位有无异常现象。

（5）电抗器气体继电器保护动作。检查气体继电器有无气体，且取出气体进行试验。若气体可燃，可断定内部有故障，应申请将电抗器退出运行，若无气体，可能是保护误动作，应检查误动原因并消除。

（6）电抗器着火。立即切断电源，用灭火器进行灭火。如溢出的油使其在顶盖上燃烧，可适当降低油面。如内部起火，则严禁放油，以免空气进入加大火势，引起爆炸事故。

559. 消弧线圈发生故障怎么办？

检修方法如下。

（1）消弧线圈冒烟，且其电流波动。对此，应迅速断开该消弧线圈停止使用。可先将消弧线圈一侧的电力变压器的断路器拉开，再用隔离开关断开故障消弧线圈，然后合上断路器。

（2）消弧线圈传出的声音异常、套管破裂、严重漏油或温度明显上升等。对此，均应及时向有关领导报告，及时切断消弧线圈停用。

（3）系统出现了单相接地故障。此时，上层油温最高不得超过规定值，且带负荷电流运行的时间不得超过铭牌上规定的时间。否则，应及时停用故障消弧线圈。

> **小提示**
>
> 在停用时，禁止拉开消弧线圈的隔离开关。

560. 电抗器运行噪声的原因有哪些？

干式空心电抗器由于其自身结构的特点，运行中的噪声很小，一般为50dB左右，如果在运行过程中发觉电抗器噪声出现增大现象，原因有以下几点。

（1）安装时未将螺栓全部拧紧。

（2）电抗器通风道中掉进了金属物，如螺栓、螺母、导线等。

（3）由于电抗器接线端部位的磁场较强，当采用电缆连接时，电缆头插入接线端后未压紧，造成松散导线在强磁场下产生振动。

561. 电抗器表面放电怎么办？

干式空心并联电抗器在干燥状态下不存在任何形式的表面放电现象。但降雨时，温升较低的部位会出现导电性水膜和较大的表面泄漏电流，在表面泄漏电流集中的端部汇流铝排附近，以及腰部表面的瑕点会出现污湿放电现象，并逐渐产生漏电痕迹。憎水性涂层则可大幅度抑制表面泄漏电流，防止任何形式的表面放电。端部采用预埋环形均流电极的结构改进措施可克服下端表面泄漏电流集中的现象，即使不喷涂憎水性涂层或憎水性涂层完全失效也能防止电极附件部位出现电弧。顶戴防雨帽和外加防雨夹层可在一定程度上抑制表面泄漏电流，是目前较好的结构改进措施。

562. 电抗器局部发热怎么办？

若发现电抗器有局部过热现象，则应减少该电抗器的负荷，并加强通风，必要时可采取临时措施，加装强力风扇吹风冷却，待有机会停电时再进行消除缺陷工作。

563. 电抗器支持瓷绝缘子破裂怎么办？

若发现水泥支柱损伤、支持瓷绝缘子有裂纹、线圈凸出和接地，则应用备用电抗器，或断开线路断路将故障电抗器停用，并进行修理，待缺陷消除后再投入运行。

564. 电抗器烧坏怎么办？

如发现电抗器水泥支柱和支持瓷绝缘子断裂，以及电抗器部分线圈烧坏等现象，应首先检查继电保护是否动作，如保护未动作，则应手动断开电抗器的电源，停用故障电抗器，将备用电抗器投入运行。

565. 电抗器高压套管升高座螺钉断裂怎么办？

电抗器高压套管升高座螺钉断裂的检修方法如下。

（1）本体的振动频率与均压环的振动频率不一致。均压环因为有变压器油的阻尼作用，其振动频率较低，加上均压环为单点、铝片焊接，其机械强度相对较差。在长期运行中，电抗器接地片（铝质，焊接）受与均压环振动频率不一致的振动影响，发生金属疲劳，产生裂纹。

解决方法是：将升高座与本体尽量固定，减少振动的不同步。

（2）由于漏磁较大产生的环流发热，以及高压出线的设计缺陷和螺钉的表面氧化，使单个螺钉内产生局部涡流发热而导致其机械强度下降。

解决方法是：将升高座的固定螺钉更换为不锈钢螺钉，减少漏磁的影响。

566. 为什么运用气相色谱分析法可以诊断电抗器的故障？

一般充油电气设备内的绝缘油及有机绝缘材料在热和电的作用下会逐渐老化和分解，产生少量的各种低分子烃类及 WO_2、WO 等气体并溶解在油中，当存在潜伏性过热或放电故障时，这些气体的产生速度就会加快。因此，在设备运行过程中采用气相色谱分析法定期分析溶解于油中的气体，根据气体的组分和各种气体的含气量及其逐年的变化情况等可以判断故障可能的种类、部位和程度等，能尽早发现设备内部的潜伏性故障，并随时掌握故障的发展情况。

第二节　电容器的维护与故障检修

567. 电力电容器正常运行时应检查哪些项目？

电容器的巡视、检查与所在线路设备的巡视、检查同时进行，主要检查以下项目。

（1）瓷件有无闪络、裂纹、破损和严重脏污。

（2）有无喷油、渗漏油现象。

（3）外壳有无鼓肚、锈蚀现象。

（4）接地是否牢固良好。

（5）放电回路及引接线连接是否良好，放电设备是否完好。

（6）带电导体与各部件的间距是否合适。

（7）开关、熔断器是否正常、完好。

（8）并联电容器的单台熔断器是否熔断。

（9）串联电容器补偿的保护间隙有无变形、异常和放电痕迹。

（10）电容器室内温度，冬季最低温度和夏季最高温度是否符合厂家的规定。

568. 电力电容器发生哪些故障时应退出运行？

（1）套管闪络或严重放电。

（2）接头过热或熔化。

（3）外壳膨胀变形。

（4）内部有放电声及放电设备有异响。

569. 对运行中的移相电容器组怎样进行巡视检查？

运行中的移相电容器组进行巡视检查的方法如下。

（1）日常巡视检查。每天不得少于一次。夏季在室温最高时进行，其他季节可在系统电压最高时检查。检查时主要观察套管的瓷质部分有无闪络痕迹；电容器外壳是否膨胀；有无喷、漏油现象；有无异常声响和火花；熔体是否正常；示温蜡片是否熔化；各部接点是否发热；放电指示灯是否熄灭，并记录有关电压表、电流表、温度计的读数。为了便于检查，必要时可以短时停电。

（2）定期停电检查。每月应进行一次，除检查日常巡视检查的那些项目外，还应检查下列几项：各螺栓接点的松紧和接触情况；放电回路是否完好；风道有无积尘，并清扫电容器外壳、绝缘子和支架等处的灰尘；电容器外壳的保护接地线是否完好；继电保护、熔断器等保护装置是否完整可靠；电容器组的断路器、馈电线等是否良好。

（3）特殊巡视检查。在出现断路器跳闸、熔体熔断等情况下，对电容器组应立即进行特殊巡视检查，有针对性地查找原因。在未查明并清除原因以前不许合闸送电。

570. 怎样监视运行中的移相电容器？

在移相电容器的运行中应即时监视其运行电压、电流和周围环境温度，这些参数值不得超出制造厂规定的范围。监视的方法如下。

（1）运行电压不得超过电容额定电压的 10%，三相电流不平衡值不得超过电容器额定电流的 5%，电容器电流不得超过额定电流的 1.3 倍，否则应停止运行。

（2）电容器装在室内时，应检查室温，冬季不得低于 −25℃，夏季不得超过 40℃，否则应采取降温措施。此外，电容器的外壳温度应不超过规定值。

（3）当保护装置自动跳闸后，不得强送电，应查明原因，清除故障。只有在确认无故障后才可将电容器重新投入运行。

（4）电容器重新投入运行前必须将其充分放电，严禁电容器带电荷合闸。

（5）一旦发现电容器外壳膨胀、漏电或出现火花等现象，应立即使该电容器退出运行，并进行检查。

（6）电容器外壳应可靠接地。

571. 怎样维修和更换电容器？

维修和更换电容器的方法如下。

（1）由于受真空净化条件的限制，不得在现场对电容器进行内部检修。

（2）发现电容器有严重鼓肚、过热和绝缘老化等缺陷时，应使其退出运行，调换备用电容器。

（3）对渗、漏油的电容器应先进行测试，如果绝缘完好，可采用锡焊或涂环氧树脂等方法补漏。

（4）每季清扫一次（通常在定期停电检查时进行），主要清扫电容器构架和瓷绝缘部分、电容器组的放电装置、电容器室的通风装置和通风孔，以及电容器回路上的电气元件等。

电容器组发生严重事故需要进行更换处理时，首先应对全组电容器进行人工放电；其次，将每台电容器逐个放电，亦即使用装在绝缘棒上的金属接地棒与电容器出线端子接触放电；然后进行检查，对查出的有严重缺陷的电容器予以更换。更换时事先必须根据备用电容器的记录资料核对其电容值和绝缘电阻是否合格，并检查有无渗、漏油现象。换上合格的电容器后，应在额定电压下试通电三次，若无故障再试运行 24h，在试运行期间应加强巡视和检查。

572. 怎样判断电容器是否损坏？

用万用表来检查电容器是否损坏的方法如下。

检查时，首先将万用表选择旋钮扳到欧姆挡 $R×1k\Omega$ 或 $R×10k\Omega$ 上，然后用两表笔交替接触电容器的两端。若仪表指针有一定的偏转，并很快回到起始位置，则说明电容器完好；若指针摆动后不返回起始位置，则此时指针指示的电阻值即为该电容器的漏电电阻值；若指针偏转到 0Ω 位置，则说明电容器内部短路；若指针根本不动，则可能是电容器内部断线或失效。

> **小提示**
>
> 电容器损坏的基本规律如下。
>
> （1）高压移相电容器的损坏率高于低压电容器。
>
> （2）室外电容器的损坏率高于室内电容器。
>
> （3）夏季电容器的损坏率高于其他季节。
>
> （4）电压波动较大、谐波电压较多、投切较频繁、接近谐振条件等因素都使移相电容器的损坏率增高。
>
> （5）开关未装并联电阻的电容器，其损坏率高于装有并联电阻的电容器。

573. 新装或新换的电容器投入运行前怎样进行检查？

新装或新换电容器投入运行前的检查方法如下。

（1）确认经过电气试验，试验符合标准，电气试验报告合格。

（2）布置合理，各部件的连接牢靠，接线正确，接地符合要求。

（3）放电回路完整，放电装置（或电阻）符合设计或计算要求，并试验合格，放电电阻的阻值和容量均符合要求。

（4）电容器组的保护与监视回路均完善，温度计齐全，并校验合格，定值正确。

（5）三相电容器之间保持平衡，误差值不超过一相总容量的5%。

（6）开关设备符合要求，投入前处于断开位置。

（7）进出口布置正确，围栏或围网完整齐全。

（8）外观检查合格，外壳油漆完好，外壳无凸出或渗、漏油现象，套管无裂纹。

（9）电容器室的建筑结构和通风设施均符合规程要求。

574. 怎样摇测补偿电容器的绝缘电阻？

摇测电容器的绝缘电阻的方法如下。

（1）摇测低压电容器可采用500或1000V绝缘电阻表。摇测高压电容器应采用2500V绝缘电阻表。

（2）摇测前和摇测后都应将电容器放电，以免发生触电事故。

（3）摇测时，先将绝缘电阻表摇至规定转速，待其指针平稳，再将绝缘电阻表线接至电容器的两极上，随后继续转动绝缘电阻表。开始时由于对电容器充电，摇表指针会下降，然后再慢慢上升至稳定，此时绝缘电阻表上的读数即为电容器的极间绝缘电阻。

（4）由于电容器是由串、并联电容元件构成的，个别元件的绝缘劣化不会使整台电容器的绝缘电阻明显降低，所以摇测极间绝缘电阻一般很难发现缺陷，因此有关规程只规定测试两极对外壳的绝缘电阻这一试验项目，而对绝缘电阻值未作具体规定。

❶小提示

根据运行经验，两极对外壳的绝缘电阻一般应为：交接试验时大于 $2000M\Omega$，预防试验时不低于 $1000M\Omega$。

575. 电容器渗、漏油怎么办？

电容器渗、漏油的故障原因及检修方法如下。

（1）保养不良，外壳油漆剥落，有锈蚀点。应仔细进行检查，查出渗、漏油部位后，先清除该部位残留的漆膜和锈点，然后重新涂漆。

（2）在搬运中将瓷套管与外壳交接处碰伤，该处出现裂纹；旋紧接头螺栓时用力过猛而扭伤接头，接头出现裂纹；元件本身质量差。如果有裂纹的部位只微微渗油而不漏油，可在渗油处嵌入肥皂，暂时继续使用；如果出现裂缝，则应调换电容器。

电容器金属外壳的渗油一般发生在下底部和上盖边沿的滚焊焊缝处、上盖地线端子和注油孔处、铭牌及两侧搬运把手焊接处。

电容器运行前应按一般标准加热到 75℃ 并保持 2h 试验，看有无渗漏现象。如轻微渗漏可以用锡和环氧树脂补焊或钎焊解决。钎焊时，除上盖注油孔宜用松香作焊剂外，其他部位可用氯化锌作焊剂，但量不宜过多。不能用盐酸、焊锡膏等酸性焊料。

装配式套管的电容器，漏油常发生在外瓷套与油箱的结合面处，适当紧固上螺母即可解决，不要轻易拆开套管的外瓷件。若要拆开外瓷件，要用汽油将密封件擦拭干净，更换耐油胶垫，并涂以环氧树脂等胶合剂再行紧固；在打开外瓷件的过程中要注意防止引线铜芯掉进外壳内部。焊接式套管的电容器渗油，要进行补焊。补焊时要防止温度过高引起银层脱落。

576. 电容器"鼓肚"怎么办？

如果电容器出现"鼓肚"现象，说明其内部存在故障，个别元件已经击穿。电容器"鼓肚"是由于内部元件击穿产生的电弧使油分解而产生气体，使其体积膨胀造成的。

"鼓肚"的电容器应立即退出运行，否则就可能发生爆炸。严禁用降低电压的方法继续使用。因为内部击穿处还会不断产生电弧，使体积更加膨胀而导致电容器爆炸。

"鼓肚"在电容器故障中占比例最大。一般油箱随温度变化发生膨胀和收缩是正常现象，但当内部发生局部放电，绝缘油产生大量气体时就会使箱壁变形，形成明显的"鼓肚"现象。发生"鼓肚"的电容器不能修复，只能拆下更换新电容器。

造成"鼓肚"的原因主要是产品质量问题，例如绝缘纸和铅箔质量差，浸渍液不是吸气性的电容器油，又没有合格的净化处理条件，加之在设计上追求比特性的指标，工作场强选择较高，这些低质量的产品在高电场下运行，极易造成"鼓肚"和元件击穿、熔断器熔断的故障。所以运行使用前一定要对电容器的产品质量进行严格把关。

因此，"鼓肚"的电容器不得继续使用，必须换上合格的电容器投入运行。

⚠️ **小提示**

电容器需立即调换的情况如下。

（1）由于漏油，导致空气进入，使内部介质膨胀。

（2）使用期已到。

（3）本身质量差。

577. 电容器缺油怎么办?

电容器缺油时，可用烙铁烫下封口的小铁盖，将油倒出后进行真空注油。若缺油不多，元件未露出油面，则表明潮气尚未浸入元件，只需添加合格的油后封口即可，不必进行真空处理。

578. 电容器绝缘不良怎么办?

电容器的电容值过高和介质损失角过大会造成绝缘不良现象。电容值的突然增高可认为是部分电容元件击穿短路，因为电容器是由多段元件串联组成的，串联段数减少，电容才会增高。如果部分元件发生断线，电容值将会减少。长期运行的电容器介质损失角会略有增加，但是成倍增长却是不正常现象。由于只有发生局部放电和局部过热才会发生介质损失角过大的问题，因此对这些绝缘不良的产品只能进行更换。

579. 电容器短路击穿怎么办?

电容器短路击穿的故障原因及检修方法如下。

（1）本身质量差。调换。

（2）老鼠、蛇等小动物钻入造成短路。加强防护，也可在接头周围加装防护罩。

（3）瓷套管积尘过多、受潮，产生相间拉弧或对地拉弧而短路。平时经常清扫积尘，保证表面清洁、干燥。

（4）长期过电压运行，造成过负荷，温度增高，使绝缘过早老化击穿。限制过电压运行，当电压超过规定值时应退出运行。

580. 处理故障电容器时怎样防止触电事故？

由于故障电容器的两极一般都有残余电荷，所以首先必须设法将残余电荷放尽，否则便容易发生触电事故。

处理故障电容器时，首先应拉开电容器组的断路器及其上、下隔离开关。如果是采用熔断器保护，则应先取下熔体管，此时，电容器组虽经过放电电阻自行放电，但仍会有部分残余电荷，因此必须进行人工放电。人工放电时，先将接地线的接地端与接地网相连，再用接地棒多次对电容器放电，直至无火花和放电声消失为止，最后将接地线固定好。

⚠ 小提示

如果电容器有内部断线、熔体熔断或引线接触不良等故障，其两极间还可能存在残余电荷，而在自动放电和人工放电时，这些残余电荷不会被放掉。因此，运行或检修人员在接触故障电容器之前应戴上绝缘手套，用短路线将故障电容器两极短接，使其放电，然后才可动手拆卸电容器。对于双Y形接线的中线和多个电容器的串接线，还应单独进行放电。

581. 怎样预防电力电容器爆炸？

预防电力电容器爆炸的方法如下。

（1）正常情况下，每组相电容器通过的电流有效值为

$$I=U/W_C$$

式中　W_C——电容器的容抗。

可根据该电流量，按1.5～2倍，配上快速熔断器，保护电容击穿时不会继续产生热量而爆炸。

（2）在补偿柜上每相安装电流表，保证每相电流相差不超过±5%，发现异常应立即退出运行。

（3）加强对电容器组的巡检，尤其在夏天高温期，应对电容器的温升情况进行监视，如发现电容器渗油、鼓肚等异常情况，应立即退出运行，以防爆炸。

!·小提示

　　电力电容器在运行中发生爆炸，轻者损坏配电设备，重则破坏建筑物并引起火灾，故应采取一定的措施加以预防。

582. 怎样对电容器进行防火检查？

　　为了防止电容器发生火灾，应经常进行检查以下几个方面。

　　(1) 各种保护装置是否齐全，保护特性是否匹配。

　　(2) 检测环境温度，若电容器室的温度超过规定值，应及时切断电源。

　　(3) 测试电容器是否过热。

　　(4) 测试运行电压，并定期查阅电容器运行电压记录。

　　(5) 测试谐波电压是否过高。

　　(6) 检查电容器套管有无放电现象，有无渗、漏油和"鼓肚"现象。

　　(7) 检查电容器附近有无易燃易爆杂物。若有，应清除。特别是就地补偿（低压分散集中补偿时），更应检查这一项。

　　(8) 在停电检修时，测试电容器的绝缘电阻。

第八章 Chapter8

高压配电设备

第一节 高压断路器维护与故障检修

583. 高压配电装置包括哪些设备？

高压配电装置一般是指电压在1kV及以上的电气装置，包括开关设备、测量仪器、连接母线、保护设施及其辅助设备，它是电力系统中的一个重要组成部分。

室内配电装置是将全部电气设备置于室内，大多适用于35kV及以下的电压等级。但如果周围环境存在对电气设备有危害性的气体和粉尘等物质时，110kV配电装置应也建造在室内。

室外配电装置是适合置于室外或露天的设备，通常用于35～220kV及以上电压等级。新型六氟化硫全封闭组合电气装置，体积小，占地少，可以装于室外，也可装于室内，是当前较先进的配电装置，适用于各种电压等级。

584. 断路器、负荷开关、隔离开关的区别有哪些？

断路器、负荷开关、隔离开关的区别有以下几点。

（1）断路器有强大的灭弧装置，可以切除负荷电流和大的短路电流。

（2）负荷开关只有简单的灭弧装置，只能切除正常的负荷电流，不能切除自身所控制的电路中的故障电流。

（3）隔离开关没有灭弧装置，只有很小的灭弧能力。一般不能切除负荷电流，更不能切除短路电流，只能切除其允许范围内的小负荷电流或空载电流。

（4）断路器和负荷开关的触头在开关内，一般无法观察到。而且断开距离小，不能起到有明显断开点的作用，所以只断开断路器和负荷开关不能认为已经停电。

（5）隔离开关有人能直接观察到的明显断开点和空气间隙，且开距大，在电路中起断开停电的作用。

585. 怎样对高压配电装置进行维护?

高压配电装置维护的方法如下。

(1) 去污。对瓷绝缘件的表面进行清扫去污,直观检查其有无破损、裂纹和闪络的痕迹。

(2) 检查接地线。主要是对设备外壳(指不带电的外壳)以及支架的地线进行检查,看其有无断裂(断股)或腐蚀现象。

(3) 检查连接情况。看其是否有接触不良现象,尤其是检查铜、铝连接点有无腐蚀现象。

(4) 充油设备的检查。主要是检查出气孔是否通畅,是否缺油。

(5) 检查传动机构。主要是检查操作机构各部分销子、螺栓有无松动。还应检查拉、合闸是否灵活。

586. 断路器投入运行前应检查方法有哪些?

(1) 新投入使用或大修后必须验收合格。按安装验收条例进行全面验收试验后才能投入使用。

(2) 金属本体必须接地良好。

(3) 在油标中油位符合当前温度条件下的指示值,且油色正常。

(4) 绝缘油的标号必须符合当地的最低气候条件。

(5) 真空断路器必须装有限制操作过电压的保护设备。

587. 断路器跳闸后怎样判断是否为无故障的误跳闸?

运行中的断路器突然自动跳闸,但电网无明显由故障造成的冲击应进行以下检查。

(1) 检查保护是否误动。如果继电保护装置有动作信号但系统无故障,应检查保护定值是否正确或保护是否错接线,是否因电流互感器或电压互感器回路有故障等原因造成保护误动。

(2) 检查操作机构本身是否误动。如果继电保护装置未动作,应检查是否为断路器操作机构误动。

(3) 检查操作电源是否接地。如果直流操作电源系统发出直流接地信号,应检查是否由于直流操作电源两点接地造成断路器误跳闸。

(4) 检查操作回路是否自身有问题,如跳闸回路端子与电源间是否短路等。

588. 怎样对高压开关柜进行检查与维护?

高压开关柜的不停电巡视检查,在有人经常值班时,每昼夜一次;无人值班时,每月不得少于一次。巡视检查时,每月至少一次应在黑暗中观察火花放电和电晕放电等现象。

巡视检查时应特别注意以下事项。

（1）室内情况。门窗是否完好，房顶和楼板是否漏雨水，门锁是否完整，安全工具是否齐全。

（2）采暖、通风、照明和接地装置是否完好。

（3）充油电器的油位和油温是否正常，是否漏油。

（4）各连接位置状态是否正常，各处绝缘是否良好（有无缝隙，有无积尘）。

对于运行中的高压开关柜，应着重检查以下方法。

（1）开关柜内有无异声、异味。

（2）各仪表指示、信号灯指示、分合指示牌的位置是否正常；继电保护装置运行是否正常，有无掉牌。

（3）断路器内绝缘油的油色有无变化，油量是否适当，有无渗漏油现象。

（4）断路器拉杆的软铜片是否断裂、掉相等。

（5）各部连接点接触是否紧密，有无过热发红及氧化现象，各部温度是否过高。

（6）各部瓷件有无脏污、裂纹、破损及松动，有放电现象。

（7）电器开关刀闸的刃口接触是否严密。

（8）接地线是否腐蚀、折断，接触是否良好。

（9）电缆头、电缆有无渗漏油现象。

（10）避雷装置及接地线是否良好。

（11）二次回路是否良好，是否接地，电流互感器的二次线有无开路，互感器接地是否良好。

589. 怎样在停电情况下清扫、检查高压配电装置？

在停电情况下清扫、检查高压配电装置的方法有以下几种。

（1）清扫瓷绝缘表面，并检查有无裂纹、破损和闪络痕迹。

（2）检查导电部分各连接点连接是否紧密，铜、铝接点有无腐蚀现象，若已腐蚀，应除掉腐蚀层后涂中性凡士林。

（3）检查设备外壳（指不带电的外壳）和支架的接地线是否牢固可靠，有无断裂（断股）和腐蚀现象。

（4）检查充油设备的出气孔和出气瓣是否畅通，并检查是否缺油。对油量不足的设备补充油时，10kV及以下者应补充经耐压试验合格的油；35kV

及以上者应补充同牌号油或经混油试验合格的油。

（5）检查传动机构和操作机构的各部位的销子、螺栓是否松动或短缺，操作机构的拉、合闸是否灵活。

590. 中、高压断路器异常及事故处理通则是怎样的？

中、高压断路器异常及事故处理通则有以下几点。

（1）如发现断路器与连接排处有发热现象，应及时汇报并进行测温或补贴示温蜡片，同时用轴流风扇吹，必要时应与调度取得联系，转移负荷或将回路停设。

（2）断路器发生跳闸后，应派人检查断路器外观。检查项目为：断路器的实际位置，瓷套是否振裂有放电痕迹，断路器底座是否振动移位，断路器的连接触点有无松动；少油断路器三相油位是否正常，有无发黑，有无喷油现象；六氟化硫断路器的六氟化硫压力是否正常；检查弹簧操作机构的弹簧储能是否正常，液（气）压操动机构的液（气）压是否正常。

（3）弹簧操动机构断路器操作中发生拒绝合闸或拒绝分闸时，应检查操作时合闸电磁铁或分闸电磁铁是否动作。拒绝动作表示有电气回路故障，动作的表示有机械回路故障。

（4）断路器拒分时应按有关规定进行手动分闸，拒分断路器在未消除故障前禁止将该断路器投入运行。

（5）断路器拒合或拒分时，应立即断开控制电源，以免烧坏合、分闸线圈。

（6）操作机构储能电动机不启动，首先应检查电源，其次可检查热电偶是否动作，第三步检查电动机控制电路，排除上述原因后，即可判断为电动机故障。

591. 断路器拒绝合闸的原因有哪些？

断路器拒绝合闸的原因有：电气方面和机械方面的故障。

（1）电气方面常见的故障。

1）电气回路故障可能有：若合闸操作前红、绿指示灯均不亮，说明控制回路有断线现象或无控制电源。可检查控制电源和整个控制回路上的元件是否正常。如操作电压是否正常，熔断器是否熔断，防跳继电器是否正常，断路器辅助触头是否良好，有无气压、液压闭锁等。

2）当操作合闸后红灯不亮，绿灯闪光且事故扬声器响时，说明操作手柄位置和断路器的位置不对应，断路器未合上。其常见的原因有以下几方面。

（a）合闸回路熔断器的熔体熔断或接触不良。

（b）合闸接触器未动作。

（c）合闸线圈安全故障。

3）当操作断路器合闸后，绿灯熄灭，红灯亮，但瞬间红灯又灭绿灯闪光，事故扬声器响，说明断路器合上后又自动跳闸，其原因可能是断路器合在故障线路上，造成保护动作跳闸或断路器机械故障，不能使断路器保持在合闸状态。

4）若操作合闸后绿灯熄灭，红灯不亮，但电流表已有指示，说明断路器已经合上。

可能的原因是断路器辅助触头或控制开关触头接触不良，或跳闸线圈断开使回路不通，或控制回路熔断器熔断，或指示灯泡损坏。

5）操作手把返回过早。

6）分闸回路直流电源两点接地。

7）SF_6断路器气体压力过低，密度继电器闭锁操作回路。

8）液压机构压力低于规定值，合闸回路被闭锁。

（2）机械方面常见的故障。

1）传动机构连杆松动脱落。

2）合闸铁心卡涩。

3）断路器分闸后机构未复归到预合位置。

4）跳闸机构脱扣。

5）合闸电磁铁动作电压太高，使一级合闸阀打不开。

6）弹簧操动机构合闸弹簧未储能。

7）分闸连杆未复归。

8）分闸锁钩未钩住或分闸四连杆机构调整未越过死点，因而不能保持合闸。

9）有时断路器合闸时多次连续做合、分动作，此时开关的辅助动断触头打开过早。

592. 怎样判断断路器"拒合"的故障原因？

判断断路器"拒合"的原因及处理的方法如下。

（1）用控制开关再重新合一次，目的是检查前一次拒合闸是否因操作不当引起（如控制开关放手太快等）。

（2）检查电气回路各部位情况，以确定电气回路是否有故障。具体方法如下。

1）检查合闸控制电源是否正常。

2）检查合闸控制回路和合闸熔断器是否良好。

3）检查合闸接触器的触点是否正常（如电磁操动机构）。

4）将控制开关扳至"合闸时"位置，看合闸铁心是否动作（液压机构、气动机构、弹簧机构的检查类同）。若合闸铁心动作正常，则说明电气回路正常。

（3）如果电气回路正常，断路器仍不能合闸，则说明为机械方面的故障，应停用断路器，报告有关领导安排检修处理。

经以上初步检查即可判定是电气方面还是机械方面的故障。

593. 怎样判断断路器"拒跳"故障原因？

当出现断路器"拒跳"时，应判断是电气回路故障还是机械方面的故障，判断方法如下。

（1）检查是否为跳闸电源的电压过低所致。

（2）检查跳闸回路是否完好，如跳闸铁心动作良好而断路器"拒跳"，则说明是机械故障。

（3）如果电源良好，若铁心动作无力，铁心卡涩或线圈故障造成"拒跳"，往往可能是电气和机械方面同时存在故障。

（4）如果操作电压正常，操作后铁心不动，则多半是电气故障引起"拒跳"。

594. 断路器"拒跳"的电气原因有哪些？

断路器"拒跳"的故障原因有以下几点。

（1）控制回路熔断器熔断或跳闸回路各元件接触不良，如控制开关触点、断路器操动机构辅助触头、防跳继电器和继电保护跳闸回路等接触不良。

（2）液压（气动）机构压力降低导致跳闸回路被闭锁，或分闸控制阀未动作。

（3）断路器气体压力低，密度继电器闭锁操作回路。

（4）跳闸线圈故障。

595. 断路器"拒跳"故障的机械原因有哪些？

断路器"拒跳"故障的机械原因有以下几点。

（1）跳闸铁心动作冲击力不足，说明铁心可能卡涩或跳闸铁心脱落。

（2）分闸弹簧失灵，分闸阀卡死，大量漏气等。

（3）触头发生焊接或机械卡涩，传动部分故障（如销子脱落等）。

596. 断路器"拒跳"怎么办？

当确定断路器故障后，应立即手动拉闸。

（1）在尚未判明故障断路器之前，而主变压器电源总断路器电流表指示值为满刻度，异常声响强烈，应先断开断路器电源，以防烧坏主变压器。

（2）当上级后备保护动作造成停电时，若查明有分路保护动作，但断路器未跳闸，应断开拒动的断路器，恢复上级电源断路器；若查明各分路保护均未动作（也可能为保护拒掉牌），则应检查停电范围内设备有无故障，若无故障应断开所有分路断路器，合上电源断路器后，逐一试送各分路断路器。当送到某一分路时电源断路器又再跳闸，则可判明该断路器为故障"拒跳"断路器。这时应隔离之，同时恢复其他回路供电。

（3）在检查"拒跳"断路器除属于可迅速排除的一般电气故障（如控制电源电压过低、控制回路熔断器接触不良、熔体熔断等）外，对一时难以处理的电气或机械性故障均应联系调度，作出停用或转检修处理。

⏻小提示

断路器"拒跳"故障的特征如下。

回路光字牌亮，信号掉牌显示保护动作，但该回路红灯仍亮，上一级的后备保护如主变压器复合电压过电流、断路器失灵保护等动作。在个别情况下后备保护不能及时动作，元件会有短时电流表指示值剧增，电压表指示值降低，功率表指针晃动，主变压器发出沉重"嗡嗡"的异常响声，而相应断路器仍处于合闸位置。

597. 断路器误跳闸怎么办？

断路器误跳闸的故障原因及处理方法如下。

（1）根据事故现象的以下特征可判定为"误跳"。

1）在跳闸前各种仪表信号指示正常，表示系统无短路故障。

2）跳闸后，绿灯连续闪光，红灯熄灭，该断路器回路的电流表及有功、无功功率表指示为零。

（2）查明原因，分别处理。

1）若是由于人员误碰、误操作，保护盘受外力振动引起自动脱扣的"误跳"，应排除开关故障原因，立即送电。

2）对其他电气或机械部分故障，无法立即恢复送电的，则应联系调度及有关领导将"误跳"断路器停用，转为检修处理。

（3）对"误跳"断路器分别进行电气和机械方面故障的检查、分析。

1) 电气方面的故障原因有以下几种。

(a) 保护误动或整定值不当，或电流、电压互感器回路故障。

(b) 二次回路绝缘不良，直流系统发生两点接地（跳闸回路发生两点接地）。

2) 机械方面的故障原因有以下几种。

(a) 合闸维持支架和分闸锁扣维持不住，造成跳闸。

(b) 液压机械分闸一级阀和逆止阀处密封不良，渗漏时，本应由合闸保持孔供油到二级阀上端，以维持断路器在合闸位置，但当漏油量超过补充油量时，在二级阀上、下两端造成压强不同。当二级阀上部的压力小于下部的压力时，二级阀自动返回，而二级阀返回会使工作缸合闸腔内高压油泄掉，从而使断路"误跳"。

⊙ 小提示

　　若电力系统无短路或直接接地现象，继电保护也未动作，断路器却自动跳闸，则称断路器"误跳"。若断路器未经操作自动合闸，则属"误合"故障。

598. 断路器"误合"怎么办？

(1) 断路器"误合"的特征。

1) 手柄处于"分合位置"，而红灯连续闪光，表明断路器已合闸，但属"误合"。

2) 应拉开误合的断路器。

3) 对"误合"的断路器，如果拉开后断路器又再"误合"，应取下合闸断路器，分别检查电气方面和机械方面的原因，联系调度和有关领导将断路器停用作检修。

(2) 断路器"误合"的原因。

1) 自流两点接地，使合闸控制回路接通。

2) 自动重合闸继电器动合触点误闭合，或其他元件某些故障接通控制回路，使断路器误合闸。

3) 若合闸接触器线圈电阻过小，且动作电压偏低，当直流系统发生瞬间脉冲时，会引起断路器"误合"。

4) 弹簧操动机构的储能弹簧锁扣不可靠，在有振动的情况下（如断路器跳闸时），锁扣可能自动解除，造成断路器自行合闸。

599. 油断路器油位异常怎么办？

（1）油断路器严重缺油的主要原因如下。

1）放油阀门胶垫龟裂或关闭不严引起油渗漏，特别是使用水阀的设备应更换为油阀。

2）油位计玻璃裂纹或破损而漏油。

3）修试人员多次放油后未作补充。

4）气温突降且原来油量不足。

（2）检修方法。运行中油断路器油位指示应正常，油位过低应注油，过高时应放油，及时调整油位。当油面看不到并伴有严重漏油情况时，应视为严重缺陷。这时禁止将其断开，同时应设法使断路器退出运行。方法是用旁路代替或取下该断路器的操作熔断器，以防断路器突然跳闸，造成设备的更大损坏。

600. 油断路器发生爆炸的原因有哪些？

油断路器发生爆炸的主要原因有以下几点。

（1）试验及调整方面的原因。

1）没有定期的试验。有关规程规定油断路器必须每年进行一次预防性试验。油断路器在频率操作之后可能引起本体或操作机构变位，使断路器合闸或跳闸速度过慢，增加燃弧时间，使断路器的灭弧性能降低，当线路发生近距离短路故障（短路电流较大）时，由于大电流的冲击，断路器在跳合闸时无法完全灭弧而导致油断路器发生爆炸。

2）出厂时没有进行异相接地短路试验。在我国，60kV 及以下的电力网都采用不直接接地系统。所谓异相接地短路，则指在中性点不直接接地系统中发生在相异两相，一个接地点在一相断路器的内侧，而另一个接地点在另一相断路外侧的两点接地所构成的短路故障。断路器承受的这种开断叫做异相接地短路开断。异相接地短路开断后的工频恢复电压是相电压 U_x 的 $\sqrt{3}$ 倍，对断路器灭弧室的介质恢复强度要求较高，否则将会增大电弧电流过零开断后的击穿相重燃概率，可能导致开断的失败直至引起断路，发生爆炸。

3）调整不当。工作人员的粗心和试验仪器的不完善都会使油断路器在跳、合闸的时间和速度的调整上发生误差，或者灭弧室喷口距离、静动触头距离等关键部位的调整不符合要求，致使断路器在大电流冲击下发生爆炸。

（2）运行方面的原因。

1）运行电压过高。110kV 变电所都有无功功率补偿装置，下半夜负荷较低时，由于没有及时地退出部分电容器组，区域电网系统电压升高，在系统中的某一部分发生短路故障时，流过断路器的电流值极大，并且系统的电压较高。保护动作分闸时，对断路器灭弧室的介质恢复强度要求较高，可能导致断路器不能在瞬间内熄灭电弧而发生爆炸。

2）绝缘油炭化。一般地，油断路器允许经过跳闸规定的次数后再进行检修（如 DW5 型油断路器允许跳闸 8 次），运行人员往往根据此规定来判定是否该检修换油。但是在实际中往往由于油断路在短时间内连续多次跳合闸，使用过程中动静触头的磨损，动静触头距离的变动，压缩行程不足等原因造成油断路器在线路故障时跳合闸的情况下绝缘油炭化严重，使油断器易于爆炸。另外其他原因使绝缘性能降低（如油断路器密封不良造成油箱体内部受潮）也会使油断路在动作时爆炸。

3）绝缘油不足。油箱本身焊接工艺不良或断路检修后连接处密封不严等原因引起渗、漏油，使油断路器内部缺油无法灭弧，如果运行人员未及时发现，一旦油断路器动作必定引起爆炸。

（3）其他方面的原因。生产油断路器厂家众多，鱼龙混杂，有的厂家的产品以劣充优，以次充好，使油断路器的开断容量、额定电流等主要技术指标达不到要求，造成油断路器在运行中发生爆炸。另外，如雷击、电网谐振过电压等也会造成油断路器爆炸。

601. 断路器过热怎么办？

（1）造成断路器过热的原因如下。

1）过负荷。

2）触头接触不良，接触电阻超过标准值。

3）导电杆与设备接线卡连接松动。

4）导电回路内各电流过渡部件、紧固件松动或氧化，导致过热。

断路器运行中若发现油箱外部颜色异常，且可闻到臭味气体，则应判为出现过热现象。断路器过热会使油位升高，迫使断路器内部缓冲空间缩小，同时由于过热还会使绝缘油劣化、绝缘材料老化、弹簧退火等。多油断路器油箱可用手摸，以判断是否过热。对少油断路器可注意观察油位、油色和引线接头示温片有无熔化等过热特征。必要时可用红外线测温仪测试。

（2）检修方法。

1）若发现断路器瓷套管闪络破损、导电杆端头烧熔、绝缘油着火，以及瓷套管漏胶或喷胶，应及时处理。

2）油断路器的油色变黑，应在维修或检修时换油。

3）SF$_6$断路器发生意外爆炸或严重漏气等事故时，值班人员接近设备要防止气体中毒，应尽量选择从"上风"部位接近设备。对室内设备应先开启排气装置。

602. 断路器分、合闸线圈冒烟怎么办？

（1）合闸线圈烧毁的原因有以下几种。

1）合闸接触器本身卡涩或触头粘连。

2）操作把手的合闸触头断不开。

3）重合闸装置辅助触头粘连。

4）防跳跃闭锁继电器失灵。

5）断路器辅助触头打不开。

（2）跳闸线圈烧毁的原因有以下两种。

1）跳闸线圈内部匝间短路。

2）断路器跳闸后，机械辅助触头打不开，使跳闸线圈长时间带电。

针对上述不同的原因进行检修，故障即可排除。

小提示

合闸操作或继电保护自动装置动作后，出现分、合闸线圈严重过热或冒烟，可能是分、合闸线圈长时间带电造成的。出现此现象时，应马上断开直流电源，以防分、合闸线圈烧坏。

603. 断路器发生哪些异常时应立即停止运行？

（1）油断路器严重漏油，油标管中已观察不到位。

（2）真空断路器的真空度被破坏。

（3）气体断路器（例如SF$_6$断路器）的压力低于闭锁值。

（4）支柱绝缘子或套管炸裂。

（5）连接处过热变色或烧红。

（6）绝缘子严重放电。

（7）液压操作机构的压力低于闭锁值，且信号不能复归。

（8）操作机构无法跳闸。

604. 预防油断路器发生爆炸的措施有哪些？

预防油断路器发生爆炸的措施有以下几点。

（1）对设备进行定期的预防性试验。

（2）要求厂家对断路器进行异相接地试验，并提供相应的试验数据。

（3）变电所应装设电容器组自动投切装置。

（4）制订大修计划，包括试验仪器也要定期检查。

（5）要注意技术参数的调整，使之符合规程要求。

（6）加强设备的巡视，及时发现设备存在的问题，将事故消灭在萌芽状态。

605. 怎样检查运行中的油断路器的油面高度和油温？

（1）应随时观察油断路器是否有渗油和漏油现象，一旦发现问题，应及时排除。

（2）随时观察油位指示器是否清洁完好，油面高度应严格控制在规定的范围内，不能过高或过低。如油面过低，当发生故障自动跳闸时，不能灭弧，严重时会使断路器爆炸而导致严重事故；如油面过高，使油断路器上面空间变小也可能发生爆炸。

（3）油温。随时观察油温，油断路器内的油温在正常运行时不应有过热现象。正常情况下，触头的最高温度一般在 75℃左右，故断路器上层的油温也不应超过 75℃。油温过热大多是由于接触不良或过负荷引起的，应及时排除。

606. 真空断路器在何种情况下需要更换其灭弧室？

当真空断路器灭弧室处于下列情况之一，应更换灭弧室。

（1）真空度明显下降或工频耐压试验不合格。

（2）灭弧室的机械寿命已达到规定值。

（3）动静触头的磨损已达到规定值。

（4）灭弧室受到损伤，已不能正常工作。

607. 柱上真空断路器及隔离开关的巡视检查方法有哪些？

（1）外壳和构件有无锈蚀、变形现象。

（2）瓷件有无破损、裂纹、严重脏污和闪络放电痕迹。

（3）引线接点连接是否良好，线间和对地距离及倾斜度是否符合要求。

（4）开关分、合位置指针指示是否到位、良好、正确、清晰。操作机构是否灵活，有无锈蚀现象。

（5）刀闸触头间接触是否良好，有无过热变色、烧损、熔化现象。

（6）各部件的组装是否良好，有无松动、脱落，接地端焊接处有无开裂、脱落。

（7）当发现触头接触不良（有麻点、过热、烧损现象）、触头弹簧片的弹力不足（有退火、断裂现象）、操作机构不灵活等现象时，应及时进行处理。

608. 怎样判断真空断路器灭弧室的寿命是否终了？

判断真空断路器灭弧室的寿命是否终了的方法如下。

（1）真空灭弧室的存储期或使用期超过产品规定的有效期（从真空灭弧室出厂日期算起），国产真空灭弧室有效期一般在 20 年左右。

（2）真空灭弧室的真空度下降到 1.33×10^{-2} Pa（有条件的可用磁控真空计测量），如果是玻璃外壳型真空灭弧室，若观测到金属屏蔽罩颜色有明显变化时，应立即检查其真空度。

（3）真空灭弧室触点的累计磨损量超过产品使用说明的规定值，国产产品一般为 3mm，多数产品在动触杆上设有允许磨损量警戒标志（点或线），当磨损量累计超过 3mm 时，合闸后即看不见警戒标志。

（4）额定短路电流切断次数累计超过产品电气寿命次数。

（5）机械合、分操作次数超过产品说明书规定值。

609. 维护真空断路器时应注意哪些问题？

真空断路器在维护时应注意以下问题。

（1）真空断路器应经常保持清洁，特别是要及时清洁绝缘子、绝缘杆及真空灭弧室绝缘外壳上的尘埃。清洁时需要注意的是，不能用水清洗，应用干净的毛巾或绸布擦拭。如用毛巾清洗时，需使用酒精打湿。

（2）真空断路器的活动摩擦部位均应保持有干净的润滑油，以使操动机构和其他转动部分动作灵活，减少机械磨损。对于磨损较严重的零部件、变形的零部件要及时更换。所有紧固件均应定期检查，防止松动，同时要注意开口销、挡卡等有无在振动中断裂、脱落的现象。

（3）要经常观察真空灭弧室开断电流时真空电弧的颜色，如有怀疑，应进行真空度检查。要经常观察接触行程的变化，若与规定值（或制造厂家提供的实测值）相差过大，应予以注意。超行程量的变化反映了真空灭弧室触头的磨损量，若磨损量超过标准，应更换真空灭弧室（ZN28-10 触头允许磨损量为 3mm）。

610. 真空断路器操作机构不能储能或储能不停止怎么办？

在对真空断路器进行联动试验和运行中分、合闸操作时，经常出现操作机构不能储能或储能不停止现象。经检查发现，造成这两种现象出现的主要原因是弹簧储能操作机构中电动机储能电路的行程开关存在问题。

修理或更换行程开关，故障即可排除。

611. 真空断路器真空度无法监视怎么办？

在实际运行中，灭弧室的真空度是决定能否投入运行和运行中能否进行分、合闸操作的关键性指标。真空度必须保证在 0.013 3Pa 以上才能可靠运行。若低于此真空度，则不能灭弧。由于现场测量真空度非常困难，因此一般均以检查其承受耐压的情况为鉴别真空度是否下降的依据。

正常巡视检查时要注意观察屏蔽罩的颜色，正常时应无异常变化。特别要注意断路器分闸时的弧光颜色，真空度正常情况下，弧光呈微蓝色；若真空度降低，则变为橙红色，这时应及时更换真空灭弧室。

造成真空断路器真空度降低的原因主要有以下几种。

(1) 使用材料气密情况不良。

(2) 金属波纹管密封质量不良。

(3) 在调试过程中，行程超过波纹管的范围，或超程过大，受冲击力太大，造成真空度降低。

612. 怎样检查和调整运行中的真空断路器？

真空断路器运行中的检查和调整要视使用场合和操作频繁程度而定。

(1) 对于那些操作并不频繁，每年操作不超过机械寿命的 1/5 的真空断路器，则在机械寿命期内，每年进行一次常规检查即可。如果操作次数较为频繁，那么在两次检查之间的操作次数不宜超过其机械寿命的 1/5。

(2) 对于操作次数极频繁或机械寿命、电寿命临近终了的，检查周期应适当缩短。检查和调整的项目除了真空度、行程、接触行程、同期性、分或合闸速度外，还应包括操作机构各主要部分、外部电气和绝缘，以及控制电源辅助触点等的检查。

613. 怎样检查使用前的真空断路器？

安装真空断路器前应仔细阅读产品说明书。通常，真空断路器在出厂前已完成了全部出厂试验检查，安装时一般不需要拆卸和调整。在按照产品安装使用说明书规定逐项检查时应注意以下几点。

(1) 应注意检查有无螺钉松动，若有松动应拧紧。

(2) 按照说明书规定安装完毕后，再检查灭弧室有无碰伤，并清除表面污垢，必要的话，应在各转动部位涂上润滑剂，然后再开始试验。

(3) 无论真空断路器配用的是弹簧操动机构还是电磁操动机构，首先均应手动分、合闸 3~5 次，如未发现异常，才可进行通电操作。

(4) 检查真空断路器的触头开距、接触行程、合闸弹跳、三相同期性、分或合闸速度、回路电阻等主要参数。其中某些参数有可能因运输过程中的振动、安装中的不慎而变化，因此必须对变化的参数进行调整。

⚠ **小提示**

真空断路器调整的方法应按安装使用说明书的规定进行。

第二节　隔离开关与负荷开关的维护与故障检修

614. 隔离开关的运行与维护有哪些要求？

隔离开关的运行与维护的要求有以下几点。

（1）监视。变电所值班人员的任务之一是用隔离开关进行切换操作和对它进行监视。温度不应超过允许温度 70℃。隔离开关的接头及触头不应有过热现象，可采用变色漆或示温片及红外测温仪进行监视。

（2）检查。检查人员在巡视配电装置时，对隔离开关应进行仔细的检查，如发现缺陷，应及时消除，以保证隔离开关的安全运行。其检查项目如下。

1）对隔离开关绝缘子检查时，应注意绝缘子完整无裂纹、无电晕和放电现象。

2）操作连杆及机械各部分应无损伤，无锈蚀，各机件应紧固，位置应正确，无歪斜、松动、脱落等不正常现象。

3）闭锁装置应良好，在隔离开关拉开后，应检查电磁闭锁或机械闭锁的销子确已销牢，隔离开关的辅助接点位置应正确。

4）刀片和刀嘴的消弧角应无烧伤、不变形、不锈蚀、不倾斜，否则会使触头接触不良。在触头接触不良的情况下会有较大的电流通过消弧角，引起两个消弧角发热、发红。夜间巡视检查时，在远处就可以看到像一个小红火球似的，严重时会焊接在一起，使隔离开关无法拉开，隔离开关的接触电阻见表 8-1。

表 8-1　　　　　　　　　　隔离开关的接触电阻

隔离开关的额定电流/A	接触电阻/$\mu\Omega$	
	新的或大修后	运行中
600	150～175	200
1000	100～120	150
2000	40～50	60

5）刀片和刀嘴应无脏污，无烧伤痕迹，弹簧片、弹簧及铜瓣子应无断股、折断现象。

6）接地开关应接地良好，并应注意检查其可见部分，特别是易损坏的可挠部分。

7）检查隔离开关的触头。触头在运行中的维护和检查是比较复杂的，这是因为隔离开关在运行中刀片和刀嘴的弹簧片会锈蚀或过热，使弹力减小；隔离开关在断开后，刀片及刀嘴暴露在空气中，容易发生氧化和脏污；隔离开关在操作过程中，电弧会烧伤动、静触头的接触面，而各个联动机件会发生磨损或变形，影响接触面的接触；在操作过程中若用力不当，还会使接触位置不正、触头压力不足及产生机械磨损。上述这些情况均会导致隔离开关动、静触头的接触不良，因为值班人员应加强检查和维护，及时消除设备缺陷，以保证隔离开关的安全运行。

615. 怎样巡视检查隔离开关？

巡视检查隔离开关方法如下。

（1）隔离开关的支持绝缘子应清洁完好，无放电声响或异常声音，无损坏。

（2）各相触点接触应良好，无螺钉断裂或松动现象，无严重发热和变形现象。

（3）引线应无松动、无严重摆动和烧伤断脱现象，均压环应牢固且无偏斜。

（4）隔离开关本体、连杆和转轴等机械部分应无变形，各部件连接完好，位置正确。

（5）隔离开关带电部分应无杂物。

（6）操作机构箱、端子箱和辅助触点盒应关闭且密封良好，能防雨防潮。

（7）操作机构箱、端子箱内应无异常，熔断器、热继电器、二次接线端子连接、加热器等应完好。

（8）隔离开关的防误闭锁装置应良好，电磁铁、机械锁无损坏现象。

（9）定期用红外测温仪检测隔离开关触头、触点的温度。

616. 怎样维护高压隔离开关？

高压隔离开关的维护方法如下。

（1）触头温度。处于合闸位置的隔离开关，触头处及连接点应无过热现象，最大允许温度为 $70℃$，负荷电流应在容量范围内，不得超过额定值。

否则，应及时更换大容量开关。

（2）接触部位有无缺损。检查刀片与触头部位是否有烧痕，检查瓷绝缘有无破损和放电现象。如有烧痕，应及时磨光，并涂上一层中性凡士林油。

（3）检查部件情况。检查各部件螺钉有无松动、接触压力是否适当，否则应调整；检查操作机构的部件是否开焊、变形或锈蚀，轴销钉、紧固螺母等是否正常；检查分闸、合闸有无卡住现象，接头中心要校准，三相要同时接触；检查隔离开关的绝缘子和操作连杆的表面，应保持没有污垢、外来物、裂纹、缺损或闪络现象。

（4）刀片与触头的接触。检查刀片与触头接触是否紧密，可用厚0.05mm，宽10mm的塞尺测试，塞入深度应不超过5mm。

（5）隔离开关静触头与刀片间的距离。处于分闸位置的隔离开关，其静触头与刀片间的距离应尽量远一些。如果太小，就可能发生闪络，使得检修中的装置带电而造成事故。其安全距离见表8-2。

表 8-2 　　　　　静触头与刀片间的安全距离参考数据

额定电压/V	配电装置最小安全距离		单断情况下进行交流耐压试验的最小安全距离/cm
	户内/cm	户外/cm	
6	10	20	10
10	12.5	20	15
3	29	40	46

（6）定期检查瓷件绝缘。应定期停电检查，发现绝缘不良，应及时更换新件。

617. 隔离开关检修有哪些方法？

（1）隔离开关小修的方法。

1）清扫尘埃和油污。

2）检查动、静触头应接触良好。修光烧痕，涂凡士林。

3）检查导电接头，特别是铜铝不同材料的连接处有无电腐蚀，并修光蚀痕，紧固螺母。

4）检查螺母、销钉、开口销有无松动脱落。

5）修理或更换磨损件。

6）检查操作机构各元件动作是否灵活可靠。

7）各转动轴、轴承加润滑油。

8) 检查接地线是否接触牢固。

9) 检查机械和电器联锁装置的可靠性。

(2) 隔离开关大修方法。

1) 完成小修规定项目。

2) 更换锈蚀弹力不足的刀片、磁锁弹簧和定位销弹簧。

3) 更换严重磨损的刀片及静触头。

4) 更换严重磨损或损坏的零部件，并测量绝缘子的绝缘电阻。

5) 拆解清洗户外隔离开关主动轴的滚动轴承，并加新凡士林。

6) 修光并调节动静触头，使其嵌入到位无歪斜，接触良好。

7) 用绝缘电阻表测量单元绝缘子对地绝缘电阻。额定电压小于 24kV 的，其绝缘电阻不小于 1000MΩ（20℃）；额定电压大于等于 24kV 的，绝缘电阻不小于 2500MΩ（20℃）。

⚠ 小提示

隔离开关的修理周期如下。

隔离开关是在无负荷下切合电路的。一般操作不频繁，宜每半年进行一次小修，5 年进行一次大修，在事故和特殊情况下可临时安排修理。

---

618. 隔离开关触头过热，示温片熔化怎么办？

(1) 用示温片复测或用红外线测温仪测量触头实际温度，若超过规定值（70℃），应查明原因并及时处理。

(2) 外表检查导电部分，若接触不良，刀口和触头变色，则可用相应电压等级的绝缘杆将触头向上推动，改善接触情况。但用力不能过猛，以防滑脱反而使事故扩大。但事后应观察其过热情况，加强监视。如隔离开关已全部烧红，禁止使用该办法。

(3) 如果此时过负荷，则应回报调度要求减负荷。

(4) 在未处理前应加强监视，及时处理问题。

619. 隔离开关拒绝拉、合闸怎么办？

(1) 拒绝拉闸。当隔离开关拉不开时，不要硬拉，特别是母线侧隔离开关，应查明原因后再拉。如果是操作机构冰冻、机构锈蚀、卡死，隔离开关动、静触头熔焊变形及瓷件破裂、断裂，操作电源损坏，电动操作机构、电动机失电或机构损坏或闭锁失灵等原因，在未查清原因前不应强行拉开，否则可能造成设备损坏事故。此时只有改变运行方式，及时向调度申请停电检修。

（2）拒绝合闸。当隔离开关不能合闸时应及时查明原因，首先检查闭锁回路及操作顺序是否符合规定，再检查轴销是否脱落，是否有楔栓退出、铸铁断裂等机械故障。电动机构应检查电动机是否有失电等电气回路故障，操作电源是否完好并查明原因，处理后方可操作。对有些隔离开关存在先天性缺陷不易拉合时，可用相同电压等级的绝缘杆配合操作，但用力应适当，或申请停电检修。

小提示

为了防止误拉、误合，隔离开关通常与油断路器联锁。但有些农村简易变电所没有采取连锁保护装置，万一误带负荷拉开隔离开关，应作如下处理：若拉开隔离开关且在刀片刚刚离开插口时已经发觉，可迅速将刀片恢复原位而使电弧消失；若刀片已经全部拉开，则不可将误拉的刀闸重新合上。

620. 高压隔离开关拉不开或接触部位严重发热怎么办？

（1）高压隔离开关拉不开。该故障的原因及处理方法如下。

1）隔离开关接触部分卡住不能动，应停电对开关的接触部分进行检修。

2）隔离开关传动机构失灵，应停电对隔离开关的传动机构进行检修或调整。

（2）高压隔离开关接触部位严重发热或变色。该故障的原因及处理方法如下。

1）压紧弹簧松弛或螺栓松动，应停电更换松弛的弹簧，拧紧松动的螺栓。

2）高压隔离开关的刀开关接触不良，应停电对刀开关的接触部位进行检修。

621. 怎样维护高压负荷开关？

高压负荷开关的维护方法如下。

（1）定期检查灭弧腔。经多次操作后，高压负荷开关灭弧腔将逐渐损伤，使灭弧能力降低，甚至不能灭弧，造成接地或相间短路事故。因此，必须定期停电检查灭弧腔的完好情况，及时清除损伤、漏电等不良现象。

（2）检查隔离开关的张开度。高压负荷开关完全分闸时，隔离开关的张开角应大于58℃，以起到隔离开关的作用。合闸时，负荷开关主触头的接触应良好，接触点应无发热现象。

（3）传动装置。高压负荷开关必须垂直安装，分闸加速弹簧不可拆除；

高压负荷开关的绝缘子和操作连杆表面应无积尘、外伤、裂纹、缺损或闪络痕迹。

💡 **小提示**

高压负荷开关的选择方法

（1）应先根据额定电压和额定电流来选择高压负荷开关，然后作短路稳定性和热稳定性检查。如果与熔断器配合使用，可不用检查热稳定。但选用熔断器的容量和熔体的容量时，应根据实际负荷电流大小来确定。也就是说，高压熔断器的最大开断容量要大于或等于短路电流中的次暂态电流容量。

（2）配手动操纵机构的负荷开关，仅限于 10kV 及其以下的系统，其关断、合闸电流不应大于 8A（峰值）。

（3）高压负荷开关有户内、外之分，应根据应用环境来选择是用户内高压负荷开关还是用户外高压负荷开关。

第三节　高压熔断器与避雷器维护与故障检修

622. 高压熔断器在运行和维护中应注意哪些问题？

（1）户内型熔断器瓷管的密封是否完好，导电部分与固定底座静触头的接触是否紧密。

（2）户外型熔断器的导电部分接触是否紧密，弹性上触头的推力是否有效，熔体本身有无损伤，绝缘管有无损坏、受潮和变形。

（3）检查瓷绝缘部分有无损伤、裂纹和放电痕迹。

（4）观察接触情况。检查所有与系统连接部位是否松动，有无放电现象。白天巡视应用耳细听有无"嘶嘶"放电声，夜间巡视可观察有无放电的蓝色火花。如有打火现象或弹性片接触出现松动，则应及时停电检修。

（5）检查熔断器的额定值与熔体的配合和负荷电流是否相适应。

（6）跌落式熔断器的安装角度有无变动，分、合操作是否灵活，熔管上端口的磷铜膜片是否完好，紧固熔体时应将膜片压封在熔断管上端口，以保证灭弧性能。熔管正常时不应发生受力振动而掉落的现象，而当溶体熔断时则应迅速掉落，以形成明显的隔离间隙。上下触头应对准。

（7）以钢纸管为内壁的熔管，应能连续 3 次开断额定断流容量。如开断容量低于额定断流容量时，开断次数可以酌情增加。当熔管内径因多次开断而扩大到允许的极限尺寸时，应及时更换。对于电接触部分所出现的烧灼疤痕应该锉平，以防止运行中触头温度过高。

⚠ 小提示

（1）检修电器设备应拔下熔丝管，并检查管帽与支架上弹性片接触是否良好，进出线接线螺钉是否松动。出现不良应及时处理。

（2）换件应用同型号。不能随意更换不同型号。

（3）断、合熔断器应用专用工具。要采用专用的操作杆进行操作，不能随意使用其他工具。

（4）熔丝管误跌落应及时修理。平时如发现高压熔断器处有跳火现象，说明此处出现了接触不良，应及时进行检修。

623. 怎样检查运行中的高压熔断器？

（1）室内型熔断器检查瓷管密封是否完好，导电部分与固定底座静触头的接触是否紧密。

（2）检查瓷绝缘部分有无损伤和放电痕迹。

（3）检查熔断器的额定值与熔体的配合与负荷电流是否相适应。

（4）室外型熔断器检查导电部分接触是否紧密，熔件本身有无损伤，绝缘子有无损坏。

（5）室外型熔断器检查安装角度有无变动，分、合闸操作时应动作灵活无卡涩；熔体熔断时熔丝管掉落应迅速，能形成明显的隔离间隙。

（6）检查熔管内部是否完好，有无烧损痕迹，熔断器的指示器是否跳出显示熔断器已动作等。

624. 熔体未熔断，但电路不通电怎么办？

熔体未熔断，但电路不通电的故障原因及检修方法如下。

（1）熔体两端或接线接触不良。应清扫并紧固接线端。

（2）螺旋式熔断器帽盖未拧紧。应旋紧螺帽盖。

625. 避雷器巡视检查项目有哪些？

避雷器在运行中应与配电装置同时进行巡视检查，雷电活动后，应增加特殊巡视。检查项目如下。

（1）瓷套是否完整。

（2）导线与接地引线有无烧伤痕迹和断股现象。

（3）水泥接合缝及涂刷的油漆是否完好。

(4) 10kV 避雷器上帽引线处密封是否严密，有无进水现象。

(5) 瓷套表面有无严重污损。

(6) 动作记录器指示数有无变化，判断避雷器是否动作并做好记录。

626. 特殊天气时避雷器的巡检项目有哪些？

特殊天气是指有雨天，特别是雷雨天等，由于在这些天气时易发生雷电袭击，故应加强对避雷设施巡检，主要检查的项目如下：

(1) 雷雨天气后，检查放电计数器的动作情况，查看瓷质部分是否有闪烁，检查引线和接地线是否烧伤或断股。

(2) 大雾及雨天，检查瓷质部分是否放电，有无电晕。

(3) 冰雹后，检查瓷质部分有无破损。

627. 避雷器内部受潮的原因有哪些？

避雷器内部受潮的原因有以下几点。

(1) 顶部的紧固螺母松动，引起漏水或瓷套顶部密封用螺栓的垫圈未焊死，在密封垫圈老化开裂后，潮气和水分沿螺钉缝渗入内腔。

(2) 底部密封试验的小孔未焊牢、堵死。

(3) 瓷套管破裂、有砂眼，裙边胶合处有裂缝等，易于进入潮气及水分。

(4) 橡胶垫圈使用日久，老化变脆而开裂，失去密封作用。

(5) 底部压紧用的扇形铁片未塞紧，使底板松开；底部密封橡胶垫圈位置不正，造成空隙而渗入潮气。

(6) 瓷套管与法兰胶合处不平整或瓷套管有裂纹。

小提示

避雷器内部受潮的现象为：避雷器的绝缘电阻低于 $2500M\Omega$，工频放电电压下降。

628. 避雷器运行中爆炸怎么办？

避雷器运行中经常发生爆炸事故，爆炸原因可能是由系统故障引起的，也可能为避雷器本身故障引起的。运行中的避雷器发生爆炸，应立即停电更换。

避雷器运行中爆炸的原因大致有以下几种。

(1) 中性点不接地系统中发生单相接地，使非故障相对地电压升高到线电压，即使避雷器所承受的电压小于其工频放电电压，而在持续时间较长的过电压作用下，可能会引起爆炸。

（2）电力系统发生铁磁谐振动电压，使避雷器放电，从而烧坏其内部元件而引起爆炸。

（3）线路受雷击时，避雷器正常动作。由于本身火花间隙灭弧性能差，当间隙承受不住恢复电压而产生击穿时，使电弧重燃，工频续流将再度出现，重燃阀片烧坏电阻，引起避雷器爆炸。间隙不能灭弧而引起爆炸。

（4）由于避雷器密封垫圈与水泥接合处松动或有裂纹、密封不良而引起爆炸。

（5）线路受雷击时，避雷阀片电阻不合格，残压虽然降低但续流却增大了，间隙不能灭弧，阀片由于长时间通过续流烧毁而引起爆炸。

（6）避雷器由于瓷套管密封不良，运行中容易受潮和进水等，也很可能引起爆炸。

（7）避雷器爆炸尚未造成接地时，在雷雨过后拉开相应的刀闸，将避雷器停用并更换。如果已造成接地，则必须停电更换。禁止用隔离开关刀闸停用故障避雷器。

629. 避雷器出现引线松脱或断股，接地线接地不良，阻值增大怎么办？

检修方法如下。

（1）运行中的避雷器瓷套管有裂纹。

1）天气正常时，申请调度停电处理，进行避雷器的更换。

2）雷雨天气时，应尽可能不使避雷器退出运行但应监视，待雷雨后向调度申请停电处理。

（2）运行中发现避雷器的泄漏电流明显增加。

1）正常天气时，应立即要求调度停电检修，进行泄漏电流的阻性分量和容性分量的测量，对阻性分量超过标准值的避雷器应进行更换。

2）雷雨天气时，尽可能保持运行，并加强监视，如果有继续增大的迹象，应要求停电处理。

遇到上述情况时，应尽快停电处理。

630. 避雷针（线、带、网）检查与维护项目有哪些？

避雷针（线、带、网）检查与维护项目有以下几点。

（1）检查避雷针（线、带、网）各处明装导体是否有裂纹、歪斜与锈蚀，或因机械力损伤而发生折断等现象，各导线部分的电气连接是否紧密牢固。发现接触不良或脱焊时应及时进行检修。

（2）检查接闪器有无因遭受雷击而发生熔化或折断的情况；检查引下线

是否短而直，引下线距地 2m 一段的保护处有无破损情况；检查连接卡子有无接触不良情况。

（3）检查避雷线是否每基杆塔处都可靠接地，以及是否与避雷器的接地线共同接地；检查接地装置周围的土壤有无沉陷情况，有否因挖土方敷设其他管道或植树等而挖断或损伤接地装置。

第九章 Chapter9

低压配电设备

第一节　低压配电设备的维护与故障检修

631. 低压电器如何分类？

低压电器可按：控制对象、动作性质和工作条件分为三类。

（1）按所控制的对象划分，分为低压配电电器与低压控制电器。低压配电电器主要用于配电系统中，主要有刀开关、熔断器、自动开关等。低压控制电器主要用于电力拖动自动控制系统和用电设备中，主要有接触器、控制继电器、主令开关、启动器、电磁铁、变阻器等。

（2）按动作性质划分，分为自动切换电器和非自动切换电器。自动切换电器是指它在完成接通、分断、启动、反向和停止等动作时依靠本身参数或外来信号自动进行，不是人为来直接操作；非自动切换电器又称为手控电器，它主要用手来直接操作进行切换。

（3）按电器工作条件划分，分为一般用途低压电器、矿用低压电器、船用低压电器、航空低压电器和牵引低压电器等。

632. 怎样维护低压配电装置？

低压配电装置维护的项目如下。

（1）对低压配电装置的有关设备，每年至少清扫和摇测绝缘电阻两次，如由500V绝缘电阻表测量母线绝缘电阻（不应低于100MΩ）、开关、刀闸、接触器和互感器的绝缘电阻（不应低于10MΩ），以及二次回路的对地电阻（不应低于2MΩ）。

（2）在自动开关故障跳闸后，应检修或更换触头和灭弧罩，只有查明并消除故障掉闸原因才可再次合闸运行。

（3）对频繁操作的交流接触器，每三个月应进行以下检查、测试：检查并清扫一次触头和灭弧栅，检查三相触头是否同时闭合或分断，摇测相间绝缘电阻。

（4）定期校验交流接触器的吸引线圈：在线路电压为额定值的85%～

105%时吸引线圈应可靠吸附，而电压低于额定值的 40%时则应可靠地释放。

(5) 经常检查熔断器的熔体与实际负荷是否相匹配，各连接点接触是否良好，有无烧损现象，并在检查时消除各部位的积炭。

(6) 注意铁壳开关的机械闭锁是否正常，速动弹簧是否锈蚀、变形。

(7) 检查三相瓷底胶盖刀闸的工作环境是否符合要求，旧式瓷底胶盖刀闸内的熔体是否更换为铜、铝导线，是否与瓷插式熔体配合使用。

633. 长期搁置不用的低压断路器在投入运行前应怎样维护？

长期搁置不用的断路器，如安装在配电屏上的备用断路器等，在投入运行之前应将聚集于其上（特别是触头和带电零件上）的尘垢清除。必要时，还应以干净的棉布蘸上工业酒精（无水乙醇）或四氯化碳等溶剂将接触面揩拭干净。

对于工作电流为 63A 及以下的小容量断路器，尤应注意其触头接触情况，以免因接触不良发生过热，损坏断路器或使之误动作。在此之后，还应测量断路器的绝缘电阻，看其是否合格。若发现断路器已受潮，应作干燥处理，待合格后方可投入运行。

634. 怎样巡视检查和维修低压配电装置？

(1) 配电装置的巡视检查。对配电盘、户外配电箱也应同加架空线路一样进行定期或特殊巡视检查，并做好记录。如果有严重危及人身或设备安全的情况，应立即停电进行检修，修复后再送电。一般问题列入检修计划，在定期维修时加以解决。

巡视检查的方法有以下几个方面。

1) 配电盘、配电箱有无损坏，配电箱的门、窗是否完整，配电室、箱是否漏雨。

2) 仪表、开关、指示灯及熔断器有无损坏，仪表指示得是否准确，开关接触是否良好。

3) 各接点是否良好，有无松动、发热和烧坏的现象。

4) 导线有无损坏。

5) 触电保安器动作是否灵敏。

6) 各紧固件有无松动。

(2) 配电装置的维修。配电装置维修的方法有以下几个方面。

1) 维修配电室和配电箱的损坏处，如盖、门窗等。

2) 清除配电室的内配电盘与配电箱的灰尘。

3）修理或更换损坏的仪表、熔断器、开关及接线端子等电气设备与零件。

4）拧紧松动了的螺丝，更换或上紧各部接线端子。

5）修理或更换损坏了的绝缘导线。

635. 常用低压开关柜有哪些？

目前市场上流行的开关柜型号很多，主要有以下几种。

（1）GGD型固定式低压配电柜。GGD型低压固定式成套开关柜适用于发电厂、变电站、厂矿企业等交流50Hz、额定工作电压为400V、额定工作电流至3200A的配电系统，作为动力、照明及配电设备的电能转换、分配与控制之用。

（2）GCK低压抽出式开关柜。它由动力配电中心（PC）柜和电动机控制中心（MCC）两部分组成。该装置适用于交流50（60）Hz、额定工作电压小于等于660V、额定电流4000A及以下的控制电系统，作为动力配电、电动机控制及照明等配电设备。

（3）GCS低压抽出式开关柜。GCS型低压抽出式开关柜适用于三相交流频率为50Hz、额定工作电压为400V（690V）、额定电流为4000A及以下的发、供电系统中的作为动力、配电和电动机集中控制、电容补偿之用，广泛应用于发电厂、石油、化工、冶金、纺织、高层建筑等场所，也可用在大型发电厂、石化系统等自动化程度高、要求与计算机接口的场所。

（4）MNS低压抽出式开关柜。这是一种用标准模件工厂组装（FBA）的组合式低压抽出式开关柜，是参考国外MNS系列低压开关柜设计并加以改进开发的高级型低压开关柜。本装置适用于交流50～60Hz、额定工作电压660V及以下的供电系统，用于发电、输电、配电、电能转换和电能消耗设备的控制，适应各种供电、配电的需要。

（5）MCS智能型低压抽出式开关柜。MCS智能型低压抽出式开关柜是一种融合了其他低压产品的优点而开发的高级型产品，适用于电厂、石油化工、冶金、轻工、纺织、高层建筑和其他民用工矿企业的三相交流50Hz、60Hz，额定电压380V，额定电流4000A及以下的三相四（五）线制电力系统配电系统，在大型发电厂、石化、电信系统等自动化程度高、要求与计算机接口的场所，作为发、供电系统中的配电、电动机集中控制、无功率补偿的低压配电装置。

636. 怎样检修低压开关柜常见故障？

低压开关柜常见故障及检修方法如下。

（1）开关柜内部发生短路。

1）母线排的支持绝缘件或插入式触头的绝缘底座污秽、受潮严重或受到机械损伤，由于闪络或放电造成短路。对污秽应加强清扫；对受潮应烘干；对机械损伤的设备要及时更换。

2）电器元件选择不当，如断路器分断能力不够等。应选择开断容量合适的断路器。

3）误操作。常发生的是带负荷操作隔离刀开关。应严格执行操作规程，杜绝误操作。

4）检修工具遗忘在母排上，停电检修后，由于疏忽将扳手、螺丝刀等工具遗忘在母排上，送电前又未认真检查，送电后发生短路。严格按规程要求，检修结束后要清点工具、防止遗忘。

5）小动物造成短路。由于小动物（老鼠、蛇等）钻入开关柜内，造成短路，可装设防护网，防止小动物钻入。

（2）母排连接处过热。

1）接触不良。可转移负荷、停电检修或更换母线排。

2）对接螺栓拧得过紧或过松。在旋紧时，其松紧程度要适当，一般紧固到弹簧垫圈压平为止。

637. 低压电器的触头表面氧化、烧毛、有污垢和蚀痕怎么办？

如果低压电器的触头表面有异物或不平整，会使触头接触不良，导致触头严重发热或闪络击穿；如果触头接触面有了尘垢，将不导电或很难导电，以致触头的接触电阻因接触面积减小而剧增，使温升高到不能允许的程度。因此，为了使触头正常工作，其表面必须平整、清洁。检修方法如下。

（1）如果触头表面烧毛、氧化有污垢和蚀痕等缺陷，则应及时进行修整，以防止发生事故。

（2）触头表面一旦氧化、烧毛或有凹坑、蚀痕，应使用细锉在接触面上沿一个方向仔细锉平，但不要"吃进"过多，也不可改变接触面的原状。此时不得用砂纸研磨触头，以防止砂粒嵌入而使触头严重发热或损伤。

（3）如果触头表面有灰尘和污物，或者被电弧烧灼而出现烟熏状，可用汽油、无水乙醇或四氯化碳来擦洗。

小提示

触头表面的氧化层可用细锉轻轻磨去，但银或银基合金触头的氧化膜可不清理，因为银的氧化膜不影响导电。

638. 怎样简易判断低压电器的触头是否过热？触头熔焊在一起怎么办？

（1）简易判断低压电器的触头是否过热。如果低压电器的触头表面接触不良、有氧化层或污物，将使触头严重发热。当发热达到一定程度时，触头可能熔焊或引起火灾事故。因此，应经常检测触头的温度。

触头是否发热，可在带电情况下用一根普通蜡烛进行判断，方法是：测试者戴上绝缘手套，持着蜡烛触碰触头，也可将蜡烛绑在绝缘杆上进行测试。如果蜡烛熔化，说明触头严重发热。

（2）低压电器的触头熔焊在一起的检修。

1）触头初压力不足，在闭合冲击电流（如起动鼠笼式电动机）时跳动很厉害，发生电弧熔焊。若轻微熔焊，调整触头初压力即可脱焊；若严重熔焊，则应调换大一级的电器。

2）触头容量不足或操作频繁。应选用合适容量和合适工作制的电器。

3）线圈的端电压过低，导致磁系统的吸力不足而造成触头停滞不能或反复振动。应设法提高端电压，使其不低于 85% 的额定值。

4）闭合过程中可动部分被卡住。应查明原因并作处理。

5）灭弧装置存在故障，不能可靠灭弧。应查明原因并及时处理。

⚠️ **小提示**

熔焊很牢固的触头的，应予以拆除，并换上新触头；稍有熔焊的触头可稍加外力使其分开，同时用细锉锉去细小的金属熔化痕迹，使其继续运行。

第二节　低压断路器维护与故障检修

639. 怎样使用与维护低压断路器？

正确使用与维护低压断路器的方法如下。

（1）断路器要按规定垂直工作，连接导线必须符合规定要求。

（2）脱扣器整定值一经调好后不要随意变动，但应作定期检查，以免脱扣器误动作或不动作。长期使用后要检查其弹簧是否生锈卡住，以免影响其动作。

（3）断路器在分断短路电流后，应在切除上级电源的情况下，及时检查触点。若发现有电弧烧痕，应用棉纱蘸酒精将触头表面清洗干净，严重时可用小细板锉清理，但不应使触头材料损伤或使动静触头接触不良，当触头磨损 1/3 厚度时，应更换新的触头。如经常发生烧伤事故，情况较重时，应仔细检查触头材料、焊接质量、触头压力、开距、超行程以及操作系统各部件运行及动作情况，及时消除缺陷。灭弧室内壁和栅片上如有烟痕及金属熔化的情况，可用干布抹净，细心修整。

（4）应定期清除断路器上的积尘和检查各种脱扣器的动作值，操作机构通常每两年在传动部分加注润滑油。

（5）灭弧室在分断短路电流后或长期使用后，应清除灭弧室内壁和栅片上的金属颗粒和黑烟灰，以保证良好的绝缘。

（6）工作时不得把灭弧罩取下，灭弧罩损坏应及时更换，以免发生短路时电流不能熄灭的事故。

（7）应定期检查各脱扣器的电流整定值，有延时者还要检查其延时时限。半导体脱扣器，则应定期用试验按钮检查其动作情况。

⊕小提示

长期未投入运行的断路器，投入前应进行绝缘摇测，必要时对灭弧装置进行干燥处理，待合格后，再投入运行。

640. 使用和维护低压断路器时应注意哪些问题？

（1）在投入使用前应将各电磁铁工作面（如失压脱扣器磁系统的吸合面）的防锈油脂擦拭干净，以免影响其动作值。

（2）在投入使用前应将断路器上的尘垢拭净，并检查各紧固螺栓是否均已拧紧。

（3）断路器内各脱扣器的整定电流和其他参数，包括铁芯气隙，一些运动件间的距离和调节螺栓等，通常都在出厂前调整好，故不得任意变动，以免影响脱扣器动作特性，出现误动作现象或酿成事故。

（4）如果有双金属片式的脱扣器，且使用场所的环境温度高其整定温度，一般宜降容使用；如果脱扣器的工作电流与整定电流不符，应当在专门的校验设备上重新调整后才能使用。

（5）有双金属片式脱扣器的断路器因过负荷而分断后，不能立即"再扣"，需冷却 1～3min 使双金属片复位后，才能重新"再扣"。

（6）操作机构每使用一段时间后（可考虑 1～2 年一次），应在传动机构部分加些润滑油，但小容量塑壳式断路器不需要作此项处理。

（7）每隔一段时间（如 6 个月至 1 年，或趁定期检修时），应清除断路器上的尘垢和异物，以保证断路器有良好的绝缘。

（8）定期检修时要在不带电的情况下合闸、分闸数次，以检验动作可靠与否。若发现传动机构运动欠灵活，可添加适量润滑油，并在加油后立即操作数次，使润滑油渗入各转动轴销。

（9）要定期检查触头的接触表面状况：发现有污垢和烟炱时，应以干净的棉布蘸上丙酮或其他溶剂将其拭净；发现有毛刺时，可用细锉清理，以保证有良好的接触；若发现可更换的弧触头已磨损到厚度为原来的 1/3 时，则应予更换。

（10）灭弧室在分断短路电流或长期使用之后，均应清除其内壁和栅片上的烟炱及金属颗粒。如果是陶土灭弧室，当其破损后应立即更换，决不可使用，以免发生不应有的事故。作为配件而长期未使用的灭弧室，在投入使用前应先烘一次，以保证有良好的绝缘性能。

（11）应定期检查各脱扣器的电流整定值和延时，特别是半导体脱扣器，更应定期用试验按钮检查其动作情况。

641. 低压断路器运行中温升过高怎么办？

如果发现运行中的低压断路器温升过高，首先应采取措施减小负荷，然后观察温升是否继续增高。如果继续增高，在允许停电的情况下应使断路器退出运行，采取安全措施后，对其接触部位进行检查和处理。具体方法如下。

（1）若是触头压力太小，合闸后不能保持良好接触而发热，可调整触头压力或更换弹簧。

（2）如果触头接触表面脏污或有氧化膜，可清除触头表面污垢或氧化膜。

（3）若触头接触面严重磨损或接触不良，则应修整接触面或更换触头。如果不能更换触头，则应更换整台断路器。

（4）若两个导电元件的连接螺栓松动，则拧紧螺栓即可。

⊕ 小提示

低压断路器又称自动空气开关或自动空气断路器，主要用于低压动力线路中起过载、短路、失压保护等作用，当电路发生短路故障时，它的电磁脱扣器自动脱扣进行短路保护，直接将三相电源同时切断，保护电路和用电设备的安全。在正常情况下也可用作不频繁地接通和断开电路或控制电动机。

第三节 低压开关、控制器维护与故障检修

642. 如何维护封闭式负荷开关（铁壳开关）？

（1）检查静触头与动触头有无接触不良或被烧坏。当表面不平时，宜用钢锉修整，使触头表面保持光洁；如果是触尖压力不足，就要对触头系统作适当调整。

（2）检查接线有无松动，如果是因长期过负荷而使接线松脱（因封闭式负荷开关不具备小倍数过负荷保护功能和欠压保护功能），就要减轻负荷。

（3）检查熔断器底座是否碎裂，触头是否已烧坏，以及弹簧是否老化、生锈等。

（4）铁壳密封应良好，内部清洁，好天气应打开铁门进行通风，并进行清扫，大雨后检查是否进水。

（5）箱外顶部无放置金属零件及杂物，接地线良好。

（6）更换熔丝时应在负荷开关断开的情况下进行。

643. 胶盖闸刀开关常见故障有哪些？

胶盖闸刀开关的常见故障有：保险熔断、开关烧坏，螺丝孔内沥青溶化、开关漏电，拉闸后刀片及开关下桩头仍带电四种。

644. 胶盖刀开关保险熔断怎么办？

其故障原因及检修方法如下。

（1）刀开关下桩头所带的负载短路。将闸刀拉下，找出线路的短路点，修复后，更换同型号的熔丝。

（2）刀开关下桩头负载过大。在刀开关容量允许范围内更换额定电流大一级的熔丝。

（3）刀开关熔丝未压紧。更换新垫片后用螺丝将熔丝压紧。

645. 胶盖刀开关烧坏，螺丝孔内沥青熔化怎么办？

其故障原因及检修方法如下。

（1）刀片与底座插口接触不良。在断开电源的情况下，用钳子修整开关底座插口片，使其与刀片接触良好。

（2）开关压线固定螺丝未压紧。重新压紧固定螺丝。

（3）刀片合闸时合得过浅。改变操作方法，每次合闸时用力将闸刀合到位。

（4）开关容量与负载不配套，过小。在线路容量允许的情况下，更换额定电流大一级的开关。

（5）负载端短路，引起开关短路或弧光短路。更换同型号新开关，平时要注意，尽可能避免接触不良和短路事故的发生。

646. 胶盖刀开关漏电怎么办？

其故障原因及检修方法如下。

（1）开关潮湿，如被雨淋浸湿。如雨淋严重，要拆下开关进行烘干处理再装上使用。

（2）开关在油污、导电粉尘环境中工作过久。如环境条件极差，要采用防护箱，将开关保护起来后再使用。

647. 胶盖刀开关拉闸后刀片及开关下桩头仍带电怎么办？

其故障原因及检修方法如下。

（1）进线与出线上下接反。更正接线方式，必须是上桩头接入电源进线，而下桩头接负载端。

（2）开关倒装或水平安装。禁止倒装和水平装设胶盖刀开关。

648. 修铁壳开关的常见故障有哪些？

修铁壳开关的常见故障有：合闸后一相或两相没电、动触头或夹座过热或烧坏和操作手柄带电三种。

649. 铁壳开关合闸后一相或两相没电怎么办？

其故障原因及检修方法如下。

（1）夹座弹性消失或开口过大。更换夹座。

（2）熔丝熔断或接触不良。更换熔丝。

（3）夹座、动触头氧化或有污垢。清洁夹座或动触头。

（4）电源进线或出线头氧化。检查进、出线头。

650. 铁壳开关动触头或夹座过热或烧坏怎么办？

其故障原因及检修方法如下。

（1）开关容量太小。更换较大容量的开关。

（2）分、合闸时动作太慢造成电弧过大，烧坏触头。改进操作方法，分、合闸时动作要迅速。

（3）夹座表面烧毛。用细锉刀修整。

（4）动触头与夹座压力不足。调整夹座压力，使其适当。

（5）负载过大。减轻负载或调换较大容量的开关。

651. 铁壳开关操作手柄带电怎么办？

其故障原因及检修方法如下。

（1）外壳接地线接触不良。检查接地线，并重新接好。

(2) 电源线绝缘损坏。更换合格的电源线。

652. 组合开关的常见故障有哪些？

组合开关的常见故障有：手柄转动后，内部触片未动作；手柄转动后，三副触片不能同时接通或断开；开关接线桩相间短路；连接点开路、打火或烧蚀；动、静触头被电弧烧蚀；内部短路、烧毁。

653. 怎样检修组合开关常见故障？

组合开关常见故障的检修方法见表9-1。

表9-1　　　　　　　组合开关常见故障的检修方法

故障现象	故障原因	检修方法
手柄转动后，三副触片不能同时接通或断开	(1) 开关型号不对。 (2) 修理开关时触片装配得不正确。 (3) 触片失去弹性或有尘污	(1) 更换符合操作要求的开关。 (2) 打开开关，重新装配。 (3) 更换触片或清除污垢
手柄转动后，内部触片未动作	(1) 手柄的转动连接部件磨损。 (2) 操作机构损坏。 (3) 绝缘杆变形。 (4) 轴与绝缘杆装配不紧	(1) 调换新的手柄。 (2) 打开开关，修操作机构。 (3) 更换绝缘杆。 (4) 紧固轴与绝缘杆
开关接线桩相间短路	因铁屑或油污附在接线柱间形成通路，将胶木烧焦，或绝缘破坏形成短路	清扫开关或调换开关
动、静触头被电弧烧蚀	(1) 负荷过大。 (2) 动、静触头接触不良。 (3) 负荷短路，且负荷无保护	(1) 选用容量大的开关或减轻负荷。 (2) 触头烧毛，可用细砂布修磨（无法修复时，予以更换），然后调整动、静触头，使其接触良好。 (3) 负荷电路应装设保护

故障现象	故障原因	检修方法
连接点开路、打火或烧蚀	(1) 接线螺钉松动。 (2) 操作过于频繁	(1) 处理接点，拧紧螺钉。 (2) 降低操作频率，加强维护
内部短路、烧毁	(1) 严重受潮，被水淋，使用环境中有导电介质。 (2) 绝缘垫板严重磨损，失去绝缘能力。 (3) 内部元件损坏，导电触头相互碰连。 (4) 负荷短路，且负荷无保护	(1) 改善使用环境，加强维护。 (2) 更换绝缘垫板或整个开关。 (3) 更换内部元件或更换整个开关。 (4) 负荷电路应装设保护

654. 转换开关常见的故障有哪些？

转换开关常见的故障有：手柄转 90°后，内部触头未动；手柄转动后，三副静触头和动触头不能同时接通或断开；开关接线柱相间短路三种。

655. 怎样检修转换开关的常见故障？

转换开关常见故障的检修方法见表 9-2。

表 9-2　　　　　　转换开关常见故障的检修方法

故障现象	故障原因	检修方法
手柄转 90°后，内部触头未动	(1) 手柄上的三角形或半圆形口磨成圆形。 (2) 操作机构损坏。 (3) 绝缘杆由方形磨成圆形。 (4) 轴与绝缘杆装配不紧	(1) 更换手柄。 (2) 修理操作机构。 (3) 更换绝缘杆。 (4) 紧固轴与绝缘杆
手柄转动后，三副静触头和动触头不能同时接通或断开	(1) 开关型号不对。 (2) 触头角度装配不正确。 (3) 触头失去弹性或有尘污	(1) 更换开关。 (2) 重新装配。 (3) 更换触头或清除尘污
开关接线柱相间短路	接线柱间绝缘破坏，形成短路	清扫开关或调换开关

656. 按下起动按钮时有触电的感觉怎么办？

按下起动按钮时有触电的感觉的原因及处理方法如下。

（1）按钮的防护金属外壳与连接导线接触，应检查按钮内连接导线。

（2）按钮帽的缝隙间充满铁屑，使其与导电部分构成通路，应清理按钮及触点。

657. 按下起动按钮，不能接通电路，控制失灵怎么办？

按下起动按钮，不能接通电路，控制失灵的原因及处理方法如下。

（1）接线头脱落，应检查起动按钮连接线。

（2）触点磨损松动，接触不良，应检修触点或调换按钮。

（3）动触点弹簧失效，使触点接触不良，应重绕弹簧或调换按钮。

658. 按下停止按钮，不能断开电路怎么办？

按下停止按钮，不能断开电路的原因及处理方法如下。

（1）接线错误，应更改接线。

（2）尘埃或机油、乳化液等流入按钮而构成短路，应清扫按钮并相应采取密封措施。

（3）绝缘击穿而发生短路，应调换按钮。

659. 怎样检修行程开关的常见故障？

位置开关又称为行程开关或限位开关，它的作用与按钮相同，只是其触点的动作不是靠手动操作，而是利用生产机械某些运动部件上的挡铁碰撞其滚轮使触点动作来实现接通或切断某些电路，使之达到一定的控制要求。

行程开关常见故障的检修方法见表 9 - 3。

表 9 - 3　　　　　　　　　行程开关常见故障的检修方法

故障现象	故障原因	检修方法
挡铁碰撞开关，触头不动作	（1）开关位置安装不当。 （2）触头接触不良。 （3）触头连接线脱落	（1）调整开关的位置。 （2）清洁触头，并保持清洁。 （3）重新紧固接线
行程开关复位后动断触头不能闭合	（1）触杆被杂物卡住。 （2）动触头脱落。 （3）弹簧弹力减退或被卡住。 （4）触头偏斜	（1）打开开关，清除杂物。 （2）重新调整动触头。 （3）更换弹簧。 （4）更换触头

续表

故障现象	故障原因	检修方法
杠杆偏转后触头未动	（1）工作行程不到位。 （2）行程开关内有杂物，机械卡阻。 （3）触头变形或损坏。 （4）接线松脱	（1）调整行程开关或碰块位置。 （2）清除杂物，加注润滑油。 （3）修理触点或更换。 （4）拧紧接线螺丝

第四节　交、直流接触器的维护与故障检修

660. 怎样安装使用及维护交流接触器？

安装使用及维护交流接触器有以下几点。

（1）接触器安装前应核对线圈额定电压和控制容量等是否与选用的要求相符合。

（2）接触器应垂直安装于直立的平面上，与垂直面的倾斜度不超过5°。

（3）金属底座的接触器上备有接地螺钉，绝缘底座的接触器安装在金属底板或金属外壳中时，也必须备有可靠的接地装置和明显的接地符号。

（4）主回路接线时，应使接触器的下部触头接到负荷侧，控制回路接线时，用导线的直线头插入瓦形垫圈，旋紧螺钉即可。未接线的螺钉也必须旋紧，以防失落。

（5）接触器在主回路不通电的情况下通电操作数次确认无不正常现象后方可投入运行。接触器的灭弧罩未安装好之前，不得操作接触器。

（6）接触器使用时，应进行经常和定期的检修与维修。经常清除表面污垢，尤其是进、出线端相间的污垢。

（7）接触器工作时，如发出较大的噪声，可用压缩空气或小毛刷清除衔铁极面上的尘垢。

（8）使用中如发现接触器在切除控制电源后，衔铁有显著的释放延迟现

象时，可将衔铁极面上的油垢擦净，即可恢复正常。

（9）接触器的触头如被电弧烧黑或烧毛，并不影响其性能，可以不必进行修理，否则反而可能促使其提前损坏。但触头和灭弧罩如有松散的金属小颗粒应清除。

（10）接触器的触头如因电弧烧损，以致厚薄不均，可将桥形触头调换方向或相别，以延长其使用寿命。此时，应注意调整触头使之接触良好，每相下断点不同期接触的最大偏差不应超过 0.3mm，并使每相触头的下断点较上断点滞后接触约 0.5mm。

（11）接触器主触头的银接点厚度磨损至不足 0.5mm 时，应更换新触头；主触头弹簧的压缩超程小于 0.5mm 时，应进行调整或更换新触头。

（12）对灭弧电阻和软联结应特别注意检查，如有损坏等情况，应立即进行修理或更换新件。

（13）接触器如出现异常现象，应立即切断电源，查明原因，排除故障后方可再次投入使用。

（14）在更换 CJT1－60、100、150 接触器线圈时，先将静铁心外间的缓冲钢丝取下，然后用力将线圈骨架向底部压下，使线圈骨架相的缺口脱离线圈左、右两侧的支架，静铁心即随同线圈往上方抽出，当线圈从静铁心上取下时，应防止其中的缓冲弹簧失落。

661. 怎样进行交流接触器日常巡视检查？

对交流接触器进行日常巡视检查时，主要应检查以下几个方面。

（1）通过接触器的负荷电流是否在其额定电流值以内（可观察电流表示值或用钳形电流表测量）。

（2）接触器的分、合信号指示与电路所处状态是否相符。

（3）接触器的灭弧室内有无因接触不良而产生的放电声。

（4）接触器的合闸吸引线圈有无过热现象，电磁铁上的短路环是否脱出或损伤。

（5）接触器与母线或出线的连接点有无过热现象。

（6）接触器的辅助触头有无烧蚀现象。

（7）接触器的灭弧罩是否松动或裂损。

（8）接触器的吸引线圈铁心吸合是否良好，有无过大噪声，断开后是否返回正常位置。

（9）接触器的绝缘杆是否损伤或断裂。

（10）接触器周围的环境有无变化，有无不利于它正常运行的情况（如有无导电粉尘、过大的振动和通风是否良好）。

662. 怎样日常检查和维护真空接触器？

真空接触器的日常检查和维护有以下几个方面。

（1）真空接触器的维护工作除真空灭弧室（可参见真空断路器）外，其他项目均与电磁式接触器相同。

（2）每季度应检查一次辅助触头有无损伤。

（3）每半年检查一次真空开关管主触头的开距和超行程。

（4）每年检查一次其动作性能。

663. 怎样拆装和检修接触器？

拆装和检修接触器的方法如下。

（1）拧松灭弧罩上的固定螺栓，取下灭弧罩并检查有无炭化层。若有，使用锉刀将其刮掉，并将灭弧罩内部吹扫干净。

（2）用尖嘴钳拔出三副主触头的压力弹簧和三个主触头的动触头，检查触头磨损程度，决定是否修整或更换触头。

（3）拧松底盖上的紧固螺栓，取下盖板。

（4）取出静铁心、铁皮支架和缓冲弹簧，用尖嘴钳拔出线圈与接线柱之间的连接线。

（5）从静铁心上取出线圈、反作用力弹簧、动铁心和胶木支架。

（6）检查动、静铁心接合处是否紧密，以决定是否修整；检查短路环是否完好。

（7）维修完毕，将各零部件擦拭干净。

（8）按拆卸的逆顺序装配接触器。

（9）已修复和装配好的接触器应进行 10 次通断试验，并检查主、辅触头的接触电阻。

第五节　继电器、电磁铁和熔断器
维护与故障检修

664. 怎样运行与维护控制继电器？

控制继电器的运行与维护方法如下。

（1）经常保持清洁，勿使尘垢积聚，避免出现绝缘水平降低，发生相间闪络等事故。

（2）经常监视继电器的工作情况，若发现有不正常现象，应查明原因，并作及时处理。

（3）应经常注意环境条件的变化，若发生温度的急剧变化、空气湿度的改变、冲击振动条件的变化，以及有害气体或尘埃的侵袭等不符合继电器使用条件要求时，均应采取可靠的防护措施，以保证继电器工作的可靠性。

（4）电磁继电器整定值的调整应在线圈工作温度下进行，防止在冷态和热态下时对动作值产生影响。

（5）定期检查继电器的接线各零部件是否松动、损坏、锈蚀，活动部分是否有卡住现象，若有应及时修复或更换。

（6）应保持触点清洁和接触可靠。在触点磨损至1/3厚度时，需考虑更换；若发现触点磨损太快，可考虑采用灭火花电路；若有较严重的烧损、起毛刺等现象，可用小锉锉修，并用四氯化碳或酒精擦净表面，切忌用砂纸打磨。在触点修过后，应注意调整好触点开距、超程、触点压力及反作用力等。

❗ 小提示

继电器是一种自动和远距离操纵用的电器，广泛应用于自动控制系统和遥控、遥测系统，电力保护系统及通信系统，起着控制、检测、保护和调节的作用。

继电器可分为控制继电器和继电保护继电器。控制继电器主要用于工业自动控制设备及传动装置的控制和保护。它有：电压继电器、电流继电器、中间继电器、时间继电器、热继电器、温度继电器、速度继电器和制动继电器。但使用最多的是热继电器和电磁控制继电器。另外，电子式时间继电器和电动机保护器的应用也在不断扩大。

✐ 665. 怎样使用和维护电磁式控制继电器？

电磁式控制继电器一般用于自动控制系统，在使用和维护时应注意以下事项。

（1）定期检查继电器各零部件是否松动、损坏、锈蚀，活动部分有无卡阻现象，接线是否松动、脱落，紧固件是否失落。一旦发现故障和缺陷，应及时妥善处理和排除。

（2）经常保持触头清洁和接触可靠。发现触头接触面上积有尘垢时，应使用蘸有四氯化碳或酒精的棉布擦拭干净；发现接触面严重烧损，出现毛刺或小珠时，应使用细锉打磨平整，严禁用砂纸打磨；触头磨损到只有原厚度的1/3时，应换上新触头。触头修整后，应调整好触头开距、超程、触头压力和反作用力等。

（3）如果发现触头磨损太快，可考虑采用消火花电路。

（4）继电器整定值的调整应在线圈工作温度下进行，以防止冷态和热态对动作值的影响。

（5）应经常注意环境条件的变化。例如，当温度急剧变化、空气湿度增高、冲击振动增大、有害气体侵袭或粉尘突然增加时，应及时采取可靠的防护措施，以保证继电器可靠工作。

666. 怎样检修继电器触点的常见故障？

继电器触点的常见故障及检修方法如下。

（1）触点粘连。继电器应避免装在多冲击、易振动的地方；若在电压波动至最低阈值时不能可靠吸合，可适当调整动、静触点，重新核查负载容量，核实继电器承载能力。若负载容量无法调整，则需重换继电器。

（2）触点接触不牢靠。继电器触点可用什锦锉轻轻除去毛刺（不要用砂纸打磨），再用棉纱蘸酒精或四氯化碳擦去脏物，检查触点接触面是否良好，正常后再通电使用。

（3）触头腐蚀过快。首先检查回路中是否有感性负载，同时还应采取灭弧措施。

667. 怎样安装使用与维护热继电器？

热继电器安装使用与维护的方法如下。

（1）热继电器安装的方向应与规定方向相同，一般倾斜度不得超过5°，如与其他电器装在一起，尽可能将它装在其他电器下面，以免受其他电器发热的影响。

（2）安装接线时，应检查接线是否正确，与热继电器连接的导线截面积应满足负荷要求，安装螺钉不得松动，防止因发热影响元件正常动作。

（3）由于热继电器具有很大的热惯性，因此，不能作为线路的短路保护，必须另装熔断器作短路保护。

（4）动作机构应正常可靠，再扣按钮应灵活，调整部件不得松动，如有松动应重新进行调整试验并紧固，对于机械调整的热继电器应检查其刻度是否对准需要的刻度值。

（5）不能自行更改热元件的安装位置，以保证动作间隙的正确性。

（6）检查热继电器热元件的额定电流值或刻度盘上的刻度值是否与电动机的额定电流值相符，如不相符，应更换热元件，并进行调整试验，或转动刻度盘的刻度达到要求。

（7）使用保护性能完善的新系列热继电器作为电动机的过载保护。如JR16 型热继电器不仅具有一般热继电器的保持特性，还具有当三相电动机发生一相断线或三相电流严重不平衡时能及时对电动机进行断相保护的功能。

（8）使用中定期用布擦净尘埃和污垢，双金属片要保持原有金属光泽，如上面有锈迹，可用布蘸汽油轻轻擦除，不得用砂纸磨光。

（9）在检查热元件是否良好时，只可打开盖子从旁边查看，不得将热元件卸下。如必须卸下，装好后应重新通电试验。

（10）在使用过程中，每年应进行一次通电校验，当设备发生事故而引起巨大短路电流后，应检查热元件和双金属片有无显著的变形。

668. 怎样调整热继电器的整定电流和复位方式？

（1）整定电流值的调节方法。热继电器的整定电流是指热继电器长期不动作的电流。转动整定值调节钮，钮的某一刻度对准热继电器外标示的"凹槽"标志。该刻度值即为热继电器的整定值，整定值应等于电动机的额定电流值。

（2）复位方式调整方法。用一字形螺丝刀伸入热继电器侧下部的调节孔，调节复位方式调节螺钉，其调节规律如下。

1）顺时针调节螺钉到底，为自动复位方式（切断电源一段时间后，动断触点自动闭合）。

2）逆时针调节螺钉，使螺钉旋出一定距离，为手动复位方式（必须按下复位按钮，动断触点才能闭合）。

热继电器发生过载保护多是因为电源、线路、负载等有故障。为确保排除故障后热继电器触点才能闭合，一般将复位方式设置为手动复位方式。

小提示

（1）热继电器作为断相保护使用时，对于星形联结的电动机，可选用一般的三级热继电器；对于三角形连接的电动机，应采用带断相保护装置的热继电器。

（2）热继电器整定值调节钮上所标的最大刻度值近似等于热元件的额定电流。在更换完热继电器后，一定要进行整定值和复位方式的调整。

669. 热继电器误动作怎么办？

热继电器的误动作指的是电动机未过载时热继电器就动作，导致电动机不能正常运行。其检修方法如下。

（1）当遇到热继电器所保护的电动机启动频繁，热元件多次受到启动电流的冲击，造成热继电器误动作时，应限制电动机的频繁启动或改用热敏电阻温度继电器。

（2）电动机启动时间过长，热元件较长时间通过启动电流，造成热继电器误动作。可根据电动机启动时间的要求，从控制线路上采取相应措施，在电动机启动过程中短接热继电器，电动机启动运行后再接入或选择具有合适可返回时间等级的热继电器。

（3）连接导线截面过小，接线端接触不良，使触点发热也会引起热继电器误动作。应合理选择导线，并使接线端接触良好。

（4）电动机负荷剧增，使过大的电流通过热元件。应减小电动机负荷或改用过电流继电器保护装置。

（5）热继电器电流调节刻度偏小，造成误动作。应合理调整，可先将调节电流凸轮调向大电流方向时启动电动机，待电动机运行 1h 后，再将调节电流凸轮缓慢向小电流方向调节，直到热继电器动作，最后再将调节凸轮向大电流方向稍作适当旋转即可。

（6）热继电器可调整部件松动，使热元件整定电流偏小，造成热继电器误动作。可拆开热继电器后盖，检查动作机构及部件并予以紧固和重新调整。

（7）整定值偏小。应旋转电流调节旋钮，调整整定电流至电动机额定电流，若调节范围不够，需要调换热继电器。

（8）热继电器安装地点的环境温度远高于电动机所在场所的环境温度。应加强热继电器安装处的通风散热，使运行环境温度符合要求，一般应在 30～40℃之间。

（9）受强烈的冲击振动。应改换安装地点，选用带防冲击振动的热继电器或采取防振措施。

670. 热继电器不动作怎么办？

热继电器不动作的检修方法如下。

（1）热继电器调节刻度偏大或调整部件松动引起整定电流值偏大。在电动机过负荷运行时，负荷电流虽然能使热元件温度升高，双金属片弯曲，但不足以推动导板和温度补偿双金属片，使电动机长时间过载运行而烧坏。应更换双金属片并重新进行调整。

(2) 热元件烧断或脱焊，应更换热元件或重新焊牢。

(3) 热继电器的动作机构卡阻，导板脱离。应打开盖子，检查动作机构，放入导板，并使动作机构动作灵活。

(4) 热继电器经过检修后，将双金属片安装反了。应检查双金属片的安装方向，并重新安装。

(5) 双金属片及热元件用错，使过电流通过热元件后，双金属片不能推动导板，造成电动机过负荷运行烧坏，而热继电器不动作。应更换合适的双金属片及热元件。

(6) 热元件通过短路电流，双金属片产生永久变形，当电动机过载时热继电器无法动作，使电动机烧坏。应更换双金属片并重新进行调整。

(7) 导板脱出，应重新放入导板并手动试验动作是否灵活。

671. 热继电器动作不稳定，时快时慢怎么办？

热继电器动作不稳定，时快时慢的检修方法如下。

(1) 热继电器内部机构某些部件松动，应紧固这些部件。

(2) 在检修中折弯了双金属片。可用高倍电流预试几次，或将双金属片拆下来热处理（一般约 200℃），以去除内应力。

(3) 通电时电流波动太大，或接线螺钉未拧紧，或多次试验时冷却时间不同。应校验电源所加的电压稳定器，将接线螺钉拧紧，各次试验后冷却的时间要充分。

672. 热继电器元件烧断怎么办？

热继电器元件烧断的故障原因及检修方法如下。

(1) 热继电器负荷侧短路，使热元件烧断。应切除电源检查电路，排除短路故障并更换元件。

(2) 电流整定值过大造成长期过载，长时间通过大电流。应更换热继电器并重新调整整定电流值。

(3) 操作过于频繁。应适当减少操作次数或合理选用热继电器。

(4) 机构故障。在启动过程中热继电器不能动作，应更换热继电器。

673. 热继电器无法调整怎么办？

热继电器无法调整的故障原因及检修方法如下。

(1) 热元件的发热量太小，或装错了热继电器。应更换电阻值较大的热元件或电流值较小的热继电器。

(2) 双金属片安装的方向反了或双金属片用错。应调整安装方向或更换双金属片。

674. 热继电器控制失灵怎么办？

热继电器控制失灵的检修方法如下。

（1）热继电器触点烧坏或动触片弹性消失，造成动、静触点接触不良或不能接触。应更换动触点片及烧坏的触头。

（2）在可调整式的热继电器中，由于刻度盘或调整螺钉转到不合适的位置，将触点顶开。应调整刻度盘或调整螺钉。

675. 热继电器接入后，主电路或控制电路不通怎么办？

热继电器接入后，主电路或控制电路不通的检修方法如下。

（1）热元件烧坏或热元件进出线头脱焊，使热继电器接入后主电路不通。可打开热继电器的盖子进行外观检查，但不得随意卸下热元件，对脱焊的线头应重新焊好，若热元件烧断，应更换同样规格的热元件。

（2）整定电流调节凸轮或调节螺钉转不到合适的位置上，使动断触点断开，可打开热继电器的端子，调节凸轮，观察动作机构，并调到合适的位置上。

（3）若动断触点烧坏，再加弹簧或支持杆弹簧的惯性消失，使动断触点不能接触，造成热继电器接入后控制电流不通，应更换触点和相应的弹簧。

（4）热继电器主电路或控制电路中的接线螺钉松动，运行日久接线松脱，也会造成电路不通。可检查接线螺钉并将其紧固即可。

676. 热继电器在电流超载时不能切断电路怎么办？

热继电器在电流超载时不能切断电路的故障原因及检修方法如下。

（1）热继电器动作电流值整定得过高。重新调整热继电器电流值，使整定的热继电器电流值与电动机额定电流值一致。

（2）动作二次接点有污垢造成短路。打开热继电器，用酒精清洗热继电器的动作触头，更换损坏部件。

（3）热继电器烧坏。更换同型号的合格热继电器。

（4）热继电器动作机构卡死或导板脱出。打开热继电器，重新调整热继电器动作机构，并加以修理。如导板脱出，要重新放入并调整好。

（5）热继电器的主回路导线不符合规格。热继电器的主回路导线应按技术条件规定选择标准的导线。

677. 时间继电器怎样安装、使用和维护？

时间继电器的安装、使用和维护方法如下。

（1）必须按接线端子图正确接线，核对继电器额定电压与将接的电源电压是否相符，直流型注意电源极性。

（2）对于晶体管时间继电器，延时刻度不表示实际延时值，仅供调整参考。若需精确的延时值，需在使用时先核对延时数值。

（3）JS7－A系列时间继电器由于无刻度，故不能准确地调整延时时间，同时气室的进排气孔也有可能被尘埃堵住而影响延时的准确性，应经常清除灰尘及油污。

（4）JS7－1A、JS7－2A系列时间继电器只要将线圈转动180°即可将通电延时改为断电延时方式。

（5）JS11－□1系列通电延时继电器必须在分断离合器电磁铁线圈电源时才能调节延时值；而JS11－□2系列断电延时继电器必须在接通离合器电磁铁线圈电源时才能调节延时值。

（6）JS20系列时间继电器与底座间有扣襻锁紧，在拔出继电器本体前先要扳开扣襻，然后缓缓拔出继电器。

678. 空气阻尼式/晶体管式时间继电器延时不准确怎么办？

（1）空气阻尼式时间继电器延时不准确的检修。

1）空气室拆开后重新装配时，不按规定操作，造成气室密封不严，导致漏气，使延时不准确，严重时甚至不延时。维修时不要随意拆开气室，装配时应按规定的技术要求操作，保证气室密闭。

2）空气室内不清洁，灰尘或微粒进入空气通道，使气道阻塞，延迟时间延长。应拆下继电器，在空气清洁的环境中拆开空气室，清理灰尘、微粒，然后重新装配。

3）安装或更换时间继电器时，安装方向不对，造成空气室工作状态的改变，使延时不准确。因此，继电器不能倒装，也不能水平安装。

4）使用时间长，空气湿度变化，使空气室中橡皮膜变质、老化，硬度改变，造成延时不准确，应及时更换橡皮膜。

（2）晶体管式时间继电器延时不准确的检修。

1）调节延迟时间的可调电位器使用日久，使电位器内膜磨损或进入灰尘，使延迟时间不准确，可用少量汽油顺着电位器旋柄滴入，并转动旋柄，或对磨损严重的电位器及时更换。

2）晶体管损坏、老化，造成延时电路参数改变，使延迟时间不准确，甚至不延时。应拆下继电器予以检修或更换。

3）晶体管时间继电器由于受振动，元件焊点松动，插座脱离。应进行仔细检查或重新补焊。

4）检查元件的外观有无异常，不要随意拆开外壳进行调换、焊接，以免损坏元件，扩大故障面。在更换或代用时，应用相同型号、相同电压、延时范围接近的晶体管时间继电器。

5）一般的晶体管时间继电器都是利用电容的充放电特性来延时的。电容变值改变了充放电的时间，从而使延时不准，应更换合适的电容。

679. 电磁式时间继电器延时不准确怎么办？

电磁式时间继电器延时不准确多为非磁垫片磨损严重引起的，应及时更换新的非磁垫片，故障即可排除。

680. 过电流继电器动作太快或不动作怎么办？

其故障原因及检修方法如下。

（1）过电流继电器发生动作太快是由于油杯密封不严，造成阻尼剂（如201～100甲基硅油）泄漏影响阻尼作用而影响延时功能。应填足硅油，并重新密封油杯，严重时应更换油杯。

（2）过电流继电器出现应动作却未动作故障是由于继电器中的微动开关被撞坏。应将损坏的微动开关拆下，换上同样规格的新微动开关。

> **⚠小提示**
>
> 过电流继电器主要用于在重载或频繁启动的场合作为电动机和主电路的过载和短路保护用。

681. 怎样检修速度继电器常见故障？

速度继电器常见故障的检修方法如下。

（1）反接制动时速度继电器失效，电动机不能制动。故障的原因一般为速度继电器的胶木摆杆断裂、动合触头接触不良、弹性动触头断裂或失去弹性。

（2）反接制动时制动不正常。故障的原因一般为速度继电器的弹性动触片调整不当，可将高速螺钉向上旋，待弹性动触片的弹性减小，速度降低后便可推动。

682. 怎样检修中间继电器故障？

中间继电器故障检修方法同接触器故障的检修方法。

683. 怎样检修过流继电器的常见故障？

过流继电器常见故障的检修方法同接触器故障的检修方法。

684. 低压熔断器常见故障有哪些？怎样防止？

低压熔断器常见的故障有：熔断器热老化、熔断器机械老化和断相运行三种。

(1) 熔断器热老化,特别在负荷变化较大时更易发生此现象。这是由于熔体长期受热后发生氧化,从而电阻增大。无填料熔断器尤为明显。

(2) 熔断器机械老化。这是由于熔体在反复承受负荷过程中的热胀冷缩所产生的机械应力,使材料晶粒变粗,从而电阻也增大。

⚠️ **小提示**

当老化进展到一定程度后,熔体会发生不可逆转的损坏,以致熔断。因此,在选用时应留有一定的裕度,以延长其使用寿命。根据经验,对于稳定的长期负荷,如果熔断器的负荷率为 90%,使用寿命可达 5~7 年;如果负荷率在 75% 以下,那就无需考虑使用寿命问题了。

(3) 运行中的故障大部分是断相。当三相电路中有两相熔断时,往往只更换该两相的熔体,而另一相的熔体虽未熔断,但已受损,如未同时更换,日后就易发生断相运行故障。

⚠️ **小提示**

凡遇这种有两相已熔断的场合,应同时更换三相的熔断器。如果故障产生很频繁,除了应更换故障处的熔断器外,还应检查上一级熔断器是否已受损害。检查的方法是:测量其电阻值,将测量结果与新熔断器的加以比较,如果电阻值比新熔断器的大 10%,那就需要更换。

考虑到断相故障多是由于一相熔断器熔断所致,所以建议在采取上述措施的基础上,再增设断相保护措施,如采用差动式热继电器,就可以防止发生断相故障,并在它故障发生之后提供可靠保护。

685. 怎样使用和维护低压熔断器?

使用和维护低压熔断器的方法如下。

(1) 安装前应检查熔断器额定电压是否大于或等于线路额定电压,熔断器额定分断能力是否大于线路中的预期短路电流。

(2) 安装时应保证熔体和触刀以及触刀和刀座接触良好,以免熔体温升过高,发生误动作。同时还要注意不使熔体受到机械损伤。

(3) 安装时应注意使熔断器周围介质温度与保护对象周围介质的温度尽可能一致,以免保护特性产生误差。

(4) 安装必须可靠,以免有一相接触不良,出现相当于一相断路的情况，致使电动机因断相运行而烧毁。

（5）如果检查时发现熔体已经腐蚀或损伤，或者熔体已经熔断，应更换熔体，并注意使换上去的新熔体的规格与换下来的一致，以保证动作的可靠性。

（6）更换熔体或熔管必须在不带电的情况下进行。

（7）熔断器连接线的材料和截面积以及它的温升均应符合规定，不得随意改变，以免发生误动作。

（8）熔断器上积有尘垢应及时清除，对于有动作指示器的熔断器，还应经常检查，若发现熔断器已动作，则应及时更换。

❶小提示

安装低压熔断器的注意事项如下。

（1）在三相四线制回路的中性线上严禁装设熔断器。单相线路的中柱线上应装设熔断器。

（2）熔断器应垂直安装，保证插口和刀夹座紧密接触，以免增大接触电阻，造成温度升高而误动作。

（3）熔体不要受机械损伤，安装处温度要符合规定。

（4）熔断器熔室填料齐全，防止电弧飞出。安装位置及间距应便于更换机件，并符合安全距离的要求。

（5）有熔断指示的熔芯，其指示器的方向应装于便于观察的位置或方向上，瓷质熔断器在金属板面上安装，其底座应垫以软绝缘垫。

（6）爆炸危险特殊场所，不得装设电弧可能与外界接触的熔断器。

686. 怎样协调熔断器上、下级之间的选择性保护？

熔断器的选择性保护是指：线路中出现短路或过载时，只有距故障点最近的熔断器或其他保护电器首先燃断（或切除故障线路），而上级的熔断器不致熔断。由此可将故障的影响控制在较小范围内。选择性保护的熔断器的选用方法如下：

（1）熔体额定电流的选择要照顾到上、下级保护的配合，以满足选择性保护要求，使下一级熔断器的分断时间较上一级熔断器熔体的分断时间要小，否则将会出现越级动作，使停电范围扩大。

（2）当熔断器用于配电电路时，通常采用多级熔断器保护，发生短路故障时，远离电源端的前级熔断器应先熔断。因此，一般后一级熔体的容量比前一级熔体的容量至少大一个等级，以防止熔断器越级熔断而扩大停电范围。

🛈 小提示

上一级电路的熔断器电流值应比下一级电流值大 2～3 倍。同型号熔断器上下级之间应相差在两个电流级以上。

687. 怎样确定中性线是否装设断路器或熔断器？

单相电气设备有的要求保护接地或保护接零，有的没有这种要求，故是否装设断路器或熔断器，应根据实际情况来进行确定。

(1) 中性点接地系统。通常可采用保护接零或保护接地。如果设备有接零要求，无论是双线供电还是三相四线制供电，中性线上不能装断路器和熔断器，照明设备的保护接零线直接与零干线相接。

(2) 中性点不接地系统。通常应采用保护接地，中性线只起工作作用。对于双线制供电线路，中性线上可同时装断路器与熔断器；对于三相四线制线路，中性线上只可装断路器而不应设置熔断器。

688. 怎样维护工业用熔断器？

工业用熔断器维护的方法如下。

(1) 有填料熔断器。当这类熔断器熔体熔断以后，应重换同型号的熔体，不能重换容量较大或较小的熔体。

(2) 密封管式熔断器。当这类熔断器熔体熔断后，也应换上同规格的熔体，但在装上新熔体之前，还应对管子内壁上的烟尘进行清理，且装上新熔体后还应拧紧两头端盖。

(3) 日常巡视时，如发现熔断器瓷底座有沥青漏出，则说明熔断器有接触不良及温升过高现象存在，应及时重换新的熔断器。

(4) 重换熔体应在不带电的情况下进行，非带电时应戴绝缘手套，并站在绝缘垫上，戴上护目眼睛后按电工安全操作规程进行。

689. 怎样选择制动电磁铁？

选择制动电磁铁应考虑电源方面、行程长短和电磁铁类型三个方面的问题。

(1) 电源方面。制动电磁铁的电源应和电动机的电源保持一致。对于操作频率在 300 次/h 以上的制动装置，应选用直流电磁阀。

(2) 行程长短。对于中、小型制动器（例如小吨位吊车和普通工作母机），可配用短行程（5～10mm）电磁铁；对于中、大型制动器，可配用长行程（20mm以上）电磁铁。

（3）电磁铁类型。直流串励电磁铁宜用于电动机负载变化不大的场合；串励电磁铁适用于串励电动机的制动装置，并励电磁铁适用于并励电动机的制动装置。

第六节　漏电保护器维护与故障检修

✎ 690. 漏电保护装置有哪几种类型？

漏电保护装置又叫低压触电保安器、漏电保护器、漏电开关和漏电继电器，它是一种防止触电的保护装置。当被保护线路上或电气设备中发生单相触电事故或单相绝缘严重降低漏电时或接地故障而人体尚未触及时，漏电保护装置已切断电源；或者在人体已触及带电体达到保护器所限定的动作电流值时，就立即在限定的时间内切断电源，使人身和设备得到保护。

漏电保护器分类方法很多。按保护目的不同可分为保护人身触电的漏电保护器和保护设备发生火灾的漏电保护器两类。按动作方式可分为电压动作型（检查中性点对地位移电压的保护器）和电流动作型（检查触电零序电流的保护器）；按动作机构分，有开关式和继电器式；按极数和线数分，有单极二线、二极、二极三线等。按动作灵敏度可分为：高灵敏度（漏电动作电流在30mA以下）、中灵敏度（30～1000mA）、低灵敏度（1000mA）。大部分使用电流型的漏电保护器比电压型的漏电保护器的性能优越。

ⓘ 小提示

漏电保护器和漏电断路器的区别。

漏电保护器对防止触电伤亡事故，避免因漏电而引起的火灾事故，具有明显的效果。漏电保护器一般只具有漏电保护功能，不具有断路器的功能。它虽然也有触点，但触点无灭弧装置，这类漏电保护器已不多见。漏电断路器则同时具有漏电保护和断路器两种功能，其规格比较齐全，保护电动机和电源处安装的都是漏电断路器。

✎ 691. 怎样维护漏电保护器？

在使用中要按照使用说明书的要求使用漏电保护器。漏电保护器上设有试验按钮，一般应每月试验一次，以检验漏电保护器能正确动作。带漏电保护功能的断路器也应定期检验漏电保护功能。检查其是否能正常断开电源。

在检查时应注意操作试验按钮的时间不能太长，一般以点动为宜，次数也不能太多，以免烧毁内部元件。

漏电保护器一旦损坏不能使用时，应立即请专业电工进行检查或更换。如果漏电保护器发生误动作和拒动作，其原因一方面可能是由漏电保护器本身引起，另一方面可能来自线路，应认真地具体分析，不要私自拆卸和调整漏电保护器的内部器件。

⏻ 小提示

　　漏电保护器在使用中发生跳闸，应立即查找动作原因，若未发现开关动作原因或无异常情况，可以试送电一次；若试送电后再次跳闸，应查明原因，找出故障，不得连续强行送电。

692. 漏电保护装置的使用规定范围是怎样的？

（1）防止触电、防火要求较高的场所和新、改、扩建工程使用各类低压用电设备、插座，均应安装漏电保护器。

（2）对新制造的低压配电柜（箱、屏）、动力柜（箱）、开关箱（柜）、操作台、试验台，以及机床、起重机械、各种传动机械等机电设备的动力配电箱，在考虑设备的过载、短路、失压、断相等保护的同时，必须考虑漏电保护。用户在使用以上设备时，应优先采用带漏电保护的电气设备。

（3）建筑施工场所、临时线路的用电设备，必须安装漏电保护器。

（4）手持式电动工具（除Ⅲ类外）、移动式生活日用电器（除Ⅲ类）、其他移动式机电设备，以及触电危险性大的用电设备，必须安装漏电保护器。

（5）潮湿、高温、金属占有系数大的场所及其他导电良好的场所，如机械加工、冶金、化工、船舶制造、纺织、电子、食品加工、酿造等行业的生产作业场所，以及锅炉房、水泵房、食堂、浴室、医院等辅助场所，必须安装漏电保护器。

693. 怎样选用漏电保护器？

（1）根据漏电保护器的技术条件 GB/Z 6829—2008《剩余电流动作保护电器的一般要求》选用漏电保护器，并具有国家认证标志，其技术额定值应与被保护线路或设备的技术参数相配合。

（2）根据电气设备的供电方式选用。

1）单相 220V 供电的电气设备应选用二极二线或单极二线式漏电保护器。

2）三相三线制 380V 电源供电的电气设备，应选用三极式漏电保护器。

3）三相四线制 380V 电源供电的电气设备，或单相设备与三相设备共用的电路，应选用三极四线式或四极四线式漏电保护器。

（3）根据电气线路的正常泄漏电流选用漏电保护器。根据电气线路的正常泄漏电流，选择漏电保护器的额定动作电流。

（4）根据电气设备所处的环境选用漏电保护器。

（5）根据对漏电保护器动作参数选用漏电保护器。

1）手持电动工具、移动电器、家用电器应优先选用额定漏电动作电流不大于 30mA 快速动作的漏电保护器（动作时间不大于 0.1s）。

2）单台电气设备可选用额定漏电动作电流为 30mA 及以上，100mA 以下快速动作的漏电保护器。

3）有多台设备的总保护应选用额定漏电动作电流为 100mA 及以上快速动作的漏电保护器。

（6）对特殊负荷的场所应按其特点选用漏电保护器。

1）医院中的医疗电气设备安装漏电保护器时，应选用额定漏电动作电流为 10mA 快速动作的漏电保护器。

2）安装在潮湿场所的电气设备应选用额定漏电动作电流 15～30mA 快速动作的漏电保护器。

3）安装于游泳池、喷水池、水上游乐场、浴室的照明线路，应选用额定漏电动作电流为 10mA 快速动作的漏电保护器。

4）在金属物体上工作，操作手持电动工具或行灯时，应选用额定漏电动作电流为 10mA 快速动作的漏电保护器。

5）连接室外架空线路的电气设备应选用冲击电压不动作型漏电保护器。

6）带有架空线路的总保护应选择中、低灵敏度及延时动作的漏电保护器。

⊙ 小提示

漏电保护断路器的选用原则。

（1）漏电保护装置应满足安装地点电压等级、频率、额定电流和短路分断能力的要求。

（2）漏电保护断路器的漏电动作电流必须躲过电网正常运行时的泄漏电流；选用的漏电保护器的额定漏电不动作电流，应不小于电气线路和设备的正常泄漏电流最大值的 2 倍。

（3）漏电保护断路器的漏电动作电流必须小于引起火灾的最小点燃电流或人体安全电流。

（4）以导线穿管埋地暗设为主的低压电网中，选用漏电保护装置时，应考虑埋地线对地电容的影响。由于埋地线对地电容远远大于架空导线对地的电容，这样合闸时的电容电流很大，易引起漏电保护装置误动作。因此，应选用延时型或冲击电流不动作型的漏电保护器，以免由于电容电流的冲击而产生误动作而影响系统的供电。

（5）应采用安全电压的场所，不得用漏电保护器代替。如使用安全电压确有困难，须经企业安全管理部门批准，方可用漏电保护器作为补充保护。

694. 怎样选择漏电保护器额定漏电动作电流？

（1）为确保人身安全，额定漏电动作电流应不大于人体安全的电流值（30mA 为人体安全电流值），动作时间小于 0.1s。

（2）为了保证电网可靠地运行，额定漏电动作电流应高于低压电网的正常漏电电流。

（3）漏电保护开关的额定电流必须大于线路的最大工作电流。

（4）为了保证多极保护的选择性，下一级额定漏电动作电流应小于上一级额定漏电动作电流。

第一级漏电保护器安装在配电变压器低压侧出口处。该级保护的线路长，是第一级干线保护，漏电电流较大，一般漏电保护动作电流为 60～120mA。

第二级漏电保护器安装于分支线路出口处，被保护线路较短，用电量不大，漏电电流较小。漏电保护器的额定漏电动作电流应介于上、下级保护器额定漏电动作电流之间，一般取 30～75mA。

第三级漏电保护器用于保护单个或多个用电设备，是直接防止人身触电的保护装置。被保护线路和设备的用电量小，漏电电流小，一般不超过 10mA，宜选用额定动作电流为 30mA、动作时间小于 0.1s 的漏电保护器。

ⓘ 小提示

正确合理地选择漏电保护器的额定漏电动作电流是非常重要的，一方面当发生触电或泄漏电流超过允许值时，漏电保护器可有选择地动作；另一方面，漏电保护器在正常泄漏电流作用下不应动作。

低压（自动空气开关）断路器是具有过流保护功能的开关。如果电流过大，断路器会自动断开，起到保护电度表及用电设备的作用。常见的断路器各类有很多，如单进断路器、双进断路器和多进断路器等。

695. 怎样安装漏电保护器？

（1）安装前，要核实漏电保护器的额定电压、额定电流、短路通断能力、漏电动作电流和动作时间，注意分清输入端和输出端、相线端子和零线端子。

（2）安装位置的选择，应尽量安装在远离电磁场的地方，在高温、低温、湿度大、尘埃多或有腐蚀性气体环境中的保护器，要采取一定的辅助保护措施。

（3）使用漏电保护器保护的电器设备，仍应采用保护接零或保护接地。保护零线不应接入漏电保护器。经漏电保护器的工作零线不应做重复接地。

（4）多个分支漏电保护器应各自单独接通工作零线，零线不得相互连接、混用或跨接等，否则会造成漏电保护器误动作。

（5）对于有工作零线端子的漏电保护器，不管负载侧零线是否使用，都应将电源侧零线接入保护器的输入端以便试验其性能。

（6）三相四极漏电保护器用于单相电路时，单相电源的相线、中性线应接在保护器试验装置对应的端于上，否则试验按钮将不起作用。

（7）漏电保护器安装完毕应做三次脱扣试验，以后每月一次。

🔵 小提示

注意事项

（1）安装漏电保护器后，也不得拆去供电线路和电气设备的接地保护设施。

（2）经过漏电保护器后的工作零线不得重复接地。

（3）经过漏电保护器后的工作零线不能互相连接。

（4）经过漏电保护器后的工作零线不能再与相邻分支线路的工作零线连接。

（5）设备的保护地线不得接入漏电保护器的任何一侧。

（6）漏电保护器的电源侧和负荷侧不能接反。

（7）漏电保护器负荷侧的中性线不得与其他回路共同使用。

696. 漏电保护器（RCD）的接线是怎样的？

安装漏电保护器时，要根据配电系统保护接地形式进行接线。

（1）在 TT 系统中，N 线为工作零线，本系统的电气设备金属外壳应做接地保护。

（2）在 TN—C 系统中，保护零线与工作零线共用一根导线即 PEN 线。在本系统中接入漏电保护器时，漏电保护器电源侧的 N 线应与电源的 PEN 线连接。漏电保护器负荷侧的电气设备的保护接零线（PE）应与漏电保护器电源侧的 PEN 连接，不能接在漏电保护器负荷侧的 N 线上，即在 TN—C 系统中使用漏电保护器应改变为 TN—C—S 系统。否则在电气设备出现漏电故障时，漏电保护器可能拒动而失去保护作用。

（3）在 TN—S 系统中，PE 线与 N 线分开，在本系统中接入漏电保护器时，漏电保护器电源侧的 N 应与电源的 N 线连接。漏电保护器负荷侧的电气设备的保护接零线（PE）应与漏电保护器电源侧的 PE 线连接。

（4）安装有中性线（N）的漏电保护器时，相线与中性线不能接反。现在常见的漏电保护器有一种是中性线在左、相线在右。还有一种是中性线在右、相线在左，如 C45N 系列、DZ47 系列等。安装接线时必须按漏电保护器接线端子上的标识接线，相线和中性线不能接反。若接反则会出现以下问题：

1）若是单极二线漏电保护器，电源侧的相线和中性线接反。当漏电保护器负荷侧有人触电或发生漏电故障时，漏电保护器将动作跳闸，但这时断开的是中性线，相线并未断开，结果漏电故障触电危险依然存在，失去了保护作用。

2）若是三极四线漏电保护器，电源侧的一相相线与中性线接反。当漏电保护器负荷有人触电或漏电故障时，则接错的一相将出现以上 1）所述问题。

再有，即使没有出现漏电故障，由于漏电保护器电源侧的一相线一中性线接反，会造成负荷侧另两相的单相回路电压升高为线电压，而使单相设备烧毁。

因此，漏电保护器电源侧的相线与中性线不得接反。

⚠ 小提示

漏电保护器除了做好定期的维护外，还应定期对漏电保护器的动作特性（包括漏电动作值及动作时间、漏电不动作电流值等）进行试验，做好检测记录，并与安装初始时的数值相比较，判断其质量是否有变化。

697. 漏电保护器典型错误接线有哪些？

（1）漏电保护器并联。保护器并联接线时，两个保护器的动作电流不可能绝对相等，跳闸的时间就会有先有后，从而导致动作时间延长。其次，在并联接线状态下，当一个保护器失灵时，系统将无法保证安全。当系统漏电时，虽然一个保护器动作了，而失灵的保护器不跳闸，主回路仍然带电，起不到保护作用。另外，由于工作零线混用，会引起误跳闸现象。

（2）工作零线断线，这是一种比较危险的现象。当工作零线在电源侧断线时，保护器的负荷侧零线将会带电。一是因为220V的电源会通过放大器的电源串到中性线上使中性线带电；二是如果保护器带有单相负荷，电源会通过负荷串到中性线上，对用电人员造成人身伤害；三是由于中性线断线，放大器无工作电源，当回路发生漏电时，无法跳闸。

（3）工作零线端子代替相线端子使用。其主要原因是，原来的漏电保护器触头或端子，有一相因负荷过大或接触不良被烧坏，操作人员违章作业将相线接在中性线端子上，违章使用。

可能导致的不良后果是：① 用电设备将会有一相长期带电；② 漏电保护器为220V跳闸电源时，会将放大器烧坏。漏电保护器为380V跳闸电源时，可能会因缺一相电而无法跳闸。两种情况的结果都是使漏电保护器的保护功能失灵；③ 检修设备时，可能会因有一相电源断不开而出现触电事故。

（4）工作零线不接，进出线端子悬空。这种情况多出现在对焊机的漏电保护器上，由于电流很大，把电缆芯线两根并一根，造成芯线数量不够，就把中性线省了。如果保护器内部用的相线与工作零线间的电源，不接零就没有220V跳闸电源，漏电保护器无法正常工作。

（5）工作零线接地（设备外壳）。四极漏电保护器带有单相荷载时，如果工作零线接地或接设备外壳，工作电流就会有一部分沿着接地点流出，而不经过零序互感器回流，零序互感器会检测出这部分流入接地点的电源，并驱动跳闸机构切断回路电源，这样就造成系统无法正常工作，产生误动作。

（6）保护零线当工作零线使用。在正常情况下，保护零线上几乎没有电流通过（泄漏电流忽略不计）。如果在四极漏电保护器系统中有单相荷载，而且跨接在相线与保护零线之间，单相设备一起动，漏电保护器就会跳闸，系统将无法正常工作。

（7）保护零线不与变压器中性点连接。这种情况常出现在总配电箱的漏电保护器前端。当施工现场电源变压器与其他用户共用时，进入施工现场总配电箱的电缆，可以用四芯电缆。但是，在总箱漏电保护器前端，中性线应分为两根，其中，一根做保护零线 PE，另一根进入总箱漏电保护器，从总箱漏电保护器出来就成为工作零线。如果与其他用户共用一个低压系统，就造成了一部分设备采用保护接地，另一部分设备采用保护接零的违章现象。原因是"PE"的前端没有与零线连接而只做了接地，此时"PE"不起作用。

（8）保护器部分输出线与其他线路混用。造成这种情况的主要原因是：非电工人员乱接电线。分析：① 保护器输出的相线与非本保护器输出的工作零线组成的单相 220V 电源，只要有负载电流流过，保护器就会跳闸。造成系统无法正常工作，还会影响与其相关的保护器；② 如果负载能工作，说明保护器已经失灵，不起保护作用了。

698. 漏电保护器动作跳闸的常见原因有哪些？

漏电保护器动作跳闸的常见原因有：接线错误和运行中的漏电保护器跳闸。

（1）接线错误。新安装的漏电保护器，只要负荷侧用电漏电保护器就跳闸。一般是因为漏电保护器负荷侧与其他回路之间有借用零线或零线混用、跨接等情况。应认真查找纠正。

还有一种情况是：只要在三孔插座处用电，漏电保护器就动作跳闸。这种情况一般是三孔插座的 N 线与 PE 线接反造成的，只要将 N、PE 线调换接线位置即可。

（2）运行中的漏电保护器跳闸。运行中的漏电保护器动作跳闸一般可排除接线错误的问题。常见的原因有以下几种：

1）漏电保护器负荷侧确实有漏电故障或有人员触电。这时带漏电脱扣指示器漏电保护器的指示器将弹出。排除故障后应按一下漏电脱扣指示器使其复位，方能合闸送电。

2）漏电保护器负荷侧有过载的情况或短路动作跳闸，漏电脱扣指示器不弹出。

3）选用漏电保护器时，额定漏电动作电流选择过小。负荷侧线路比较长，遇到天气潮湿，线路的泄漏电流增大而引起漏电保护器动作跳闸。

4）由于漏电保护器负荷侧所接设备对地分布电容较大（如计算机房），当开机较多时电容泄漏电流也较大，引起漏电保护器动作跳闸。

5）漏电保护器本身质量差，脱扣器滑扣，常因受到振动而跳闸。

第十章 Chapter10

电 力 线 路

第一节　电力架空线路维护与故障检修

699. 怎样定期巡视架空线路？

为全面掌握线路各部件的运行状况及沿线的情况，架空线路至少每季度巡视一次，厂区内的架空线路一般每月应进行一次。当然根据线路周围环境，设备状态及季节的变化，可以适当增加巡视次数，如在鸟类活动频繁季节、炎热夏季农业用电高峰期及节假日等，以便及时发现故障进行处理，保证线路正常运行。

700. 怎样定期巡视架空线路的杆（塔）？

（1）电杆有无倾斜、弯曲、变形、外力损坏等现象。

（2）基础有无下沉、雨水冲刷，防护基础有无变形、裂开或因周围取土形成孤立台及杆根缺土。

（3）钢筋混凝土电杆有无裂纹，混凝土有无脱落、钢筋外露，有无因积水结冰而冻坏等现象。

（4）木电杆杆根有无腐朽、杆身有无劈裂及鸟巢、鸟洞，木横担有无变形、劈裂、腐朽等现象。

（5）装有绑桩或接腿有木杆其穿钉、卡钉及绑扎铁线是否紧固，有无松动现象。

（6）电杆各部位金具、横担、螺栓、销钉等有无松动、变形、退扣脱落及锈蚀等现象。

（7）电杆的接地引下线是否完好，接地线的并沟连接线夹是否紧固。

701. 怎样进行架空线路沿线的定期巡视？

（1）导线的垂弧以及弧垂与地面的垂直距离是否符合有关规定，并且应当与当时的气温相适应。

（2）导线的绑扎是否牢固，有无散股松落等现象。

（3）导线有无锈蚀断股、烧伤等痕迹。

（4）导线连接处有无接触不良、过热、变形等异常现象，夜间巡视时应注意有无放电火花现象。

（5）导线对各种交叉跨越距离及对建筑物、树木和地面的垂直距离是否符合规定。

（6）上、下弓子线对金具、铁横担、拉线等接地部分的距离是否符合规定。

（7）线路上有无树枝、风筝等杂物悬挂，如有应及时设法清除。

（8）线路避雷装置的接地部分是否良好，接地线有无锈断等情况。此项为雷雨季节前的重点检查项目，以确保架空线路防雷安全。

702. 怎样定期巡视架空线路的绝缘子？

（1）绝缘子有无损伤、裂纹、闪络放电痕迹等现象。

（2）绝缘子表面脏污是否严重，它将致使绝缘性能下降，影响线路安全运行。

（3）悬式绝缘子的开口销子、弹簧销子是否锈蚀、脱出或变形。

（4）针式绝缘子有无松动、脱母、倾斜等现象。

703. 怎样定期巡视架空线路拉线、拉桩？

（1）拉线有松弛、断股、锈蚀等现象。

（2）上、下把是否连接牢固，附件是否齐全完整，拉线底把铁线绑扎是否松脱，有无外力损坏痕迹。

（3）拉桩、保护桩等是否发挥应有的作用。

（4）戗杆是否完好，有无移位，杆顶连接附件是否牢固，绑扎是否松动。

（5）拉线棍有无异常现象，有无开焊变形。

（6）水平拉线对路面中心的垂直距离是否符合规定，有无下垂现象。

704. 怎样巡视架空线路走廊内的环境？

（1）沿线路的地面上是否堆有易燃、易爆和强腐蚀的物体，如有应及时搬移。

（2）沿线路周围附近有无危险建筑物、金属烟囱和金属接线等，应保证在雷雨和大风季节，这些建筑物等不致对线路构成威胁。

（3）架空线路附近有无挖土、堆土、建筑施工、吊车装卸等危及线路安全运行的活动。

（4）有无新建的交叉跨越物，其跨越距离是否符合规定。

（5）有无危及安全运行的树木、天线及引下线等物。

705. 怎样特殊巡视架空线路？

遇有暴风、雨、雪、大雾等恶劣天气时，应根据架空线路周围环境的不同特点，进行不同性质的特殊检查。另外，架空线路发生故障以后，应根据变配电站出线开关保护装置的动作情况进行特殊巡视检查。具体巡视方法如下。

（1）电杆有无倾倒，基础有无下沉及被雨水严重冲刷。

（2）导线弧垂有无异常变化，与绝缘子绑扎有无松脱，有无打连、断股、烧伤、放电现象。

（3）横担偏斜、移位现象。

（4）上、下弓子线对地部分的距离有无变化。

（5）绝缘子有无受雷击、放电损坏及被冰雹砸破等现象。

（6）接户线或引下线有无被风刮断或接地现象。

706. 低压架空线路维护内容有哪些？

（1）更换和补强断股的导线，处理连接不良的接头，更换松脱的绑线。

（2）调整导线弧垂、跳线及引下线对地与对物的安装距离。

（3）更换截面积小的导线。

（4）清扫、摇测和更换不合格的绝缘子。

（5）检查、补强杆根，对杆根培土进行夯实和防腐处理。

（6）调整已倾斜的电杆和横担。

（7）调整更换已松弛的拉线，紧固各部分的部件螺母、抱箍。

（8）更换不合格的电杆。

（9）摇测和更换绝缘不合格的绝缘子和绝缘导线。

（10）低网更新改造及解决不合理布局和供电半径过长与迂回线路等。

（11）调整三相不平衡和线路负荷。

（12）接户线的更新改造和维护。

（13）修剪线路附近的树枝。

（14）消除低压线路（含接户线）的存在的其他缺陷。

707. 怎样维护和检修金属杆塔？

（1）金属杆塔的零件因锈蚀或其他原因降低了机械强度而需要加强时，应用镶接板补强。如不能焊接时，可用螺丝连接。

（2）焊接缝上的裂口。特别是主要构件上的裂口，应先使用气焊或电焊焊好。焊接有困难时，应立即用螺丝连接并加镶接板补强。

（3）弯曲或变形的杆件或部件应予以矫正或更换。

（4）对焊补处镶接板及其他未镀锌的杆件或部件应除锈及涂刷油漆。

（5）金属杆塔部件涂刷油漆的周期应根据表层的状况来决定，一般每5年一次。在决定涂刷油漆的期限内，应定期进行局部涂漆，以延长铁塔或整个部件涂漆的期限，这时必须特别注意结构的主要连接点及水平放置的杆件或部件。

（6）铁塔的金属底脚根据其保护层情况可刷以煤焦油或石油沥青。

708. 怎样维护和检修水泥电杆？

（1）杆面有裂缝时，应用水泥砂浆填缝，并将表面抹平。在靠近地面出现裂缝时，除用水泥砂浆填缝外，还应在地面上下1.5m段内涂沥青。

（2）杆面上的混凝土被侵蚀剥落时，须将酥松部分凿去，先用清水洗净，然后用高一级的混凝土补强。如钢筋外露，应先彻底清锈，用1：2水泥砂浆涂1～2mm后再浇灌混凝土。

709. 怎样维护和检修混凝土基础？

（1）铁塔及水泥电杆由于基础下沉发生倾斜时，必须将基础校正，必要时应重新浇灌混凝土基础。

（2）混凝土基础表面有裂纹时，应用水泥砂浆涂抹，务必使其表面硬化、紧密、光滑、不透水。

（3）底脚螺栓松动时，应凿开周围水泥并重新浇灌。如螺帽松动，应重新旋紧。

（4）混凝土基础因腐蚀、受冰或浇灌不良发生酥松现象时，必须重新浇灌。

（5）金属部件应再涂沥青漆以防锈，涂漆前应先涂红丹粉。

710. 怎样维护和检修木质电杆？

（1）木质电双杆的维护和检修包括扶正电杆、更换腐朽和损坏的杆身及其部件。

（2）木杆与绑桩的绑线箍应经常收紧。应使用双绑桩的木杆，在换绑桩时，每一绑线箍只许使木杆和一个绑桩绑扎。

（3）电杆上的接地引下线必须安装牢固。在引下线连接处应除锈旋紧。

711. 怎样维护和检修导线及避雷线？

（1）如导线和避雷线断股或损伤截面不超过15%，对于高压送电路线可采用钳压管进行修补，管长应超出损伤部分两端各30mm；对于配电线路可采用同规格的金属线用敷线绑扎法进行修补，敷线绑扎长度超出的损伤部分，其两端缠绕长度均不得小于100mm。

（2）若导线或避雷线损伤截面超过允许范围，则应剪断其损伤部分，然后用连接器件接上，对于铜线若无适当的连接器件，可用绞接法修补。

（3）根据弧垂变动的需要拉紧或移动导线或避雷线时，应以整个耐张段为单位进行。

（4）调整悬垂绝缘子串的位置时，必须松开各相关线夹。

712. 如何维护架空绝缘线路？

维护架空绝缘线路的方法如下。

（1）架空绝缘线路的特殊巡视。10kV架空绝缘线路的巡视应按裸导线的有关规定执行。在有雾、粘雪、初雪天气时应对绝缘线路进行特巡，如发现绝缘支架及绝缘电缆有燃灼情况应及时通知停电并组织人员及时处理。

（2）架空绝缘线路的清扫周期。常规架设方式的绝缘线路的登杆检查及清扫周期可根据具体情况适当延长，一般不少于每4年一次，但对污秽区段的常规设备如针式绝缘子、悬式绝缘子、隔离开关、跌落式熔断器等还应及时进行清扫；紧凑型线路可不清扫。

（3）架空绝缘线路的巡视方法。架空绝缘线路的巡视、检查每2个月至少一次，巡视应由两人进行，主要巡视绝缘电缆的弛度是否合乎规定；绝缘电缆各接头处的包带及各接头附近的绝缘层有无软化、破损现象；绝缘电缆线夹的塑料壳有无损坏、脱落现象；绝缘线上有无铁丝等障碍物悬挂，绝缘线有无触碰接地体的地方，在靠近建筑物和生长树木等其他物体附近的绝缘线，线皮有无磨损；悬挂线夹及衬垫有无损坏现象，拉紧线夹的楔形块的大头是否露出在外；在巡视中应检查承挂绝缘电缆的钢绞线有无损伤、磨蚀情况及接地状况是否良好。

⚙ 小提示

对架空绝缘线路的其他要求如下。

（1）架空绝缘线路发生在断路器跳闸或熔断器熔体熔断以后，不可盲目试送电，应首先检查线路有无被损坏及过负荷情况，如无问题可试送一次。如试送不成功应再次详细检查线路的绝缘情况，必要时应断开各进线开关再逐一试送，直至找到故障点为止。

（2）对每条绝缘线路建立接线图，并将设计图纸、负荷资料、绝缘电缆出厂时耐压试验合格证、施工记录一并存档。若现场接线变动，要及时修改接线图，使实际情况与接线图始终一致。

713. 怎样进行夜间巡线?

夜间巡线的主要目的是检查导线连接器和绝缘子的缺陷。因为夜间可以发现在白天巡线中所无法发现的缺陷,如电晕(由于绝缘子严重脏污发生的绝缘子表面闪络前的表面放电现象)和导线接触部位的发红现象(由于导线连接器接触不良,当通过负荷电流时,温度上升很高而使接头发红),在夜间都可看到。

夜间巡视一般应注意以下事项。

(1) 绝缘子有无放电火花和闪络现象。

(2) 35kV 以上的架空线路有无严重电晕现象。

(3) 导线接头有无因接触不良而造成滋火或过热发红现象。

(4) 弓子线对杆塔、横担、戗板等接地物体有无放电现象。

小提示

夜间巡视应在线路负荷最大而且没有月光的时刻进行,每次巡线人数不得少于两人,并应沿线路外侧进行巡视,以免误碰掉落在地面的断线而发生触电事故。

714. 怎样对架空线路进行特殊巡视?

通常,在气候急剧变化(如最高气温、最低气温、暴风雨、大雾和覆冰等)、发生自然灾害(如地震、河水泛滥)、线路过负荷,以及出现其他特殊情况时,均应根据架空线周围环境的不同特点进行特殊的、有重点的巡视,巡视的项目如下。

(1) 杆塔是否倾斜,基础是否下沉和被雨水严重冲刷。

(2) 横担是否偏斜、移位。

(3) 导线弧垂直有无异常变化,导线在绝缘子上的绑扎是否松脱,有无打连、断股、烧伤和放电现象。

(4) 上下弓子线对接地部位的距离有无变化。

(5) 绝缘子是否受雷击放电或损坏,是否被大雨、冰雹砸破。

(6) 防振锤是否发生位移或掉头。

(7) 杆塔和导线是否悬挂被风吹来的杂物。

(8) 防雷装置(如管型避雷器等)是否损坏。

(9) 接户线或引下线有无被风刮断或接地现象。

715. 电力线路登杆检查的主要项目有哪些?

为弥补地面巡视的不足,应采用登杆塔检查或乘飞机巡视等方式,

500kV线路应开展登塔、走导线检查工作。登杆检查项目如下。

（1）清除绝缘子的积垢。

（2）更换闪络、损伤、碎裂的绝缘子。

（3）拧紧横担、绝缘子、线夹等螺母。

（4）检查油断路器的油位及油色或 SF_6 开关的压力表。

（5）清洁柱上断路器、隔离开关、负荷开关、熔断器、避雷器，并检查机构是否灵活。

（6）检查导线在绝缘子的绑扎处、耐张线夹的出口处有无断股、伤股现象。

716. 怎样清扫绝缘子？

清扫绝缘子的方法如下。

（1）停电清扫。在线路停电后，电工人员登上杆塔，用干揩布擦拭。如果绝缘子上的污垢用干揩布擦不掉，也可用水湿揩布或蘸有汽油（或蘸肥皂水）的揩布擦拭，但擦拭后必须用净水冲洗绝缘子，以免碱性物质附着在绝缘子表面上。无论采用哪种方式擦拭，最后都应使用清洁的干揩布再擦一次。

（2）不停电清扫。一般使用装有毛刷或绑以棉纱的绝缘杆，在运行的线路上擦拭绝缘子。绝缘杆的长短取决于线路电压的高低。清扫时工作人员与带电部分应保持足够的安全距离，并应有专人在旁监护。

（3）带电高压水冲洗。与其他清扫方式相比，带电高压水冲洗具有设备简单、效果良好、工作效率高、劳动条件好等优点。

717. 怎样带电用压力水冲洗绝缘子？

绝缘子因脏污而闪络是电力系统中一种最常见的事故。为了防止这种污闪事故，最好的办法是带电用压力水冲洗绝缘子，使其经常保持清洁。冲洗时应注意的事项如下。

（1）冲洗前应测定水的电阻率。冲洗绝缘子的压力水的电阻率不得低于 $1500\Omega \cdot cm$。一般来说，城市的自来水、清洁的河水或井水都能满足这一要求。

（2）冲洗角度（水柱与所冲洗绝缘子中心轴的夹角）最好保持90°。如果条件不允许，保持60°也可，但角度不宜太小。冲洗耐张绝缘子串时，可保持30°～40°的投射角进行冲洗。

（3）喷嘴和水龙带应装在有防雨罩的专用绝缘杆上。由于用水冲洗时，人处于潮湿环境中，为了保证人身安全，若使用大水量喷嘴，喷嘴与水泵均应有可靠的接地线；若使用小水量喷嘴，喷嘴与带电体距离较小，主要靠绝缘操作杆来加强绝缘。当线路电压在 35kV 以下时，操作杆的绝缘有效长度不得小于 1.5m。

(4) 对于垂直安装的绝缘子，应由下往上逐个进行冲洗；对于耐张绝缘子串，则应先冲洗带电体侧的绝缘子，然后往后逐个冲洗，最后冲洗接地端的绝缘子。

(5) 在同一变电所内不宜同时冲洗不同的两相，也不得使水柱跨接两相，以防短路。

(6) 在冲洗中，由于电压分布的改变，电压高的地点可能产生火花，此时可将水柱直接对准火花冲洗，以使火花熄灭。

(7) 冲洗水柱不得冲到设备上密封不良和有缺陷的部位，也不得将水柱对着隔离开关的刀闸冲洗，以免冲开刀闸，造成事故。

(8) 在风力大、空气湿度高的日子和阴雨天，以及水与绝缘子的温差较大时，都不宜进行冲洗作业。

718. 怎样在低压带电线路上进行检修作业？

在低压带电线路上进行检修作业一般应注意以下事项。

(1) 应由技术水平较高、富有实践经验的电工人员来带电进行检修，并指定专人在场监护。

(2) 作业人员应穿长袖衣服，扣紧袖口，穿绝缘靴或站在干燥的绝缘垫上，并戴上安全帽和绝缘手套。严禁穿背心、短裤或者凉鞋进行带电作业。

(3) 带电作业应在晴朗天气进行，遇雷雨时应停止工作。

(4) 应使用合格的绝缘工具，严禁使用锉刀、金属尺和带有金属物的毛刷、毛掸等工具。

(5) 高、低压线路同杆架设时，作业开始以前应检查与高压线路的距离是否符合安全规程的要求，否则应采取防止误碰高压线的措施。

(6) 如果两人在同一电杆上进行作业，禁止在不同相上同时带电工作。

(7) 登上电杆以前应分清相线（相线）和地线，并拟定工作位置。

(8) 如果对低压带电导线未采取绝缘措施，作业人员不得穿越该导线。

(9) 断开导线时应先断开相线，后断开零线，搭接时顺序则相反。接相线时，要将线头试搭后再缠接，此时不得同时接触两根导线，以免触电。

719. 带电作业中应注意哪些问题？

(1) 工作负责人应根据现场勘查的结果，针对作业项目制定作业方案，在班前会上对工作时间、工作任务、线路色标、邻近带电设备、作业程序、现场安全措施、危险点，以及相应控制措施和质量要求等做出详细说明。

（2）到达现场后，工作负责人应向全体作业人员宣读工作票，布置工作任务，明确人员分工、作业程序、现场安全措施，进行危险点告知，并履行确认手续。

（3）作业人员进入工作现场后，应仔细检查电杆、拉线基础及腐蚀情况，周围环境有无妨碍作业的邻近线路、邻近建筑、通信线、树木等，若有问题，应及时告知工作负责人，并采取有效控制措施。

（4）工作负责人应合理安排当日工作量，时刻掌握作业人员的疲劳程度，保持适当的时间间隔，必要时可以两班交替作业。作业人员应精神饱满，若发现作业人员明显精神或体力不适，应及时替换。

（5）工作负责人应时刻掌握作业的进展情况，密切注视作业人员的动作，根据作业方案及作业步骤及时做出适当的指示，整个作业过程中不得放松对危险部位的监护。

（6）作业过程中，作业人员保持精力集中，沉着谨慎，动作规范，防止工作时失手引发危险。严禁同时接触未接通的或已断开的导线两个断头，以防人体串入电路。

（7）两人共同作业时，应互相提醒，一人操作，另一人协助并监护。

（8）作业人员使用绝缘工具时，应戴绝缘手套。

（9）作业现场上、下联系禁止使用有线通信设备，必要时，应使用无线对讲机。

（10）带电作业现场严禁外人接近或逗留。

（11）工作人员需超越导线水平以上时，必须在导线平稳状态下，经监护人员许可，采取隔离措施后，方可顺导线穿过。

（12）松动导线或引起导线较大震动的作业，需检查作业电杆两侧导线有无烧伤、断股，导线固定是否牢固，必要时应采取补强措施。

（13）带电断、接空载线路引流线及同类工作时，作业点所带设备高压侧的隔离开关、跌落式熔断器等设备应拉开，使其有明显断开点，接入作业点所带线路的变压器、电压互感器应使其退出运行后，方可进行。带电断、接空载线路引流线，线路长度不得超过5km。

（14）严禁带负荷断、接引流线。

✎720. 怎样保管带电作业使用的绝缘工具？

带电作业使用的绝缘工具是专用工具，禁止在停电线路和停电设备上使用，或当做一般工具使用。通常，应设专人管理，造册登记，并保持完好待用状态。保管中应注意的事项如下。

(1) 带电作业使用的绝缘工具、仪表和绝缘材料应存放在专设的房间内。室内必须通风良好，经常保持清洁、干燥。在空气比较潮湿的季节宜使用红外线进行照射，以排除室内潮气。

(2) 工具应整齐地摆放在平铺于干燥地点的防水帆布上，并用清洁的苫布遮盖。

(3) 如果绝缘工具在现场使用中偶尔被泥土沾污，入库时应使用清洁干燥的毛巾擦拭干净或用无水酒精清洗；严重沾污或受潮的绝缘工具经过处理后应进行试验，确认合格后才可投入使用。

(4) 均压服应整件平放，不得折叠，以防止铜丝折断。平时应经常检查，定期测试。如果发现均压服破损，电阻值显著增加，应查明原因，设法修复均压服，降低其电阻值。

(5) 要特别注意防止绝缘杆（木杆）受潮。绝缘杆一旦严重受潮，其截面将因木层膨胀和层间开裂而变形。试验表明，若将直径为 20~35mm 的绝缘杆浸水 90 多小时，其直径约增加 1%~8%，虽经干燥，也因产生裂纹而不能使用。所以，对绝缘杆要勤检查，若发现受潮，应立即将其置于 30~38℃通风箱中进行干燥。此时应注意干燥速度，以免干燥过快而使木质开裂。

(6) 为了保持绝缘工具和绝缘器材经常处于完好的"热备有"状态，除了进行日常的外观检查外，还应定期测量其绝缘电阻。如果发现绝缘电阻不合格，应立即进行处理。

721. 怎样摇测绝缘子的绝缘电阻？

用 500~1000V 绝缘电阻表摇测低压绝缘子的绝缘电阻值，应不低于 1MΩ。具体摇测方法如下。

(1) 摇测针式绝缘子时，可将绝缘电阻表（一）测试线接在铁担上（新品应接在铁脚上），连接线（＋）连在旋钉螺具金属杆上，使用人带绝缘手套，握着旋钉螺具木（塑）柄，使金属尖（刀）在针式绝缘子顶部及颈部周围滑动，滑动时，摇动绝缘电阻表进行绝缘摇测。

(2) 摇测线轴式和蝶式绝缘子，可在中间颈部周围上绑一圈铜丝，将绝缘电阻表一根连线接在铜丝上，另一根线接在绝缘子的铁架或铁担上（因为线轴式和蝶式绝缘子内颈孔口穿有铁架螺栓）。

(3) 单独对新品线轴式绝缘子摇测时，比较费时，即将绝缘电阻表的一根测试线接在外颈圆周上的铜丝上，另一根测试线绑在大号旋钉螺具的长金属杆上，用金属杆端头插进绝缘子的内颈口内，在内孔壁左右、上下反复滑动，测量其绝缘电阻值。

小提示

测量蝶式绝缘子的方法与此相同。

722. 使用绝缘电阻表测量线路绝缘电阻应注意哪些事项？

（1）对于双回路架空线或母线，当一路带电时，不得测量另一路的绝缘电阻，以防感生高电压、损坏仪表或危害人身安全。

（2）雷电时，禁止用绝缘电阻表在停电的高压架空线路上测量绝缘电阻。

小提示

架空电力线路的绝缘电阻值。

（1）1kV 以下的线路，绝缘电阻值不应低于 $2M\Omega$。

（2）6kV 的支持绝缘子的线路，绝缘电阻值一般不应低于 $500M\Omega$。

（3）6～35kV 悬式绝缘子的线路，绝缘电阻值一般不应低于 $300M\Omega$。

723. 怎样检修架空线路？

架空线路检修方法如下。

（1）如果线路名称和杆号的标志不清楚，应进行描写。

（2）清除路径上妨碍线路安全运行的杂物；扶直倾斜的电杆，对电杆基础进行填土夯实，特别要加强位于土质松软地带的电杆基础；紧固电杆各部分的连接螺栓。

（3）在木杆根部涂刷防腐油，更换腐朽的横担，检查木电杆杆根的腐朽程度。若松木杆腐朽部分达到杆径的 1/3 以上，杉木杆腐朽部分达到杆径的 1/2 以上，应往电杆旁边打入钢筋混凝土帮桩加固。

（4）钢筋混凝土电杆有露筋或混凝土脱落现象时，应将钢筋上的铁锈清除干净，补抹高标号水泥混凝土加固。

（5）修补或更换损伤的导线，调整导线弧垂，处理接触不良的接头或松弛脱落的绑线，调整交叉跨越距离，根据负荷增加情况更换某些地段或支线的导线。

（6）清扫全部绝缘子，更换劣质或损坏的绝缘子或瓷横相，更换锈蚀或严重损坏的金具和其他部件。

（7）拉线松弛者应紧好，歪杆不正者应调正。

（8）修复损坏的接地引下线和接地装置。

（9）修剪临近线路的树枝，清除杆上鸟巢。

（10）修补或更换绝缘损坏的接户线。

⚠ **小提示**

> 架空线路的检修随线路是否存在缺陷和缺陷的严重程度而定。其目的
> 是保持线路正常运行。通常进行不定期检修。

724. 架空线路常见故障有哪些？

（1）风引起的线路故障。风力过大，超过杆（塔）的机械强度时，就会使杆（塔）倾斜或损坏，并使导线振动、跳跃和碰线，引起断路器对流或速断跳闸。

（2）雨引起的线路故障。毛毛细雨将使脏污绝缘子发生闪络、放电，甚至损坏绝缘子；倾盆大雨将会使河水暴涨或山洪暴发，造成倒杆事故。

（3）冰雪引起的线路故障。当线路导线上出现严重覆冰时，使导线发生断股或断线事故，覆冰脱落时，造成导线跳跃，甚至闪络事故。

（4）雷电引起的线路故障。线路遭受雷击时，会使绝缘子发生闪络或击穿。

（5）气温变化引起的线路故障。当气温发生变化时，导线张力也随之变化，在炎热的夏季，由于导线的伸长，使弧垂变大，可能造成交叉跨越处放电事故，或绞线短路事故；反之，在冬季，由于导线收缩，应力增加，又可能造成断线事故。

（6）环境污染引起的线路故障。随着时代的发展，环境中的尘污或有害气体降低了绝缘子的绝缘水平，以致发生闪络事故；有些气体还会腐蚀氧化金属杆塔、导线、避雷线及金具。

（7）其他原因引起的线路故障。如鸟在杆塔上筑巢，或在杆塔上停落，在导线间飞翔，均可能造成线路接地或短路，又如在线路附近放风筝，在导线附近钓鱼也会造成线路事故。另外，一些车辆不注意行驶安全，撞断导线、拉线，造成倒杆断线事故，也时有发生。由树木引起的线路故障也不容忽视，在农村及许多县城，线路与树木平行或交叉的比比皆是，树刮倒砸线、树枝刮断落在线上、树枝摆动扫线以及某些人砍伐树木致使树木倒砸在线上，均会引起各种线路事故，危害相当严重。

⚠ 小提示

当发现电力线断落时，不要靠近；若距离导线的落地点8m以内时，应及时将双脚并立，按导线落地点反方向跳离，并看守现场或立即找电工处理。

725. 怎样检修配电线路故障？

（1）配电常见的故障及原因。配电线路常见的故障有短路、断路和漏电。

1）短路故障。原因主要是接线错误而引起相线与中性线直接相碰，因接线不良而导致接头之间直接短接，或接头处接线松动而引起碰线，直接将线头插入插座孔内造成混线短路，用电器具内部绝缘损坏，导致导线碰触金属外壳而引起电源线短路、房屋失修漏水，造成灯头或开关受潮甚至进水导致内部短路和导线绝缘受外力损伤，在破损处电源线碰触大地或者同时接地。

2）断路故障。其原因主要是线头松脱、开关损坏、熔丝熔断以及导线受损伤而折断，或者铝导线接头严重腐蚀所造成的断开现象等。

3）漏电。漏电的原因主要是导线或用电设备的绝缘因外力而损伤，或长期使用绝缘发生老化现象而造成绝缘不良所引起。

（2）配电线路故障的检修方法如下。

1）线路发生短路故障后，应迅速拉开总开关，逐段检查，找出故障点并及时处理。同时检查熔断器熔丝是否合适，严禁用铜、铝、铁等金属代替熔丝。

2）线路发生断路故障后，首先应检查熔断器熔丝是否熔断。如果熔丝已经熔断，应接着检查电路中有无短路或过负荷等情况。如果熔丝没有熔断并且电源侧相线也没有断，则应检查上一级的熔丝是否熔断。如上一级的熔丝也没有断，应该进一步检查配电盘（板）上的闸刀开关和线路。这样逐段检查，缩小故障点范围，找到故障点后应进行可靠的处理。

3）漏电发生后，应立即进行查找，针对室内照明和动力线路漏电的查找方法如下：

首先判断是否确实发生了漏电。用绝缘电阻表摇测，看绝缘电阻的大小，或在被检查线路的总闸刀开关的相线上串入一只电流表，取下所有灯泡，接通全部电灯开关仔细观察电流表。若电流表指针摆动，则说明有漏电。指针偏转越大，说明漏电越严重。

判断漏电性质。仍以接入电流表检查漏电为例，方法是切断零线观察电流的变化。若电流表指示不变，则说明是相线与大地之间有漏电；若电流表指示变小但不为零，则表明相线与零线、相线与大地间均有漏电。

确定漏电范围。取下分路熔断器或拉开分路闸刀开关，若电流表指示不变则表明是干线漏电；或电流表指示为零则表明是分路漏电；若电流表指示变小但不为零，则表明是总线和分路均有漏电。

找出漏电点。按上述方法确定漏电范围后，依次断开该线路的灯具开关，当断开某一开关时，电流表指示归零则是这一分支线漏电。若电流表的指示变小，则说明除这一分支线漏电外还有其他漏电处。若所有灯具开关都断开后，电流表指示不变则说明是该段干线漏电。

依照上述查找方法，依次把故障范围缩小到一个较短的线段内，便可进一步检查该段线路的接头，以及电线穿墙、转弯、交叉、绞合、容易腐蚀和易受潮的地方有无漏电情况。当找到漏电点后，应及时妥善处理。

726. 怎样确定架空线路导线需要锯断重接？

架空线路导线必须锯断重新接的情况如下。

(1) 损坏长度过大。对于导线严重磨损，其破损、断股的长度已超出了补修管所允许的修补范围。

(2) 断股面积过大。在一个补修管允许的长度内，钢芯铝线在同一处磨损或断股的面积超过铝股总面积的 25%；单金属线同一处磨损或断股的面积超过铝股总面积的 17%。

(3) 过流后。对于导线流过短路电流，或由于其他原因导致热股而失去原有机械强度的导线。

(4) 钢芯断股。对于钢芯铝线的钢芯断一股；用作避雷线的 7 股钢绞线，外层断一股。

(5) 永久变形。对于鼓肚的导线、导线出现小绕等永久性变形。

727. 怎样预防架空线路的污闪事故？

预防架空线路污闪事故方法如下：

(1) 对绝缘子上污垢定期进行清理。通常都在每年雨季到来之前，对绝缘子进行一次彻底的清扫。如果脏污严重时，还应根据实际情况增加清扫次数。

(2) 对绝缘子进行防污处理。可采用在绝缘子的表面涂上一层防污涂料的方法，来提高绝缘子的绝缘强度。

（3）使用防污绝缘子。在污秽较严重的地方，应选用防污绝缘子，以提高绝缘强度，减少污闪事故。

（4）定期检测与重换不合格的绝缘子。一般每 1～2 年对绝缘子的绝缘情况检测一次，发现不合格的绝缘子应及时重换。

728. 怎样测试架空线路不良绝缘子？

为查明不良绝缘子，一般每年应进行一次测试，其方法是利用特制的绝缘子测试杆，在带电线路上直接进行测量。一般有：可变火花间隙型测试杆和固定火花间隙型测试杆两种方法。

（1）可变火花间隙型测试杆。根据绝缘子串中每片绝缘子上的电压分布改变测试杆上的电极间距离直至放电，即可测得每片绝缘子上的电压，当测出的电压小于完好绝缘子所应分布的电压时，就可判断出不良绝缘子。

（2）固定火花间隙型测试杆。电极间距离以预先按绝缘子的最小电压来整定（一般间隙为 0.8mm），由于间隙已固定，而绝缘子串的电压分布不能测出，只能发现零值或低值绝缘子。

⊙小提示

测试时，不能在潮湿、有雾或下雨天测试，测试的次序应从靠近横担的绝缘子试起，直到一串绝缘子测试完为止。

729. 怎样测试架空线路导线接头的质量？

导线接头是个薄弱环节，长期运行的接头接触电阻可能会增大，接触恶化的接头夜间可看到发热变红现象。因此，除正常巡视外，还应定期测量接头电阻。其测量方法有电压降法和温度法两种。

（1）电压降法。正常的接头两端的电压降一般不超过同样长度导线电压降的 1.2 倍，若超过 2 倍，应更换接头再继续运行，以免引起事故。测量时，可在带电线路上直接测试负荷电流在导线连接处的电压降，也可在停电后通过直流电进行电压降的测量，但带电测试必须注意安全。

（2）温度法。用红外线测温仪可距被测点一定距离外进行测试，通过导线接头温度的测量来检验接头的连接质量。

730. 架空线路导线接头发热怎么办？

（1）架空线路导线接头发热原因。

1）紧固螺栓压力不当。电力线路在运行过程中由于受自然风等影响，导线不断振动，会造成紧固螺栓松动。由于紧固件与引流板材质不同，热膨胀系数也不同，在运行中随着负荷电流及温度的变化，铝与钢的膨胀和收缩程度将因差异而产生蠕变，蠕变的结果会使接触面位置错开，形成微小空隙而氧化，接触电阻增加，形成恶性循环，最终造成接头严重发热。还有些施工人员误认为连接螺栓拧得越近越好，结果造成接触面部分变形隆起，反而使接触面积减少，接触电阻增大，导致发热。

2）接触面处理不当。在施工过程中，对导线接头的接触面处理不当，如未去除接触面油纸或去除得不干净；对接触面涂导电脂防氧化处理时，导电脂涂得过厚或不均匀。这都会使线路接头的接触电阻增大。

3）液压连接施工工艺不当。在对导线与引流板的液压连接过程中未严格按照液压操作规程清洗导线及压管，去除导线氧化膜，致使接触电阻过大而导致发热。

4）铜铝连接产生电化腐蚀生成氧化膜，增大了接线端子的接触电阻。

（2）检修方法。

1）选择合适的螺栓紧固压力。合理选择连接用的螺栓、平垫圈及弹簧垫圈。进行螺栓紧固时，螺栓不能拧得过紧，以弹簧垫圈压平为准。有条件时，应使用力矩扳手进行紧固。

2）正确处理接触面。先用汽油除去接头表面的油污，再用钢丝刷彻底清除表面的氧化膜。可采用0号砂纸将接头的接触面严重不平的地方和毛刺磨掉，使接触面平整光洁。应注意加工后的铝制材料其截面减少值不超过5%。接触面擦拭干净后，立即在接头表面涂0.05～0.1mm厚的导电脂，并轻轻抹平，以刚能覆盖接触面为宜，最后进行接头的连接。

3）液压连接施工时，应严格按相关规程施工，确保施工质量。

4）采用铜铝过渡接头，并涂以导电脂，以增大导电能力。

731. 架空线路的绝缘子老化怎么办？

（1）绝缘子长期处于交变磁场中，使绝缘性能逐渐变差，金属件会逐渐锈蚀；若绝缘子内部有气隙或杂质，将会发生电离，使绝缘性能恶化更快；若绝缘子遭到雷击或操作过电压更容易损坏。

（2）绝缘子在外部应力和内部应力的长期作用下将会发生疲劳损伤。

（3）若绝缘子的金具镀锌质量不佳，在水分和污浊气体的作用下会逐渐锈蚀；若瓷件部分与金属的胶合水泥密封不严会使水进入，水泥进水后，由于结冰而体积膨胀，使绝缘子的应力增大，而水泥的风化作用也加剧，从而使绝缘子的机械强度降低。

（4）由于绝缘子的金具、瓷质部分和水泥三者的膨胀系数各不相同，若温度剧变，瓷质部分会受到额外应力而损坏。

（5）若绝缘子的瓷质疏松、烧制不良、有细小裂纹，会使绝缘强度降低而被击穿。当发现绝缘子老化时，应针对具体情况，采取相应的措施进行处理。若发现有瓷件破损、瓷釉烧坏、铁脚和铁帽有裂缝的绝缘子，应立即更换，以免发生事故。

732. 输电导线损坏或断股怎么办？

输电导线损坏或断股会降低导线的导电截面积和机械强度，威胁线路安全运行，应及时进行停电检修。检修方法如下。

（1）当损伤或断股不超过 15% 时，对送电线路可采用钳压管修补。钳压管的长度应超过损伤部位两端各 30mm；对配电线路可采用敷线修补，敷线两端的缠绕长度应超过损伤部位各 100mm 以上。

（2）当导线磨损截面积不超过导电部分截面积的 15% 或单股导线损伤深度不超过单股直径的 1/3 时，可用同规格导线在损伤部位进行缠绕修补，两端的缠绕长度应超出损伤部位各 30mm。发现损伤、断股超过 15%，导线上出现"灯笼"时，"灯笼"直径超过导线直径的 1.5 倍，修补长度超过一个钳压管的长度及钢心断股时，则应将损伤部位锯掉重接。

733. 铝线与铜线连接处发生电蚀怎么办？

当两种活泼性不同的金属表面接触时，长期停留在空气中，遇到水和二氧化碳就会发生电蚀现象。铜、铝相接，由于铝较铜活泼，容易失去电子，遇到水、二氧化碳等物质就会生成负极，较难失去电子的铜受到保护而成为正极，于是接头处产生电蚀，使接触面的接触电子不断增大。当电流通过时，接头温度升高，高温下又促使氧化，加剧电蚀，如此形成恶性循环，最后导致接头烧断的断线事故。

为了防止电蚀的发生，可采用高频闪光焊焊接好铜铝过渡接头、铜铝过渡线夹。也可采用铝线一端涂中性凡士林加以保护再与镀锡铜线相接，也能减轻电蚀程度。

734. 架空线路单相接地怎么办？

架空线路单相接地故障的现象为：有接地信号发出，接地光字牌亮，电压表有接地故障显示，在发生完全接地时，绝缘监视电压表三相电压指示出现明显差别，接地一相的相电压为零或接地为零，而非接地相的电压则升高，约为额定电压的 1.73 倍且数值不变；在发生间接接地或间歇性接地时，接地相的电压时大时小，非接地相的电压时增时减，但有时正常；在发生弧光接地时，非故障相的电压很高，可升高为额定电压的 2.5～3 倍，并常伴有电压互感器一次侧熔断器熔体熔断，甚至烧坏电压互感器的现象发生。

（1）中性点接地系统发生单相接地时，会形成单相对地短路，引发继电保护动作，同时发出接地信号。在中性点不接地系统或经消弧线圈接地的小电流接地系统中，若发生单相接地，由于不构成回路，接地故障电流常比负荷电流小得多，线电压的大小和相位不发生变化，所以可短时间（一般不超过 2h）故障运行，不需立即切除故障。但值班人员应及时汇报给调度部门，在调度员的指导下迅速寻找故障线路及故障点，争取在接地故障发展成相间短路之前将故障排除。

（2）寻找故障点时，可以将供电线路逐条进行断电试验。在试验时，要考虑各部分之间的功率平衡、继电保护配合等因素。要先检查变、配电所内的设备有无故障（如互感器、避雷器、电缆头有无击穿），瓷质部分有无损坏和放电闪络，设备上有无落物、小动物或外力破坏现象，有无电线接地等。在确定变电所内没有问题的情况下，采取瞬间拉线检查法将故障相母线上的各条供电线路逐条进行断电试验。在断电试验时，可先对绝缘性能较差、防雷性能较弱、线路较长、分支线路较多、负荷较轻和不重要的线路进行断电。如线路装有重合闸装置，可用重合闸查找接地。在试验中，故障点所在线路断开时，绝缘监视仪表恢复正常，由此可确定接地故障线路。对于不重要的线路，也可将该线路通知停电，进行检修；对于重要的线路，可以转移负荷或启动备用线路供电，然后对故障线路进行检修，并对其他线路恢复正常供电。所有寻找接地的工作都要戴橡胶绝缘手套，穿绝缘胶靴，避免触及接地的金属。若接地故障危机人身及设备的安全，应立即将故障线路拉闸停电。

第二节　电力电缆线路维护与故障检修

735. 怎样日常维护电缆？

户内外电缆及终端头的维护方法如下。

（1）检查终端盒内有无积水、空隙或裂缝现象。如发现，应采取相应的措施加以处理。

（2）检查终端头有无漏胶现象，如发现漏胶，应立即用沥青封口。绝缘胶不满时，应用同样的绝缘胶填满。

（3）检查有无电晕放电痕迹并清扫电缆头。

（4）测定接地电阻和绝缘电阻。

（5）检查电缆的标示牌是否清楚完整。

！小提示

电缆沟的维护方法如下。

（1）检查电缆沟的出入通道是否畅通，沟内如有积水应排除，并查明积水原因，采取堵污措施，发现沟内脏污应清除。

（2）检查电缆沟内的防火及通风设备是否完善正常，并记录沟内温度。

（3）检查电缆及终端盒的接头是否漏胶和漏油，接地是否良好。

（4）检查支架有无脱落及锈蚀，电缆在支架上是否有擦伤。

736. 巡查电缆线路的方法有哪些？

（1）对敷设在地下的电缆线路应查看路面是否正常，有无挖掘痕迹及线路标桩是否完整等。

（2）电缆线路上不应堆置瓦砾、矿渣、建筑材料、笨重物件、酸碱性排泄物或砌石灰坑等。

（3）对于通过桥梁的电缆，应检查桥墩两端电缆是否拖拉过紧，保护管或槽有无脱开或锈烂现象。

（4）对户外与架空连接的电缆，应检查终端头是否完整，引出线的连接点有无发热现象和电缆铅包有无龟裂漏油，靠近地面一段电缆是否被车辆撞碰等。

（5）多根并列敷设的电缆，要检查电流分配和电缆外皮的温度。防止因接触不良而引起电缆烧坏连接点。

（6）应经常检查临近河岸两侧的水底电缆是否有受潮水冲刷现象，电缆盖板有否露出水面或移位，同时检查河岸两端的标志牌是否完好。

（7）应经常查看电缆线路是否过负荷。

（8）敷设在房屋内、隧道内和不填土的电缆沟内的电缆，要特别检查防火设施是否完善。

737. 电力电缆的巡视周期是怎样的？

（1）敷设在土壤中、隧道内以及沿桥梁架设的电缆，每3个月至少巡视1次。还应根据季节及基建工程特点增加巡查次数。

（2）电缆竖井内的电缆，每半年至少巡视1次。

（3）对挖掘已暴露的电缆，按工程情况，酌情加强巡视。

（4）电缆终端头，根据现场运行情况每1～3年停电检查1次。污秽地区的电缆终端头的巡视与清扫期限，可根据当地的污秽程度确定。

小提示

发电厂、变电所的电缆沟、隧道、电缆井、电缆架及电缆线段等的巡视，至少每3个月进行一次。

738. 电缆线路巡视的主要注意事项有哪些？

电缆线路巡视的主要注意事项除了巡查的内容外，还应注意以下事项。

（1）对于备用排管应该用专用工具疏通，检查其有无断裂现象。

（2）人井内电缆铅包在排管口及挂钩处不应有磨损现象，需检查衬铅是否失落。

（3）安装有保护器的单芯电缆，在通过短路电流后，每年至少检查一次阀片或球间隙有无击穿或烧熔现象。

（4）充油电缆线路不论是否投入运行，都要检查油压是否正常，油压系统的压力箱、管道、阀门、压力表是否完整，并注意与构架绝缘部分的零件有无放电痕迹。

739. 怎样检查电缆是否受潮？

检查电缆是否受潮时，可用清洁干燥的工具将统包绝缘和芯线绝缘纸带撕下几条，再用火柴点燃纸带，如果纸的表面有泡沫，则电缆已受潮了。或用干燥的手（或干燥物衬垫）将纸带浸入150℃的电缆油（或变压器油）中，如图10-1所示。若无嘶嘶声或白色泡沫出现，就说明电缆绝缘是干燥的。如受潮，可锯掉一段电缆再试验，直到合格为止。

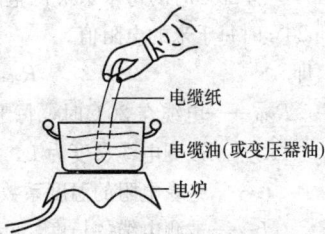

图10-1 检查电缆受潮方法

小提示

注意事项如下。

（1）凡受潮的电缆端头不准接入中间头或终端头内。

（2）为了防止电缆受潮，在雨天或湿度较高的环境中不准加工中间头或终端头。

740. 怎样使用绝缘电阻表测量电缆的绝缘电阻？

使用绝缘电阻表测量电缆的绝缘电阻时，测量前应拆除被测电缆的电源及一切对外连线，并将其接地放电，放电时间不得小于1min（对电容量较大的电缆，放电时间不得小于2min），以保证安全及测量结果正确。并且应用干燥、清洁的柔软布擦去电缆终端头套管或线芯及其表面的污垢，以减少表面泄漏。

测量单芯电缆线芯接地的绝缘电阻时，将芯线引出线接于绝缘电阻表的

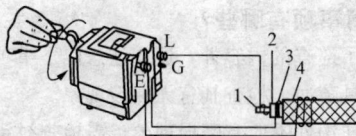

图10-2　用绝缘电阻表
测量电缆的绝缘电阻

1—线芯；2—绝缘层；3—屏蔽环；
4—铅（铝）包或金属屏蔽层

接线端子（L）上，将铅（铝）包或金属屏蔽层接到绝缘电阻表的接地端子（E）上。为了避免电缆绝缘表面泄漏电流的影响，使测量正确，应在芯线端部绝缘层上或套管端部屏蔽环并接在绝缘电阻表的屏蔽端子（G）上，如图10-2所示。

测量完毕电缆绝缘电阻或需要重复测量时，必须将被测量电缆接地放电，放电时间至少为2min。

电缆的绝缘电阻值与电缆的结构、长度及测量时的温度等因素有关，为了和国家标准《电气安置安装工程电气设备交接试验标准》（GB 50150—1991）中的20℃时的每千米最低电阻值的规定相比较，应将测得电阻值换算到20℃时每千米的电阻值。

即

$$R_{20t} = R_t KL$$

式中　R_{20t}——电缆在20℃时，每千米长的电阻值，MΩ/km；

　　　R_t——被测电缆长度为L，它在t℃时的绝缘电阻值；

　　　K——绝缘电阻的温度系数，见表10-1。

　　　L——被测电缆的长度，km。

表10-1　　　　　电缆绝缘电阻的温度系数 K

温度/℃	0	5	10	15	20	25	30	34	40
绝缘电阻的温度系数	0.48	0.57	0.70	0.85	1.0	1.13	1.41	1.66	1.92

通常良好电缆的绝缘电阻值很高。其最低绝缘电阻可按制造厂规定：新的油浸纸绝缘电缆，每一线芯对外皮的绝缘电阻（20℃时每千米长的电阻值）在额定电压为1～3kV时应不小于50MΩ；在额定电压为6kV及以上时应不小于100MΩ。

一般情况下，电力电缆开封或送电前的绝缘电阻值应符合表10-2所示

的规定。

表 10 - 2　　　　　　电力电缆的绝缘电阻值（仅供参考）

电压等级及类别	使用绝缘电阻表规格/V	绝缘电阻方法	换算到长为1km，且在20℃时的绝缘电阻/MΩ
3kV 及以下黏性油浸	1000	相一相相一地（铅包）	≥50
3kV 及以下干绝缘	1000	同上	≥100
6～10kV	2500	同上	≥200
35kV	2500～5000	同上	＞500

　　无封端的橡胶、塑料电力电缆即可用绝缘电阻表按上述接线方法进行绝缘电阻的测量，测量前可用蘸有汽油的棉丝将端头的线芯擦干净或者将端头锯掉 10～20mm，等露出新线芯后再进行测量。

　　对于有铅包封头的各类电缆，通常在制电缆头时才进行绝缘电阻的测量，同时进行潮湿判断和直流耐压试验。因为有封头的电缆属黏性油浸纸绝缘、不滴流油浸纸绝缘类，易受潮，因此电缆开封即应连接作业，直至做完；同时还需将从锯断处剩下的不用的电缆端头进行铅封，以免受潮。绝缘电阻的测量方法及要求同前。

🔵 小提示

　　测量电缆绝缘电阻的方法与绝缘电阻表的选用如下。

　　（1）测量电缆的绝缘电阻通常有三种方法，即直流比较法、高阻计法和绝缘电阻表法。在施工中应用最广的是绝缘电阻表法。

　　（2）在电缆绝缘电阻测量时，对于 100～500V 的电缆，可采用 500V 绝缘电阻表；对于 500～3000V 的电缆，可采用 1000V 绝缘电阻表；对于 1000～3000V 的电缆，可采用 2500V 绝缘电阻表；对于 10 000V 及以上的电缆，可采用 2500V 或 5000V 绝缘电阻表。应测量各电缆线芯对地或对金属屏蔽层间和各线芯间的绝缘电阻。

741. 怎样检查电缆线路的相位？

　　电力电缆线路在敷设完毕且与电力系统接通之前必须按照电力系统上的相位标志进行核对。电缆线路的两端相位应一致，并且应与电网相位相符合。

　　方法一：检查电缆线路的相位的方法很多。比较方便的方法是在电缆一端的两根线芯上，给电缆外护层或接地（接零）线接上两只不同阻值的任何电阻，在另一端线芯上用万用表欧姆挡分别测量线芯对外护层或接地（接零）线的电阻值即可。

方法二：干电池和电压表法。其接线如图10-3所示。在电缆的一端认定相序后，将干电池的正极引线接L1相端子，负极引线接L2相端子，在电缆的另一端用表盘中央为零值的直流电压表可找到对应的两线芯，即分别为L1相和L2相，L3相一般可不需再核对。

如果缺乏在中央表示零值的电压表，可用指示灯代替，其接线如图10-4所示。以电缆外护层为地，将干电池接通一根相线，指示灯依次接通L1、L2、L3相线，指示灯发亮时，则表示该相与接通干电池的是一根线的两端，属于同一相。灯不亮者为异相，依次试验可确定其他相位。

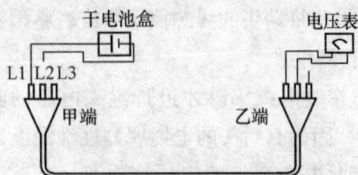

图 10-3　用干电池电压表法
　　　　　核相示意图

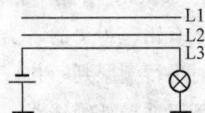

图 10-4　用干电池指示灯法
　　　　　核相的示意图

小提示

注意事项如下。

在单相以上系统中，各相依其达到最大值（正半波）的次序按一定顺序排列，称为相序或相位。在电力系统中，相序与并列运行、电机旋转方向等直接相关。若相位不符，会产生以下几种结果，严重时送电运行会发生短路。

（1）当通过电缆线路联络两个电源时，相位不符合会导致无法合环运行。

（2）由电缆线路送电于用户时，如两相相位不对会使用户的电动机倒转。三相相位接错会使有双路电源的用户无法并用双电源；对只有一个电源的用户，在申请备用电源后，会产生无法做备用的后果。

（3）用电缆线路送电至电网变压器时，会使低压电网无法合环并列运行。

（4）两条以上电缆线路并列运行时，若其中有一条电缆相位接错，会产生推不上开关的恶果。

742. 检测电缆线路绝缘电阻应注意哪些事项？

检测电缆线路绝缘电阻应注意如下事项。

（1）试验必须在干燥无风天气进行，避免潮气侵入或灰尘滴落，否则应有一定的防护措施。

（2）黏性油浸纸绝缘及不滴流油浸纸绝缘电缆泄漏电流的不平衡系数不应大于 2；当 10kV 及以上电缆的泄漏电流小于 $20\mu A$，以及 6kV 及以下电缆的泄漏电流小于 $10\mu A$ 时，其不平衡系数不做规定。充油、橡胶、塑料电缆泄漏电流的三相不平衡系数不做规定。

（3）电缆有铅封头时，开封时可锯割端头或用喷灯烤化铅封，然后将外皮的钢甲、铅套管、绝缘物及防护层小心剥掉，并缓慢将线芯分开，不得使芯线根部的绝缘受损，只将端部的绝缘纸轻轻撕掉即可。线芯露出的长度一般不应超过 100mm，铅管露出的长度应不大于 250mm。

开封时，剥切铅管或烤化铅管时，应用酒精棉球将外表擦拭干净，开封后要注意不得使脏物落入管中。同时应事先将试验仪器、导线、封铅、硬脂酸等试验材料准备好，开封后立即进行试验，尽量缩短线芯在外暴露的时间，试验完毕应立即封头。

（4）封头操作应由技术熟练者进行，要快、严密。

封头时，先将分开的线芯从根部（铅管口处）齐根锯掉，然后用喷灯预热铅管管口，预热长度不超过 100mm，且不得伤及管口以后的电缆；预热时间一般为 5～10min，然后将封铅斜置于铅管口，边预热边烤化，使铅滴糊在预热好的管口上，并涂抹硬脂酸，边涂边滴；当铅滴糊满管口时应立即用干净白布按住，边按边涂，即可将封头封好。再检查一遍有无漏封或不妥之处，再用同样的方法补封。整个过程要快，不得停止加热，必要时应用两只喷灯作业。封头必须封死封严，以免线芯受潮。

743. 怎样进行电缆线路故障的判定？

（1）无论何种电缆，均须在电缆与电力系统完全隔离后，才可进行鉴定故障性质的试验。

（2）鉴定故障性质的试验，应包括每根电缆芯的对地绝缘电阻，各电缆芯间的绝缘电阻和每根电缆芯的连续性。测量的结果应记入测量测量报告书中。

（3）对有绝缘要求的电缆金属护套，外护层的绝缘应予监视，如果有损坏，可参照寻电缆故障点的方法测出损坏点，并及时修理。

（4）鉴定故障性质可用绝缘电阻表试验。电缆在运行中或试验中已发现故障，用绝缘电阻表不能鉴别其性质时，可用高压直流来测试电缆芯间及芯与铅包间的绝缘。

（5）电缆两芯接地故障时，不允许利用另一芯的自身电容做声测试验。

（6）根据电缆故障的测寻方法，测出故障点距离后，应根据故障的性质，采用声测法或感应法定出故障点的确切位置。充油电缆的漏油点可采用流量法和冷冻法测寻。

（7）电缆或接头故障地点经测定后，其现场位置应与电缆线路图仔细核对。

744. 怎样鉴别出停电电缆？

在电缆线路的施工、维护及故障处理中，经常遇到需要判断电缆的运行状态或从若干根电缆中鉴别出某一根来等问题。其鉴别方法有标志法、测温法、卡流法、解剖法和检查法。

（1）标志法。电缆线路的标志管理工作中，对各种环境下敷设的电缆，及其在出入口、拐弯点、接头等特殊部位的标志都有明确的要求。如果标志准确、清楚，就可以利用它来鉴别电缆。

（2）测温法。电缆在相同的敷设与运行环境下，带电电缆的电缆临近部位的温度大于停电电缆的，带电电缆的负荷越大，温差也增大。

温度测试最好采用非接触式的红外测温技术，既安全又准确。

（3）钳形电流法。单芯电缆用钳形电流表法可以准确地判断出带电电缆与停电电缆。但对于多芯电缆来说，就不同了。一般来讲，运行电缆的三相负荷是不会完全平衡的，用精度较高的卡流表可以测出运行电缆的三相不平衡电流。

小提示

热备用的带电电缆是没有负荷的，也就没有不平衡电流。在较强的电磁场下，由于电磁感应，停电电缆的金属护套中也可能产生感生电流。

（4）解剖法。在电缆维修施工中，上述3种方法都存在一定的不确定性，为了准确判断电缆是否带电，一般在基本确认的电缆上应进行解剖验电。解剖法应该是逐层解剖逐层验电。操作需细心、谨慎，以确保安全。

（5）检测法。电缆识别仪是鉴别停电电缆的有效仪器。它是向已停电的被测电缆发送特殊的脉冲调制信号，再用接收钳在现场寻测出被加载该特殊信号的电缆。

745. 怎样检测电缆故障点?

电缆发生故障后,一般应先用 1500V 以上摇表判别故障类型,再用专门仪器和方法侧定故障,如采用电缆探伤仪等专用电缆故障检测仪器。

用绝缘电阻表判断电缆故障的方法如下。

(1) 首先在任意一端用绝缘电阻表测量各相电缆对地的绝缘电阻值。测量时另两相不接地,以判断某相是否接地。

(2) 测量三相电缆各相间的绝缘电阻,以判断有无相间短路。

(3) 当故障电阻低时,则可直接用万用表测量各相的对地电阻和相间电阻。

(4) 由于分相屏蔽型电缆常见故障为单相接地,故应分别测量每相对地的绝缘电阻。当发生相间故障时,应按照两个单相接地故障对待。在实际运行中也常发生在不同的两点同时接地的故障。

⚫ 小提示

测定电缆故障点常用的比较先进的方法是采用电缆故障测试仪。该仪器由闪络测试仪、路径仪和定点仪三部分配套组成。闪络测试仪可以进行粗测,测得故障点到测试点的大致距离;路径仪可以查明故障电缆的走向;定点仪可比较精确地测得故障点的具体位置。定点仪采用冲击放电声测法的原理制成。在故障电缆一端的故障相上加直流高压或冲击高压,使故障点放电,定点仪的压电晶体探头接收故障点的放电声波并将它变成电信号,经过放大后用受话器还原成声波,声音最响的位置即为故障点。

746. 在地面下直接埋设电缆应注意哪些问题?

(1) 电缆类型与要求。埋入地下的电缆,通常采用铠装电缆,但其金属外皮的两端均应可靠接地,接地电阻应小于 10Ω。

(2) 沟道要求。直埋电缆的沟道底部的土层应松软,电缆周围的泥土不能含有腐蚀电缆金属包皮的物质;埋入深度应大于 0.7m。

(3) 电缆接头处理。电缆接头下面必须垫混凝土基础板,其长度应伸出接头保护盒两端的 600~700mm。电缆中间接头盒外面应有生铁或混凝土保护盒,并采取相应的防腐、防水、防冻措施。

(4) 电缆敷设完后,其上应铺上 100mm 厚的软土或细砂,然后盖上混凝土保护板。

！小提示

直接在地面下埋设电缆，适用于长距离、电缆根数较少的场合。

747. 室外电缆终端头瓷套管碎裂怎么办？

室外电缆终端头的瓷套管经常受到机械损伤、尾线断线烧伤或由于雷击闪络而碎裂，当发现这类故障时不必更换端头，只要更换损坏的瓷套管即可。其方法如下。

（1）拆除终端头出线连接部分的夹头和尾线，用石棉布包好没有损坏的瓷套管。

（2）将损坏的瓷套管轻轻地用小锤敲碎并取出。

（3）用喷灯加热电缆外壳上部，使沥青绝缘胶部分熔化。

（4）用合适的工具取出壳内残留的瓷套管，清除绝缘胶，并疏通至灌注孔的通道。

（5）清洗缆芯上的碎片、污物，并包上清洁的绝缘带。

（6）套好新的瓷套。

（7）在灌注孔上安装高漏斗，灌注绝缘胶。

（8）待绝缘胶冷却后，即可装配出线连接部分的夹头和尾线。

748. 防范电缆终端盒爆炸起火的方法有哪些？

电缆末端与断路器、变压器、电动机等电气设备连接时，一般都将接头置于终端盒内，以保证绝缘良好、连接可靠、安全运行。当终端盒发生故障时，使绝缘击穿，造成短路，发生爆炸，燃烧的绝缘胶向外喷出而引起火灾，导致设备损坏，甚至发生人身伤亡事故。

（1）电缆负荷或外界温度发生变化时，盒内的绝缘胶热胀冷缩，产生"呼吸"作用，内外空气交流，潮气侵入盒内，凝结在盒的内壁上和空隙部分。绝缘由于受潮，绝缘电阻下降而被击穿。应在制作、安装终端盒时确保施工受潮，绝缘电阻下降而被击穿。应在制作、安装终端盒时确保施工质量、密封性能良好，防止潮气侵入。

（2）终端盒内的绝缘胶遇到电缆油就熔解，在盒的底部和电缆周围形成空隙，绝缘由于电阻下降而被击穿。应加强对终端盒的巡视检查，当发现盒内漏油时要立即进行处理，防止泄漏油造成爆炸事故。

（3）电缆两端的高差过大，低的一端的终端盒受到电缆油的压力，严重时密封被破坏，绝缘由于电阻下降而被击穿。

749. 怎样正确查找多芯电缆同一相的两个端头？

查找多芯电缆同一相的两个端头的方法有：欧姆表法、电压法和数字式相序显示器三种方法。

（1）欧姆表法。如图 10-5 所示，在电缆 A、B、C 三相确定的一端，分别依次三相接地，在电缆另一端用欧姆表测任意一相对地电阻，若为零，则确定为某相，若为无穷大，则不是。由于该方法操作过程中在电缆两端分别由一个人同步进行测量，最少要测 3 次，操作过程复杂，使用很不方便。

（2）电压法。如图 10-6 所示，在一根电缆的一端任意两相接一块干电池，A 接正极，B 接负极，在另一端用电压表（指针式或数字式）接任两相，若无指示，则进行换相，直到电压表有指示为止。若表头正向指示，接正表笔的相为 B 相，反之为 A 相，反复检查几次即可测出对应 A、B、C 三相。这种方法最少要测一次，使用也不方便。

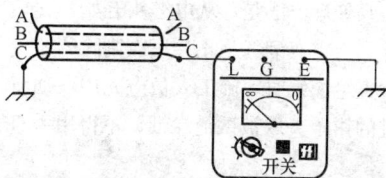

图 10-5　欧姆表法

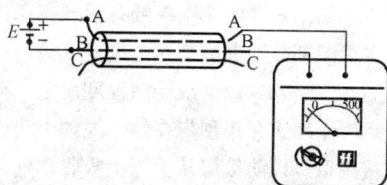

图 10-6　电压法示意图

（3）数字式相序显示器法。如图 10-7 所示，它是一种新型专用电缆相序检测仪，由两部分组成：确定相序部分（用 Z 表示）的无源相序编码和数字式智能判断相序部分（用 P 表示）的相序识别器。在现场将 Z 中标有 A、B、C 的 3 个端子分别对应连接电缆的 A、B、C 三相，在电缆的另一端，将 P 的 3 个端子任意连接电缆三相，打开电源开关，3 个端子对应的显示窗将对应显示所测试的相序 A、B、C。

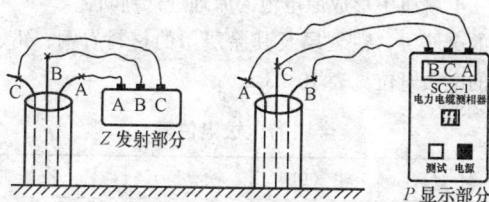

图 10-7　新型专用电缆相序检测仪检测方法

750. 怎样用点燃法简易检查油浸纸绝缘电缆受潮？

检查时可撕下绝缘纸进行点燃，如果有"嘶嘶"声或白色泡沫出现，则说明绝缘纸已受潮。

751. 怎样用热油法简易检查油浸纸绝缘电缆受潮？

（1）将绝缘纸放入150℃左右的电缆油中，如果有"嘶嘶"声或白色泡沫出现，则说明绝缘纸已受潮。

（2）用钳子将导体绞线松开，浸入150℃左右的电缆油中，如果已有潮气侵入，同样会有"嘶嘶"声或白色泡沫出现。

应当指出，在检查电缆绝缘纸是否受潮时，要特别注意靠近铅包处的统包纸绝缘及导线线芯表面的纸层因为水分大多数是沿着铅包表面或导体线芯的缝隙侵入电缆内部的。检查绝缘时不要用半导体屏蔽纸做试验，因为它有吸收气体的特性，容易引起误解。

如果发现电缆绝缘纸有潮气存在，其处理方法是，从电缆头开始，逐段将受潮部分的电缆割除，重复试验，直到不再有潮气为止。每次割除的长度为0.3～1m，视绝缘受潮程度而定。检查绝缘纸时，施工人员应先用汽油将手擦干净，并用预先在热电缆油中洗过的钳子夹取被试绝缘纸，不得用手直接提取，以防纸层从手指上吸收潮气。

752. 怎样用测量绝缘电阻检查油浸纸绝缘电缆受潮？

用绝缘电阻表测量电缆的绝缘电阻。额定电压为0.6/1kV电缆用1000V绝缘电阻表，其测量值换算到20℃时，每千米的绝缘电阻应不小于50MΩ。若不符合标准值，则说明油浸纸绝缘电缆受潮。

753. 怎样确定橡塑电缆内衬层和外护套破坏进水？

直埋橡塑电缆的外护套，特别是聚氯乙烯外护套，受地下水的长期浸泡吸水后，或者受到外力破坏而又未完全破损时，其绝缘电阻均有可能下降至规定值以下，因此不能仅根据绝缘电阻值的降低来判断外护套破损进水。可根据不同金属在电解质中形成原电池的原理进行判断。

橡塑电缆的金属层、铠装层及其涂层用的材料有铜、铅、铁、锌和铝等。这些金属的电极电位见表10-3。

表10-3　　　　　　　金属的电极电位表

金属种类	铜（Cu）	铅（Pb）	铁（Fe）	锌（Zn）	铝（Al）
电位/V	+0.334	-0.122	-0.44	-0.76	-1.33

当橡塑电缆的外护套破损并进水时，由于地下水是电解质，在铠装层的镀锌钢带上会产生对地 $-0.76V$ 的电位，如内衬层也破损进水，在镀锌钢带与钢屏蔽层之间形成原电池，会产生 $0.334-(-0.76)\approx1.1V$ 的电位差，当进水很多时，测到的电位差会变小。在原电池中铜为"＋"极，镀锌钢带为"一"极。

当外护套或内衬层破损进水后，用绝缘电阻表测量时，每千米绝缘电阻值低于 $0.5M\Omega$，用万用表的"＋"、"一"表笔轮换测量铠装层对地或铠装层对铜屏蔽层的绝缘电阻，此时在测量回路内由于形成的原电池与万用表内的干电池相串联，当极性组合使电压相加时，测得的电阻值较小；反之，测得的电阻值较大。因此上述两次侧得的绝缘电阻值相差较大时，表明已形成原电池，就可判断外护套和内衬层已破损进水。

!小提示

外护套破损不一定要立即修理，但内衬层破损进水后，水分直接与电缆线芯接触并可能会腐蚀铜屏蔽层，因此一般应尽快检修。

754. 怎样用电流干燥法干燥受潮的橡塑电缆？

用电流干燥法干燥受潮的橡塑电缆方法如下。

（1）对受潮电缆进行外观检查及绝缘电阻的测量。在干燥前对受潮电缆进行检查和绝缘电阻的测量，当绝缘电阻低于规定值时，应详细做好记录。假如有短路接地故障，要查出故障点，在排除故障后再进行干燥处理。

（2）电流干燥法的接线。对于三相三（四）线制电缆，在电缆的一端短路，在另一端将导体分成两组，一组为 1（2）根线芯，另一组为 2 根线芯，分别短路后接入升流器或电焊机的出线上，并在回路中安装一块电流表（电流表的量程不够时，可采用电流互感器测之），用于回路的电流监视，具体接线如图 10-8 所示。最初通入电流时，其电流控制在电缆长期允许工作电流的 1.15 倍以下，并要严格用远红外线测温仪（或温度计）对电缆线芯和电缆表面进行温度监视。当温度达到 55℃ 时，减小电流，并控制在 1.0 倍长期允许工作电流的数值内。这样干燥 5~6h 再对电缆进行绝缘电阻测试。绝缘电阻不能满足要求时，继续干燥，直到绝缘电阻满足要求时再对电缆进行其他电气指标测定。

在整个干燥过程中要严格监视电缆导体和电缆表皮的温度，不能超过表 10-4 内的温度数值。另外，接头部位必须接牢，否则会造成接头部位过热，容易引起温度监视出现误导而使效果不佳的情况。

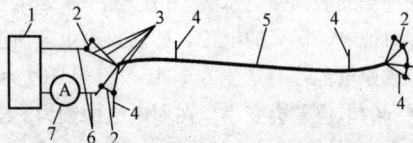

图 10-8 电流干燥法示意图

1—开流器或电焊机；2—短线；3—电缆芯线；4—温度计；
5—电缆；6—开流器或电焊机的引出线；7—电流表

表 10-4　　　　　　　　电力电缆最高允许温度　　　　　　　　℃

电缆种类	3kV 及以下		6kV		10kV		20～30kV	
	表皮	线芯	表皮	线芯	表皮	线芯	表皮	线芯
橡胶绝缘	50	65	50	65	40	55	40	55
聚氯乙烯	50	65	45	60	40	55	40	55
聚乙烯	55	70	50	65	45	60	40	60
交联聚乙烯	65	90	60	90	50	85	45	80

小提示

电流干燥法就是将受潮电缆通入一定的电流使其发热，而将电缆内部的潮气、水分蒸发掉，以达到干燥电缆的目的。

755. 低压电缆中间接头烧坏怎么办？

低压电缆中间接头烧坏时，应重新制作中间接头，具体方法如下。

（1）按工艺长度剖切电缆外护层、铠装钢带、内绝缘层、线芯绝缘层等，扎好钢带并穿好接线盒。

（2）选相应规格的连接管进行压接，并在搪锡后处理毛刺。

（3）分芯包绕自粘带和PVC胶带。在包绕自粘带时，应将其拉伸一倍后包绕至与原线芯绝缘相等的直径。PVC胶带与原线芯绝缘搭接包缠。

（4）在4根线芯之间用黑蜡布缠成直径约25mm的布卷隔开，外用油浸白布统包绑扎，厚度约为3mm。

（5）焊好钢带并用铜线作良好连接。

（6）套上连接盒，封好两端头，浇灌沥青绝缘剂。

756. 电缆沟常见的故障有哪些？

电缆沟常见的故障有以下几种。

（1）电缆沟盖被重载汽车压塌。其原因是：① 过道外沟盖没有防压加强措施；② 电缆沟盖太薄；③ 电缆沟太宽。电缆沟盖被压折往往会砸伤沟内电缆，因此厂区电缆沟过道处要加强防压措施（如立警示牌），防止重载汽车通行。

（2）电缆沟内进水。电缆沟进水后可能会导致电缆薄弱环节（不管高压电缆还是低压电缆中间接头处都是薄弱环节）发生漏电甚至短路事故。可准备一台移动式潜水泵，及时排水。

!) 小提示

由于电缆中间接头处最易发生问题，因此，电缆接头盒要翻到电缆沟上边，进水也不至于泡在水里（电缆中间接头盒长时间泡在水里往往发生短路爆炸）。

第十一章 Chapter11

电工仪表与测量

第一节 电工仪表维护与故障检修

757. 常用电工测量仪表有哪些？

常用电工测量仪表有交流直流表、交流电压表、直流电流表、直流电压表、有功功率表、无功功率表、频率（周波）表、同期（同步）表、功率因数（力率）表、三相有功电能表和三相无功电能表等。

测量仪表的型号一般可分四部分。

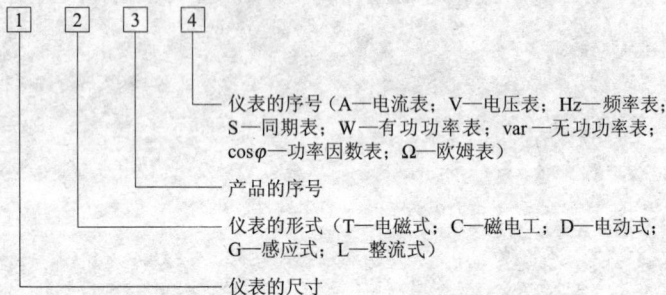

```
 1   2   3   4
```

仪表的序号（A—电流表；V—电压表；Hz—频率表；S—同期表；W—有功功率表；var—无功功率表；cosφ—功率因数表；Ω—欧姆表）

产品的序号

仪表的形式（T—电磁式；C—磁电工；D—电动式；G—感应式；L—整流式）

仪表的尺寸

⚠ 小提示

测量各种电量及电路参数的仪器、仪表叫电工仪表，其测量的主要参数有电流、电压、功率、电能、频率、相位、功率因数、电阻、电容、电感等。

758. 拆装电工仪表应注意哪些问题？

拆装电工仪表时应注意的事项如下。

（1）拆卸表盖前要记下原来有无封印，并仔细研究表盘结构；查明拧开哪些螺钉就能顺利地将表盖揭开；启开表盖之前应先将指针拨到零位。

（2）拆卸标度盘时不得碰撞指针。

（3）拆卸磁电式仪表的表头线圈之前最好能测定表头原来的灵敏度（即表头的全偏转电流）。

（4）拆卸表头线圈时，应先取下永久磁铁，或者将磁铁短路，再取出整个可动体的支架，以免强磁场吸引铁心而碰坏线圈。

（5）有些磁电式仪表没有软铁极掌，磁铁取不下，又不易短路，应采用如图 11-1 所示的专用支架，将支架从磁铁底部塞入磁场间隙中隔开铁心，以防止取出可动线圈时铁心与磁铁碰撞而损坏可动线圈，安装时也要按这一方法进行。

图 11-1　拆卸仪表
可动专用架

（6）应先记下磁铁极性再拆下磁铁，拆下后应立即将磁铁可靠地短路，以免装反和失磁。

（7）当拧松轴承取可动体时，最好只松上轴承，下轴承尽量不动，这样就可保证可动体上下位置不变。

（8）拨轴尖时，为了防止轴孔扩大，应轴向用力，不得摇晃或者将轴尖拨断。

（9）拆装固定线圈时要注意绕线方向，最好标出相应的记号。

（10）拆装游丝时，要注意游丝盘绕方向，并应在指针指零和调零器位置适中地焊接。

（11）仪表中有复杂开关和线路时，拆开线路之前应先画下线路图，并记下拆开的线路和开关的位置。

（12）焊接仪表零件时，不得使用酸性焊剂，而应使用松香酒精溶液或其他中性焊剂。

（13）修理后的仪表，其接线要整齐，内部要清洁，螺钉要拧紧，开关转动要灵活，接点接触要可靠。

（14）在装表盖之前应将盖上调零器下的小棍套进调零把的孔眼，并用改锥试调是否灵活、正确，调好后上紧螺钉，最后试验仪表，如果合格，就加封印。

759. 怎样使用和校验直流电压表？

直流电压表由直流电流表串联一附加电阻而成。由于电流表的内阻很小，只能承受很低电压，所以用它来测量直流电压时，必须串联一只高阻值的附加电阻（也称倍压器），以使附加电阻承受绝大部分电压。附加电阻一般是内附式，但测量高电压时，须串联外附式附加电阻。外附式附加电阻是与电压表配套供应的，一般在表盘上注有"外附电阻器"字样。外附电阻器是电压表的附件，没有它电压表中通过的电流就会很大，从而可能烧坏仪表线圈。

直流电压表的接线要注意其正负极，通常在电压表的接线柱旁边都注有"＋"和"－"的标记，接线柱的"＋"（正端）与被测电压的高电位连接，接线柱的"－"（负端）与被测电压的低电位连接，如图 11－2 所示。正负极不得接错，否则指针就会反转，可能将指针打弯。

校验量限在 200V 以下的直流电压表可按图 11－3 接线。

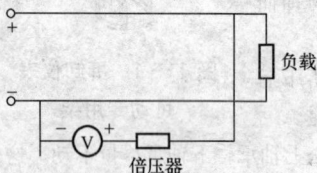

图 11－2　附倍压器的直流
电压表接入电路

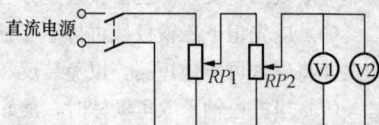

图 11－3　200V 以下直流电压表
校验接线图
V1—被试表；V2—标准表；
RP1、RP2—变阻器

误差计算

$$\gamma\% = \frac{u_1 - u_2}{u} \times 100\%$$

式中　u_1——被试表的读数；

　　　u_2——标准表的读数；

　　　u——被试表的满刻度值。

760. 怎样使用和校验交流电压表？

交流电压表与直流电压表一样，也由交流电流表串联一附加电阻而成，但交流电流表中的线圈匝数多，导线细。测量高压时，用电压互感器来扩大电压表量限（见图 11－4）。此时电压互感器的一次绕组接到被测高压线路上，二次绕组接在电压表的两个接线柱上。当电压互感器的一次绕组接入电源时，二次绕组被感应，所产生的低压电流通过电压表，于是指针偏转就有了读数。如果测量三相交流电压，可按图 11－5 所示接线。

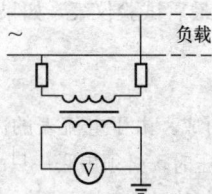

图 11-4　交流电压表通过
电压互感器接入电路

校验量为 100～200V 的电压表可按图

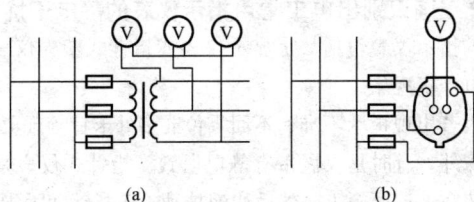

图 11－5　测量三相交流电压时电压表接线图

（a）用三只电压表测量三相电压接线图；

（b）用一只电压表与电压转换开关连接测量三相电压接线图

11－6 所示接线，校验量限小于 100V 或大于 200V 的电压表可按图 11－7 所示接线。

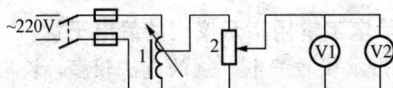

图 11－6　100～200V 交流电压表校验接线图

1—单相调压器；2—变阻器；V1—标准电压表；V2—被试电压表

图 11－7　校验量限小于 100V 或高于 200V 的交流电压表接线图

1—单相调压器；2—单相变压器；3—变阻器；

V1—标准电压表；V2—被试电压表

误差计算

$$\gamma\% = \frac{u_2 - K_{TV}u_1}{u} \times 100\%$$

式中　u_2——被试电压表的读数；

u_1——标准电压表的读数；

u——被试表的满刻度值；

K_{TV}——被试电压表所接用电压互感器的变压比，当不用电压互感器时，其值等于 1。

449

761. 怎样正确识别出电工常用指示仪表的静电干扰？

电工常用的指示仪表包括数字显示仪表或指针式塑壳仪表。在测量时，有时会出现静电干扰现象。

指针式仪表若出现指示不准、不回零位或多处卡针等现象，除表头内部机械部分有故障外，有时是仪表带有静电所致。指针式仪表是否存在静电，可将一只手指按在玻璃面板上，然后快速抹动，若指针随手指动作摆动，则就说明该仪表有静电干扰现象。

⚠ 小提示

产生静电干扰的原因较多，如操作人员穿着化纤衣服或用化纤织物、棉纱摩擦仪表外壳或部件，使仪表产生静电荷积累；测量电压较高或被测电路（元器件）采用浮地工作方式，易在测量过程中产生静电等。

762. 怎样消除电工常用指示仪表的静电干扰？

消除电工常用指示仪表静电干扰的方法较多，较常用、有效的方法如下。

（1）用 5％新洁尔灭（一种医用消毒剂，在药店可购得）与蒸馏水混合，汇成水状混合溶液，在仪表有静电干扰部位涂覆一层即可。

（2）将 2％甲醛、3％甘油、4％骨胶、91％蒸馏水混合成甲醛甘油合剂（溶液），用医用镊子夹住脱脂棉球，将溶液涂覆于仪表静电干扰表面。

（3）用医用镊子夹住蘸有医用酒精的棉球在仪表静电干扰表面轻轻涂抹一遍，晾干后即可消除静电。

（4）最简便的方法是用脱脂棉球蘸蒸馏水，涂抹一下有静电干扰的部位，干燥后静电干扰即可消除。

⚠ 小提示

有些仪表外表面经常带有静电，只要关断电源，用湿手将有静电干扰的外表面抹湿，静电干扰也会消失。若蒸馏水不便找到，应急时用自来水也可。

763. 怎样在常用指示仪表外部涂覆去除静电干扰？

用涂覆的方法消除静电干扰，应掌握先外后内原则，因静电干扰多数是由玻璃面板外所带的静电引起的。故只有在外层涂覆无效或不能根除静电干扰时才采取将仪表拆开的办法进行内部涂覆来消除静电。

在外部去除静电干扰的涂覆时，应采用先下后上的方法。因为塑料表壳下部一般是不用于观察的黑体部分，若对下部涂覆即能够消除静电干扰，则不必再涂覆上部了。

若对塑料表壳下部涂覆以后不能消除静电干扰，则再对整个玻璃面板进行涂覆。但不要反复涂抹或反复多次将已涂溶液擦干（宜用晾干法）。因为用有机溶液时会使有机玻璃透光度变差或使玻璃表面出现纹路，多次擦拭还会出现摩擦划痕。

764. 怎样在电工常用指示仪表内部涂覆去除静电干扰？

当仪表玻璃板内、表壳等处出现静电干扰，必须采用内部涂覆的方法去除静电时，打开仪表以后，对内部产生静电干扰的部位通常只需进行一次性涂上薄薄一层溶液即可。

对于那些已作过沉银镀膜处理过或为防止高压和静电干扰而已有涂覆层的电压仪表，一定要注意不要将镀膜或涂层损坏擦除。还要特别注意仪表接线柱与表壳之间的良好绝缘，以防止电源正极和交流相线与外壳接触而加大静电干扰。

> **小提示**
>
> 不要在带电的情况下进行涂覆，以防电击，这一点必须注意。对于数字式仪表，采用新洁尔灭的水溶液进行涂覆效果较好。

765. 电动式电气仪表表针不回零怎么办？

导致电动式电气仪表表针不回零的故障原因及检修方法如下。

（1）轴尖和轴承配合过紧，轴承磨损严重或缺油，轴尖磨损严重，积累灰尘和油污，严重锈蚀。对此，应对轴尖和轴承进行处理，必要时应重换新件。

（2）游丝损坏和变形。应重新换游丝等。

766. 电动式电气仪表指针不稳，测量值变化过大怎么办？

导致电动式电气仪表指针不稳，测量值变化过大的故障原因及检修方法如下。

（1）螺钉松动或脱焊。应紧固螺钉或消除脱焊现象。

（2）量程转换开关触点接触不良。应将量程开关拆下来，将触点锈蚀部分打磨光亮。

（3）游丝焊片松动，游丝与活动部分的轴杆短接。应重接游丝焊接片，排除短路处。

767. 电动式电气仪表指针偏转过小或根本不偏转怎么办？

导致电动式电气仪表指针偏转过小或根本不偏转的故障原因及检修方法如下。

（1）固定线圈装反或连接接反，固定线圈或可动线圈局部短路。应改正装反或接反的线圈及连线，换掉短路的线圈。

（2）分压电阻短路。应重换新的分压电阻。

（3）游丝扭绞或与线圈相碰。应修理或更换游丝。

（4）指针卡死。应查找故障原因并处理。

768. 电动式电气仪表通电后指针反向偏转怎么办？

这种故障多是由于可动线圈或固定线圈极性接反所致。只要重换线圈其中的一对端子即可。

769. 电动式电气仪表指针发涩或卡死怎么办？

导致电动式电气仪表指针发涩或卡死的故障原因及检修方法如下。

（1）表针弯曲，刻度盘不平，碰撞指针。可将仪表拆开，平整指针和刻度盘。

（2）可动线圈碰撞固定线圈或引出线碰到相应的线圈。应检查可动线空间自由度，发现问题应及时处理。

770. 电动式电气仪表指针振动大怎么办？

这种故障大多为活动机构的固有频率与所测信号频率一致导致谐振而造成的。对此，应对表内活动部件的质量进行适当的增减；检查表内活动部件有无脱落；重换不良的游丝。

771. 磁电式电气仪表电路不通，仪表也无指示怎么办？

导致磁电式电气仪表电路不通，仪表也无指示的原因可能是：仪表可能受到较大的机械振动而损坏；仪表受潮严重，部分元器件损坏；电气线路脱烛焊、烧断，如动圈、附加电阻、电容等。

检修时对电路进行检查，对有关部件（如游丝、动圈、附加电阻等）进行调整或重换新件，对连接部位进行补焊或紧固螺钉。

772. 磁电式电气仪表指示不稳定怎么办？

导致磁电式电气仪表指示不稳定的故障原因及检修方法如下。

（1）线路接触不良。可拆开仪表检查相关线路。

（2）脱焊或螺钉松动。对脱焊处进行重焊，紧固好松动的螺钉。

（3）线路绝缘不良。采取必要的烘干措施。

（4）有碰壳或局部短路。排除接地、碰壳、短路现象。

（5）调整和检修质量不高。应提高调试和检修质量。

（6）永久磁铁磁性减弱或活动部分失去平衡。更换不良的元器件、部件，如永久磁铁、游丝、分压电阻等。

773. 磁电式电气仪表接通电路以后，仪表无指示怎么办？

导致磁式电气仪表接通电路以后，仪表无指示的故障原因及检修方法如下。

（1）表头因故卡死：分流支路通，但表头断路。对此，可用敲击法，即用手轻轻地敲开仪表，看有无变化，如仍无反应，则应拆开仪表进行检查。

（2）表头线路短路，动圈内局部短路。先检查仪表表头线路有无短路，然后着重检查动圈并及时处理。

774. 磁电式电气仪表刻度不准且无任何规律怎么办？

导致磁电式电气仪表刻度不准且无任何规律的故障原因及检修方法如下。

（1）仪表局部受潮，相关部件锈蚀。应将仪表拆开，进行清洗、烘干、打磨、调整。对锈蚀严重的部件应进行更换。

（2）部件受机械振动，位置发生了变化。对于变形的游丝、过载引起的疲劳游丝，均应仔细地调整，必要时应更换新件。

（3）表头的平衡部件、平衡锤和锤杆偏离原位或松动。检修时，对松动的相关螺钉应进行必要的紧固，调整仪表各有关部件的位置使之恢复正常，对于脱落的部件要重新进行粘结，使其紧固。

775. 磁电式电气仪表指针不回零怎么办？

导致磁电式电气仪表指针不回零的故障原因及检修方法如下。

（1）仪表指针弯曲变形，与刻度盘或玻璃面相擦。可将表壳拆开，平直表针。

（2）表面调整螺钉调整不当。可将表面调整螺钉调到适当位置，或更换调整螺钉。

（3）轴尖氧化生锈、磨损、轴尖座松动，锥孔磨损、过脏。可将仪表拆开，对各相关部件用无水酒精彻底进行清洗，对轴尖要用油石修磨，用氧化铬膏抛光后再清洗，然后仔细进行调整，对相关轴尖进行调整，必要时应更换新件。

（4）游丝焊片与轴承螺钉有磨损，游丝内圈与轴不同心，游丝平面翘起与平衡锤有摩擦，游丝过脏，游丝过载产生弹性疲劳。对此，对弹性差的游丝进行清洗、调整、校正，必要时应更换新件。

776. 电磁式电气仪表误差较大怎么办？

电磁式电气仪表的表头主要由固定铁片、动铁片、固定线圈、阻尼器、转轴、游丝、指针等部件构成，具有结构简单、过载能力强、交直流两用、造价低等特点，但标度不均匀，灵敏度和准确度较磁电式仪表差，防外磁干扰能力也差，故仅适用于工业用表。

导致电磁式电气仪表误差较大的故障原因及检修方法如下。

（1）测量电路的感抗过大。检修时，可采用并联电容来减小感抗；也可采用改变附加电阻的绕制方法来解决。

（2）测量机构中铁磁元件剩磁过大。应对测量机构中易磁化的部件进行清磁处理。

777. 电磁式电气仪表通电后指针不偏转或反向偏转怎么办？

导致电磁式电气仪表通电后指针不偏转或反向偏转故障的故障原因及检修方法如下。

（1）电路有短路或断路现象。可拆开仪表仔细检查，看是否有放电、烧损痕迹，是否有接线与图纸不符的现象。

（2）偏转系统被卡死。可用手轻轻拨动指针，观察动作是否灵活。如发现有问题，应进行调整或修理。

（3）线圈装反或线路接反。应将装反的线圈改正过来；接反的线圈也应改正过来。

（4）固定静铁片的铅罩接反。应将铅罩重新调整好。

778. 怎样正确使用电子电压表？

电子电压表属于精确测量仪表，通常应注意以下事项。

（1）注意干扰源的影响。电子电压表通常都具有较高的输入阻抗，对干扰源比较敏感，也容易受分布电容的影响，在测量中必须注意。测量使用的引线必须采取隔离措施。

（2）注意分布电容的影响。分布电容对测量结果的影响不可忽视。例如对于具有两个二次绕组的变压器，两绕组之间没有直接的电气联系。当将其两个绕组各取一端用电子电压表测量这两端上的电压时，由于分布电容的存在往往有电压存在，该电压有时会等于两个绕组电压的总和。

⊕小提示

为了减小分布电容的影响，遇到上述情况时，可在电压表的输入端并接一只几百欧姆的电阻，使电压表的输入阻抗降低以后测出的数据就会准确。

779. 怎样正确读取峰值电子电压表的读数？

峰值电子电压表的表盘上使用的是峰值刻度，其读数与被测量的波形无关，但使用时必须注意它的检波电路的形式。

（1）对于开路式峰值检波电路，在表上读得的读数为正向峰值电压。

（2）对于闭路式峰值检波电路，在表上读得的读数则是检波交流分量的正向峰值电压。

如果调换输入端，上述开路式峰值检波电路的电子电压表可读出反向峰值的电压，而闭路式电压表读出的是交流分量的反向峰值。

对于峰—峰值电压表的检波是峰—峰值检波方式的电路，它是以峰—峰值为刻度的。因此，这类表的读数与被测电压波形没什么关系。

第二节　电能表维护与故障检修

780. 电子式电能表与普通机械式电能表的性能有什么不同？

电子式电能表与普通机械式电能表的性能比较见表 11 - 1。

表 11 - 1　　电子式电能表与普通机械式电能表的性能比较

性能	电子式电能表	普通机械式电能表
准确度	表中 A/D 变换器的精度可达 2^{-14} 以上，因此分辨率和精度很高，可以设计 0.5 级以上的高准确度的电能表	由于磁路结构非线性失真大，一致性差，因此要采用各种补偿机构，这样又降低了稳定性并增大调校难度，要提高准确度难度大
稳定性	采用锰、铜等高稳定性材料制作电流采样元件和高质量的电子电路作运算处理元件，所以稳定性很好，用户在安装前可以免调，工作中的调校周期很长	由于机械转动，摩擦力不稳定，所以稳定性较差，经运输后准确度可能超差，故在安装前必须重新调校，工作中稳定性又会逐渐变差
灵敏度	电子线路本身灵敏度极高，比机械表高一个数量级，并可以长时间保持这种高灵敏度	因机械摩擦力等原因，灵敏度较低，长期运行后灵敏度更会降低，甚至对 10W 以下的节能灯无法反应

性能	电子式电能表	普通机械式电能表
线性动态范围与计量准确度	线性好，线性动态范围较大，在电量变化大的情况下，计量准确度不变	线性动态范围小，大电流时磁路容易产生磁路饱和，因此在电量变化大的情况下，计量准确度受到很大影响，容易发生潜动
功耗	功耗很小，如一只单相电子式电能表每月功耗为0.3～0.5kWh	功耗较大，每月功耗0.8～1kWh
防窃电效果	由于电子线路内部在设计上很容易实现对付各种窃电行为的防范措施，因此防窃电效果好	防窃电效果差
其他	价格较贵，对外部环境要求较高	价格较廉，对外部环境要求较低

小提示

电子式电能表内的指示灯（发光二极管）亮暗频率的快慢表示用电量的多少。常亮或常暗都表示用户没有用电。发光二极管每闪亮8次计数器前进一步。如果用户没有用电，线路也无故障、无漏电现象，指示灯仍然连续闪光，表明计数器还在计数，则说明该电能表内部有故障。如果用户用电时指示灯不亮，计数器在工作，或者指示灯闪亮，计数器不工作，或者指示灯不亮，计数器不工作，都说明电表有故障。

781. 智能电能表有哪些功能？它是怎样分类的？

智能电能表是由测量单元、数据处理单元、通信单元等组成，具有电能量计量、信息存储及处理、实时监测、自动控制、信息交互等功能的电能表。

(1) 智能电能表的功能。智能电能表一般有以下20项功能：计量功能、需要测量功能、时钟功能、费率时段功能、清零功能、数据存储功能、数据冻结功能、事件记录功能、通信功能、信号输出功能、显示功能、测量功能、安全保护功能、费控功能、负荷记录功能、阶梯电价功能、停电抄表功能、报警功能、辅助电源功能、安全认证功能。

(2) 电子式电能表分类。

1) 按准确度分。可分为：① 安装式有功电能表：0.2S、0.2、0.5S、0.5、1.0、2.0 级；② 安装式无功电能表：0.5、1.0、2.0 级；③ 标准电能表：0.01、0.02、0.05、0.1、0.2 级。

2) 按测量原理分。可分为：① 热电转换型；② 霍尔乘法器型；③ 时分割乘法器型；④ A/D 乘法器型。

3) 按用途分。可分为：① 安装式有功电能表，用于测量有功电量；② 安装式无功电能表，用来计量发、供、用电的无功电能；③ 安装式最大需量表，一种既计算客户耗电量的数量，还指示客户在一个电费结算周期中指定时间间隔内平均最大功率的电能表；④ 安装式多费率电能表：多费率电能表是按指定时段分别按要求计量各时段用电量及总用电量的电能表；⑤ 安装式多功能电能表：除了计量有功（无功）电能外，还具有分时、测量需量等两种以上功能，并能显示、储存和输出数据；⑥ 标准电能表：作为计量标准，用于量值传递。

4) 按接线分。可分为：① 直接接入式和间接接入式（经互感器接入）；② 由于测量电路的不同，通常又分为单相电能表、三相三线电能表和三相四线电能表。

5) 按安装场合分。可分为：① 居民客户电能表；② 小工业客户电能表；③ 台区工商业客户电能表；④ 变电站用电能表；⑤ 电网关口用电能表。

6) 按电压分。可分为：① 220/380V 交流电子式电能表；② 57.7/100V 交流电子式电能表；③ 10kW 及以上直接计量的电子式高压电能表。

782. 智能电能表安装使用注意事项有哪些？

(1) 安装时应采用专用的仪表箱保护，安装底板应固定在坚固耐火且不易震动的墙面上。

(2) 必须严格按照表尾盖内的接线图进行接线，接入端子座的引线建议采用铜线，端子座内固定引线的螺钉应拧紧，避免因接触不良发热而使电能表烧毁。

(3) 接线后应将端子盖铅封，建议将面盖铅封。

(4) RS-485 接入时，建议选用三芯屏蔽线，其三芯将终端与仪表 A、B、通信地相连，屏蔽层单端可靠接入保护地中。

(5) 当外接负载超过辅助端子的输出能力时，应接中间继电器，以防止损坏电能表。

(6) 严禁带电安装接线。

❶ 小 提 示

智能电能表运行状态指示灯。

智能电能表的 LCD 液晶显示屏下方共设置有 3 个超亮、长寿命 LED 发光二极管，用来指示电能表的各种运行状态，分别定义如下。

(1) 脉冲指示灯：红色，平时灭，计量有功电能时闪烁。

(2) 报警指示灯：红色，正常时灭，报警时常亮。

(3) 跳闸指示灯：黄色，平时灭，负荷开关分断时亮。

783. 家用电能表胶木接线盒内出现烧焦煳味怎么办？

其故障原因及检修方法如下。

(1) 在安装或更换电路导线时盒内的固定螺丝未拧紧。当电器用电负荷增大时，螺丝柱因接触不良发热，烧坏胶木盒并伴有焦煳味。

检修时应取下接线盖后拉下总闸刀，将电源导线全部拆下，重新用刀将线头残留物刮干净，装入接线柱内，拧紧全部螺丝即可以排除故障。

(2) 从室内接到电能表上的导线质量差，引起铜柱与导线间产生氧化层（特别是安装在环境潮湿、不通风处的电能表容易产生此类问题），从而增大电阻值使接触点发热而损坏接线盒。这时应彻底清除接线盒内的油污及更换导线。

784. 家用电能表空载时自行转动怎么办？

电表在空载时会自行转动，一般来说，当电源电压为额定值的 80%～110% 时，电能表铝盘的转动不会超过一圈，属于正常范围（即转盘顺时针方向转动一圈），但若铝盘微微转动不止，则说明电表线路有漏电存在，应请电工检查处理。如果没有漏电存在，那就是电能表自身的故障，应及时送电力部门检修或换新表。

785. 家用电能表运行时产生"吱吱"的响声怎么办？

电能表在长期的运行期间，由于受各种因素的影响，很可能出现磁铁固定螺丝松动、部分元器件老化、齿轮啮合间隙过大等现象，造成不正常的响声。另外，上下轴承因缺油造成摩擦力矩增大，电能表也会发出"吱吱"的响声。只要将表盖打开，将松动的螺丝紧固或将上下轴承加上适当的仪表油，就会消除该故障。

⓿·小 提 示·

电能表在运行时有轻微的"嗡嗡"声属于正常现象。但如果表内产生不规则的杂乱响声，则是表内部的某些配件老化、电磁场部分元件松动，或转动齿轮缺油等原因所引起的，应送电力部门校验并更换易损配件。有时，当电能表处于严重超负荷运行时，也会产生不规则的响声，应及时关闭部分电器，以防损坏电能表。

✎ 786. 电能表的铝盘不转怎么办？

电能表的铝盘不转的故障原因及检修方法如下。

（1）检查电能表的外表是否有烧糊的现象和烧焦的气味，如果有，则应该检查一下电压线圈或电流线圈的引线与端子连接的螺丝是否松动，因为松动将会使此处的接触电阻增大，出现打火，产生高温，时间一久就会将引线烧断，造成开路，使电能表停转。

（2）如果引线接触良好，那就再检查一下电压线圈和电流线圈是否被烧断。电能表长期在超负荷的状态下工作，电流表线圈中会产生过电流烧断线圈，使电流回路开路，出现停转现象。

（3）如果没有以上现象，那就需检查一下铝盘是否有蹭盘现象，看一看磁铁的间隙中是否有杂物或小铁屑等。如有蹭盘，可适当调整轴承的螺丝。如果铝盘不平，可取下来在平台上进行校正之后再安上。

⓿·小 提 示·

杂物是造成电能表不转的一种常见原因，应设法予以清理。

✎ 787. 怎样自行测试电能表走字不准？

电能表走字不准时，自行测试的方法如下。

一般在电能表的标牌上均标注着每耗用一度电铝盘转动多少圈，如标注3000r/kWh 的字样，该表每耗用一度电铝盘转动 3000 圈。如果连续点燃一盏 100W 的灯泡每小时耗电 0.1 度，铝盘应该转动 300 圈，那么平均每分钟铝盘应转 5 圈左右，经过这样简单测试便知道电能表走字是否正常，当测试结果与实际误差很大时，应怀疑电能表有问题。

✎ 788. 计度器停止转动或跳字的原因有哪些？

（1）由于固定计度器的螺丝松动，使计度器的齿轮与转轴上的蜗杆脱开或齿轮有毛刺会造成停转。

（2）跳字的主要原因是计度器的齿轮损坏（如断齿）或变形等。只要将齿轮与蜗杆啮合好（注意啮合间隙），将已损坏的齿轮更换掉即可排除故障。

789. 怎样使用与维护单相电能表？

单相电能表使用和维护的方法如下。

（1）用户发现电能表有异常现象时，不得私自拆卸，必须通知有关部门处理。

（2）保持电能表的清洁，表上不得挂物品，当电路有电时，不得经常低于电能表额定值的10%，否则应更换容量相适宜的电能表。

（3）电能表正常工作时，由于电磁感应的作用，有时会发出轻微的"嗡嗡"声，这是正常现象，不会损坏机件，不影响使用寿命，也不会妨碍计度的准确性。

（4）如果发现所有电器都不用电时，表中铝盘仍在转动，应拆下电能表的出线端。如果铝盘随即停止转动，或转动几圈后停止，表明室内电路有漏电故障；若铝盘仍转动不止，则表明电能表本身有故障。

（5）电能表每月自身耗电量约1度左右，因此若作分表使用时，每月应向总表贴补一度电费，向总表贴补的电费与分表用电量的多少无关。

（6）转盘转动的快慢跟用户用电量的多少成正比，但不同规格的表，尽管用电量相同，转动的快慢也不同；或者，虽然规格相同，用电量相同，但电能表的型号不同，转动的快慢也可能不同。所以，单纯从转盘转动的快慢来证明电能表准不准是不确切的。

❗小提示

注意事项如下。

（1）电能表使用的负载应在额定负载的5%～150%之内，例如80A电能表可在4～120A范围内使用。

（2）电能表运转时转盘从左向右，切断三相电流后，转盘还会微微转动，但不超过一整转即停止。

（3）电能表的计数器均具有5位读数，标牌窗口的形式分为一红格、全黑格和全黑格×10三种，当计数器指示值为38 225时，一红格的表示为3822.5度，全黑格的表示为38 225度，全黑格×10的表示为382 250度。

790. 电能表在工作中有"嗡嗡"的响声怎么办？

（1）电压线圈和电磁铁松动。应旋紧螺丝或固定电压线圈。

（2）永久磁铁固定不紧。调整机构零件松动，应固定好。

（3）上下轴承孔不同心。应检修或调整。

791. 电能表铝盘在转动时有"吱吱"的响声和抖动怎么办？

（1）上轴承孔眼大，导针松动或轴帽松动。应检修或调整。

（2）下轴承孔眼或宝石倾斜，下轴承钢珠与宝石吻合不好。应检修或调整。

（3）铝盘的轴杆不直或蜗杆偏心，蜗杆与上下轴不同心。应调整和检修。

（4）上下轴承内部缺油，使摩擦过大。应适当加油。

792. 单相电能表不转或倒转怎么办？

单相电能表不转或倒转的故障原因及检修方法如下。

（1）直接式单相电能表的电压线圈端子的小连接片未接通电源。应打开电能表接线盒，查看电压线圈的小钩子是否与进线相线连接，未连接时要重新接好。

（2）如果是经电流互感器接电能表的，可能是互感器二次侧极性接反。若为互感器二次侧极性接反，应重新连接。

（3）电能表安装倾斜。应重新校正电能表的安装位置。

（4）电能表的进出线相互接错引起倒转。应按接线盖背面的线路图正确接线。

793. 三相四线制有功电能表不转或倒转怎么办？

三相四线制有功电能表不转或倒转的故障原因及检修方法如下。

（1）直接接入式三相四线制电能表电压线圈端子连接片未接通电源电压。打开电能表，检查三相四线制电能表电压线圈的小钩子连接片是否接通电源电压。如果未接通应接在电源上。

（2）电能表电源与负载的进出线顺序相互接错。对照电能表线路图将进出线相线调整过来。

（3）电能表的电压线圈与电流线圈在接线中未接在相应的相位上，更正错误接法。

（4）经过电流互感器接入的电能表二次侧极性接反。电流互感器的二次侧一般是有极性的，所以经电流互感器接入电能表的也要纠正接线极性。

（5）电能表的零线未接入表内。检查电能表零线断线故障点，并将电能表零线接上。

794. 电能表的转速不稳怎么办？

一般电能表的转速不稳是由于机械故障导致的。其检修方法如下。

（1）当电能表的上、下轴承缺油时会使摩擦力矩增大，有时还伴有"吱吱"的摩擦振动响声，使电能表的转速变慢。应将表壳打开，在上、下轴承中加一点表油，问题即可得到解决。如果上、下轴承已损坏或轴尖磨损严重，则可换新的器件。

（2）由于电能表长期使用或由于制动磁铁质量不好，导致失磁现象，使制动力矩减小，表盘转速变快。应将制动磁铁充磁或更换磁铁。

（3）当磁铁间有杂物或铁渣时，会使表盘转速时快时慢。应清理杂物并对不平的表盘进行校正。

⚠ 小提示

（1）电能表的转速不仅和以上所述原因有关，同时还和它所带的负荷性质有关。以三相三线电能表为例，当它的负荷为纯阻性时（即功率因数为1.0，φ 为 0° 时），它的两组元件都会在转盘上产生一个转动力矩。

（2）当负载为感性和容性（功率因数为0.5，φ 为 60°）时，两组元件中的一级功率为零，这样它的总功率就为原来总功率的一半，当然转速就比负荷为纯阻性时的转速慢。由于线路的负荷有时在不断变化，因此，电能表的转速也随之变化，但这是正常现象。

795. 电能表带负荷时正转，不带负荷时反转怎么办？

造成电能表不带负荷时反转的原因有：电能表长期未校验和电源电压过低两种。

（1）电能表长期未校验。尤其安装在较潮湿的场所的电能表，使这些电能表的电压元件生锈，铁锈及漆皮从元件表面跌落，被电压元件铁心吸住，被吸的铁磁物质使电压元件产生了不平衡磁场，它们被吸在电压元件哪一边，转盘就向哪一方向慢慢旋转，如果被吸在左边，电能表就反转。

（2）电源电压过低。电能表的电压线圈上有一止动钩，其作用是：当电力电磁元件与电流电磁元件装得不够平行时，转盘会从间隙大的一面向间隙小的一面微微转动。当电源电压正常时，在电能表不带负荷情况下，转盘转动到电压线圈上止动钩与转盘上止动舌片最近时转盘停止。如果电源电压过低，则止动钩吸力会减弱，转盘上止动舌片转到电压线圈上止动钩处时将继续转动，于是便出现电能表反转的现象。

796. 感应式电能表外壳漏电怎么办?

其故障原因及检修方法如下。

(1) 安装处环境潮湿、污秽。电能表应安装在干燥干净的地方。

(2) 接线柱相线碰壳。应停电、打开接线盒处理。

797. 感应式电能表引线绝缘烧焦怎么办?

感应式电能表引线绝缘烧焦的原因是:接线柱螺钉松动,接触电阻增大,发热所致。应打开接线盒拧紧螺钉,若有氧化层形成,则应停电,刮去氧化层,然后拧紧螺钉。

798. 感应式电能表铝盘不转怎么办?

感应式电能表铝盘不转的故障原因及检修方法如下。

(1) 表内积垢,杂物碰铝盘。去除积垢、杂物。

(2) 安装过分倾斜。应垂直安装,倾斜度小于1°。

(3) 接线柱连接小,钩松脱。打开接线盒拧紧螺钉。

(4) 表盘不平整,有摩擦现象。用手或扁钳细心矫正,严重变形时应更换。

(5) 永久性磁钢间隙中有铁屑、杂物。用毛刷轻轻刷去。

(6) 电压线圈断线或接线盒内电压连接片松动。电压线圈断线应更换电压线圈,电压连接片松动应拧紧固定螺钉。

(7) 过负荷造成电能表烧坏。更换电能表,避免过负荷。

799. 感应式电能表铝盘转而不走怎么办?

(1) 计数器卡字。检修计数器。

(2) 计数器齿轮与转盘轴上的螺杆啮合不好。调整好两者的啮合程度,一般啮合深度为1/3。

(3) 计数器进位轮损坏,无法进位。更换新的进位轮。

(4) 蜗杆与转轴固定不牢,空转。应固定牢固。

800. 感应式电能表空载时,电能表仍自转怎么办?

感应式电能表空载时,电能表仍自转的故障原因及检修方法如下。

(1) 防潜力矩小。可调整磁化舌片与防潜针间的空间距离来增大防潜力矩。

(2) 电压太高或太低,引起自转。检查电源电压。

(3) 电流线圈过负荷造成匝间短路。更换电流线圈。

(4) 用户负荷将 N 线、PN 线合并为一根线,并接地。N、PN 线应分开。

801. 感应式电能表走字快怎么办？

感应式电能表走字快的故障原因及检修方法如下。

（1）永久磁钢磁性减弱。应充磁或更换。

（2）永久磁钢固定螺钉松动，引起位置变化。调整永久磁钢磁位置，紧固固定螺钉。

（3）电压线圈匝间短路。更换电压线圈。

（4）电压太低，自制动力矩减小。检查电源电压。

802. 感应式电能表噪声大怎么办？

感应式电能表噪声大的故障原因及检修方法如下。

（1）表内有杂物。清除杂物。

（2）电压线圈与铁心结合不紧密，通电后产生振动。将各紧固件紧固。

（3）分离式电压铁心磁分路的漏磁气隙内所嵌的铜片松动。使铜片不松动。

（4）电压线圈、防潜舌片、元件上的调整装置或用来塞紧线圈的层连接片等有松动或其他紧固螺钉松动。防止各元件松动。

（5）垫衬用的绝缘纸太长。剪短过长的绝缘纸。

（6）转盘抖动，引起计数器齿轮发出响声。应检查上轴承衬套和钢针是否松动，上轴承衬套的孔眼是否过大。

（7）上、下轴承缺油。应适当加油。

（8）谐振现象，如上轴针的固有频率恰在 50Hz。调换上轴针或调整圆盘上的静平衡漆等以改变固有谐振频率。

803. 智能电能表简单故障原因及处理方法是怎样的？

智能电能表简单故障原因及处理方法见表 11-2。

表 11-2　　　　智能电能表简单故障原因及处理方法

故障现象	故障原因	故障处理方法
无显示	无电源供电	（1）用万用表查看线路是否有电压（建议在电能表电压端子排上测量）。 （2）电能表的电压是否按电能表面板上所标定的额定电压接入
液晶缺笔	液晶管脚或驱动芯片虚焊	补焊虚焊部分

续表

故障现象	故障原因	故障处理方法
背光灯不亮	背光灯损坏	更换背光灯
有报警符号	电池电压低	及时更换电池
计量不正确	计量电路工作不正常	（1）检查接入电压是否正常，电流接线是否符合要求（某一相或二相电流进出线是否接反）。 （2）估算用户电器的用电负荷，与电能显示的功率相比较，如相差不大，则说明电能表计量工作正常。 （3）检查接线盒或计量柜内的端子排上电流短接线是否取下（此现象在新装或更换电能表后出现）。 （4）有条件的用户可用现场校验仪对电能表精度进行检测。 （5）检查有、无功组合方式设置是否正确
辅助端子功率脉冲测量不到	接线不正确、无外接电源	（1）如果铭牌上功率脉冲灯闪烁，可检查测试线接线是否正确。 （2）如果电能表脉冲输出方式多为空接点输出，必须加外接直流电源（5～24V），且电压不能高于此值，可用万用表检查是否达到要求

804. 电子式电能表检修的基本原则有哪些？

（1）检修前的了解。当接到一个故障电能表时，首先要问清故障的情况。因为许多故障的电子电能表检修时，在短时间内是很难判定故障状态的，这和机械表是有着很大的区别。

（2）先感观后动手。可根据故障情况，重点检查可能发生故障的部位，对其有关电路重点排查。对故障电能表电路板用视觉、触觉、嗅觉和听觉器官，对被查找部分的每一个元器件逐个地检查，判断被诊断对象的状态是否异常，或可能存在的故障状态。有些表一打开就可以看到局部已经发黑积炭、烧焦、颜色变化的痕迹，也可能某个元器件（如压敏电阻、集成电路、三端稳压管）开裂、爆开（如电阻、电容、二极管、三极管）、外形缺损（如集成电路）少脚、膨胀鼓起（如电解电容、较大功率的元件）和脱落，液晶屏破裂损坏、变压器、电压互感器、电流互感器和电阻分流器过载或断线损坏，内部的连接线脱落、断线和松动，元器件虚焊、缺少、变色等。有时用肉眼看不到，而可用鼻子嗅到异味，用手去触摸一下是否有松动、断裂，或用手摸元器件表面检查是否有过热现象，听觉只是对步进机械计度器碰擦、磁保持继电器的异常声响，或在特别安静条件下才能听到的拉弧跳火花声等故障点。

（3）先查工作电源后测试。要用万用表来检查电路板上所有的各路工作电源是否存在短路，如果有短路的就要先将故障的短路点予以排除。只有待电路板上的各路电压都正常以后，才能进行下一步的检修测试工作。

（4）先测试后分析。必须通过对电路板进行一定数量的测试，才能从测试结果数据中分析，来确定故障位置和故障原因，准确判别以后，查找到某一个损坏的元器件。故障状态的可能存在处，全凭以往所积累的相关经验对其状态特征进行分析，具体地判断与要查找的故障是否存在着因果关系，或预测故障发生的时间等。

（5）建立检测信息比较库。所谓信息比较库，就是将正常工作的电路板上的各测试点的数值保存好，即正常工作的电路板上元器件管脚状态、电压/电流曲线波形、只读存储器内的数据等所有的测试结果的数值，记录下来建立档案，以便在遇到需要检修同类电能表时，可以将故障表电路板上的测试点与正常工作的电路板上的同一测试点数值进行比较和分析，通过逐个比较，从差别中发现故障点。

（6）先确诊后处理。一旦发现故障点以后，还要对其状态特征进行分析，仔细分析判断与要查找的具体故障是否存在着因果关系，在确定不会搞错的前提下再动手修理，更换元器件和零部件。否则，反而会使故障点隐藏起来，更加难以修复。

（7）先离线测量后在线测试。由于元器件在电路板上总会有某些旁路的元器件，并联电路会影响在线测试的结果，只有离线测试最准确。因此，对于电路板上可插拔的器件先进行离线测试，然后应尽量创造条件将其他器件取下进行离线测试（比如可以将电阻、电容、二极管或线圈的一端焊下进行离线测量），再对板上的难实现离线测试的其他元器件进行在线测试。

在线测试通常具有功能测试和自定义测试、状态测试和电压/电流曲线测试、存储器测试三种。

❶ 小提示

凡是带有存储器的电子式电能表在进行在线检测前，先要将存储器的内容下载或转存到其他设备存储好备份以避免丢失用户的用电记录，或造成不必要的损失。

（8）先查接口后查元件。因为在电能表检修场合，会有大量的相同型号和结构的表计，因此在检修电能表时，最好是用好的、功能正常的电路板或部件进行部分更换来替代，缩小故障范围的检查方法。如果能确认故障点在这块 PCB 板上，最好对电路板的各接口引脚进行电压/电流曲线测试工作点，因为许多故障点是由接口电路引起的，通过接口的测量往往可能很快查出故障原因。

（9）先分立元件后集成电路。先对分立元件测试，再对集成电路芯片进行测试，因为分立元件要比集成电路出现故障的几率高。

（10）先功能后测试电压/电流。对电路板上可进行功能测试的集成电路测试最好先采用功能测试，再对无法通过功能测试判断的集成电路进行电压/电流曲线测试。因为功能测试的结果更直观、更可靠，能确保判断准确，能更快地找到故障点。

电压/电流曲线测试时，其电压/电流曲线通常以电路板上的电源地作为参考点。但是电能表电路板上会分别有模拟地和数字地，所以一些板上的元器件或接口与电源地之间阻值很大或是断开，这时应该确定对哪个地或自定义一个电路节点作为参考点。

⚠ **小提示**

　　由于同一型号的元器件其特性总会有一定的差异，在电压/电流曲线比较测试时，可能有些不完全相同，所以只有当两者之间差别较大时，才认为该处可能存在故障。

⚡805. 电子式电能表检修的步骤是怎样的？

电子式电能表检修的步骤是检查电路板及元器件的外观、检查连接件、检查工作电源、检查校表脉冲输出、检查本机时钟振荡器、检查基准电压源、检查模拟输入电路、检查输出回路、检查计量芯片、检查低频逻辑输出和检查电能表显示器等。

⚡806. 怎样检查电子式电能表电路板及元器件的外观？

电能表表盖打开后，首先要将电能表壳内的物件收集在零件存放盘里，因为这些零部件不确定是电路板上没有安装牢的，还是因故障损坏而脱落的，应该留着不要轻易丢弃，以便查找它的来处，可能很快就会发现是故障点掉的元器件。

对于已经烧焦发黑的电路板上、元器件上和表壳内的所有积炭，要用玻璃缸装些纯酒精或石油醚，对其进行清洗干净，以便进行下一步检修时的需要，便于用视觉来发现每一个可能的故障点细节。

电路板及元器件的直观检查可用视觉、触觉、嗅觉和听觉方法进行检查，逐个地检查被查找部分的每一个元器件，以判断被诊断对象的状态是否处于异常，或可能存在的故障状态。

807. 怎样检查电子式电能表连接件？

电能表各种工作功能的电路通常会分成几块板，靠一定数量的连接线进行相互间的连通。由于运输、安装、施工中的某些原因，过于激烈的振动，可能使连接件松动造成接触不良出现故障，有些甚至已经脱落掉下。也可能是在生产过程中，安装或测试时使连接线受伤，在使用过程中发生断线，而形成故障点。

808. 怎样检查电子式电能表的工作电源？

在故障诊断过程中为了逐步缩小可能存在故障的范围，对电源进行检查的顺序是从输入端向输出端，一级一级向后检查，这样可以避免误判电源故障点。即先查交流电源交流电压值，后查整流后的直流电压值，再查滤波后或稳压电源后面的电压值；从高电压先查，再中间电压，后查低电压；先查模拟电路电源，后查数字电路电源，最后查通信功能电路或输出功能部分电路。

由于交流整流电源变压器的一次连接电网进线电压，一般使用在 0.5kV 低压直接式电能表和经互感器输入 100V 的电能表都采用线径 0.02～0.03mm 的漆包线绕制，由于漆包线极细，在加工中存在应力或电能表工作在潮湿环境中，电源变压器一次绕组时常会出现断线情况。在检修电能表一开始就要确定各个工作电源正常才能进行下去，在修理前首先检查工作电源，可以收到事半功倍的效果，不会将一个简单易修的故障扩大，而较快完成检修工作。

809. 怎样检查电子式电能表校表脉冲输出？

所有电子电能表的电能计量专用芯片都提供校表的低频脉冲输出，因此对于电能表检修应该充分利用这一特点，可以明显提高检修效率。抓住这个特点在工作电源正常情况下，只要对电能表通入额定电压和一定量电流，就可以检查电能计量变换电路是否正常工作。一般情况电能表在使用中电能计量芯片是不会发生永久性损坏的，只可能是其他元器件发生了故障，如虚焊、开路或局部发生短路等，而最常见的还是误差超过了允许的上限值，需要进行误差调准。

810. 怎样检查电子式电能表本机时钟振荡器？

如果电能表检查发现表计没有校表脉冲输出，则需要对时钟振荡器门电路进行检查，如时钟频率正常，就再查一下电能表频率选择的电阻是否正常。电能表时钟振荡器分外部石英晶振或外部时钟由"CLKIN"引脚接入或振荡器门电路提供输入时，从"CLKOUT"引脚能驱动一个 CMOS 负载，当然要注意负载的匹配。另外还有内置振荡器作为时钟的，要检查"RCLKIN"引脚 6.2kΩ 精密低温漂电阻阻值，电阻是否与"DGND"可靠连接。

可以用示波器或时钟误差测试仪或时钟精度测量仪来测量检查本机时钟是否正常，如果晶振壳体的内部发生开路异常时不能起振，会没有时钟，发生停振后计量芯片就无法工作，但是单独检查晶体振荡器内部故障往往是不容易被发现的。

811. 怎样检查电子式电能表基准电压源？

用数字万用表测量"REF$_{INOUT}$"引脚，基准电压标称值一般为 2.4V 或 2.5V±8％（AD73360 片内基准电压可编程设置在 3V 或 5V；AD73460 片内基准电压为 1.25V），无论是用片内部还是外部基准源，引脚都有去耦的 $10\mu F$ 电容和 100nF 陶瓷电容，是否因短路或损坏的原因而引起故障。

● 小提示

检查基准电压应该采用数字多用表，因为输入阻抗低的表会影响测量所得到的电压值。

812. 怎样检查电子式电能表模拟输入电路？

单相电能计量芯片的校表脉冲输出是电压和电流两个通道的采样模拟量信号，通过模数转换后计量出有功功率，输出脉冲频率正比于平均有功功率。但是当只有一个模拟量输入时，电能计量芯片判定为处在"无负载阈值"状态，则不会产生输出脉冲的。应该用数字万用表来检查电能计量芯片的两个通道的输入引脚上是否有几十到几百 mV 的电压值。如果前面的检查步骤都已进行，则要检查芯片的输出引脚上是否有电平变化的脉冲输出。

813. 怎样检查电子式电能表输出回路？

如果电能计量芯片没有脉冲输出，可能有短路或"CF"引脚输出电路断线、串联电阻阻值过大、发光指示二极管开路或输出光耦损坏。首先要检查校表脉冲输出排除光耦的故障，再来查找电路中的故障点，需要进行全面分析思考逻辑推断，逐步地一段一节地向后检查故障点，可以在电能表工作状态下进行，但必须注意检修工作中安全。一般校表信号源或电能表校验台的电源是电压信号是不与大地构成回路的，只有用调压器的电工式校验设备直接入交流电网取电源，因为一般电能表电路板的铺地面的"底板"都带输入交流电压的，因此像修理电视机一样，底板带电需要加装隔离变压器来保证安全。

814. 怎样检查电子式电能表计量芯片？

通过以上的检查确定电路一切都正常时仍没有脉冲输出，则计量芯片很可能已经损坏。需要对电能计量转换集成电路进行电压/电流工作状态测试，通过改变输入电压/电流值大小测试才能判断计量芯片的好坏，决定是否需要更换。

815. 怎样检查电子式电能表低频逻辑输出？

如果芯片是直接驱动步进电机或机电脉冲计数（度）器的，两个输出引脚的低频逻辑输出也需要进行仔细检查，低频脉冲输出频率和校表脉冲比是否正确吻合，只有通过走字后才能确定仪表常数、低频逻辑输出和步进电机或机电脉冲计数（度）器的故障是否还存在。

816. 怎样检查电子式电能表显示器？

电子式电能表显示可分为机械计度器、发光数码管和液晶屏显示三种，分别需要不同的方法来检查。

电子式电能表采用的机械计度器停走的故障内部原因有：① 步进电动机定子绕组断线，电动机停走；② 计度器电路的印刷线路板敷铜线发生断线、短路所造成不能工作；③ BL5606、BL5607二相四拍步进电机驱动电路集成块损坏，或 BL5606 或 BL5607 时钟电路外部电阻、电容开路或短路，使时钟停振所致，不输出驱动脉冲失去计度功能；④ 计度器电路与主板连接线松动或6路连接点中部分断线，步进电动机与电路板连接线脱焊或断线，计度器和步进电动机无输入驱动脉冲。

817. 智能电能表 RS-485 通信不成功故障的原因及处理方法是怎样的？

智能电能表 RS-485 通信不成功故障的原因是 RS-485 接线接反、通信波特率不正确、通信规约不正确、通信地址不正确。其故障的处理方法如下。

（1）先检查通信硬件是否正常；通信软件在发命令时用万用表的 10V 直流挡在 RS-485A 与 B 之间测量，应有跳变的电压。

(2) 检查通信线接线是否正确，可用万用表 10V 直流挡检查 RS－485 接口，高电位应接 A 端，低电位接 B 端。

(3) 检查规约、通信波特率是否正确，电能表与软件的通信规约、通信波特率应一致。

(4) 检查通信软件输入表地址是否与电能表内部设置地址一样。

根据上述不同的故障原因进行检修，故障即可排除。

818. 智能电能表参数设置不成功故障原因及处理方法是怎样的?

智能电能表参数设置不成功故障原因是，硬件不正常或没有相应的权限。处理方法如下。

(1) 先检查通信硬件是否正常；通信软件在发命令时用万用表的 10V 直流挡在 RS－485A 与 B 之间测量，应有跳变的电压。

(2) 检查通信线接线是否正确，可用万用表 10V 直流挡检查 RS－485 接口，高电位应接 A 端，低电位接 B 端。

(3) 检查规约、通信波特率是否正确，电能表与软件的通信规约、通信波特率应一致。

(4) 检查通信软件输入表地址是否与电能表内部设置地址一样。

(5) 检查权限密码是否正确，编程按键是否按下。

根据上述不同的故障原因进行检修，故障即可排除。

819. 电子式电能表死机，即通电后没有任何反应怎么办?

电子式电能表死机，即通电后没有任何反应的故障原因及检修方法如下。

(1) 电流电压取样线虚焊或断开。重新焊好、接好。

(2) 电压分压电阻断裂。更换分压电阻。

(3) PCB 板上元件虚焊。查明虚焊处，焊好。

(4) 脉冲线碰到强电面损坏光耦器。查明并消除碰线，更换光耦器。

(5) 电能表元件烧毁。更换电能表。

820. 电子式电能表卡字，即有灯闪，但计数器不走字怎么办?

其故障原因及检修方法如下。

(1) 快速拨动转轮或倒拨。禁止快速拨动转轮，如果校验走字过头后不得不倒拨，一般只允许拨最后一位齿轮（不允许拨任何鼓轮）。

(2) 电能表密封不严，致使灰尘过多。电阻表应安装在干净少尘的环境，应用电表箱保护。

(3) 长期运行，老化。及时检修，更换老化的电能表。

821. 电子式电能表有时电能表计数正常，但无脉冲输出怎么办？

其故障原因及检修方法如下。

（1）脉冲线虚焊，接触不良。重新焊好。

（2）脉冲线碰到强电引起三极管损坏及 PCB 板线路烧断。查明并消除碰线，更换损坏的元器件或更换电能表。

822. 电子式电能表当电压偏低时，电能表计数器不进字怎么办？

其故障原因及检修方法如下。

（1）PCB 板虚焊、连焊造成所需供电电流偏大。检修 PCB 板。

（2）降压电容容量减小，提供不出足够电流。更换降压电容。

（3）因过电压击穿降压电容。更换降压电容。

823. 电子式电能表误差很大，走字过快或过慢怎么办？

电子式电能表误差很大，走字过快或过慢的故障原因及检修方法如下。

（1）锰铜连接片之间焊接发生变化，导致电流采样值偏离。使焊接牢固。

（2）电压调整回路的焊接有虚焊、短路。使焊接牢靠；消除短路故障。

（3）电子元件的晶振损坏，出现时序混乱。更换损坏元件，或更换电能表。

824. 什么是智能 CPU 卡式电能表？

智能 CPU 卡式电能表是预付费电能表的一种，是一种控制型计量仪表。

每一智能 CPU 卡式电能表都有一个编码和用于插入 IC 卡的插槽，每一用户有一张与电能表配合使用的 IC 卡。当用户将有效的 IC 卡插入电能表的 IC 卡插槽中时，电能表将 IC 卡的购电量读入，与以前剩余电量相加后，经电能表显示器显示出来，同时 IC 卡置为无效。

825. CPU 预付费电能表常见故障有哪些？

CPU 预付费电能表常见故障有不读卡；电能表背光灯亮；报警灯亮；液晶不显示、显示异常或缺笔；电能表能开户，不能第二次买电；电能表继电器断开，不能使用；上电后，电能表内继电器开关不停的开和关；电能表脉冲灯异常，大误差；无误差；红外不通信；载波不通信；EER××；插卡时出现 IC-××。

826. CPU 预付费电能表不读卡的故障原因有哪些？

CPU 预付费电能表不读卡的故障原因如下。

（1）卡座小板内有杂物。

（2）插口被胶水堵塞。

(3) 卡座坏。

(4) 小板排针虚焊等。

(5) CPU 卡坏。

(6) ESAM 模块坏。

(7) CPU 卡加过密，没有解密。

(8) CPU 卡表面不干净，需要用毛刷清洁。

827. CPU 预付费电能表背光灯亮的故障原因有哪些？

CPU 预付费电能表背光灯亮的故障原因如下。

(1) 插卡时亮。

(2) 电能表故障时亮。

(3) 电能表剩余电量少于一级报警电量。

828. CPU 预付费电能表报警灯亮的故障原因有哪些？

CPU 预付费电能表报警灯亮的故障原因如下。

(1) 电能表一级报警时亮。

(2) 电能表剩余电量少于一级报警电亮。

829. CPU 预付费电能表液晶不显示、显示异常或缺笔的故障原因有哪些？

CPU 预付费电能表液晶不显示、显示异常或缺笔的故障原因如下。

(1) 液晶虚焊。

(2) 液晶连焊。

(3) 电能表内 78L05 坏（三端温压器）。

(4) 单片机故障。

830. CPU 预付费电能表能开户，不能第二次买电是何原因？

CPU 预付费电能表能开户，不能第二次买电的原因是表号与标牌不符。

831. CPU 预付费电能表继电器断开，不能使用是何原因？

CPU 预付费电能表继电器断开，不能使用的原因如下。

(1) 继电器坏（与本身质量有关或继电器驱动芯片坏）。

(2) 电能表用完了赊欠电量。

(3) 没有给电能表买电量。

832. 两个相同型号的标准电能表在同期检定时，一个有脉冲输出，一个无脉冲输出怎么办？

在接线无误（标准电能表的输入电压、输入电流和脉冲输出线的极性正确），并且脉冲输出端口与脉冲输出线接触良好的前提下，此类问题可能是标准表内部的电压极性或电流极性颠倒而造成的。一般标准电能表是有功率指示的，这样的标准表很容易判断出输入的电压和电流的极性是否接反（当功率指示正确时，说明输入的电压和电流的极性是正确的；相反，当功率指示为零时，不是标准表内部的电压极性接反就是电流的极性接反）。但是，对那些没有任何指示的标准电能表来说就很难判断出标准表内部的电压接线或电流接线的极性与标准表外部的电压输入端或电流输入端的极性是否一致。

小提示

上述问题在工作当中是很少出现的，但不等于不存在。遇到此类问题时，可将标准电能表外部的电压输入端或电流输入端的极性相互颠倒一下，问题即可得到解决。如果经以上的方法处理后还没有脉冲输出，那就是脉冲电路部分出现了问题，需要维修。

833. 怎样判别单相电能表常见的两种错误接线方式？

常见的单相电能表错误接线方式如图 11-8 所示，在图 11-8（a）中，因相线与地线颠倒，如果电源、负载两侧同时接地，例如电源侧零线接地，而用户将电灯、电扇、电视机等单相用电设备接在相线与金属管道（暖气管、自来水管等）之间，则负荷电流可能不流过或少流过电能表的电流线圈

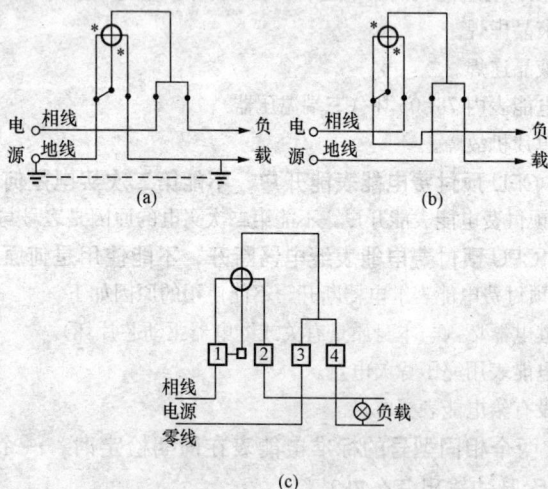

图 11-8 单相电能表两种错误接线方式

（a）、（b）错误接线；（c）正确接线

而流经大地（此时严重的后果是增加了不安全因素，容易引起人身触电事故），从而使电能表不计或少计电量。这在负载大于 50% 时尚比较正确；当流经电流电能表的电流为其额定电流的 10% 左右时，则电能表反转将产生约−10% 的误差。

在图 11-8（b）中，电流接线端钮进、出线反接，导致改变电流磁场方向，使电能表反转。正确的接线如图 11-8（c）所示。

834. 怎样使用简便方法确定单相有功电能表的内部接线是否正确？

单相有功电能表的内部一般都有电压线圈和电流线圈（见图 11-9）。这两个线圈在端子"1"处用电压小钩（小连片）连在一起。根据电压线圈的电阻值大、电流线圈的电阻值小这一特点，可采用下述两种简便方法确定其内部接线是否正确。

（1）万用表法（见图 11-9）。将万用表置于 $R\times 1k\Omega$ 挡，一支表笔接"1"端，另一支表笔依次接触"2"、"3"、"4"端钮。测量结果，电阻值近似于零的为电流线圈（应在接触端钮"2"时测得），该线圈接线正确；电阻值为 1200Ω 左右的为电压线圈（应在接触端子"3"和"4"时测得），该线圈接线也正确。

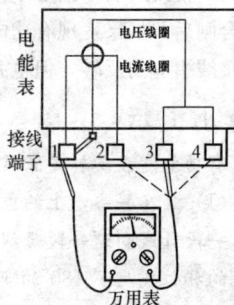

图 11-9　用万用表法确定单相电能表内部接线

（2）灯泡法。将 220V 电源的相线接于电能表的"1"端。将串联一个 220V、100W 的灯泡的电路一端与电网零线相接（见图 11-10），另一端依法接触电能表的"2"、"3"、"4"端，如果接触端钮"2"时灯泡正常发光，说明是电流线圈，其内部接线正确；如果接触端钮"3"和"4"时灯泡很暗，说明是电压线圈，其内部接线也正确。否则，说明内部接线（线圈与端子相接）有错。

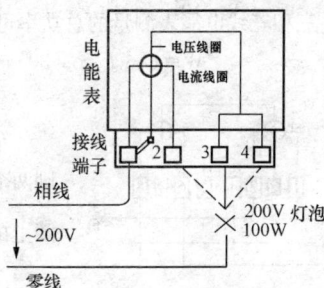

图 11-10　用灯泡法确定单相电能表内部接线

如果不使用 220V 电源和灯泡，则改用干电池和小电珠也可，其原理、接线和判断方法同上。

835. 怎样避免错接电能表？

电能表的接线一般比较复杂，容易接错。为了避免电能表接线发生差错，一般应注意以下几点。

(1) 接线前查看电能表说明书或绘在接线盒盖板后面的接线图，根据说明书上的要求和接线图将进线和出线依次对号接在电能表的线头上。

(2) 接线时应遵守"发电机端接线规则"，亦即将电流和电压线圈带"＊"的一端一起接到电源的同一极性端上，并注意电源的相序，特别应注意无功电能表的相序。

(3) 接线后要仔细反复核对，确认接线无差错才可合闸使用。

合闸后，如果发现有功电能表转盘反转，应进行具体分析，有时可能是错误接线引起的反转，但也并非所有的反转都是错误接线造成的。

💡小提示

有功电能表反转是正常现象的情况如下。

(1) 装在联络盘上的电能表，当由一段母线向另一段母线输出电能改为另一段母线向这一段母线输出电能时，电能表转盘就会反转。因为此时电流的相位发生了 $180°$ 的变动。

(2) 当用两只单相电能表测定三相三线有功负载时，在电流与电压的相角大于 $60°$，即 $\cos\varphi < 0.5$ 时，其中一个电能表会反转。

836. 怎样判断三相三线电能表接线是否正确？

三相三线电能表测量的总功率可按下式计算

$$W = U_{AB} I_A \cos(30° + \varphi) + U_{CB} I_C \cos(30° - \varphi)$$

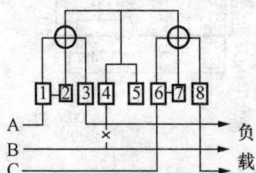

图 11-11 三相电能表
抽中相检查（X、断开处）

当三相平衡时，$W = \sqrt{3} UI \cos\varphi$。

如果将电能表的 B 相断开（见图 11-11），则两个电压线圈上的电压总和为 U_{AC}，每个线圈上的电压为 $\frac{1}{2} U_{AC}$，电能表测出的功率为

$$U_{AC} I_A \cos(30° - \varphi) + \frac{1}{2} U_{CA} I_C \cos(30° + \varphi)$$

$$= \frac{\sqrt{3}}{2} UI \cos\varphi$$

电能表改正系数 $K = \dfrac{W}{W_{断}} = 2$。

由此可见，当三相负荷平衡时，断开三相三线电能表的中相（B相）后，电能表的转矩为断开前转矩的一半，也就是转速下降了1/2。这种判断三相电能表接线是否正确的方法称为力矩法或抽中相法。错误接线的方式不同，断开中相前后的转矩关系也不同。凡是错误的接线都不是2∶1的关系，但用抽中相法一般无法探明属于哪一种错误接法，只能说明接线是否正确。

判断方法是：先用秒表测定需检查的电能表转动一定转数 n 所需的时间 T，然后断开中相，用秒表测定同样转数 n 所需的时间 $T_断$。如果接线正确，$T_断 \approx 2T$。为了使测量结果较为可靠，必须重复试验两次，并且应在负载比较稳定时进行这种试验。

⚠️ 小 提 示

应用力矩法的原理检查接线的方法还有几种，例如将接到电能表 A 相和 C 相的电压线头换位，如果电能表停转，表明接线正确。否则，接线有误。

🖊 837. 仪表互感器或其二次回路发生故障怎么办？

出现上述故障的现象是：仪表指示错误。应尽量根据其他仪表对设备进行监视，但应尽快处理。

🖊 838. 电压互感器发生上盖着火、流油或其他内部故障怎么办？

出现上述故障的现象是：外壳起火。应拉开电源，用干式灭火器或沙子灭火。

🖊 839. 电压互感器一次或二次侧的熔丝熔断（包括二次断线）怎么办？

电压互感器一次或二次侧的熔丝熔断（包括二次断线）的原因有：① 正常送电时有关仪表指示不正常；② 切换三相电压时不平衡；③ 发生电压回路断线信号。

更换同样大小熔丝或接好断线即可排除。

🖊 840. 电流互感器二次回路断线或接地怎么办？

电流互感器二次回路断线或接地的故障原因及检修方法如下。

（1）有关仪表指示不正常。设法减少一次电流。

（2）若断线，则在断线处可能出现火花。设法将断线接好，此时应严格注意人身安全。

（3）若差动保护回路断线，则有断线信号发出。如不能恢复，必须停电处理。

841. 怎样保持电能表正常运行？

保持电能表正常运行的方法如下。

(1) 额定电压。电能表应在其铭牌所规定的额定电压下运行，电压波动范围不宜超过额定电压的±10%，否则将产生较大误差。

(2) 额定负荷。电能表应在额定负荷下运行，不得在10%额定负荷以下的电路中运行，也不得在超过规定负荷的情况下运行，否则电能表的误差将超出规定范围。

(3) 额定频率。电能表应在额定频率下运行，电能表接入电路后，当电源频率变动时，将产生附加误差，允许的频率变动范围在（50±5%）Hz以内。

(4) 温度适宜的环境。电能表应在温度适宜的环境中运行。例如，1.0级有功电能表和2.0无功电能表正常工作的环境温度为0～40℃；2.0级有功电能表和3.0级无功电能表正常工作的环境温度为－10～50℃。在电能表的运行过程中应注意保持上述温度。如果电能表周围环境温度发生变化，将产生温度附加误差。

小提示

交流电能表的潜动是指当电能表电压线圈加上一定的电压时，在负载电流等于零时电能表仍然转动的现象。

国家对电能表潜动的规定为：当电能表电压线圈为80%～110%的额定电压，且负载电流等于零时，如果在10min之内电能表转盘转动不超过1圈，可以认为该电能表潜动符合要求。

如果潜动超出标准中规定的范围，就会出现用户未用电而电能表显示消耗电能的现象，给用户造成损失。

第三节　功率表、功率因数表的维护与故障检修

842. 功率表、功率因数表不走怎么办？

功率表、功率因数表不走的故障原因及检修方法如下。

(1) 仪表控制线路有断线处。检查断线处，并接通断线点。

(2) 电流互感器二次侧连接点有断线处。检查电源，认真检查二次侧断路点，并接通二次侧线路。

（3）电压互感器二次侧断路或短路。更换短路的电压互感器或修复再用。

（4）电源电压熔丝熔断。更换熔丝。

（5）电能表游丝卡住，表盘摩擦阻力大。打开电能表更换游丝，校准表盘。

（6）电能表内部电流线圈或电压线圈损坏。更换损坏的线圈。

843. 功率表、功率因数表指示不准怎么办？

功率表、功率因数表指示不准的故障原因及检修方法如下。

（1）电压线圈相位接错。对照功率表或功率因数表接线图重新纠正电压线圈的相位接法。

（2）电压互感器未按规定变压比连接。检查电能表，按规定变压比使互感器与电能表连接。

（3）电流线圈相位接错。注意电流线圈接入电能表的相位顺序，严格按照正确接线方法重新连接电流线圈。

844. 怎样正确选择功率表的接线方式？

功率表一般有用功率表测量直流电路功率（见图 11-12）和用功率表测量单相交流电路功率（见图 11-13）两种不同的接线方式。

（1）如图 11-13（a）所示，功率表电压线圈带"*"端向前接到电流线圈带"*"端。在这种电路中，功率表电流线圈中的电流虽然等于负载电流，但功率表电压支路两端的电压却等于负载电压加上功率表电流线圈的电压降，即功率表的读数中多了电流线圈的功率消耗。因此，这种接线方式适用于负载电阻远大于功率表电流线圈电阻的情况，此时可保证功率表本身的功率消耗对测量结果的影响较小。

（2）如图 11-13（b）所示，功率表

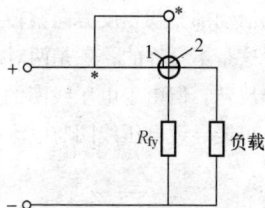

图 11-12　用功率表测量
直流电路功率
1—定圈；2—动圈；
R_{fy}—分压电阻

电压线圈带"*"端向后接到电流线圈不带"*"端。在这种电路中，功率表电压支路两端的电压虽然等于负载电压，但电流线圈中的电流却等于负载电流加上功率表中电压支路的电流，即功率表的读数中多了电压支路的功率消耗。因此，这种接线方式适用于负载电阻远小于功率表电压支路电阻的情况，此时也可保证功率表的功率消耗对测量结果的影响较小。

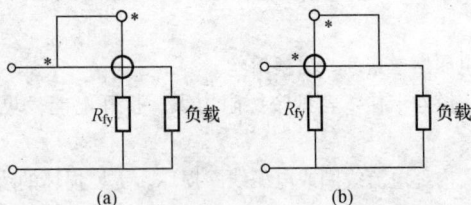

图 11-13 用功率表测量单相交流电路功率

(a) 功率表电压线圈前接；(b) 功率表电压线圈后接

如果被测功率很大，根本就不需要考虑功率表的功率消耗，或者被测功率很小，需要根据功率表的功率消耗对测量结果进行校正，则可任意选择上述两种接线方式中的一种。而在一般情况下，应根据负载电阻的大小和功率表的参数，按上述原则选择功率表的接线方式，以减小测量误差。

845. 怎样判断功率表的错误接线方式？

在功率表的接线中，如果违反功率表的"发电机端接线规则"就是错误的接线，常见的功率表错误接线方式一般有三种：一是电流端钮反接 [见图 11-14 (a)]，二是电压端钮反接 [见图 11-14 (b)]，这两种情况均使功率表的活动部分朝相反方向偏转，因此不仅无法读数，而且仪表指针也容易损坏，这是不允许的；三是两对端钮同时反接 [见图 11-14 (c)]，虽然指针不会反转，但由于电压线圈的分压电阻 R_{fy} 很大，电压 U 几乎全部将在 R_{fy} 上，可能导致电压线圈与电流线圈之间的电压很高。由于电场力的作用，仪

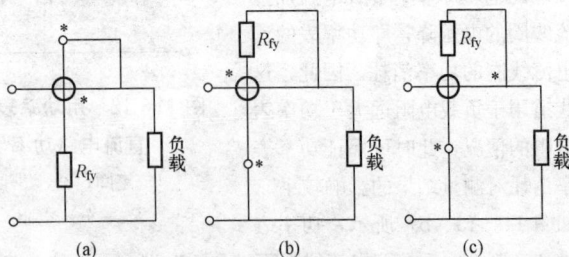

图 11-14 功率表的三种接线错误方式

(a) 电流端钮反接；(b) 电压端钮反接；

(c) 电流端钮、电压端钮同时反接

R_{fy}—分压电阻

表将产生附加误差，并可能发生绝缘被击穿的危险，所以也是不允许的。

如果功率表的接线正确，但发现指针反转，说明负载端实际上含有电源，它向电路反馈电能。若要读数，应将电流线圈反接（即对换电流端钮上的接线）。

846. 怎样使用单相功率表测量三相电路的功率?

如果使用单相功率表测量三相电路的功率，可采用以下三种接线方法。

(1) 用两只单相功率表测量三相三线或对称三相四线制电路时，功率表的接线如图 11-15 所示。电路总功率等于两只功率表读数之和。在某些情况下（与负载性质有关），如果发现其中一只表的指针反向指示，可将该表的电流线圈的接头反接（但不可将电压线圈反接，否则将引起静电误差甚至损坏仪表），此时所测功率为两只功率表读数之差。

图 11-15　用两表法测三相电路功率的接线图

(2) 用三只单相功率表测量三相四线制电路的功率时，功率表的接线如图 11-16 所示。电路的总功率等于三只功率表读数之和。

(3) 用两只单相功率表测量三相对称电路的无功功率时，功率表的接线如图 11-17 所示。电路的总无功功率等于两只表的读数之和乘以 $\sqrt{3}/2$。

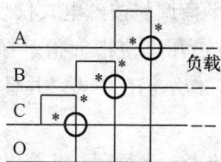

图 11-16　用三表法测三相电路
功率的接线图

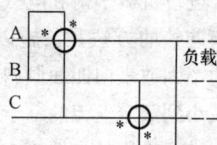

图 11-17　用两表法测三相电路
无功功率的接线图

847. 功率表的指针反转怎么办?

功率表的指针往往出现以下两种反转现象，应区别对待。

(1) 接线错误导致反转。电动系功率表的转矩与其电压、电流线圈的电流的相互方向有关。如果其中一个电流线圈接反了，转矩就会改变方向。此时不但不能读数，而且还可能打弯指针。为了消除这种现象，应按照功率表接线端钮旁所标的"+"和"—"标志将电流和电压线圈的"+"端接到同一极性上，以使两个线圈的电流方向一致，而且由"+"到"—"，这就是所谓功率表接线的"发电机端接线规则"。

（2）接线正确出现反转。有时功率表接线正确也出现指针反转现象。这一般是以下两种原因造成的：一是负载侧存在电源，并且负载支路不是消耗功率而是发出功率；二是在三相电路的功率测量中，对于 $\cos\varphi < 0.5$ 的负载，两只接于三相电路的功率表中必有一只的读数为负值。此时为了取得读数，应将电压或电流端子的极性反接，若有极性开关，则切换极性开关的位置，并在读数前面加负号。

> ⊕ **小提示**
>
> 测量单相功率时，如果功率表指针反转，则将一个线圈反接，将读数加负号即可；测量三相功率时，如果有一只功率表的指针反转，则三相功率就是两表之差，这一点应予以注意。

848. 怎样拆装功率因数表和调整其误差？

拆装功率因数表和调整其误差应注意以下事项。

（1）拆装前，应记住功率因数表接线端子的极性和名称。

（2）将功率因数表平放，观察指针是否在线圈夹角中央，将指针拨到迟相 50% 处，观察两个交叉线圈：一个应与固定线圈平行，另一个应与固定线圈垂直。

（3）进行机械平衡和电气平衡调整。机械平衡调整按磁电式仪表处理；电气平衡调整的方法是：施以额定电流和额定电压，使指针指示在 100% 处，将功率因数表向四面倾斜，指针应不变动，指示仍在中央，并且负荷减小时（减小到额定电流的一半），指示也不改变。

（4）进行导流丝弹性检查。首先将功率因数表加上负荷，并施以额定电流，然后将额定电流减小一半，两次试验结果如果超过等级误差，应调整导流丝弹性或者更换导流丝。

（5）如果导流丝弹性影响并不严重，但误差超出规定值，而在 100% 和进相 50%、迟相 50% 三点正确，则不再进行调整，但应重画刻度。

（6）对于电气不平衡，应检查倍率器，使两组倍率器的电阻值相等。

（7）用电阻调整误差时，应考虑对两组倍率器的对称性和误差情况分别进行调整，不许在中相上加电阻。

849. 使用直流单臂电桥应注意什么问题？

使用直流单臂电桥应注意如下事项。

（1）根据被测电阻大小，参照产品说明书的要求选择适当的比例臂比率，并将比例臂电阻的 4 个读数盘都加以利用，以提高测量准确度。

（2）测量前先将检流计的锁扣打开，并调节调零器，使指针位于机械零点，以免产生误差。

（3）测量端钮与被测电阻的连线应尽量使用截面积较大的较短导线，避免采用线夹，以提高测量准确度和防止损坏检流计的表针。

（4）连接时应将接线柱拧紧，以减小连接线的电阻和接触电阻；接头的接触应良好，否则不仅接触电阻大，而且还会使电桥的平衡处于不稳定状态，严重时甚至损坏检流计。

（5）测量时先接通电源按钮；操作时先按粗调按钮，调比例臂电阻；待检流计指在零位附近再按细调按钮，再次调比例臂电阻，在检流计指零后读取电桥上的数字。

（6）电桥线路接通后，如果检流计指针向"＋"方向偏转，则应增大比例臂电阻；反之，如果指针向"－"方向偏转，则应减小比例臂电阻。

（7）电池电压不足会影响电桥的灵敏度，应及时更换电池；采用外接电源时应注意极性，并在电源电路中串联一个可调保护电阻，以便降压。

（8）单臂电桥不宜用来测量 0.1Ω 以下的电阻；当用以测量小电阻（1Ω以下）时，应相应降低电压和缩短测量时间，以免桥臂过热而损伤。

（9）测量具有电感的电阻（如电机或变压器绕组的电阻）时，应先接通电源，再接通检流计的按钮，断开时应先断开检流计的按钮再断开电源，以免绕组的感应电动势损坏检流计。

（10）如果电桥有外接检流计端钮，最好通过 5000～10 000Ω 的保护电阻接入外接检流计，且此时应先将内接检流计用短路片短路。

（11）调平衡过程中不要将检流计按钮"按死"，待调到电桥接近平衡时才可"按死"检流计按钮进行细调。否则，检流计指针可能因猛烈撞击而损坏。

（12）电桥的比例臂可作为电阻箱使用，但使用时电流不得超过桥臂的最大允许电流。

（13）电桥使用完毕，应先拆除（或切断）电源，然后拆除被测电阻，将检流计的锁扣锁上，以防止搬移过程中振断吊丝。

⚠️ 小提示

由于电桥的灵敏度和准确度都较高，所以电桥在电磁测量中得到了广泛应用。电桥分直流电桥和交流电桥两大类，而直流电桥又分为单臂电桥和双臂电桥。

850. 按下单臂电桥电源按钮，并调节电桥各臂，检流计均无偏转怎么办？

按下单臂电桥电源按钮，并调节电桥各臂，检流计均无偏转的故障原因及检修方法如下。

(1) 电极接头氧化，造成电源接触不良。清扫电极接头，去掉氧化层，重新装好电池。

(2) 检流计电路短路。检查检流计电路，找出断路点，重新接好焊牢。

(3) 检流计悬丝脱落或扭断。检查检流计，更换悬丝。

851. 单臂电桥电流检流计偏向一边，当调节臂旋到某一示值时，检流计指针又偏向另一边怎么办？

这类故障一般是比较臂中有一电阻圈不通，虚焊或旋臂电刷接触不良。应根据指针改变偏转方向的位置，找出有缺陷的电阻圈，并予以修复。

852. 单臂电桥比例臂示值普遍有比例地增大，比例臂误差增大怎么办？

这类故障一般是比例臂两串接电阻圈中有一个电阻圈出现故障（虚焊、接触不良或断开）引起的。应根据不同比例下所产生的不同比值误差进行具体分析，找出故障，更换电阻圈，或焊牢接通。

853. 单臂电桥零电阻大或零位电阻变差大怎么办？

单臂电桥零电阻大或零位电阻变差大的主要原因是：比较臂活动部分接触不良，如接线端表面氧化、不清洁，电刷与电刷套间不清洁，压力调节不当，电刷形开关的刷片变形等。

检修方法如下。

(1) 拆开面板，取下电刷，用汽油或酒精清洗。

(2) 调整电刷形开关，使其恢复正常形状。

(3) 用 0 号砂纸研磨变形的或粗糙的电刷表面。

(4) 适当调整电刷压力。

854. 单臂电桥内某回路不通怎么办？

单臂电桥零电阻大或零位电阻变差大的原因有：引线脱焊，某电阻圈从头部霉断或过载烧坏。应找出故障，清除杂物，重新焊接。

855. 单臂电桥示值误差大怎么办？

单臂电桥示值误差大的原因是：电阻元件超差或装配不合理。应调整或更换电阻元件。

> **小提示**
>
> 如果电桥的个别示值超差，不要急于调整或更换对应该值的电阻器件。由于所修电桥的结构特点不同，电桥中电阻元件的连接和转换形式，以及它们的配数形式也不同，所以超差示值所对应的电阻器件不一定存在问题，超差示值往往是前边不超差示值对应的电阻元件引起的。因此，发现基本示值超差后，要根据全部示值产生误差的趋势分析误差的分布情况，在确定存在问题的电阻器件后予以调整或更换。

856. 怎样使用直流双臂电桥？

直流双臂电桥，又称凯尔文电桥，其准确度一般较高，可用来测量 $1\sim10^{-5}\Omega$ 以内的低电阻（如触点接触电阻、直流电机的电枢绕组电阻等）。使用直流双臂电桥应注意以下事项。

(1) 应按电桥的说明书或有关规定选用电源。若无文字资料，则选定的电源，其工作电流不得大于被测电阻或标准电阻额定电流的 1/2。如果被测电阻和标准电阻的额定电流不同，则电源工作电流不得大于其中小者额定电流的 1/2。

(2) 应使用 4 根接线连接被测电阻，不得将电位接头与电流接头接于同一点，否则测量结果会产生误差。

(3) 被测电阻电位接头 P1、P2 [见图 11-18 (a)] 所引的接线，应比从电流接头 C1、C2 引出的接线更靠近被测电阻。

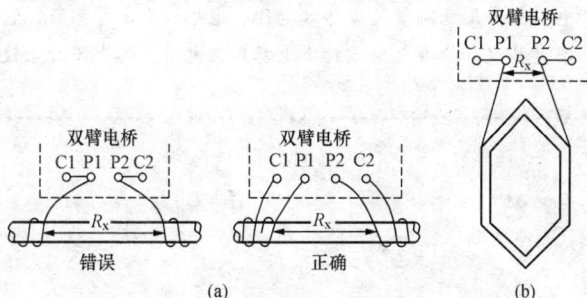

图 11-18 用直流双臂电桥测量铜棒电阻和绕组电路接线图

(a) P1、P2 所引的接线；(b) 自行引出 4 个接头

(4) 具有内附标准电阻的电桥，其标准电阻应定期检定。

(5) 选用的外附标准电阻应与电桥的准确度级别相适应。

（6）连接被测电阻的导线和连接处附标准电阻的导线，二者的电阻值应相等，并且导线应尽可能短。

（7）测量没有专门的电流接头和电位接头的电机和变压器等的电阻时，可自行根据上述原则引出4个接头［见图11-18（b）］。

（8）直流双臂电桥的工作电流很大，测量时操作要快，以免耗电过多；测量结束后应立即切断电源。

857. 使用交流电桥需要注意什么问题？

使用交流电桥应注意以下事项。

（1）选择电源时，电源电压、频率和波形应符合电桥说明书的要求。

（2）测量时，各种仪器设备应合理布置，尽可能消除磁场对电桥平衡条件所产生的影响。

（3）在电桥电路中安装屏蔽时，应按照电桥说明书的要求将其接到电路的适当地点，并予以接地。

（4）使用接有电子管放大器的指零仪或耳机时，在接放大器之前应将灵敏度调节器置于灵敏度最低位置，在电桥逐渐接近平衡状态时，渐渐地提高其灵敏度，直到在最高灵敏度下实现电桥平衡为止。

（5）在使用交流电桥的过程中要注意其干扰作用。通常，使用交流电桥在较高频率下进行测量时，存在各种寄生电容和感应耦合的影响，使测量产生误差，因此应采取消除交流电桥干扰的相应措施。

⚠ 小提示

交流电桥主要用来测量交流等效电阻、电感和电容等参数，它是将被测量与标准量具（如标准电感、标准电容）在电桥线路上进行比较的较量仪器。

第十二章 Chapter12

变频器与软启动器

第一节　变频器的维护与故障检修

858. 变频器是什么装置？怎样分类？

变频器是一种将固定频率的交流电变换成频率、电压连续可调的交流电供给负载的电源装置。变频器分类很多，主要有以下几种。

（1）按变换的环节分类。按变换的环节分类，可分为交—交变频器和交—直—交变频器。

1）交—交变频器。交—交变频器将工频交流直接变换成频率电压可调的交流（转换前后的相数相同），又称直接式变频器。

2）交—直—交变频器。交—直—交变频器先将工频交流通过整流器变成直流，然后再将直流变换成频率电压可调的交流，又称间接式变频器。交—直—交变频器是目前广泛应用的通用型变频器。

（2）按直流电源性质分类。按直流电源性质分类，可分为电流型变频器和电压型变频器。

1）电流型变频器：电流型变频器的特点是中间直流环节采用大电感器作为储能环节来缓冲无功功率，即扼制电流的变化，使电压波形接近正弦波。由于该直流环节内阻较大，故称为电流型变频器。电流型变频器的特点是能扼制负载电流频繁而急剧的变化，常应用于负载电流变化较大的场合。

2）电压型变频器：电压型变频器的特点是中间直流环节的储能元件采用大电容器作为储能环节来缓冲无功功率。直流环节电压比较平衡，内阻较小，相当于电压源，故称为电压型变频器，常应用于负载电压变化较大的场合。

（3）根据电压的调制方式分类。按电压的调制分类，可分为脉宽调制变频器和脉幅调制变频器。

1）脉宽调制（SPWM）变频器：脉宽调制变频器电压的大小是通过调节脉冲占空比来实现的，中、小容量的通用变频器几乎全部采用此类变频器。

2）脉幅调制（PAM）变频器：脉幅调制变频器电压的大小是通过调节直流电压幅值来实现的。

（4）根据输入电源的相数分类。根据输入电源的相数分类，可分为三进三出变频器和单进三出变频器。

1）三进三出变频器：三进三出变频器的输入侧和输出侧都是三相交流电，绝大多数变频器都属此类。

2）单进三出变频器：单进三出变频器的输入侧为单相交流电，输出侧是三相交流电，家用电器中的变频器均属此类，通常容量较小。

（5）按其供电压分类。按其供电压分类，可分为低压变频器（220V和380V）、中压变频器（660V和1140V）和高压变频器（3、6、6.6、10kV）。

（6）按其功能分类。按其功能分类，可分为恒功率变频器、平方转矩变频器、简易型变频器、通用型变频器和电梯专用变频器等。

（7）按控制方式分类。按控制方式分类，可分为 U/f 控制方式、转差频率控制方式和矢量控制方式等。

（8）按主开关器件分类。按主开关器件分类，可分为 IGBT、GOT、BJT 等。

（9）按外形分类。按外形分类，可分为塑壳变频器（小功率）、铁壳变频器（多为中功率）和柜式变频器（大功率）。

859. 变频器应用在哪些领域？起什么作用？

变频器广泛应用的领域和作用见表12-1。

表 12-1　　　　　　变频器广泛应用的领域和作用

应 用 范 围	应 用 方 法	作 用
风机、泵类、搅拌机、挤压机、精纺机、注塑机、中央空调、洗衣机、抽油机	调速、降低电动机噪声	节能、改善环境
搬运机械、加工设备、生产流水线	多台电动机比例运行、联动运行、同步运行、正反运行、多段速调节	自动化控制、减轻劳动强度

续表

应 用 范 围	应 用 方 法	作　用
机床、搬运机械、塑料机械、抽油机、球磨机、研磨机、印刷机	调速运行	提高产量，提高工艺精度及质量
金属加工机械、塑料机	对高速电动机进行高速运行控制	提高设备效率
机床主轴、纺纱机	取代直流电动机、无级调速	减少维修、延长机器使用寿命
造纸机、切纸机、拉丝机、纤维机械	调节最佳速度、恒张力矢量控制	提高质量
恒压供水、供气、音乐喷泉	恒转矩、多段速调节	特殊要求场合

⚠️小提示

变频器虽为静止装置，但也有像滤波电解电容器、冷却风扇等消耗器件，如果使用维护得好，可有 10 年以上的寿命。

860. 变频器由哪几部分组成？各部分的作用是什么？

目前，生产中广泛应用的是通用变频器，通用变频器几乎都是交—直—交变频器，其基本结构如图 12-1 所示，主要由整流电路、直流中间电路、逆变电路和控制电路四部分组成。

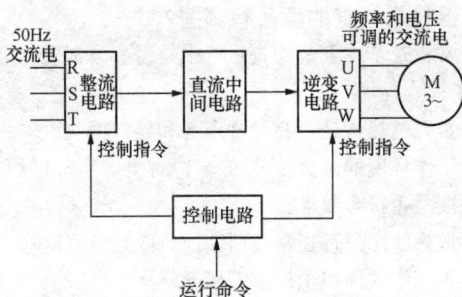

图 12-1　交—直—交变频器的基本结构

整流电路是由全波整流桥组成的，它将三相或单相的工频电流进行全波整流，并给逆变电路和控制电路提供所需要的直流电源。整流电路按其控制方式，可以是直流电压源，也可是直流电流源。

直流中间电路是对整流电路的输出进行平滑控制，以保证逆变电路和控制电路能获得质量较高的直流电源。当整流电路是电压源时，直流中间电路的主要元件是大容量的电解电容；而整流电路是电流源时，直流中间电路的主要元件是大容量的电感。由于电动机制动的需要，在直流中间电路中有时还包括制动电阻及其控制电路。

逆变电路是变频器的主要组成部分之一。它的主要作用是在控制电路的控制下将平滑电路输出的直流电源转换成频率和电压都任意可调的交流电源。逆变电路的输出就是变频器的输出，可用它实现对电动机的调速控制。

控制电路包括主控制电路、信号检测电路、驱动电路、外部接口电路及保护电路等几个部分，这是变频器的核心部分。控制电路的优劣决定了变频器性能的优劣。控制电路的主要作用是将检测电路得到的各种信号送到运算电路，根据运算结果为变频器逆变电路提供驱动信号，并对变频器及电动机提供必要的保护措施。控制电路还通过 A/D 和 D/A 转换电路等对外部接口接收或发送多种形式的信号和给出系统内部的工作状态，以便使变频器能够与外部设备配合进行各种高性能的控制。

⚠️ 小提示

变频器的种类很多，其内部结构也各不相同。但它们的基本结构都是相似的。它们的主要区别只是主回路工作方式不同，控制电路和检测电路等具体线路不同。

861. 变频器日常检查的项目有哪些？

变频器的日常检查基本上是检查运行中是否有异常现象，主要检查以下项目。

（1）电动机是否过热，是否有异常声音和异常振动。

（2）变频器工作环境的温度要求在-10～+40℃范围内，以25℃左右为好。并检测湿度是否符合要求。

（3）变频器散热状态是否正常；门窗通风散热是否良好；变频器下进风口、上出风口是否积尘或因积尘过多而堵塞。

（4）冷却系统是否正常。

（5）是否有异常振动声音。

（6）不必取下外盖，根据检查清单的要求，从外面查看变频器有无异常声音、异味及损伤。

（7）用测温仪器检测变频器是否过热，是否有异味。

（8）变频器风扇运转是否正常，有无异响、过热、变色、异味、异声和异常振动，散热风道是否通畅。

（9）变频器运行中是否有故障报警显示。

（10）检查变频器交流输入电压是否超过最大值，如果主电路外加输入电压超过极限，即使变频器没运行也会对变频器线路板造成损坏。

（11）检查柜内风扇运转是否正常，变频器、电动机、变压器、电抗器等有无过热有异味，电动机声音是否正常，变频器主回路和控制回路的电压是否不正常，电容器是否出现局部过热，外观有无鼓泡或变形，安全阀是否破裂。

（12）已停用变频器的加热器工作是否正常。

（13）确认异常的方法。例如，面板显示或符号异常，输出频率、输出电流、设定频率异常等。如果可以继续运行，应该详细记录异常，以便定期检查时作为参考资料。

（14）如有不良征兆，立即确认它的位置和程度。

862. 变频器定期检查的项目有哪些？

变频器定期检查的项目主要有以下几个方面。

（1）盘内及空气过滤器的清扫。用真空吸尘器吸取尘埃，吸不掉的东西用布擦拭。为了防止有灰尘、金属物落下，清扫应自上而下进行。主电路元件的引线、绝缘子及电容器的端部应该用软布小心地擦拭。空气过滤器的清扫一定要按期进行。

（2）紧固检查。由于温度上升、振动等原因，常常引起器件和紧固件松动，主电路器件、控制电路各端子连接部分要进行紧固检查。

（3）检查锡焊部分、压接端子处有无断线，有无腐蚀。

（4）检查操作机构。对操作机构可动部分、易磨损部分要进行检查、更换或修理。

（5）检查接触器、继电器的触头，损坏的要更换。

（6）检查浪涌吸收电路。检查浪涌吸收电路中电容、电阻有无异常，稳压二极管、非线性电阻等有无变色、变形。

（7）检查保护电路。主要检查保护电路中各器件的动作是否灵敏，是否在给定值内动作，给定值的设定是否准确，联动机构是否按保护顺序动作。

保护电路应处于随时能工作的状态。

（8）检查断路器。要检查跳闸电路动作是否正常，检修或更换触头。

（9）测量绝缘电阻。印制电路板类的绝缘电阻值要用万用表的高阻挡测量，其他主电路等用绝缘电阻表测量，其值应在1MΩ以上。

（10）检查运转特性及各种波形。将启动停止、加减速、稳定运转时的各部波形及稳定度同试运转时数据相比较。

（11）振动检查。变频器内的接线端子部分和接触部分，由于长时间的运转，常发生腐蚀、接触不良、断线等故障，用小锤轻轻地叩击这些部位，检查有无异常。

⚫ 小提示

必须停机才能检查的项目，日常检查发现问题需要停机维修的项目，以及电气特性的检查、调整等，都属于定期检查的范围。检查周期根据变频器的重要性、经济性及使用环境等综合判断来决定，通常为半年到一年。

863. 怎样安装和使用变频器？

安装和使用变频器，除了应防雷和正确接地线、正确与电动机进行连接之外，还应注意以下几点。

（1）避免振动与冲击。为了防止引发电器接触不良，变频器安装场所应远离振动源和冲击源，并使用减振橡胶垫固定控制柜内电磁开关之类易产生振动的元器件。

（2）工作温度宜低。变频器的工作温度应控制在40℃以下，并严格遵守产品说明书中的安装要求，绝对不允许把发热元器件紧靠变频器的底部安装。

（3）变频器在工作时会产生很多干扰电磁波，对附近的仪表、仪器有一定的干扰。因此，柜内的仪表和电子系统，应选用金属外壳屏蔽，元器件可靠接地。除此之外，变频器控制线与电源线应分开布线，切忌将各类导线捆成一束走线。各电器元件、仪表及仪表之间的走线应选用屏蔽控制电缆，如果处理不好，电磁干扰会使整个系统无法工作。

⚫ 小提示

变频器虽为静止装置，但也有像滤波电容器、冷却风扇那样的消耗器件，如果对它们进行定期维护，一般寿命可达10年以上。

864. 变频器怎样显示故障原因？

各种变频器对故障原因的显示方法很不一致，主要有以下两类：

（1）用发光二极管显示。不同的故障原因由各自的发光二极管来显示。这虽是较为原始的一种显示方式，但对操作者来说较易掌握，只需记住哪个灯亮是什么故障即可。

（2）由数码显示屏显示又分两种：

1）用代码显示：不同的故障原因由不同的代码来显示。例如，日本三肯公司生产的 SVF 系列变频器中，代码 3 表示过载过流；4 表示冲击过流；5 表示过压等。

2）用字符表示：针对各种过载原因，用缩写的英语字符。例如，过流为 OC（Over Current），过压为 OV（Over Voltage），欠压为 LV（Low Voltage），过载为 OL（Over Load），过热为 OH（Over Heat）等。操作者只需稍具英语知识便可一目了然，因此新系列变频器普遍采用这种方式。

865. 变频器配置了哪些操作键？

各种变频器对操作键的配置及各键的名称差异很大，但归纳起来，有以下几类：

（1）模式转换键。用来更改工作模式。常见的符号有 MOD（Mode）、PRG（Program）等。

（2）增减键。用于增加或减小数据。常见的符号是△或▽。有的变频器还配置了横向移位键（或），用以加速数字的更改。

（3）读出、写入键。在编程设置模式时，用于"读出"和"写入"数据码。读出和写入两种功能，有的用同一个按键来完成，也有的分别用不同的键来完成。常见的名称有 READ、WRITE、SET、DATA 等。

（4）运行操作键。在按键运行模式下，用来进行"运行"、"停止"等操作，主要有 RUN（运行）、FWD（正转）、REV（反转）、STOP（停止）、JOG（点动）等。

（5）复位键。用于在故障跳闸后，使变频器恢复成正常状态。键的名称是 RESET。

（6）数字键。有的变频器配置了"0～9"和小数点"."等数字键。在设置数据码时，可直接输入所需的数据。

❶ 小提示

变频器的两种操作方式：

（1）按键操作方式。即通过按键操作用来控制电动机的运行和停止。

（2）外控操作方式。即通过外接控制信号，如电位器（0～±10V 电压信号，4～20mA 电流信号）等来完成对电动机的运行操作。

866. 怎样灵活应用变频器控制端子？

虽然变频器功能特别多，但从现阶段应用来看，使用的功能还是很单一。在一台变频器上，主要只用到调速功能。但其他还有许多功能被从被使用，利用变频器外部设置信号可以引入自控系统，利用正反转端子，可以由生产线起停信号控制变频器运行，使变频器成为自动生产线的一部分。在自动生产线上，故障自动停机是很重要的功能，前方设备有故障，后方设备应自动停止。变频器的紧急停止端可以作为此功能使用，利用变频器的频率到达输出端可以实现，当变频器启动完成后可以让后续设备自动启动。如果变频器自身有故障，它也有相应的信号输出，可以让后续设备停下来。在 SANKENMF 和 FUTFVT 系变频器中可以有 3～4 甚至多达 7 个频率在内部预先设置，可以充分利用这个优点，在有些设备上设置自动生产流程，一旦工作频率及时间设置好后，变频器将按顺序在不同的时间以不同的频率让电动机以不同的转速运行，形成一个自动的生产流程。

小提示

单相电动机基本上不能用变频器驱动，对于开关启动式的单相电动机，在工作点以下的调速范围时将烧毁辅助绕组；对于电容启动或电容运行方式的单相电动机，将诱发电容器爆炸故障发生。变频器的电源通常为三相，但对于小容量的变频器，也有用单相电源运行的机种。

867. 测量变频器控制电路时应注意哪些问题？

测量控制电路时应注意以下问题。

（1）仪表选型。由于控制电路的信号比较微弱，各部分电路的输入阻抗较高，因此必须选用高频（100kHz 以上）仪表进行测量，例如使用数字式仪表等。用普通仪表测量时，读出的数据将偏低。

（2）示波器的选型。测量波形时，可使用 10MHz 的示波器。如欲测量电路的过渡过程，则应使用 200MHz 以上的示波器。

（3）公共端的位置。控制电路有许多公共端（地端），理论上说，这些公共端都是等电位的，但为了使测量结果更加准确，应选用与被测点最为接近的公共端。

868. 变频器过电流的外部原因有哪些?

变频器过电流的外部原因有以下几个方面。

(1) 电动机负载突变引起的冲击过大造成过流。

(2) 电动机和电动机电缆相间或每相对地的绝缘破坏,造成匝间或相间对地短路,因而导致过流。

(3) 过流故障与电动机的漏抗、电动机电缆的耦合电抗有关,所以选择电动机电缆一定按照要求去选。

(4) 在变频器输出侧有功率因数补偿电容或浪涌吸收装置。

(5) 当装有测速编码器时,速度反馈信号丢失或非正常也会引起过流。

869. 变频器过热的本身原因有哪些? 怎样检修?

变频器过热的本身原因及检修方法有以下几点。

(1) 参数设置问题。例如加速时间太短,PID 调节器的比例 P、积分时间 I 参数不合理,超调过大,造成变频器输出电流振荡。

(2) 变频器硬件问题。电流互感器损坏,其现象表现为,变频器主回路送电,当变频器未启动时,有电流显示且电流在变化,这样可判断互感器已损坏。主电路接口板电流、电压检测通道被损坏也会出现过流。电路板损坏的原因如下。

1) 由于环境太差,导电性固体颗粒附着在电路板上,造成静电损坏。或者有腐蚀性气体使电路被腐蚀。

2) 电路板的零电位与机壳连在一起,柜体与地角焊接时,强大的电弧会影响电路板的性能。

3) 由于接地不良,电路板的 0V 点受干扰也会造成电路板损坏。

4) 连接插件不紧、不牢。例如,电流或电压反馈信号线接触不良,出现过流故障时有时无的现象。

> **⚠ 小提示**
>
> 变频器长时间不使用也要做维护,电解电容不通电时间不要超过 3～6 个月,因此要求间隔一段时间通一次电,新买来的变频器如离出厂时间超过半年至一年,也要先通低电压空载,经过几小时让电容器恢复过来再使用。

870. 电动机过热,变频器显示过载怎么办?

(1) 对于已经投入运行的变频器出现的这种故障,应重点先对变频器的负载进行检查。

（2）对于新安装的变频器出现的这类故障，很可能是 U/f（电压/频率）曲线设置不当或电动机参数设置不当引起的。对此，应重新进行正确的参数设置。

另外，使用变频器的无速度传感器矢量控制方式时，没有正确地设置负载电动机的额定电压、电流、容量等参数，或设置的变频器载波率过高，也会导致电动机热过载。后一种情况多是由于设计不当，使变频器在低频段工作，而没有考虑到低频段工作的电动机散热变差的问题。对此，应加装一定面积的散热装置进行散热。

871. 怎样检修变频器常见故障？

变频器常见故障及检修方法见表12-2。

表12-2 变频器常见故障及检修方法

故障现象	故障原因	检修方法
电动机不转	（1）主回路故障	（1）检查主回路使用的是不是适当的电源电压。 （2）检查电动机是否正确连接
	（2）无输入信号	（1）检查启动信号是否输入。 （2）检查正转或反转信号是否输入。 （3）检查频率设定信号是否为零。 （4）当采用模拟信号控制时，检查信号是否在零值
电动机不转	（3）参数设置错误	（1）检查启动频率是否大于运行频率。 （2）检查各种操作功能，尤其是上限频率是否为零。 （3）检查操作模式是否正确，是面板控制还是外接端子控制。 （4）检查是否选择了正反转中的某一方向运行限制
	（4）负载过重	（1）检查负载是否过重。 （2）检查机械是否卡死

续表

故障现象	故 障 原 因	检 修 方 法
电动机旋转方向相反	（1）输出端子相序错误。 （2）启动信号错误	（1）检查输出端子 U、V、W 相序是否正确。 （2）检查启动信号（正转、反转）连接是否正确
速度与设定值相差很大	（1）参数设定错误。 （2）外部信号源干扰。 （3）负载过重	（1）检查频率设定信号是否正确（测量输入信号的值是否与要求一致）。 （2）检查输入信号是否受到外部噪声或其他信号源的干扰，使用屏蔽电缆，并消除干扰源。 （3）检查负载是否过重
加减速不平稳	（1）加减速时间设定过短。 （2）负载过重。 （3）转矩提升设定过大	（1）调整加减速时间。 （2）检查外部负载是否过重。 （3）检查转矩提升设定，防止设定过大引起失速影响功能动作
电动机电流过大	（1）负载过重。 （2）转矩提升设定过大	（1）检查外部负载。 （2）检查转矩提升设定
速度不能增加	（1）上限频率设定错误。 （2）负载过重。 （3）转矩提升设定过大。 （4）制动电阻器连接错误	（1）检查上限频率设定是否正确。 （2）检查外部负载是否过重。 （3）检查转矩提升设定，防止设定过大引起失速影响功能动作。 （4）检查电阻器的连接是否错误
运行时的速度波动	（1）负载变化。 （2）输入信号变化	（1）检查负载是否变化。 （2）检查频率设定信号是否有变化。 （3）检查频率设定信号是否受到干扰
操作面板无显示	（1）变频器无工作电源。 （2）操作面板连接不好	（1）送上变频器工作电源。 （2）检查变频器与操作面板连接是否可靠

续表

故障现象	故障原因	检修方法
变频器参数不能写入	(1) 变频器所处状态不对。 (2) 设定参数在变频器设定范围之外。 (3) 变频器处于锁定状态	(1) 检查变频器是否在运行状态。 (2) 在变频器规定的参数范围内设定参数。 (3) 解除变频器锁定状态。
过电流保护	(1) 加速时间过短。 (2) 过载。 (3) 输出电路故障。	(1) 调整加速时间。 (2) 检查电动机、变频器、负载的大小。 (3) 检查电动机和电动机电缆是否有故障
对地短路保护	(1) 电动机短路。 (2) 电动机电缆短路。 (3) 供电电源干扰	(1) 更换电动机。 (2) 更换电动机电缆。 (3) 改善变频器供电电源
电源缺相	(1) 主电源缺相。 (2) 熔断器熔断	(1) 检查主电源是否缺相。 (2) 更换熔体
电动机缺相	(1) 电动机回路有故障。 (2) 变频器内部有故障	(1) 检查电动机是否损坏。 (2) 检查电动机电缆是否损坏。 (3) 联系厂家或更换变频器
过电压保护	(1) 减速时间过短，出现负载（由负载带动旋转）。 (2) 供电电源电压过高。 (3) 供电电源干扰	(1) 制动力矩不足时，延长减速时间，或者选用附加的制动单元、制动电阻器单元等。 (2) 检查供电电源。 (3) 改善变频器供电电源
欠压保护	(1) 线路供电电源电压太低。 (2) 预充电电阻器损坏。 (3) 瞬时电压下降	(1) 检测供电电源电压。 (2) 更换充电电阻器或更换变频器。 (3) 检查电力系统是否电压稳定

续表

故障现象	故障原因	检修方法
熔丝熔断	（1）过电流或过载保护重复动作。 （2）外部线路故障。 （3）变频器内部损坏	（1）检查变频器故障代码和负载情况。 （2）检查外部线路。 （3）更换变频器
过载保护	（1）过负载。 （2）参数设定错误。 （3）机械异常	（1）检查负载。 （2）核对电动机额定电流等参数。 （3）检查机械是否卡阻
制动电阻过热	（1）频繁地启动、停止、连续长时间再生回馈运转。 （2）减速时间过短	（1）减小启动频率，使用附加的制动电阻及制动单元。 （2）延长减速时间
冷却风扇异常	（1）冷却风扇故障。 （2）连线松动	（1）更换冷却风扇。 （2）检查冷却风扇接线
通信错误	（1）外来干扰，过强的振动、冲击。 （2）通信电缆接触不良	（1）重新确认系统参数，记下全部数据后进行初始化或断电重启。 （2）检查通信电缆

872. 在什么情况下要选用变频电动机？

变频器配置普通异步电动机一般都能满足生产需要，但在下列情况下一定要选用专用变频电动机。

（1）工作频率大于 50Hz 甚至高达 200～400Hz，一般电动机的机械强度和轴承无法胜任。

（2）工作频率小于 10Hz，负载较大且要长期持续工作，普通电动机靠机内风叶无法满足散热要求，电动机会严重过热，容易损坏电动机。

（3）调速比 $D \geqslant 10$（$D = n_{max}/n_{min}$）且频繁变化工作条件。

（4）调速比 D 较大，工作周期短，转动惯量 GD^2 也大，正反转交替运行且要求实现能量回馈制动的工作方式。

（5）因传动需要，用变频电动机更合适的场合。

873. 变频器的主电路由哪几部分构成？

变频器给负载提供调压调频电源的电力变换部分称为变频器的主电路。如图 12-2 所示为典型的电压型变频器的主电路。其主电路由三部分构成，将工频电源变换为直流的整流器，吸收整流器、逆变器产生的电压脉动的平波回路，以及将直流变换为交流的逆变器。若系统的负载为异步电动机，在变频调速系统需要制动时，还需要附加制动回路。

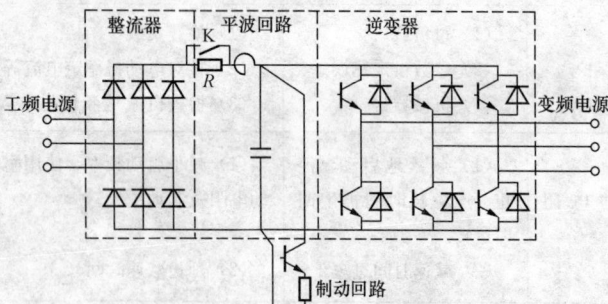

图 12-2 变频器主电路示意图

（1）整流器。变频器一般使用的是二极管整流器，如图 12-3 所示，它与单相或三相交流电源相连接，将工频电源变换为直流电源。此外，也可用两组晶体管整流器构成可逆变整流器，由于可逆变整流器功率方向可逆，因此可以实现再生运行。

（2）平波回路。整流后的直流电压中含有电源 6 倍频率脉动电压，而逆变器产生的脉动电流也可使直流电压变动。为了抑制电压波动可采用电感和电容吸收脉动电压（电流），一般通用变频器采用电容滤波平波电路。

（3）逆变器。逆变器同整流器相反，是将直流变换为所要求的可变压变频的交流，逆变控制电路以所确定的时间控制 6 个开关器件导通、关断就可以在输出端得到三相变压变频交流输出。

（4）制动回路。异步电动机负载在再生制动区域使用时（转差率为负），再生能量存储在平波回路电容器中，使直流环节电压升高。一般来说，由机械系统（含电动机）惯量积累的能量比电容能存储的能量大。为抑制直流电路电压上升，需采用制动回路消耗直流电路中的再生能量，制动回路也可采用可逆整流器将再生能量向工频电网反馈。

（5）限流电路。限流电路由图 12-3 中限流电阻 R 及开关 K 构成，由于上电瞬间滤波电容端电压为零，上电瞬间电容充电电流较大，过大的电流可能会损坏整流电路。为保护整流电路在变频器上电瞬间将限流电阻串联到直流回路中，可当电容充电到一定时间后通过开关 K 将电阻短路。

874. 电压源型变频器和电流源型变频器有什么区别？

电压源型和电流源型变频器都属于交—直—交变频器，其主电路由整流器、平波回路和逆变器三部分组成。由于负载一般都是感性的，它和电源之间必有无功功率传送，因此在中间的直流环节中需要有缓冲无功功率的元件。

(1) 如果采用大电容器来缓冲无功功率，则构成电压源型变频器；如果采用大电抗器来缓冲无功功率，则构成电流源型变频器。

(2) 适用范围。电压源型变频器属于恒压源，电压控制响应慢，所以适用于作为多台电动机同步运行的供电电源，但不适用于快速加减速的场合。电源型变频器恰好相反，由于滤波电感的作用，系统对负载变化反应迟缓，不适用于多电动机传动，而更适用于一台变频器给一台电动机供电的单电动机传动，并且可以满足快速启、制动和可逆运行的要求。

875. 如何诊断和处理变频器的冷却系统故障？

变频器的冷却系统主要包括散热片和冷却风扇，冷却风扇是工作寿命比较短的零件，临近工作寿命时，风扇产生振动，噪声开始增大，最后停转，导致变频器的逆变模块无法散热，变频器 IPM 过热保护跳闸。其原因是风扇的轴承寿命较短，因此在风扇出现上述异常或到达一定的运行时间后应考虑更换新的风扇。

(1) 风扇损坏的判断方法。测量风扇电源电压是否正常，如风扇电源不正常首先要修好风扇电源。确认风扇电源正常后风扇如不转或慢转，则风扇有故障，需更换。

(2) 风扇损坏的原因。

1) 风扇本身质量不好，线包烧毁、局部短路，直流风扇的电子线路损坏，风扇引线断路，机械卡死，含油轴承干涸，塑料老化变形卡死。

2) 环境不良，有水气、结露、腐蚀性气体、脏物堵塞、温度太高使塑料变形。

(3) 检修方法。在拆卸风扇时要做好记录和标识，防止安装时发生错误。在安装风扇螺钉时，力矩要合适，不要因过紧而使塑料件变形和断裂，也不能太松因振动而松脱。风扇的风叶不得碰风罩、更不得装反风扇。选用风扇时风扇轴承为滚珠轴承较好，含油轴承的机械寿命短，就单纯轴承寿命而言，使用滚珠轴承时风扇寿命会高 5～10 倍。此外，电源连接要正确良好，转子风叶不得与导线相摩擦，装好后要通电试一下：清理风道和散热片内的堵塞物，不少变频器因风道堵塞而发生过热保护或损坏。

⚠ 小提示

（1）为了尽可能地延长风扇的寿命，一些变频器厂家设计风扇只在变频器运行时才工作，而不是一打开电源就运转，除此以外，日立公司在新推出的 SJ300 系列变频器中采用风扇可以简单拆换的结构，给维修提供了方便。

（2）更换新风扇最好选择原来型号或比原型号性能优良的风扇，同样尺寸的风扇包含很多种风量和风压品种，就同一厂家而言就有几种转速、几种功率的风扇，风量风压也有所不同。

876. 如何诊断和处理变频器操作、显示面板故障？

变频器操作、显示面板包含参数设置和显示的接口电路，以及发光二极管或者液晶显示屏。接口电路内的 IC 芯片和辅助回路一般不易出现故障，只有当发光二极管变暗或显示出现缺损，液晶显示屏的显示明显变淡时才应更换新的操作、显示面板，这些故障一般不会对变频器整机的运行造成致命的影响。

877. 怎样检修变频调速系统的发热故障？

变频器是电子装置，所以温度对其寿命影响较大。通过变频器的环境运行温度一般要求 $-10～+50℃$，如果能降低变频器的运行温度，就能延长变频器的使用寿命。变频器发热是由于内部的损耗而产生的，以主电路为主，约占总损耗的 90%，控制电路占 2%。为保证变频器正常可靠地运行，必须对变频器进行散热。主要方法如下。

（1）采用风扇散热。变频器的内装风扇可将变频器箱体内部散热带走。

（2）采用单独的变频器室，内部安装空调，保持变频器室温度为 $+15～+20℃$。

⚠ 小提示

上述所谈的变频器发热是指变频器在额定范围之内正常运行的损耗。变频器发生非正常运行（如过流、过压、过载等）产生的损耗必须通过正常的选型来避免此类现象的发生。

878. 变频器维护保养周期标准是如何规定的？

根据日本电动机工业会的推荐，通用变频器的维护保养项目与定期检查的周期标准见表12-3。从表12-3中可以看出，除日常的检查外，所推荐的检查周期一般为1年。在众多的检查项目中，重点要检查的是主回路的平滑电容器、逻辑控制回路、电源回路、逆变驱动回路中的电解电容器、冷却系统中的风扇等。除主回路的电容器外，其他电容器的测定比较困难，因此主要以外观变化和运行时间为判断的基准。

表 12-3　　　　通用变频器维护保养周期标准

检查部位	检查项目	检查方法	检查周期			备注
			日常	1年	2年	
整机	周围环境	确认周围温度、湿度、尘埃、有毒气体、油雾等	√			如有积尘应用压缩空气清扫并考虑改善安装环境
	整机装置	是否有异常振动、异常声音	√			
	电源电压	主回路电压、控制电压是否正常	√			测量各相线电压，不平衡应在3%以内
主回路	整体	(1) 用绝缘电阻表检查主回路端子与接地端子间的电阻			√	与接地端子之间的电阻应为5MΩ
		(2) 各个接线端子有无松动	√			
		(3) 各个零件有无过热的迹象	√			
		(4) 清扫				

续表

检查部位	检查项目	检查方法	检查周期			备注
			日常	定期		
				1年	2年	
主回路	连接导体、电线	(1) 导体有无歪倒		√		
		(2) 电线表皮有无破损、劣化、裂缝、变色等		√		
	变压器、电抗器	有无异臭、异常嗡嗡声	√	√		
	端子盒	有无损伤		√		如有锈蚀应考虑降低湿度
	平滑电容器	(1) 有无漏液		√		有异常时及时更换新件，一般寿命为5年
		(2) 安全阀是否突出、膨胀		√		
		(3) 测定静电容容量和绝缘电阻		√		静电容容量应在额定值的80%以上，电容器端子与接地端子之间的绝缘电阻不少于5MΩ
	继电器、接触器	(1) 动作时有无嘶嘶声		√		
		(2) 计时器的动作时间是否正确		√		有异常时及时更换新件
		(3) 触点是否粗糙接触不良		√		
	制动电阻	(1) 电阻的绝缘是否损坏		√		有异常时及时更换新件
		(2) 有无断线		√		阻值变化超过10%时应更换

检查部位	检查项目		检查方法	检查周期			备注
				日常	定期		
					1年	2年	
逻辑控制、电源、逆变驱动与保护回路	动作确认		(1) 变频器单独运行时，各相输出电压是否平衡		√		各相之间的差值应在2%以内
			(2) 做回路保护动作试验，判断保护回路是否异常		√		
	零件	全体	(1) 有无异臭、变色	√			
			(2) 有无明显生锈	√			
		铝电解电容器	有无漏液、变形现象				如电容器顶部有凸起，底部中间有膨胀现象应更换新板，一般寿命期为5年
冷却系统	冷却风扇		(1) 有无异常振动、异常声音	√			有异常时及时更换新件，一般使用2~3年后应考虑更换
			(2) 接线部位有无松动		√		
			(3) 用压缩空气清扫	√			
显示	显示		(1) 显示是否缺损或变淡	√			显示异常或变暗时更换新板
			(2) 清扫		√		
	外接表		指示值是否正常	√			

注 "√"表示检查项目。

879. 怎样正确更换变频器的备品备件？

变频器由多种部件组成，其中一些部件经长期工作后其性能会逐渐降低、老化，这也是变频器发生故障的主要原因。为了保证设备长期的正常运转，易损件超出使用周期时必须对其进行更换，更换易损件时主要依据变频器的使用年限及日常检查的结果决定。变频器易损件更换项目见表12-4。

表12-4　　　　　　　　变频器易损件更换项目

名称	器件状况判别	更换方法	更换后的检验
风扇	风扇是变频器的常用备件，风扇损坏分为电气损坏和轴承损坏。电气损坏风扇会不运转，这在日常检查中就可以发现，发现后立即更换。轴承损坏，可以发现风扇在运转时的噪声和振动明显增大，这时要尽快予以更换。也可以根据变频器说明书的建议，在风扇使用到达一定年限后（一般风扇的寿命大约为10～40kh，一般3年左右）统一予以更换	推荐使用原装的风扇备件，但有时原装的备件很难买到或订货周期长，此时可以考虑使用替代品。替代品必须保证外形与安装尺寸与原装的完全一致，电源、功耗、风量和质量与原装的接近。直接冷却风扇有二线和三线之分，二线风扇其中一线为正极，另一线为负极，更换时不要接错；三线风扇除了正、负极外还有一根检测线，更换时要注意，否则会引起变频器过热报警。交流风扇一般有220V和380V之分，更换时电压等级不要搞错	更换以后要试运行，观察风扇的风量、运行噪声和振动情况，连续运转大约半小时，再观察整机的温升，如果一切正常，则可以判定更换或替换成功
主滤波电容	主滤波电容是变频器的常用备件，如果出现电容漏液或膨胀或防爆孔破裂的现象，要立即更换。也可以根据相关变频器的说明书，电容器运行3～5年后，强制进行更换。中间电路滤波电容的主要作用是平滑直流电压，吸收直流中的低频谐波。其连续工作产生的热量加上变频器本身产生的热量都会加快其电解液的干涸，直接影响其容量的大小。因此，每年应定期检查电容容量一次，一般其容量减少20%以上应更换	推荐使用原装的电容备件，但有时原装的备件很难买到或订货周期长，此时可以考虑使用替代品。替代品必须保证安装尺寸与原装的安全一致，长度小于或等于原装的，耐压和标称工作温度大于或等于原装的，总电容量与原来的相近	更换以后要试运行，满载运行2h，如果电容本体没有严重发热，则可以确认更换成功

续表

名称	器件状况判别	更换方法	更换后的检验
大功率电阻	观察大功率电阻的表面颜色，如果是水泥电阻要观察电阻表面是否有裂缝，如果电阻老化现象明显（颜色变黑、严重开裂），则要求更换	推荐使用原装的电阻备件，但也可以用替代品。替代品首先功率和电阻值要与原装的电阻相近，其次要求安装方式和安装尺寸要与原来的一致	更换后要试运行，断电、送电重复3次，注意断电再送电之间的时间间隔，再满载运行半小时，如果一切正常则可以确认更换成功
接触器或继电器	接触器或继电器一般有累计动作次数寿命，超过应予以更换，日常检查发现有触点接触不良，要立即更换	推荐使用原装的备件，但也可以用替代品。替代品的触点容量和线圈要与原装的一致，安装方式和安装尺寸也要与原来的相同，质量也要相同	更换后要试运行，令接触器反复动作多次，再满载运行半小时，如果一切正常则可确认更换成功
结构件	变频器的塑料外壳有可能被损坏，视具体情况决定是否更换，如果内部安装螺丝有打滑或生锈的情况，应当予以更换	外壳更换一定要用原装备件，螺丝等结构件则可以用相同规格相同质量的替代产品	更换螺丝以后一定要拧紧，并满载试验，确保不会因为接触电阻太大而引起发热
操作显示单元	变频器的操作显示单元如果有显示缺失或按键失效的现象，则要予以更换	更换要用原装的产品或兼容的升级替代产品	更换后要通电检查显示和动作是否安全正常

续表

名称	器件状况判别	更换方法	更换后的检验
印刷线路板	印刷线路板原则上不去更换，但如在日常检查中发现有严重发热烧毁的现象，则应予以更换	在定期检修中最好进行喷膜处理，可以抗腐蚀性，增强绝缘性能。在进行喷膜处理时，特别要注意保护好各类接插件口，不要让膜层保护剂喷入，以免引起接触不良。具体做法是接插件口可先用遮盖剂或塑料胶带遮后再喷膜，更换时一定要用原装备件	更换后要做满载试验 1h，如果一切正常才能确认更换成功

880. 变频器长期不用会发生什么问题？

长期不用的变频器可能发生如下问题。

(1) 高低压电解电容器容量下降，质量变劣。如发生电容器鼓包，甚至内部的电解液溢出等现象，不但会损坏印制电路板，还会危及其他器件。

(2) 冷却风机轴承的润滑油可能干涸，影响使用寿命。

所以，对于长期不用的变频器，每隔半年或一年应通电、空载运行一天。

881. 变频器壁挂式安装和柜式安装哪种方式好？

一般来说，壁挂式安装的主要优点是散热较好，但对周围环境的要求较高。因此，在周围环境比较洁净，进出人员较少的场合（如水泵房、中央空调的控制室等处），外围器件（空气断路器、接触器、快速熔断器、电抗器、滤波器等）不多的情况下可以考虑采用壁挂式安装。

反之，对于周围环境不很洁净，来往人员较多，外围器件也较多的场合，最好采用柜式安装。

882. 变频调速系统的电源异常表现形式有几种？

变频调速系统的电源异常表现的形式有：缺相、电压波动、瞬间停电，有时几种异常形式同时出现。

(1) 缺相。虽然二极管输入及使用单相控制电源的变频器，在缺相状态也能继续工作，但在电源缺相时整流器中个别器件电流过大及电容器的脉冲电流过大，变频器若在供电电源缺相时长期运行将对变频器的寿命及可靠性造成不良影响，并导致调速系统的性能下降，变频器电源系统应设有缺相保护和缺相报警装置。

（2）电压波动。造成变频器供电电源的电压波动有系统的原因，如同一个供电系统内出现对地短路及相间短路故障而引起的电压波动，也有在同一个供电回路内有直接启动的大电动机和电弧炉等设备启动或运行而引起的电压波动，对此变频器的供电系统可与其他用电设备不在同一配电变压器供电，以减小相互的影响。

（3）瞬间停电。对于数毫秒以内的瞬时停电，变频器的控制电路仍能工作正常。但瞬时停电如果达数十毫秒以上，通常不仅控制电路误动作，主电路也不能供电，变频器将停止运行。对于要求瞬时停电后继续运行的变频调速系统，在系统设计时应选择具有瞬间停电功能的变频器，外部控制回路应设有瞬停补偿方式和测速单元。当电源恢复后，通过速度追踪和测速电动机的检测来防止在系统加速时的过电流。对于要求必须连续运行的变频调速系统，要对变频器加装自动切换的不停电电源装置。

883. 怎样检修变频器充电启动电路故障？

变频器一般为电压型，采用交流→直流→交流的工作方式。当变频器刚通电时，直流侧的滤波平滑电容器的容量值非常大，充电电流很大，通常设置了一个启动电阻来限制充电电流。充电完成后，控制电路通过继电器的触点或晶闸管将启动电阻短路，使变频器直接与供电装置相连。

启动电路故障一般表现为启动电阻烧坏，变频器显示为直流母线电压故障。启动电阻值均较小（在 $10\sim15\Omega$，功率为 $10\sim50W$）。当变频器的交流输入电源频繁接通，或旁路接触器的触点接触不良，以及旁路晶闸管的导通阻值变大时，均会导致启动电阻烧坏。当发现启动电阻损坏时，在替换之前还应找出导致启动电阻烧坏的原因，常见原因如上所述。

第二节　软启动器维护与故障检修

884. 什么是软启动器？它与传统减压启动器有何不同？

软启动器是一种集电机软启动、软停车、轻载节能和多种保护功能于一体的新型电机控制装置，对电网几乎没有什么冲击。从 20 世纪 70 年代开始推广利用晶闸管交流调压技术制作的软启动器，之后又将功率因数控制技术结合进去，以及采用微电脑代替模拟控制电路，发展成智能化软启动器。

软启动器实际上是个调压器，只改变输出电压，并没有改变频率，这一点与变频器不同。

而传统的三相笼型电动机启动方式，如 Y—△启动、串电阻启动、串电抗启动、自耦变压器启动等均属有级减压启动，启动时存在着启动转矩不可调、启动电流跳跃过大、对负载机械有冲击转矩、产生的压降影响周围用电设备安全运行等缺点。以晶闸管（SCR）为限流器件的晶闸管软启动器属无级启动，通过连续缓慢增加电动机端电压使电动机转速平滑上升，直至额定转速运行，可以有效解决上述问题。

885. 软启动器与变频器有什么区别？

软启动器与变频器的区别主要是启动转矩和启动过程不同。

（1）启动转矩不同。

1）软启动器的启动方式实际上就是无级降压启动。异步电动机在改变电源电压时，其机械特性的临界转差是不变的，但临界转矩减小较多。因此，在低压启动时，启动转矩将大幅减小。

2）变频调速是低频启动，因变频器有各种补偿功能和矢量控制功能，低频运行时，电动机的机械特性将大为改善，可以保证有较大的启动转矩。

（2）启动过程不同。

1）软启动器虽然可以减小启动电流，但难以控制电动机启动时间的长短。

2）变频器则可以根据生产机械的具体需要，任意预置加速时间，使启动过程十分平稳。

886. 软启动器是怎样分类的？

软启动器的分类方法如下。

（1）根据电压分类：高压软启动器、低压软启动器。

（2）根据介质分类：固态软启动器、液阻软启动器。

（3）根据控制原理：电子式软启动器、电磁式软启动器。

（4）根据运行方式：在线型软启动器、旁路型软启动器。

（5）根据负载：标准型软启动器、重载型软启动器。

887. 软启动器有几种启动方式？几种停止方式？

软启动器常用启动方式有限流软启动控制方式和电压斜坡软启动控制方式。

电动机的停车方式通常有：自由停机、软停机和制动停机三种。

888. 软启动器有哪几种典型接线？

软启动器典型接线主要有以下三种。

（1）标准单元的接线方式，如图 12-3 所示。

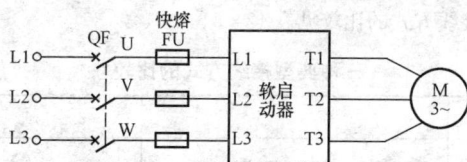

图 12 - 3 标准单元的接线方式

（2）带隔离接触器的接线方式，如图 12 - 4 所示。

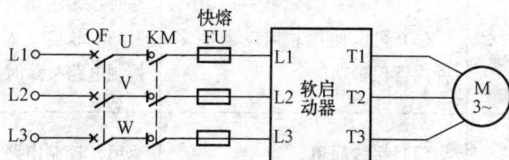

图 12 - 4 带隔离接触器的接线方式

（3）带旁路接触器的接线方式，如图 12 - 5 所示。

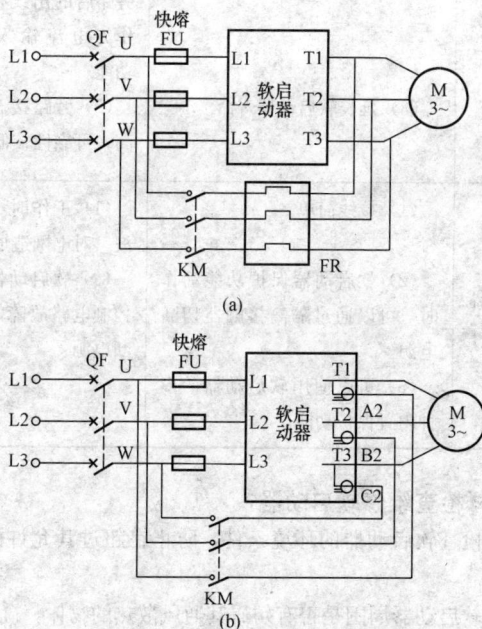

(a)

(b)

图 12 - 5 带旁路接触器的接线方式

三种典型接线方式的比较见表12-5。

表12-5　　　　　　　三种典型接线方式的比较

接线方式	优　点	缺　点
标准单元接线方式	(1) 配电元件少，造价低。 (2) 接线简单。 (3) 可以使用软启动器的多种内置保护功能	(1) 工作时产生高次谐波，对电网造成不良影响。 (2) 软启动器保护功能动作时，无法切断软启动器。 (3) 软启动器内部故障或控制电路故障时无法停止
带旁路接触器接线方式	(1) 接线简单。 (2) 软启动器启动完成后，负载通过旁路接触器供电，减少高次谐波对电网的影响。 (3) 延长软启动器寿命	(1) 控制电路接线简单。 (2) 旁路运行时早期产品无法使用软启动器的多种内置保护功能；现已将接触器旁路后的出线接至软启动器作为电流输入，实现保护功能。 (3) 旁路接触器故障率较高，可靠性较低
带隔离接触器接线方式	(1) 接线简单。 (2) 软启动器保护功能动作时，可以通过隔离接触器切断电源。 (3) 可以使用软启动器的多种内置保护功能	(1) 工作时会产生高次谐波，对电网造成不良影响。 (2) 软启动器内部故障或控制电路故障时无法及时切断电源

889. 怎样检查维修软启动器？

平时注意检查软启动器的环境条件，防止在超过其允许的环境条件下运行。

注意检查软启动器周围是否有妨碍其通风散热的物体，确保软启动器四周有足够的空间（大于150mm）。

定期检查配电线端子是否松动，柜内元器件有否过热、变色、焦臭味等异常现象。

定期清扫灰尘，以免影响散热，防止晶闸管因温升过高而损坏，同时也可避免因积尘引起的漏电和短路事故。

清扫灰尘可用干燥的毛刷进行，也可用于皮老虎吹和吸尘器吸。对于大块污垢，可用绝缘棒去除。若有条件，可用 0.6MPa 左右的压缩空气吹除。

平时注意观察风机的运行情况，一旦发现风机转速慢或异常，应及时修理（如清除油垢、积尘，加润滑油，更换损坏或变质的电容器）。对损坏的风机要及时更换。如果在没有风机的情况下使用软启动器，将会损坏晶闸管。

如果软启动器使用环境较潮湿或易结露，应经常用红外灯泡或电吹风烘干，驱除潮气，以避免漏电或短路事故的发生。

890. 怎样检查软启动器常见故障？

下面以摩普 XLD 系列软启动器为例，说明软启动器常见故障及检修方法，见表 12 - 6。

表 12 - 6　　摩普 XLD 系列软启动器常见故障及检修方法

故障现象	可能显示的指示灯	故障原因	检修方法
接通电源时一根主熔丝熔断或断路器断开	"分流跳闸"指示灯	（1）电源输入端短路。 （2）晶闸管故障	（1）检查排除短路。 （2）参照晶闸管检查程序，断电检查 SCR
启动时熔丝断或线路断路器断开	过流灯亮，缺相灯亮	（1）线路短路，电动机或电缆接地故障。 （2）缺相。 （3）线路保护器量值不当。 （4）晶闸管故障。 （5）单相输入电源故障。 （6）主线路板故障	（1）检查排除短路或电动机接地故障。 （2）找出缺相原因检修。 （3）修改适当量值。 （4）断电检查，参照晶闸管的检查程序。 （5）排除输入电源故障。 （6）断电更换主线路板，参照更换程序

续表

故障现象	可能显示的指示灯	故障原因	检修方法
启动时电动机过载跳闸	"过载"灯亮	(1) 过载调节不当。 (2) 电动机过载。 (3) 限流值太小。 (4) 启动调节不当。 (5) 过载调节不当	(1) 重新调节过载。 (2) 减轻电动机负载。 (3) 增大电动机限流。 (4) 重新调节启动。 (5) 重调过载
启动和运行中相间电流严重不平衡	"缺相"灯亮	(1) 电动机或线路故障。 (2) 线路故障。 (3) 主控板故障	(1) 检修。 (2) 检修换线。 (3) 更换主控板
运行中电动机停转①	"短路"灯亮	(1) 负载短路，接地故障。 (2) 主控板故障	(1) 断电后检查。 (2) 更换主控板
接通控制电源时控制电路熔丝熔断	全部指示灯灭	(1) 控制线路短路。 (2) 控制电压不当	(1) 断电后检查，更换。 (2) 给控制板供正确电压
运行中热继电器跳闸	"过热"灯亮	(1) 散热器上灰尘太多。 (2) 风扇不工作。 (3) 电流过大。 (4) 环境温度超过50℃（面板式）或环境温度超过40℃（封装式）	(1) 断电后用高压气清理散热器（80～100PSI清洁干燥气）。 (2) 若风扇有电则更换风扇，无电检修电源。 (3) 使运行电流不超过额定值。 (4) 将装置安装在低温的环境中，不要超过额定温度

续表

故障现象	可能显示的指示灯	故障原因	检修方法
电动机不启动	全部指示灯灭 "电源"灯灭 "启动"灯灭 "缺相"灯灭 "短路 SCR"灯亮	(1) 控制板上无控制电源。 (2) 控制电源变压器故障或控制电源熔丝故障。 (3) 启动线路接线错误。 (4) 没启动命令。 (5) 没三相电。 (6) 主控板故障。 (7) 控制器逻辑电路故障。 (8) 晶闸管短路。 (9) 主控板熔丝故障	(1) 向 TB1 的 1 和 6 触点之间供电。 (2) 断电后更换控制电源变压器或控制电源熔丝。 (3) 断电后纠正启动线路接线。 (4) 施加启动命令。 (5) 给装置供三相电。 (6) 更换主控板。 (7) 断电后修理。 (8) 检修并更换短路的 SCR。 (9) 更换排除故障
电动机振动或噪声大	"缺相"灯亮	(1) 电动机故障（不匹配）。 (2) 晶闸管故障。 (3) 晶闸管门极/阴极故障。 (4) 主控板故障	(1) 检查电动机及接线。 (2) 断电后检查晶闸管。 (3) 检修并更换 SCR。 (4) 更换主控板

① 这是严重故障，在重新启动之前必须修好并排除。

第十三章 Chapter13

电工实践小经验

891. 区别交、直流电动机有哪些技巧？

电动机为交流或直流一般在其铭牌上都有标注。对丢失铭牌或铭牌不清楚的电动机，可用以下方法来区别它们。

（1）从电动机外壳上看：直流电动机上面没有散热片，而交流电动机的机座上铸有散热片，因为定子绕组和涡流所产生的热量要散发，从而降低电动机的温度。而直流电动机的定子中没有铁损，其他线圈产生的热量较方便地从极间通风散出。

（2）由软铁或铸钢做成的磁轭的电动机是直流电动机。由硅钢片叠加而成的磁轭的电动机是交流电动机，因为交流电动机用硅钢片可减弱交流振荡引起的谐振。

（3）交流电动机上没有整流子，而直流电动机上有整流子。交流电动机启动和旋转所用的电流都是交流电，直流电动机是通过调整整流子的电流方向而使之转动不止的。

小提示

交流设备比直流设备的铜损、涡损及其他损耗的能量多，而这些能量大多以热量形式出现。发热对电动机的运行稳定起负面作用，交流电动机要比直流电动机采取的散热措施多一点，交流电动机由于电流方向的不断对称变化而引起谐振现象是直流电动机所不具有的，从这一点区别很容易。

892. 怎样用半导体收音机查找电热褥断线故障点？

电热褥最常见的故障是电热丝断路。可用万用表 $R×1k\Omega$ 电阻挡测试电热褥电源插头来确定。但由于电热丝较细，外面又有绝缘层，一旦断线，不易直观地检查出断线点。对此，可采用小型半导体收音机查找电热褥断线点。具体方法如下。

首先将市电的相线接到电热褥插头某一脚上，让插头的另一脚空着包好（注意做好安全措施）。然后打开小型半导体收音机，调到没有电台的位置。将收音机的磁性天线沿着电热线的走向移动。如检查位置处到电源插头之间没有断线故障，那么天线就会感应到交流电，经放大，收音机将发出明显的50Hz交流信号；如果在某处交流声突然变小，那么电热丝的断线故障点就在此处。将断线接好，继续沿电热线检查下去，直至电源插头的另一端。

893. 怎样用验电器判别是漏电还是感应电？

用验电器触及电气设备的壳体（如电动机、变压器的壳体），若氖管发亮，则是相线与壳体相接触（俗称相线碰壳，也称绕组接地），有漏电现象。但有时用验电器触及单相电动机、单相用电设备外壳及测试较长的交流操作回路未通电的导线时，其绝缘电阻很高，验电器氖管却发亮显示带电。这些现象都是电磁感应产生的感应电压引起的。

判断感应电的方法是：在验电器的氖管上并接一只 $1500\mu F$ 的小电容（耐压应取大于 250V），在测带电线路时，相线碰壳有漏电时，验电器氖管可照常发亮；如果测得的是感应电，验电器氖管则不亮或暗淡微亮，据此可判别出所测得的是相线漏电还是感应电。

894. 怎样用验电器判别是漏电还是静电？

用验电器测试用电设备外壳时，如果氖管发光，说明外壳确实有电。究竟是漏电还是静电呢？可用一段两端剥去绝缘的导线（铜导线，截面积在 $2.5mm^2$ 以上），一端先与地接触好，另一端在验电器金属头上绕两圈，并留出 3～4mm 长，然后将此线头与带电设备外壳继续碰触几次，有明显的火花和声响就可确实为漏电；如果无火花和声响，且碰触稍长时间后验电器测试氖管不亮了，则可认为是静电。

895. 怎样查对多台电动机的接线？

一般车间内电动机很多，绝大多数为小型电动机，其电源线横截面一样。但由于集中操作，它们的电源线都接在集中操作台处，这样往往造成多台电动机电源线交叉。

（1）传统做法。两个人配合操作，一人在操作台处，一人在电动机处，将电动机接线盒打开，任一线接地，在操作台处用万用表测试，若测试出该电源线确实处于接地状态，说明该电源线接线正确；检查完后，电动机处地线拆除，盖好接线盒，拧紧固定螺丝。

（2）万用表法。现只用一支万用表在操作台处接任意电动机的任意两根电源线，量程开关旋到直流电流毫安挡，将电动机扳转一下，万用表指针就会左右轻微摆动几次，说明电动机接线正确。这是因为低速转动的电动机变成了发动机，产生的交流低频电动势在回路中形成电流，该电流流过万用表使其指针偏转。

896. 怎样用校验灯检测户内照明电路短路故障？

户内照明线路因种种原因造成绝缘损坏，发生短路故障。用校验灯检测户内照明电路短路故障点是一种较简易方便的方法。

如图 13-1 所示，先拔掉故障电路上所有家用电器的电源插头，拉开所有照明灯具的控制开关，拉开电源总开关 QS，拔下两只熔断器 RD 中的一只熔断器（最好是相线上的）的熔丝。然后将校验灯（瓦数略大些，60～100W）并联在取下熔丝的熔断器上下侧接线柱上。这时闭合总开关 QS，如果校验灯发亮正常，说明短路故障在线路上；如果校验灯不发亮或微微发红，说明线路没有问题，再对每盏灯具及家用电器进行检测。因为当户内照明线路发生短路时，相线（相线）与中性线相通，此时拔下熔丝的熔断器上下侧接线柱间，即校验灯两引线头跨触的 a、b 两点间的电压 $U_{ab}=220V$，所以灯会发亮正常。如果短路故障不在线路上，相线不与中性线连接，拔下熔丝的熔断器两端无电压存在，所以灯不亮。

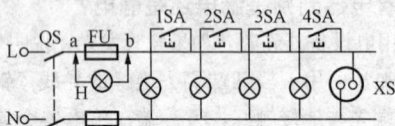

图 13-1 用校验灯检查照明电路的短路故障

检测每盏电灯和家用电器时，可依次将每盏电灯的控制开关（SA）闭合和逐个插入家用电器电源插头，每合一个开关或插入一个家用电器都要同时观察校验灯。正常现象是校验灯微亮或灯丝发红，但远达不到正常亮度。如果闭合某盏电灯或插入某一家用电器时，校验灯突然达到正常亮度，则说明短路故障在该用电器内部或其电源线内。需立即拉开电源总开关 QS，进行检修排除短路故障。

897. 怎样用校验灯检测荧光灯管？

荧光灯管使用一段时间后，常出现不能启动的现象，有的是灯丝断了，有的是灯丝电子发射物质耗尽。如何判定灯管能否继续使用？可用校验灯 H 串联荧光灯管的端管脚后跨接在 220V 交流电源上检验，如图 13-2 所示。被测荧光灯管的两端管脚均如此测试。如果校验灯 H 发亮，并且被测

荧光灯管也有辉光，则说明被测荧光
灯管是好的，还可继续使用；如果有
一端属上述情况，另一端校验灯不发
光，说明灯管内灯丝已断。这时，只
要用一根细熔丝（3A）或一根细裸铜
丝将两管脚短接还可以继续使用一段

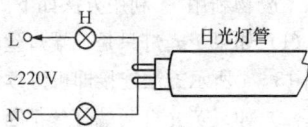

图 13-2　检测荧光灯管示意图

时间。如果校验灯发亮，但被测荧光灯管无辉光，则说明灯管的灯丝电子发
射物质已耗尽，需要更换新灯管；如果用此方法检测某灯管时，灯管两端的
校验灯都不发光，则说明被测灯管的两端灯丝均已断，这时也需更换新的荧
光灯管。

⚠ **小提示**

在用校验灯串联荧光灯管的端管脚后跨接在 220V 交流电源上检测
时，为准确判断荧光灯管灯丝的电子消耗状况，特别要注意校验灯灯泡与
灯管的功率匹配。

校验灯的灯泡是 25W 时，可检测 15W 以下的小型管或细管荧光灯
管；校验灯泡是 60W 时，可检测 15～40W 的常用荧光灯管。

898. 怎样用校验灯检测荧光灯的镇流器好坏？

如果发现荧光灯灯丝烧断、灯管忽暗忽
明、启跳不正常等，可怀疑其镇流器有毛病。
这时可用校验灯来检测，如图 13-3 所示。将
校验灯 H 和镇流器串联后，跨接到交流 220V
电源上，根据校验灯亮度来判断被测镇流器
好坏（检测的是电感式镇流器，新型的电子
镇流器不能用此法检测）。

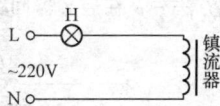

图 13-3　检测镇流器
示意图

（1）校验灯不亮，则被测镇流器断线（内部或引出线）或脱焊（引出
线）。若断线应更换；若脱焊应连接焊好后方可使用。

（2）校验灯呈红橙色，即发光暗淡，则说明测镇流器无故障，是好的。
荧光灯的不正常现象应另找原因。

（3）校验灯亮度接近正常，则说明被测镇流器烧毁或局部短路，应更换
新镇流器。

899. 怎样利用废荧光灯管？

荧光灯管一头或两头灯丝断了，如果灯丝未脱落，灯管也尚未老化，则

可以"废物利用"。利用方法如下。

（1）如果荧光灯只是一端灯丝断了，则可将继丝的两管脚用导线短接后按图 13-4 所示方法连接即可继续使用。

（2）如果荧光灯两端灯丝都断了，则可将两端断丝的管脚分别用导线短接，并用双联开关代替启辉器，且串一只耐压不小于 300V 的油浸纸介电容器，按图 13-5 所示方法连接，即可继续使用。

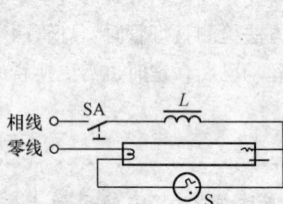

图 13-4　荧光灯一端
断丝后的利用

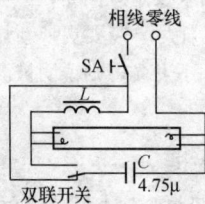

图 13-5　两端断丝
荧光灯的利用

900. 在电压较低或电压波动较大的地区怎样使用荧光灯？

为了解决电压较低或电压波动较大的地区及气温较低时荧光灯不能启动的问题，可采取以下两种方法。

方法一：在启辉器回路中串入一只二极管，如图 13-6（a）所示。

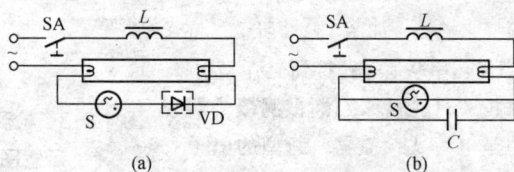

图 13-6　荧光灯串接二极管成并联电容器
（a）串接二极管；（b）并联电容器

由于二极管具有整流作用，它将交流电变成直流电，直流电流通过镇流器对灯丝加热。在启辉器断开的瞬间，由于镇流器中通过的是直流电流，所以能产生较高的自感电势，使灯管迅速点燃。此时二极管退出运行，荧光灯电路保持正常工作状态。

二极管可选用 2CP4、2CP33H、2CP33I 和 2CP24～2CP26 型等。

方法二：在启辉器两端并联一只 $0.5\mu F$、$250V$ 电容器，如图 13-6（b）所示。这样，即使电源电压降至 150V 左右，由于电容器的作用，启辉器两端的电压会大大提高，从而使启辉器中的双金属片动、静触头能相互接触而接通电路（不加电容器时，动、静触头因电压过低而不能接触），荧光灯也可正常启动发光。

901. 怎样扩大吊扇调速范围？

一般吊扇调速开关都是五挡的，怎么扩大吊扇的调速范围呢？购买一只同样的调速开关和原来的调速开关串联起来就可以了。

902. 家庭用电电压波动时为何严禁用调压器？

家庭用电都是交流 220V 的，一般情况下前半夜电压偏低，特别是在农村能低到 180V 以下，灯泡发暗。这种情况下是否可以使用调压器呢？一般单相调压器输入电压为 220V，输出电压可达 250V，其电压变比 $K=250/220\approx1.14$。

假如晚上负荷高峰时电压为 180V，将调压器调到底，电压只能达到 205V。可是到了后半夜，因负荷剧减，电压回升，能升到 230V 甚至更高。可是，调压器手柄还在 250V 位置上，这时输出电压是 262V 甚至更高。这么高的电压对家庭用电极为不利，如有必要可以买一台容量相当的稳压器。

903. 怎样识别交流电和直流电？

用验电器测试电源是交流电或直流电，若验电器的两个氖管同时发出光，表明通过的电源是交流电源；而当电源通过验电器时只有一个氖管发出光亮，表明通过的电源是直流电源。

⚡ **小提示**

由于直流电源的正负极是恒定不变的，只有一极向另一极发射电子，所以只有一个氖管发光；而交流电的两个极性是不断变化的，交替地发射着电子，因而两个氖管都会发光。

904. 怎样判断交流电路中任意两导线是否为同相？

一人两手各拿一只验电器，站在与大地绝缘的木地板上或绝缘垫上，然后用两只验电器触及待测的两根低压带电导线。此时，若两只验电器的氖管都发光且很亮，表明被测的两根带电导线不同相；若两只验电器的氖管都不发光，则表明两根导线为同相且位置不同。

❗小提示

当两根带电低压导线为同相时，其频率和周期是一致的，两只验电器只相当于一只验电器，而验电器的两只表笔电压差值较小，故验电器不亮。当两根带电低压导线为一相线一中性线时，验电器构成回路，氖管发光；当两根带电低压导线为两根相线时，两根相线相位角相差约120°，它们之间也会存在相位差，因而氖管也会发光。

905. 单相插座的安装技巧？

插座接线孔具有一定的排列顺序，具体情况如下。

（1）单相双孔上下排列插座：用验电器放入上接线孔，验电器带电，表明上接线孔为相线孔，中性线孔在下方。

（2）单相双孔水平排列插座：用验电器放入左接线孔，验电器带电，表明左接线孔为相线孔，中性线孔在右方安装不正确。旋转180°后，右接线孔为相线孔，左接线孔为中性线孔则安装正确。

（3）单相三孔插座：上接线孔为接地线孔，下面两个左、右接线孔，按水平排列时右边孔为相线接线孔，左边孔为中性线接线孔则安装正确。

❗小提示

在安装插座时，切莫忽略安装小问题，有时因插座安装不仅会烧毁用电器，甚至会造成人身安全事故。对于小小的插座也要正确认识，小心安装。

906. 如何快速判断刀闸熔体烧断原因？

刀闸是最常用、最简单、最廉价的电气开关，其熔体烧断的原因如下。

（1）熔体在中间烧断，这是过负荷引起的熔体烧断。

（2）熔体很不规则地烧断，熔体熔液有向两边飞溅、向下流淌的迹象。这是因为电流很大，熔体瞬间被烧断，一般伴随声响，这多半是线路或灯具短路引起的。遇到此种情况时，不找到短路点就不要送电。

（3）用手触摸刀闸陶瓷插座，感觉插座是否有一定的温度。若有一定温度，则说明这是过负荷引起的，因为过负荷是慢性的，时间比较长，起到加热作用。若没有一定温度，则可能是短路引起的。

907. 怎样快捷知道整盘电线的实际长度？

整盘电线实际长度不容易知道，可以用测电阻的方法得知。与此相关的三个参数需要知道：规定在 20℃ 环境下，铜线电阻系数为 0.017 5Ω·mm²/m，铝线 0.028 3Ω·mm²/m，铜、铝金属电阻温度系数为 0.004/℃。假设环境温度为 30℃，200m、2.5mm² 铝线在 20℃ 环境下的阻值为 0.028 3×200Ω/2.5＝2.26Ω，在 30℃ 环境下的阻值为 2.26×（1+0.004×10）Ω＝2.35Ω。

🔴 小提示

（1）测电阻时要用电桥，用万用表测不准确。

（2）电线粗、电阻小测不准时可以将几盘电线串联起来一起测量。

908. 电工常用数据有哪些？

（1）白炽灯。$I=4.6A/kW$，$P=220I$（电炉、电暖器、电熨斗、电烙铁、电饭锅等均同白炽灯）。

（2）荧光灯。$I=9\sim10A/kW$，$P=220I\cos\varphi$（功率越小，$\cos\varphi$ 越小，30～40W 时 $\cos\varphi$ 取 0.4～0.5）。

（3）空调器。$I=5A/kW$，$\cos\varphi=0.9\sim0.95$（洗衣机、电冰箱、排气扇、抽油烟机等的电动机都是电容式的，均可按此计算）。

（4）车间三相异步电动机。$I=1.8\sim2.14A/kW$，$P=0.38\sqrt{3}I\eta\cos\varphi$（kW），电动机额定负荷时的功率因数 $\cos\varphi$ 取 0.8～0.85，电动机额定负荷时的功率 η 取 0.85～0.9。小型电动机 $I<2A/kW$，大、中型电动机 $I>2A/kW$。

（5）三相配电变压器。一次侧电压通常为 10kV，一次侧电流 $I_1=0.057\ 7A/(kV\cdot A)$；二次侧电压通常为 400V，二次侧电流 $I_2=1.433A/(kV\cdot A)$。

（6）白炽灯的功率。$P\approx3600/R$，R 为白炽灯常温（20℃）下的电阻。

（7）熔丝额定电流计算。

1）铅锡合金熔丝：$I_{额}=(6\sim7)D^{1.5}A$，$I_{断}=(1.3\sim1.5)I_{额}$，D 为熔体直径（mm）。

2）铜熔丝：$I_{额}=40D^{1.5}=50S^{0.75}$，$I_{断}=2I_{额}$，$D$ 为熔体直径（mm），S 为熔丝横截面积（mm²）。常用铜丝的直径为 1、1.5、2.5、4、6mm²，对应的额定电流分别为 50、65、95、135、190A。

（8）电气设备熔体电流。

1）照明线路：$I\geqslant I_{总}$，$I_{总}$ 为全部家电额定电流之和。

2）380V 三相异步电动机：$I=(2\sim2.5)I_{整}=(4\sim4.5)I_{额}$，$I_{整}$ 为

空气开关速断整定电流，$I_{额}$ 为电动机的额定电流。如果电动机使用 DZ 型自动开关保护，取 $I_{整}=20I_{额}$。

3）电焊机：$I \geqslant I_{额}$，$I_{额}$ 为电焊机的额定电流。

4）10kV/400V 三相配电变压器：$I_1=（1.5\sim3）I_{1额}$，$I_2 \geqslant I_{2额}$，$I_{1额}$ 为一次侧的额定电流，$I_{2额}$ 为二次侧的额定电流。通常，对于 100kV·A 以下的变压器取 $I_1=（2\sim3）I_{1额}$，对于 100kV·A 以上的变压器取 $I_1=（1.5\sim2）I_{1额}$。

909. 怎样用一只单相电能表测量三相电能？

用一只单相电能表按正常接线方式接线不能直接读出三相消耗的总电能，需要按如图 13-7 所示的方法接线。

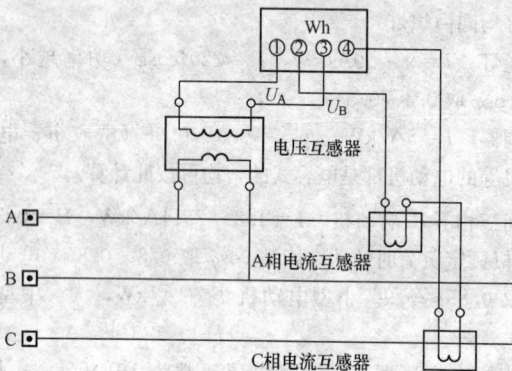

图 13-7　一只单相电能表测量三相电能的接线

（1）将电压互感器接在两个相线上，二次输出的电压即为线电压。

（2）两个电流互感器的二次绕组接线交叉连接后即为两个相电流的矢量和，而两相电流矢量和即为线电流，交叉过程中串入电能表的电流接线柱即可。

小提示

因为电流互感器的二次线路进行交叉连接后，改变了两相电流的相角关系，使进入单相电能表的电流为单相电流的 $\sqrt{3}$ 倍，故使单相电能表上所记录的读数与三相消耗的电能相同。

910. 怎样用钳形表判断三相电能表的电流接线是否正确？

用钳形表判断三相电能表的电流接线是否正确的方法如下。

（1）对三相三线电能表应分别钳出 A、C 两相电流的大小，应相近或相等，再同时钳住两相电流线，测得矢量和，其值应与 A、C 两相的绝对值大小相近，则表明被钳两相为同极性。若其值的绝对值约等于 A 相或 C 相的 $\sqrt{3}$ 倍，则被钳的两相为异极性。

（2）对三相四线电能表应分别钳出 A、B、C 三相电流的大小，应相近或相等，再同时钳住三相电流线，测得矢量和，其值应为零，则表明被钳的三相极性相同。若其值的绝对值约等于 A、B、C 相的两倍，则被钳三相电流线其中一相与其他两相接线极性相反。

小提示

判断电流接线端子极性相同的原理是：若三相为同极性，则三相电流的大小相近且矢量和为零，此方法的优越性在于不用拆下电流接线便检测出三相接线极性是否一致，从而核对正在运行中的电能表与电流互感器回路接线极性的正确性。

911. 怎样用串联白炽灯检验三相四线线路的断线故障？

用串联白炽灯检验三相四线线路断路故障的方法如下。

（1）将两只 220V、功率相同的白炽灯串联起来，两只灯的另外两端接单芯导线。

（2）将两灯的两根单芯导线分别触及三相四线线路上的任意两根线。如果触及的每两根线都是相线，两只灯亮，则表明这两根无断线；若两只灯不亮，表明这两根至少有一根断线。更换导线触及后，若两只灯仍不亮，表明未更换的那根线断线。若两只灯亮，表明更换掉的那一根线肯定存在断线故障。

小提示

利用两只同功率 220V 的白炽灯串联可保证分压后灯的安全。两只白炽灯串联后，并在有断线故障的两根线上时，灯必定不亮，从而缩小故障范围。再用对比法，即可判断其中一根线有故障或无故障。

912. 怎样选用电气测量仪表？

电气测量仪表的类型、型号、规格、精度是根据不同的需要选择的。具体方法如下。

（1）对电阻进行测量时，应选用万用表、绝缘电阻表、直流电桥。万用表测量电阻时是由于其内部有直流蓄电池，对设备测量时，测量出的电阻为直流电阻，测量选用时要根据不同的阻值选用不同的挡位，对于不能估计的阻值要选择最大量程，以保护万用表。当设备的阻值较大且精度不需很高时，一般选用绝缘电阻表测量电阻，由于绝缘电阻表发出的电是交流电，因此所测电阻值为交流电阻，其阻值一般比直流电阻大。用直流电桥测量电阻要在精度较高的条件下才能进行，测量步骤多且需计算，此种仪表一般不予采用。

（2）对电压进行测量时，应选用万用表、电压表、多功能表。万用表测量电压比较方便，但它有测量范围，它主要测量 1000V 以下的电压，既能测交流电压，也可测量直流电压，选用挡位时，若不清楚电压高低，要选择高的挡位，以免烧坏万用表，若读数确实过小，再换低挡位测量。电压表测量电压主要是将其并联接在被测设备或电源的两端，电压表的内阻越大，测出的电压越准确。多功能表测量电压仅仅是为显示其电压等级或大约值才进行的测量，其精度一般不高。

（3）对电流进行测量时，应选用万用表、电流表、多功能表、钳形电流表等，测量原理与方法较为简单，不再详述，测交流电流与直流电流要分开，表的类型也分为交流或直流两种。

（4）对功进行测量时，需要将测量仪表接入线路中，测量仪表有有功电能表、无功电能表、单相电能表、三相电能表、多功能电能表、测控仪表，且都要将电压线与电流线接入仪表。

（5）对功率进行测量时，也要将仪表接入线路中，在运行中进行测量显示，测量仪表有有功功率表、无功功率表、单相功率表。注意功率表的型号与量程，量程可根据电压、电流的大小进行选择。

（6）对功率因数进行测量时，对于单相功率测量没有什么意义，一般测量的是三相线路的功率因数，将两相电压与第三相电流接入电路即可。

（7）对于计量有特殊要求：计量仪表要求精度不低于有功 1 级，无功 2 级；对计量收费要求不低于有功 0.5 级，无功 1 级；电力管理部门要求不低于 0.2 级。

（8）对于试验或工业用的测量要求精度较高，需订制精密仪表，精度可达 0.1 级。

913. 怎样通过转子来区分鼠笼型和绕线型三相异步电动机？

鼠笼型和绕线型三相异步电动机的区别是：鼠笼型电动机的转子绕组由转子槽内的铜条或铝条串起来形成一组导电回路，如图 13-8 所示。若将转子铁心都取下来，则所有的短接导线回路结构的形状像是一个松鼠笼子，因而得名鼠笼型电动机。绕线型电动机的转子与定子差不多，它用铜线缠绕而成，并分成三相绕组放入转子铁心的槽中，绕组的首端分别接到各铜滑环上，如图 13-9 所示。三相绕组像三个纺织用的梭子一样而被铜线环绕。

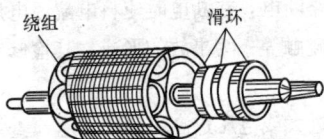

图 13-8　鼠笼型三相异步电动机　　图 13-9　绕线型三相异步电动机

> ⚠️ **小提示**
>
> 三相异步电动机因转子绕组缠绕方式不同而形成两种样式和功能不同的电动机。只需打开电动机的外壳即可看到：鼠笼型三相异步电动机主转动轴上只有一根通轴，而绕线型异步电动机的主转动轴上有三个铜滑环与转子相连。

914. 怎样快速鉴别三相异步电动机的好坏?

快速鉴别三相异步电动机好坏的方法如下。

(1) 摇测绝缘电阻。用绝缘电阻表测量电动机定子绕组与外壳之间的绝缘电阻，若所测绝缘电阻值大于 500kΩ，则表明电动机良好。

(2) 检查匝间绝缘。用万用表判断各绕组间的电阻阻值大小，若大小相近，则表明绕组匝间绝缘正常。

(3) 检查相间绝缘。若电动机是星形接线，可将万用表调至最小量程的电流挡，用万用表两只表笔与电动机接线盒中的任两相接头接触，同时用手摇动电动机，使其空转，此时万用表指针若左右摆动，且每两相都摆动幅度基本相同，则表明电动机良好。

若电动机绕组是三角形接法，只需将连接片拆下，临时接成星形（且记住原接线位置，以便恢复原状），再用万用表笔对三相每两相进行测定，即可判断出三相异步电动机的好坏。

> ⚠️ **小提示**
>
> 鉴别电动机的好坏一般应测量绝缘电阻，即绕组与电动机外壳的绝缘和各相绕组匝间的绝缘。各绕组的电阻阻值应相同，且绕组的对称性也大体相同。

915. 仪表冒烟怎么办？

发现仪表冒烟时，应立即将仪表脱离电路，仪表脱离电路后不要让其他电压线圈或电流线圈开路，只需断开仪表所在的回路即可，不要让同回路的其他电流或电压仪表再烧毁。若需控制回路断电，在断电时应将电流、电压线圈接通，避免带电后引起保护误动作或碰触等人为事故的形成。其检修方法如下。

（1）仪表冒烟一般是由于故障处电流过大或电压过高引起的，应检查设备的电源电压。若电压不高，应检查主回路电流是否过大，可用钳形表进行测量。若是高压，可测量它的电流回路或观察它的保护回路是否因过流而动作。

（2）仪表冒烟也可能是由于自身绝缘不够或绝缘被击穿；也有内部保护电阻变小造成回路中仪表动作使线圈本身的电压过高或分流电流过大的。

❗小提示

若不是上述原因，应检查仪表接线是否可靠，是否接触不良、虚接开路等引起时断时通，如接触电阻过大会发热打火而造成仪表损坏。

916. 怎样用验电器判断电动机是否漏电？

用验电器判断电动机是否漏电的方法如下。

（1）先让电动机带电工作，然后用验电器触及三相电动机的外壳，若验电器的氖管发出亮光，则表明电动机绕组与外壳相碰触或间接接触，是三相电动机漏电的表现。有时用绝缘电阻表测量单相电动机或其他单相用电设备绝缘电阻很高，但用验电器测量时验电器氖管仍发亮而显示带电，应为电磁感应产生的电荷放电造成的。

（2）取一只 $1500\mu F$ 的电容器（耐压值不小于 $250V$），将其并联在验电器的氖管两端，然后再用验电器触及电动机的外壳或带电设备的外部，若此时验电器氖管仍发出亮光，则表明电动机外壳或带电设备外部漏电，应对设备进行断电检查，找出故障原因，并排除后再通电使用。若此时验电器氖管不亮或暗淡或若隐若现，则表明测得的带电设备外部或电动机外壳是感应电荷。对于感应电荷也应将其排除。当电动机外壳有感应电荷时，应对电动机的外壳接地线进行检查。若接地线接触不良或已生锈而导电能力差，应重新更换接地线。若带电设备外部带电，可将带电设备的绝缘层或外部接地线进行放电。

小提示

感应电与漏电一样，有时会伤及人体，应将感应电荷及时放掉，这时若人体再触及带电体就不会对人身安全造成威胁。

917. 怎样根据熔丝熔断情况判断电动机的故障？

根据熔丝熔断情况判断电动机故障的方法如下。

(1) 合上开关，熔丝就熔断，多数属于电动机外部故障。原因除熔丝选得太细、熔丝两端紧固螺钉没有拧紧外，则是供电电路有短路现象。

(2) 熔丝选择适当、安装正确，电动机启动正常，带上负荷时熔丝从中间熔断，一般为电动机超载运行。

(3) 当电动机正常运行时，熔丝突然熔断，换上新熔丝后又熔断。这种情况如电源没有问题，是为电动机内部短路。这时如果电动机冒黑烟并有焦臭味，停机后电动机过热不能启动，属于相间短路；如果电动机能勉强启动，但启动电流增大，三相电流又不平衡，启动转矩明显减小，声音异常，是电动机定子绕组内匝间短路。

(4) 熔丝熔断一相以上，换上新熔丝后不再熔断。但电动机不能启动，一般为电动机定子绕组断路。

918. 怎样查找橡套软电缆中间的短路点？

可利用通电导线在接触不良处会发生高热现象的特点对一些短路软线做通电试验，以准确地查到短路点。具体查找方法如下。

选择一负载，使其工作电流约等于短路软电缆芯线截面的安全电流。将电缆一端的两根线头当作一根导线的两端，串接在此负载的电路中。合闸后，负荷电流就会使短路点产生高热。断电后，用手即可摸出短路处。

小提示

在施工或生产中经常使用各种携带式工具、电源拖板、照明灯具等，这些携带式电器设备的电源连接线均采用橡套软电缆。这类线缆往往因各种原因引起软线绝缘损坏而造成短路。这种短路点用肉眼及一般仪表不能准确查出，因此这些电缆往往弃之不用，造成浪费。

919. 怎样查找软电线中间断芯断路点？

采用橡套电缆或软线的携带式电器设备的电源连接线，由于经常移动、弯折，容易造成中间断芯。在诊断断路故障时，常常一时查不出断芯故障点

的部位，如换新线既费时又不经济。简便迅速查找软电线断芯部位的方法
如下。

（1）电线外表观察法。首先观察软电线中间有无因电线太短而接长的连
接点。如有，就检查芯线连接点有无接触不良、线头脱落等现象。然后逐段
仔细观察电线的绝缘层，如有较明显的压痕或铁器的扎痕等，这些部位在使
用中受任意弯曲、拉扭时最易造成芯线断路。

（2）手拉电线法。直径较小的单芯橡套电线、花线等，在使用中出现断
芯故障时，可用手拉电线法查出故障点。即用双手抓住电线的外皮，间隔
200mm左右，两手同时适当用力往外拉，仔细观察电线外皮的直径。在芯
线断裂的部位，较软的绝缘层在手拉时会变细。用该方法逐段检查至电线的
另一端，电线直径有突然变细的情况，该部位就是电线的断芯所在。根据操
作经验，一般情况下断芯故障点多发生在软线的两端约1m的范围内。

（3）蠕动电线法。将检查绝缘用的绝缘电阻表的两输出端分别接在断芯
电线的两端线芯上。一个人用双手抓住电线，两手间隔10mm左右，顺着电
线的轴向同时向中部用力推挤，并使电线上下弯曲蠕动。如果有断芯，则可
能会偶然接触。用这样的方法从电线的一端开始，一小段一小段地检查，双
手逐步移动到电线的另一端。在开始蠕动电线的同时，另一个人不停地摇转
绝缘电阻表，观察其指针读数，如读数由无穷大瞬间变为零值，即停止蠕动
电线，在停止电线蠕动的部位用电工刀剥开绝缘层就可以发现芯线的断
开点。

920. 怎样用半导体收音机检测电气设备局部放电？

日常巡视检查输电线路金具和变电设备部件上发生的电晕或局部放电大
多采用电测方法。这种测量方法灵敏度和测量精度虽较高，但现有的测试设
备较复杂，且大多数工矿、乡镇企业无这种专用仪器。因此电工只得靠耳听
和肉眼观测，劳动强度大、准确性也低。

可用普通半导体收音机很方便地检测电气设备是否有局部放电。因电气
设备发生局部放电时有高频电磁波发射出来，这种电磁波对收音机有一种干
扰，因此根据收音机喇叭中的响声就可判断电气设备是否有局部放电故障。

检测局部放电故障时，只要打开收音机的电源开关，将音量开大一些，
调谐到没有广播电台的位置。携带收音机靠近要检测的电气设备，同时注意
听收音机喇叭中声音的变化。电气设备运行正常没有局部放电时，收音机发
出很均匀的嗡嗡声；如果响声不规则，嗡嗡声中夹有很响的鞭炮声或很响的
吱吱声，就说明附近有局部放电，这时可以将收音机的音量关小一些，然后

逐个靠近被检测的电气设备。当靠近某一电气设备时，收音机中上述响声增大，离开这一设备时响声减小，说明收音机收到的干扰电磁波是从该设备局部放电处发射出来的，然后再用肉眼仔细找出放电部位。

！小提示

这种方法可用来检查电力变压器因出线套管螺杆压紧螺母松动而产生的轻微放电，变压器内部的分接开关接触是否良好，有无局部放电；也可用来检查半导体整流励磁的发电机有否局部放电。但对于电刷换向励磁的发电机等电气设备，由于电刷换向有时有轻微火花，能发射出电磁波，致使收音机分辨不出是否有局部放电。所以，这种方法不适用。

921. 怎样判别交流电路中任意两导线是同相还是异相？

用验电器可以测判交流电路配线上任意两导线是同相还是异相。其方法是：站在与大地绝缘的物体上，两手各持一支验电器，然后在待测的两根导线上进行同时测试。如果两支验电器都发光很亮，则这两根导线是异相，否则是同相。

！小提示

切记两脚（即人体）与地必须绝缘。因为我国大部分是 380/220V 供电，且变压器普遍采用中性点直接接地，所以做测试时，人体与大地之间一定要绝缘，避免构成回路，以免误判断。测试时，两支验电器亮与不亮显示一样，故只看一支验电器即可。

922. 怎样判断带电体电压的高低？

可根据验电器氖管发光的强弱来估计被测带电体电压高低的约略数值。因为在验电器的测试电压范围内，电压越高，发光越亮。一般验电器氖管内光亮发白且较长者，电压高；若验电器氖管内光暗红而短小，电压低。

在验电器触及带电体而氖管光线有闪烁时，则可能因线路内有线头接触不良而松动，也可能是两个不同的电气系统互相干扰。这种闪烁在照明灯上可以明显地反映出来。

923. 怎样判断三相四线制供电线路单相接地故障？

在 380/220V 三相四线制供电线路中，单相接地以后，在中性线上用验电器测试，氖管会发亮。这是因为单相接地后，产生中性点位移，使中性线上有接近于相电压的电压存在，因此使验电器发亮。与此同时，用验电器测试三根相线，两根正常发亮，而故障相上亮度很微弱（电阻性接地），甚至一点都不亮（金属性接地故障）。

924. 怎样判断 380/220V 三相三线制星形接法供电线路单相接地故障？

用验电器触及三相三线制星形接法的交流电路里三根相线，若有两根比通常稍亮，而另一根上的亮度要弱一些，则表示这根亮度弱的导线有接地现象，但还不太严重；如果两相很亮而另一根几乎看不见亮，或者根本就不亮，则是这一相有金属性接地。因为三相三线制交流电在单相金属性接地后，该相对地电压等于零，而其他两相电压则升高 $\sqrt{3}$ 倍（即线电压）。

925. 怎样判断直流电源系统正负极的接地故障？

直流电源系统当中当有一个电极接地时，保护所用的直流电源开关不会跳开，而直流电源系统只能发出警示或有其他异常现象。识别直流电源系统正负极接地故障的方法如下。

（1）人站在地上（不是站在绝缘胶垫上）时，用验电器触及直流电源系统的任一电极，若无接地，氖管是不会发光的；若发光，则表明直流系统中有一电极接地。

（2）当直流电源系统中存在接地时，若氖管发光的一端是笔尖，则表明正极有接地故障；若氖管发光的一端是手柄，则表明负极存在接地故障。

⚠ 小提示

只有当直流电源系统接地故障时，电源与人体之间存在着电压，用验电器检测时会使氖管发光。若接地端是正极，表明笔尖是负电源侧。若接地端是负极，表明笔尖是正电源侧。

926. 怎样通过接地的位置来区分保护形式？

一般保护形式有：工作接地、保护接地和保护接零三种形式。

（1）工作接地是将工作用电的中性线接入大地进行可靠接地，将运行中和线路受损时的损害电压、电流引入大地，从而达到保护电力系统稳定和设备安全的目的。

（2）保护接地是将电气设备的外壳或人体容易接触到的实物表体引线接入大地而可靠接地，从而将设备中绝缘产生漏电电量或带电实物表体的静电引入大地放电，从而达到保护用电设备的目的。

（3）保护接零是将设备的外壳或人体容易接触到的实物表体引线接入电

力线路中的中性点部位，从而将设备的不平衡电量或带电实物表体的静电引入中性线放电，从而保护用电设备和用电者的安全。

927. 怎样用最简便的方法判断微安表内线圈是否断线？

在没有测量工具的情况下，用最简便的方法来判断一只微安表内线圈是否断线的方法如下。

可将微安表后面的两个接线柱用导线短接，然后摇动微安表，使线圈切割磁钢磁场。如果表内线圈完好，则能产生短路电流，起阻尼作用，使表头指针缓慢而小幅度地摆动；反之，如表内线圈已断线，则线圈内无短路电流，不起阻尼作用，因此表头指针较快地大幅度摆动。

928. 怎样最简单地区分电机的电磁噪声和机械、通风噪声？

电机的电磁噪声是由电磁引力引起的，所以它和电机是否通电及电流大小有关。电机脱开电源的瞬间所具有的噪声是机械噪声和通风噪声，而减小的噪声则是电磁噪声。如果改变电机负荷的大小，随负荷变化的噪声就是电磁噪声。

929. 怎样区分电动机大小？

电动机大小一般指其功率大小，而功率越大，电动机壳体与内部元件也就越大，因而在工作中可以直接用平放时电动机输出传动轴中心的高低来区分。

(1) 当电动机输出传动轴中心距地高度不大于 71mm 时，它属于微型电动机。

(2) 当电动机输出传动轴中心距地高度在 89～315mm 时，它属于小型电动机。

(3) 当电动机输出传动轴中心距地高度在 355～630mm 时，它属于中型电动机。

(4) 当电动机输出传动轴中心距地高度大于 630mm 时，它属于大型电动机。

> **小提示**
>
> 有时也可用定子铁心外径大小来判断。
>
> (1) 当电动机定子铁心外径在 100mm 以下时，它属于微型电动机。
>
> (2) 当电动机定子铁心外径在 100～500mm 时，它属于小型电动机。
>
> (3) 当电动机定子铁心外径在 500～1000mm 时，它属于中型电动机。
>
> (4) 当电动机定子铁心外径大于 1000mm 时，它属于大型电动机。

第十四章 Chapter14

安全用电与防火防雷

第一节　接地与接零保护

930. 什么叫接地？

在电力系统中，将电气设备或用电装置的中性点、外壳或支架与接地装置用导体作好的电气连接叫接地。

931. 什么是接地保护？

为防止因电气设备绝缘损坏而遭受触电的危险，将电气设备的金属外壳与接地体相连接，称为接地保护。

932. 什么情况下采用接地保护？

接地保护适用于三相三线制或三相四线制的电力系统。在这种电网中，凡由于绝缘破坏或其他原因而可能呈现危险电压的金属部分，例如电动机、变压器和配电装置外壳和金属构架均可采用接地保护。

933. 什么叫接零？

将电气设备和用电装置的金属外壳与系统零线相接叫接零。

934. 什么是接零保护？

为防止因电气设备绝缘损坏而使人身遭受触电的危险，将电气设备的金属外壳与变压器中性线相连接就称为接零保护。

935. 什么情况下采用接零保护？

接零保护适用于在中性点直接接地的三相四线制低压电力系统中，为防止因电气设备绝缘损坏而使人身遭受触电的危险，电气设备的金属外壳可采用接零保护。当采用接零保护时，除电源变压器的中性点必须采取工作接地以外，同时对零线要在规定的地点采取重复接地。

936. 哪些设备的金属外壳及构架要进行接地或接零？

为了保证人身和设备的安全，对于下列电气设备的金属外壳及架构需要进行接地或接零。

（1）电机、变压器、开关及其电气设备的底座和外壳。

（2）电气设备的传动装置，如开关的操作机构等。

（3）电流互感器、电压互感器的二次线圈。

（4）室内、外配电装置的金属架构及靠近带电部分的金属遮拦、金属门。

（5）室内、外配线的金属管。

（6）电缆接头盒的外壳及电缆的金属外皮。

（7）架空线路的金属杆塔和装在配电线路电杆上的开关设备外壳。

（8）民用电器的金属外壳，例如扩音机、电风扇、洗衣机、电冰箱等。

937. 什么叫工作接地？

工作接地、保护接地和重复接地的示意图如图 14-1 所示。

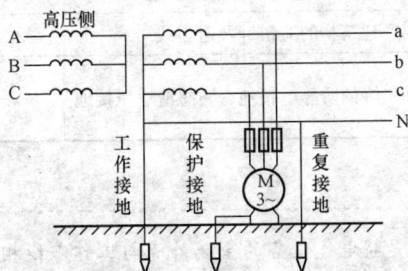

图 14-1　工作接地、保护接地和重复接地示意图

在正常和事故情况下，为了保证电器设备的安全运行要求，在电力系统中的某些点进行的接地叫工作接地。例如变压器和互感器的中性点接地，防雷装置的接地等都属于工作接地。

938. 什么是保护接地？

为了防止因绝缘损坏而造成触电危险，将电气设备的金属外壳和接地装置之间作电气连接叫保护接地。如电动机、变压器和配电装置外壳和构架的接地。

939. 什么是重复接地？

将零线上的一点或多点与大地进行再一次的连接叫重复接地。

940. 各种电气设备接地装置的接地电阻值是多少？

各种电气设备接地装置的接地电阻值见表 14-1。

表 14-1　　　　　各种电气设备接地装置的接地电阻

种类	接地装置使用条件		接地电阻/Ω	备注
1kV 及以上电力设备	大接地电流系统		0.5	
	小接地电流系统		10	
低压电力设备	中性点直接接地系统及非接地系统	运行设备总容量为100kVA 以上	4	
		重复接地	10	
	TN 系统用电设备保护接地		10	
防雷设备	独立避雷针		<10	
	变（配）电所母线的阀型避雷器		<5	
	低压进户线绝缘子瓶脚接地		<30	
	建筑物的避雷针及避雷线		<30	
其他	易燃油气罐的防静电接地、防感应电压接地		≤30	两者共用时选用较小值
			≤10	

小提示

(1) TN 系统是将电气设备的金属外壳与工作零线相接的保护系统，称为接零保护系统，用 TN 表示。字母"T"和"N"分别表示配电网中性点直接接地和电气设备金属外壳接零。TN 方式供电系统中，电源中性点直接接地，并引出有中性线（N 线）、保护线（PE 线）或保护中性线（PEN 线），属于三相四线或五线制系统。

(2) 接地装置的接地电阻值不符合要求时的改进措施如下。

1) 增加接地体的总长度或增加垂直接地体的数量。

2) 在接地体周围更换电阻率低的土壤，如黄黏土（电阻率在50Ω以下）。

3) 采用化学降阻剂处理接地体。

941. 各种防雷接地装置工频接地电阻的最大允许值是多少？

各种防雷接地装置的工频接地电阻值一般不大于以下值。

(1) 独立避雷针为10Ω。

(2) 电力架空线路的避雷线，根据土壤电阻率的不同，分别为10～30Ω。

(3) 变、配电所母线上的阀型避雷器为 5Ω。

(4) 变电所架空进线段上的管型避雷器为 10Ω。

(5) 低压进户线的绝缘子铁角接地电阻值为 30Ω。

(6) 烟囱或水塔上避雷针的接地电阻值为 10～30Ω。

942. 保护接地或保护接零方式应如何选择？

电气设备究竟应采用保护接零还是用保护接地方式主要取决于配电系统的中性点是否接地、低压电网的性质及电气设备的额定电压等级。

在中性点有良好接地的低压配电系统中应优先选用保护接零的方式（同时要进行重复接地）。大多数工厂企业（包括乡镇企业）都由单独的配电变压器供电，故均属此类。但下列情况除外，凡属城市公用电网（即由同一台配变供给好些用户用电的低压网络）供电的，应采用同一种保护方式，且常是统一实行保护接地。在农村配电网络内，皆因不便于统一与严格管理等原因，为避免接零与接地两种保护方式混用而引起事故，所以，国家规定一律不实行保护接零，而采用保护接地方式。

在中性点不接地的低压配电网络中，应采用保护接地的方式。对所有高压电气设备一般都是实行保护接地。

943. 怎样对接地装置的埋设地点进行选择？

对接地装置的埋设地点进行选择通常应从以下几方面来考虑。

(1) 接地与防雷接地装置间要保持一定的距离，通常为 3m 左右，以防雷击窜入接地装置。

(2) 接地装置不要埋在有强烈腐蚀作用的土壤、垃圾堆或灰渣堆中。

(3) 接地装置不要靠近烟道、暖气管等热源安装；但也应埋在距建筑物或人行道 3m 以外的地方，如无法满足上述要求，埋设点应铺设厚度大于50mm 的沥青，以形成沥青地面。

(4) 接地装置埋设的位置应以不影响有关设备的拆装或检修为原则。

944. 怎样对电气装置的接地进行维护？

通常对接地装置进行维护应注意以下问题。

(1) 定期测接地电阻。至少应每两年进行一次接地电阻的测量，并应在土壤电阻率最高的时候进行。

(2) 根据季节进行检查。根据季节变化情况，对接地装置的外露部分每年至少进行一次检查。检查内容主要包括：接地线有没有折断和腐蚀损伤；接地支线和接地干线是否连接牢固；自然接地体经检修后连接是否牢固；接地线与电气设备及接地网络的接触情况是否良好，如有松动脱落现象应及时进行补修。

（3）对接地装置进行定期检查。主要检查各部位连接是否牢固，有无松动，有无脱焊，有无严重锈蚀，接地线有无机械损伤或化学腐蚀，涂漆有无脱落，人工接地体周围有无堆放强烈腐蚀性物质，地面以下 50cm 以内接地线的腐蚀和锈蚀情况如何，接地电阻是否合格。

（4）对接地装置进行维检修。焊接连接处开焊，螺丝连接处松动，接地线有机械损伤、断股或有严重锈蚀、腐蚀，锈蚀或腐蚀 30% 以上者应予以更换，接地体露出地面，接地电阻超过规定值。

945. 怎样测量接地电阻？

接地电阻的测量方法较多，通常采用 ZC 型接地电阻测试仪进行测量。这种方法比较方便，测量数值也比较可靠。其测试方法如图 14-2 所示。

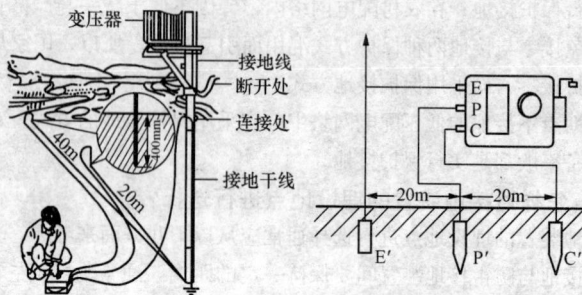

图 14-2　ZC-8 型接地电阻测试仪的使用方法

（1）拆开接地干线与接地体的连接点，或拆开接地干线上所有接地支线的连接点。

（2）将一支测量接地棒插入离接地体 40m 远的地下，另一支测量接地棒插入到距离接地体 20m 处，且两个接地棒插入地面的垂直深度均为 400mm。

（3）将接地电阻测试仪安置在接地体附近平整的位置后方可进行接线。将一根最短的导线连接到接地电阻测试仪的接线端子 E 和接地体之间；将最长的导线连接到接地电阻测试仪的接线端子 C 和 40m 处的接地棒上；将较短的导线连接到接地电阻测试仪的两个已并联的接线端子 P-P 和 20m 处的接地棒上。

（4）根据对被测接地体接地电阻的要求，调节好粗调旋钮（表上有三挡可调）。

（5）以 120r/min 的转速均匀摇动手柄，当表头指针偏离中心时，边摇边调节细调拨盘，直至表针居中为止。

（6）以细调拨盘读定后的读数乘以粗调定位的倍数即是被测接地体接地电阻的阻值。例如，细调拨盘的读数是 0.35，粗调定位倍数是 10，则被测接地体的接地电阻是 $0.35 \times 10 = 3.5\Omega$。

946. 电气设备接地技术有哪些原则？

（1）为保证人身和设备安全，各种电气设备均应根据国家标准 GB 14050—2008《系统接地的型式及安全技术要求》进行保护接地。保护接地线除用以实现规定的工作接地或保护接地的要求外，不应作其他用途。

（2）不同用途和不同电压的电气设备，除有特殊要求外，一般应使用一个总的接地体，按等电位联结要求应将建筑物金属构件、金属管道（输送易燃易爆物的金属管道除外）与总接地体相连接。

（3）人工总接地体不宜设在建筑物内，总接地体的接地电阻应满足各种接地中最小的接地电阻要求。

（4）有特殊要求的接地，如弱电系统、计算机系统及中压系统，为中性点直接接地或经小电阻接地时，应按有关专项规定执行。

⚠ 小提示

（1）接地线、接零线要求。一般接地干线和接零干线必须有足够的机械强度，其最小截面积不得小于下列数值：一般明设裸体铜线应不小于 $4mm^2$；一般明设裸体铝线应不小于 $6mm^2$；一般绝缘铜导线应不小于 $1.5mm^2$；一般绝缘铝导线应不小于 $2.5mm^2$。

（2）接地或接零应用范围。一是对地电压高于 150V 的电气设备，二是对地电压为 150V 以下但大于 65V，安装在特别危险的场所的电气设备（在危险厂房内只需将经常摸到的机件手柄、手轮等接地或接零）。

947. 接地装置的技术要求有哪些？

（1）变（配）电所的接地装置。

1）变（配）电所接地装置的接地体应水平敷设。其接地体采用长度为 2.5m、直径不小于 12mm 的圆钢或厚度不小于 4mm 的角钢，或厚度不小于 4mm 的钢管，并用截面不小于 25mm×4mm 的扁钢相连为闭合环形，外缘各角要做成弧形。

2）接地体应埋设在变（配）所墙外，距离不小于3m，接地网的埋设深度应超过当地冻土层厚度，最小埋设深度不得小于0.6m。

3）变（配）电所的主变压器，其工作接地和保护接地要分别与人工接地网连接。

4）避雷针（线）宜设独立的接地装置。

（2）易燃易爆场所电气设备的保护接地。

1）易燃易爆场所的电气设备、机械设备、金属管道和建筑物的金属结构均应接地，并在管道接头处敷设跨接线。

2）在1kV以下中性点接地线路中，当线路过电流保护装置为熔断器时，其保护装置的动作安全系数不小于4；为断路器时，动作安全系数不小于2。

3）接地干线与接地体的连接点不得少于2个，并在建筑物两端分别与接地体相连。

4）为防止测量接地电阻时产生火花引起事故，测量时应在无爆炸危险的地方进行，或将测量用的端钮引至易燃易爆场所以外地方进行。

（3）直流设备的接地。直流电流的作用对金属腐蚀严重，使接触电阻增大，因此在直流线路上装设接地装置时必须认真考虑以下措施。

1）对直流设备的接地不能利用自然接地体作为中性线或重复接地的接地体和接地线，且不能与自然接地体相连。

2）直流系统的人工接地体，其厚度不应小于5mm，并要定期检查侵蚀情况。

（4）手持式、移动式电气设备的接地。手持式、移动式电气设备的接地线应采用软铜线，其截面不小于1.5mm²，以保证足够的机械强度。接地线与电气设备或接地体的连接应采用螺栓或专用的夹具，保证其接触良好，并符合短路电流作用下动、热稳定要求。

948. 怎样检修接地装置常见故障？

接地装置常见故障的原因及检修方法如下。

（1）连接点松散。连接点有：最容易出现松脱的有移动电器的接地支线与外壳（或插头）之间的连接处；铝心接地线的连接处；具有振动设备的接地连接处。发现松散或脱落时，应及时重新接妥。

（2）遗漏接地或接错位置。在设备进行维修或更换时，一般都要拆卸电源接线端和接地端，待重新安装设备时，往往会因疏忽而将接地端漏接或接错位置。发现有漏接或接错位置时，应及时纠正。

（3）接地线局部电阻增大。常见的情况有：连接点存在轻度松散，连接点的接触面存在氧化层或其他污垢，跨接过渡线松散等。一旦发现应及时重新拧紧压接螺钉或清除氧化层及污垢后接妥。

（4）接地线的截面积过小。这通常是由于设备容量增加后而接地线没有相应更换所引起的，接地线应按规定相应更换。

（5）接地体散流电阻增大。这通常是由于接地体被严重腐蚀所引起的，也可能是由于接地体与接地干线之间的接触不良所引起的。发现后应重新更换接地体，或重新将连接处接妥。

949. 接地装置出现异常怎么办？

在接地装置的运行中，一旦发现下列异常情况，应采取相应措施予以消除。

（1）接地体的接地电阻增大。通常是由于接地体严重锈蚀或接地体与接地干线接触不良引起的。应更换接地体或者拧紧连接处的螺栓或重新施焊。

（2）接地线局部电阻增大。由于连接点或跨接过渡线轻度松散，连接点的接触面存在氧化层或存在污垢，引起电阻增大。应重新拧紧螺栓或清除氧化层和污垢后再紧固连接处。

（3）接地体露出地面。应深埋，并填土覆盖和夯实。

（4）遗漏接地或接错位置。在设备维修或更新后重新安装时，因疏忽而将接地线线头漏接或接错位置。应补接好或纠正接线错误。

（5）接地线有机械损伤、断股或化学腐蚀现象。应更换接地线；如果是由于土壤中含有酸、碱杂质引起的腐蚀，可加中和剂处理土壤或者更换截面较大的镀锌或镀铜接地线。

（6）连接点松散或脱落。容易出现松脱现象的连接点有：移动式电动工具的接地支线与金属外壳（或插销）的连接处；振动设备的接地线连接处。发现后及时拧紧或重新连接。

950. 怎样检查接地装置的安装质量？

接地装置安装竣工后，应对其安装质量进行以下检查。

（1）按技术规范的要求检测接地电阻是否合乎标准。

（2）对接地装置的每个连接点按工艺标准进行检查，检查方法包括：敲去焊接接头的焊渣，检查有无虚焊，接触面积是否合乎标准；不应实行电焊的是否采用了电焊（如管道上引接的接地线）；螺栓压接的连接面是否经过防锈处理，应垫入弹簧垫圈的有无遗漏，螺栓规格是否合适，螺母是否拧紧，连接用的器材是否合格。

（3）利用现有金属设施作为接地体和接地线时，应检查是否误接到输送易燃、易爆炸的管道上，导电连续性是否良好，应完成的过渡性连接有无遗漏。

（4）接地线材料是否误用，安全载流量是否足够。

（5）接地装置的埋地和隐蔽部分有无施工报告单和记录。

（6）应作防腐处理和穿管保护的有无遗漏，接地体四周泥土是否夯实，接地线支持是否牢固；应实行接地保护的设备有无漏接，连接点是否接错。

（7）整个接地网的外露部分连接是否牢靠，有无漏接，标志是否明显、齐全。

第二节 防火、防爆与防雷电

951. 低压配电线路怎样防火？

低压配电线路防火的措施如下。

（1）防止导线长时间过载运行。选择导线截面时充分考虑发热情况，所选导线对应于最高环境温度、并列敷设数根导线的条件，使导线的载流量在计算负荷电流以内。此外，在运行过程中不任意增加用电设备，以避免线路持续过载运行。

（2）安装短路保护装置。短路电流一般远大于正常工作电流，发生短路时往往在几秒钟内就烧坏导线绝缘而形成火种，因此在线路上必须安装短路保护装置。

（3）避免环境温度过高。电力线路的发热温度由环境温度和温升这两部分组成，如果环境温度过高，线路的发热温度就会急剧增加而形成火种。因此，应加强线路所在场所的通风设施，尽量降低线路周围环境的温度。

（4）保证导线连接点接触良好。从配电室到用电设备之间的电气线路往往经过许多连接点，如果这些连接点接触不良，会使接触电阻增大，进而在通电后导致发热形成火种。因此，应加强对导线连接点的检查，发现接触不良应及时处理。

952. 怎样防止油断路器引起火灾？

为防止油断路器引起火灾，一般应采取以下的防范措施。

（1）油断路器的断流容量应大于所通断回路的短路容量。

（2）安装前对断路器应进行严格的检查，其性能指标应符合技术要求。

（3）室内油断路器应装在通风良好、不易燃烧的专用房间或间隔内，并应有挡油设施；室外油断路器的安装地点应有卵石层，以作为储油池。

（4）定期检修断路器，并进行绝缘性能和操作试验，及时发现和消除缺陷，以保证绝缘性能良好和操作灵活。

（5）按油标加油，使油面经常保持在标准线上；防止油箱和充油套管渗、漏油，并经常监视油质变化情况。

（6）一旦发现油温过高，应及时取油样进行化验分析；若油色发黑，则表明触头存在缺陷，应立即进行检修。

（7）应经常保持绝缘套管清洁、完整、无裂纹。

（8）在油断路切断较大的故障电流后，应立即检查触头有无烧损现象。

（9）油断路器与电气回路的连接应紧密、可靠，接头处不得过热；通常可在接头处粘贴示温蜡片，以观测温度变化。

953. 怎样防止电动机引起火灾？

运行中的电动机可能由于绕组过热、机械损伤和通风不良而引起燃烧。预防电动机着火的措施如下。

（1）应根据工作环境的特征，考虑防潮、防腐、防尘、防爆等要求，正确选择电动机型号；安装时符合防火要求。

（2）电动机及其启动装置与可燃建筑构件或可燃物体之间应保持适当距离，并将其装在不燃材料的基础上；电动机周围不得堆放杂物。

（3）电缆接入电动机时直接穿管保护，以免受到机械损伤；电动机电缆接头或电缆套管应直接接入电动机的接线盒。

（4）每台电动机必须装设独立的操作开关和适当的保护装置，并根据计算选用合适的熔断器和自动开关；安装启动器时应配以合适的热继电器，必要时可装设断相保护装置。

（5）对长期未运行的电动机，启动前应测量其绝缘电阻。

（6）对运行中的电动机应经常检查、维护，定期清扫和添加润滑油，并注意声音、电流、温升和电压的变化，以便及时发现问题，防止事故发生。

954. 怎样防止低压配电盘（箱）发生火灾？

低压配电盘（箱）引起火灾的主要原因是：配电盘（箱）用可燃材料制作；盘（箱）上（内）的电气设备与负荷容量不相适应；熔体爆断或连接不良，使金属熔化或产生火花；导致选择或布置不合理，造成短路等。

针对上述原因，应采取措施来消除配电盘（箱）的火灾隐患，具体措施如下。

（1）配电盘（箱）必须用耐火材料制作，若使用木料制作，必须用铁皮包裹，并喷涂防火漆。

（2）配电盘（箱）最好装在单独的房间内，其固定地点应干燥清洁，不得靠近易燃、可燃物体。

（3）盘（箱）上（内）的电气设备应根据负荷特点来选择，各设备应有明确的标记，电气设备的连接应牢靠。

（4）盘（箱）上（内）的导线应为绝缘导线，排列应整齐有序；当导线互相交叉时，应加绝缘护套。

（5）配电盘（箱）的金属支架必须可靠接地。

955. 怎样防止开关、插销引起火灾？

为防止开关、插销引起火灾，应注意以下几个方面。

（1）正确选型。潮湿场所宜选用防水开关或拉线开关；有腐蚀性气体和火灾危险的场所尽可能将开关、插销装于室外；有爆炸危险的场所应采用防爆型开关和插销，或者将开关、插销装于无爆炸危险的地点。

（2）单极开关应接在火（相）线上，不得接在零线上，否则不但威胁人身安全，而且一旦相线接地，还会发生短路而引起火灾。

（3）开关、插销的额定电流和额定电压均应与实际情况相适应，不可任意增大负荷，以免过载烧坏胶木而造成短路引起火灾。

（4）开关、插销应装在清洁、干燥、无易燃物的地点，以免受潮腐蚀造成胶木击穿而短路引起火灾。

（5）开关、插销的胶木陈旧老化或损坏后应及时更换或检修，不可凑合使用。

（6）灯头插座容易发生事故，也易过负荷，生产车间应禁止使用。

（7）应防止可燃粉尘落入插座；在插座附件不得堆放可燃物品；对库房内使用的插座应采取用铁皮盖好等防护措施。

956. 怎样防止电热器发生火灾？

一般电热器具的功率都较大，如果安装、使用不当就会引起火灾。为了确保安全，应注意以下事项。

（1）电热器具应装在耐热材料的基座（如泥砖、石棉板等）上，切勿直接置于桌上或台板上，以免烤燃起火。

（2）大功率电热器具应有单独的开关和熔断器，不应使用插座，否则直接插拔插头容易引起弧光短路和产生火花。此外，也不得直接插接在灯头插座的插孔中，因为电流超过3A后，灯头插座容易发热而引起事故。

（3）电源引线应满足电热器具的容量要求，不应使用一般塑料导线，而应使用橡胶绝缘护套导线。

（4）在爆炸和火灾危险场所禁止使用电热器具。

（5）使用前应检查设备和电源引线是否完好；若发现导线绝缘损坏，开关、插座和熔断器不完整，则不得使用。

（6）使用电热器具的过程中必须有人看管，不可中途离开，人离开时必须切断电源；若遇中途停电，切勿忘记拔下插头。否则，恢复供电后可能酿成火灾。

957. 怎样防止工业用电热烘箱发生火灾？

为了防止工业用电热烘箱发生火灾，应采取以下防范措施。

（1）烘烤能挥发可燃气体或可燃蒸汽的物件时应采用密闭式电热烘箱，以防电热丝的高温引起燃烧或爆炸；这类烘箱应单独置于非燃烧材料建造的小室内，并采取防爆泄压措施（如加大排风孔、安装防爆门和防爆球阀等），同时还应安装排风装置，以降低室内可燃气体或易燃液体蒸气的浓度。

（2）需要烘干的可燃、易燃物质或物件应置于固定的非燃烧材料制的支架上，并且不得直接与电热器接触，以防着火。

（3）由于电热烘箱的功率较大，应防止供电线路的导线过载，最好对烘箱单独供电，不与其他负荷共用线路。

（4）每台烘箱都应配备温度计和温度控制装置，以便严格掌握温升情况；若发现温度突然增高，应迅速停电检查。

（5）根据烘烤物件的性质严格控制烘烤时间，防止烘烤时间过长而引起燃烧。

（6）应配备必要的灭火器材，一旦起火便可立即扑灭。

（7）烘箱应由专人管理，建立管理、操作责任制度。

（8）停电、停止烘干和结束烘干作业时应切断电源，只有进行检查确认后才能离开岗位。

958. 怎样进行充油电气设备灭火？

（1）充油设备着火时，应立即切断电源，如外部局部着火时，可用二氧化碳、1211、干粉等灭火器材灭火。

（2）如设备内部着火，且火势较大，切断电源后可用水灭后，有事故储油池的应设法将油放入池中，再进行扑救。

959. 电气防火和防爆措施有哪些？

根据电气火灾和爆炸形成原因，防火、防爆措施应能改善环境条件，排除空气中各种可燃易爆物质。此外，还应避免电气设备产生引起火灾和爆炸的火源。

（1）排除可燃易爆物质。

1）保持良好通风，加速空气流通和交换，减少现场蒸汽、粉尘、纤维及可燃、易爆气体。把它们的浓度降低到不致引起火灾和爆炸的限度之内。

2）可燃、易爆物质的生产设备、储存容器、管道接头、阀门等应严密封闭，经常检查巡视，防止易燃物跑、冒、滴、漏。

（2）排除电气火源。

1）正常运行中能够产生火花、电弧危险和高温的电气设备，不应安装在容易发生火灾的场所内。在易燃、易爆场所内，不应或少用携带式电气设备。

2）有爆炸和有火灾危险的场所使用的电气设备，应选择适用于这种场所的电气设备。

3）有爆炸和有火灾危险的场所内，电力线路的导线和电缆的额定电压不得低于电网的额定电压，并采用绝缘铜芯电线，导线连接应良好可靠。

4）在有爆炸和火灾危险的场所内，工作零线的绝缘与相线绝缘相同，并应敷设在同一钢管内，严禁明敷设。

5）在有火灾危险的场所内，应采用无延燃性外护层电缆和无延燃性护套的绝缘导线，用钢管或硬塑料管明、暗敷设。

6）因突然停电而易引起火灾和爆炸的场所，应有两路以上电源，电源之间应能自动切换。

7）有爆炸和火灾危险的场所内的电气设备，金属外壳应可靠接地（或接零），以便发生接地短路故障时迅速切断电源，防止短路电流长期通过设备而产生高热。

8）正确选择保护、信号装置，合理整定，保证电气设备和线路在严重过负荷或发生故障时，准确、及时可靠地切除故障设备或线路并发出警报信号，以便迅速处理。

960. 电气火灾发生后，切断电源时必须遵守哪些规定？

发生电气火灾时，首先应设法切断着火部分的电源，然后根据火灾特点进行扑灭。与一般火灾相比，电气火灾有两个显著特点：① 着火的电气设备可能带电，扑灭时若不注意就会发生触电事故；② 有些电气设备充有大量的油（如电力变压器、多油断路器等），一旦着火，可能发生喷油甚至爆炸事故，造成火势蔓延，扩大火灾范围。

电气火灾发生后，由于紧张、慌乱，在操作上往往会发生意外，以及由于线路的断落、绝缘的破坏而使金属体熔化或造成跨步电压，使人触电，而造成不应有的损失。因此，在切断电源时必须遵守如下有关规定。

（1）对于火势较小，火灾面积不大，用就地消防器材可熄灭的火灾，应断开距火源较近的电源；对于火势较猛、火灾面积较大，用就地消防器材难以熄灭，必须用外助消防力量才能熄灭的火灾，应断开距火源较远的电源，如是晚上必须考虑到断电后不影响灭火作业；对于火势凶猛，面积很大，一时难以熄灭的火灾，应考虑断开远处的电源。

（2）断开电源时，必须先断开断路器，然后再切断隔离开关或刀开关。切断距火源较近的开关时，必须戴绝缘手套，持绝缘工具，以免由于火烤、烟熏、水淋等原因使其绝缘水平降低而触电。

（3）当火势很猛，来不及用开关切断电源时，可用绝缘钳剪断电线。不同相的电线应在不同部位剪断，以避免造成相间短路；在剪断架空电线时，断开点要选在电源方向的支持物的后侧，这样剪断的电线不会带电。

（4）剪断电线时必须单根剪断，并用绝缘工具且站在绝缘台（垫）上；剪断高压电线必须有安全防护措施和绝缘措施，并戴护目镜。

（5）剪断电线时，应先将着火处的负荷断开，在没有负荷的情况下方可剪断电线。

（6）在情况紧急时可用有干燥木柄的斧子、铁铲等有绝缘手柄的工具切断电线，但必须遵守上述（3）～（5）的规定。

（7）切断电源时必须有第二人监护，只有在情况特别紧急或将发生重大危险时可一人操作，但必须遵守上述（1）～（6）的规定。

（8）切断电源时应考虑回路上其他负荷的级别，避免切断后造成更大的损失。通常应与一级负荷的单位取得联系，在一级负荷将电源倒闸后方可切断火灾处电源。

（9）切断电源时必须考虑居民、作业工人及现场其他人员的安全。

⚡ 小提示

切断电源时的注意事项如下。

（1）发生火灾后，开关设备由于受潮或被烟熏，其绝缘强度大大降低，因此，拉闸时应使用绝缘工具操作。

（2）要注意拉闸的顺序：对于高压设备，应先操作油断路器，后切断电源，不应操作隔离开关；对于低压设备，应先操作磁力启动器，不应先操作刀闸开关，以免引起弧光短路。

（3）切断电源的地点要适当，断电范围不得过大，以免因切断电源，灯光熄灭而影响灭火工作。

（4）剪断导线时，不同相的导线应在不同部位剪断，以免造成短路；剪断架空导线时，剪断位置应在电源方向的支持物附近，以防止导线剪断后掉在地面而造成接地短路或触电。

961. 扑救电气火灾时怎样断电灭火？

电气设备发生火灾或引燃周围可燃物时，首先应设法切断电源，并注意以下事项。

（1）处于火灾区的电气设备因受潮或烟熏，绝缘能力降低，所以拉开关断电时，要使用绝缘工具。

（2）剪断电线时，不同相电线应错位剪断，防止线路发生短路。

（3）应在电源侧的电线支持点附近剪断电线，防止电线剪断后跌落在地上，造成电击或短路。

（4）如果火势已威胁邻近电气设备时，应迅速拉开相应的开关。

（5）夜间发生电气火灾，切断电源时，要考虑临时照明问题，以利扑救。如需要供电部门切断电源时，应及时联系。

962. 扑救电气火灾时怎样带电灭火？

如果无法及时切断电源，需要带电灭火时，要注意以下几点：

（1）应选用不导电的灭火器材灭火，如干粉、二氧化碳、1211 灭火器，不得使用泡沫灭火器带电灭火。

（2）要保持人及所使用的导电消防器材与带电体之间有足够的安全距离，扑救人员应带绝缘手套。

（3）对架空线路等空中设备进行灭火时，人与带电体之间的仰角不应超过 45°，而且应站在线路外侧，防止电线断落后触及人体。如带电体已断落地面，应划出一定警戒区，以防跨步电压伤人。

963. 怎样预防插座起火？

预防插座起火方法如下。

（1）正确选型。即根据用电设备的耗电量及使用环境，选择合适插座。有腐蚀性物品或灰尘较大的室内，具有燃烧、爆炸危险的场所，应选防腐、防火或防爆插座。

（2）插座应尽量安装在干燥、清洁、无灰尘的位置，以免受潮、被腐蚀而造成胶木炭化短路而引发火灾。

（3）灯头插座在过载时极易发生事故，因此不可将电炉、大型电气设备等大功率电器接入灯头插座使用，以免引起火灾。

（4）插座的额定电流及额定电压均应与用电实际相符。不可随意超负荷，以免线路过载烧坏胶木造成短路而引起火灾。

964. 电缆一旦着火怎么办？

电缆一旦着火，扑灭的方法如下。

（1）电缆着火燃烧，无论是什么原因引起的，都应立即切断电源，然后根据电缆所经过的路径和特征认真检查，找出电缆的故障点，同时应迅速组织人员进行扑救和善后处理。

（2）当敷设在沟中的电缆燃烧起火时，如果与其并排敷设的电缆也着火燃烧，应将这些电缆的电源切断（对分层排列的电缆应首先将起火电缆上面的受热电缆的电源切断，然后切断与起火电缆并排敷设的电缆的电源，最后将起火电缆下面的电缆的电源切断）。

（3）电缆起火时，为了防止空气流通，以利迅速灭火，应将电缆沟的隔火门关闭或将两端堵死，采用窒息法灭火。

（4）在电缆沟道中和其他类似的地点扑灭电缆火灾时，应尽可能戴上防毒面具和橡胶手套，穿上绝缘靴。发现高压电缆导电部分接地而产生跨步电压时，在室内不得走近故障点 4～5m 以内，在室外不得走近故障点 8～10m 以内。救护受伤人员不在此限，但应采取防护措施。

（5）电力电缆的绝缘燃烧时，应采用灭火机灭火，也可使用黄土和干砂覆盖，如果用水灭火，最好使用喷雾水枪。若火势猛烈，使用其他灭火方法有困难，也可在切断电源的情况下向电缆沟内灌水，将故障点用水封住灭火。

（6）扑灭电缆火灾时，禁止用手直接接触电缆网甲和移动电缆。

965. 输电线路常采用哪些防雷措施？

（1）为防止直击雷，应架设避雷线，避雷线对边导线的保护角一般采用 20°～30°。对 35kV 的线路，一般只在变电所的进线段架设 1～2km 避雷线；对 110kV 的线路，一般全线架设单避雷或全线架设双避雷线；对 220kV 或 330kV 的线路，全线架设双避雷线，杆塔上避雷线对边导线的保护角为 20°左右；对 500kV 的线路，全线架设双避雷线，杆塔上避雷线对边导线的保护角一般不大于 15°。

（2）为防止反击，应降低杆塔接地电阻，以提高耐雷水平。有关规程规定，有避雷线的线路，每基杆塔（不连避雷线）的工频接地电阻在雷季干燥时不宜超过表 14-2 所列数值。

表 14-2　每基杆塔（不连避雷线）允许的工频接地电阻

土壤电阻率/$\Omega \cdot m$	100 及以下	100～500	500～1000	1000～2000	2000 以上
接地电阻/Ω	10	15	20	25	30

（3）为降低导线上的感应过电压，架设耦合地线或采用不平衡绝缘方式。

（4）为防止雷击闪络后建立工频电弧，装设自动重合闸装置和采用消弧线圈接地方式。

（5）加强对特殊杆塔的防护，交叉线路保持有效间距，对绝缘薄弱的杆塔装设管型避雷器和对跨越杆增强瓷套绝缘及降低接地电阻等。

966. 对架空配电网应采取哪些防雷措施？

（1）对 35/0.4kV 配电变压器，其高二次侧均应用阀型避雷器保护。对 3～10kV 配电变压器，一次侧用阀型避雷器或间隙保护，二次侧宜装设一组避雷器、压敏电阻或击穿保险器，以防止反变换波和二次侧雷电侵入波击穿一次侧绝缘。对低压中性点不接地的配电变压器应在中性点装设击穿保险器。

（2）对经常断路运行而又带电的柱上油开关、负荷开关或隔离开关，应在开关或刀闸的两侧装设避雷器或保护间隙，以保护开关的绝缘（包括刀闸的绝缘），其接地线与开关的金属外壳连接，且接地电阻 R 不得大于 10Ω。

（3）对 3～10kV 水泥杆配电线路一般采用瓷横担。如采用铁横担，则宜采用高一级的绝缘子，以减少雷击跳闸事故。

（4）为防止雷电冲击波沿线路侵入表计，使铁心对地放电而烧坏，直接与架空线相连的电能表应在表前的进线上装设保护间隙或氧化锌避雷器，同时宜将低压架空线路接户线的绝缘子铁脚接地，接地电阻不宜超过 30Ω。

967. 防雷装置是由哪几部分组成的？

防雷装置的种类很多，经常采用的防雷装置有避雷针、避雷线、避雷网、避雷带、避雷器等。避雷针主要用来保护露天的变配电设备、建筑物和构筑物。避雷线主要用来保护电力线路。避雷网和避雷带则主要用来保护建筑物。避雷器主要用来保护电气设备防止雷电波损害。

通常一套完整的防雷装置一般是由接闪器、引下线和接地装置三部分组成。

(1) 接闪器。避雷针、避雷线、避雷网和避雷带都是接闪器，它们都是利用其高出被保护物的突出地位，把雷电引向自身，然后通过引下线和接地装置，把雷电流泄入大地，以此保护被保护物免受雷击。接闪器所用材料应能满足机械强度和耐腐蚀的要求，还应有足够的热稳定性，以能承受雷电流的热破坏作用。

(2) 避雷器。避雷器并联在被保护设备或设施上，正常时装置与地绝缘，当出现雷击过电压时，装置与地由绝缘变成导通，并击穿放电，将雷电流或过电压引入大地，起到保护作用。过电压终止后，避雷器迅速恢复不通的状态，恢复正常工作。避雷器主要用来保护电力设备和电力线路，也用作防止高电压侵入室内的安全措施。避雷器有保护间隙、管型避雷器、阀型避雷器和氧化锌避雷器。

(3) 引下线。引下线又称引流器，它是把雷电流由接闪器引到接地装置的导体。一般敷设在外墙面或暗敷设于混凝土柱子内。防雷装置的引下线应满足机械强度、耐腐蚀和热稳定的要求。

(4) 防雷接地装置。接地装置是防雷装置的重要组成部分。接地装置向大地泄放雷电流，限制防雷装置对地电压不致过高。除独立避雷针外，在接地电阻满足要求的前提下，防雷接地装置可以和其他接地装置共用。

968. 变频器怎样防雷？

在变频器中，通常都设有电源保护器等雷电吸引网络，但在实际工作中，特别是电源线架空引入的情况下，单靠进线处装设变频器专用避雷器（选件）是不够的，可按规范要求在离变频器 20m 的远处预埋钢管做专用接地保护。如果电源由电缆引入，则应做好控制室的防雷系统，以防雷电串入破坏设备。

969. 变配电站的避雷措施有哪些？

变配电站的避雷措施有：装设避雷针、高压侧装设阀型避雷器或保护间隙和低压侧装设阀型避雷器或保护间隙。

(1) 装设避雷针。装设避雷针用来保护整个变、配电站建（构）筑物，使之免遭直击雷。避雷针可单独立杆，也可以利用户外配电装置的框架或投光的杆塔，但变压器的门型构架不能用来装设避雷器，以免雷击产生的过电压对变压器放电。

(2) 高压侧装设阀型避雷器或保护间隙。该措施主要用来保护主变压器，以免高电位沿高压线路侵入变电所，损坏变电站这一最主要的设备，为此，要求避雷器或保护间隙应尽量靠近变压器安装，其接地线应与变压器低压中性点或金属外壳连在一起接地。

（3）低压侧装设阀型避雷器或保护间隙。该措施主要在多雷区使用，以防止雷电波由低压侧侵入而击穿变压器的绝缘。当变压器低压侧中性点不接地时，其中性点也应加装避雷器或保护间隙。

970. 建筑物的防雷措施是怎样的？

建筑物的防雷措施有：防直击雷、防雷电感应和防雷电侵入波等三种。

（1）防直击雷。防直击雷的主要措施是在建筑物上安装避雷针、避雷网、避雷带。在高压输电线路上方安装避雷线。一套完整的防雷装置包括接闪器、引下线和接地装置。

接闪器是利用其高出被保护物的突出地位，把雷电引向自身，然后通过引下线和接地装置把雷电流泄入大地，以此保护被保护物免遭雷击。

防雷接地装置与一般接地装置的要求大体相同，在用建筑防直击雷的接地装置电阻不得大于 $10\sim35\Omega$。

（2）防雷电感应。为防止雷电感应产生火花，建筑物内部的设备、管道、构架、钢窗等金属物，均应通过接地装置与大地作可靠的连接，以便将雷云放电后在建筑上残留的电荷迅速引入大地，避免雷害。对平行敷设的金属管道、构架和电缆外皮等，当距离较近，应按规范要求，每隔一段距离用金属线跨接起来。

（3）防雷电侵入波。防雷电波侵入的主要措施是安装电涌保护器（SPD），电涌保护器又叫做过电压保护器，俗称避雷器。电涌保护器的基本原理是在瞬态过电压（雷电波）发生的瞬间（微秒或纳秒级），将被保护区域内的所有被保护对象（设备、线路等）接入等电位系统中，从而将回路中的瞬态过电压幅值限制在设备能够承受的范围内。

（4）对球形雷的防护措施。球形雷大都伴随直击雷出现，并随气流移动，经常从窗户、门缝、烟囱等钻入室内。所以，预防球形雷，雷雨天不要敞开门窗；门、窗户、烟囱等气流流动的地方用 $20cm\times20cm$ 左右的金属网格封住，并将其接地。如果遇到球形雷，最好屏息不动，以免破坏周围的气流平衡，导致球形雷追逐，更不要随意拍打或泼水。

971. 家庭用电应怎样防雷？

家庭用电防雷的方法如下。

（1）装设独立避雷针是最有效的防雷方法，一般可安装在低压线路的电杆上或其他高处，每杆一支，避雷针可用直径为 25mm 镀锌圆钢制作，顶部锻成尖状，底部用抱箍与杆头固定，然后用直径为 12mm 镀锌圆钢或 4×40 镀锌扁钢与底部可靠焊接，并沿杆引下与杆下的接地极可靠焊接，接地极可沿杆圆周敷设，距杆中心一般为 2m，接地电阻不大于 10Ω。

（2）在 10kV 变压器引入处的一次侧装设避雷器，每相一组，避雷器的下端接接地极，接地极可与中性点工作接地共用一组接地极。因此，接地电阻应不大于 4Ω，避雷器的间距应大于 300mm。

（3）在用户的低压引入处装设低压避雷器，型号为 FS－0.38，每相一只，工作零线一只，保护零线一只。低压避雷器的末端也与接地极可靠连接。

（4）在用户的低压引入处也可装设放电间隙，以代替低压避雷器。低压放电保护间隙一般可用 4×40 镀锌扁钢做成，上齿与线路连接，下齿与接地连接，如图 14－3 所示。

（5）在架空线路上也可采用装设保护间隙的办法来防雷，保护间隙用直径为 12mm 镀锌圆钢作成角状，其绝缘子应使用 10kV 的。

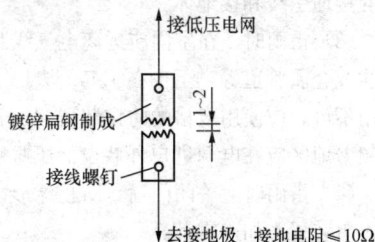

图 14－3　低压放电保护间隙结构示意图

使用保护间隙作为防雷保护时必须经常检查间隙是否被易物堵塞，并校正间隙有无变化；采用避雷器作为防雷保护时，应一年一次对避雷器进行放电校验，并取得校验部门（一般为当地供电部门）的合格证；接地极的接地电阻应一年一次进行测量，一般应不大于 10Ω，与工作接地共用时应不大于 4Ω，避雷器校验和接地电阻的测量宜在每年 3 月份进行。

小提示

一般情况下，家庭用电的防雷是由供电系统保证的，供电系统在输电架空线路及变配电装置上都采用了可靠的避雷装置，如避雷线、避雷器等。在高层建筑或一般的楼房建筑上都采用了避雷针、避雷网或避雷带，同时均有可靠的接地。因此，一般情况，家庭用电作为用户来讲不考虑防雷。但是，在农村、较为空旷的地段、周围没有高大建筑物或构筑物的情况下及多雷区时情况就不同了。因此，在上述的情况下，作为家庭用电就得考虑怎样防雷了。

972. 怎样防人身雷击？雷雨时应注意什么？

（1）雷雨时，除工作要求外，应尽量不在室外、野外逗留。在室外或野外最好穿塑料等不浸水的雨衣和胶鞋、绝缘鞋等；有条件的应进入有宽大金属构架或有防雷设施的建筑物内，例如，可依靠建筑物或高大树木屏蔽的街道躲避，但要离开墙壁或树干 8m 以上，不得在树下、墙角下躲避。

（2）雷雨时，要离开小山、小丘或隆起的小道、沟崖，尽量远离海滨、湖边、河边、水池旁、金属网、金属构件、金属晒衣绳及旗杆、烟囱、孤塔、孤树等及无防雷设施的小型建筑物或其他孤立的设施，同时要远离建筑物的接地引线和接地体。

（3）雷雨时，在室内应远离电气线路，如照明线、动力线、电话线、广播线及金属管道等，至少在 1.5m 以上。室内禁止使用室外收视天线，如非使用不可，应使用合格的防雷装置（避雷针、保护间隙）。多雷区或雷电活动频繁地区应在电源进户外装设低压避雷器或保护间隙。

（4）雷雨时应关闭门窗，防止球形雷侵入，在空旷野外的房间应有良好的避雷装置，如避雷针。

（5）人人要爱护建筑物和电气线路的防雷设施，如发现有损坏或破损的，应及时地向有关部门报告，以便修复。

（6）学习有关的防雷常识，提高个人的应变能力。

973. 怎样检查与维护避雷针（线、带、网）？

检修查与维护避雷针（线、带、网）的方法如下。

（1）检查避雷针（线、带、网）各处明装导体是否有裂纹、歪斜与锈蚀，或因机械力损伤而发生折断等现象，各导线部分的电气连接是否紧密牢固。发现接触不良或脱焊时应及时地进行检修。

（2）检查接闪器有无因遭受雷击而发生熔化或折断的情况；检查引下线是否短而直，引下线距地 2m 一段的保护处有无破损的情况；检查连接卡子有无接触不良的情况。

（3）检查避雷线是否每基杆塔处都可靠接地，以及是否与避雷器的接地线共同接地；检查接地装置周围的土壤有无沉陷的情况，是否因挖土方敷设其他管道或植树等而挖断或损伤了接地装置。

974. 防爆电气设备日常维护检查应注意哪些事项？

（1）首先要检查并改善防爆电气设备的工作环境。

（2）对室外的防爆电气设备应设雨棚，以免雨水直接淋至设备上。

（3）尽可能不要将防爆电气设备安置在潮气、蒸汽多的场所。

（4）不要将防爆电气设备安置在有腐蚀性气体、液体的场所，以免设备受腐蚀。

（5）对易受到振动连接部位的紧固螺栓要使用双重螺母等方法紧固以防松动。

（6）当采取金属管配线时，与电器的连接部分要根据需要使用挠性接头。

（7）及时清除电气设备上的灰尘、污垢，发现有问题应及时检修。

（8）防爆电气设备的日常巡检方法见表14-3。

表 14-3 防爆电气设备的日常巡检方法

项目	方法	检 查 内 容
外壳	目视	应无生锈、损伤、裂纹和变形
透明窗	目视	应无损伤
紧固螺钉	目视、触感	应无松动、生锈、螺栓、弹簧垫圈应齐全
填料	目视	应无裂纹或明显变形
轴承	目视、手感	温度是否正常，应无润滑油漏出及劣化现象
导线引入部分	目视、手感	应无损伤及劣化现象，密封可靠，连接无松动
接地端子	目视、手感	应无松动或损伤现象
温升	测温仪、手感	温升应为规定值以下
保护装置	性能试验	应按设定值进行动作
正压通风量	表计	无泄漏，通风充气量达到要求
充油量	目视	油量是否在油标线位置

975. 造成电气设备发生爆炸的原因有哪些？

电气设备发生爆炸的原因主要有以下几方面。

（1）变压器、断路器、电容器、电缆电路等充油的电气设备的绝缘油在电弧作用下分解和气化，喷出大量油雾和可燃气体，在封闭的设备空间内部产生很大的压力，造成电气设备爆炸。

（2）瓷绝缘由于破损、裂纹及表面严重污秽，使瓷绝缘的表面电阻大幅度下降，在潮湿的环境中发生电晕、闪络放电、击穿，使电气设备的瓷绝缘爆裂。

（3）有些避雷器、单相环氧树脂电压互感器的质量太差，遇有过电压情况时会发生爆炸。

（4）周围空间有爆炸性混合物，在危险温度或电火花作用下引起空间爆炸。

（5）电缆终端头由于质量不良出现龟裂，或缺少绝缘膏、受潮、进水等原因造成运行中发生爆炸。电缆中间接头盒由于接头质量不良过热，造成运行中发生中间电缆接头盒爆炸。

976. 怎样检修防爆电气设备？

检修防爆电气设备的方法如下。

（1）禁止带电检修电气设备。当需通电检查时，除本质安全型电气设备外不应打开设备的主体外壳、接线盒、透明窗等。

（2）修理时，最好将电气设备移到非危险场所内进行。

（3）需就地检修时，使用的测试仪器应为防爆结构的仪器；在检修中应避免发生冲击火花。

（4）拆装电气设备外壳、接线盒时应注意以下事项。

1）拆、装均需小心，应尽量保持原状态。

2）不能用铁锤敲打外壳，以防壳体变形影响防爆面。

3）不要轻易更换或修改原外壳使用的材质及尺寸，如有损坏，最好使用备件。

4）拆下的外壳和接线盒等应除锈，壳内刷耐弧漆，外壳刷防锈漆。

5）接线盒内的接线应无松动，导线绝缘完好。

（5）在检修中防爆面应先除锈，然后涂上一层防锈油脂并测量隔爆间隙是否合乎要求。防爆面的紧固螺栓必须采取防松措施，螺栓的数量不能缺少。

（6）进线喇叭口在电缆进线孔处密封要可靠，密封圈尺寸要与电缆外径相配套。对暂时不使用的进线孔应用厚度大于 2mm 的钢板密封。

（7）对有透明窗或油位计的容器，检修时应避免对其施加危险应力。

（8）检查填料是否有裂纹或变形。

（9）检查电气设备的接地电阻是否符合要求。矿井低压配电线路中性点不接地系统，其接地电阻值应不大于 2Ω；工厂低压配电线路中性点不接地系统，其接地电阻值应不大于 10Ω；工厂低压配电线路中性点接地系统，其接地电阻值应不大于 4Ω。

> ⚠ **小提示**
>
> 接地螺栓应符合以下规定。
> (1) 容量 10kW 以上，不小于 M12。
> (2) 容量 5～10kW，不小于 M10。

第三节　电工安全用器具

977. 安全电压是怎样规定的?

人体与电接触时，电对人体的各部分组织（如皮肤、心脏、呼吸器官及神经系统等）均不会造成任何损害的电压称作安全电压。安全电压值的规定，世界各国各有不同。例如荷兰和瑞典规定为 24V；美国为 40V；法国交流为 24V，直流为 50V；波兰、瑞士、捷克斯洛伐克为 50V。

安全电压在任何情况下，两导体间或任一导体与地之间均不得超过交流（50～500Hz）有效值 50V，直流不超过 120V。我国规定安全电压额定值的等级为 42、36、24、12、6V。根据具体环境条件的不同，安全电压值规定如下。

(1) 在无高度触电危险的建筑物中为 65V。

(2) 在有高度触电危险建筑物物中为 36V。

(3) 在有特别触电危险的建筑物中为 12V。

> ⚠ **小提示**
>
> 从安全角度看，电对人体的安全条件通常不采用安全电流，而是用安全电压，因为影响电流的变化因素很多，而电力系统中的电压却是较为恒定的。安全电压是制定安全措施的依据。

978. 使用安全用具应注意哪些事项?

常用的安全用具有：绝缘操作杆、绝缘手套（靴）、绝缘胶皮垫和绝缘站台、验电器，以及便携型短路接地线等。使用安全用具时应注意以下事项。

(1) 对安全用具要加强日常保养，要防止受潮、损坏和脏污。绝缘杆要放在木架上，不要靠墙放或随便扔在地上。绝缘手套等应放在箱柜内，不许放在过冷、过热、阳光暴晒或有酸、碱及油类的地方，以防胶质老化。验电器不用时要放在盒内，并置于干燥的地方。

（2）使用绝缘手套前要仔细检查，不能有破损或漏气现象。

（3）辅助安全用具不能直接接触 1kV 以上的电气设备，在高电压下使用时，需要与其他安全用具配合使用。

（4）使用验电器时，应将验电器慢慢靠近电气设备，如氖管灯发亮表示有电。验电器必须按其额定电压使用，不得将低压验电器在高电压上使用；也不准将高压验电器在低电压上使用。

（5）使用绝缘杆操作带电设备时必须戴绝缘手套。

979. 怎样维护安全用具？

对安全用具应经常进行外观检查，保持其表面清洁、干燥、无裂纹、无铅印、无划痕、无毛刺、无孔洞、无断裂等外伤。若发现存在上述现象，应严禁使用并马上更换。做到专具专用，以确保安全工具的绝缘和防护性能。另外，安全工具使用后应立即进行清洁处理，做到清洁无碳印。若发现安全工具被电弧损伤严重，应报废不再使用。

980. 绝缘手套、绝缘棒、绝缘挡板试验周期各为多少？

根据《电业安全工作规程》（DJ 408—1991）规定，绝缘手套、绝缘棒、绝缘挡板试验周期见表 14 - 4。

表 14 - 4　　　　常用绝缘安全用具试验周期与标准

序号	名称	电压等级/kV	周期	交流耐压/kV	时间/min	泄漏电流/mA
1	绝缘棒	6～10	每 12 个月一次	44	5	
		35～154		4 倍相电压		
		220		3 倍相电压		
2	绝缘挡板	6～10	每 12 个月一次	30	5	
		35（20～44）		80		
3	绝缘罩	35（20～44）	每 12 个月一次	80	5	
4	绝缘夹钳	≤35	每 12 个月一次	3 倍线电压	5	
		110		260		
		220		400		

续表

序号	名称	电压等级/kV	周期	交流耐压/kV	时间/min	泄漏电流/mA
5	验电器	6～10	每6个月一次	40	5	
		20～35		105		
6	绝缘手套	高压	每6个月一次	8	1	≤9
		低压		2.5		≤2.5
7	橡胶绝缘靴、绝缘鞋	高压	每6个月一次	15	1	≤7.5
		低压		3.5		
8	核相器电阻管	6	每6个月一次	6	1	1.7～2.4
		10		10		1.4～1.7
9	绝缘绳	高压	每6个月一次	105/0.5m	5	

981. 怎样使用绝缘手套？

绝缘手套是用特种橡胶制成的。它是在高压电气设备上操作时的辅助安全用具，也是在低压设备的带电部分上工作时的基本安全用具。根据规程要求，绝缘手套必须定期检查并作交流耐压试验和泄漏电流试验。

绝缘手套在使用前要检查是否破损漏气（可将手套向手指方向弯曲）；使用时手套的伸长部分应该戴到外衣袖的外面，至少要套过手腕。平时不用时要放在干燥通风的地方。

⚠ 小提示

不能用医疗、化学用的手套代替绝缘手套，也不能将绝缘手套作其他用途。

982. 怎样使用绝缘鞋？

绝缘靴和绝缘鞋是用特种橡胶制成的，里面有衬布，通常不上漆。安全帽在施工现场用于防护头部损伤。

在操作电气设备时必须穿绝缘靴或绝缘鞋，以便与地保持绝缘和防止跨步电压触电，平时不用时要放在干燥无油迹的柜子里，并与其他工具分开。

根据规程要求，绝缘靴和绝缘鞋必须定期检查并作交流耐压和泄漏电流的试验，试验周期一般为6个月。

!小提示

不能用普通水靴代替绝缘靴，也不能将绝缘靴当普通水靴穿用。

983. 使用电工安全用具的原则有哪些？

使用电工安全用具一般应掌握以下原则。

（1）操作高压开关或其他带有传动装置的电器通常需使用能防止接触电压和跨步电压的辅助安全用具。除这些操作外，任何其他操作均须使用基本安全用具，并同时使用辅助安全用具。辅助安全用具中的绝缘垫、绝缘台、绝缘靴，操作时使用其中的一种即可。

（2）潮湿天气的室外操作不允许使用无特殊防护装置的绝缘夹。

（3）无特殊防护装置的绝缘杆不得在下雨或下雪时在室外使用。

（4）使用绝缘手套时，应将上衣袖口套入手套筒口内，并在外面套上一副纱、布或皮革手套，以免胶面受损，但所罩手套的长度不得超过绝缘手套的腕部；穿绝缘靴时应将裤管套入靴筒内；穿绝缘鞋时，裤管不宜长及鞋底外沿，更不得长及地面，同时应保持鞋帮干燥。

（5）安全用具不得任意作为他用，更不能用其他工具代替安全用具。如不能用医疗或化工手套代替绝缘手套；不能用普通防雨胶靴代替绝缘靴；不能用短路法代替临时接地线；不能用不合格的普通绳带代替安全腰带等。

（6）进行高空作业时，应使用合格的登高用具。

（7）使用高压验电器时，应戴绝缘手套并站在绝缘台上。

（8）安全用具每次使用完毕要擦拭干净，放回原处，防止受潮、脏污和损坏。

984. 使用电工安全用具以前怎样对其进行外观检查？

电工安全用具是直接保护人身安全的，必须保持良好的性能。因此，使用前应对其进行以下外观检查。

（1）安全用具是否符合规程要求。

（2）安全用具是否完好，表面有无损坏和是否清洁；有灰尘的应擦拭干净；损坏的和有炭印的不得使用。

（3）安全用具中的橡胶制品，如橡胶制的绝缘手套、绝缘靴和绝缘垫，不得有外伤、裂纹、漏洞、气泡、毛刺、划痕等缺陷，发现有缺陷的应停止使用并及时更换。

(4) 安全用具的瓷元件，如绝缘台的支持瓷瓶，有裂纹或破损者不许使用。

(5) 检查安全用具的电压等级与模拟操作设备的电压等级是否相符（安全用具的电压等级应等于或高于模拟操作电气设备的电压等级）。

985. 怎样使用梯子进行登高电工作业？

梯子是电工人员进行高空作业的主要安全用具之一，必须用木材或竹料制作。在电工的登高作业中，严禁使用金属梯子。木梯或竹梯应坚固可靠，应能够承受作业人员携带必需工具时的重量。梯子分靠梯和人字梯两种［见图 14-4（a）、（b）］，使用中应注意以下事项。

(1) 使用靠梯时，梯脚与墙壁之间的距离不得小于梯长的 1/4，梯子放置的斜角应为 $60°\sim75°$，以免梯倒伤人。

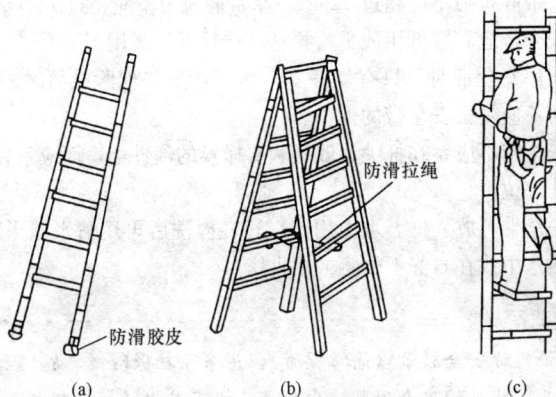

图 14-4　电工用梯

（a）靠梯；（b）人字梯；（c）在靠梯上作业的站立姿势

(2) 使用人字梯时，其开脚度不得大于梯长的 1/2，两侧应加拉链或拉绳，以限制开脚度。

(3) 在人字梯上进行作业时，切不可采取骑马的方式站立，以防人字梯两脚自动分开而造成严重工伤事故。

(4) 在光滑坚硬的地面上使用梯子登高作业时，应在梯脚上加胶套；在泥土地面上使用梯子时，梯脚上应加铁尖。

(5) 不得将梯子架在不稳固的支持物（如箱、桶、平板车等）上进行登高作业。

（6）在梯子上工作时，梯顶一般不应低于作业人员的腰部。严禁站在梯子的最高处或最上面一、二级横档上工作。

（7）当靠电杆使用梯子时，应将梯子上端绑牢。

（8）在梯子上进行作业时，为了扩大作业的活动幅度和保证不致因用力过度而站立不稳，应一脚站在梯面上，另一脚伸过横档再弯回站立［见图14-4（c）］。

当上述要求不能满足时，一般设专人手扶梯子。

986. 怎样使用安全带？

使用安全带应注意如下事项。

（1）使用前应检查安全钩环是否齐全，保险装置是否可靠，大小带有无老化、脆裂、腐朽等现象。若发现有破损、变质等情况，严禁使用。

（2）大带静拉力不应超过225kg，小带静拉力不应超过150kg。

（3）安全带应高挂低用或平行拴用，严禁低挂高用。

（4）使用安全带时，只有勾好安全钩环，上好保险装置才可探身或后仰；转位时不应失去安全带的保护。

（5）安全带不应系在杆尖、戗板和要撤换的部件上，而应系在电杆上合适、可靠的部位。

（6）安全带可放入低温水中用肥皂轻轻擦洗后再用清水漂干净、晾干，不许浸入热水中或在日光下暴晒或用火烤。

> **小提示**
>
> 安全带又称安全腰带（简称腰带），用来系挂保险绳、腰绳和吊物绳，是高空作业防坠落的安全用具，由皮革、帆布或化纤材料制成。安全带由大小两根带子组成，大的系在电杆或其他牢固的构件上，起防坠落作用；小的系在作业人员腰部偏下作束紧用［见图14-5（c）］。安全带必须是一整根，其宽度为40～50mm，护腰带宽度不得小于80mm，金属钩应有保险装置。

第四节 安 全 用 电

987. 触电的规律性有哪些？

触电的规律性有以下几点。

（1）低压触电多于高压触电。主要原因是低压设备多，低压电网广；设备简陋，管理不严，思想麻痹，群众缺乏电气安全知识。

（2）农村触电事故多于城市。据统计资料，农村触电事故为城市的6倍，主要原因是农村用电设备因陋就简，技术水平低，管理不严，电气安全知识缺乏。

（3）中青年人触电事故多。一方面中青年多是主要操作者，接触电气设备的机会多；另一方面多数操作不谨慎，经验不足，安全知识比较欠缺。

（4）单相触电多。据统计资料，单相触电占触电事故的70%以上。防触电的技术措施应着重考虑单相触电的危险。

（5）事故点多发生在电气联结部位。据统计资料，电气事故点多数发生在分支线、接户线、地爬线、接线端、压接头、焊接点、电线接头、电缆头、灯头、插头、插座、控制器、开关、接触器、熔断器等处。

（6）触电事故多发季节性。据统计资料，一年之中第二、三季度事故较多，6～9月最集中。主要原因是夏秋天气潮湿、多雨，降低了电气设备绝缘性能；炎热，多不穿工作服和带绝缘护具，正值农忙季节，农村用电量增加，触电事故增多。

（7）触电事故与生产部门性质关系。冶金、矿业、建筑、机械等行业由于存在潮湿、高温、现场混乱、移动式设备和携带式设备多及现场金属设备多等不利因素，因此触电事故较多。

988. 常见的触电原因有哪些？

常见的触电原因有以下几个方面。

（1）缺乏安全用电知识。由于不知道哪些地方带电，什么东西能传电，误用湿抹布泡或擦抹带电的家用电器，或随意摆弄灯头、开关、电线，一知半解玩弄电气等，因而造成触电。

（2）用电设备安装不合格。如果电风扇、电饭煲、洗衣机、电冰箱等没有将金属外壳接地，一旦漏电，人碰触设备的外壳就会发生触电。有的家庭因为一时的材料不全，将就使用了已经老化或破损的旧电线、旧开关，这种错误的做法很容易引起人身触电。

（3）用电设备没有及时地检查修理。如果开关、插座、灯头等日久失修，外壳破裂，电线脱皮，家用电器或电动机受潮，塑料老化漏电等，也容易引起触电。

989. 触电的预防措施有哪些？

触电的预防措施有以下几个方面。

（1）在没有专业防范技术的情况下，始终与电保持一定距离，如站在地面去接触带电体时，一定要将自身绝缘起来，防止电流经过人体流入大地，造成单相触电。

（2）不要同时碰触两相带电线，这样不会使人与导线构成回路，让电流流经人体构成触电。

（3）人体要悬空，只接触一根低压相线（未与电构成回路）就可避免单相电压触电的危险。

（4）日常生活中也应注意安全用电。例如：① 用三眼插头；② 不要湿手摸电器；③ 不私设电网；④ 不随便安装电灯。

990. 家庭电路中触电常见的原因有哪些？

家庭电路中触电常见的原因主要是人体误与相线接触、自以为与大地绝缘实际与地为连通等。具体一些表现如下。

（1）相线的绝缘皮破坏，裸露处与人体直接接触。

（2）人体接触其他导体，间接触电。

（3）湿手接触开关触电。

（4）电器外壳未按要求接地，其内部相线外皮破坏接触了外壳。

（5）零线与前面接地部分断开以后，与电器连接的原零线部分通过电器与相线连通转化成了相线。

991. 家庭电路中避免触电的措施有哪些？

家庭电路中避免触电的一些措施如下。

（1）开关应接在相线上。

（2）安装螺口灯的灯口时，相线接中心、零线接外皮。

（3）室内电线不要与其他金属导体接触。

（4）电线有老化与破损时，要及时修复。

（5）不采用伪劣电线。

（6）电器该接地的地方一定要按要求接地。

（7）不用湿手扳开关、换灯泡。

（8）不用湿手插、拔插头。

（9）不站在潮湿的桌椅上接触相线。

（10）接触电线前先将总电闸拉开。

（11）在不得不带电操作时，要注意与地绝缘，并尽可能单手操作。

992. 触电时应怎样脱离低压电源？

（1）就近拉开电源开关或拔出电源插头。但应注意，拉线开关和搬把开关只能断开一根导线，有时由于安装不符合安全要求，开关安装在零线上，虽然断开了开关，人身触及的导线仍然带电，不能认为已切断电源。

（2）如果电源开关或电源插座距离较远，可用有绝缘手柄的电工钳或有干燥木柄的斧头、铁锹等利器切断电源线。切断点应选择在导线在电源侧有支持物处，防止带电导线断落触及其他人体。电源线应分相切断，以防短路伤人。

（3）如果导线搭落在触电者身上或压在身下，可用干的木棒、竹竿等挑开导线或用干燥的绝缘绳索套拉导线或触电者，使其脱离电源。

（4）救护人可一只手戴上手套或垫上干燥的衣服、围巾、帽子等绝缘物品将触电者拉脱电源。如果触电者衣服是干燥的，又没被紧缠在身上，不至于使救护人直接触及触电者的身体时，救护人者可直接用一只手抓住触电者不贴身的衣服，将触电者拉脱电源。

（5）救护人可站在干燥的木板、木桌椅或橡胶垫等绝缘物上，用一只手把触电者拉脱电源。

（6）如果触电者由于触电痉挛，手指紧握导线或导线缠绕在身上，可首先用干燥的木板塞进触电者身下使其与地绝缘来隔断电源，然后采取其他办法切断电源。

993. 触电时怎样脱离高压电源？

（1）若在高压电气设备或高压线路上触电，为使触电者脱离电源，应立即通知有关部门停电，或用适合该电压等级的绝缘工具（如戴绝缘手套、穿绝缘靴并用绝缘棒）解脱触电者；救护人员在抢救过程中应注意自身与周围带电部分留有足够的安全距离。

（2）触电者在高压带电线路触电又不可能迅速切断电源开关的，可采用抛挂足够截面的适当长度的金属短路线方法，使电源开关跳闸；抛挂前，将短路线一端固定在临时接地端上，另一端系重物；但抛挂短路线时应注意防止电弧伤人或断线危及人员安全。

（3）如果触电人触及断落在地上的带电高压导线，且尚未验证线路无电，救护人员在未做好安全措施（如穿绝缘靴或临时双脚并紧跳跃地接近触电者）前，不能接近断线点8～10m的范围内，以防止跨步电压伤人；触电者脱离带电导线后应被迅速带至8～10m以外后立即开始急救；只有在确定线路已经无电才可在触电者离开触电导线后立即就地进行急救。

> ⓘ **小 提 示**
>
> 使触电者脱离电源时应注意的事项如下。
>
> （1）救护人不得采用金属和其他潮湿的物品作为救护工具。
>
> （2）未采取任何绝缘措施，救护人不得直接触及触电者的皮肤和潮湿衣服。
>
> （3）在使触电者脱离电源的过程中，救护人最好用一只手操作，以防触电。
>
> （4）当触电者站立或位于高处时，应采取措施防止脱离电源后触电者的摔倒。
>
> （5）夜间发生触电事故时，应考虑切断电源后的临时照明问题，以利救护。

994. 触电时怎样进行现场救护？

人触电以后往往会出现神经麻痹、呼吸中断、心脏停止跳动等症状，呈现昏迷不醒的状态。如果没有明显的致命外伤，就不能认为触电人已经死亡，而应该看做是假死，要分秒必争地进行现场救护。

> ⓘ **小 提 示**
>
> 触电者脱离电源后应立即就近移至干燥、通风的位置，分情况迅速进行现场救护，同时拨打120救护中心，通知医务人员到现场并做好送往医院的准备工作。

995. 怎样进行人工呼吸法？

所谓人工呼吸就是口对口吹气，如图14-5所示。

（1）人工呼吸的操作方法。当伤者呼吸停止，而心跳也随之停止或还有微弱的跳动时，可用人工呼吸的方法帮助伤者进行呼吸活动，达到气体交换的目的。具体方法如下。

伤者仰卧，如图14-5（a）所示；施救者跪于伤者一侧，用一手的大拇指和食指掐闭伤者鼻孔，如图14-5（b），另一手抬起伤者下颌，使其头部尽量后仰。解开伤者的领带、衣扣等，充分暴露胸部。操作时，施救者深吸一口气，以口唇密封伤者口唇四周，迅速用力向伤者口内吹去，如图14-5（c）所示，然后观察伤者胸廓的起伏，接着放松鼻孔，口唇离开伤者口唇，再次进行吹气，如图14-5（d）所示，每分钟吹气12～16次。如果口腔有

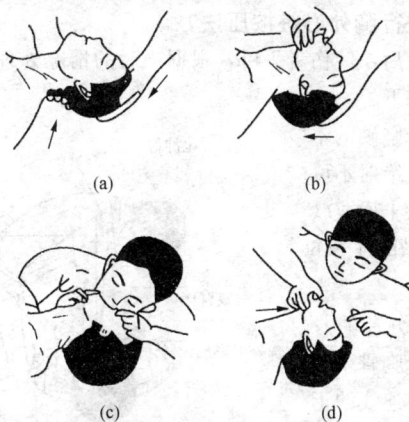

(a)   (b)

(c)   (d)

图 14-5　人工呼吸法

(a) 伤者仰卧；(b) 用大拇指和食指捏住伤者鼻孔；

(c) 向伤者口内吹气；(d) 口离开伤者用手掐住下唇

严重外伤或牙关紧闭，可对鼻孔吹气，即口对准伤者鼻孔人工呼吸。施救者吹气力量的大小依伤者的具体情况而定：一般以吹气胸部略有起伏为宜。

(2) 人工呼吸与心脏按压配合技巧。在现场，如有两人进行抢救，则一人负责心脏复苏，另一人负责肺复苏。具体做法是：一人做 5～10 次心脏按压（频率为 60～80 次/min），另一人口对口吹气（频率为 12～6 次/min），同时或交替进行。也可按 4：1（成人心脏每按压 4 次，进行人工呼吸 1 次）或 3：1（儿童心脏每按压 3 次，进行人工呼吸 1 次）的比例进行，如果现场只有一人进行救护，也可按两人的操作步骤进行。即吹一口气，做 5～10 次心脏按压，交替进行，使其恢复自动呼吸。

> **⏚ 小提示**
>
> 注意事项如下。
>
> (1) 触电者脱离电源后，应立即就近移至干燥、通风的位置，进行现场救护。
>
> (2) 心肺复苏的方法包括心脏按压和人工呼吸两个方面，缺一不可。人工呼吸吸入的氧气要通过心脏按压形式的血液循环带到全身各处，使含氧较多的血滋润心肌和脑组织，减轻或消除心跳、呼吸停止对心脑的损害，进而使伤者复苏。

996. 怎样进行胸外心脏按压法？

触电事故发生后，使伤者平卧，根据当时的情况处理，不随便搬运伤者，正确的方法如下。

将伤者仰卧于坚硬的木板或水泥地面上（绝对不可在柔软有弹性的松土质或软床上进行），如图 14 - 6 所示。

施救者跪在伤者的身旁，左手放在伤者胸骨中下段（相当于两乳头连线的正中间），将手的中指对着伤者颈部下的陷处（相当于天

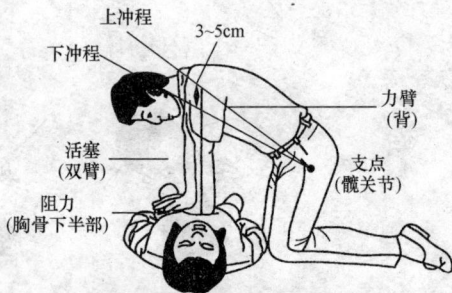

图 14 - 6　胸外心脏按压方法

突穴位），手掌放在胸廓的正中处，手掌的根部正好是按压的部位，另一只手压在手上，以助其加压，双手重叠再凭借施救者体重的力量，有节奏地冲击，进行挤压，使胸廓下降 3～5cm，然后放松，反复进行，每分钟挤压 60～80 次。

⚠ 小提示

按压位置必须准确，手掌不能离开伤者胸壁，以保证动作的连贯性和弹性。按压的力量大小应依伤者的身体、胸廓情况而定，身强体壮，胸肌发达者，按压力量可适当增大。对于呼吸和心跳停止的儿童，用双指按压的力度即可。老年人骨质较脆，一旦用力过大容易导致骨折，所以按压时要倍加小心，每次向下按压时间应短一些，只占一个按压周期的1/3，放松时间应占2/3。按压有效时，必须坚持不懈，绝不能半途而废，坚持挤压心脏恢复自动跳动。

997. 抢救过程中应适时对触电者生命体征进行再判定的方法是怎样的？

（1）按压吹气1min后，应采用"看、听、试"方法在5～7s内完成对触电者是否恢复自然呼吸和心跳的再判断。

（2）若判定触电者已有颈动脉搏动，但仍无呼吸，则可暂停胸外按压，而再进行2次口对口人工呼吸，接着每隔5s钟吹气一次（相当于每分钟12

次)。如果脉搏和呼吸仍未能恢复，则继续坚持心肺复苏法抢救。

(3) 在抢救过程中，要每隔数分钟用"看、听、试"方法再判定一次触电者的呼吸和脉搏情况，每次判定时间不得超过 5～7s。在医务人员未前来接替抢救前，现场人员不得放弃现场抢救。

998. 抢救过程中转移触电伤员时的注意事项有哪些?

(1) 心肺复苏应坚持就地救护的原则，一般情况下不要随意移动触电者，如必须移动时，抢救中断时间不应超过 30s。

(2) 移动触电者或将其送往医院时，应使用担架并在其背部垫以木板，不可让触电者身体蜷曲着进行搬运。移送途中应继续抢救，在医务人员未接替救治前不可中断抢救。

(3) 应创造条件，用装有冰屑的塑料袋作成帽状包绕在伤员头部，露出眼睛，使脑部温度降低，争取触电者心、肺、脑能得以复苏。

999. 触电者好转后的处理方法是怎样的?

如触电者的心跳和呼吸经抢救后均已恢复，可暂停心肺复苏法操作。但心跳呼吸恢复的早期仍有可能再次骤停，救护人应严密监护，不可麻痹，要随时准备再次抢救。触电者恢复之初，往往神志不清、精神恍惚或情绪躁动、不安，应设法使他安静下来。

小提示

人工呼吸和胸外按压是对触电"假死"者的主要急救措施，任何药物都不可替代。无论是兴奋剂呼吸中枢的可拉明、洛贝林等药物，或者是使心脏复跳的肾上腺素等强心针剂，都不能代替人工呼吸和胸外心脏按压这两种急救办法。必须强调指出的是，对触电者用药或注射针剂，应由有经验的医生诊断确定，慎重使用。例如，肾上腺素有使心脏恢复跳动的作用，但也可使心脏由跳动微弱转为心室颤动，从而导致触电者心跳停止而死亡，这方面的教训是不少的。因此，现场触电抢救中，对使用肾上腺素等药物应持慎重态度。如没有必要的诊断设备条件和足够的把握，不得乱用。而在医院内抢救触电者，则由医务人员据医疗仪器设备诊断的结果决定是否采用这类药物救治。此外，禁止采取冰水浇淋、猛烈摇晃、大声呼唤或架着触电者跑步等"土"办法刺激触电者的举措，因为人体触电后，心脏会发生颤动，脉搏微弱，血流混乱，如果在这种险象下用上述办法强烈刺激心脏，会使触电者因急性心力衰竭而死亡。

✎ **1000. 外伤救护方法是怎样的？**

触电事故发生后，触电者会因受到电击或电伤而出现各种外伤，如皮肤创伤、渗血与出血、电灼伤、摔伤等，这些外伤需要到医院治疗。但在把触电者送到医院之前，现场也必须对这些外伤做一些预处理，以防止细菌感染，损伤扩大。现场外伤预处理的具体做法如下。

（1）对于一般性的外伤创面，可用无菌生理食盐水或清洁的温开水冲洗后，再用消毒纱布防腐绷带或干净的布包扎，然后将触电者护送去医院。

（2）如伤口大出血，要立即设法止住。压迫止血法是最迅速的临时止血法，即用手指、手掌和止血橡皮带在出血处供血端将血管压扁在骨骼上而止血，同时火速送医院处置。如果伤口出血不严重，可用消毒纱布或干净的布料叠几层盖在伤口处压紧止血。

（3）高压触电造成的电弧灼伤，往往深达骨骼，处理十分复杂。现场救护可用无菌生理盐水或清洁的温开水冲洗，再用酒精全面涂擦，然后用消毒被单或干净的布类包裹送往医院处理。

（4）对于因触电摔跌而骨折的触电者，应先止血、包扎，然后用木板、竹竿、木棍等物品将骨折肢体临时固定并速送医院处理。